수능특강

과학탐구영역 **물리학 I**

이 책의 **차례** Contents

학생

인공지능 DANCHOQ
푸리봇 문|제|검|색

EBS*i* 사이트와 **EBS*i* 고교강의 APP** 하단의 **AI 학습도우미 푸리봇**을 통해 문항코드를 검색하면 푸리봇이 해당 문제의 해설과 해설 강의를 찾아 줍니다. **사진 촬영으로도 검색**할 수 있습니다.

문제별 문항코드 확인
[24023-0001]
1. 아래 그래프를 이해한 내용으로 가장 적절한 것은?
문항코드 검색
24023-0001
사진 촬영 검색

선생님

EBS 교사지원센터
교재 관련 자|료|제|공

교재의 문항 한글(HWP) 파일과
교재이미지, 강의자료를 무료로 제공합니다.

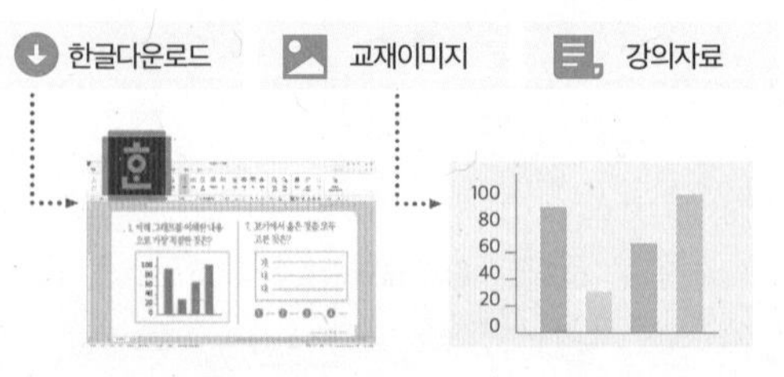

• 교사지원센터(teacher.ebsi.co.kr)에서 '교사인증' 이후 이용하실 수 있습니다.
• 교사지원센터에서 제공하는 자료는 교재별로 다를 수 있습니다.

이 책의 **구성과 특징** Structure

교육과정의 **핵심 개념 학습**과 **문제 해결 능력** 신장

[EBS 수능특강]은 고등학교 교육과정과 교과서를 분석 · 종합하여 개발한 교재입니다.
본 교재를 활용하여 대학수학능력시험이 요구하는 교육과정의 핵심 개념과 다양한 난이도의 수능형 문항을 학습함으로써 문제 해결 능력을 기를 수 있습니다. EBS가 심혈을 기울여 개발한 [EBS 수능특강]을 통해 다양한 출제 유형을 연습함으로써, 대학수학능력시험 준비에 도움이 되기를 바랍니다.

충실한 개념 설명과 보충 자료 제공

1. 핵심 개념 정리

주요 개념을 요약 · 정리하고 탐구 상황에 적용하였으며, 보다 깊이 있는 이해를 돕기 위해 보충 설명과 관련 자료를 풍부하게 제공하였습니다.

과학 돋보기

개념의 통합적인 이해를 돕는 보충 설명 자료나 배경 지식, 과학사, 자료 해석 방법 등을 제시하였습니다.

탐구자료 살펴보기

주요 개념의 이해를 돕고 적용 능력을 기를 수 있도록 시험 문제에 자주 등장하는 탐구 상황을 소개하였습니다.

2. 개념 체크 및 날개 평가

본문에 소개된 주요 개념을 요약 · 정리하고 간단한 퀴즈를 제시하여 학습한 내용을 갈무리하고 점검할 수 있도록 구성하였습니다.

단계별 평가를 통한 실력 향상

[EBS 수능특강]은 문제를 수능 시험과 유사하게 **수능 2점 테스트**와 **수능 3점 테스트**로 구분하여 제시하였습니다.
수능 2점 테스트는 필수적인 개념을 간략한 문제 상황으로 다루고 있으며, 수능 3점 테스트는 다양한 개념을 복잡한 문제 상황이나 탐구 활동에 적용하였습니다.

I 역학과 에너지

2024학년도 대학수학능력시험 19번

19. 그림과 같이 직선 도로에서 서로 다른 가속도로 등가속도 운동을 하는 자동차 A, B가 각각 속력 v_A, v_B로 기준선 P, Q를 동시에 지난 후 기준선 S에 동시에 도달한다. 가속도의 방향은 A와 B가 같고, 가속도의 크기는 A가 B의 $\frac{2}{3}$배이다. B가 Q에서 기준선 R까지 운동하는 데 걸린 시간은 R에서 S까지 운동하는 데 걸린 시간의 $\frac{1}{2}$배이다. P와 Q 사이, Q와 R 사이, R와 S 사이에서 자동차의 이동 거리는 모두 L로 같다.

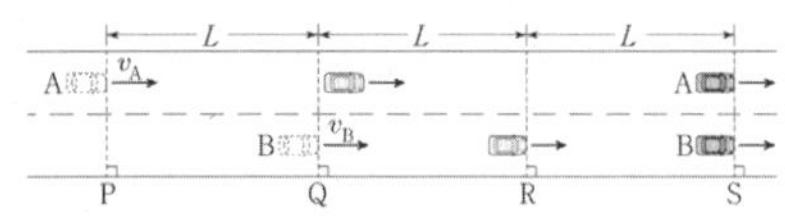

$\frac{v_A}{v_B}$는? [3점]

① $\frac{9}{4}$ ② $\frac{3}{2}$ ③ $\frac{7}{6}$ ④ $\frac{8}{7}$ ⑤ $\frac{8}{9}$

2024학년도 EBS 수능특강 25쪽 7번

[23023-0031]

07 그림과 같이 직선 도로에서 자동차 A, B가 각각 v_1, v_2의 속력으로 기준선 P를 동시에 통과한 후, 도로와 나란하게 각각 등가속도 직선 운동을 하여 기준선 R를 동시에 통과한다. 가속도의 방향은 A와 B가 같고, 가속도의 크기는 A가 B의 2배이다. A가 P에서 기준선 Q까지 운동하는 데 걸린 시간은 Q에서 R까지 운동하는 데 걸린 시간의 2배이다. P와 Q 사이, Q와 R 사이의 거리는 L로 같다.

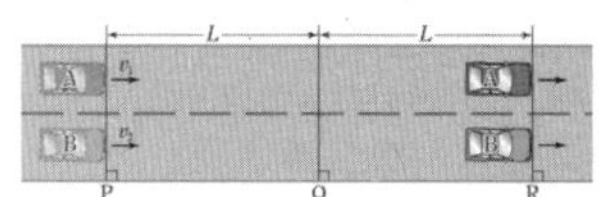

이에 대한 설명으로 옳은 것만을 〈보기〉에서 있는 대로 고른 것은? (단, 자동차의 크기는 무시한다.)

보기
ㄱ. P에서 R까지 운동하는 동안, A의 속력은 감소한다.
ㄴ. $v_2 = \frac{5}{2}v_1$이다.
ㄷ. A가 Q를 통과하는 순간, B와 R 사이의 거리는 $\frac{7}{6}L$이다.

① ㄱ ② ㄴ ③ ㄷ ④ ㄱ, ㄴ ⑤ ㄴ, ㄷ

연계 분석 수능 19번 문항은 수능특강 25쪽 7번 문항과 연계하여 출제되었다. 두 문항 모두 직선 도로에서 자동차 A, B가 서로 다른 가속도로 등가속도 직선 운동을 하는 상황을 제시하고, 출발하는 순간 A, B의 속력 비를 묻고 있다는 점에서 높은 유사성을 보인다. 또한 두 문항 모두 동일한 거리를 운동하는 데 걸린 시간을 비교하여 가속도의 방향을 찾아야 한다는 점에서 매우 유사하다. 수능 19번 문항은 자동차의 운동 방향과 반대 방향의 가속도를, 수능특강 7번 문항은 자동차의 운동 방향과 같은 방향의 가속도를 제시하였다는 점에서 일부 차이가 있다.

학습 대책 일반적으로 등가속도 직선 운동 문항은 변별력을 높이기 위해 다소 어렵게 출제되는 경향이 있다. 이 단원의 문항을 해결하기 위해서는 변위, 속도, 가속도 등의 개념을 명확히 파악하고 있어야 하며, 이를 바탕으로 등가속도 직선 운동 공식, 평균 속도, 속도-시간 그래프 등을 적절히 이용할 수 있어야 한다. 따라서 연계 교재 학습 시 단순히 답을 찾는 데 그치지 않고 각 단원에서 제시하는 자료와 공식, 다양한 문제들을 깊이 있게 분석하며 학습하는 자세가 필요하다. 또한 최근 수능과 모의평가에서 두 물체가 빗면에서 운동할 때의 상황을 분석하는 문제들이 많이 출제되고 있으므로 이에 대해서도 철저한 대비가 필요하다.

2024학년도 대학수학능력시험 12번

12. 그림과 같이 관찰자 A에 대해 광원 P, 검출기, 광원 Q가 정지해 있고 관찰자 B, C가 탄 우주선이 각각 광속에 가까운 속력으로 P, 검출기, Q를 잇는 직선과 나란하게 서로 반대 방향으로 등속도 운동을 한다. A의 관성계에서, P, Q에서 검출기를 향해 동시에 방출된 빛은 검출기에 동시에 도달한다. P와 Q 사이의 거리는 B의 관성계에서가 C의 관성계에서보다 크다.

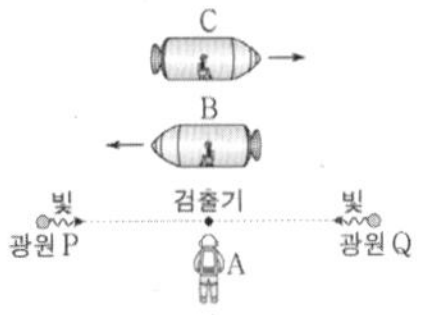

이에 대한 설명으로 옳은 것만을 <보기>에서 있는 대로 고른 것은?

<보 기>

ㄱ. A의 관성계에서, B의 시간은 C의 시간보다 느리게 간다.
ㄴ. B의 관성계에서, 빛은 P에서가 Q에서보다 먼저 방출된다.
ㄷ. C의 관성계에서, 검출기에서 P까지의 거리는 검출기에서 Q까지의 거리보다 크다.

① ㄱ ② ㄴ ③ ㄱ, ㄷ ④ ㄴ, ㄷ ⑤ ㄱ, ㄴ, ㄷ

2024학년도 EBS 수능완성 51쪽 6번

06 ▸23066-0096

그림과 같이 관찰자 A에 대해 별 P, Q가 검출기에서 같은 거리만큼 떨어져 정지해 있고, 관찰자 B, C가 탄 우주선이 각각 광속에 가까운 일정한 속력으로 P, 검출기, Q를 잇는 직선과 나란하게 서로 반대 방향으로 운동하고 있다. A의 관성계에서 측정할 때, B, C가 A를 동시에 스쳐 지나는 순간 P, Q가 빛을 내며 폭발한다. 우주선의 고유 길이는 B가 탄 우주선이 C가 탄 우주선보다 길고, A의 관성계에서 측정할 때, B가 탄 우주선과 C가 탄 우주선의 길이는 같다. 이에 대한 설명으로 옳은 것만을 〈보기〉에서 있는 대로 고른 것은?

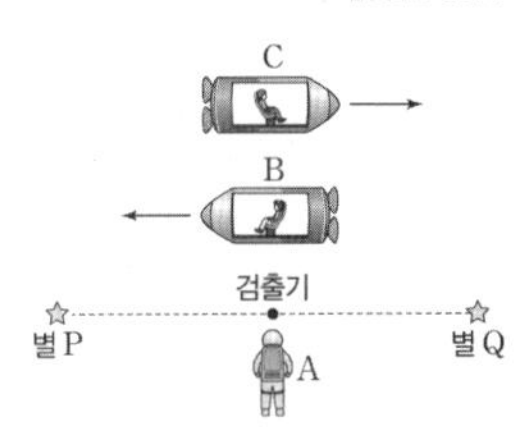

보기

ㄱ. A의 관성계에서 측정할 때, B의 시간은 C의 시간보다 느리게 간다.
ㄴ. C의 관성계에서 측정할 때, Q가 P보다 먼저 폭발한다.
ㄷ. Q가 폭발할 때 발생한 빛이 검출기에 도달하는 데 걸린 시간은 B의 관성계에서 측정할 때와 C의 관성계에서 측정할 때가 서로 같다.

① ㄱ ② ㄷ ③ ㄱ, ㄴ ④ ㄴ, ㄷ ⑤ ㄱ, ㄴ, ㄷ

연계 분석

수능 12번 문항은 수능완성 51쪽 6번 문항과 연계하여 출제되었다. 두 문항 모두 검출기를 중심으로 수평 방향으로 각각 일정한 간격만큼 떨어진 지점에 광원이 있고, 한 관성계에서 두 광원에서 동시에 방출된 빛이 검출기에 동시에 도달하는 상황을 제시하며, 시간 팽창(시간 지연)과 동시성의 상대성 등을 묻고 있다는 점에서 높은 유사성을 보인다. 수능 12번 문항은 검출기에서 광원까지의 거리를 길이 수축의 개념을 이용하여 해결할 수 있는지를 묻고 있고, 수능완성 6번 문항은 빛이 광원에서 검출기에 도달하는 데 걸린 시간을 서로 다른 관성계에서 비교할 수 있는지를 묻고 있다는 점에서 일부 차이가 있다.

학습 대책

수능과 모의평가에서 자주 출제되는 특수 상대성 이론 문항들을 살펴보면 정량적인 계산보다는 개념의 이해 정도를 명확히 묻는 정성적인 문항들이 대부분인 것을 알 수 있다. 따라서 연계 교재 학습 시 단순 암기보다는 시간 팽창, 길이 수축, 동시성의 상대성, 고유 시간과 고유 길이 등의 개념과 원리를 심도 있게 이해하는 데 중점을 두어야 한다. 또한 빛이 수평 방향에서 왕복 운동하는 다소 복잡한 상황의 문제가 출제될 가능성이 있으므로 연계 교재에 제시된 다양한 자료와 문항에 대해서도 면밀히 분석하며 학습할 필요가 있다.

힘과 운동

개념 체크

◎ **이동 거리**: 물체가 이동한 경로의 길이이다.
◎ **변위**: 처음 위치에서 나중 위치까지의 위치 변화량이다.
◎ **속력**: 단위 시간(1초) 동안의 이동 거리이다.
◎ **속도**: 단위 시간(1초) 동안의 변위이다.
◎ **가속도**: 단위 시간(1초) 동안의 속도 변화량이다.

[1~2] 그림은 직선상에서 운동하는 물체의 위치를 시간에 따라 나타낸 것이다.

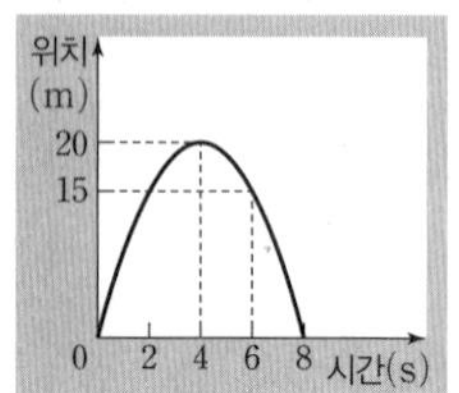

1. 0초부터 6초까지 이동 거리는 (　　)m이고, 변위의 크기는 (　　)m이다.

2. 0초부터 8초까지 평균 속력은 (　　)이고, 평균 속도의 크기는 (　　)이다.

3. 직선상에서 0초일 때 2 m/s의 속력으로 운동하는 물체의 가속도 방향이 운동 방향과 같고, 크기가 $2\ m/s^2$으로 일정하다면 4초일 때 물체의 속력은 (　　)m/s이다.

정답
1. 25, 15
2. 5 m/s, 0
3. 10

1 여러 가지 운동

(1) 운동의 표현

① **운동**: 물체의 위치가 시간에 따라 변하는 것을 운동이라고 한다.

② 이동 거리와 변위

- 이동 거리: 물체가 이동한 경로의 길이로, 크기만 있고 방향이 없는 물리량이다.
- 변위: 처음 위치에서 나중 위치까지의 위치 변화량으로, 크기와 방향이 있는 물리량이다. 변위의 크기는 처음 위치와 나중 위치를 이은 직선 거리이고, 변위의 방향은 처음 위치에서 나중 위치를 향하는 방향이다.

과학 돋보기 | 이동 거리와 변위

사람이 직선상의 점 p에서 점 q를 지나 점 r까지 운동할 때,
- 사람의 이동 거리는 15 m이고, 변위는 동쪽으로 5 m이다.
- 운동 방향이 바뀌지 않는 경우: 이동 거리=변위의 크기
- 운동 방향이 바뀌는 경우: 이동 거리>변위의 크기

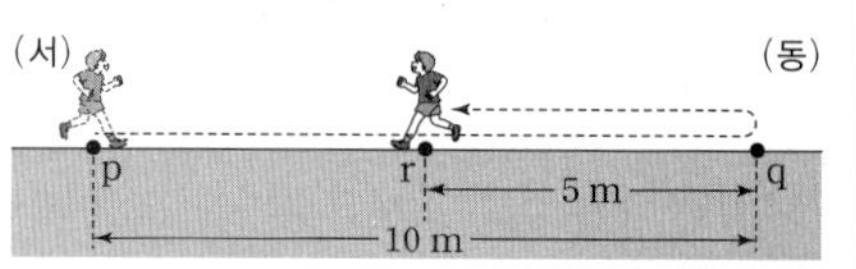

③ **속력**: 단위 시간(1초) 동안 이동 거리를 속력이라고 하며, 물체의 빠르기를 나타낸다.

$$속력=\frac{이동\ 거리}{걸린\ 시간}\ [단위:\ m/s]$$

- 평균 속력: 전체 이동 거리를 걸린 시간으로 나눈 값이다.

④ **속도**: 단위 시간(1초) 동안 변위를 속도라고 하며, 물체의 빠르기와 운동 방향을 함께 나타낸다.

$$속도=\frac{변위}{걸린\ 시간}\ [단위:\ m/s]$$

- 평균 속도의 크기: 전체 변위의 크기를 걸린 시간으로 나눈 값이다.

⑤ **가속도**: 단위 시간(1초) 동안 속도 변화량을 가속도라고 한다. 가속도는 속도 변화량을 걸린 시간으로 나눈 값으로, 크기와 방향을 함께 나타낸다.

$$가속도=\frac{속도\ 변화량}{걸린\ 시간}=\frac{나중\ 속도-처음\ 속도}{걸린\ 시간}\ [단위:\ m/s^2]$$

- 가속도의 방향과 속력: 물체가 직선상에서 운동할 때, 가속도의 방향이 운동 방향과 같으면 속력이 증가하고, 가속도의 방향이 운동 방향과 반대이면 속력이 감소한다.

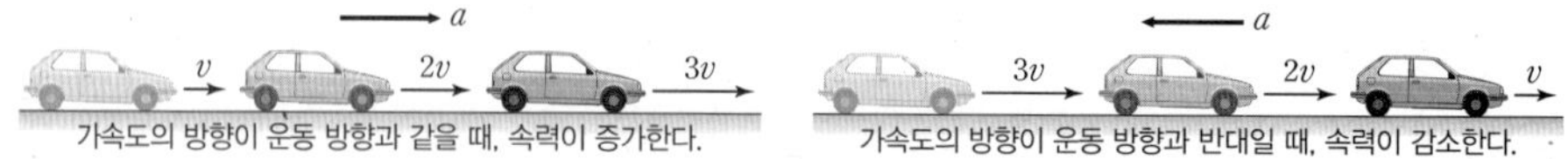

가속도의 방향이 운동 방향과 같을 때, 속력이 증가한다. 　 가속도의 방향이 운동 방향과 반대일 때, 속력이 감소한다.

과학 돋보기 | 가속도의 크기와 방향

그림은 각각 등가속도 운동을 하는 자동차 A, B가 시간 $t=0$일 때 기준선 P를 각각 10 m/s, 25 m/s의 속력으로 동시에 통과한 후, $t=10$초일 때 기준선 Q를 각각 20 m/s, 5 m/s의 속력으로 동시에 통과하는 것을 나타낸 것이다.

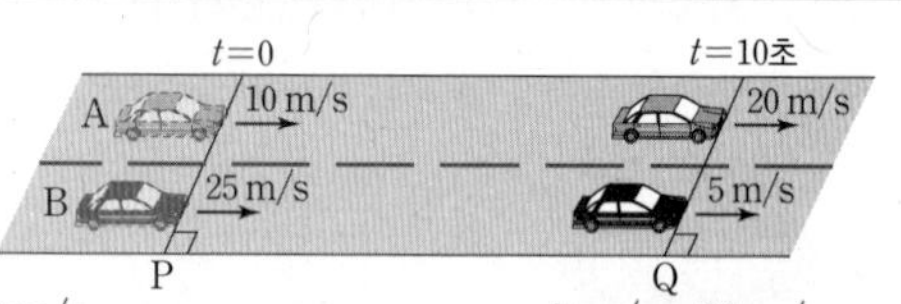

P에서 Q까지 운동하는 동안 A의 가속도 $a_A=\frac{20\ m/s-10\ m/s}{10\ s}=1\ m/s^2$, B의 가속도 $a_B=\frac{5\ m/s-25\ m/s}{10\ s}=-2\ m/s^2$이다. B의 가속도에서 '−'는 가속도의 방향이 운동 방향과 반대 방향임을 의미하며, 가속도의 크기는 B가 A의 2배이지만 B의 가속도의 방향이 운동 방향과 반대이므로 B의 속력은 감소한다.

(2) 운동의 분류

① **등속 직선 운동**: 물체의 속도가 일정한 운동을 등속 직선 운동이라고 한다. 물체가 운동하는 동안 물체의 빠르기와 운동 방향은 변하지 않으며, 등속도 운동이라고도 한다.

무빙워크

에스컬레이터

컨베이어 벨트

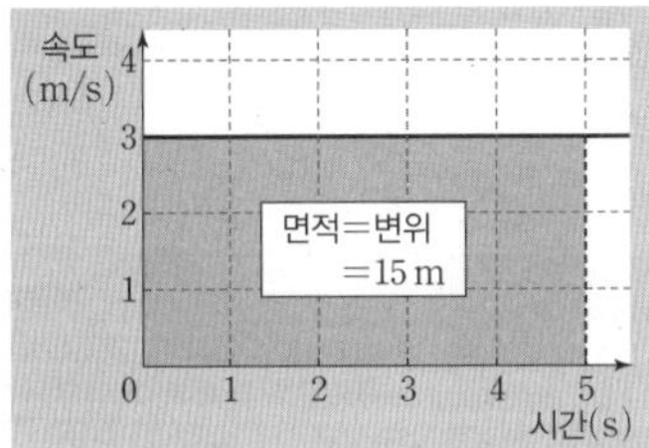

속도-시간 그래프

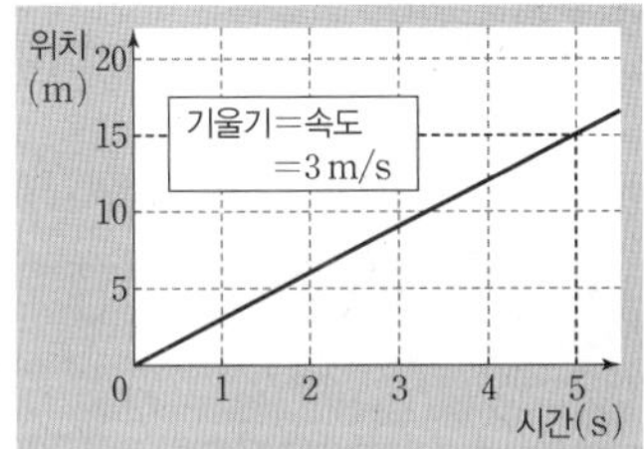

위치-시간 그래프

② **속력만 변하는 운동**: 물체의 운동 방향은 변하지 않고 빠르기만 변하는 가속도 운동이다.

언덕을 내려오는 자전거

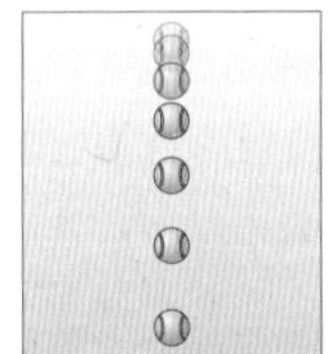
아래로 떨어지는 공

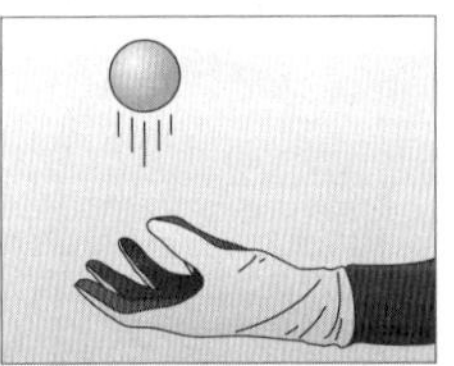
위로 던져 올라가는 공

③ **운동 방향만 변하는 운동**: 물체의 빠르기는 변하지 않고 운동 방향만 변하는 가속도 운동이다.

회전 관람차

회전 그네

선풍기의 날개

④ **속력과 운동 방향이 모두 변하는 운동**: 일상생활에서 보는 대부분의 물체의 운동으로, 속력과 운동 방향이 함께 변하는 가속도 운동이다.

바이킹

비스듬히 던진 공

시계추

개념 체크

- **등속 직선 운동**: 물체의 운동 방향과 속력이 일정한 운동이다.
- **가속도 운동**: 속도(속력이나 운동 방향)가 변하는 운동이다.

1. $5\ m/s$의 속력으로 등속 직선 운동을 하는 물체가 (　　)초 동안 이동한 거리는 $25\ m$이다.

2. 위치-시간 그래프에서 그래프의 기울기는 (　　)와 같다.

3. 물체의 운동 방향과 물체에 작용하는 알짜힘의 방향이 반대이면 물체의 속력은 (증가 , 감소)한다.

4. 비스듬히 던진 공의 운동이나 일정한 속력으로 원을 그리며 도는 물체의 운동은 모두 (　　) 운동이다.

정답

1. 5
2. 속도
3. 감소
4. 가속도

개념 체크

◉ **등가속도 직선 운동**: 직선상에서 속도가 일정하게 변하는 운동이다.

◉ **등가속도 직선 운동에서 속도와 시간의 관계**: $v=v_0+at$

◉ **등가속도 직선 운동에서 변위와 시간의 관계**: $s=v_0t+\frac{1}{2}at^2$

1. 등속 원운동을 하는 물체의 운동 방향은 원의 (   ) 방향으로 매 순간 변하고, 빠르기는 (   ) 하다.

[2~3] 그림과 같이 기준선 P를 10 m/s의 속력으로 통과한 자동차가 등가속도 직선 운동을 하여 5초 후 기준선 Q를 20 m/s의 속력으로 통과한다.

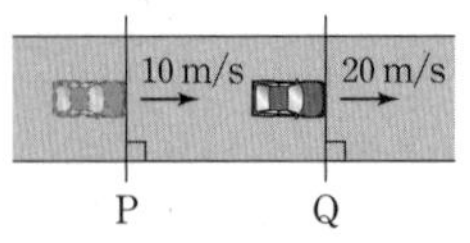

2. 자동차의 가속도의 크기는 (   ) m/s²이다.

3. P와 Q 사이의 거리는 (   ) m이다.

과학 돋보기 등속 원운동과 진자 운동

- 등속 원운동을 하는 물체의 운동 방향은 원의 접선 방향으로 매 순간 변하고, 빠르기는 일정하다.
- 원의 중심 방향으로 힘(구심력)이 작용하므로 가속도의 방향 역시 원의 중심 방향이다.

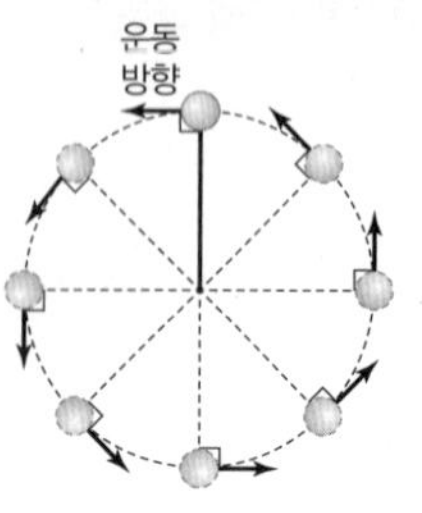

- 진자 운동을 하는 물체는 운동 방향과 빠르기가 매 순간 변하는 운동을 한다.
- 물체의 속력은 양 끝점에서 0이고, 진동 중심에서 가장 크다.

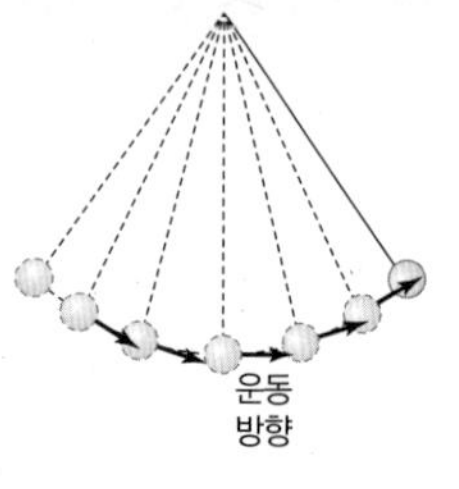

탐구자료 살펴보기 물체의 운동 분류하기

자료

다음은 속도가 일정하지 않은 여러 가지 물체의 운동 사례이다.

(가) 직선 물미끄럼틀을 따라 내려오는 사람

(나) 직선 레일을 따라 들어와 멈추는 기차

(다) 일정한 빠르기로 도는 회전목마

(라) 휘어진 레일을 따라 내려오는 롤러코스터

(마) 그네를 타는 아이

(바) 휘어진 컨베이어 벨트 위의 물건

분석

① 운동 방향은 변하지 않고 속력만 변하는 운동: (가), (나)
② 속력은 변하지 않고 운동 방향만 변하는 운동: (다), (바)
③ 속력과 운동 방향이 모두 변하는 운동: (라), (마)

point

- 속력만 변하는 운동은 직선 경로를 따라 운동하며, 속력이 증가하거나 감소한다.
- 물체가 곡선 경로를 따라 운동하는 경우에는 물체의 운동 방향이 변한다.
- ①, ②, ③은 모두 속도가 변하는 운동이므로 가속도 운동이다.

(3) **등가속도 직선 운동**: 마찰이 없는 빗면을 따라 내려가는 물체의 운동과 같이 직선상에서 속도가 일정하게 변하는 운동으로, 가속도가 일정한 직선 운동이다.

① **속도와 시간의 관계**: 처음 속도를 v_0, 나중 속도를 v, 걸린 시간을 t라고 하면 속도 변화량이 $v-v_0$이므로 가속도 a는 $a=\frac{v-v_0}{t}$이다. 따라서 나중 속도 v는 다음과 같다. ➡ $v=v_0+at$

② **변위와 시간의 관계**: 속도-시간 그래프에서 그래프가 시간 축과 이루는 면적은 변위이다. 따라서 시간에 따른 변위 s는 다음과 같다. ➡ $s=v_0t+\frac{1}{2}at^2$

정답
1. 접선, 일정
2. 2
3. 75

③ **속도와 변위의 관계**: ①에서 $t=\frac{v-v_0}{a}$을 ②의 $s=v_0t+\frac{1}{2}at^2$에 대입하면 속도와 변위의 관계는 다음과 같다. ➡ $2as=v^2-v_0^2$

④ **평균 속도**: 등가속도 직선 운동을 하는 물체의 평균 속도는 처음 속도와 나중 속도의 중간값이다.

$$v_{평균}=\frac{v_0+v}{2}$$

⑤ **등가속도 직선 운동의 그래프**

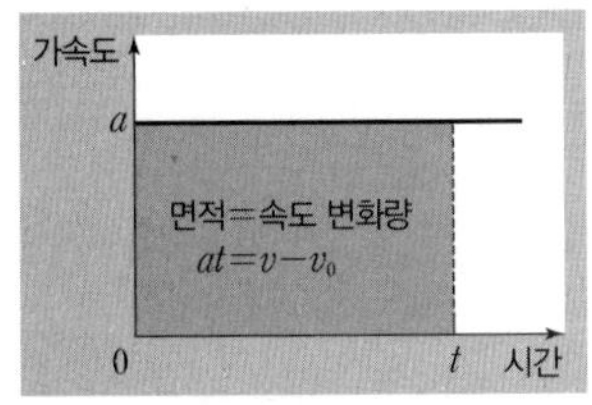

가속도 - 시간 그래프

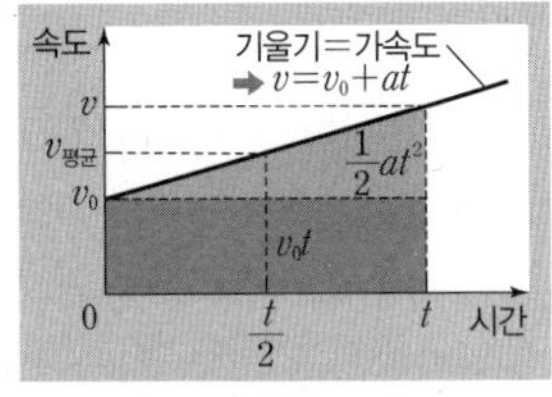

속도 - 시간 그래프

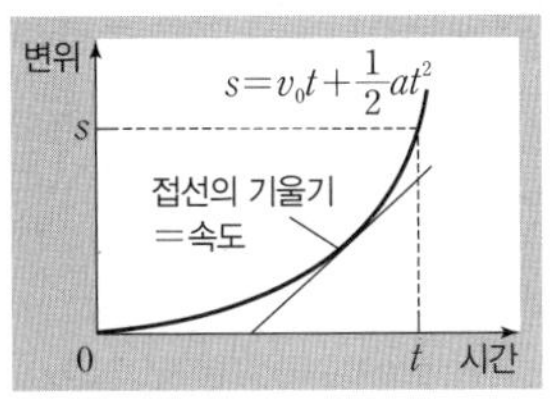

변위 - 시간 그래프

탐구자료 살펴보기 속력이 감소하는 등가속도 직선 운동

과정

(1) 빗면과 쇠구슬을 준비한다.
(2) 쇠구슬이 빗면 위 방향으로 올라갈 수 있도록 쇠구슬을 살짝 밀어준다.
(3) 쇠구슬이 빗면에서 최고점에 올라갈 때까지의 운동을 휴대 전화를 사용해 동영상 촬영한다.
(4) 동영상 분석 프로그램을 이용하여 쇠구슬의 위치를 0.1초 간격으로 기록한다.

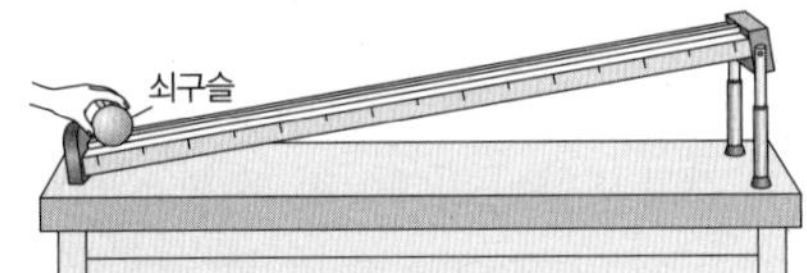

결과

시간(s)	0	0.1	0.2	0.3	0.4	0.5
위치(m)	0	0.09	0.16	0.21	0.24	0.25
구간 속도(m/s)	0.9	0.7	0.5	0.3	0.1	
속도 변화량의 크기(m/s)		0.2	0.2	0.2	0.2	

• 0.1초 동안 쇠구슬의 속도의 크기는 0.2 m/s씩 감소하고 있으므로 쇠구슬은 가속도의 방향이 운동 방향과 반대이고, 가속도의 크기가 2 m/s²으로 일정한 등가속도 직선 운동을 한다.

point

• 쇠구슬이 빗면을 따라 운동하는 동안 속력이 일정하게 감소하는 등가속도 직선 운동을 한다.
• 쇠구슬의 위치 - 시간 그래프와 속도 - 시간 그래프는 다음과 같다.

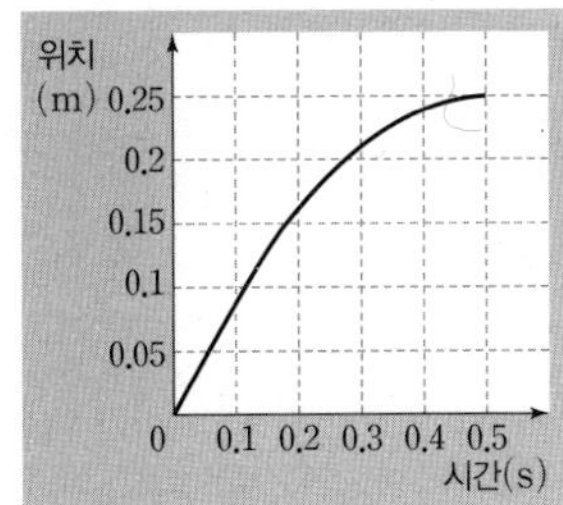

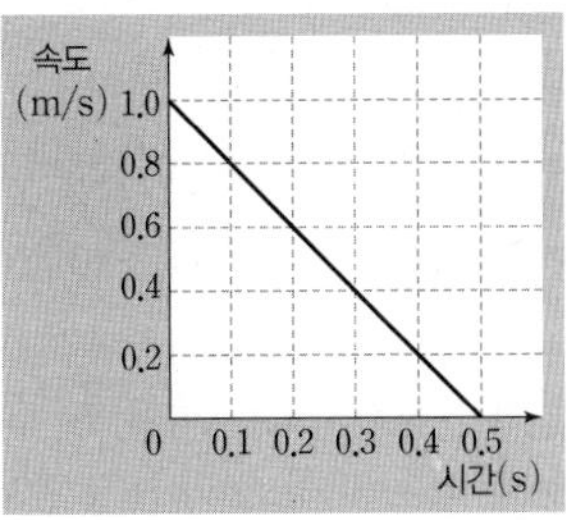

개념 체크

• **등가속도 직선 운동에서 속도와 변위의 관계**: $2as=v^2-v_0^2$
• **등가속도 직선 운동에서의 평균 속도**: 처음 속도(v_0)와 나중 속도(v)의 중간값이다.

[1~2] 20 m/s의 속력으로 운동하던 물체가 등가속도 직선 운동을 하여 50 m 이동하여 정지하였다.

1. 물체의 가속도의 크기는 (　　) m/s²이다.

2. 물체가 정지할 때까지 걸린 시간은 (　　)초이다.

[3~5] 그림은 직선상에서 운동하는 물체의 속도를 시간에 따라 나타낸 것이다.

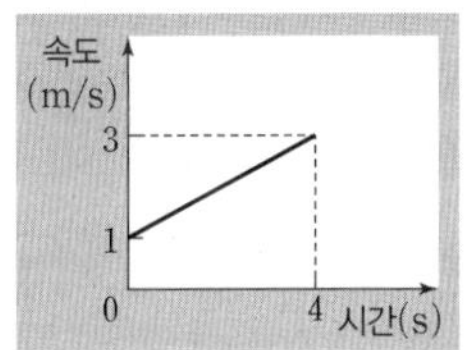

3. 물체의 가속도의 크기는 (　　) m/s²이다.

4. 0초부터 4초까지 물체의 평균 속도의 크기는 (　　) m/s이다.

5. 0초부터 4초까지 물체가 이동한 거리는 (　　) m이다.

정답
1. 4
2. 5
3. $\frac{1}{2}$
4. 2
5. 8

개념 체크

- **힘**: 물체의 모양이나 운동 상태를 변화시키는 원인이다.
- **알짜힘(합력)**: 물체에 작용하는 모든 힘을 합한 것이다.
- **힘의 평형**: 물체에 작용하는 알짜힘이 0인 경우이다.

1. 그림과 같이 물체에 같은 방향으로 크기가 각각 3 N, 5 N인 힘이 작용한다.

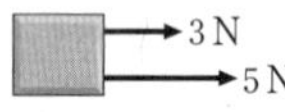

이 물체에 작용하는 알짜힘의 크기는 ( ) N이고, 방향은 ( )이다.

2. 그림과 같이 물체에 반대 방향으로 크기가 각각 4 N, F_0인 힘이 작용한다. 물체에 작용하는 알짜힘이 0이면 F_0은 ( ) N이다.

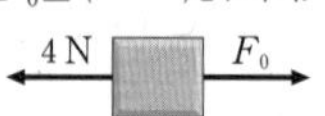

3. 한 물체에 작용하는 두 힘의 크기가 서로 같고 방향이 반대이며 두 힘이 일직선상에 있으면, 두 힘은 ( ) 관계이다.

4. 정지해 있거나 등속 직선 운동을 하는 물체는 힘의 ( ) 상태에 있다.

정답

1. 8, 오른쪽
2. 4
3. 평형
4. 평형

2 힘

(1) 힘: 물체의 모양이나 운동 상태를 변화시키는 원인을 힘이라고 한다.

① **힘의 표시**: 힘의 3요소(힘의 크기, 힘의 방향, 힘의 작용점)로 나타낸다.

② **힘의 단위**: N(뉴턴)을 사용한다.

- 1 N은 질량이 1 kg인 물체를 1 m/s^{2}으로 가속시키는 힘이다.

  ➡ $1\text{ N}=1\text{ kg}\cdot\text{m/s}^2$

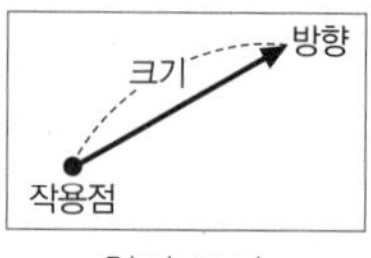

힘의 표시

(2) 힘의 합성

① **알짜힘(합력)**: 한 물체에 여러 힘이 작용할 때 물체에 작용한 모든 힘을 합한 것을 합력 또는 알짜힘이라고 한다.

② **힘의 합성**

- 같은 방향의 두 힘의 합성: 합력의 크기는 두 힘의 크기의 합과 같고, 방향은 두 힘의 방향과 같다.
- 반대 방향의 두 힘의 합성: 합력의 크기는 두 힘의 크기의 차와 같고, 방향은 크기가 큰 힘의 방향과 같다.

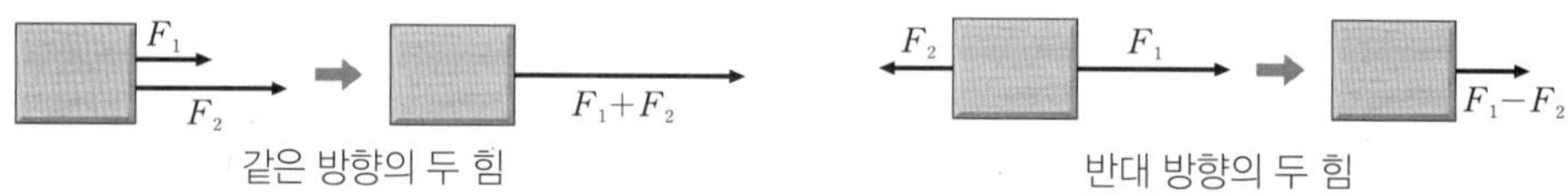

같은 방향의 두 힘 반대 방향의 두 힘

(3) 힘의 평형: 한 물체에 작용하는 힘들의 합력이 0일 때, 이 힘들이 서로 평형을 이룬다고 하며, 물체는 힘의 평형 상태에 있다.

① 정지해 있거나 등속 직선 운동(등속도 운동)을 하는 물체는 힘의 평형 상태에 있다.

② 한 물체에 작용하는 두 힘의 크기가 같고 방향이 반대이면 두 힘은 평형을 이룬다.

탐구자료 살펴보기 한 물체에 두 힘이 나란하게 작용할 때 합력 구하기

과정

(1) 그림 (가)와 같이 마찰이 없는 수평면에서 1개의 용수철저울을 수레에 연결하여 용수철저울의 눈금이 1 N인 상태를 유지하며 수레를 수평 방향으로 당기면서 수레의 운동 상태를 관찰한다.

(2) 그림 (나)와 같이 마찰이 없는 수평면에서 2개의 용수철저울을 수레에 같은 방향으로 연결하여 각 용수철저울의 눈금이 1 N인 상태를 유지하며 수레를 수평 방향으로 당기면서 수레의 운동 상태를 관찰한다.

(3) 그림 (다)와 같이 마찰이 없는 수평면에서 2개의 용수철저울을 수레에 반대 방향으로 연결하여 각 용수철저울의 눈금이 1 N인 상태를 유지하며 수레를 수평 방향으로 당기면서 수레의 운동 상태를 관찰한다.

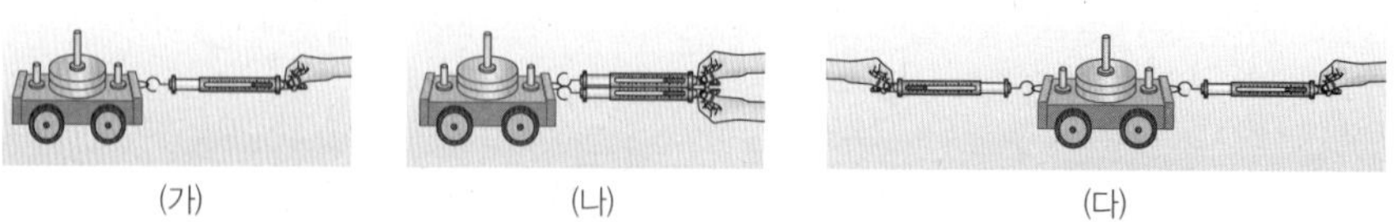

(가) (나) (다)

결과

- (가), (나), (다)에서 수레에 작용하는 알짜힘의 크기는 각각 1 N, 2 N, 0이다.

point

- 한 물체에 작용하는 두 힘의 방향이 같으면 물체에 작용하는 알짜힘의 크기는 두 힘의 크기를 더한 것과 같다.
- 한 물체에 작용하는 두 힘의 방향이 반대이고, 두 힘의 크기가 같으면 두 힘은 평형을 이룬다.

3 뉴턴 운동 제1법칙(관성 법칙)

(1) **관성**: 물체가 자신의 운동 상태를 계속 유지하려는 성질을 말한다.

① 정지해 있는 물체는 계속 정지해 있으려는 성질이 있다.

② 운동하는 물체는 계속 같은 속도로 운동하려는 성질이 있다.

③ 질량이 클수록 관성이 크므로 물체의 운동 상태를 변화시키기 어렵다.

탐구자료 살펴보기 관성에 의한 현상

자료

그림 (가)~(라)는 일상생활에서 볼 수 있는 여러 현상을 나타낸 것이다.

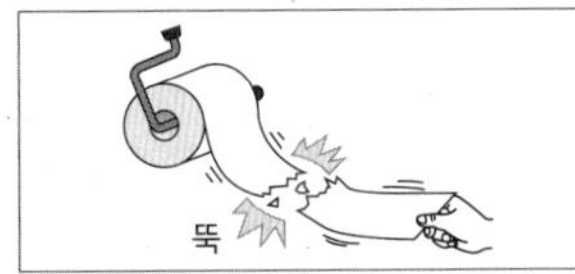

(가) 휴지를 갑자기 잡아당기면 휴지가 풀리지 않고 끊어진다.

(나) 달리던 버스가 갑자기 멈추면 승객들이 앞으로 넘어진다.

(다) 망치 자루를 바닥에 내리치면 망치 머리가 자루에 단단히 박힌다.

(라) 동전이 올려진 종이를 재빠르게 치면 종이만 빠져나오고 동전은 컵 안으로 떨어진다.

분석

- (가), (라)는 정지해 있는 상태를 계속 유지하려고 하기 때문에 나타나는 현상이다.
- (나), (다)는 운동하던 상태를 계속 유지하려고 하기 때문에 나타나는 현상이다.

point

- 물체는 자신의 운동 상태를 계속 유지하려는 성질이 있다.

(2) **뉴턴 운동 제1법칙**: 물체에 작용하는 알짜힘이 0일 때, 정지해 있는 물체는 계속 정지해 있고, 운동하는 물체는 계속 등속 직선 운동을 한다. 이것을 뉴턴 운동 제1법칙 또는 관성 법칙이라고 한다.

과학 돋보기 갈릴레이의 사고 실험

갈릴레이는 그림과 같이 물체가 운동하는 데 아무런 저항이 없다면 점 O에서 가만히 놓은 물체는 반대편 경사면의 O와 같은 높이의 점 A, B, C까지 올라간다고 생각하였다. 만약 반대편 경사면이 수평이 되면 물체는 수평면을 따라 계속 운동하게 된다. 갈릴레이는 물체에 아무런 힘이 작용하지 않아도 물체가 계속 등속도 운동을 하는 것은 물체가 자신의 운동 상태를 계속 유지하려는 성질(관성)을 가지기 때문이라고 생각하였다.

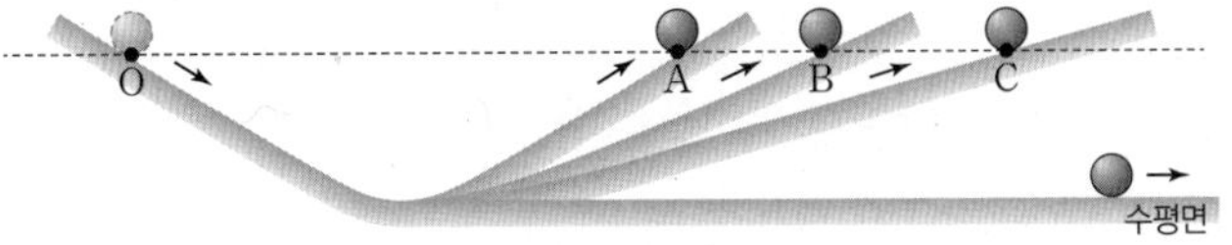

개념 체크

- **관성**: 물체가 자신의 운동 상태를 계속 유지하려는 성질이다. 물체의 질량이 클수록 관성이 크다.
- **뉴턴 운동 제1법칙(관성 법칙)**: 물체에 작용하는 알짜힘이 0일 때 물체는 자신의 운동 상태를 계속 유지한다.

1. 물체가 자신의 운동 상태를 계속 유지하려는 성질을 ( )이라고 한다.

2. 물체에 작용하는 알짜힘이 0이면 물체는 ( )해 있거나 등속도 운동을 한다.

[3~4] 그림은 무게가 각각 1 N, 2 N인 물체 A, B가 실 p, q에 매달려 정지해 있는 것을 나타낸 것이다.

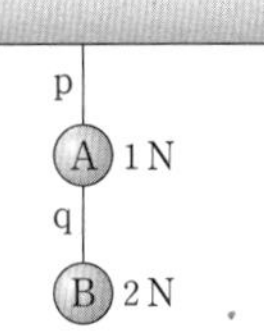

3. q가 B를 당기는 힘의 크기는 ( ) N이다.

4. A를 당기는 힘의 크기는 p가 q보다 ( ) N만큼 크다.

정답

1. 관성
2. 정지
3. 2
4. 1

개념 체크

◘ **알짜힘과 가속도의 관계**: 물체의 질량이 일정할 때, 가속도는 알짜힘에 비례한다.
◘ **질량과 가속도의 관계**: 물체에 작용하는 알짜힘이 일정할 때, 가속도는 질량에 반비례한다.

[1~2] 그림은 마찰이 없는 수평면에 정지해 있던 질량이 3 kg인 물체에 0초부터 수평 방향으로 6 N의 힘이 작용하는 것을 나타낸 것이다.

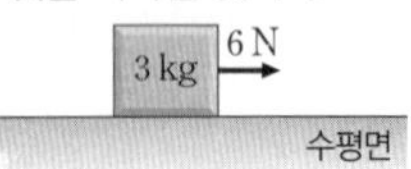

1. 물체의 가속도의 크기는 (　　) m/s^2이다.

2. 5초 후 물체의 속력은 (　　) m/s이다.

[3~4] 그림은 질량이 m인 물체에 작용하는 알짜힘의 크기가 각각 F, 2 N일 때 물체의 속도를 시간에 따라 나타낸 것이다.

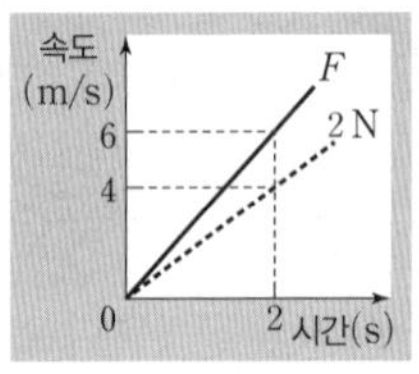

3. m은 (　　) kg이다.

4. F는 (　　) N이다.

정답
1. 2
2. 10
3. 1
4. 3

4 뉴턴 운동 제2법칙(가속도 법칙)

탐구자료 살펴보기 힘, 질량, 가속도 사이의 관계

과정

(1) 그림 (가)와 같이 질량이 1 kg인 수레와 질량이 0.5 kg인 추를 실로 연결한다.
(2) 수레를 수평면에 가만히 놓고 수레의 속력을 측정한다.
(3) 그림 (나)와 같이 수레에 추 1개를 올려놓고 과정 (2)를 반복한다.
(4) 그림 (다)와 같이 추 2개를 연결하고 과정 (2)를 반복한다.

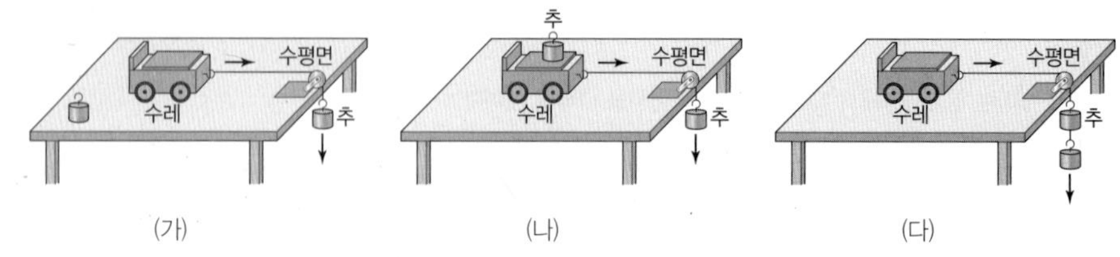

결과

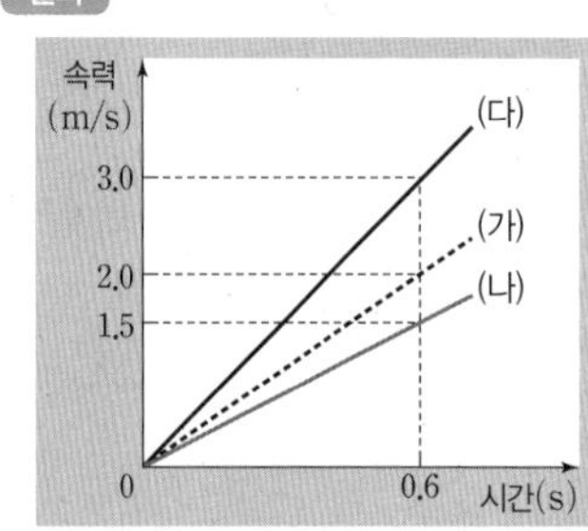

• (가), (나)에서 (수레+추)의 질량이 커질수록 가속도의 크기는 감소한다.
• (가), (다)에서 수레에 작용하는 힘의 크기가 커질수록 가속도의 크기는 증가한다.

point

• 가속도의 크기는 질량이 일정하면 힘의 크기에 비례하고, 힘의 크기가 일정하면 질량에 반비례한다.

(1) 가속도와 힘 및 질량의 관계

① **힘과 가속도의 관계**: 질량을 일정하게 유지하고 알짜힘을 2배, 3배, …로 증가시키면 속도-시간 그래프의 기울기(가속도)는 2배, 3배, …로 증가한다.

➡ 질량(m)이 일정하면 가속도(a)는 알짜힘(F)에 비례한다. [$a \propto F$ (m: 일정)]

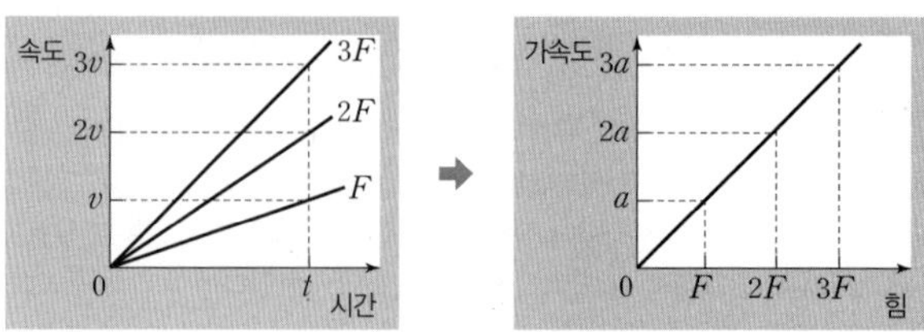

힘과 가속도의 관계 그래프(질량: 일정)

② **질량과 가속도의 관계**: 알짜힘을 일정하게 유지하고 질량을 2배, 3배, …로 증가시키면 속도-시간 그래프의 기울기(가속도)는 $\frac{1}{2}$배, $\frac{1}{3}$배, …로 감소한다.

➡ 힘(F)이 일정하면 가속도(a)는 질량(m)에 반비례한다. [$a \propto \frac{1}{m}$ (F: 일정)]

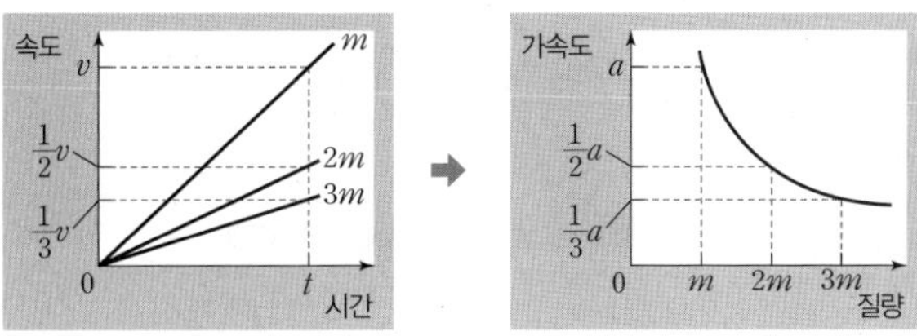

질량과 가속도의 관계 그래프(힘: 일정)

(2) **뉴턴 운동 제2법칙**: 가속도는 물체에 작용하는 알짜힘에 비례하고 질량에 반비례하는데, 이를 뉴턴 운동 제2법칙 또는 가속도 법칙이라고 한다. 가속도의 방향은 물체에 작용하는 알짜힘의 방향과 같다.

$$a=\frac{F}{m},\ F=ma$$

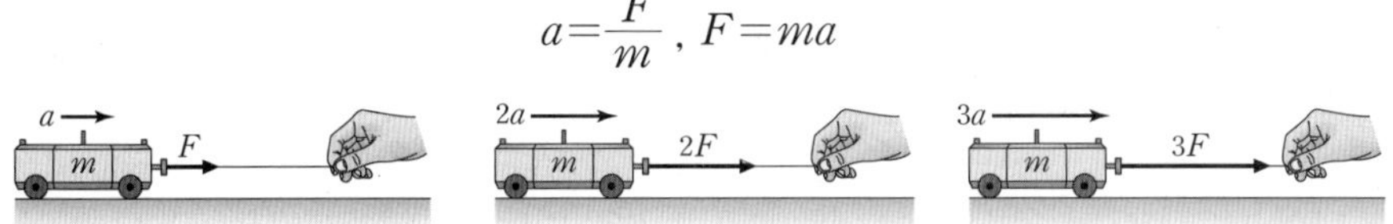

수레의 질량이 m으로 일정할 때, 수레의 가속도는 알짜힘에 비례한다.

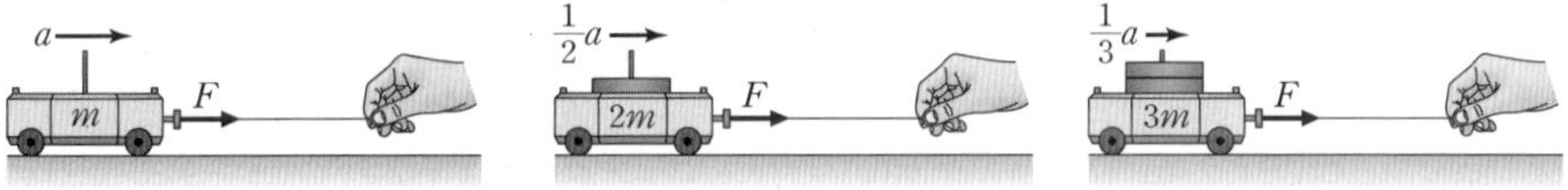

수레에 작용하는 알짜힘이 F로 일정할 때, 수레의 가속도는 질량에 반비례한다.

과학 돋보기 **운동 방정식($F=ma$)의 적용**

여러 물체가 함께 운동하여 가속도의 크기가 같은 경우, 여러 물체를 하나의 물체처럼 생각하여 다음과 같이 물체의 가속도를 구한다.

① 함께 운동하는 물체들의 질량을 모두 더한다.

② 운동하는 물체들에게 작용하는 외력만을 모두 더한다(물체들 사이에 상호 작용 하는 힘은 포함시키지 않는다.).

③ 한 물체처럼 생각하여 가속도는 $\frac{\text{외력의 총합}}{\text{질량의 총합}}$으로 구한다.

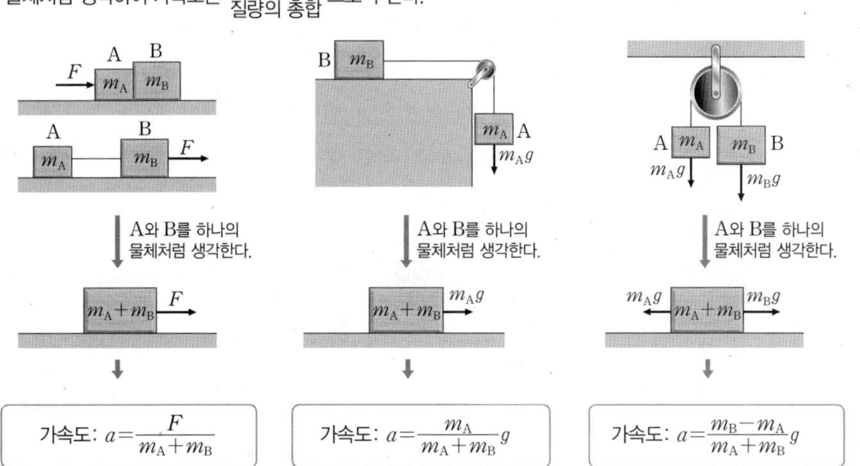

개념 체크

◘ **뉴턴 운동 제2법칙(가속도 법칙)**: 가속도는 물체에 작용하는 알짜힘에 비례하고, 질량에 반비례한다.

◘ **힘(F), 질량(m), 가속도(a)의 관계**: $F=ma$

[1~2] 그림은 마찰이 없는 수평면에 질량이 각각 $2m$, m인 물체를 놓고 수평 방향으로 크기가 각각 F, $2F$인 힘을 작용하는 것을 나타낸 것이다.

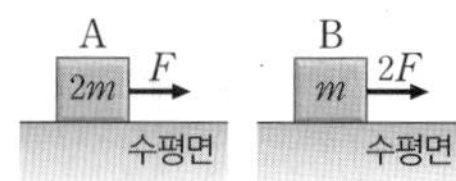

1. A의 가속도의 크기는 (　　)이다.

2. A, B의 가속도의 크기를 각각 a_A, a_B라고 할 때, $\frac{a_B}{a_A}$는 (　　)이다.

[3~4] 그림과 같이 마찰이 없는 수평면에 물체 A, B를 놓고 A에 수평 방향으로 10 N의 힘을 작용한다. A, B의 질량은 각각 3 kg, 2 kg이다.

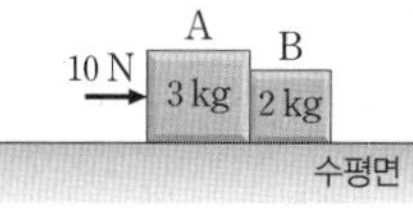

3. A의 가속도의 크기는 (　　) m/s²이다.

4. A에 작용하는 알짜힘의 크기는 (　　) N이고, A가 B에 작용하는 힘의 크기는 (　　) N이다.

정답

1. $\frac{F}{2m}$
2. 4
3. 2
4. 6, 4

개념 체크

작용 반작용: 힘은 항상 쌍으로 작용하며, A가 B에게 작용한 힘(F_{AB})을 작용이라 하면, B가 A에게 작용한 힘(F_{BA})은 반작용이라고 한다.

뉴턴 운동 제3법칙(작용 반작용 법칙): 작용과 반작용은 항상 크기가 같고, 방향은 서로 반대이다.

[1~2] 그림과 같이 마찰이 없는 수평면에서 사람 A가 사람 B를 수평 방향으로 크기가 F_0인 힘으로 민다.

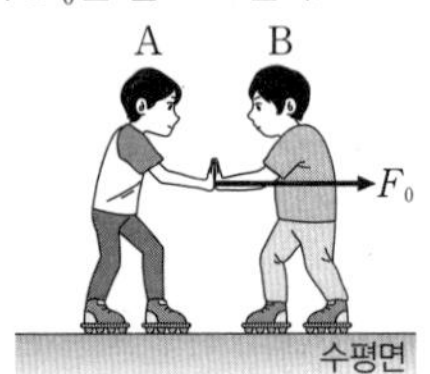

1. A가 B를 미는 힘의 반작용은 (　　)이다.

2. B가 A를 미는 힘의 크기는 (　　)이다.

[3~4] 그림은 용수철저울 A, B를 연결한 후 A의 눈금이 10 N이 되도록 잡아당겼더니 A, B가 정지해 있는 모습을 나타낸 것이다.

3. A가 B를 당기는 힘의 방향과 B가 A를 당기는 힘의 방향은 (　　)이다.

4. B의 눈금이 가리키는 값은 (　　) N이다.

정답
1. B가 A를 미는 힘
2. F_0
3. 반대
4. 10

5 뉴턴 운동 제3법칙(작용 반작용 법칙)

탐구자료 살펴보기 두 물체 사이에 작용하는 힘

과정 1

(1) 그림 (가)와 같이 두 사람이 인라인스케이트를 신고 손바닥을 맞댄다.
(2) 한 사람이 다른 사람을 일정한 크기의 힘으로 밀어본다.
(3) 두 사람이 일정한 크기의 힘으로 동시에 밀어본다.
(4) 그림 (나)와 같이 인라인스케이트를 신고 벽 앞에 서서 벽을 밀어본다.

(가)

(나)

결과

- 과정 (2), (3)에서 두 사람은 모두 서로 반대 방향으로 밀려난다.
- 과정 (4)에서 사람은 벽을 민 반대 방향으로 밀려난다.

과정 2

(1) 그림과 같이 2개의 동일한 용수철저울 A, B를 연결한다.

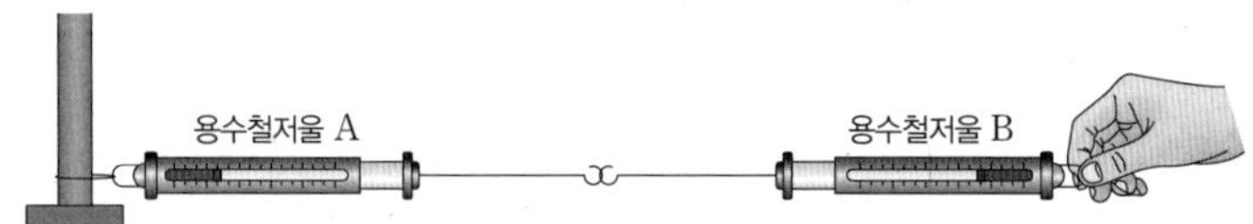

(2) 용수철저울 B의 눈금이 1 N을 가리키도록 오른쪽으로 당기면서 용수철저울 A의 눈금을 측정한다.
(3) 용수철저울 B를 2 N, 3 N, 4 N의 힘으로 당기면서 용수철저울 A의 눈금을 측정한다.

결과

- 용수철저울 A의 눈금은 용수철저울 B의 눈금과 같다.
- A가 B를 당기는 힘의 방향과 B가 A를 당기는 힘의 방향은 서로 반대이다.

point

- 두 물체 사이에 작용하는 힘은 크기가 같고, 방향은 서로 반대이다.

(1) **작용 반작용**: 힘은 두 물체 사이의 상호 작용으로 항상 쌍으로 작용한다. 쌍으로 작용하는 두 힘의 크기는 같고 방향은 반대이다. 즉, 물체 A와 B가 상호 작용 하였을 때, A가 B에 작용하는 힘(F_{AB})과 동시에 B가 A에 작용하는 힘(F_{BA})이 있다. 이때 F_{AB}를 작용이라 하면, F_{BA}는 반작용이라고 한다. 상호 작용 하는 두 힘 사이에는 다음과 같은 관계가 성립한다.

$$F_{AB} = -F_{BA}$$

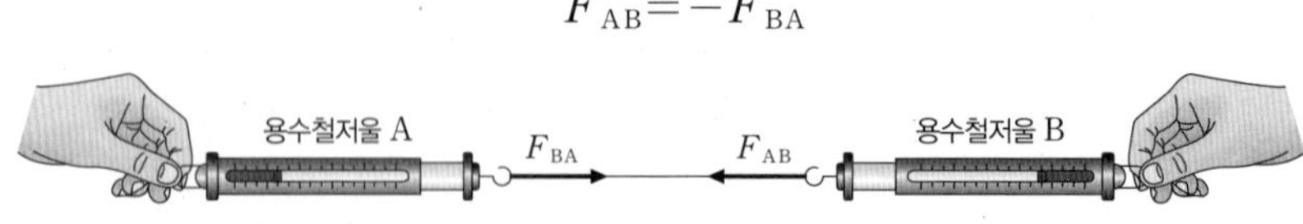

(2) **뉴턴 운동 제3법칙**: 작용과 반작용은 항상 크기가 같고, 방향은 서로 반대이다. 이를 뉴턴 운동 제3법칙 또는 작용 반작용 법칙이라고 한다.

탐구자료 살펴보기 여러 가지 상호 작용

자료

그림 (가)~(라)는 두 물체 사이에 상호 작용 하는 힘을 화살표로 표시한 것이다.

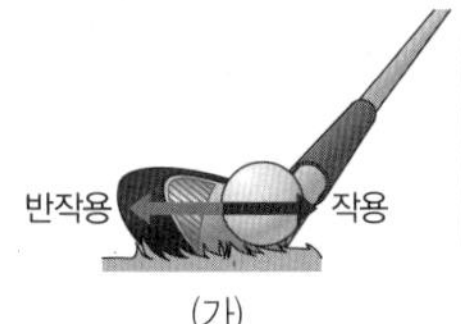

• 작용: 골프채가 공에 작용하는 힘
• 반작용: 공이 골프채에 작용하는 힘

(가)

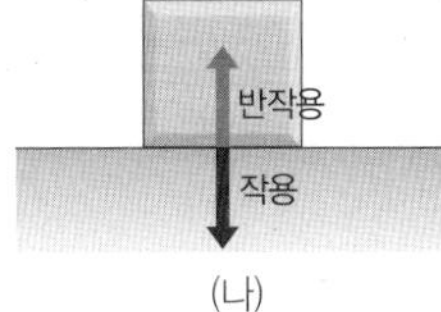

• 작용: 물체가 바닥을 누르는 힘
• 반작용: 바닥이 물체를 떠받치는 힘

(나)

지구
작용
반작용
태양

• 작용: 태양이 지구를 당기는 힘
• 반작용: 지구가 태양을 당기는 힘

(다)

• 작용: 발이 스타팅 블록을 미는 힘
• 반작용: 스타팅 블록이 발을 미는 힘

(라)

분석

• 힘은 항상 쌍으로 작용한다.
• 작용과 반작용을 나타낸 두 화살표의 길이는 같고 방향은 반대이다.

point

• 작용 반작용인 두 힘의 크기는 서로 같고, 방향은 서로 반대 방향이다.
• 작용 반작용 법칙은 두 물체가 서로 접촉해 있든 접촉해 있지 않든 모두 성립한다.

(3) 작용 반작용의 예

① 로켓이 가스를 분출하며 날아간다.

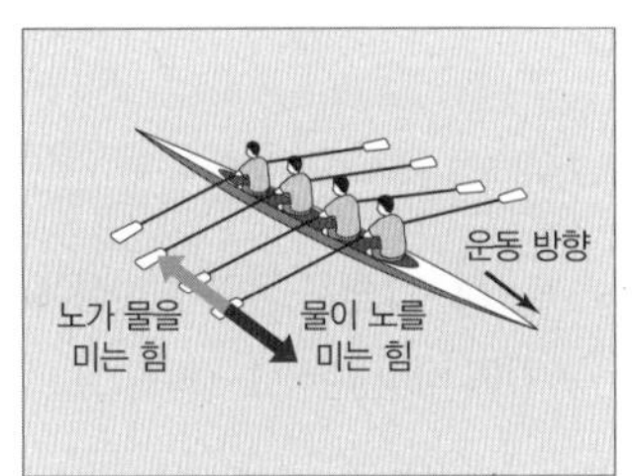

② 노를 저어 배가 나아간다.

③ 달이 지구 주위를 공전한다.

과학 돋보기 작용 반작용과 두 힘의 평형

두 물체 사이의 상호 작용으로 나타나는 두 힘은 작용 반작용 관계라 하고, 한 물체에 작용하는 두 힘의 합력이 0일 때 두 힘은 힘의 평형 관계라고 한다. 작용 반작용인 두 힘과 힘의 평형을 이루는 두 힘은 서로 크기가 같고 방향이 반대이지만, 작용 반작용인 두 힘은 작용점이 서로 다른 물체에 있고, 힘의 평형을 이루는 두 힘은 작용점이 한 물체에 있다.

구분	작용 반작용인 두 힘	힘의 평형을 이루는 두 힘
공통점	두 힘의 크기가 같고 방향이 반대이다.	
차이점	• 두 힘이 서로 다른 물체에 작용한다. (작용, 반작용)	• 두 힘 모두 한 물체에 작용한다. • 두 힘을 합성하면 알짜힘이 0이다. (힘, 힘)

개념 체크

작용 반작용의 관계: 두 힘의 작용점은 서로 상호 작용 하는 각각의 물체에 있고, 크기는 같고 방향은 반대이다.

두 힘의 평형 관계: 두 힘의 작용점은 한 물체에 있고, 크기는 같고 방향은 반대이므로 두 힘의 합력은 0이다.

[1~3] 그림과 같이 수평면에 놓인 물체 A 위에 물체 B를 올려놓았다. A, B의 질량은 각각 2 kg, 1 kg이고, 중력 가속도는 10 m/s^2이다.

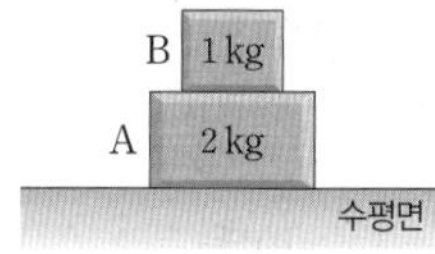

1. A가 B를 떠받치는 힘의 반작용은 (　　) 누르는 힘이다.

2. A가 B를 떠받치는 힘과 B에 작용하는 중력은 (　　) 관계이다.

3. A가 수평면을 누르는 힘의 크기는 (　　) N이다.

정답

1. B가 A를
2. 힘의 평형
3. 30

수능 2점 테스트

[24023-0001]

01 표는 운동하는 물체 A, B, C에 대한 자료이다. A, B, C는 각각 자유 낙하 운동, 등속 원운동, 포물선 운동을 하는 물체 중 하나이다.

특징 \ 물체	A	B	C
알짜힘의 방향이 일정한 운동인가?	○	○	×
운동 방향이 일정한 운동인가?	○	×	×

(○: 예, ×: 아니요)

이에 대한 설명으로 옳은 것만을 <보기>에서 있는 대로 고른 것은?

보기

ㄱ. A는 자유 낙하 운동을 하는 물체이다.
ㄴ. B는 속력이 변하는 운동을 한다.
ㄷ. C는 가속도 운동을 한다.

① ㄱ ② ㄷ ③ ㄱ, ㄴ ④ ㄴ, ㄷ ⑤ ㄱ, ㄴ, ㄷ

[24023-0002]

02 그림은 물체 X가 점 p에서 점 q까지 등속 원운동을 하는 것을 보고 학생 A, B, C가 대화하는 모습을 나타낸 것이다.

제시한 내용이 옳은 학생만을 있는 대로 고른 것은?

① A ② B ③ C ④ A, C ⑤ B, C

[24023-0003]

03 그림은 기준선 P, Q에 대해 각각 수직 방향과 비스듬한 방향으로 직선 운동을 하는 물체 A, B를 나타낸 것이다. A, B가 P에서 Q까지 이동하는 데 걸린 시간은 같다.

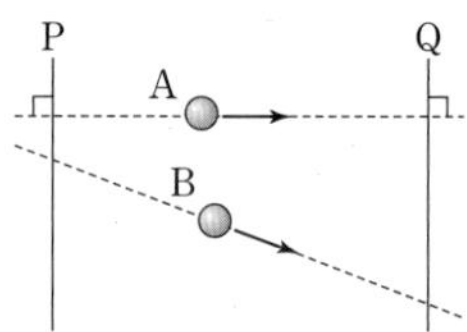

A, B가 P에서 Q까지 이동하는 동안, A가 B보다 작은 물리량만을 <보기>에서 있는 대로 고른 것은? (단, 물체의 크기는 무시한다.)

보기

ㄱ. 이동 거리
ㄴ. 변위의 크기
ㄷ. 평균 속력

① ㄱ ② ㄷ ③ ㄱ, ㄴ ④ ㄴ, ㄷ ⑤ ㄱ, ㄴ, ㄷ

[24023-0004]

04 그림은 동일 직선상에서 운동하는 물체 A, B의 위치를 시간에 따라 나타낸 것이다.

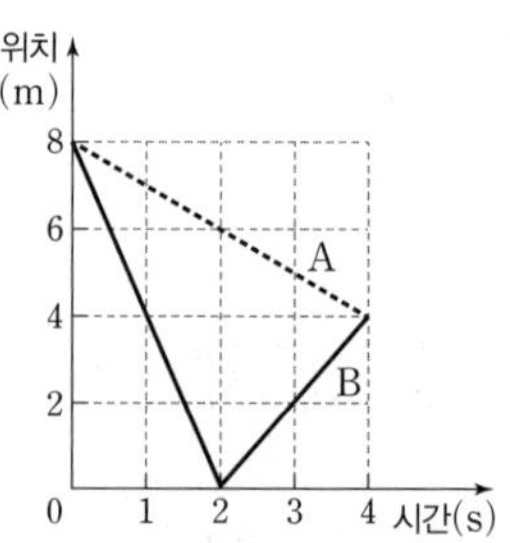

이에 대한 설명으로 옳은 것만을 <보기>에서 있는 대로 고른 것은?

보기

ㄱ. B의 운동 방향은 1초일 때와 3초일 때가 서로 반대이다.
ㄴ. 0초부터 4초까지 A와 B의 변위는 같다.
ㄷ. 0초부터 4초까지 평균 속력은 B가 A의 3배이다.

① ㄱ ② ㄷ ③ ㄱ, ㄴ ④ ㄴ, ㄷ ⑤ ㄱ, ㄴ, ㄷ

[24023-0005]

05 그림은 수평면상의 점 p에서 점 q까지 등속도 운동을 하던 물체가 q에서 최고점까지 빗면을 따라 등가속도 직선 운동을 하는 모습을 나타낸 것으로, p, 점 r에서 물체의 속력은 각각 $2v_0$, v_0이다. 물체가 p에서 q까지 운동하는 데 걸린 시간과 q에서 r를 지나 최고점까지 도달하는 데 걸린 시간이 같고, p와 q, q와 r 사이의 거리는 각각 L_1, L_2이다.

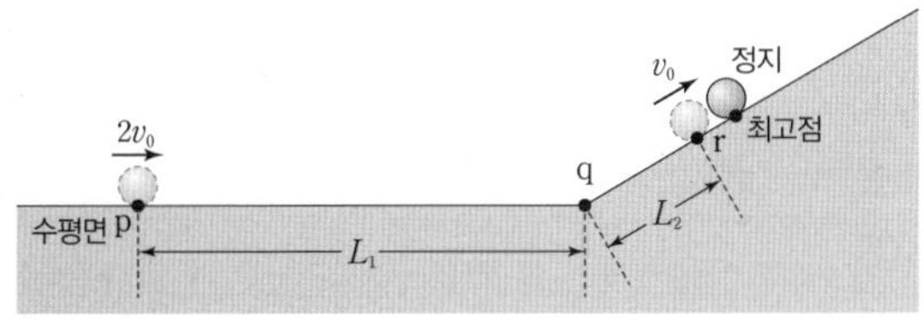

$\frac{L_1}{L_2}$은? (단, 물체의 크기는 무시한다.)

① $\frac{5}{3}$ ② 2 ③ $\frac{7}{3}$ ④ $\frac{8}{3}$ ⑤ 3

[24023-0006]

06 그림 (가)는 시간 $t=0$일 때 점 P를 통과한 물체가 직선 운동을 하여 $t=10$초일 때 점 Q에 도달하는 모습을 나타낸 것으로, P와 Q 사이의 거리는 100 m이다. 그림 (나)는 (가)에서 물체의 속력을 t에 따라 나타낸 것이다.

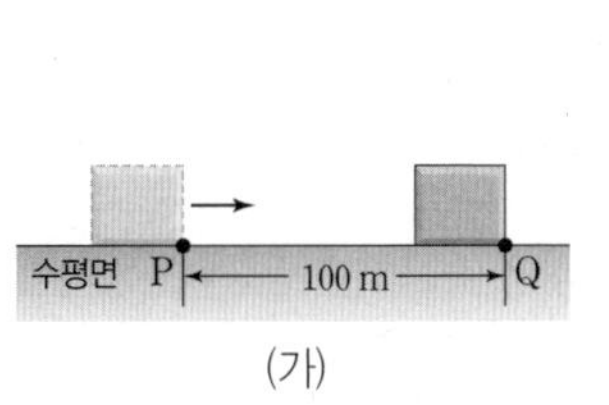

(가)

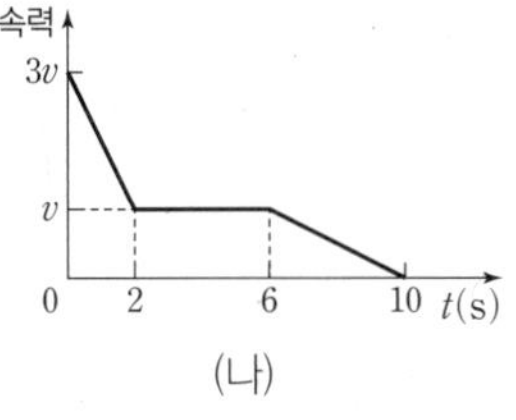

(나)

이에 대한 설명으로 옳은 것만을 〈보기〉에서 있는 대로 고른 것은? (단, 물체의 크기는 무시한다.)

보기

ㄱ. $v=10$ m/s이다.

ㄴ. $t=1$초일 때, 물체의 가속도 크기는 5 m/s^{2}이다.

ㄷ. 물체가 등속도 운동을 하는 동안 이동한 거리는 40 m이다.

① ㄱ ② ㄴ ③ ㄱ, ㄷ ④ ㄴ, ㄷ ⑤ ㄱ, ㄴ, ㄷ

[24023-0007]

07 그림과 같이 빗면 위에서 물체 A, B를 처음 속력 v로 운동시켰더니 A, B가 등가속도 직선 운동을 하다가 충돌한다. 처음 A와 B 사이의 간격은 L이고, A와 B가 충돌할 때 A와 B의 운동 방향은 서로 반대이고, 속력은 A가 B의 4배이다.

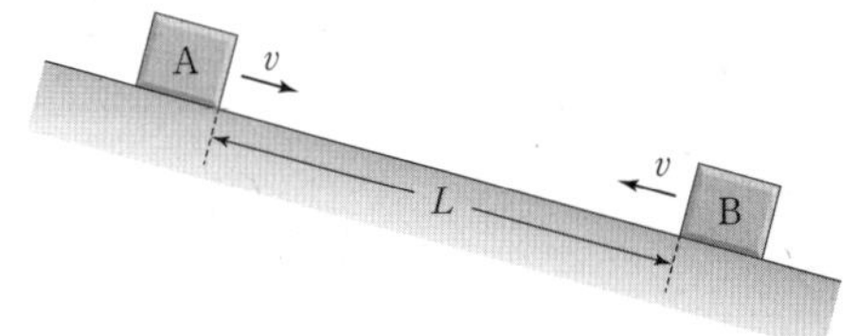

A의 가속도의 크기는? (단, 물체의 크기는 무시한다.)

① $\frac{5v^2}{4L}$ ② $\frac{6v^2}{5L}$ ③ $\frac{7v^2}{6L}$

④ $\frac{8v^2}{7L}$ ⑤ $\frac{9v^2}{8L}$

[24023-0008]

08 그림은 직선 도로와 나란하게 등가속도 직선 운동을 하는 자동차가 기준선 P, Q, R를 통과하는 것을 나타낸 것이다. 기준선 사이의 간격은 L로 같고, P, Q, R에서 자동차의 속력은 각각 v_0, v, $7v_0$이다.

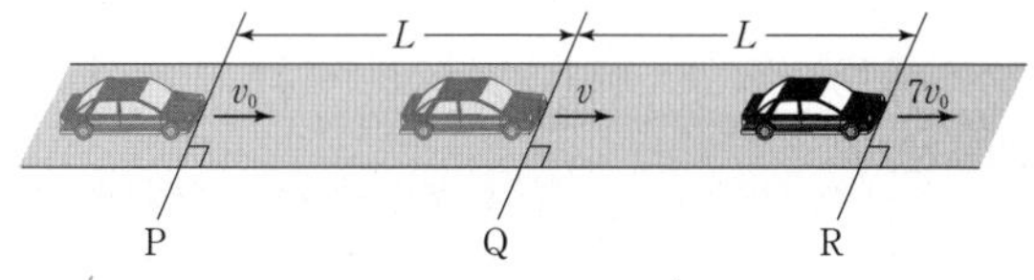

v는? (단, 자동차의 크기는 무시한다.)

① $4v_0$ ② $\frac{9}{2}v_0$ ③ $5v_0$ ④ $\frac{11}{2}v_0$ ⑤ $6v_0$

[24023-0009]

09 그림과 같이 직선상에서 시간 $t=0$일 때 물체가 점 P를 20 m/s의 속력으로 통과하여, $t=5$초일 때 점 Q를 지나 $t=$10초일 때 점 R를 16 m/s의 속력으로 통과한다. 물체는 P에서 Q까지, Q에서 R까지 각각 등가속도 직선 운동을 하고, P에서 R까지 운동하는 동안 물체의 평균 속력은 13 m/s이다.

이에 대한 설명으로 옳은 것만을 <보기>에서 있는 대로 고른 것은? (단, 물체의 크기는 무시한다.)

보기

ㄱ. Q에서 물체의 속력은 6 m/s이다.
ㄴ. Q와 R 사이의 거리는 60 m이다.
ㄷ. 물체의 가속도의 크기는 P와 Q 사이에서가 Q와 R 사이에서의 $\frac{3}{2}$배이다.

① ㄱ ② ㄴ ③ ㄱ, ㄷ ④ ㄴ, ㄷ ⑤ ㄱ, ㄴ, ㄷ

[24023-0010]

10 다음은 정지 상태에서 출발하여 직선 경로를 따라 운동하는 물체에 대한 설명이다.

- 시간 $t=0$일 때 정지 상태에서 출발하여 $t=4$초까지 가속도의 크기가 [㉠] $\mathrm{m/s^2}$인 등가속도 운동을 한다.
- $t=4$초 이후에 일정한 속력 [㉡] m/s로 운동한다.
- $t=0$부터 $t=8$초까지 이동한 거리는 48 m이다.

㉠과 ㉡은?

	㉠	㉡		㉠	㉡
①	2	8	②	2	10
③	2	12	④	4	8
⑤	4	10			

[24023-0011]

11 그림 (가)와 (나)는 직선 경로를 따라 운동하는 물체 A의 속도와 위치를 시간에 따라 각각 나타낸 것이다.

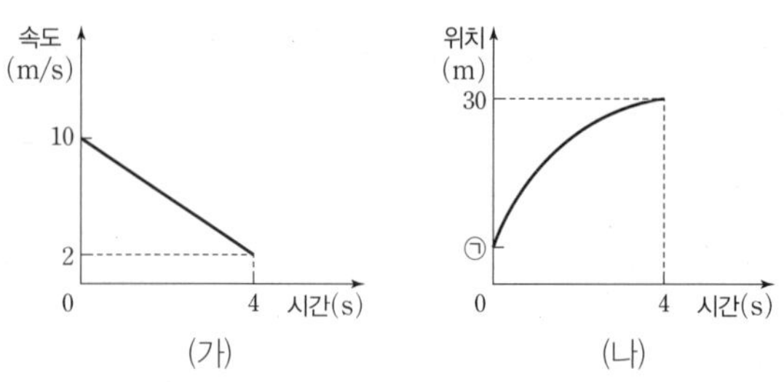

A의 운동에 대한 설명으로 옳은 것만을 <보기>에서 있는 대로 고른 것은?

보기

ㄱ. 등가속도 운동을 한다.
ㄴ. 0초부터 2초까지 평균 속력은 8 m/s이다.
ㄷ. ㉠은 6이다.

① ㄱ ② ㄷ ③ ㄱ, ㄴ ④ ㄴ, ㄷ ⑤ ㄱ, ㄴ, ㄷ

[24023-0012]

12 그림 (가)는 수평면에서 +4 m/s의 속도로 직선 운동을 하는 물체를 나타낸 것이고, (나)는 (가)의 순간부터 직선 운동을 하는 물체의 가속도를 시간에 따라 나타낸 것이다.

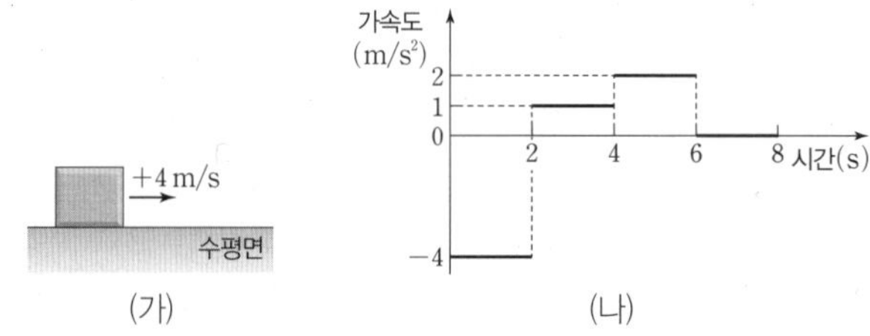

이에 대한 설명으로 옳은 것만을 <보기>에서 있는 대로 고른 것은?

보기

ㄱ. 1초일 때 물체의 속력은 0이다.
ㄴ. 2초부터 4초까지 물체는 등가속도 운동을 한다.
ㄷ. 물체의 평균 속력은 4초부터 6초까지가 6초부터 8초까지의 $\frac{1}{2}$배이다.

① ㄱ ② ㄴ ③ ㄱ, ㄷ ④ ㄴ, ㄷ ⑤ ㄱ, ㄴ, ㄷ

[24023-0013]

13 **다음은 물체 A, B, C의 운동에 대한 자료이다.**

- 수평면에서 각각 등가속도 직선 운동을 하는 물체 A, B, C의 시간 $t=0$일 때 속도와 가속도는 표와 같다.

물체	속도(m/s)	가속도(m/s²)
A	+10	−5
B	−5	㉠
C	㉡	−2.5

- $t=2$초일 때 A와 B의 속력은 같다.
- $t=4$초일 때 A와 C의 속도는 같다.

이에 대한 설명으로 옳은 것만을 〈보기〉에서 있는 대로 고른 것은?

보기

ㄱ. ㉠은 +2.5이다.

ㄴ. ㉡은 0이다.

ㄷ. $t=0$부터 $t=4$초까지 A, B, C의 평균 속도의 크기를 비교하면 C>A>B이다.

① ㄱ ② ㄷ ③ ㄱ, ㄴ ④ ㄴ, ㄷ ⑤ ㄱ, ㄴ, ㄷ

[24023-0014]

14 **그림은 빗면 위의 점 P에 물체 A를 가만히 놓는 순간, 물체 B가 점 Q를 6 m/s의 속력으로 지나는 것을 나타낸 것이다. A, B는 등가속도 운동을 하다가 점 R에서 충돌한다. 충돌할 때 A의 속력은 B의 속력의 $\frac{3}{2}$배이고, P와 Q, Q와 R 사이의 거리는 각각 s, 18 m이다.**

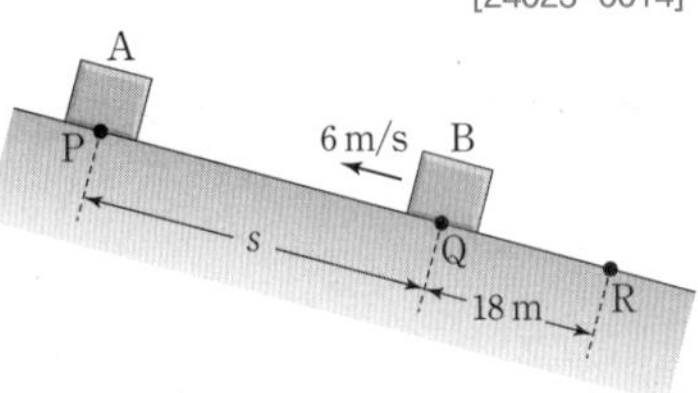

이에 대한 설명으로 옳은 것만을 〈보기〉에서 있는 대로 고른 것은? (단, 물체의 크기는 무시한다.)

보기

ㄱ. A의 가속도 크기는 3 m/s²이다.

ㄴ. $s=32$ m이다.

ㄷ. A가 Q를 지날 때의 속력은 14 m/s이다.

① ㄱ ② ㄴ ③ ㄷ ④ ㄱ, ㄴ ⑤ ㄱ, ㄷ

[24023-0015]

15 **다음은 빗면에서 수레의 운동을 분석하기 위한 실험이다.**

[실험 과정]

(가) 그림과 같이 빗면에서 등가속도 직선 운동을 하는 수레를 휴대 전화의 카메라로 동영상 촬영한다.

(나) 동영상 분석 프로그램을 이용하여 시간 t_0 간격으로 수레의 위치를 기록한다.

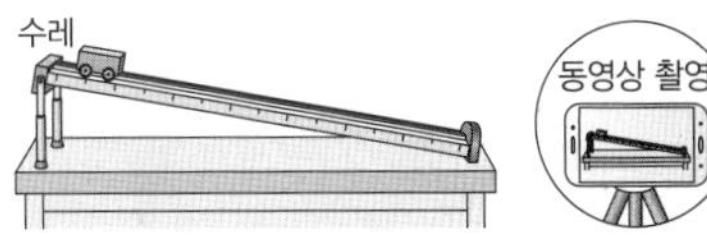

[실험 결과]

시간	$t=0$	$t=t_0$	$t=2t_0$	$t=3t_0$
위치	0	$2L$	$5L$	㉠

이에 대한 설명으로 옳은 것만을 〈보기〉에서 있는 대로 고른 것은?

보기

ㄱ. ㉠은 $8L$이다.

ㄴ. 수레의 평균 속력은 $t=0$부터 $t=3t_0$까지와 $t=t_0$부터 $t=2t_0$까지가 서로 같다.

ㄷ. 수레의 속력은 $t=t_0$일 때가 $t=2t_0$일 때의 $\frac{3}{5}$배이다.

① ㄱ ② ㄴ ③ ㄱ, ㄷ ④ ㄴ, ㄷ ⑤ ㄱ, ㄴ, ㄷ

[24023-0016]

16 **그림은 저울 위에 놓인 질량이 5 kg인 상자 안에 질량이 3 kg인 자석 B를 실에 연결하고, 상자 위에 질량이 2 kg인 자석 A를 놓았을 때 B가 상자 안에 뜬 상태로 정지해 있는 것을 나타낸 것이다. A와 B 사이에 작용하는 자기력의 크기는 70 N이다.**

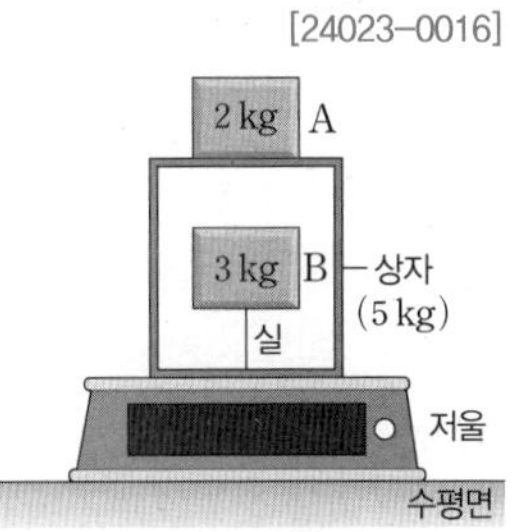

이에 대한 설명으로 옳은 것만을 〈보기〉에서 있는 대로 고른 것은? (단, 중력 가속도는 10 m/s²이고, 실의 질량은 무시한다.)

보기

ㄱ. 저울에 나타난 눈금은 70 N이다.

ㄴ. 상자가 A를 받치는 힘의 크기는 90 N이다.

ㄷ. 실이 상자 바닥을 당기는 힘의 크기는 30 N이다.

① ㄱ ② ㄴ ③ ㄱ, ㄷ ④ ㄴ, ㄷ ⑤ ㄱ, ㄴ, ㄷ

[24023-0017]

17 그림 (가)는 질량이 m인 동일한 자석 A, B가 붙어서 수평면에 놓여 있는 것을 나타낸 것이다. 그림 (나)는 천장에 매달린 용수철저울에 (가)의 A를 연결해 놓은 모습을 나타낸 것으로, 용수철저울의 눈금은 mg이다.

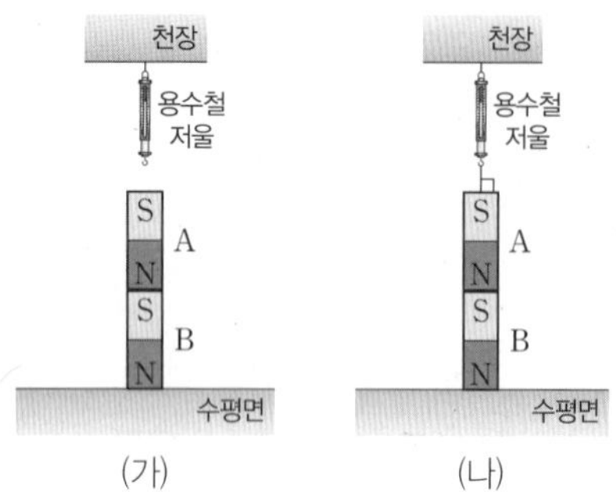

이에 대한 설명으로 옳은 것만을 <보기>에서 있는 대로 고른 것은? (단, 중력 가속도는 g이고, 용수철저울의 질량, 모든 마찰은 무시한다.)

보기

ㄱ. (가)에서 수평면이 B를 받치는 힘의 크기는 $2mg$이다.
ㄴ. (나)에서 B가 A를 받치는 힘은 0이다.
ㄷ. B가 수평면을 누르는 힘의 크기는 (가)에서가 (나)에서의 2배이다.

① ㄱ ② ㄴ ③ ㄱ, ㄷ ④ ㄴ, ㄷ ⑤ ㄱ, ㄴ, ㄷ

[24023-0018]

18 그림은 마찰이 없는 수평면에 정지해 있던 물체 A, B에 수평면과 나란한 방향으로 크기가 F인 일정한 힘을 시간 $t=0$부터 동시에 가했더니 물체가 직선 경로상에서 각각 등가속도 직선 운동을 하는 것을 나타낸 것이다. A, B의 질량은 각각 1 kg, 3 kg이고, $t=1$초일 때 A와 B 사이의 거리는 2 m이다.

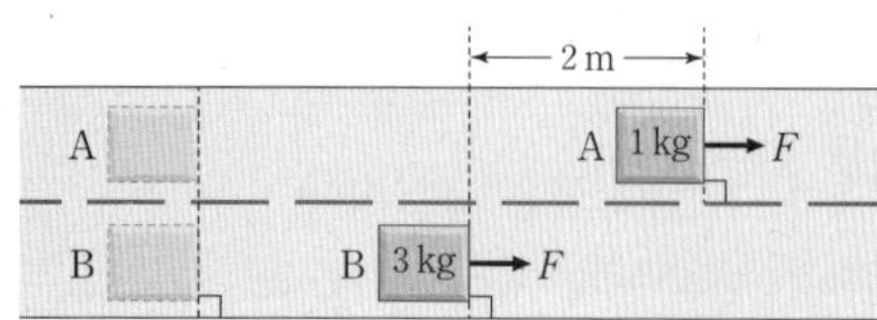

F는? (단, 물체의 크기는 무시한다.)

① 2 N ② 4 N ③ 6 N ④ 8 N ⑤ 10 N

[24023-0019]

19 그림 (가)는 질량이 각각 m, $2m$인 물체 A, B가 시간 $t=0$일 때 기준선을 속력 v_0으로 통과한 순간부터 운동 방향과 나란한 방향으로 크기가 F인 힘을 받아 각각 등가속도 직선 운동을 하는 모습을 나타낸 것이다. 그림 (나)는 A, B의 위치를 t에 따라 나타낸 것으로, $t=t_0$일 때 A, B의 속력은 각각 v_A, v_B이다.

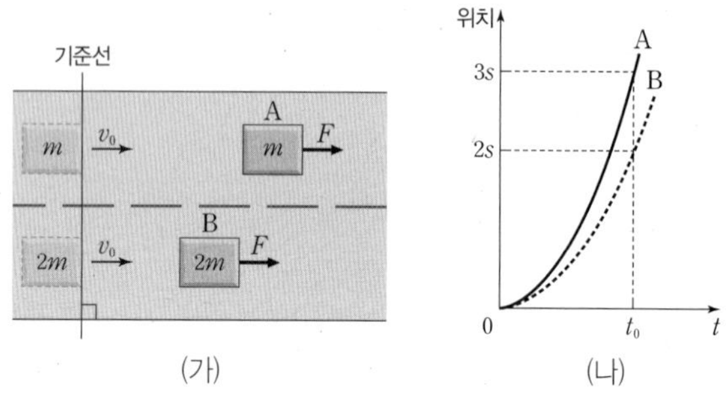

$\frac{v_A}{v_B}$는? (단, 모든 마찰과 공기 저항은 무시한다.)

① $\frac{3}{2}$ ② $\frac{5}{3}$ ③ $\frac{7}{4}$ ④ $\frac{9}{5}$ ⑤ $\frac{11}{6}$

[24023-0020]

20 그림 (가)는 수평면에 놓여 있는 물체 A, B를 실로 연결한 후 A에 수평 방향으로 크기가 $2F$인 힘이 작용하는 것을, (나)는 (가)에서 B에 수평 방향으로 크기가 F인 힘이 작용하는 것을 나타낸 것이다. 실이 A를 당기는 힘의 크기는 (가)에서가 (나)에서의 3배이다.

이에 대한 설명으로 옳은 것만을 <보기>에서 있는 대로 고른 것은? (단, 실의 질량, 모든 마찰과 공기 저항은 무시한다.)

보기

ㄱ. A의 가속도의 크기는 (가)에서가 (나)에서의 2배이다.
ㄴ. 질량은 A가 B의 $\frac{1}{3}$배이다.
ㄷ. (가)에서 A에 작용하는 알짜힘의 크기는 (나)에서 B에 작용하는 알짜힘의 크기의 $\frac{3}{2}$배이다.

① ㄱ ② ㄷ ③ ㄱ, ㄴ ④ ㄱ, ㄷ ⑤ ㄴ, ㄷ

[24023-0021]

21 그림 (가)는 마찰이 없는 수평면에 질량이 각각 m_A, m_B, m_C인 물체 A, B, C를 두 개씩 붙여 놓고 수평 방향으로 크기가 F인 힘을 각각 작용하는 것을 나타낸 것이다. 그림 (나)는 (가)에서 각각의 경우 두 물체의 속도를 시간에 따라 나타낸 것이다.

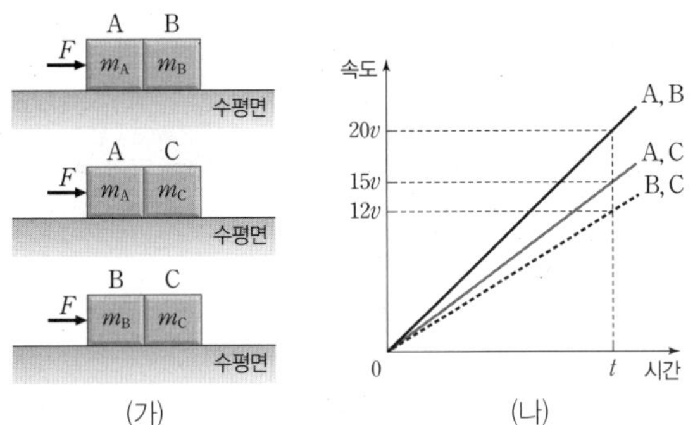

(가) (나)

$m_A : m_B : m_C$는?

① 1 : 1 : 2　② 1 : 2 : 3　③ 1 : 2 : 5
④ 2 : 1 : 3　⑤ 3 : 4 : 5

[24023-0022]

22 그림 (가)는 직선 도로를 따라 운동하는 자동차 A, B를 나타낸 것이고, (나)는 A, B의 속도를 시간에 따라 나타낸 것이다. 질량은 A가 B의 $\frac{1}{2}$배이다.

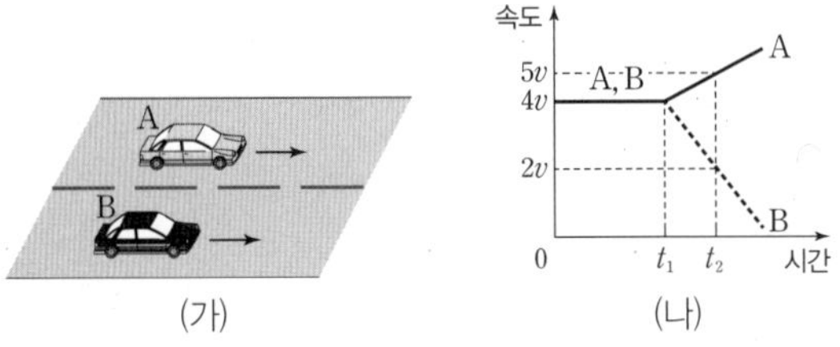

(가) (나)

이에 대한 설명으로 옳은 것만을 〈보기〉에서 있는 대로 고른 것은?

보기

ㄱ. 0부터 t_1까지 A에 작용하는 알짜힘은 0이다.
ㄴ. t_1부터 t_2까지 B에는 운동 방향과 반대 방향으로 알짜힘이 작용한다.
ㄷ. t_2일 때 물체에 작용하는 알짜힘의 크기는 B가 A의 4배이다.

① ㄱ　② ㄷ　③ ㄱ, ㄴ　④ ㄴ, ㄷ　⑤ ㄱ, ㄴ, ㄷ

[24023-0023]

23 그림은 질량이 각각 $2m$, m, $2m$인 물체 A, B, C를 실로 연결하고 A에 크기가 F_0인 힘을 수평 방향으로 작용하였더니 A, B, C가 등가속도 운동을 하는 것을 나타낸 것이다. 실 p가 A를 당기는 힘의 크기는 $\frac{7}{2}mg$이다.

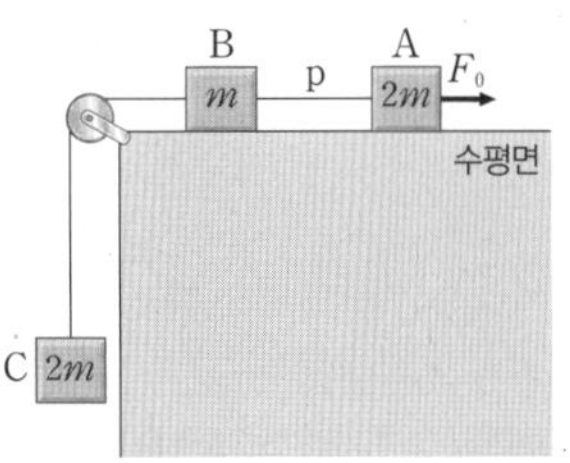

F_0은? (단, 중력 가속도는 g이고, 실의 질량, 모든 마찰과 공기 저항은 무시한다.)

① $4mg$　② $\frac{9}{2}mg$　③ $5mg$　④ $\frac{11}{2}mg$　⑤ $6mg$

[24023-0024]

24 그림 (가)는 질량이 각각 m, M인 물체 A, B를 실로 연결한 후 A를 점 p에 가만히 놓았을 때 A가 점 q를 지나는 순간을 나타낸 것이다. 그림 (나)는 (가)에서 A와 B의 위치만을 바꾸어 연결한 후 B를 p에 가만히 놓았을 때 B가 q를 지나는 순간을 나타낸 것이다. (가)와 (나)에서 A, B가 각각 p에서 q까지 등가속도 운동을 하는 데 걸리는 시간은 B가 A의 2배이다.

(가) (나)

이에 대한 설명으로 옳은 것만을 〈보기〉에서 있는 대로 고른 것은? (단, 중력 가속도는 g이고, 물체의 크기, 실의 질량, 모든 마찰과 공기 저항은 무시한다.)

보기

ㄱ. (가)에서 A의 가속도의 크기는 $\frac{3}{4}g$이다.
ㄴ. (나)에서 B에 작용하는 알짜힘의 크기는 $\frac{4}{5}mg$이다.
ㄷ. 실이 B를 당기는 힘의 크기는 (가)에서가 (나)에서보다 크다.

① ㄱ　② ㄴ　③ ㄱ, ㄷ　④ ㄴ, ㄷ　⑤ ㄱ, ㄴ, ㄷ

운동 방향은 일정하고 속력만 변하는 운동에는 아래로 떨어지는 물체의 운동, 빗면을 따라 내려오는 물체의 운동 등이 있다.

[24023-0025]

01 표는 물체의 운동을 특징에 따라 분류한 것이고, 그림 (가)~(다)는 표의 A, B, C에 해당하는 운동의 예를 순서 없이 나타낸 것이다.

구분	특징
A	운동 방향은 일정하고 속력만 변함
B	속력은 일정하고 운동 방향만 변함
C	속력과 운동 방향이 모두 변함

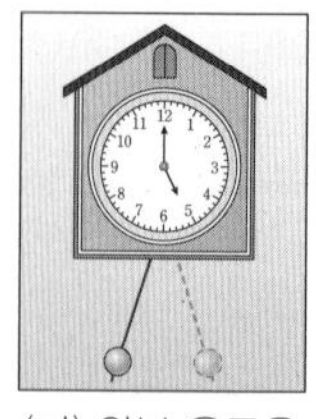
(가) 왕복 운동을 하는 시계 추

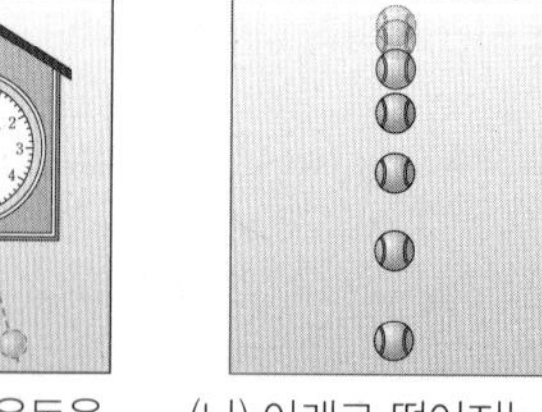
(나) 아래로 떨어지는 공

(다) 등속 원운동을 하는 회전 관람차

A, B, C에 해당하는 운동의 예로 옳은 것은?

	A	B	C
①	(가)	(나)	(다)
②	(가)	(다)	(나)
③	(나)	(가)	(다)
④	(나)	(다)	(가)
⑤	(다)	(가)	(나)

(가)에서 물체의 운동 방향은 변하지 않고 속력만 변한다. (나)에서 물체의 속력과 운동 방향은 모두 변한다.

[24023-0026]

02 그림 (가)는 빗면에 가만히 놓은 물체가 빗면을 따라 내려오는 모습을, (나)는 수평면에서 비스듬하게 던져진 물체가 운동하는 모습을 나타낸 것이다.

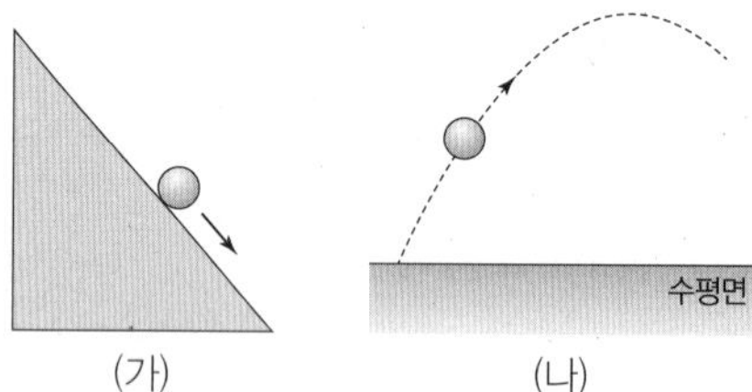

(가) (나)

이에 대한 설명으로 옳은 것만을 〈보기〉에서 있는 대로 고른 것은? (단, 모든 마찰과 공기 저항은 무시한다.)

보기

ㄱ. (가)에서 물체는 속력이 변하는 운동을 한다.
ㄴ. (나)에서 물체는 운동 방향과 속력이 모두 변하는 운동을 한다.
ㄷ. (나)에서 물체에 작용하는 알짜힘의 방향은 변한다.

① ㄱ ② ㄷ ③ ㄱ, ㄴ ④ ㄴ, ㄷ ⑤ ㄱ, ㄴ, ㄷ

[24023-0027]

03 그림은 직선상에서 등가속도 운동을 하는 물체 A와 등속도 운동을 하는 물체 B의 위치를 시간에 따라 나타낸 것이다.

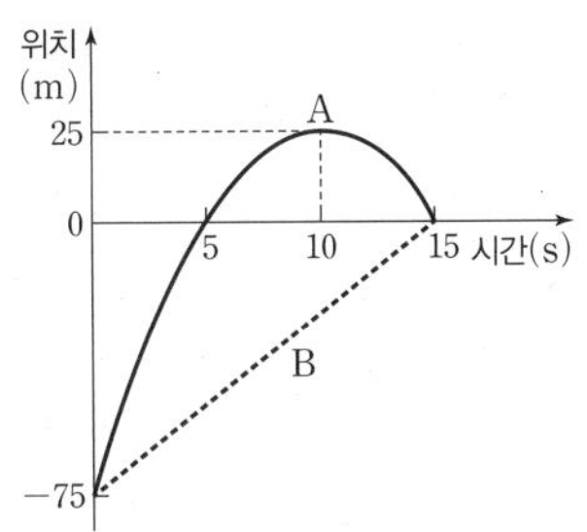

이에 대한 설명으로 옳은 것만을 〈보기〉에서 있는 대로 고른 것은?

보기

ㄱ. 0초부터 15초까지 A와 B의 평균 속력은 같다.
ㄴ. 10초일 때, B의 속력은 A의 속력보다 5 m/s만큼 크다.
ㄷ. A의 가속도 크기는 2 m/s^{2}이다.

① ㄱ ② ㄴ ③ ㄱ, ㄷ ④ ㄴ, ㄷ ⑤ ㄱ, ㄴ, ㄷ

10초일 때 A의 속력은 0이고, B의 속력은 5 m/s이다.

[24023-0028]

04 그림은 물체가 빗면의 점 P를 속력 v_0으로 지난 후 빗면을 따라 올라가 점 R에서 속력이 0이 되었다가 다시 점 Q를 속력 v로 지나는 것을 나타낸 것이다. 표는 물체가 P에서 Q까지, Q에서 R까지 각각 등가속도 운동을 하는 데 걸린 시간, 이동 거리, 가속도의 크기를 나타낸 것이다.

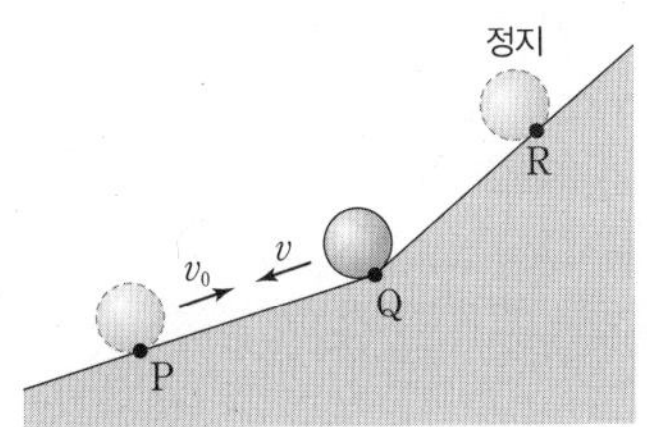

구분	P에서 Q까지	Q에서 R까지
걸린 시간	$3t_0$	$7t_0$
이동 거리	L_0	L_0
가속도의 크기	㉠	㉡

$\frac{㉠}{㉡}$은? (단, 물체의 크기, 마찰과 공기 저항은 무시한다.)

① $\frac{1}{2}$ ② $\frac{2}{3}$ ③ $\frac{5}{7}$ ④ $\frac{3}{4}$ ⑤ $\frac{7}{9}$

P와 Q 사이의 거리와 Q와 R 사이의 거리가 같고, 두 구간에서 물체가 운동한 시간의 비가 3 : 7이므로 두 구간에서 물체의 평균 속력의 비는 7 : 3이다.

R에서 B의 속력을 v라고 하면 B가 Q에서 R까지 이동하는 동안 평균 속력은 $\frac{1}{2}v$이고, A가 Q에서 R까지 이동하는 동안 평균 속력은 $\frac{3}{2}v$이다.

[24023-0029]

05 그림과 같이 직선 도로에서 시간 $t=0$일 때 자동차 A가 기준선 P를 v_0의 속력으로 지나는 순간, 기준선 Q에 정지해 있던 자동차 B가 출발한다. A, B는 같은 가속도로 등가속도 운동을 하여 $t=t_0$일 때 기준선 R를 동시에 통과한다. A, B가 각각 Q에서 R까지 이동하는 동안 평균 속력은 A가 B의 3배이다.

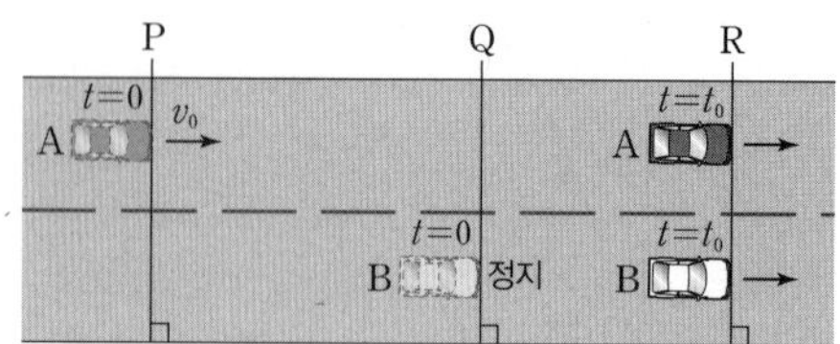

A가 Q를 지날 때의 속력은? (단, 자동차의 크기는 무시한다.)

① $\frac{3}{2}v_0$ ② $2v_0$ ③ $\frac{5}{2}v_0$ ④ $3v_0$ ⑤ $\frac{7}{2}v_0$

B가 0부터 t_1까지 이동한 거리는 0부터 $2t_1$까지 이동한 거리의 $\frac{1}{4}$배, 즉 $\frac{1}{4}L_2$이다.

[24023-0030]

06 그림 (가)와 같이 물체 A가 기준선 P를 속력 $2v_0$으로 지나는 순간 기준선 Q에 정지해 있던 물체 B가 출발한다. A가 기준선 R에서 정지한 순간 B는 R를 통과한 후, 기준선 S를 속력 v_0으로 지난다. P와 Q, Q와 S 사이의 거리는 각각 L_1, L_2이다. 그림 (나)는 A, B의 속도를 시간에 따라 나타낸 것이다.

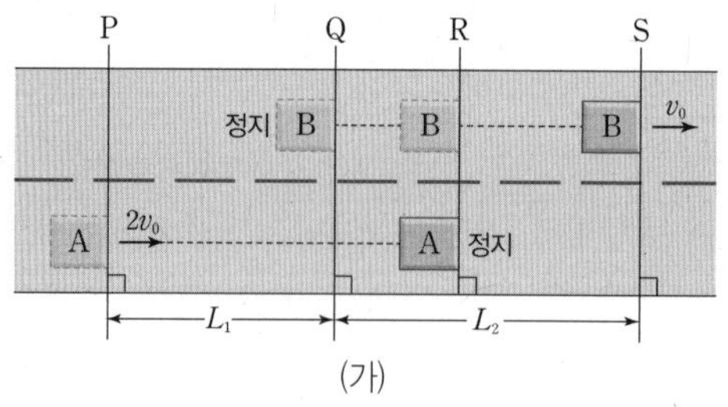

(가)

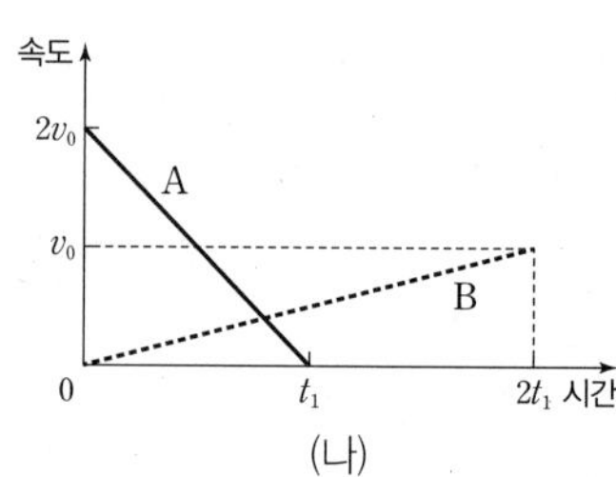

(나)

$\frac{L_2}{L_1}$는? (단, A, B의 크기는 무시한다.)

① $\frac{3}{2}$ ② $\frac{4}{3}$ ③ $\frac{5}{4}$ ④ $\frac{6}{5}$ ⑤ $\frac{7}{6}$

[24023-0031]

07 그림과 같이 등가속도 운동을 하는 자동차 A가 시간 $t=0$일 때 기준선 P를 속력 2 m/s로 지나는 순간 P에 정지해 있던 자동차 B가 등가속도 운동을 시작하여 $t=t_0$일 때 A, B는 P로부터 각각 30 m, 18 m 떨어진 기준선 R, Q를 지난다. A, B의 가속도의 방향은 같고, 가속도의 크기는 a_0이다.

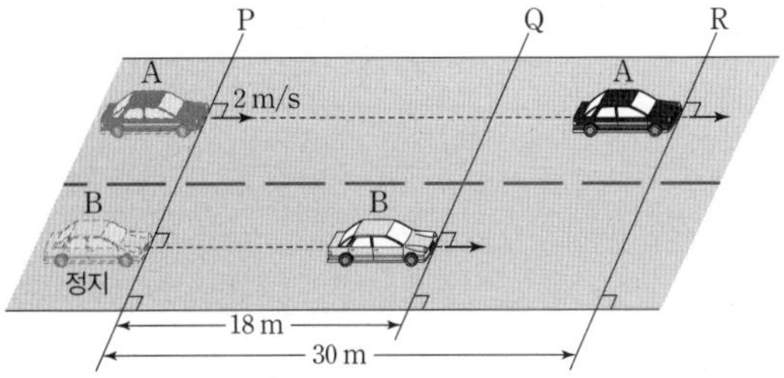

이에 대한 설명으로 옳은 것만을 〈보기〉에서 있는 대로 고른 것은? (단, 자동차의 크기는 무시한다.)

보기
ㄱ. $t_0=6$초이다.
ㄴ. $a_0=2\ \mathrm{m/s^2}$이다.
ㄷ. 3초일 때, P와 A 사이의 거리는 P와 B 사이의 거리보다 6 m만큼 크다.

① ㄱ ② ㄴ ③ ㄱ, ㄷ ④ ㄴ, ㄷ ⑤ ㄱ, ㄴ, ㄷ

$t=0$부터 $t=t_0$까지 A와 B의 이동 거리의 차는 12 m이다.

[24023-0032]

08 그림과 같이 수평면에서 등속도 운동을 하는 물체 A가 시간 $t=0$일 때 점 p를 속력 v로 지나는 순간 점 q에 정지해 있던 물체 B가 오른쪽으로 등가속도 운동을 시작한다. A, B는 각각 등속도, 등가속도 운동을 한다. 표는 A와 B 사이의 거리를 t에 따라 나타낸 것으로, A와 B는 동일 직선상에서 운동하고 충돌하지 않는다.

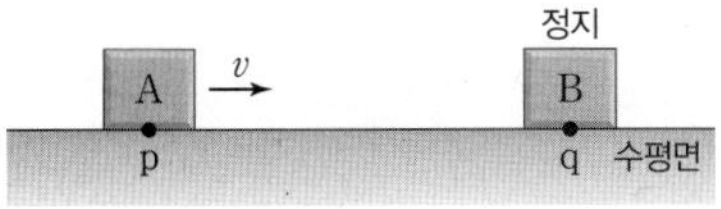

t(s)	A와 B 사이의 거리(m)
0	15
1	8
2	㉠
3	6

㉠은? (단, 물체의 크기는 무시한다.)

① 3 ② 4 ③ 5 ④ 6 ⑤ 7

$t=0$부터 $t=1$초까지 이동 거리는 A가 B보다 7 m만큼 크고, $t=0$부터 $t=3$초까지 이동 거리는 A가 B보다 9 m만큼 크다.

A가 P에서 R까지, B가 P에서 Q까지 운동하는 데 걸리는 시간을 t라고 하면, A, B가 t 동안 이동한 거리는 각각 $3L$, $2L$이므로 A의 평균 속력은 B의 평균 속력의 $\frac{3}{2}$배이다.

[24023-0033]

09 그림은 직선 도로에서 자동차 A, B가 동시에 기준선 P를 속력 v_0으로 통과하여 도로와 나란하게 각각 가속도의 크기가 $2a$, a인 등가속도 운동을 하는 것을 나타낸 것이다. A가 기준선 R를 속력 v_A로 통과할 때, B는 기준선 Q를 속력 v_B로 통과하고, A가 기준선 Q를 통과할 때의 속력은 v이다. P와 Q 사이, Q와 R 사이의 거리는 각각 $2L$, L이다. A, B의 운동 방향과 가속도 방향은 같다.

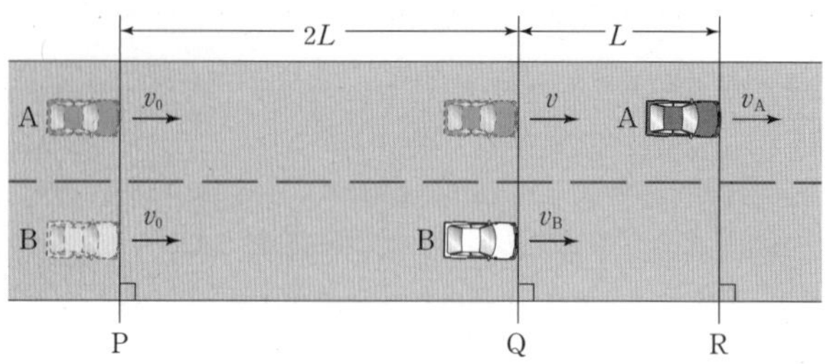

이에 대한 설명으로 옳은 것만을 〈보기〉에서 있는 대로 고른 것은? (단, A, B의 크기는 무시한다.)

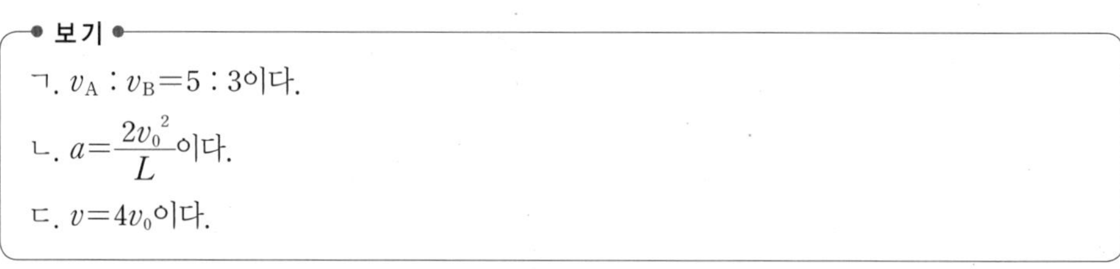

보기

ㄱ. $v_A : v_B = 5 : 3$이다.

ㄴ. $a = \frac{2v_0^2}{L}$이다.

ㄷ. $v = 4v_0$이다.

① ㄱ ② ㄴ ③ ㄱ, ㄴ ④ ㄱ, ㄷ ⑤ ㄴ, ㄷ

A에서 C까지 운동하는 동안 평균 속력은 B에서의 순간 속력과 같고, B에서 D까지 운동하는 동안 평균 속력은 C에서의 순간 속력과 같다.

[24023-0034]

10 그림은 수평면에서 가속도의 크기가 a_0인 등가속도 운동을 하는 물체의 위치를 일정한 시간 간격으로 나타낸 것으로, 점 A와 점 C 사이의 거리는 $3L$, 점 B와 점 D 사이의 거리는 $4L$이다.

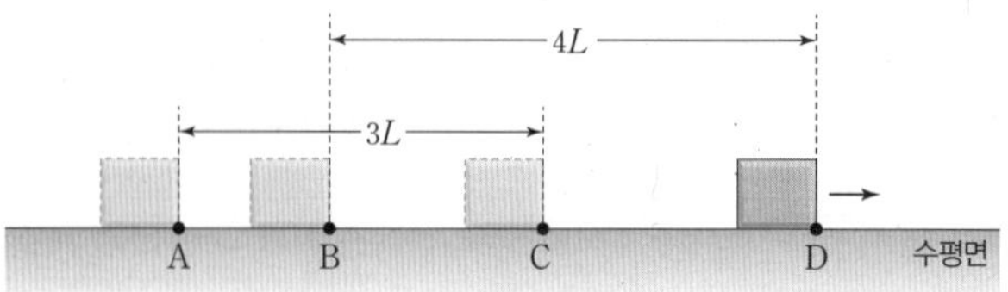

물체가 A에서 D까지 운동하는 동안 평균 속력은? (단, 물체의 크기는 무시한다.)

① $\frac{3}{2}\sqrt{2a_0L}$ ② $\frac{5}{3}\sqrt{2a_0L}$ ③ $\frac{7}{4}\sqrt{2a_0L}$ ④ $\frac{9}{5}\sqrt{2a_0L}$ ⑤ $\frac{11}{6}\sqrt{2a_0L}$

[24023-0035]

11 그림과 같이 용수철에 연결된 자석 A, B가 마찰이 없는 빗면에 놓여 정지해 있다.

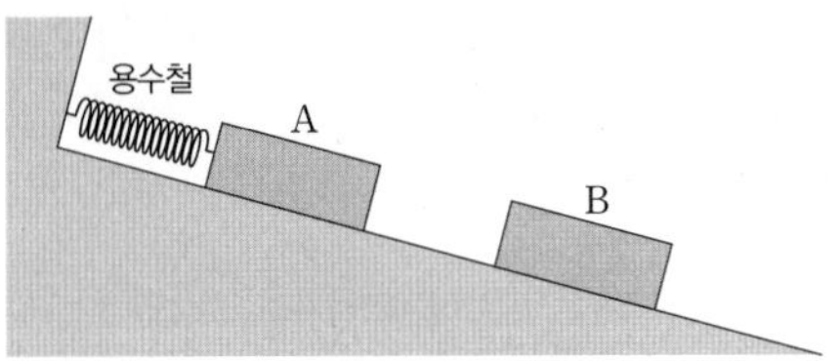

이에 대한 설명으로 옳은 것만을 〈보기〉에서 있는 대로 고른 것은? (단, 용수철의 질량, 모든 마찰은 무시한다.)

보기

ㄱ. A와 B 사이에는 서로 당기는 방향으로 자기력이 작용한다.
ㄴ. A가 B에 작용하는 자기력의 크기는 B가 A에 작용하는 자기력의 크기보다 크다.
ㄷ. 용수철이 A에 작용하는 힘의 크기는 A에 작용하는 자기력의 크기와 같다.

① ㄱ ② ㄴ ③ ㄷ ④ ㄱ, ㄴ ⑤ ㄱ, ㄷ

A에는 중력에 의해 빗면 아래 방향으로 작용하는 힘과 B에 의한 자기력의 합이 용수철이 A를 당기는 힘과 평형을 이루고 있다.

[24023-0036]

12 그림 (가)는 용수철에 연결된 물체에 연직 아래 방향으로 크기가 F_0인 힘을 작용하였더니 용수철이 원래 길이에서 d_0만큼 늘어나 물체가 정지해 있는 것을, (나)는 (가)의 물체에 연직 위 방향으로 크기가 F_0인 힘을 작용하였더니 용수철이 원래 길이에서 d만큼 줄어들어 물체가 정지해 있는 것을 나타낸 것이다.

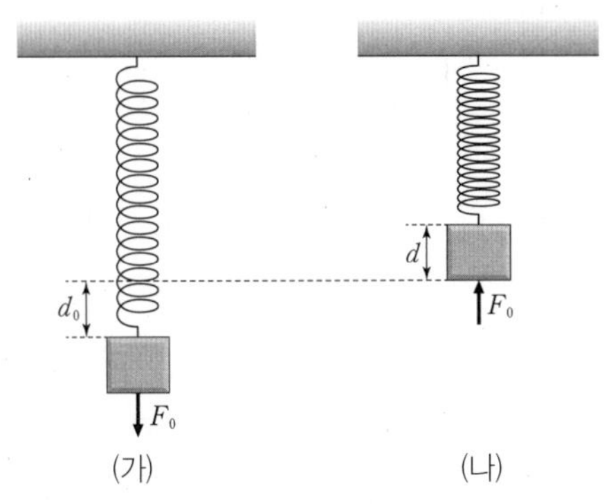

이에 대한 설명으로 옳은 것만을 〈보기〉에서 있는 대로 고른 것은? (단, 용수철의 질량은 무시한다.)

보기

ㄱ. (가)에서 물체에 작용하는 알짜힘은 0이다.
ㄴ. (나)에서 물체가 용수철에 작용하는 힘의 크기는 F_0이다.
ㄷ. $\frac{d}{d_0}=1$이다.

① ㄱ ② ㄴ ③ ㄱ, ㄴ ④ ㄱ, ㄷ ⑤ ㄴ, ㄷ

(가)에서 물체가 정지해 있으므로 물체에 작용하는 알짜힘은 0이다.

상자, A, B는 같은 가속도로 운동하므로 상자, A, B에 작용하는 알짜힘의 크기는 $(m+5\text{ kg})\times 5\text{ m/s}^2$이다.

[24023-0037]

13 그림은 질량이 m인 상자 안에 질량이 각각 2 kg, 3 kg인 물체 A, B가 놓여 있고, 전동기가 도르래를 통해 상자와 연결된 실을 100 N의 힘으로 당기는 모습을 나타낸 것이다. 상자의 운동 방향은 연직 위 방향으로 일정하고, 가속도의 크기는 5 m/s^2이다.

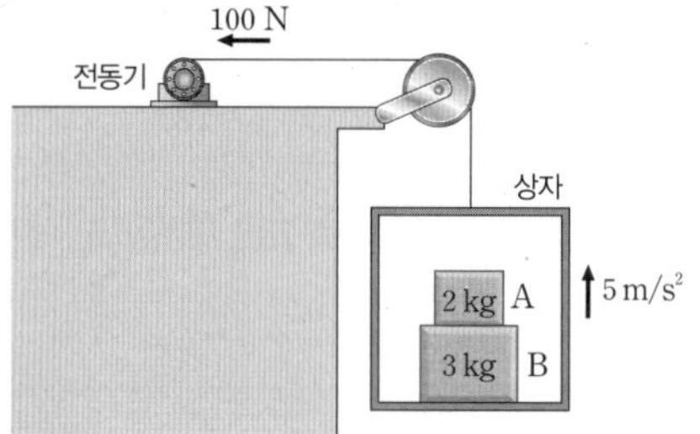

이에 대한 설명으로 옳은 것만을 ⟨보기⟩에서 있는 대로 고른 것은? (단, 중력 가속도는 10 m/s^2이고, 실의 질량, 모든 마찰과 공기 저항은 무시한다.)

보기

ㄱ. m은 2 kg이다.
ㄴ. B가 A를 받치는 힘의 크기는 30 N이다.
ㄷ. 상자 바닥이 B를 받치는 힘의 크기는 75 N이다.

① ㄱ　② ㄴ　③ ㄱ, ㄷ　④ ㄴ, ㄷ　⑤ ㄱ, ㄴ, ㄷ

A에 작용하는 중력은 B가 A에 작용하는 자기력과 C가 A에 작용하는 자기력의 합과 같다.

[24023-0038]

14 그림은 수평면 위의 유리 원기둥 속에 질량이 각각 m, m_B, m인 자석 A, B, C가 서로 분리되어 정지해 있는 것을 나타낸 것으로, B가 A와 C로부터 받은 자기력의 합력의 크기는 $2mg$이다.

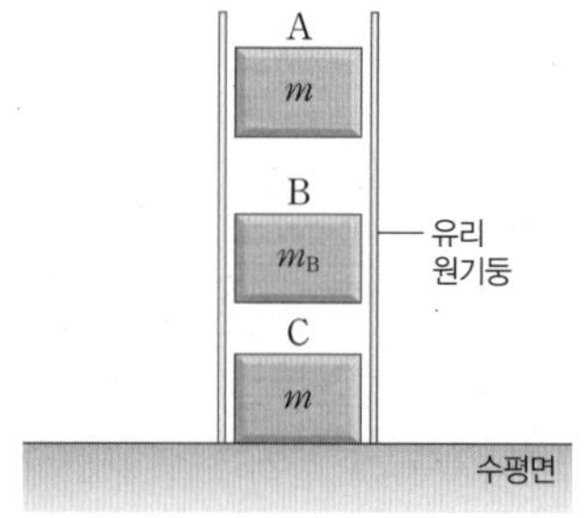

이에 대한 설명으로 옳은 것만을 ⟨보기⟩에서 있는 대로 고른 것은? (단, 중력 가속도는 g이고, 모든 마찰은 무시한다.)

보기

ㄱ. A가 B와 C로부터 받은 자기력의 합력과 A에 작용하는 중력은 평형을 이룬다.
ㄴ. m_B는 $3m$이다.
ㄷ. 수평면이 C를 수직으로 떠받치는 힘의 크기는 $4mg$이다.

① ㄱ　② ㄴ　③ ㄱ, ㄷ　④ ㄴ, ㄷ　⑤ ㄱ, ㄴ, ㄷ

[24023-0039]

15 그림 (가)는 질량이 m인 물체 A가 용수철저울에 연결되어 정지해 있는 것을, (나)는 마찰이 없는 수평면에서 A와 질량이 m인 물체 B를 용수철저울로 연결하고 B를 수평 방향으로 20 N의 힘으로 당겨 A, B가 등가속도 운동을 하는 모습을 나타낸 것이다. 용수철저울의 눈금 값은 (나)에서가 (가)에서의 2배이다.

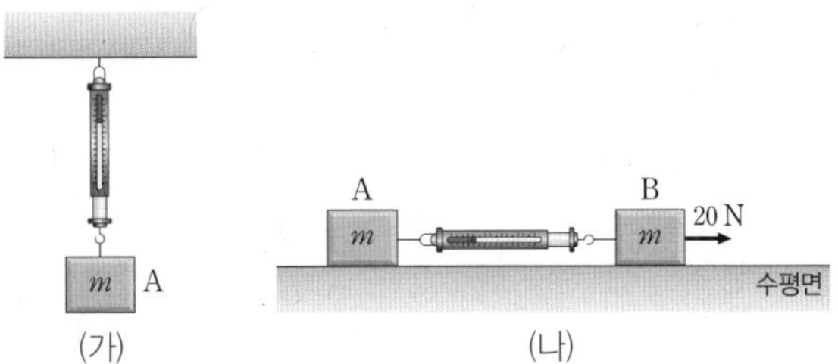

이에 대한 설명으로 옳은 것만을 <보기>에서 있는 대로 고른 것은? (단, 중력 가속도는 10 m/s^{2}이고, 용수철저울의 질량은 무시한다.)

보기

ㄱ. A에 작용하는 알짜힘의 크기는 (가)에서와 (나)에서가 같다.
ㄴ. A의 질량은 1 kg이다.
ㄷ. (나)에서 B의 가속도의 크기는 20 m/s^{2}이다.

① ㄱ ② ㄷ ③ ㄱ, ㄴ ④ ㄱ, ㄷ ⑤ ㄴ, ㄷ

(가)에서 A에 작용하는 중력과 용수철저울이 A에 작용하는 힘은 평형 관계이다.

[24023-0040]

16 그림은 질량이 각각 m, $2m$인 물체 A, B를 실로 연결하고 시간 $t=0$일 때 빗면에 B를 가만히 놓았더니 A, B가 등가속도 운동을 하다가 $t=t_0$일 때 실이 끊어진 것을 나타낸 것이다. 실이 끊어지기 전 실이 B를 당기는 힘의 크기는 F_0이다. 표는 t에 따라 B의 속력을 나타낸 것이다.

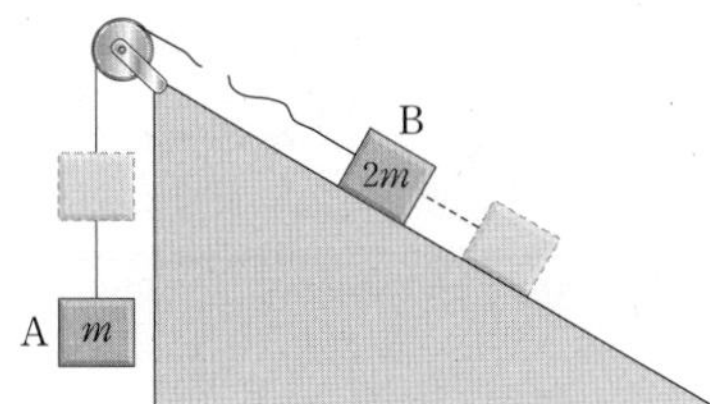

t	B의 속력
0	0
t_0	v_0
$3t_0$	v_0

F_0은? (단, 중력 가속도는 g이고, 실의 질량, 모든 마찰과 공기 저항은 무시한다.)

① $\frac{1}{2}mg$ ② $\frac{3}{5}mg$ ③ $\frac{7}{10}mg$ ④ $\frac{4}{5}mg$ ⑤ $\frac{9}{10}mg$

$t=t_0$일 때 실이 끊어진 B는 빗면 위에서 최고점에 도달한 후, 다시 내려가 $t=3t_0$일 때 실이 끊어진 지점을 다시 통과한다. 따라서 실이 끊어지기 전후 B의 가속도의 크기는 같다.

(가)에서 A가 중력에 의해 빗면 아래 방향으로 받는 힘의 크기는 (나)에서 B가 중력에 의해 빗면 아래 방향으로 받는 힘의 크기의 $\frac{1}{2}$배이다.

[24023-0041]

17 그림 (가)는 질량이 각각 m, $2m$인 물체 A, B를 실로 연결하고 마찰이 없는 빗면에 A를 가만히 놓은 모습을, (나)는 (가)의 A, B의 위치를 바꾸어 빗면에 B를 가만히 놓은 것을 나타낸 것이다. (가), (나)에서 A의 가속도 크기는 각각 $4a_0$, $3a_0$이다.

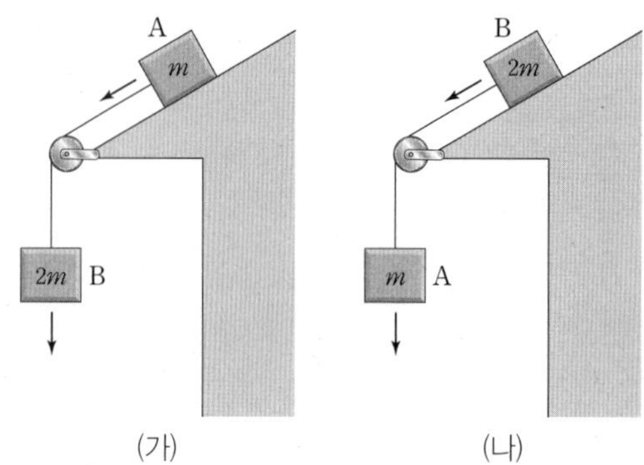

(가) (나)

이에 대한 설명으로 옳은 것만을 <보기>에서 있는 대로 고른 것은? (단, 중력 가속도는 g이고, 실의 질량, 모든 마찰과 공기 저항은 무시한다.)

보기

ㄱ. $a_0=\frac{1}{5}g$이다.

ㄴ. 실이 A를 당기는 힘의 크기는 (가)에서와 (나)에서가 같다.

ㄷ. B에 작용하는 알짜힘의 크기는 (가)에서가 (나)에서의 $\frac{4}{3}$배이다.

① ㄱ ② ㄷ ③ ㄱ, ㄴ ④ ㄴ, ㄷ ⑤ ㄱ, ㄴ, ㄷ

중력에 의해 물체에 빗면 아래 방향으로 작용하는 힘의 크기는 물체의 질량에 비례한다.

[24023-0042]

18 그림 (가)는 마찰이 없는 빗면 위에 질량이 각각 2 kg, 3 kg인 물체 A, B를 접촉하고, A에 크기가 30 N인 힘이 빗면과 나란한 방향으로 작용하였을 때 A가 힘의 방향으로 등가속도 운동을 하는 것을 나타낸 것이다. A의 가속도 크기는 4 m/s^{2}이다. 그림 (나)는 (가)의 B에 크기가 30 N인 힘이 빗면과 나란한 방향으로 작용하는 것을 나타낸 것이다.

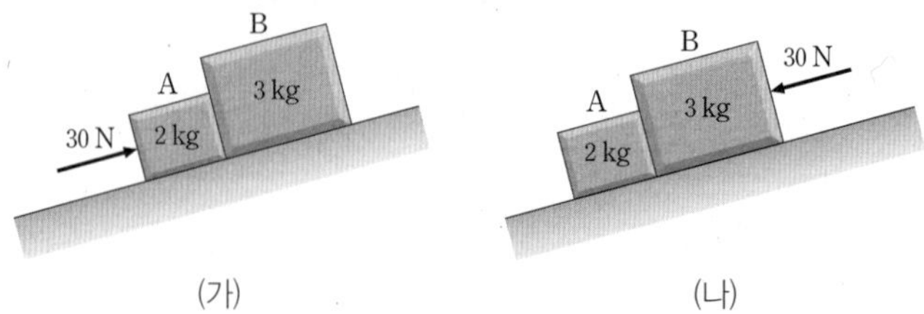

(가) (나)

(가)와 (나)에서 A가 B에 작용하는 힘의 크기를 각각 $F_{(가)}$, $F_{(나)}$라고 할 때, $\frac{F_{(가)}}{F_{(나)}}$는?

① $\frac{3}{2}$ ② $\frac{4}{3}$ ③ $\frac{5}{4}$ ④ $\frac{6}{5}$ ⑤ $\frac{7}{6}$

[24023-0043]

19 그림 (가)는 물체 A, B, C가 실로 연결되어 빗면 위에 놓인 B가 빗면 위 방향으로 등가속도 운동을 하는 것을 나타낸 것으로 A, C의 질량은 각각 $2m$, $5m$이고, 실 p가 B를 당기는 힘의 크기는 $\frac{12}{5}mg$이다. 그림 (나)는 (가)에서 A, C의 위치를 바꾸어 연결하였더니 B가 빗면 아래 방향으로 등가속도 운동을 하는 것을 나타낸 것이다. B의 가속도 크기는 (나)에서가 (가)에서의 2배이다.

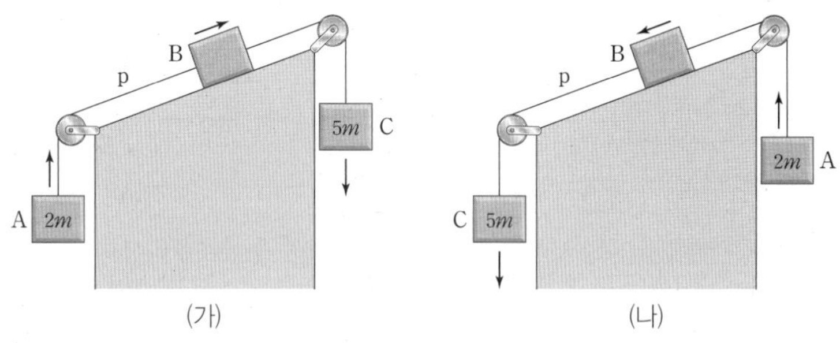

이에 대한 설명으로 옳은 것만을 〈보기〉에서 있는 대로 고른 것은? (단, 중력 가속도는 g이고, 물체의 크기, 실의 질량, 모든 마찰은 무시한다.)

보기

ㄱ. (가)에서 B의 가속도 크기는 $\frac{1}{5}g$이다.
ㄴ. (나)에서 p가 B를 당기는 힘의 크기는 $3mg$이다.
ㄷ. B의 질량은 $2m$이다.

① ㄱ ② ㄷ ③ ㄱ, ㄴ ④ ㄴ, ㄷ ⑤ ㄱ, ㄴ, ㄷ

(가)에서 p가 A를 당기는 힘의 크기는 p가 B를 당기는 힘의 크기와 같다.

[24023-0044]

20 그림 (가)는 질량이 각각 $6m$, m_B, $2m$인 물체 A, B, C가 실 p, q, r로 연결된 상태에서 정지해 있는 것을 나타낸 것으로, q가 B에 작용하는 힘의 크기는 r가 C에 작용하는 힘의 크기의 2배이다. 그림 (나)는 (가)에서 q가 끊어진 후 A, B가 등가속도 운동을 하다가 p가 끊어져 B가 연직 위 방향으로 운동하여 속력이 0이 된 순간을 나타낸 것이다. q가 끊어진 후 B의 속력이 0이 될 때까지 B가 이동한 거리는 h_0이고, 걸린 시간은 t_0이다.

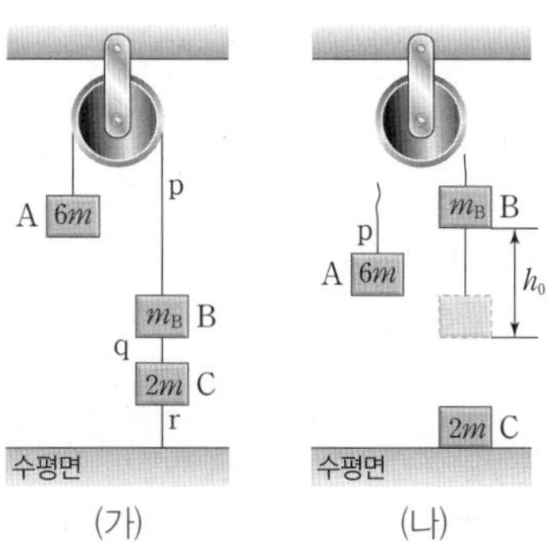

h_0은? (단, 중력 가속도는 g이고, 실의 질량, 모든 마찰과 공기 저항은 무시한다.)

① $\frac{1}{3}gt_0^2$ ② $\frac{1}{4}gt_0^2$ ③ $\frac{1}{5}gt_0^2$ ④ $\frac{1}{6}gt_0^2$ ⑤ $\frac{1}{7}gt_0^2$

q가 끊어지면 B는 운동 방향과 같은 방향으로 알짜힘을 받고, p가 끊어지면 B는 속력이 0이 되기 전까지 운동 방향과 반대 방향으로 알짜힘을 받는다.

02 운동량과 충격량

개념 체크

◉ **운동량**: 물체의 질량과 속도의 곱이며, 단위는 kg·m/s이다.

◉ **운동량 변화량**: 물체의 나중 운동량과 처음 운동량의 차이며, 방향은 물체에 작용하는 힘의 방향이다.

1. 물체의 (　　)과 속도를 곱한 물리량을 운동량이라고 한다. 운동량의 방향은 (　　)의 방향과 같다.

2. 그림과 같이 수평면에서 질량이 5 kg인 물체가 2 m/s의 속력으로 오른쪽 방향으로 등속도 운동을 한다.

5 kg　2 m/s　수평면

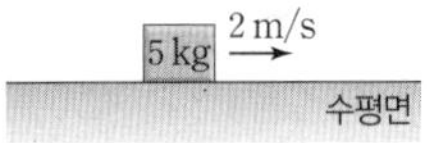

이 물체의 운동량의 크기는 (　　)이고, 운동량의 방향은 (　　)이다.

3. 그림과 같이 수평면에서 5 m/s의 속력으로 등속도 운동을 하던 질량이 2 kg인 물체가 벽과 충돌한 후 반대 방향으로 3 m/s의 속력으로 등속도 운동을 한다.

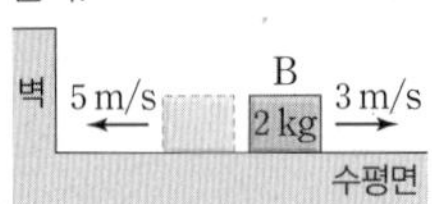

벽과 충돌하는 동안 물체의 운동량 변화량의 크기는 (　　)이다.

정답

1. 질량, 속도
2. 10 kg·m/s, 오른쪽
3. 16 kg·m/s

1 운동량

(1) 운동량

① 같은 속력이라도 질량이 큰 물체는 멈추기가 어렵고, 같은 질량이라도 속력이 빠르면 멈추기가 어렵다. 이와 같이 물체가 운동하는 정도는 물체의 질량과 속력에 따라 다르다.

② **운동량(p)**: 물체의 운동하는 정도를 나타낸 물리량으로, 물체의 질량과 속도의 곱으로 나타낸다. 즉, 질량이 m, 속도가 v인 물체의 운동량 p는 다음과 같다.

$$p=mv \text{ [단위: kg·m/s]}$$

• 운동량의 방향은 속도의 방향과 같다.

• 운동량은 크기와 방향을 갖는 물리량으로, 직선상에서 두 물체가 서로 반대 방향으로 운동할 때 어느 한 방향에 (+)부호를 붙이면, 반대 방향에는 (−)부호를 붙인다.

−8 kg·m/s　4 m/s　A 2 kg　　B 3 kg　4 m/s　12 kg·m/s

(2) 운동량 변화량

① 물체에 힘이 작용하면 물체의 속도가 변하게 되어 물체의 운동량이 변한다.

② **운동량 변화량($\varDelta p$)**: 직선상에서 운동하는 물체의 운동량 변화량은 물체의 나중 운동량과 처음 운동량의 차이다. 즉, 질량이 m인 물체의 처음 속도가 v_0, 나중 속도가 v일 때 물체의 운동량 변화량 $\varDelta p$는 다음과 같다.

$$\varDelta p=mv-mv_0 \text{ [단위: kg·m/s]}$$

• 운동량 변화량의 방향은 물체에 작용하는 힘의 방향과 같다.

과학 돋보기　운동량 변화량

• 그림 (가)와 같이 직선상에서 운동하는 물체에 처음 운동 방향과 같은 방향으로 힘이 작용하여 운동량이 증가하는 경우, 물체의 운동량 변화량의 크기는 $\varDelta p=mv-mv_0$이다.

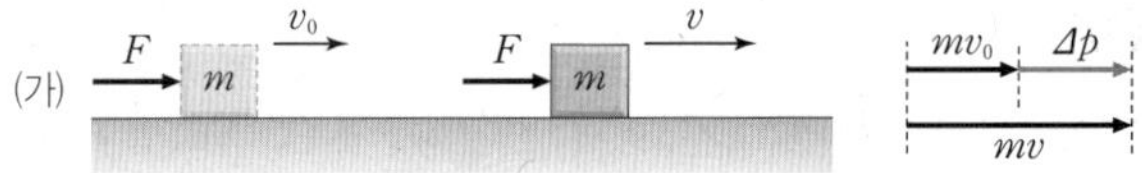

(가)　F　m　v_0　F　m　v　mv_0　$\varDelta p$　mv

• 그림 (나)와 같이 직선상에서 운동하는 물체에 처음 운동 방향과 반대 방향으로 힘이 작용하여 운동량이 감소하는 경우, 물체의 운동량 변화량의 크기는 $\varDelta p=mv_0-mv$이다.

(나)　m　v_0　F　m　v　F　mv_0　mv　$\varDelta p$

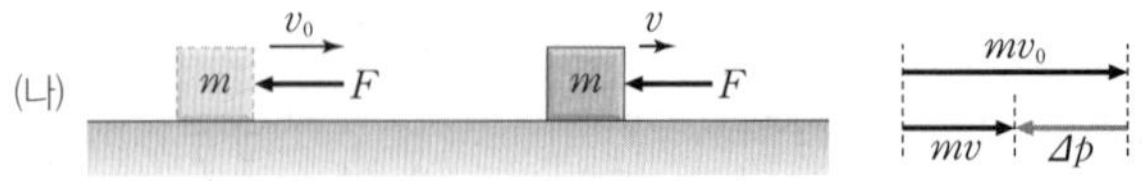

• 그림 (다)와 같이 직선상에서 운동하는 물체에 처음 운동 방향과 반대 방향으로 힘이 작용하여 운동량의 방향이 반대 방향으로 변하는 경우, 물체의 운동량 변화량의 크기는 $\varDelta p=mv_0+mv$이다.

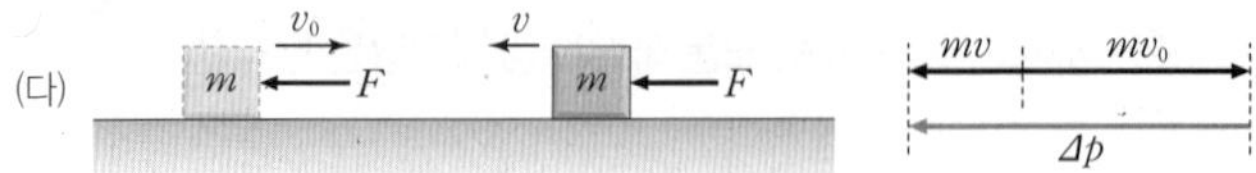

2 운동량 보존 법칙

(1) 운동량 보존 법칙

① 물체에 힘이 작용하지 않으면 물체의 속도가 변하지 않으므로 운동량도 변하지 않는다.

② 그림과 같이 수평면에서 질량이 각각 m_A, m_B이고 충돌 전 속도가 각각 v_A, v_B인 두 물체 A, B가 서로 충돌한 후 속도가 각각 v_A', v_B'가 되었다.

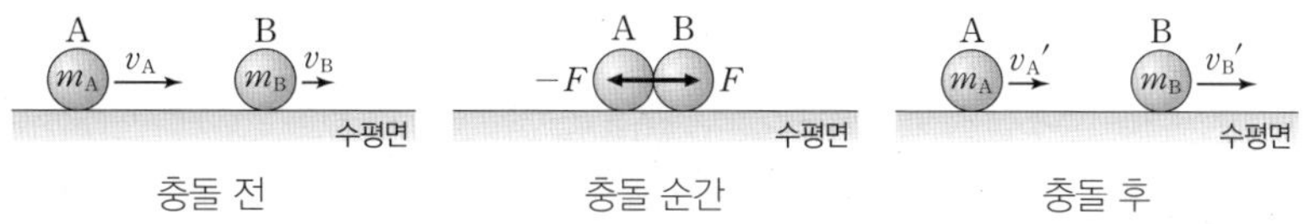

- 충돌 전 A, B의 운동량의 합: $m_Av_A+m_Bv_B$
- 충돌 후 A, B의 운동량의 합: $m_Av_A'+m_Bv_B'$
- 충돌 순간, 작용 반작용 법칙에 따라 A, B는 서로 같은 크기의 힘(F)을 같은 시간(Δt) 동안 서로 반대 방향으로 받는다. 따라서 A, B에 뉴턴 운동 제2법칙을 적용하면 다음과 같다.

$$-F=m_Aa_A=m_A\left(\frac{v_A'-v_A}{\Delta t}\right),\ F=m_Ba_B=m_B\left(\frac{v_B'-v_B}{\Delta t}\right)$$

$-m_A\left(\frac{v_A'-v_A}{\Delta t}\right)=m_B\left(\frac{v_B'-v_B}{\Delta t}\right)$에서 $m_Av_A+m_Bv_B=m_Av_A'+m_Bv_B'$가 성립한다.

➡ 충돌 전 A, B의 운동량의 합과 충돌 후 A, B의 운동량의 합은 같다.

③ **운동량 보존 법칙**: 물체가 충돌할 때 외부에서 힘이 작용하지 않으면 충돌 전과 충돌 후 물체들의 운동량의 합은 일정하게 보존된다. 이것을 운동량 보존 법칙이라고 한다.

- 충돌하는 물체들의 운동량 변화량의 총합은 0이다. 즉, $\Delta p_A+\Delta p_B=0$이다.
- 운동량 보존 법칙은 상호 작용 하는 힘의 종류나 물체의 크기에 관계없이 성립한다.

탐구자료 살펴보기 | 탄성구의 운동량 보존

과정

(1) 질량이 동일한 탄성구를 이용하여 실험 장치를 준비한다.
(2) 그림 (가)와 같이 1개의 탄성구를 높이 h에서 가만히 놓고, 충돌 후 운동하는 탄성구의 수와 높이의 최댓값을 측정한다.
(3) 그림 (나)와 같이 1개의 탄성구를 높이 $2h$에서 가만히 놓고, 충돌 후 운동하는 탄성구의 수와 높이의 최댓값을 측정한다.
(4) 그림 (다)와 같이 2개의 탄성구를 높이 h에서 가만히 놓고, 충돌 후 운동하는 탄성구의 수와 높이의 최댓값을 측정한다.

h (가) $2h$ (나) h (다)

결과

(가)의 결과	(나)의 결과	(다)의 결과
h	$2h$	h

point

- 충돌 전 운동한 탄성구의 수는 충돌 후 운동한 탄성구의 수와 같고, 충돌 전 탄성구의 최대 높이는 충돌 후 탄성구의 최대 높이와 같다. ➡ 충돌 직전 탄성구의 운동량의 크기는 충돌 직후 탄성구의 운동량의 크기와 같고, 충돌 전과 후 탄성구의 역학적 에너지는 보존된다.

개념 체크

- **운동량 보존 법칙**: 물체가 충돌할 때 외력이 작용하지 않으면, 충돌 전 물체들의 운동량의 합과 충돌 후 물체들의 운동량의 합은 같다.

1. 마찰이 없는 수평면에서 두 물체가 충돌할 때, A가 B에 작용하는 힘의 크기와 B가 A에 작용하는 힘의 크기는 (   ) 법칙에 따라 서로 같다.

[2~4] 그림과 같이 수평면에서 질량이 각각 2 kg, 3 kg인 물체 A, B가 각각 8 m/s, 2 m/s의 속력으로 서로를 향해 등속도 운동을 하여 충돌한 후, 한 덩어리가 되어 오른쪽 방향으로 등속도 운동을 한다. (단, A, B는 동일 직선상에서 운동한다.)

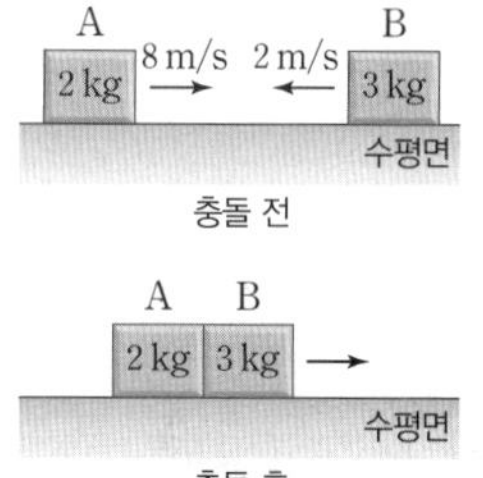

2. 충돌 전 A와 B의 운동량의 합의 크기는 (   )이다.

3. 충돌 후 한 덩어리가 된 물체의 속력은 (   )이다.

4. A와 B가 충돌하는 동안 A와 B의 운동량 변화량의 크기는 (   )로 서로 같다.

정답
1. 작용 반작용
2. 10 kg·m/s
3. 2 m/s
4. 12 kg·m/s

개념 체크

◘ 충돌, 분열, 융합될 때의 운동량: 외력이 작용하지 않으면 운동량이 보존된다.

[1~3] 그림과 같이 질량이 각각 m, $2m$인 물체 A, B가 압축된 용수철에 접촉되어 있다가 A와 B를 동시에 가만히 놓았더니 용수철에서 분리된 A, B가 서로 반대 방향으로 등속도 운동을 한다. (단, 용수철의 질량은 무시한다.)

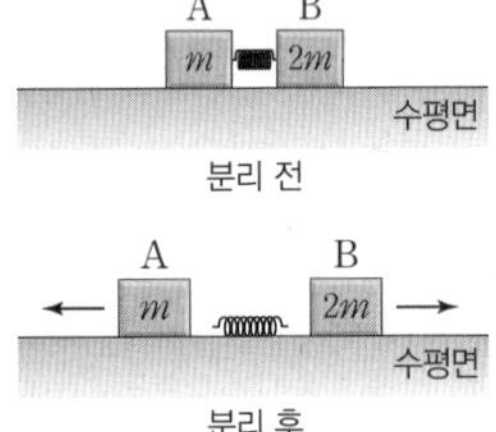

1. 분리 전과 후 A와 B의 운동량의 합은 (　　)이다.

2. 분리 후 속력은 A가 B의 (　　)배이다.

3. 분리 후 운동 에너지는 A가 B의 (　　)배이다.

정답
1. 0
2. 2
3. 2

탐구자료 살펴보기 역학 수레를 이용한 운동량 보존 실험

과정

(1) 역학 수레 A, B의 질량과 추의 질량을 측정한 후, 그림과 같이 수평한 실험대 위에서 A의 용수철을 압축하여 A, B를 접촉하고 속력 측정기를 설치한다.

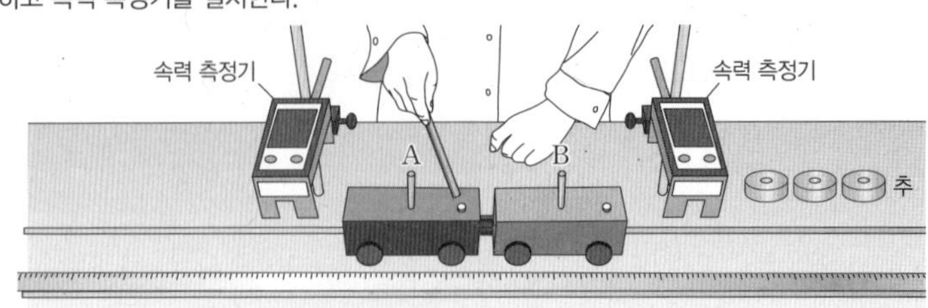

(2) A의 용수철 잠금 막대를 가볍게 쳐서 두 역학 수레를 밀어내게 하고, 분리된 직후 A, B의 속도를 측정한다.
(3) B에 추를 1개, 2개, 3개 올려놓은 후 A의 용수철을 압축하고 과정 (2)를 반복하여 아래 표에 기록한다.

B에 올려놓은 추의 수(개)	역학 수레 A			역학 수레 B		
	질량 (kg)	속도 (m/s)	운동량 (kg·m/s)	질량 (kg)	속도 (m/s)	운동량 (kg·m/s)
0	0.50	−0.40	−0.20	0.50	0.40	0.20
1	0.50	−0.42	−0.21	0.70	0.30	0.21
2	0.50	−0.45	−0.23	0.90	0.25	0.23
3	0.50	−0.48	−0.24	1.10	0.22	0.24

결과

- 분리된 수레의 속력은 질량이 작은 수레가 더 크다.
- 분리된 후 수레의 질량과 속도의 크기의 곱은 A와 B가 서로 같다.
- B에 올려놓은 추의 수가 많을수록 분리된 후 B의 속력은 작아지고, A의 속력은 커진다.
- 분리되기 전 A, B의 운동량은 0이고, 분리된 후 A, B의 운동 방향은 반대이고 A, B의 운동량의 크기는 같다.

point

- 분리될 때 A가 B를 미는 힘과 B가 A를 미는 힘은 크기가 같고 방향이 반대이다.
- 분리되기 전 A, B의 운동량의 합과 분리된 후 A, B의 운동량의 합은 0으로 같다.
  ➡ 분리되기 전과 후에 A, B의 운동량의 합은 보존된다.

(2) 여러 가지 충돌

① **같은 방향으로 운동할 때의 충돌**: 그림과 같이 같은 방향으로 운동하는 범퍼카 A, B가 서로 충돌하면, A는 운동 방향과 반대 방향으로 힘을 받게 되어 속력이 감소하고, B는 운동 방향과 같은 방향으로 힘을 받게 되어 속력이 증가한다($v_A > v_A'$, $v_B < v_B'$).

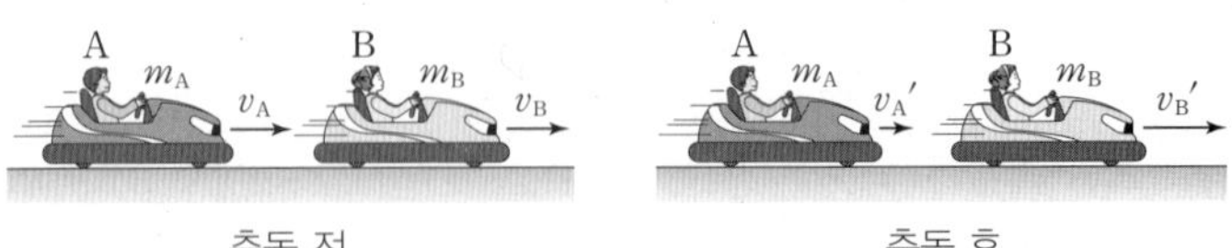

② **한 덩어리가 될 때의 충돌**: 그림과 같이 두 물체 A, B가 충돌한 후 한 덩어리가 되어 운동할 때, 운동량이 보존되므로 충돌 후 한 덩어리가 된 물체의 속력 v는 $m_Av_A + m_Bv_B = (m_A + m_B)v$에서 $v = \frac{m_Av_A + m_Bv_B}{m_A + m_B}$이다.

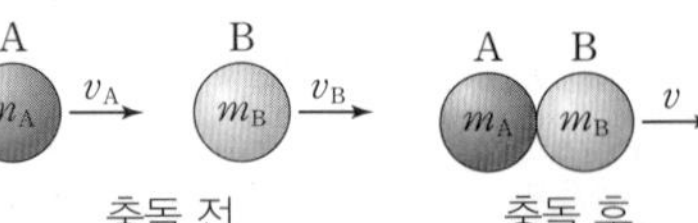

③ **한 물체가 두 물체로 분열될 때**: 그림과 같이 분열 전 정지해 있던 물체가 두 물체 A, B로 분열될 때 운동량 보존 법칙이 성립한다. 분열 전 물체의 운동량이 0이므로 분열 후 A, B의 운동량의 합은 0이다. $0=m_Av_A+m_Bv_B$에서 $m_Av_A=-m_Bv_B$이다. 즉, 분열 후 A, B의 운동량의 크기는 같고 방향은 서로 반대이다.

분열 전

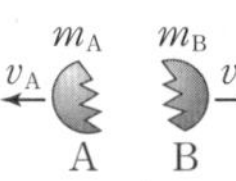

분열 후

3 충격량

(1) 충격량

① 물체가 충돌할 때 물체에 작용하는 힘과 힘이 작용한 시간에 따라 운동량 변화량이 다르다.

② **충격량(I)**: 물체가 충돌할 때 물체가 받는 충격의 정도를 나타낸 물리량으로, 물체에 작용하는 힘과 힘이 작용한 시간의 곱으로 나타낸다. 즉, 물체에 힘 F가 시간 Δt 동안 작용할 때 물체가 받는 충격량 I는 다음과 같다. 이때 충격량의 방향은 물체에 작용하는 힘의 방향과 같다.

$$I=F\Delta t \text{ [단위: N·s]}$$

③ 힘-시간 그래프

- 힘의 크기가 일정할 때: 그림 (가)에서 그래프가 시간 축과 이루는 사각형의 면적은 Ft이므로 충격량을 나타낸다.
- 힘의 크기가 변할 때: 그림 (나)에서 짙게 색칠한 직사각형의 면적은 매우 짧은 시간 Δt 동안 받은 충격량과 같으므로, 직사각형들의 면적을 모두 더하면 그래프가 시간 축과 이루는 면적과 같아진다. 즉, 면적은 충격량과 같다.

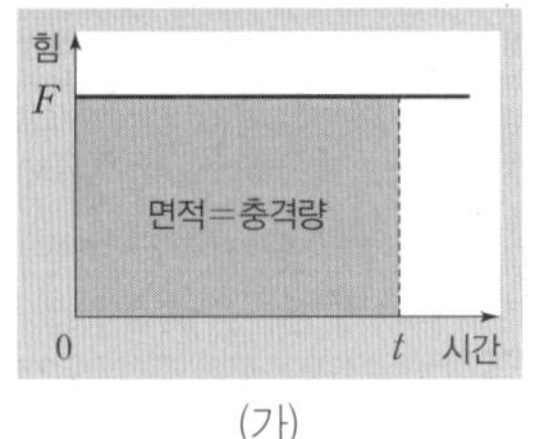

(가)

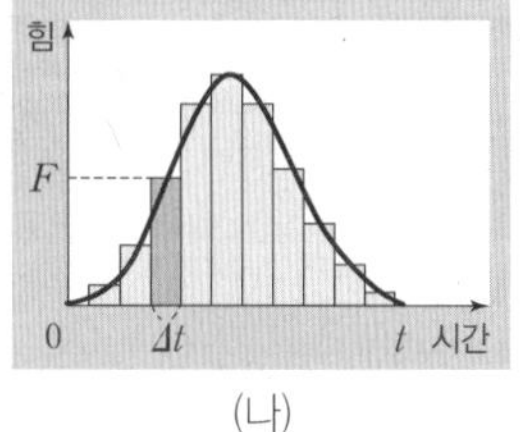

(나)

과학 돋보기 **운동량의 변화와 충격량**

그림 (가)는 날아오는 야구공을 야구 배트로 치는 모습을 나타낸 것이고, (나)는 야구공이 야구 배트에 부딪히는 동안 야구 배트가 야구공에 작용하는 힘의 크기를 시간에 따라 나타낸 것이다. 그림 (나)와 같이 야구공이 배트에 부딪히는 동안 공에 작용하는 힘의 크기는 일정하지 않다. 따라서 힘-시간 그래프와 시간 축이 이루는 면적을 이용해 충격량을 구하고, 이 충격량은 야구공의 운동량 변화량과 같다. 또한 이 동안 야구공이 받은 충격량을 힘이 작용한 시간 Δt로 나누어 공에 작용한 평균 힘의 크기를 구할 수 있다.

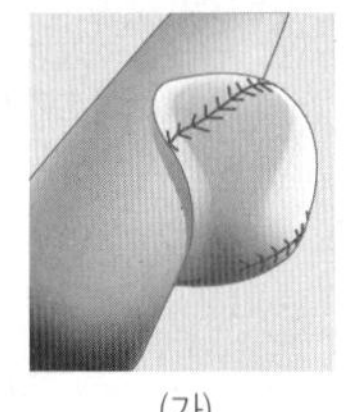
(가)

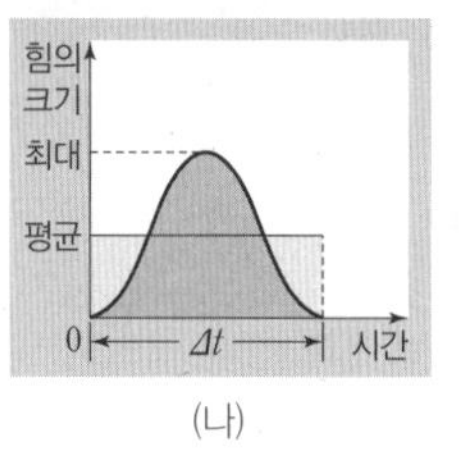

(나)

(2) 충격량과 운동량의 관계

충격량과 운동량의 관계: 질량이 m인 물체에 일정한 힘 F가 시간 Δt 동안 작용하여 속도가 v_0에서 v로 변할 때 뉴턴 운동 제2법칙을 적용하면, $F=ma=m\left(\dfrac{v-v_0}{\Delta t}\right)=\dfrac{mv-mv_0}{\Delta t}$에서 $F\Delta t=mv-mv_0$이므로 물체가 받은 충격량과 운동량 변화량의 관계는 다음과 같다.

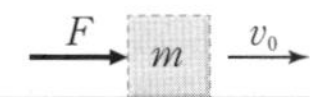

$$I=\Delta p$$

① 운동량 변화량의 방향과 충격량의 방향은 모두 물체에 작용하는 힘의 방향과 같다.

② 힘의 단위 N은 $kg\cdot m/s^2$이므로, 충격량의 단위 N·s는 운동량의 단위 kg·m/s와 같다.

개념 체크

- **충격량**: 물체에 작용한 힘과 힘이 작용한 시간을 곱한 물리량이다.
- **힘-시간 그래프**: 그래프가 시간 축과 이루는 면적은 충격량이다.
- **충격량과 운동량의 관계**: 물체가 받은 충격량은 운동량 변화량과 같다.

[1~2] 그림과 같이 마찰이 없는 수평면에 정지해 있던 질량이 1 kg인 물체에 크기가 5 N인 힘이 3초 동안 수평 방향으로 작용한다. (단, 공기 저항은 무시한다.)

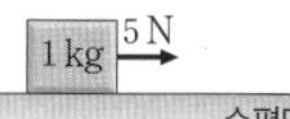

1. 3초 동안 물체가 수평 방향의 힘으로부터 받은 충격량의 크기는 (　　)이다.

2. 힘을 받는 3초 동안 물체의 운동량 변화량의 크기는 (　　)이다.

[3~4] 그림은 마찰이 없는 수평면에 정지해 있는 질량이 3 kg인 물체가 수평 방향으로 힘을 받을 때, 물체가 받는 힘을 시간에 따라 나타낸 것이다. (단, 공기 저항은 무시한다.)

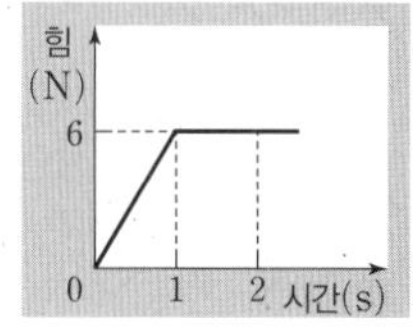

3. 0초부터 2초까지 물체가 받는 충격량의 크기는 (　　)이다.

4. 2초일 때 물체의 속력은 (　　)이다.

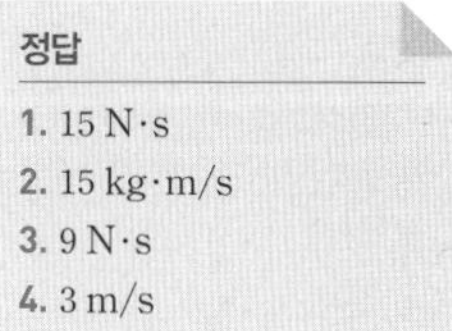

정답

1. 15 N·s
2. 15 kg·m/s
3. 9 N·s
4. 3 m/s

개념 체크

◎ 힘이 작용하는 시간과 충격량: 힘이 일정하게 작용할 때, 힘이 작용하는 시간이 길수록 물체가 받는 충격량의 크기가 크다.
◎ 힘의 크기와 충격량: 힘이 작용하는 시간이 일정할 때, 작용하는 힘의 크기가 클수록 물체가 받는 충격량의 크기가 크다.
◎ 충격력: 물체가 충돌할 때 받는 힘을 말한다.

1. 물체에 작용하는 힘이 일정할 때, 힘이 작용하는 시간이 (길수록 , 짧을수록) 물체가 받는 충격량의 크기가 크다.

[2~4] 그림과 같이 질량이 0.5 kg인 공이 수평면 위에서 10 m/s의 속력으로 등속도 운동을 하다가 벽에 충돌한 후, 반대 방향으로 8 m/s의 속력으로 등속도 운동을 한다. 공이 벽과 충돌하는 시간은 0.3초이다.

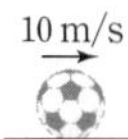
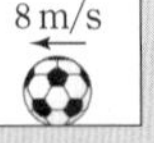

2. 공이 벽으로부터 받은 충격량의 크기는 (　　)이다.

3. 공이 벽과 충돌하는 동안 공이 벽으로부터 받은 평균 힘의 크기는 (　　)이다.

4. 공이 벽과 충돌하는 동안 벽이 공에 작용하는 힘의 방향은 (왼쪽 , 오른쪽) 방향이다.

정답
1. 길수록
2. 9 N·s
3. 30 N
4. 왼쪽

탐구자료 살펴보기 충격량과 운동량 실험

과정

(1) 그림과 같이 휴지 1장을 공 모양으로 뭉쳐 빨대 한쪽 입구에 넣은 후 입으로 불어 수평 방향으로 날린다.
(2) 빨대를 부는 힘의 크기를 다르게 하여 과정 (1)을 반복한다.
(3) 빨대를 부는 힘의 크기를 일정하게 하고, 빨대의 길이를 다르게 하여 과정 (1)을 반복한다.

결과

- 빨대를 부는 힘의 크기가 클수록 공은 더 멀리 날아간다.
- 빨대를 부는 힘의 크기가 같을 때, 빨대의 길이가 길수록 공은 더 멀리 날아간다.

point

- 물체가 받는 충격량이 클수록 운동량의 변화량이 크다.
- 물체가 힘을 받는 시간이 일정할 때, 물체에 작용하는 힘의 크기가 클수록 물체가 받는 충격량의 크기가 크다.
- 물체에 작용하는 힘의 크기가 일정할 때, 물체에 힘이 작용하는 시간이 길수록 물체가 받는 충격량의 크기가 크다.

과학 돋보기 운동량-시간 그래프

힘-시간 그래프에서 그래프가 시간 축과 이루는 면적이 물체가 받는 충격량이다. 충격량은 운동량 변화량과 같으므로 $F\Delta t=\Delta p$이다. 즉, 물체에 작용하는 힘은 $F=\frac{\Delta p}{\Delta t}$이다. 따라서 운동량-시간 그래프에서 그래프의 기울기는 물체에 작용하는 힘(알짜힘)을 나타내며, 힘은 단위 시간 동안의 운동량 변화량이라고 할 수 있다.

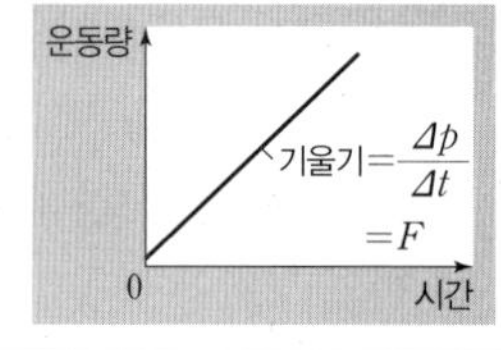

(3) 충격량과 힘의 관계: $I=F\Delta t \Rightarrow F=\frac{I}{\Delta t}=\frac{\Delta p}{\Delta t}$

① 힘이 일정하면 힘을 받는 시간이 길수록 충격량의 크기가 크다.

$$I \propto \Delta t \ (F\text{: 일정})$$

② 힘을 작용하는 시간이 일정하면 힘의 크기가 클수록 충격량의 크기가 크다.

$$I \propto F \ (\Delta t\text{: 일정})$$

골프공을 멀리 날려 보내려면 골프채를 휘두르는 속도를 크게 하여 골프공이 받는 힘을 크게 하고, 골프채로 골프공을 끝까지 밀어주어 힘을 오랫동안 받도록 한다.	포탄을 멀리 날려 보내려면 화약의 양을 많이 하여 포탄이 받는 힘을 크게 하고, 포신의 길이를 길게 하여 포탄이 힘을 오랫동안 받도록 한다.

(4) 충돌과 안전장치

① **충격력**: 물체가 충돌할 때 받는 힘을 충격력이라고 한다.

② **충격력과 시간의 관계**: 물체가 받는 충격량이 일정할 때 힘을 받는 시간이 길수록 물체에 작용하는 충격력의 크기는 작다. ➡ $F \propto \frac{1}{\Delta t}$ (I: 일정)

③ 충격력 줄이기

• 그림 (가)의 왼쪽은 유리잔이 단단한 바닥에, 오른쪽은 푹신한 방석에 떨어지는 경우를 나타낸 것으로, 유리잔이 받는 충격량은 같지만 단단한 바닥에 떨어진 유리잔은 깨졌고, 푹신한 방석에 떨어진 유리잔은 깨지지 않았다. 그림 (나)는 유리잔이 충돌하는 동안에 받는 힘을 시간에 따라 나타낸 것으로, 그래프가 시간 축과 이루는 면적은 같지만 푹신한 방석에 떨어진 경우가 충돌 시간이 길어 유리잔이 받는 평균 힘의 크기가 작다. 이와 같이 충돌할 때 충돌 시간을 길게 하면 충격력의 크기가 작아진다.

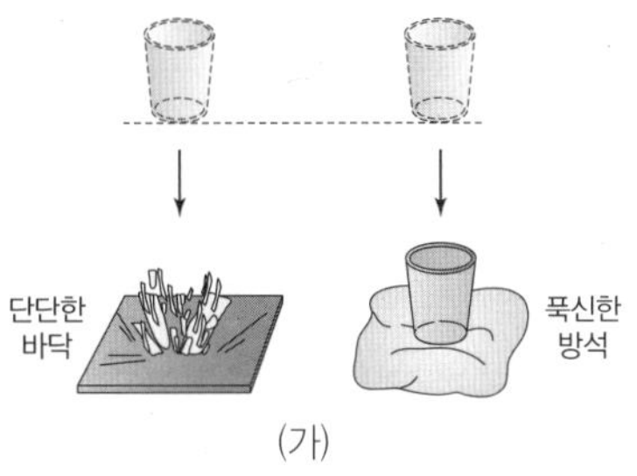

(가)

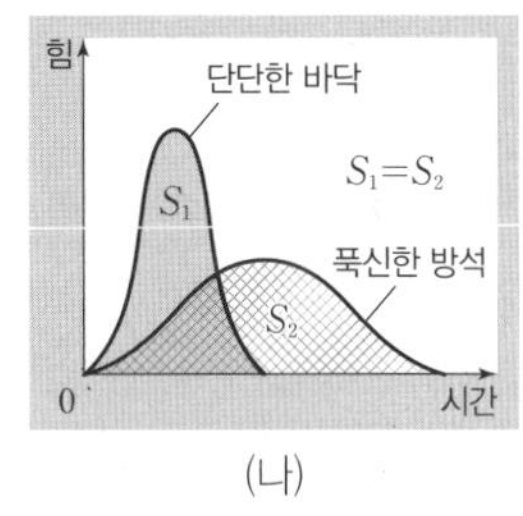

(나)

• 그림 (다)와 같이 날아오는 야구공을 받을 때 글러브를 뒤로 빼면서 받으면 충격력을 감소시킬 수 있다.

• 그림 (라)와 같이 높은 곳에서 뛰어내릴 때 무릎을 살짝 굽히면 충격력을 감소시킬 수 있다.

(다)

(라)

④ 여러 가지 안전장치: 힘을 받는 시간을 길게 하여 충격력을 감소시킨다.

예 자동차의 범퍼, 자동차의 에어백, 선박의 충돌 피해 감소용 타이어, 번지 점프의 줄, 포수의 글러브와 얼굴 보호대, 구조용 에어 매트 등

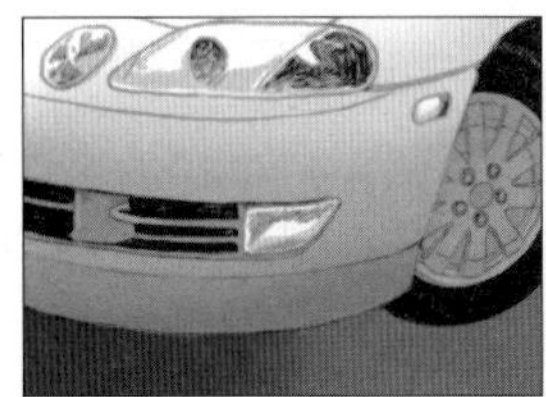
자동차의 범퍼

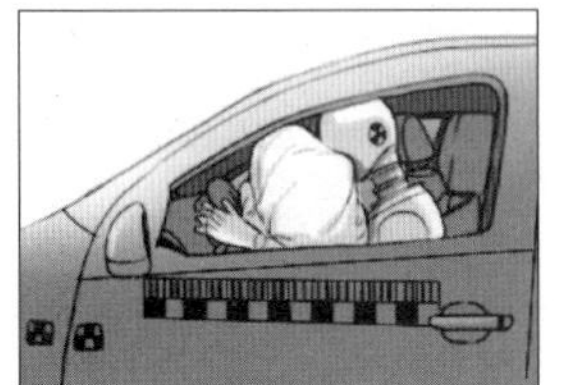
자동차의 에어백

선박의 충돌 피해 감소용 타이어

번지 점프의 줄

포수의 글러브와 얼굴 보호대

구조용 에어 매트

개념 체크

◘ 충격력과 시간: 같은 충격량을 받더라도 힘을 받는 시간이 길수록 충격력의 크기가 작다.

◘ 여러 가지 안전장치: 범퍼, 에어백, 번지 점프의 줄, 에어 매트 등은 힘을 받는 시간을 길게 하여 충격력의 크기를 감소시킨다.

1. 물체가 받는 충격량이 일정할 때, 물체가 힘을 받는 시간이 2배가 되면 물체가 받는 평균 힘의 크기는 (　　)배가 된다.

2. 자동차의 범퍼는 자동차가 충돌할 때 힘을 받는 시간을 (길게 , 짧게) 하여 충격력을 감소시킨다.

[3~4] 그림의 A, B는 같은 높이에서 동일한 유리잔을 단단한 바닥과 푹신한 방석에 각각 떨어뜨릴 때, 유리잔이 바닥과 방석으로부터 받는 힘을 시간에 따라 순서 없이 나타낸 것이다.

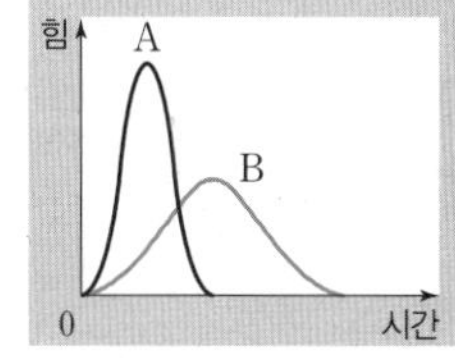

3. 충돌하는 동안 유리잔이 방석으로부터 받는 힘을 나타낸 그래프는 (A , B)이다.

4. 충돌하는 동안 유리잔이 받는 평균 힘의 크기는 (A , B)에서가 더 작다.

정답

1. $\frac{1}{2}$
2. 길게
3. B
4. B

[24023-0045]

01 그림 (가)는 마찰이 없는 수평면의 일직선상에서 물체 A가 정지해 있는 물체 B를 향해 등속도 운동을 하는 모습을, (나)는 A와 B가 충돌한 후 한 덩어리가 되어 v의 속력으로 등속도 운동을 하는 모습을 나타낸 것이다. A, B의 질량은 각각 m, $2m$이다.

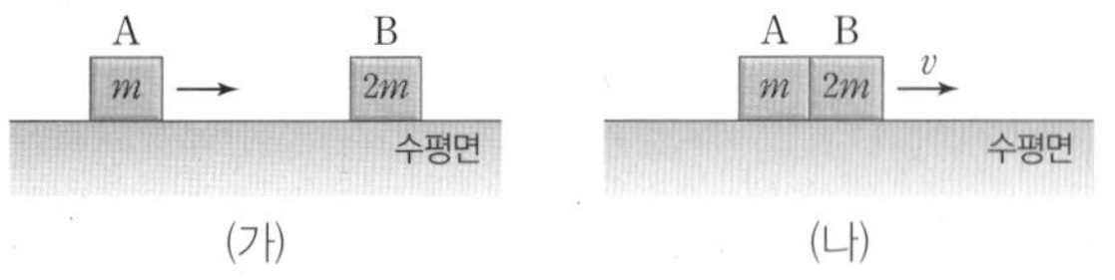

이에 대한 설명으로 옳은 것만을 <보기>에서 있는 대로 고른 것은?

보기

ㄱ. (가)에서 A의 속력은 $3v$이다.
ㄴ. 충돌하는 동안 A가 B로부터 받는 평균 힘의 크기와 B가 A로부터 받는 평균 힘의 크기는 같다.
ㄷ. 충돌하는 동안 A가 B로부터 받은 충격량의 크기는 $2mv$이다.

① ㄱ ② ㄷ ③ ㄱ, ㄴ ④ ㄴ, ㄷ ⑤ ㄱ, ㄴ, ㄷ

[24023-0046]

02 그림 (가)와 같이 마찰이 없는 수평면에서 물체 A가 등속도 운동을 하여 정지해 있던 물체 B와 충돌한 후 A, B가 서로 반대 방향으로 v의 속력으로 각각 등속도 운동을 한다. 그림 (나)는 충돌 전후 A의 운동량을 시간에 따라 나타낸 것이다. A와 B는 시간 t_1부터 t_2까지 충돌한다.

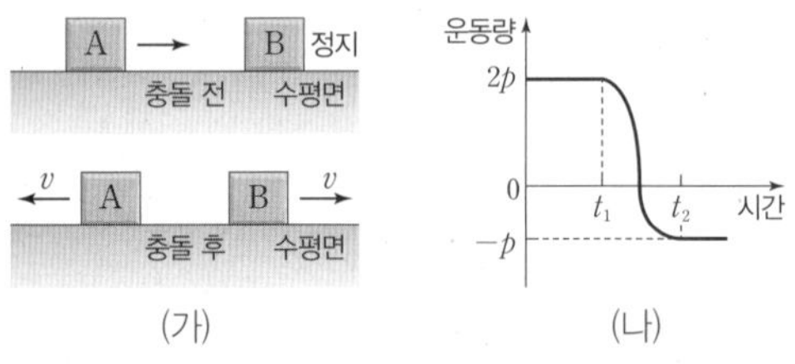

이에 대한 설명으로 옳은 것만을 <보기>에서 있는 대로 고른 것은? (단, A와 B는 동일 직선상에서 운동한다.)

보기

ㄱ. 충돌 후 B의 운동량의 크기는 p이다.
ㄴ. 질량은 B가 A의 3배이다.
ㄷ. 충돌하는 동안 A가 B로부터 받은 평균 힘의 크기는 $\frac{3p}{t_2-t_1}$이다.

① ㄱ ② ㄷ ③ ㄱ, ㄴ ④ ㄴ, ㄷ ⑤ ㄱ, ㄴ, ㄷ

[24023-0047]

03 그림 (가)와 같이 마찰이 없는 수평면에서 물체 A, B는 $+x$ 방향으로 각각 $3v$, $2v$의 속력으로, 물체 C는 $-x$ 방향으로 v의 속력으로 등속도 운동을 한다. 그림 (나)는 A, B, C가 동시에 충돌한 후 한 덩어리가 되어 $+x$ 방향으로 v의 속력으로 등속도 운동을 하는 모습을 나타낸 것이다. A, C의 질량은 각각 $2m$, $3m$이다.

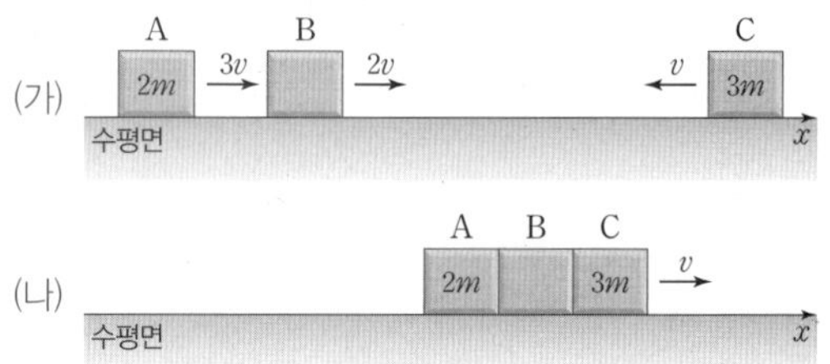

B의 질량은?

① $\frac{1}{2}m$ ② m ③ $\frac{3}{2}m$ ④ $2m$ ⑤ $\frac{5}{2}m$

[24023-0048]

04 그림 (가)와 같이 마찰이 없는 수평면에서 물체 A, B가 등속도 운동을 하여 점 p, q를 각각 v, $3v$의 속력으로 동시에 지난다. 그림 (나)는 A와 B가 충돌한 후 서로 반대 방향으로 등속도 운동을 하여 A가 다시 p를 지나는 순간의 모습을 나타낸 것으로, 이때 B로부터 p, q까지 떨어진 거리는 서로 같다. A, B의 질량은 각각 $5m$, $3m$이다.

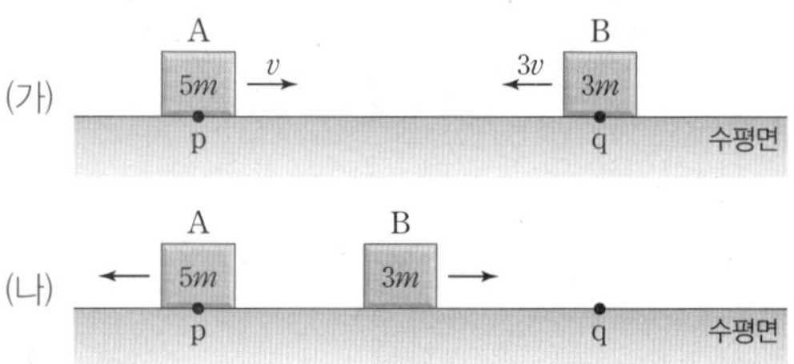

이에 대한 설명으로 옳은 것만을 <보기>에서 있는 대로 고른 것은? (단, 물체의 크기, 충돌 시간은 무시한다.)

보기

ㄱ. (가)에서 A의 운동량의 크기는 $5mv$이다.
ㄴ. (나)에서 속력은 A가 B보다 작다.
ㄷ. 충돌하는 동안 B가 A로부터 받은 충격량의 크기는 $15mv$이다.

① ㄱ ② ㄴ ③ ㄱ, ㄷ ④ ㄴ, ㄷ ⑤ ㄱ, ㄴ, ㄷ

[24023-0049]

05 그림 (가)와 같이 마찰이 없는 수평면에서 물체 A, B가 같은 속력으로 서로를 향해 등속도 운동을 한다. 그림 (나)는 A와 B 사이의 거리 x를 시간 t에 따라 나타낸 것이다. A, B의 질량은 각각 m, $2m$이고, 동일 직선상에서 운동한다.

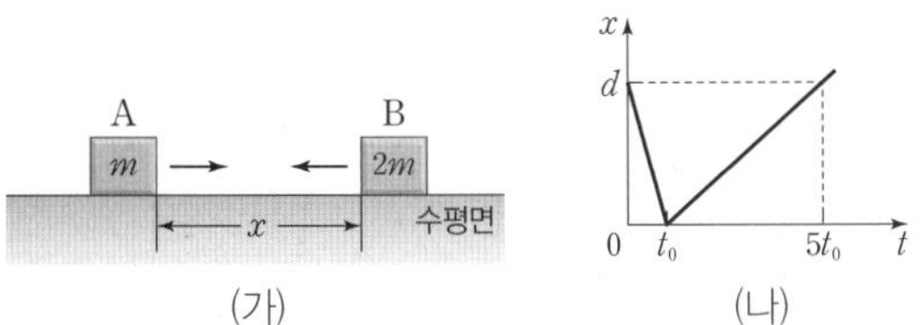

$3t_0$일 때, A의 운동량의 방향과 크기로 옳은 것은? (단, 물체의 크기는 무시한다.)

	방향	크기		방향	크기
①	왼쪽	$\frac{md}{t_0}$	②	왼쪽	$\frac{md}{3t_0}$
③	왼쪽	$\frac{md}{5t_0}$	④	오른쪽	$\frac{md}{3t_0}$
⑤	오른쪽	$\frac{md}{5t_0}$			

[24023-0050]

06 그림 (가)와 같이 마찰이 없는 수평면에 정지해 있던 물체가 수평 방향으로 힘을 받아 직선 운동을 한다. 그림 (나)는 (가)에서 물체의 운동량을 시간에 따라 나타낸 것으로, 물체가 0초부터 4초까지 운동한 거리는 26 m이다.

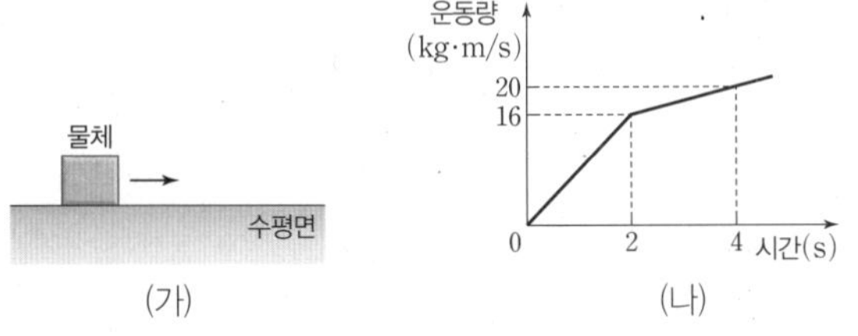

이에 대한 설명으로 옳은 것만을 <보기>에서 있는 대로 고른 것은?

보기

ㄱ. 2초부터 4초까지 물체가 받은 충격량의 크기는 4 N·s이다.
ㄴ. 물체에 작용하는 알짜힘의 크기는 1초일 때가 3초일 때보다 작다.
ㄷ. 물체의 질량은 2 kg이다.

① ㄱ ② ㄴ ③ ㄱ, ㄷ ④ ㄴ, ㄷ ⑤ ㄱ, ㄴ, ㄷ

[24023-0051]

07 그림 (가)는 질량이 20 kg인 스톤에 수평 방향으로 힘을 작용하는 모습을, (나)는 (가)에서 스톤이 힘을 받으며 직선 운동을 하는 동안 스톤의 속력을 시간에 따라 나타낸 것이다.

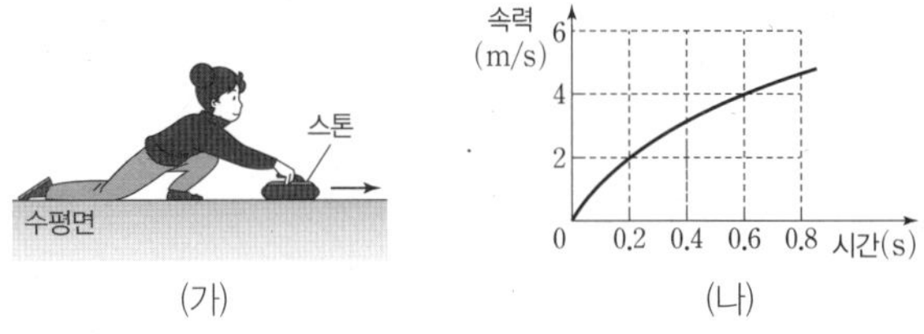

0.2초부터 0.6초까지 스톤이 받은 충격량의 크기와 평균 힘의 크기로 옳은 것은?

	충격량의 크기	평균 힘의 크기
①	40 N·s	50 N
②	40 N·s	100 N
③	40 N·s	200 N
④	80 N·s	50 N
⑤	80 N·s	100 N

[24023-0052]

08 그림 (가)와 같이 마찰이 없는 수평면에서 질량이 각각 1 kg, 2 kg인 물체 A, B가 각각 5 m/s, 1 m/s의 속력으로 등속도 운동을 한다. 그림 (나)는 A와 B가 충돌하는 동안 A가 B로부터 받은 힘의 크기를 시간에 따라 나타낸 것이다. 그래프와 시간 축이 이루는 면적은 4 N·s이다.

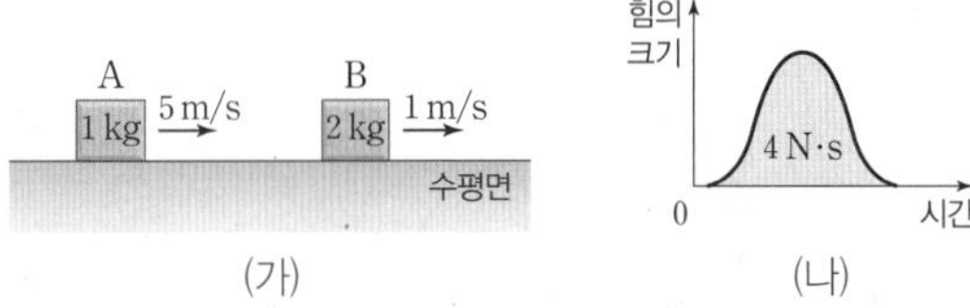

이에 대한 설명으로 옳은 것만을 <보기>에서 있는 대로 고른 것은? (단, A와 B는 동일 직선상에서 운동한다.)

보기

ㄱ. 충돌 전 A와 B의 운동량의 합의 크기는 7 kg·m/s이다.
ㄴ. 충돌하는 동안 B가 A로부터 받은 충격량의 크기는 8 N·s이다.
ㄷ. 충돌 후 B의 속력은 5 m/s이다.

① ㄱ ② ㄴ ③ ㄷ ④ ㄱ, ㄷ ⑤ ㄴ, ㄷ

[24023-0053]

09 그림 (가)와 같이 마찰이 없는 수평면에서 질량이 $2\ \mathrm{kg}$인 물체가 시간 $t=0$일 때 구간 S의 시작점을 $2\ \mathrm{m/s}$의 속력으로 지난 후, 직선 운동을 하여 $t=5$초일 때 S의 끝점을 $8\ \mathrm{m/s}$의 속력으로 지난다. 그림 (나)는 물체가 S에서 받는 수평 방향의 힘을 t에 따라 나타낸 것이다.

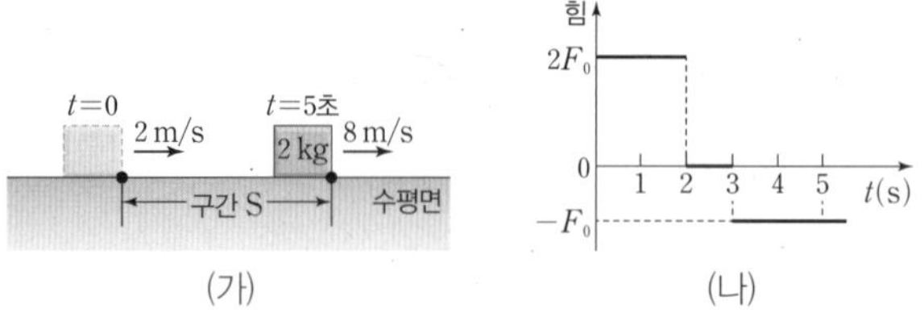

(가) (나)

이에 대한 설명으로 옳은 것만을 <보기>에서 있는 대로 고른 것은? (단, 물체의 크기, 공기 저항은 무시한다.)

보기
ㄱ. F_0은 6 N이다.
ㄴ. 1초일 때 물체의 운동량의 크기는 16 kg·m/s이다.
ㄷ. 0초부터 5초까지 물체가 이동한 거리는 50 m이다.

① ㄱ ② ㄷ ③ ㄱ, ㄴ ④ ㄴ, ㄷ ⑤ ㄱ, ㄴ, ㄷ

[24023-0054]

10 그림 (가)와 같이 마찰이 없는 수평면에서 물체 A, B가 압축된 용수철에 접촉되어 정지해 있다. 그림 (나)는 (가)에서 A, B를 동시에 가만히 놓았더니 용수철에서 분리된 A, B가 서로 반대 방향으로 등속도 운동을 하는 것을 나타낸 것으로, A, B의 운동 에너지는 각각 $3E_0$, E_0이다.

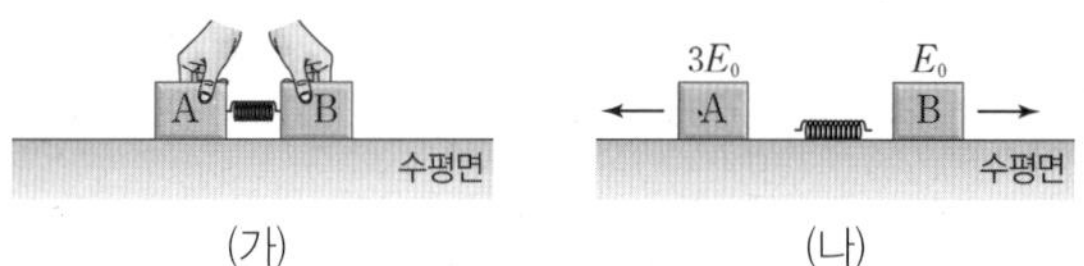

(가) (나)

이에 대한 설명으로 옳은 것만을 <보기>에서 있는 대로 고른 것은? (단, 물체의 크기, 용수철의 질량은 무시한다.)

보기
ㄱ. A와 B가 분리되는 동안 용수철로부터 받는 평균 힘의 크기는 A가 B보다 크다.
ㄴ. 질량은 B가 A의 3배이다.
ㄷ. (나)에서 속력은 A가 B보다 크다.

① ㄱ ② ㄴ ③ ㄷ ④ ㄱ, ㄷ ⑤ ㄴ, ㄷ

[24023-0055]

11 그림 (가)와 같이 수평면에서 물체가 벽을 향해 $3v$의 속력으로 등속도 운동을 한다. 물체는 벽과 충돌한 후 반대 방향으로 운동하다가 마찰 구간에서 정지한다. 그림 (나)는 물체의 속도를 시간에 따라 나타낸 것으로, 물체가 벽으로부터 힘을 받은 시간은 $2t_0$이고, 마찰 구간에서 힘을 받은 시간은 t_0이다.

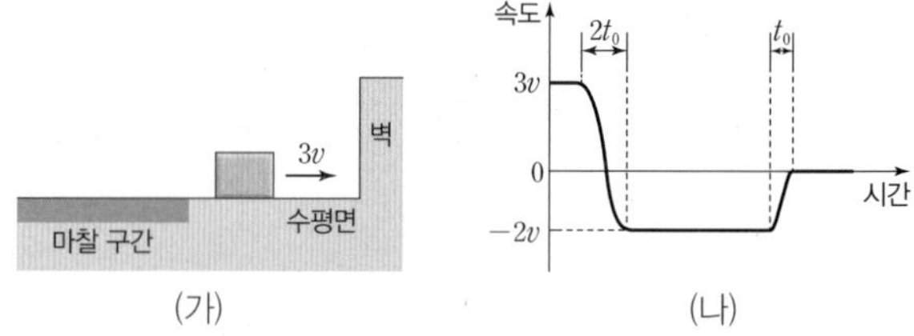

(가) (나)

물체가 벽과 충돌하는 동안과 마찰 구간에서 받은 평균 힘의 크기를 각각 F_A, F_B라고 할 때, $\frac{F_B}{F_A}$는? (단, 마찰 구간 외의 모든 마찰은 무시한다.)

① $\frac{2}{3}$ ② $\frac{4}{5}$ ③ $\frac{5}{4}$ ④ $\frac{3}{2}$ ⑤ 2

[24023-0056]

12 다음은 높이뛰기 경기장의 매트가 선수를 보호하는 원리에 대한 설명이다.

높이뛰기 경기장의 매트는 선수가 장애물을 넘은 후 매트와 충돌할 때, 충돌 시간을 증가시킨다. 따라서 선수가 매트로부터 받는 평균 힘의 크기를 감소시켜 충격을 줄인다.

이와 같은 원리로 설명할 수 있는 사례로 적절한 것만을 <보기>에서 있는 대로 고른 것은?

보기
ㄱ. 높은 곳에서 뛰어내려 착지할 때 무릎을 굽힌다.
ㄴ. 포수가 공을 받을 때 글러브를 뒤로 빼면서 받는다.
ㄷ. 태권도 선수의 머리 보호대는 푹신한 재질로 만든다.

① ㄱ ② ㄷ ③ ㄱ, ㄴ ④ ㄴ, ㄷ ⑤ ㄱ, ㄴ, ㄷ

[24023-0057]

01 그림과 같이 마찰이 없는 수평면에서 물체가 전동기로부터 수평 방향으로 크기가 일정한 힘을 받아 등가속도 직선 운동을 하여 점 p, q, r를 지난다. 표는 물체가 운동하는 동안 전동기로부터 받은 충격량의 크기를 나타낸 것이다. p와 q 사이의 거리와 q와 r 사이의 거리는 같고, p에서 물체의 운동량의 크기는 p_0이다.

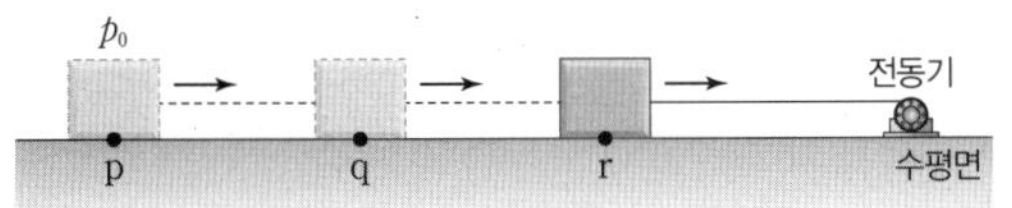

구간	충격량의 크기
p에서 q까지	$2I_0$
q에서 r까지	I_0

r에서 물체의 운동량의 크기는? (단, 물체의 크기, 실의 질량은 무시한다.)

① $5p_0$ ② $7p_0$ ③ $9p_0$ ④ $11p_0$ ⑤ $13p_0$

물체가 받은 충격량은 물체의 운동량 변화량과 같다.

[24023-0058]

02 다음은 운동량 보존 실험이다.

[실험 과정]

(가) 그림과 같이 마찰이 없는 수평면에서 질량이 각각 0.3 kg, ㉠ 인 수레 A, B의 한 쪽 끝에 A와 B가 충돌한 후 한 덩어리가 되어 운동할 수 있게 접착테이프를 붙이고 A를 정지해 있는 B를 향해 등속도 운동을 시킨다.

(나) 속력 센서를 이용하여 충돌 전후 A, B의 속력을 측정한다.

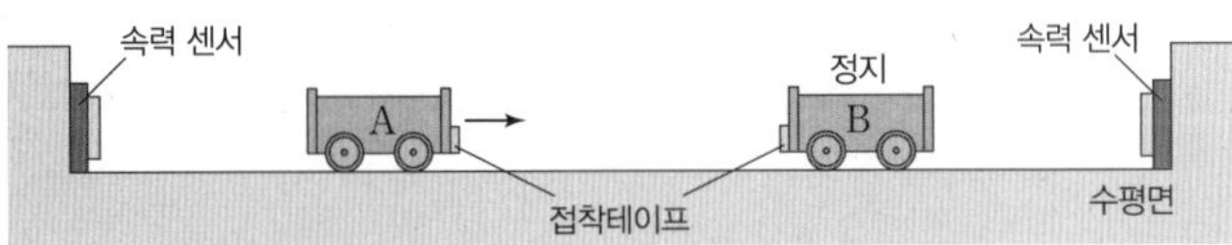

[실험 결과]

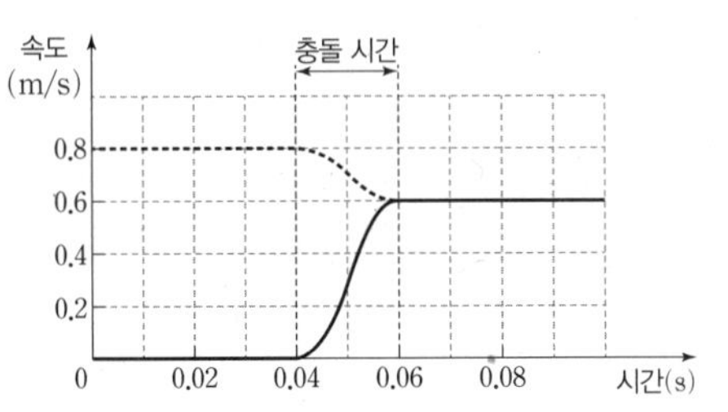

이에 대한 설명으로 옳은 것만을 〈보기〉에서 있는 대로 고른 것은? (단, 접착테이프의 질량은 무시한다.)

보기

ㄱ. 충돌 전 A의 운동량의 크기는 0.24 kg·m/s이다.

ㄴ. ㉠은 0.9 kg이다.

ㄷ. A와 B가 충돌하는 동안 A가 B로부터 받은 평균 힘의 크기는 30 N이다.

① ㄱ ② ㄴ ③ ㄱ, ㄷ ④ ㄴ, ㄷ ⑤ ㄱ, ㄴ, ㄷ

운동량의 변화량은 충격량과 같고, 충돌할 때 받는 평균 힘의 크기는 $F=\frac{\Delta p}{\Delta t}$ (Δp: 운동량 변화량의 크기, Δt: 충돌 시간)이다.

마찰 구간에서 물체가 이동한 거리는 마찰 구간에 진입하는 순간 물체의 속력의 제곱에 비례한다.

[24023-0059]

03 그림 (가)와 같이 물체 A, B가 수평한 마찰 구간에 진입한 후 등가속도 직선 운동을 하여 정지한다. 마찰 구간에서 A, B의 가속도는 같고, 마찰 구간에서 이동한 거리는 B가 A보다 크다. 그림 (나)의 X, Y는 마찰 구간에 진입한 순간부터 A, B의 운동량을 시간에 따라 순서 없이 나타낸 것이다.

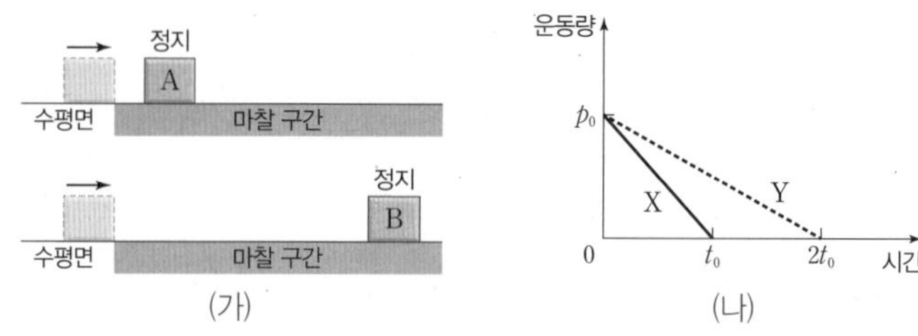

이에 대한 설명으로 옳은 것만을 <보기>에서 있는 대로 고른 것은? (단, 물체의 크기는 무시한다.)

보기

ㄱ. 질량은 A가 B보다 작다.

ㄴ. (나)에서 A의 운동량을 나타낸 그래프는 X이다.

ㄷ. 마찰 구간에서 B가 받은 힘의 크기는 $\frac{p_0}{2t_0}$이다.

① ㄱ ② ㄷ ③ ㄱ, ㄴ ④ ㄴ, ㄷ ⑤ ㄱ, ㄴ, ㄷ

A와 B가 $x=2d$에서 충돌한 후 A, B는 같은 시간 동안 각각 d, $2d$만큼 이동한다.

[24023-0060]

04 그림 (가)는 마찰이 없는 수평면에서 시간 $t=0$일 때 물체 A, C가 정지해 있는 물체 B를 향해 각각 $+x$, $-x$ 방향으로 등속도 운동을 하는 모습을 나타낸 것이다. 그림 (나)는 (가)에서 A, B가 충돌한 이후 A는 $-x$ 방향으로 등속도 운동을 하여 $t=t_0$일 때 $x=d$를 지나고, B와 C는 $x=4d$에서 충돌하는 모습을 나타낸 것이다. B와 C는 충돌한 후 한 덩어리가 되어 $+x$ 방향으로 등속도 운동을 한다. (나) 이후 B와 C의 속력은 A와 같다. A, B의 질량은 각각 m, $2m$이다.

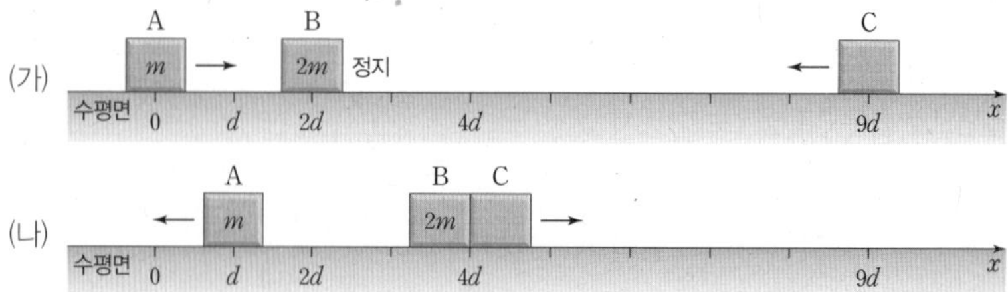

C의 질량은? (단, 물체의 크기, 충돌 시간은 무시한다.)

① $\frac{1}{4}m$ ② $\frac{1}{3}m$ ③ $\frac{1}{2}m$ ④ $2m$ ⑤ $3m$

[24023-0061]

05 그림 (가)는 마찰이 없는 수평면에서 물체 A, B가 등속도 운동을 하는 모습을, (나)는 (가)에서 A와 B 사이의 거리를 시간에 따라 나타낸 것이다. 3초일 때 운동량의 크기는 B가 A의 3배이다. A, B의 질량은 각각 1 kg, 2 kg이고, 동일 직선상에서 운동한다.

2초일 때 B와 벽이 충돌하고, 4초일 때 A와 B가 충돌한다.

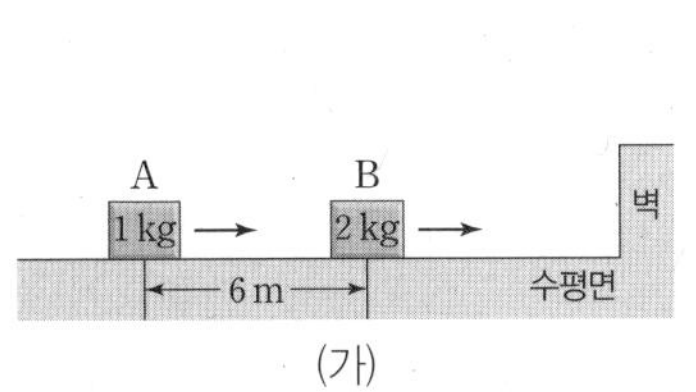

(가)

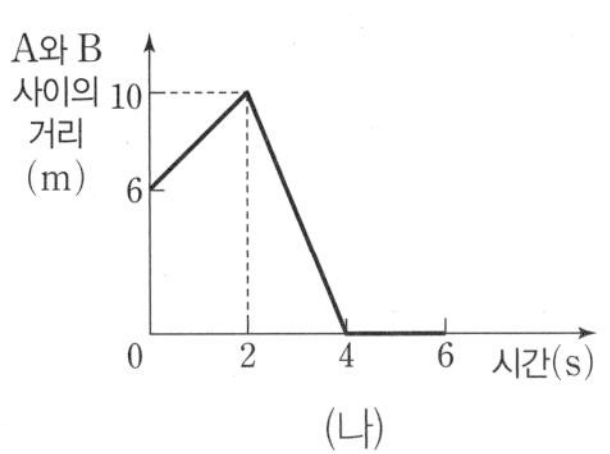

(나)

이에 대한 설명으로 옳은 것만을 <보기>에서 있는 대로 고른 것은? (단, 벽과 물체의 크기는 무시한다.)

보기

ㄱ. 1초일 때 운동량의 크기는 B가 A의 4배이다.
ㄴ. A와 B는 벽으로부터 왼쪽 방향으로 6 m만큼 떨어진 지점에서 충돌한다.
ㄷ. A와 B가 충돌하는 동안 A가 B로부터 받은 충격량의 크기는 3 N·s이다.

① ㄱ ② ㄷ ③ ㄱ, ㄴ ④ ㄴ, ㄷ ⑤ ㄱ, ㄴ, ㄷ

[24023-0062]

06 그림 (가)와 같이 시간 $t=0$일 때, 수평면에 정지해 있던 질량이 m인 물체가 전동기로부터 힘 F를 받아 연직 위로 운동하다가 $t=3t_0$일 때 속력이 0이 되었다. 그림 (나)는 물체가 운동하는 동안 F의 크기를 t에 따라 나타낸 것이다.

0부터 $3t_0$까지 그래프가 시간 축과 이루는 면적은 물체가 전동기로부터 받은 충격량이다.

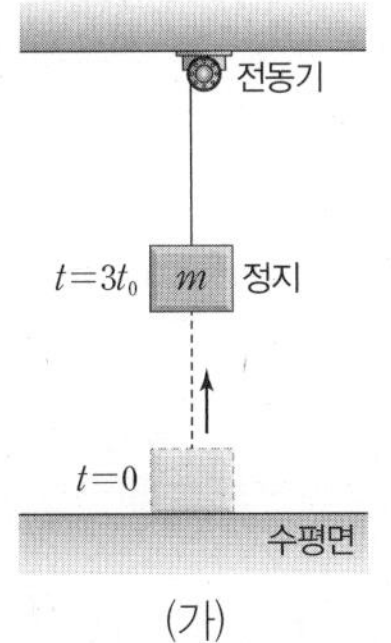

(가)

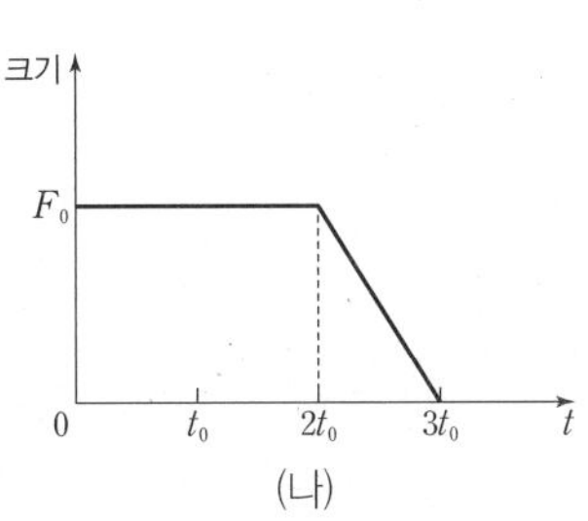

(나)

F_0은? (단, 중력 가속도는 g이고, 물체의 크기, 실의 질량, 모든 마찰과 공기 저항은 무시한다.)

① $\frac{6}{5}mg$ ② $\frac{8}{5}mg$ ③ $2mg$ ④ $\frac{12}{5}mg$ ⑤ $\frac{14}{5}mg$

중력 가속도를 g라고 하면, 높이가 h인 곳에서 가만히 놓은 물체가 수평면에 도달하는 순간 물체의 속력은 $\sqrt{2gh}$이다.

[24023-0063]

07 그림 (가)와 같이 질량이 각각 m, $2m$인 물체 A, B를 빗면의 높이가 각각 $2h$, h인 지점에 가만히 놓았더니, A, B가 벽과 충돌한 후 반대 방향으로 운동하여 각각 원래 높이까지 올라간다. 그림 (나)의 X, Y는 A, B가 벽과 충돌하는 동안 벽으로부터 받은 힘을 시간에 따라 순서 없이 나타낸 것이다. 그래프가 시간 축과 이루는 면적은 X가 Y보다 작다.

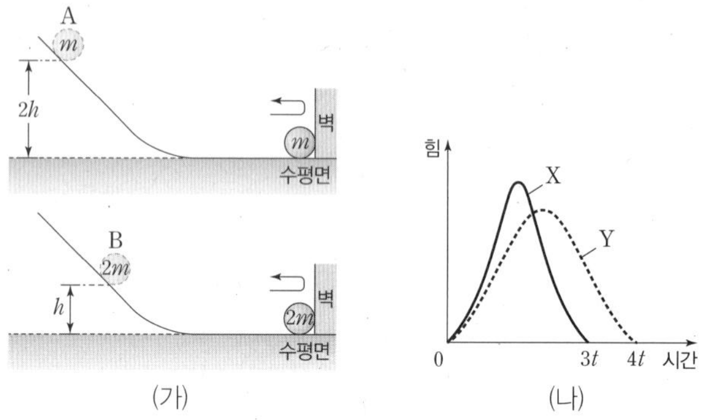

(가) (나)

이에 대한 설명으로 옳은 것만을 〈보기〉에서 있는 대로 고른 것은? (단, 모든 마찰과 공기 저항은 무시한다.)

보기

ㄱ. 벽과 충돌하기 직전, 운동량의 크기는 A가 B보다 작다.
ㄴ. 벽과 충돌하는 동안 A가 벽으로부터 받은 힘을 시간에 따라 나타낸 그래프는 X이다.
ㄷ. 벽과 충돌하는 동안 물체가 벽으로부터 받은 평균 힘의 크기는 A가 B보다 작다.

① ㄱ ② ㄷ ③ ㄱ, ㄴ ④ ㄴ, ㄷ ⑤ ㄱ, ㄴ, ㄷ

마찰 구간에서 A, B가 받은 마찰력의 크기는 같으므로 A, B의 가속도의 크기는 같다.

[24023-0064]

08 그림 (가)는 수평면에서 질량이 같은 물체 A, B가 각각 $7v$, $5v$의 속력으로 등속도 운동을 하는 모습을, (나)는 마찰 구간을 통과한 A, B가 점 p에서 충돌한 후 한 덩어리가 되어 $3v$의 속력으로 등속도 운동을 하는 모습을 나타낸 것이다. A, B는 마찰 구간에서 운동 반대 방향으로 서로 같은 크기의 일정한 마찰력을 받아 등가속도 직선 운동을 한다.

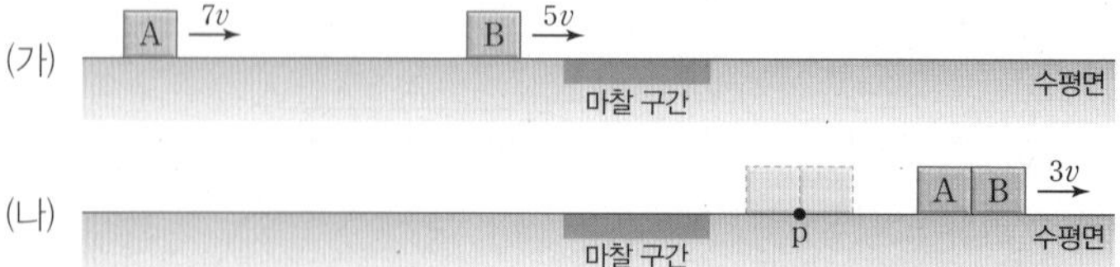

A, B가 마찰 구간을 통과하는 동안 받은 충격량의 크기를 각각 I_1, I_2라고 할 때, $\frac{I_1}{I_2}$은? (단, A와 B는 동일 직선상에서 운동하고, 물체의 크기, 마찰 구간 이외의 모든 마찰은 무시한다.)

① $\frac{1}{4}$ ② $\frac{1}{2}$ ③ 1 ④ 2 ⑤ 4

[24023-0065]

09 다음은 충격량에 대한 설명이다.

스포츠 경기에서 공을 치거나 던진 이후, 스윙을 끝까지 연결하는 자세를 팔로스루(Follow Through)라고 한다. 골프 선수가 골프채로 공을 끝까지 밀어주듯이 치면 공에 (가)힘을 작용하는 시간을 증가시켜 공이 큰 충격량을 받을 수 있다. 골프채와 공이 충돌하는 동안 공이 골프채로부터 받은 충격량의 크기는 공의 ㉠ 의 크기와 같다. 따라서 공을 더 빠른 속도로 멀리 보낼 수 있다.

이에 대한 설명으로 옳은 것만을 〈보기〉에서 있는 대로 고른 것은?

보기

ㄱ. 골프채와 공이 충돌하는 동안 골프채가 공에 작용하는 충격량의 크기와 공이 골프채에 작용하는 충격량의 크기는 같다.
ㄴ. 포신의 길이가 더 긴 대포의 포탄이 더 멀리 날아가는 까닭은 (가)로 설명할 수 있다.
ㄷ. '운동량의 변화량'은 ㉠에 해당한다.

① ㄱ ② ㄷ ③ ㄱ, ㄴ ④ ㄴ, ㄷ ⑤ ㄱ, ㄴ, ㄷ

힘을 더 크게 하거나 힘을 작용하는 시간을 길게 하면 물체의 운동량 변화량의 크기가 커진다.

[24023-0066]

10 그림 (가)는 마찰이 없는 수평면에서 각각 $2v$, $4v$의 속력으로 등속도 운동을 하던 물체 A, B가 각각 가속 구간 Ⅰ, Ⅱ를 통과하여 서로를 향해 운동하는 모습을 나타낸 것이다. A가 Ⅰ을, B가 Ⅱ를 통과하는 동안 A, B는 각각 같은 크기의 일정한 힘을 운동 방향으로 받으며, A가 Ⅰ을 통과하는 데 걸린 시간은 B가 Ⅱ를 통과하는 데 걸린 시간의 2배이다. 그림 (나)는 (가)에서 A와 B가 충돌한 후 서로 반대 방향으로 각각 v, $5v$의 속력으로 등속도 운동을 하는 것을 나타낸 것이다. A, B의 질량은 각각 $2m$, m이다.

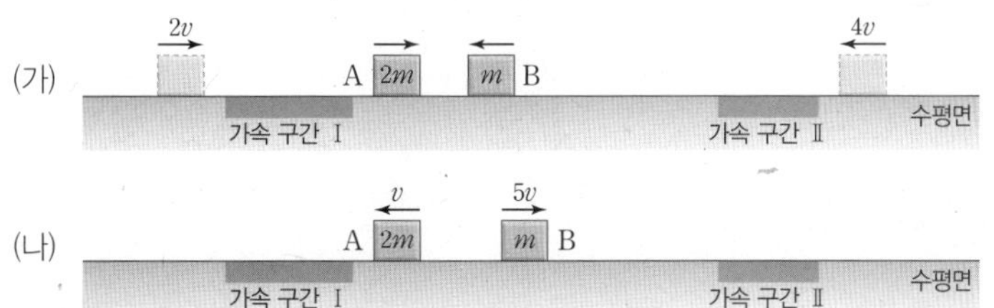

(가)에서 A가 Ⅰ을 통과하는 동안 받은 충격량의 크기는? (단, A와 B는 동일 직선상에서 운동하고, 물체의 크기는 무시한다.)

① $4mv$ ② $6mv$ ③ $8mv$ ④ $10mv$ ⑤ $12mv$

A, B가 가속 구간 Ⅰ, Ⅱ를 통과하는 동안 속도 변화량의 크기는 서로 같다.

03 역학적 에너지 보존

개념 체크

◘ 일: 힘의 크기와 힘의 방향으로 이동한 거리를 곱한 값이다.
◘ 힘의 방향과 이동 방향이 같을 때: $W=Fs$
◘ 힘의 방향과 이동 방향이 이루는 각이 θ일 때: $W=Fs\cos\theta$
◘ 힘-이동 거리 그래프와 일: 힘-이동 거리 그래프에서 그래프가 이동 거리 축과 이루는 면적은 힘이 물체에 한 일과 같다.

1. 물체에 작용한 힘의 크기와 힘의 방향으로 이동한 거리를 곱한 물리량을 (　　) 이라고 한다.

2. 물체에 작용한 힘의 방향과 물체의 이동 방향이 (　　)인 경우 힘이 물체에 한 일은 0이다.

3. 그림은 마찰이 없는 수평면에 정지해 있는 물체에 수평 방향으로 힘이 작용할 때, 물체에 작용하는 힘을 이동 거리에 따라 나타낸 것이다.

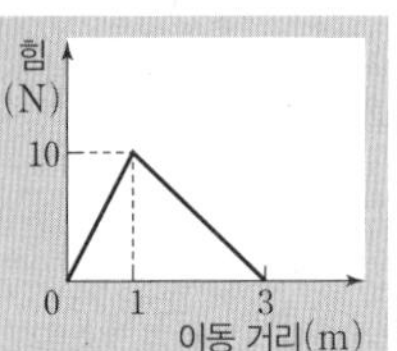

물체가 정지 상태에서 3 m 만큼 운동하는 동안 힘이 물체에 한 일은 (　　)이다.

정답
1. 일
2. 수직
3. 15 J

1 일

(1) 일: 물체의 이동 방향과 나란하게 작용한 힘의 크기와 물체가 이동한 거리를 곱한 값을 힘이 물체에 한 일이라고 한다.

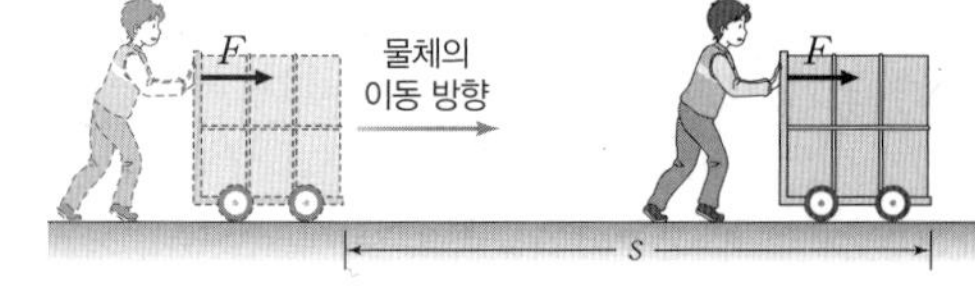

① 힘의 방향과 이동 방향이 같을 때: 힘이 물체에 한 일(W)은 힘의 크기(F)와 이동 거리(s)를 곱한 값과 같다.
➡ $W=Fs$ [단위: N·m=J(줄)]

② 힘의 방향과 이동 방향이 이루는 각이 θ일 때: 힘 F를 이동 방향과 나란한 성분 F_x와 수직인 성분 F_y로 분해한다.

- F_y 방향으로 이동한 거리가 0이므로 F_y가 물체에 한 일은 0이다.
- 힘 F가 물체에 한 일은 F_x가 물체에 한 일과 같으므로 $W=F_xs$이다.
- $F_x=F\cos\theta$이므로 힘 F가 물체에 한 일은 $W=Fs\cos\theta$이다.

(2) 힘-이동 거리 그래프와 일: 물체에 작용한 힘의 방향과 물체의 이동 방향이 같을 때, 힘-이동 거리 그래프에서 그래프가 이동 거리 축과 이루는 면적은 힘이 물체에 한 일과 같다.

① 힘의 크기가 일정할 때: 그림 (가)에서 그래프가 이동 거리 축과 이루는 사각형의 면적 Fs는 힘이 물체에 한 일을 나타낸다.

② 힘의 크기가 변할 때: 그림 (나)에서 짙게 색칠한 직사각형의 면적은 물체가 Δs만큼 이동할 때 힘이 물체에 한 일과 같다. 이때 직사각형의 면적을 모두 더하면 그래프가 이동 거리 축과 이루는 면적과 같으며, 이 면적은 s만큼 이동하는 동안 힘이 물체에 한 일을 나타낸다.

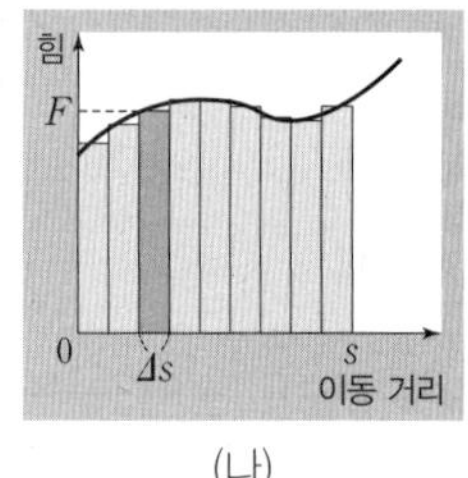

(가)　　(나)

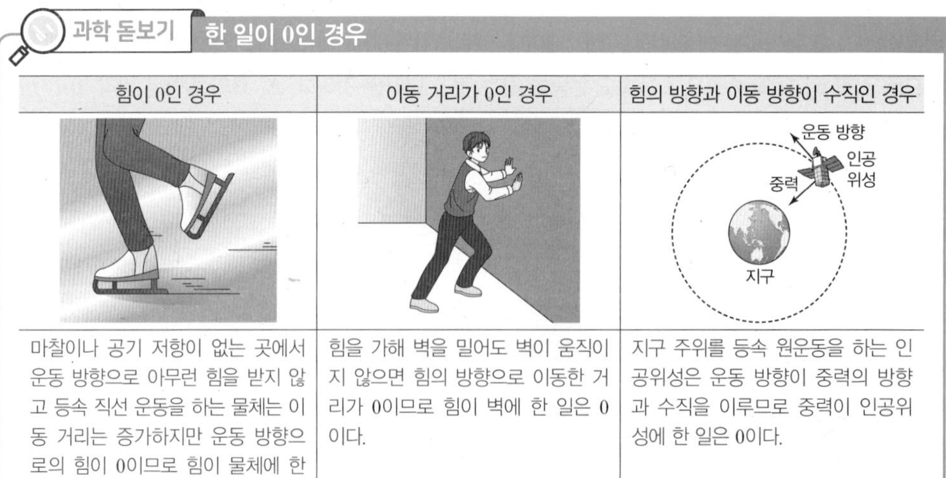

2 일과 에너지

(1) **운동 에너지(kinetic energy, E_k)**: 운동하는 물체가 가진 에너지로, 단위는 일의 단위와 같은 J(줄)을 사용한다.

① 질량이 m인 물체가 v의 속력으로 운동할 때(운동량의 크기 $p=mv$), 물체의 운동 에너지는 $E_k=\frac{1}{2}mv^2=\frac{p^2}{2m}$ [단위: J]이다.

탐구자료 살펴보기 ▶ 운동하는 물체가 하는 일

과정

(1) 시간기록계, 수레, 추, 막대자를 사용하여 그림과 같이 장치한다.
(2) 수레를 막대자에 충돌시켜서 막대자가 밀려들어간 거리를 측정한다.
(3) 수레의 속력을 변화시키면서 과정 (2)를 반복한다.
(4) 수레의 질량을 변화시키면서 과정 (2)를 반복한다.

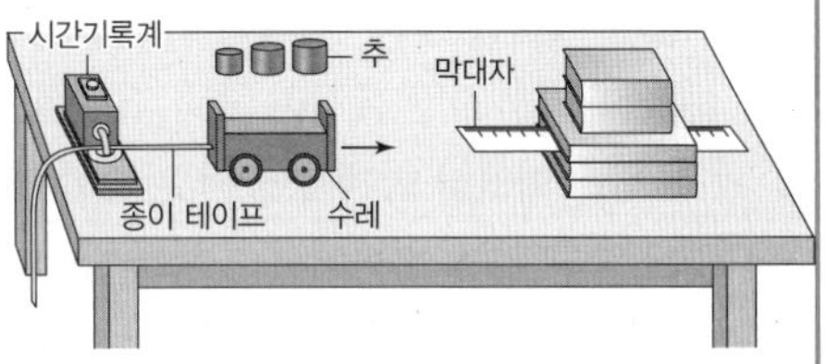

결과

- 수레의 속력이 클수록 막대자가 밀려들어간 거리는 크다.
- 수레의 질량이 클수록 막대자가 밀려들어간 거리는 크다.

point

- 막대자가 밀려들어간 거리는 수레의 운동 에너지에 비례한다.
- 수레의 운동 에너지(E_k)는 수레의 질량(m)과 속력(v)의 제곱에 각각 비례한다. ➡ $E_k=\frac{1}{2}mv^2$

② **일·운동 에너지 정리**: 물체에 작용하는 알짜힘이 한 일은 물체의 운동 에너지 변화량과 같다. 수평면상에서 속력이 v_0이고 질량이 m인 수레에 운동 방향으로 일정한 힘 F를 작용하여 거리 s만큼 운동시켰을 때 수레의 속력이 v라면 F가 수레에 한 일 W는 다음과 같다.

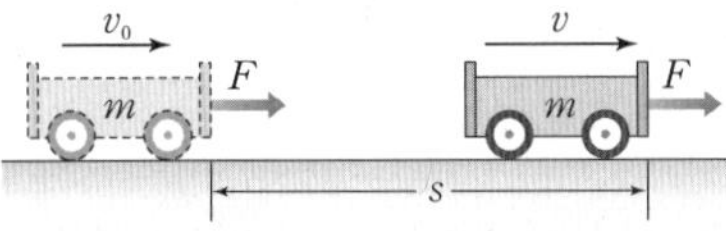

$$W=Fs=mas=\frac{1}{2}m(v^2-{v_0}^2)=\Delta E_k$$

- 알짜힘이 수레에 한 일이 (+)인 경우($W>0$): 수레의 운동 에너지 증가
- 알짜힘이 수레에 한 일이 (−)인 경우($W<0$): 수레의 운동 에너지 감소
- 알짜힘이 수레에 한 일이 0인 경우($W=0$): 수레의 운동 에너지 일정

과학 돋보기 여러 가지 힘이 한 일

그림과 같이 연직 방향으로 외력 F가 작용하여 질량이 m인 물체가 운동할 때, 물체에 작용하는 힘이 물체에 한 일은 다음과 같다. (단, 중력 가속도는 g이다.)

- 외력 F가 한 일: $W_F=Fh$
- 중력 mg가 한 일: $W_{mg}=-mgh$
- 물체에 작용하는 알짜힘: $F_N=F-mg$
- 알짜힘이 한 일: $W=F_Ns=(F-mg)h=Fh-mgh=W_F+W_{mg}=\frac{1}{2}mv^2-\frac{1}{2}m{v_0}^2$

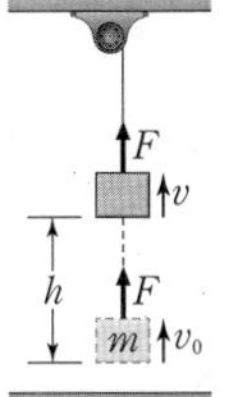

➡ 외력 F가 물체에 한 일은 물체의 역학적 에너지 변화량과 같고, 알짜힘이 물체에 한 일은 물체의 운동 에너지 변화량과 같다.

개념 체크

- **운동 에너지**: 질량이 m인 물체가 v의 속력으로 운동할 때 물체의 운동 에너지는 $E_k=\frac{1}{2}mv^2$이다.
- **일·운동 에너지 정리**: 물체에 작용하는 알짜힘이 물체에 한 일은 물체의 운동 에너지 변화량과 같다.

$$W=\Delta E_k$$

1. 물체에 작용하는 알짜힘이 한 일은 물체의 (　　) 변화량과 같다.

2. 알짜힘이 물체에 한 일이 양(+)인 경우 물체의 운동 에너지는 (증가 , 감소)하고, 물체에 한 일이 음(−)인 경우 물체의 운동 에너지는 (증가 , 감소)한다.

[3~4] 그림과 같이 마찰이 없는 수평면에 정지해 있던 질량이 2 kg인 물체에 수평 방향으로 크기가 F인 힘이 물체가 8 m만큼 이동하는 동안 작용하였더니, 물체의 속력이 4 m/s가 되었다. (단, 공기 저항은 무시한다.)

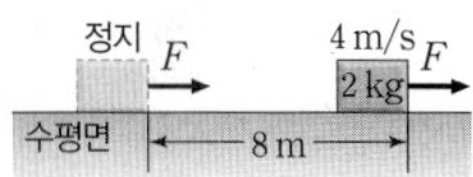

3. 물체가 8 m만큼 이동하는 동안 크기가 F인 힘이 물체에 한 일은 (　　)이다.

4. F는 (　　)이다.

정답

1. 운동 에너지
2. 증가, 감소
3. 16 J
4. 2 N

개념 체크

중력 퍼텐셜 에너지. 중력 가속도가 g인 곳에서 질량이 m인 물체가 기준점으로부터 높이 h인 곳에 있을 때 물체의 중력 퍼텐셜 에너지는 $E_p=mgh$이다.

1. 중력, 탄성력, 전기력 등이 작용하는 공간에서 물체의 위치에 따라 물체에 저장되는 에너지를 (　　)라고 한다.

2. 물체가 중력이 작용하는 방향으로 이동하면 물체의 중력 퍼텐셜 에너지는 (증가 , 감소)한다.

[3~4] 그림과 같이 질량이 10 kg인 물체에 기중기가 힘을 작용하여 물체를 일정한 속력으로 2 m만큼 연직 위 방향으로 이동시켰다. (단, 중력 가속도는 10 m/s²이고, 줄의 질량, 모든 마찰과 공기 저항은 무시한다.)

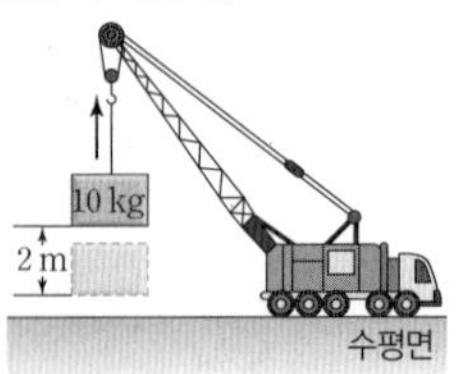

3. 물체가 2 m만큼 운동하는 동안 기중기가 물체에 한 일은 (　　)이다.

4. 물체가 2 m만큼 운동하는 동안 물체의 중력 퍼텐셜 에너지 증가량은 (　　)이다.

정답
1. 퍼텐셜 에너지
2. 감소
3. 200 J
4. 200 J

(2) 퍼텐셜 에너지(potential energy, E_p): 중력, 탄성력, 전기력 등이 작용하는 계에서 물체 또는 계에 저장되는 에너지로, 기준점에서 어떤 지점까지 물체를 등속으로 이동시키는 데 필요한 일을 그 지점에서의 퍼텐셜 에너지라고 한다.

(3) 중력 퍼텐셜 에너지: 중력장에서 기준점($E_p=0$)으로부터 물체를 어떤 지점까지 등속으로 이동시킬 때 작용한 힘이 물체에 한 일을 그 지점에서의 중력 퍼텐셜 에너지라고 한다. 물체를 기준점으로부터 높이 h까지 일정한 속력으로 들어 올리는 동안 힘 F가 물체에 한 일은 $W=Fs=mgh$이다. 따라서 기준점으로부터 높이 h인 곳에서 물체의 중력 퍼텐셜 에너지는 $E_p=mgh$ [단위: J]이다.

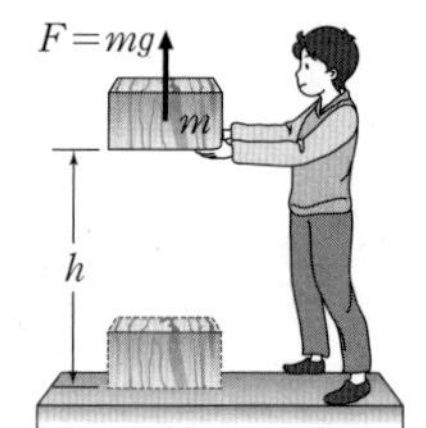

① 기준점이 달라지면 물체의 중력 퍼텐셜 에너지도 달라진다.
② 두 지점 사이에서 물체의 중력 퍼텐셜 에너지 차는 기준점에 관계없이 일정하다.
③ 기준점보다 낮은 위치에서 물체의 중력 퍼텐셜 에너지는 (−)값을 갖는다.

탐구자료 살펴보기 | 중력 퍼텐셜 에너지

과정

(1) 그림과 같이 질량이 m인 물체를 높이 h에서 자유 낙하시켜 못이 박히는 거리를 관찰한다.
(2) 물체의 질량을 일정하게 유지하고, 자유 낙하시키는 출발 높이만을 $2h$, $3h$, …로 변화시켜 못이 박히는 거리를 측정한다.
(3) 자유 낙하시키는 출발 높이는 h로 일정하게 유지하고, 물체의 질량만을 $2m$, $3m$, …으로 변화시켜 못이 박히는 거리를 측정한다.

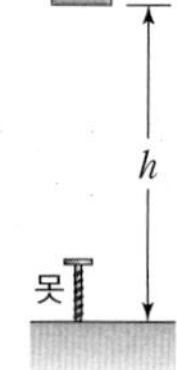

결과

• 물체의 높이가 높을수록 못이 박히는 거리가 크다.
• 물체의 질량이 클수록 못이 박히는 거리가 크다.

point

• 물체의 중력 퍼텐셜 에너지(E_p)는 물체의 높이(h)와 물체의 질량(m)에 각각 비례한다. ➡ $E_p=mgh$ (g: 중력 가속도)

과학 돋보기 | 일과 에너지 변화

그림 (가)와 같이 마찰이 없는 수평면에 정지해 있는 질량이 m인 물체에 수평 방향으로 크기가 $2mg$인 일정한 힘을 작용하여 h만큼 이동시켰을 때와, (나)와 같이 수평면에 정지해 있는 질량이 m인 물체에 연직 위 방향으로 크기가 $2mg$인 일정한 힘을 작용하여 h만큼 이동시켰을 때 알짜힘이 물체에 한 일, 물체의 운동 에너지 변화량, 물체에 작용한 크기가 $2mg$인 힘이 물체에 한 일은 표와 같다. (단, 중력 가속도는 g이다.)

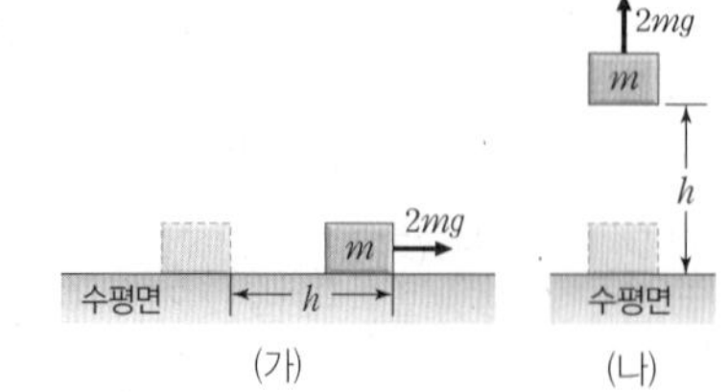

구분	(가)	(나)
알짜힘이 물체에 한 일	$2mgh$	mgh
물체의 운동 에너지 변화량	$2mgh$	mgh
$2mg$인 힘이 물체에 한 일	$2mgh$	$2mgh$

(4) 탄성 퍼텐셜 에너지(탄성력에 의한 퍼텐셜 에너지): 용수철과 같은 탄성체가 변형되었을 때 가지는 에너지이다. 용수철을 당기는 동안 힘은 일정하게 증가하며($F=kx$, k: 용수철 상수), 평형 위치로부터 x만큼 당기는 동안 힘이 한 일 W는 힘-늘어난 길이 그래프의 아래 삼각형의 면적과 같으므로 $W=\frac{1}{2}Fx=\frac{1}{2}kx^2$이다. 즉, 힘 F가 용수철에 한 일은 $\frac{1}{2}kx^2$이므로, 평형 위치로부터 x만큼 늘어난 곳에서 탄성 퍼텐셜 에너지는 $E_p=\frac{1}{2}kx^2$ [단위: J]이다.

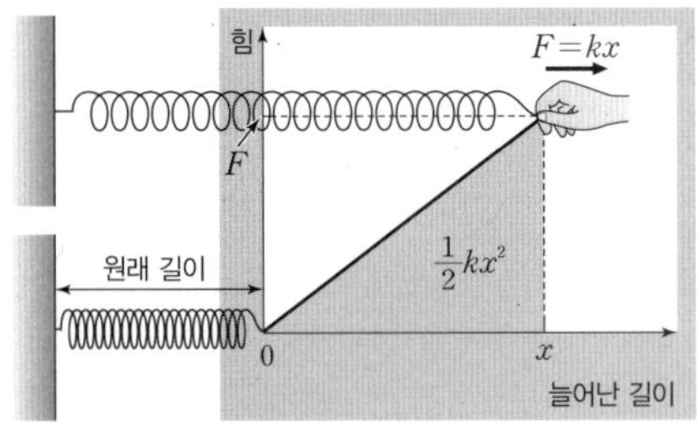

용수철을 당길 때 힘이 하는 일

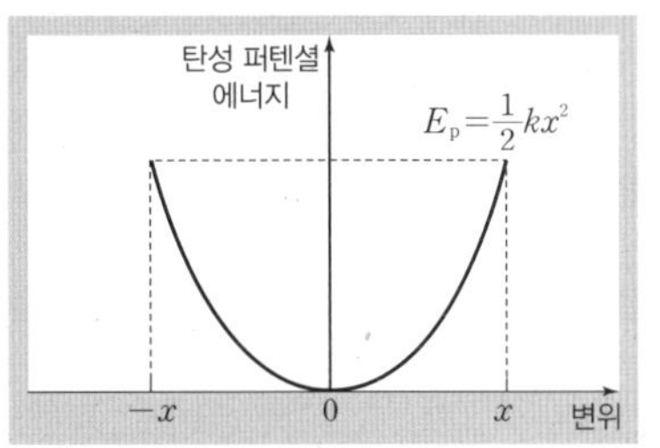

탄성 퍼텐셜 에너지-변위 그래프

탐구자료 살펴보기 탄성력 측정 실험

과정

(1) 그림과 같이 실험 장치를 설치한다.
(2) 질량이 m_0인 추를 용수철 X의 끝에 매달아 평형 위치에서 정지하게 한 후, 용수철이 늘어난 길이를 측정한다.
(3) 질량이 $2m_0$인 추로 바꾸어 과정 (2)를 반복한다.
(4) 용수철 상수가 X의 2배인 용수철 Y로 바꾸어 과정 (2)~(3)을 반복한다.

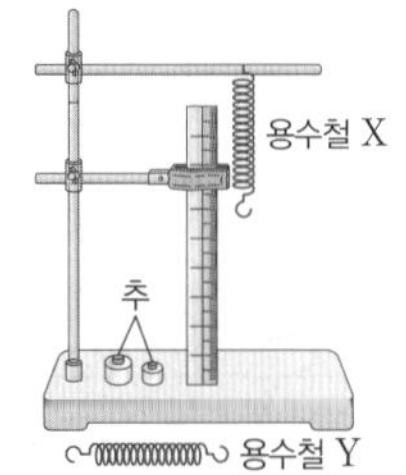

결과

용수철	추의 질량	용수철이 늘어난 길이
X	m_0	x_0
	$2m_0$	$2x_0$
Y	m_0	$\frac{1}{2}x_0$
	$2m_0$	x_0

point

• 용수철 상수를 k, 용수철이 늘어난 길이를 x라고 할 때, 용수철의 탄성력의 방향은 외력의 방향과 반대 방향이고, 탄성력의 크기는 용수철이 늘어난 길이에 비례한다. ➡ $F=kx$

과학 돋보기 탄성 퍼텐셜 에너지를 이용한 스포츠

• 양궁 선수가 활시위를 많이 당길수록 활시위에 저장된 탄성 퍼텐셜 에너지가 증가한다. 활시위를 놓으면 활시위에 저장된 탄성 퍼텐셜 에너지가 화살의 운동 에너지로 전환되어 화살이 날아가게 된다.
• 다이빙 선수에 의해 다이빙 보드가 구부러질 때 다이빙 보드에 저장된 탄성 퍼텐셜 에너지가 다이빙 선수의 역학적 에너지로 전환되어 점프하는 데 도움을 준다.

양궁 선수

다이빙 선수

개념 체크

탄성 퍼텐셜 에너지: 용수철 상수가 k인 용수철이 용수철의 원래 길이로부터 x만큼 늘어났을 때, 탄성 퍼텐셜 에너지는 $E_p=\frac{1}{2}kx^2$이다.

1. 용수철과 같은 탄성체가 변형되었을 때 가지는 에너지를 (　　)라고 한다.

2. 용수철 상수가 일정할 때, 용수철에 저장된 탄성 퍼텐셜 에너지는 용수철의 변형된 길이의 제곱에 (비례 , 반비례)한다.

3. 그림과 같이 용수철 상수가 50 N/m인 용수철이 원래 길이에서 0.2 m만큼 압축되었을 때 용수철에 저장된 탄성 퍼텐셜 에너지는 (　　)이다.

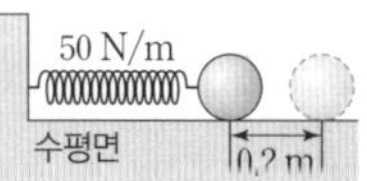

정답
1. 탄성 퍼텐셜 에너지
2. 비례
3. 1 J

개념 체크

◎ **역학적 에너지**: 물체의 운동 에너지와 퍼텐셜 에너지의 합을 역학적 에너지라고 한다.

1. 중력만을 받으며 물체가 낙하 운동을 하는 동안 물체의 중력 퍼텐셜 에너지는 (감소 , 증가)하고, 물체의 운동 에너지는 (감소 , 증가) 한다.

2. 역학적 에너지가 보존되며 물체가 운동할 때, 물체의 운동 에너지 변화량과 물체의 중력 퍼텐셜 에너지 변화량의 합은 (　　)이다.

[3~4] 그림과 같이 높이가 8 m인 지점에서 가만히 놓은 질량이 2 kg인 물체가 중력만을 받으며 낙하 운동을 한다. (단, 중력 가속도는 10 m/s^{2}이고, 물체의 크기는 무시한다.)

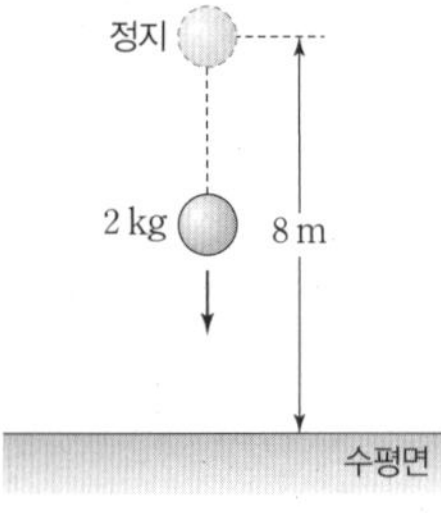

3. 물체가 높이가 4 m인 지점을 지날 때 물체의 운동 에너지는 (　　)이다

4. 물체가 수평면에 도달하는 순간 물체의 속력은 (　　)이다.

정답

1. 감소, 증가
2. 0
3. 80 J
4. $4\sqrt{10}$ m/s

과학 돋보기 전기력에 의한 퍼텐셜 에너지

전기력에 의한 퍼텐셜 에너지는 두 개 이상의 전하가 놓여 있을 때 전하의 위치에 대응하는 전기적 상호 작용 에너지로, 전기 퍼텐셜 에너지 또는 전기적 위치 에너지라고도 한다. 각 전하는 주변 전하로부터 전기력을 받기 때문에 위치가 변하면 일을 할 수 있다.

3 역학적 에너지 보존

(1) 역학적 에너지: 물체의 운동 에너지와 퍼텐셜 에너지의 합을 역학적 에너지라고 한다.

(2) 중력에 의한 역학적 에너지 보존

① 중력 이외의 힘(마찰력, 공기 저항력 등)이 일을 하지 않으면 물체의 역학적 에너지는 일정하게 보존된다. ➡ $E_k+E_p=$일정

- 물체의 운동 에너지 변화량과 중력 퍼텐셜 에너지 변화량의 합은 0이다.
- 물체의 운동 에너지가 증가하면 그만큼 중력 퍼텐셜 에너지는 감소하고, 물체의 운동 에너지가 감소하면 그만큼 중력 퍼텐셜 에너지는 증가한다.

과학 돋보기 역학적 에너지 전환을 이용한 놀이 기구

역학적 에너지 전환을 이용한 놀이 기구 중 대표적인 것이 바로 레일을 따라 운동하는 열차, 진자 운동을 하는 배, 수직 낙하를 하는 기구 등이다. 레일을 따라 운동하는 열차의 경우 전동 체인에 의해 레일의 최고점으로 올라가는 동안 중력 퍼텐셜 에너지를 축적하고, 이후 하강하면서 중력 퍼텐셜 에너지가 운동 에너지로 전환되어 높이가 가장 낮은 지점에서 가장 빠른 속력을 가지게 된다. 마찬가지로 그네와 같은 진자 운동을 하는 배의 경우도 최고점에서의 중력 퍼텐셜 에너지가 최저점으로 갈수록 운동 에너지로 전환되어 속력이 증가한다. 또한 수직 낙하를 하는 기구는 중력 퍼텐셜 에너지가 운동 에너지로 전환되어 매우 빠른 속력을 가지게 되고, 지면에 닿기 전 특정 높이에서부터 속력을 줄이기 위한 감속 장치를 설계하여 탑승자가 짜릿한 기분을 즐길 수 있게 해 준다.

레일을 따라 운동하는 열차

진자 운동을 하는 배

수직 낙하를 하는 기구

② 질량이 m인 물체가 자유 낙하 하면서 지면으로부터의 높이가 h_1, h_2인 두 지점 A, B를 지날 때의 속력을 각각 v_1, v_2라고 하면, 물체가 A에서 B까지 낙하하는 동안 중력이 물체에 한 일은 $W=Fs=mg(h_1-h_2)$이고, 중력이 물체에 한 일과 물체의 운동 에너지 증가량이 같으므로 $mg(h_1-h_2)=\frac{1}{2}mv_2^2-\frac{1}{2}mv_1^2$이다.

이 식을 정리하면 $mgh_1+\frac{1}{2}mv_1^2=mgh_2+\frac{1}{2}mv_2^2$이므로, A와 B에서의 역학적 에너지는 같다.

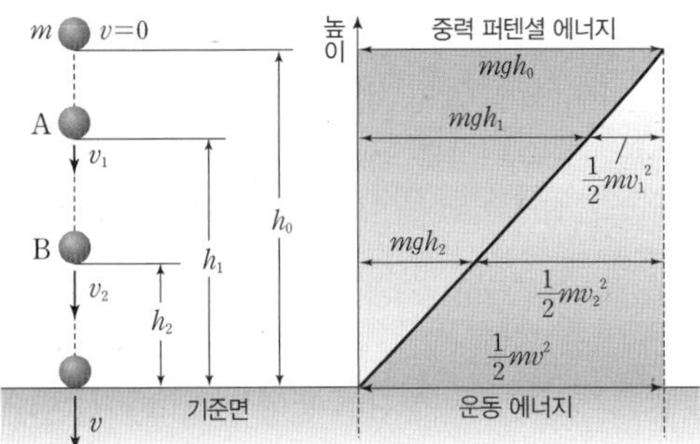

③ **자유 낙하 하는 물체의 에너지 전환 그래프:** 물체가 자유 낙하 할 때 물체의 중력 퍼텐셜 에너지는 감소하고 운동 에너지는 증가하지만, 중력 퍼텐셜 에너지와 운동 에너지의 합인 역학적 에너지는 일정하다.

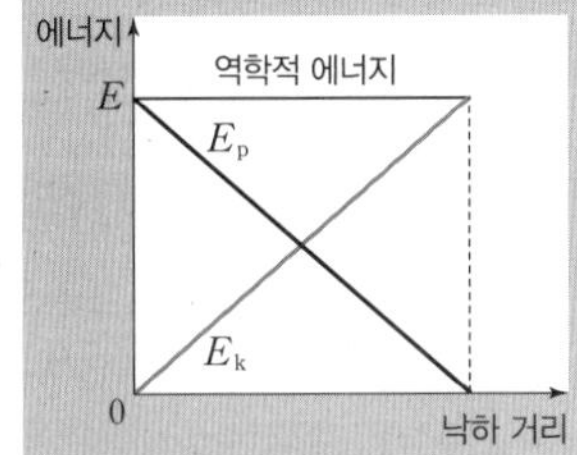

낙하 거리와 에너지의 관계

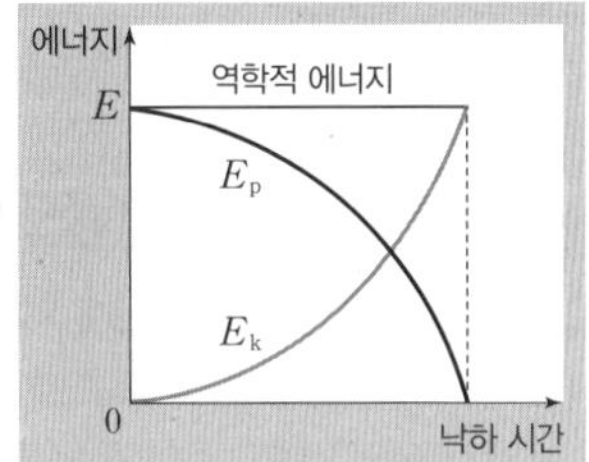

낙하 시간과 에너지의 관계

탐구자료 살펴보기 **중력에 의한 역학적 에너지 보존**

과정

(1) 그림과 같이 수평면으로부터 2 m 높이에서 질량이 200 g인 구슬을 가만히 놓고, 디지털카메라로 구슬의 운동을 촬영한다.

(2) 동영상 분석 프로그램을 이용하여 시간에 따른 구슬의 중력 퍼텐셜 에너지, 운동 에너지, 역학적 에너지를 기록한다. (단, 공기 저항은 무시하고, 중력 가속도는 10 m/s²으로 가정한다.)

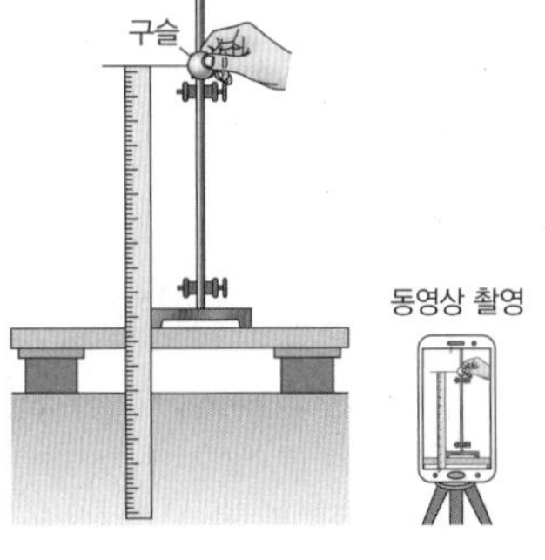

결과

시간(s)	0	0.1	0.2	0.3	0.4	0.5
높이(m)	2	1.95	1.8	1.55	1.2	0.75
속력(m/s)	0	1	2	3	4	5

시간(s)	0	0.1	0.2	0.3	0.4	0.5
중력 퍼텐셜 에너지(J)	4.0	3.9	3.6	3.1	2.4	1.5
운동 에너지(J)	0	0.1	0.4	0.9	1.6	2.5
역학적 에너지(J)	4.0	4.0	4.0	4.0	4.0	4.0

point

• 모든 지점에서 구슬의 역학적 에너지가 4.0 J로 일정하다.
• 구슬이 낙하할 때 구슬의 역학적 에너지는 보존된다.

개념 체크

◉ 중력에 의한 역학적 에너지 보존: 중력 이외의 힘이 일을 하지 않으면 물체의 운동 에너지와 중력 퍼텐셜 에너지의 합은 항상 일정하다.

1. 수평면에서 20 m/s의 속력으로 연직 위로 던져진 물체가 올라갈 수 있는 최고점의 높이는 (　　) 이다. (단, 중력 가속도는 10 m/s²이고, 물체의 크기, 공기 저항은 무시한다.)

[2~5] 그림과 같이 점 p에 가만히 놓은 물체가 궤도를 따라 운동하여 점 q, r, s를 지난다. q와 s의 높이는 같다. (단, 물체의 크기, 모든 마찰과 공기 저항은 무시한다.)

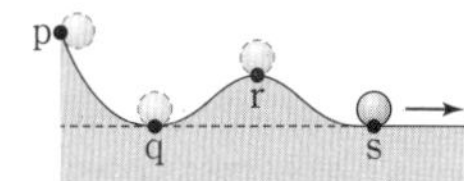

2. 물체가 p에서 q까지 운동하는 동안 중력이 물체에 한 일은 물체의 (　　) 에너지 증가량과 같다.

3. 물체의 운동 에너지는 q에서가 r에서보다 (크다 , 작다).

4. q에서 물체의 속력은 (r , s)에서 물체의 속력과 같다.

5. 물체가 r에서 s까지 운동하는 동안 물체의 역학적 에너지는 (감소한다 , 일정하다).

정답
1. 20 m
2. 운동
3. 크다
4. s
5. 일정하다

개념 체크

◉ **탄성력에 의한 역학적 에너지 보존**: 탄성력 이외의 힘이 일을 하지 않으면 물체의 운동 에너지와 탄성 퍼텐셜 에너지의 합은 항상 일정하다.

[1~4] 그림은 마찰이 없는 수평면에서 용수철 상수가 100 N/m인 용수철에 연결된 질량이 1 kg인 물체가 평형점 O를 중심으로 점 A와 점 B 사이를 진동하는 모습을 나타낸 것이다. (단, 물체의 크기, 용수철의 질량, 공기 저항은 무시한다.)

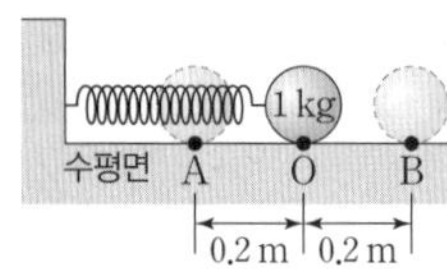

1. O에서 물체의 운동 에너지는 (최대 , 최소)이고, 용수철에 저장된 탄성 퍼텐셜 에너지는 (최대 , 최소)이다.

2. 물체가 O를 지나 B를 향해 운동하는 동안 물체의 운동 에너지는 (감소 , 증가)하고, 용수철에 저장된 탄성 퍼텐셜 에너지는 (감소 , 증가)한다.

3. A에서 용수철에 저장된 탄성 퍼텐셜 에너지는 (   )이다.

4. 물체가 A와 B 사이를 왕복 운동하는 동안 물체의 최대 속력은 (   )이다.

정답
1. 최대, 최소
2. 감소, 증가
3. 2 J
4. 2 m/s

(3) 탄성력에 의한 역학적 에너지 보존

① 탄성력 이외의 힘(마찰력, 공기 저항력 등)이 일을 하지 않으면 물체의 운동 에너지와 탄성 퍼텐셜 에너지의 합은 일정하게 보존된다. ➡ $E_k+E_p=$일정

② 마찰과 공기 저항이 없을 때, 물체를 용수철에 연결하여 A만큼 당겼다가 놓으면 물체는 평형 위치 O를 중심으로 진폭이 A인 진동을 한다. 평형 위치에 가까워지면 물체의 운동 에너지가 증가하고 탄성 퍼텐셜 에너지는 감소하며, 평형 위치에서 멀어지면 물체의 운동 에너지가 감소하고 탄성 퍼텐셜 에너지는 증가한다.

그림에서 평형 위치 O로부터의 위치가 각각 x_1, x_2인 두 지점 P, Q를 지날 때 물체의 속력을 각각 v_1, v_2라고 하면, P에서 Q까지 이동하는 동안 탄성력이 한 일은 $W=\frac{1}{2}kx_1^2-\frac{1}{2}kx_2^2$이다. 탄성력이 한 일이 물체의 운동 에너지 증가량과 같으므로 $\frac{1}{2}kx_1^2-\frac{1}{2}kx_2^2=\frac{1}{2}mv_2^2-\frac{1}{2}mv_1^2$이며, 이 식을 정리하면 $\frac{1}{2}kx_1^2+\frac{1}{2}mv_1^2=\frac{1}{2}kx_2^2+\frac{1}{2}mv_2^2$이다. 따라서 P와 Q에서 역학적 에너지는 같다. 진폭이 A이고 평형 위치에서의 속력이 V이면 역학적 에너지는 다음과 같다.

$$\frac{1}{2}kA^2=\frac{1}{2}kx_1^2+\frac{1}{2}mv_1^2=\frac{1}{2}kx_2^2+\frac{1}{2}mv_2^2=\frac{1}{2}mV^2$$

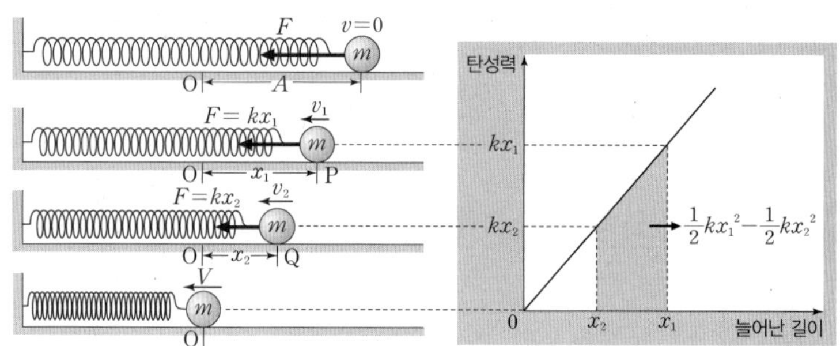

과학 돋보기 | 물체가 연직선상에서 진동할 때 역학적 에너지 보존

공기 저항이 없는 곳에서 그림과 같이 질량이 m인 물체가 용수철 상수가 k인 용수철에 매달려 평형점 O를 중심으로 진폭 x로 진동할 때, 점 A, O, B에서 역학적 에너지는 같다. 평형점에서는 중력의 크기와 탄성력의 크기가 같으므로 $mg=kx$이다. 중력 가속도를 g, O에서 물체의 속력을 v, A에서 퍼텐셜 에너지를 0이라고 하면, A, O, B에서 역학적 에너지는 다음과 같다.

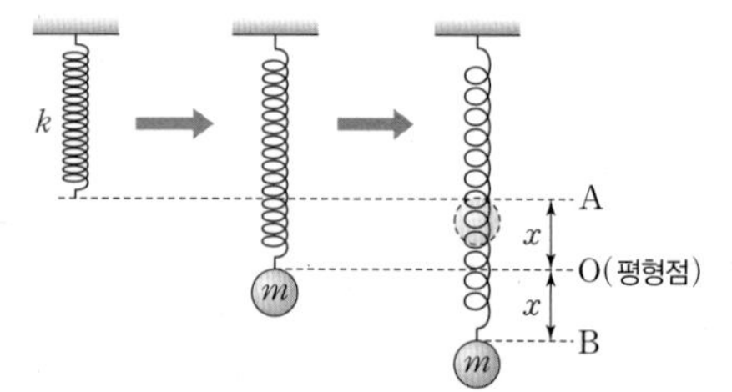

위치	중력 퍼텐셜 에너지	운동 에너지	탄성 퍼텐셜 에너지	역학적 에너지
A	0	0	0	0
O	$-mgx$	$\frac{1}{2}mv^2$	$\frac{1}{2}kx^2$	$-mgx+\frac{1}{2}mv^2+\frac{1}{2}kx^2$
B	$-mg(2x)$	0	$\frac{1}{2}k(2x)^2$	$-mg(2x)+\frac{1}{2}k(2x)^2$

따라서 역학적 에너지 보존에 따라 $0=-mgx+\frac{1}{2}mv^2+\frac{1}{2}kx^2=-mg(2x)+\frac{1}{2}k(2x)^2$이다.

③ **용수철에서의 에너지 전환 그래프**: 마찰과 공기 저항이 없을 때, 용수철에 연결된 물체가 진동하는 경우 탄성 퍼텐셜 에너지가 증가하면 물체의 운동 에너지는 감소하고, 탄성 퍼텐셜 에너지가 감소하면 물체의 운동 에너지가 증가한다. 그러나 탄성 퍼텐셜 에너지와 물체의 운동 에너지를 합한 역학적 에너지는 일정하다.

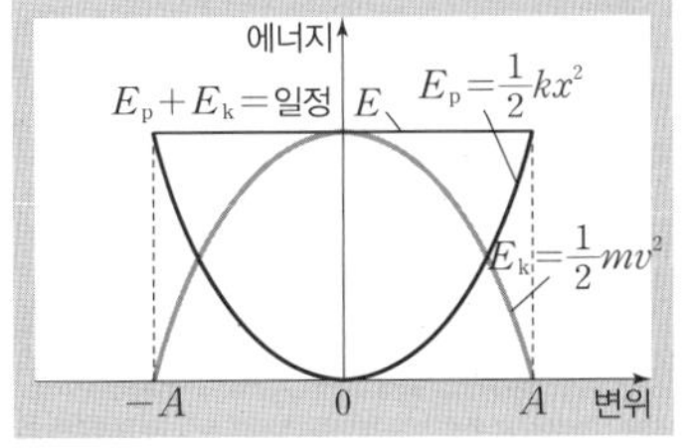

(4) 역학적 에너지 보존 법칙

① 마찰력, 공기 저항력 등과 같은 힘이 일을 하지 않으면 물체의 운동 에너지와 퍼텐셜 에너지의 합인 역학적 에너지는 일정하게 보존되는데, 이를 역학적 에너지 보존 법칙이라고 한다.
➡ $E_k+E_p=$일정

② 역학적 에너지가 보존되는 경우에 물체의 운동 에너지가 증가하면 그만큼 퍼텐셜 에너지가 감소하고, 물체의 운동 에너지가 감소하면 그만큼 퍼텐셜 에너지가 증가한다.

(5) 역학적 에너지가 보존되지 않는 경우: 마찰력, 공기 저항력 등과 같은 힘이 일을 하면 물체의 역학적 에너지는 열, 소리, 빛 등과 같은 다른 에너지로 전환되어 물체의 역학적 에너지는 감소하게 된다. 그러나 에너지는 새로 생성되거나 소멸하지 않으므로 전환 전의 에너지의 총량과 전환 후의 에너지의 총량은 같다.

탐구자료 살펴보기 마찰력에 의한 물체의 역학적 에너지 감소 비교

과정

(1) 그림과 같이 유리판 위에 놓인 용수철과 연결된 물체를 용수철의 원래 길이로부터 10 cm만큼 오른쪽으로 당긴 후 가만히 놓아 물체가 정지할 때까지 걸린 시간을 측정한다.

(2) 유리판을 사포로 바꾸어 과정 (1)을 반복한다.

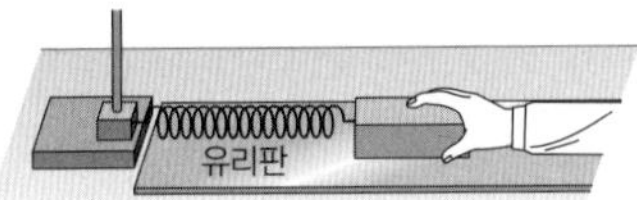

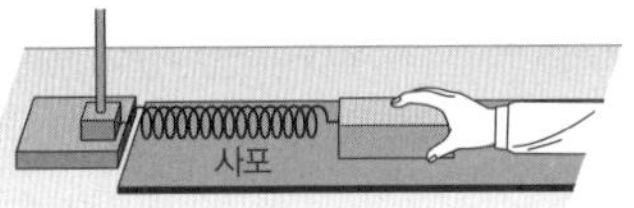

결과

• 물체가 정지하는 데 걸린 시간은 사포 위에서가 유리판 위에서보다 짧다.

point

• 마찰력이 클수록 역학적 에너지가 다른 에너지로 전환되는 시간이 짧다.

과학 돋보기 공기 저항에 의한 물체의 역학적 에너지 감소

물체가 진공에서 자유 낙하를 하게 되면 시간에 따라 속력이 일정하게 증가하는 등가속도 운동을 하게 된다. 반면 물체가 공기 중에서 낙하를 하게 되면 물체의 속력이 증가함에 따라 공기 저항력도 점차 커지다가 중력과 공기 저항력이 평형을 이룰 때 물체는 일정한 속도로 낙하하게 되며, 이 속도를 종단 속도(terminal velocity)라고 한다. 빗방울이 높은 곳에서 낙하를 하더라도 공기 저항력에 의해 종단 속도로 지면에 도착하게 되어 비를 맞아도 사람들이 다치지 않는 것이다.

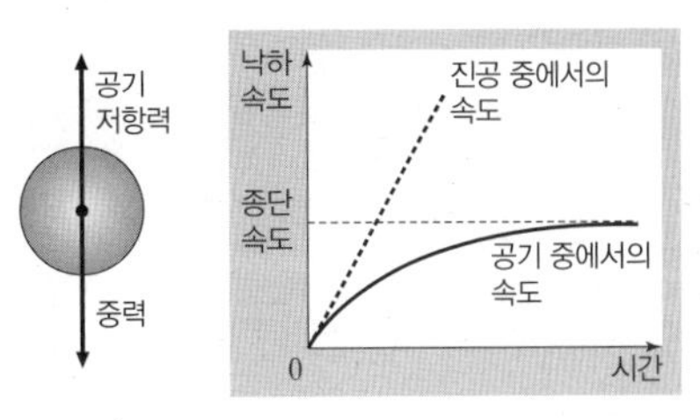

개념 체크

◘ **역학적 에너지 보존**: 마찰력이나 공기 저항력 등이 작용하지 않으면 물체의 역학적 에너지는 보존되지만, 마찰력이나 공기 저항력 등이 작용하여 일을 하면 물체의 역학적 에너지는 보존되지 않는다.

1. 마찰력이나 공기 저항력 등이 작용하지 않으면 물체의 역학적 에너지는 일정하게 보존된다. 이를 (   ) 법칙이라고 한다.

2. 마찰력이나 공기 저항력 등이 작용하면 물체의 역학적 에너지는 다른 에너지로 전환되어 물체의 역학적 에너지는 (   )하지만, 전환 전의 에너지의 총량과 전환 후의 에너지 총량은 (   ).

3. 그림과 같이 높이가 5 m인 빗면의 점 p에서 가만히 놓은 질량이 2 kg인 물체가 마찰 구간을 지나 수평면을 8 m/s의 속력으로 운동한다. (단, 중력 가속도는 10 m/s²이고, 물체의 크기, 공기 저항, 마찰 구간 외의 모든 마찰은 무시한다.)

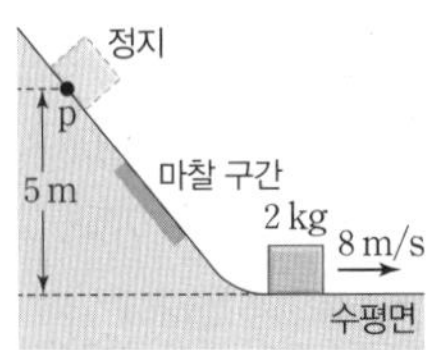

물체가 마찰 구간에서 운동하는 동안 손실된 물체의 역학적 에너지는 (   )이다.

정답
1. 역학적 에너지 보존
2. 감소, 같다 (또는 일정하다)
3. 36 J

[24023-0067]

01 그림은 빗면의 점 p에서 가만히 놓은 물체가 빗면을 따라 운동하여 점 q, r를 각각 v, $2v$의 속력으로 지나는 모습을 나타낸 것이다.

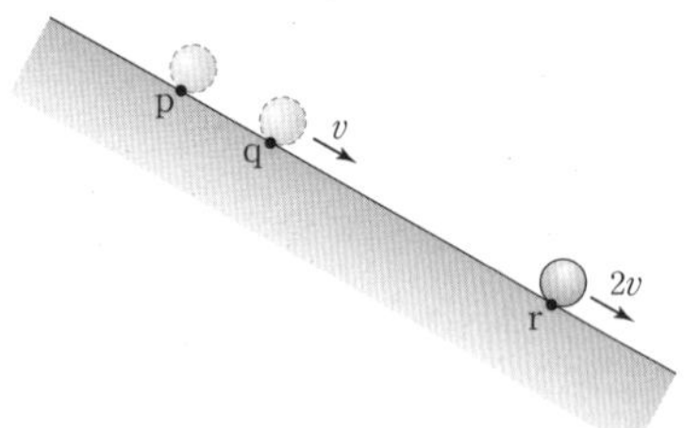

이에 대한 설명으로 옳은 것만을 〈보기〉에서 있는 대로 고른 것은? (단, 중력 가속도는 g이고, 물체의 크기, 모든 마찰과 공기 저항은 무시한다.)

보기

ㄱ. 물체의 역학적 에너지는 p에서와 q에서가 같다.
ㄴ. 물체의 운동 에너지는 r에서가 q에서의 4배이다.
ㄷ. q와 r의 높이차는 $\frac{3v^2}{2g}$이다.

① ㄱ ② ㄷ ③ ㄱ, ㄴ ④ ㄴ, ㄷ ⑤ ㄱ, ㄴ, ㄷ

[24023-0068]

02 그림 (가)와 같이 수평면에서 물체가 $+x$ 방향으로 힘 $\mathbf{F}$를 받아 직선 운동을 한다. $x=0$, $x=2d$에서 물체의 운동 에너지는 각각 E_0, $3E_0$이다. 그림 (나)는 $\mathbf{F}$의 크기를 물체의 위치 x에 따라 나타낸 것이다.

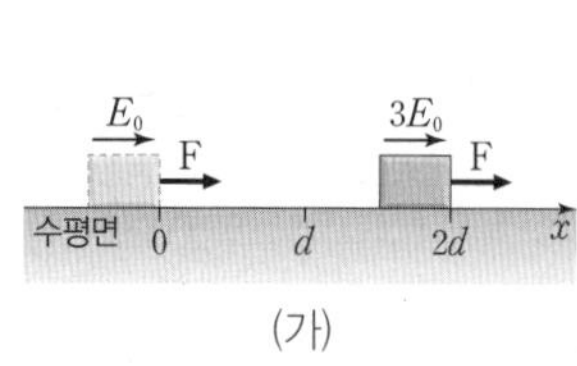

(가)

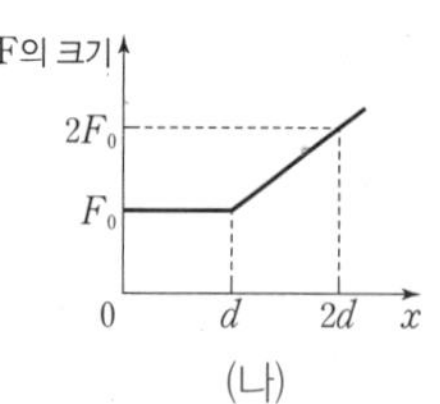

(나)

$x=d$에서 물체의 운동 에너지는? (단, 물체의 크기, 모든 마찰과 공기 저항은 무시한다.)

① $\frac{8}{5}E_0$ ② $\frac{9}{5}E_0$ ③ $2E_0$ ④ $\frac{11}{5}E_0$ ⑤ $\frac{12}{5}E_0$

[24023-0069]

03 그림과 같이 높이가 h인 곳에서 가만히 놓은 물체가 기준선 p, q를 지나 수평면에 도달한다. 표는 p, q에서 물체의 운동 에너지 E_k와 중력 퍼텐셜 에너지 E_p를 각각 나타낸 것이다. 물체의 속력은 q를 지날 때가 p를 지날 때의 2배이다.

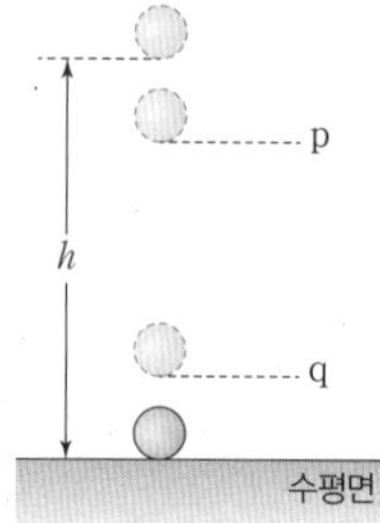

기준선	E_k	E_p
p	㉠	$4E_0$
q	$4E_0$	㉡

이에 대한 설명으로 옳은 것만을 〈보기〉에서 있는 대로 고른 것은? (단, 수평면에서 중력 퍼텐셜 에너지는 0이며, 물체의 크기, 공기 저항은 무시한다.)

보기

ㄱ. ㉠+㉡$=2E_0$이다.
ㄴ. 수평면에 도달하는 순간 물체의 E_k는 $5E_0$이다.
ㄷ. p와 q의 높이차는 $\frac{3}{5}h$이다.

① ㄱ ② ㄷ ③ ㄱ, ㄴ ④ ㄴ, ㄷ ⑤ ㄱ, ㄴ, ㄷ

[24023-0070]

04 그림과 같이 수평면상의 점 p를 $3v_0$의 속력으로 지난 물체가 궤도를 따라 운동하여 점 q, r를 각각 v_0, $2v_0$의 속력으로 지난다. 물체의 질량은 m이고, q의 높이는 h이다.

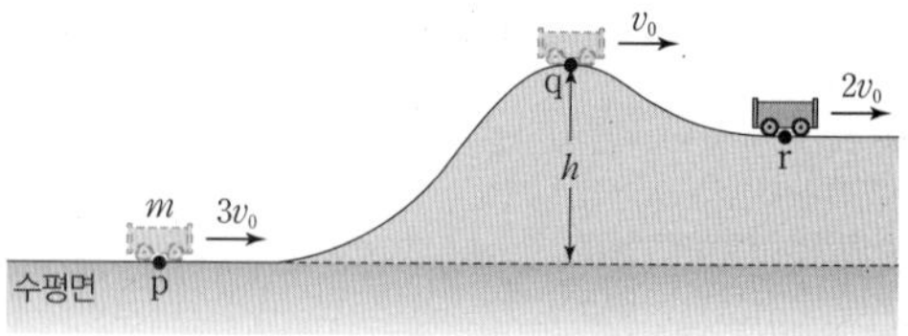

물체가 q에서 r까지 운동하는 동안 물체의 중력 퍼텐셜 에너지 감소량은? (단, 중력 가속도는 g이고, 물체의 크기, 모든 마찰과 공기 저항은 무시한다.)

① $\frac{1}{3}mgh$ ② $\frac{3}{8}mgh$ ③ $\frac{2}{5}mgh$
④ $\frac{4}{9}mgh$ ⑤ $\frac{1}{2}mgh$

[24023-0071]

05 그림 (가)와 같이 마찰이 없는 수평면에서 질량이 m인 물체가 $5v$의 속력으로 용수철을 향해 등속도 운동을 한다. 그림 (나)는 물체의 속력이 $3v$일 때 용수철이 원래 길이에서 d_0만큼 압축된 모습을 나타낸 것이다.

이에 대한 설명으로 옳은 것만을 〈보기〉에서 있는 대로 고른 것은? (단, 물체의 크기, 용수철의 질량, 공기 저항은 무시한다.)

보기

ㄱ. 용수철이 d_0만큼 압축되는 동안 물체의 운동 에너지 감소량은 용수철에 저장된 탄성 퍼텐셜 에너지 증가량과 같다.

ㄴ. 용수철 상수는 $\frac{16mv^2}{d_0^{\ 2}}$이다.

ㄷ. 용수철은 원래 길이에서 최대 $\frac{5}{3}d_0$만큼 압축된다.

① ㄱ ② ㄷ ③ ㄱ, ㄴ ④ ㄴ, ㄷ ⑤ ㄱ, ㄴ, ㄷ

[24023-0072]

06 그림은 수평면에 수직으로 고정된 원래 길이가 $3d$인 용수철 위에 물체를 가만히 놓았더니 물체가 연직 아래 방향으로 $2d$만큼 내려가 속력이 0이 된 후, 연직 위로 운동하여 용수철의 길이가 $2d$가 되는 지점을 v의 속력으로 지나는 모습을 나타낸 것이다.

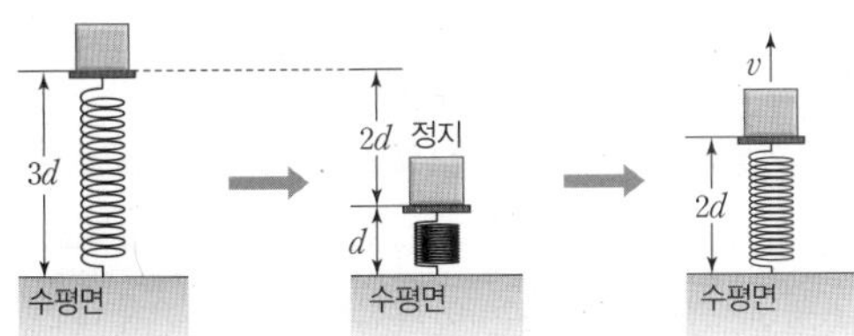

v는? (단, 중력 가속도는 g이고, 물체의 크기, 용수철의 질량, 공기 저항은 무시한다.)

① $\sqrt{gd}$ ② $\sqrt{2gd}$ ③ $\sqrt{3gd}$
④ $2\sqrt{gd}$ ⑤ $\sqrt{5gd}$

[24023-0073]

07 그림과 같이 물체 B와 실로 연결된 물체 A를 점 p에서 가만히 놓았더니 A가 빗면을 따라 p에서 점 q까지 등가속도 직선 운동을 한다. p와 q 사이의 거리는 d이다. A가 d만큼 운동하는 동안, B의 중력 퍼텐셜 에너지 증가량은 B의 운동 에너지 증가량의 7배이다. A, B의 질량은 각각 $6m$, m이다.

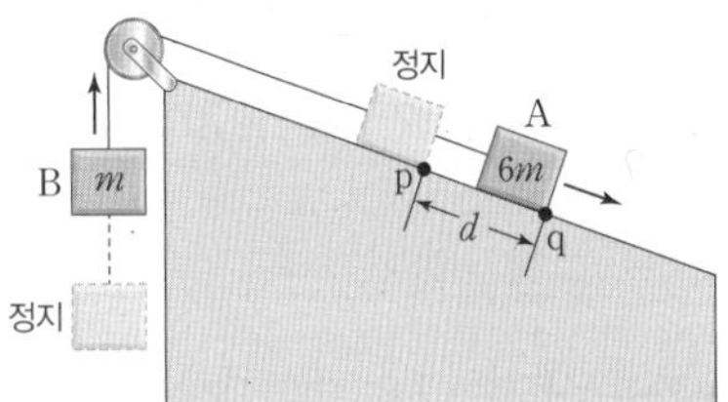

A가 d만큼 운동하는 동안, 이에 대한 설명으로 옳은 것만을 〈보기〉에서 있는 대로 고른 것은? (단, 중력 가속도는 g이고, 물체의 크기, 실의 질량, 모든 마찰과 공기 저항은 무시한다.)

보기

ㄱ. A의 가속도의 크기는 $\frac{1}{7}g$이다.

ㄴ. B의 역학적 에너지 증가량은 $\frac{8}{7}mgd$이다.

ㄷ. A의 중력 퍼텐셜 에너지 감소량은 $2mgd$이다.

① ㄱ ② ㄷ ③ ㄱ, ㄴ ④ ㄴ, ㄷ ⑤ ㄱ, ㄴ, ㄷ

[24023-0074]

08 그림 (가)와 같이 마찰이 없는 수평면에서 용수철에 연결된 물체 A에 물체 B를 접촉시키고, 용수철을 원래 길이에서 $2d$만큼 압축시켰다. 그림 (나)는 (가)에서 B를 가만히 놓았더니 B는 A와 분리된 후 등속도 운동을 하고, A는 용수철을 원래 길이에서 최대 d만큼 늘어나게 한 모습을 나타낸 것이다.

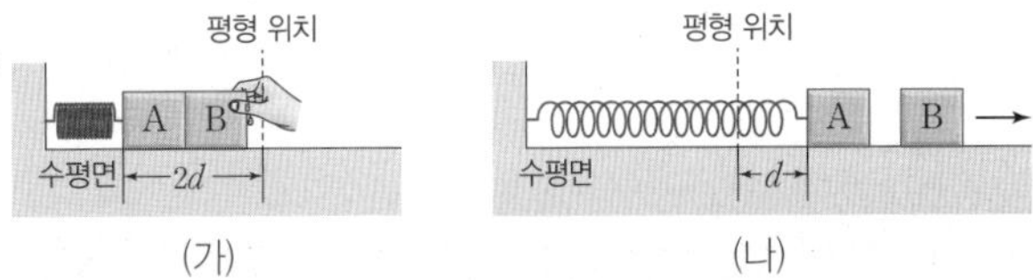

A, B의 질량을 각각 m_A, m_B라고 할 때, $\frac{m_B}{m_A}$는? (단, 물체의 크기, 용수철의 질량, 공기 저항은 무시한다.)

① $\frac{1}{3}$ ② $\frac{1}{2}$ ③ 2 ④ 3 ⑤ 4

[24023-0075]

09 그림과 같이 수평면에 놓인 물체 B의 양쪽에 물체 A, C를 실로 연결한 후, A를 손으로 잡아 점 p에 정지시켰다. 손을 가만히 놓으면 A는 d만큼 등가속도 직선 운동을 하여 점 q를 지난다. A가 p에서 q까지 운동하는 동안 A의 역학적 에너지 증가량은 mgd이다. B, C의 질량은 각각 m, $2m$이다.

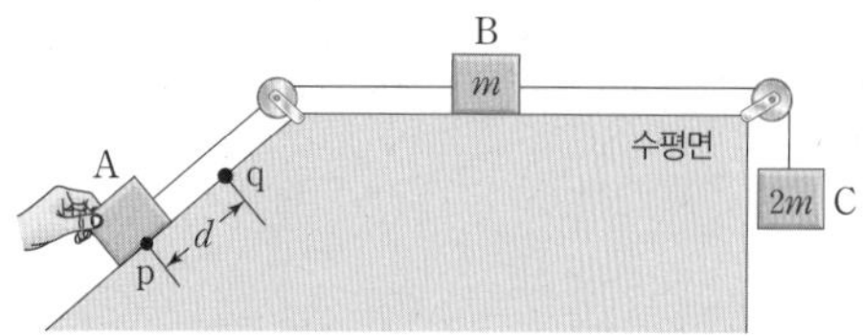

A가 p에서 q까지 운동하는 동안, 이에 대한 설명으로 옳은 것만을 〈보기〉에서 있는 대로 고른 것은? (단, 중력 가속도는 g이고, 물체의 크기, 실의 질량, 모든 마찰과 공기 저항은 무시한다.)

보기

ㄱ. C의 역학적 에너지는 감소한다.

ㄴ. A가 q를 지나는 순간, B의 운동 에너지는 $\frac{1}{3}mgd$이다.

ㄷ. A의 가속도의 크기는 $\frac{1}{3}g$이다.

① ㄱ ② ㄷ ③ ㄱ, ㄴ ④ ㄴ, ㄷ ⑤ ㄱ, ㄴ, ㄷ

[24023-0076]

10 그림은 높이가 각각 $4h$, $9h$인 지점에 물체 A, B를 가만히 놓았더니 수평면에서 두 물체가 충돌한 후 한 덩어리가 되어 오른쪽으로 등속도 운동을 하는 모습을 나타낸 것이다. 한 덩어리가 된 물체는 오른쪽 경사면을 따라 올라가 높이가 h인 지점에서 속력이 0이 된다. 충돌 직전 A의 운동 에너지는 E_0이다.

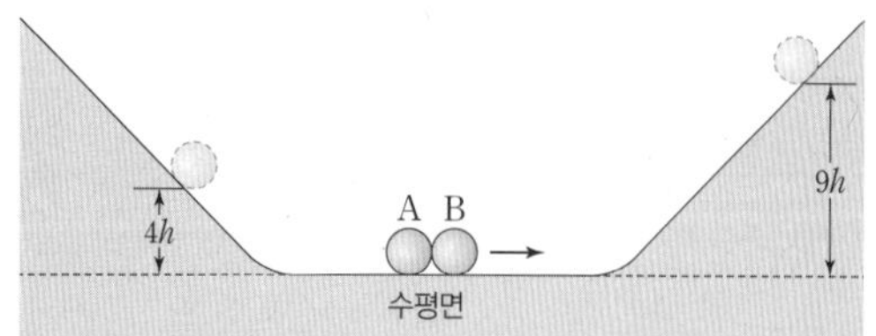

충돌 과정에서 손실된 역학적 에너지는? (단, 물체의 크기, 모든 마찰과 공기 저항은 무시한다.)

① $\frac{1}{2}E_0$ ② $\frac{3}{4}E_0$ ③ E_0 ④ $\frac{5}{4}E_0$ ⑤ $\frac{3}{2}E_0$

[24023-0077]

11 그림과 같이 수평면에서 질량이 각각 m, $2m$인 물체 A, B를 용수철의 양 끝에 접촉하여 압축시킨 후 동시에 가만히 놓았더니 A는 빗면의 마찰 구간을 지나 직선 운동을 하고, B는 수평면에서 v의 속력으로 등속도 운동을 한다. A가 빗면을 따라 올라간 최고 높이는 $\frac{5v^2}{4g}$이다.

이에 대한 설명으로 옳은 것만을 〈보기〉에서 있는 대로 고른 것은? (단, 중력 가속도는 g이고, 용수철의 질량, 물체의 크기, 공기 저항과 마찰 구간 외의 모든 마찰은 무시한다.)

보기

ㄱ. 용수철에서 분리된 직후 A의 속력은 $2v$이다.

ㄴ. A와 B가 분리되기 전 용수철에 저장된 탄성 퍼텐셜 에너지는 $4mv^2$이다.

ㄷ. A가 마찰 구간을 올라가는 동안, 감소한 역학적 에너지는 $\frac{3}{4}mv^2$이다.

① ㄱ ② ㄴ ③ ㄱ, ㄷ ④ ㄴ, ㄷ ⑤ ㄱ, ㄴ, ㄷ

[24023-0078]

12 그림 (가)는 연직 위로 던진 공이 중력과 공기 저항력을 받으며 직선 운동을 하는 모습을, (나)는 (가)에서 공을 던진 순간부터 던진 위치로 되돌아올 때까지 공의 속도를 시간에 따라 나타낸 것이다.

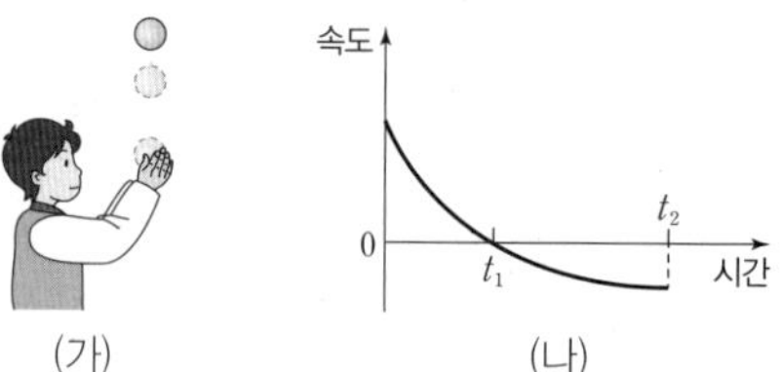

이에 대한 설명으로 옳은 것만을 〈보기〉에서 있는 대로 고른 것은?

보기

ㄱ. t_1일 때 공에 작용하는 알짜힘은 0이다.

ㄴ. 0부터 t_1까지 가속도의 크기는 감소한다.

ㄷ. t_1부터 t_2까지 공의 중력 퍼텐셜 에너지 감소량은 공의 운동 에너지 증가량과 같다.

① ㄱ ② ㄴ ③ ㄱ, ㄷ ④ ㄴ, ㄷ ⑤ ㄱ, ㄴ, ㄷ

[24023-0079]

01 그림과 같이 수평면상의 점 p를 $2v$의 속력으로 지난 질량이 m인 물체가 면을 따라 운동하여 점 q, r를 지나 점 s에서 속력이 0이 된다. q는 수평 구간 Ⅰ의 시작점이다. 물체가 Ⅰ을 지나는 동안 물체는 운동 방향으로 크기가 일정한 힘을 받는다. q, r의 높이는 각각 $3h$, h이고, q, r에서 물체의 속력은 각각 v, $2v$이다.

수평 구간 Ⅰ에서 물체에 작용한 힘이 물체에 한 일만큼 물체의 역학적 에너지가 증가한다.

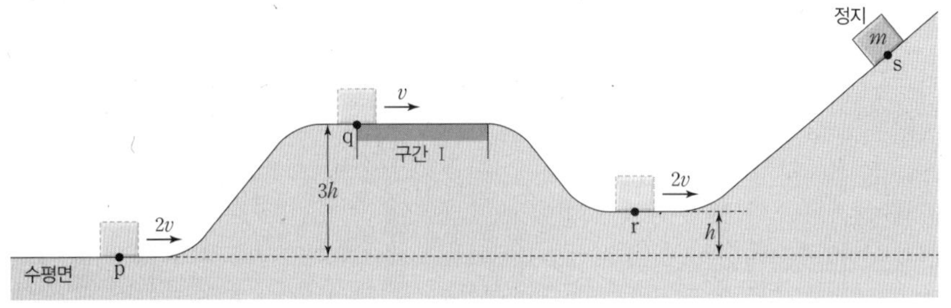

이에 대한 설명으로 옳은 것만을 〈보기〉에서 있는 대로 고른 것은? (단, 물체의 크기, 모든 마찰과 공기 저항은 무시한다.)

보기

ㄱ. Ⅰ에서 물체의 역학적 에너지 증가량은 $\frac{1}{2}mv^2$이다.

ㄴ. Ⅰ을 빠져나오는 순간 물체의 속력은 $\sqrt{3}v$이다.

ㄷ. s의 높이는 $5h$이다.

① ㄱ ② ㄴ ③ ㄱ, ㄷ ④ ㄴ, ㄷ ⑤ ㄱ, ㄴ, ㄷ

[24023-0080]

02 그림 (가)와 같이 수평면에서 벽에 고정된 용수철에 물체 A를 접촉시키고 용수철을 원래 길이에서 d_0만큼 압축시켜 가만히 놓았더니 A가 수평면에 정지한 B를 향해 등속도 운동을 한다. B에는 벽에 고정된 용수철과 동일한 용수철이 연결되어 있다. 그림 (나)는 A와 B가 충돌하여 B에 연결된 용수철이 원래 길이에서 최대 d만큼 압축된 순간의 모습을 나타낸 것이다. A와 B의 질량은 각각 m, $2m$이다. A, B는 동일 직선상에서 운동한다.

A와 B가 충돌한 후 용수철이 원래 길이에서 최대 d만큼 압축되었을 때 A와 B의 속력은 같다.

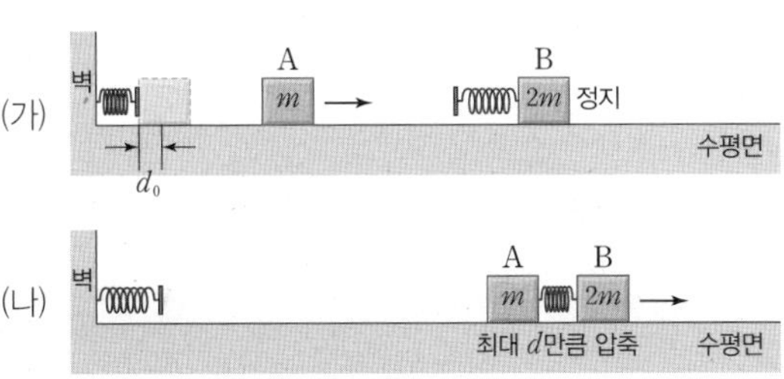

d는? (단, 충돌 과정에서 역학적 에너지 손실은 없고, 용수철의 질량, 물체의 크기, 모든 마찰과 공기 저항은 무시한다.)

① $\sqrt{\frac{1}{2}}d_0$ ② $\sqrt{\frac{2}{3}}d_0$ ③ $\sqrt{\frac{3}{4}}d_0$ ④ $\sqrt{\frac{4}{5}}d_0$ ⑤ $\sqrt{\frac{5}{6}}d_0$

(다)에서 용수철이 원래 길이에서 압축된 길이는 (가)에서 용수철이 원래 길이에서 늘어난 길이의 3배이다.

[24023-0081]

03 그림 (가)는 용수철에 연결된 물체 B에 물체 A를 실로 연결한 후 A를 연직 아래 방향으로 당겼더니 용수철이 원래 길이에서 늘어나 용수철의 길이가 $2d$일 때, A와 B가 정지한 모습을 나타낸 것이다. 그림 (나)는 (가)에서 A를 가만히 놓았더니 B가 연직선상에서 운동하다가 용수철이 원래 길이가 되는 순간 실이 끊어지는 모습을, (다)는 용수철의 길이가 d가 되었을 때, B의 속력이 0이 되는 순간을 나타낸 것이다. 용수철에 저장된 탄성 퍼텐셜 에너지는 (다)에서가 (가)에서의 9배이다. A, B의 질량은 각각 m, $2m$이다.

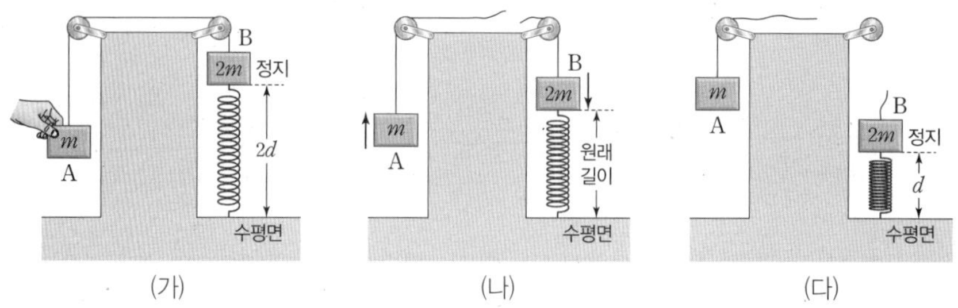

(다)에서 용수철에 저장된 탄성 퍼텐셜 에너지는? (단, 중력 가속도는 g이고, 물체의 크기, 실과 용수철의 질량, 모든 마찰과 공기 저항은 무시한다.)

① $\frac{8}{5}mgd$ ② $\frac{9}{5}mgd$ ③ $2mgd$ ④ $\frac{11}{5}mgd$ ⑤ $\frac{12}{5}mgd$

물체가 마찰 구간을 등속도 운동을 하여 지나는 동안 역학적 에너지 감소량은 물체의 중력 퍼텐셜 에너지 감소량과 같다.

[24023-0082]

04 그림과 같이 경사각이 동일한 양쪽 빗면에서 서로 다른 시간에 물체 A, B를 수평선 p에 가만히 놓았더니 A, B가 높이차가 각각 h, $2h$인 마찰 구간을 통과하여 수평선 q를 지난다. A, B는 마찰 구간에서 각각 등속도 운동을 하고, 마찰 구간을 통과하는 동안 손실된 역학적 에너지는 A와 B가 같다. q를 지날 때 A의 운동 에너지는 E_0이다.

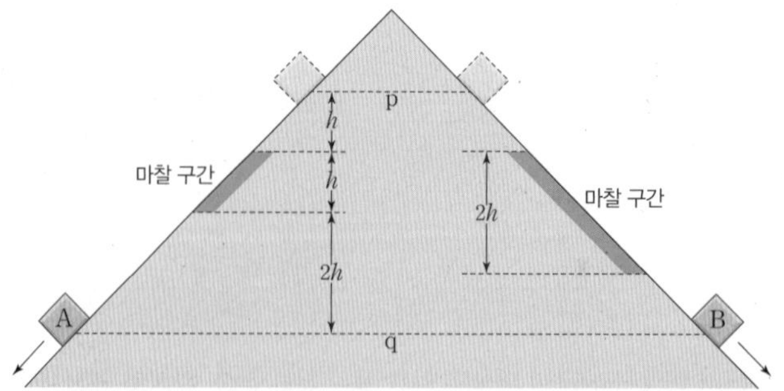

q를 지날 때 B의 운동 에너지는? (단, 물체의 크기, 공기 저항, 마찰 구간 외의 모든 마찰은 무시한다.)

① $\frac{1}{8}E_0$ ② $\frac{1}{6}E_0$ ③ $\frac{1}{4}E_0$ ④ $\frac{1}{3}E_0$ ⑤ $\frac{1}{2}E_0$

[24023-0083]

05 그림은 마찰이 있는 수평면에서 벽에 고정된 용수철 상수가 k인 용수철에 물체를 연결하고, 용수철을 원래 길이에서 d만큼 압축시킨 모습을 나타낸 것이다. 표는 물체를 $x=-d$인 위치에서 가만히 놓을 때 물체의 속력이 0이 되며 운동 방향이 바뀌는 위치를 순서대로 나타낸 것이다. 물체는 운동하는 동안 운동 반대 방향으로 크기가 일정한 마찰력을 받는다.

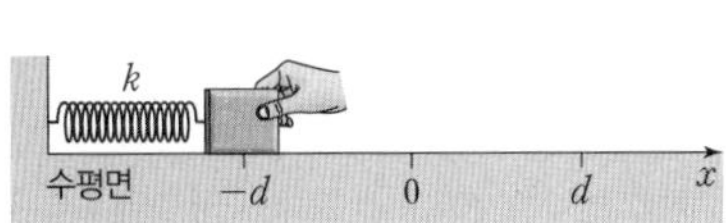

	운동 방향이 바뀌는 위치
첫 번째	$x=\frac{4}{5}d$
두 번째	㉠
세 번째	㉡

이에 대한 설명으로 옳은 것만을 〈보기〉에서 있는 대로 고른 것은? (단, 용수철의 질량, 물체의 크기, 공기 저항은 무시한다.)

● 보 기 ●

ㄱ. 운동하는 동안 물체에 작용하는 마찰력의 크기는 $\frac{1}{10}kd$이다.

ㄴ. ㉠과 ㉡ 사이의 거리는 d이다.

ㄷ. 물체가 세 번째로 $x=\frac{1}{5}d$인 지점을 지날 때 물체의 운동 에너지는 $\frac{2}{25}kd^2$이다.

① ㄱ ② ㄷ ③ ㄱ, ㄴ ④ ㄴ, ㄷ ⑤ ㄱ, ㄴ, ㄷ

용수철에 저장된 탄성 퍼텐셜 에너지의 감소량은 물체의 운동 에너지 증가량과 마찰력에 의해 손실된 역학적 에너지의 합과 같다.

[24023-0084]

06 그림은 왼쪽 빗면의 점 p를 v의 속력으로 지난 물체가 오른쪽 빗면에서 마찰 구간의 시작점 q를 $2v$의 속력으로 지난 후 마찰 구간의 끝점 r에서 속력이 0이 되는 순간의 모습을 나타낸 것이다. 이후 물체는 r에서 내려와 왼쪽 빗면을 올라갔다가 내려온 후 오른쪽 빗면의 점 s에서 다시 속력이 0이 된다. 마찰 구간에서 물체는 운동 반대 방향으로 일정한 크기의 마찰력을 받으며 직선 운동을 한다. p와 r의 높이는 $5h$로 서로 같고, q의 높이는 $2h$이다.

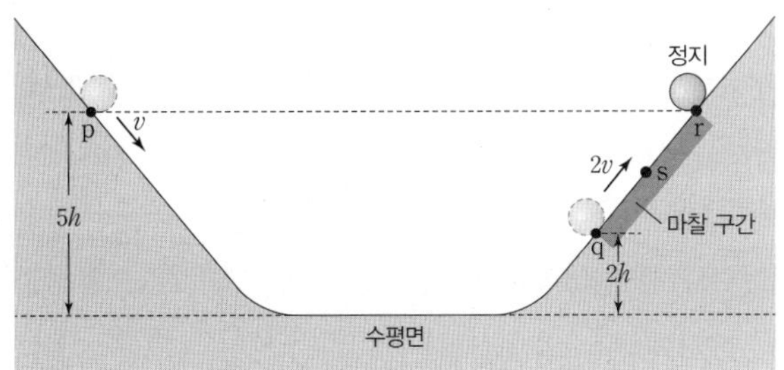

s의 높이는? (단, 물체의 크기, 공기 저항, 마찰 구간 외의 모든 마찰은 무시한다.)

① $\frac{11}{4}h$ ② $3h$ ③ $\frac{13}{4}h$ ④ $\frac{7}{2}h$ ⑤ $\frac{15}{4}h$

물체가 p에서 r까지 운동하는 동안 물체의 역학적 에너지 감소량은 $\frac{1}{2}mv^2$이다.

마찰 구간을 물체가 등속도 운동을 하여 지나는 동안 물체의 역학적 에너지 감소량은 물체의 중력 퍼텐셜 에너지 감소량과 같다.

[24023-0085]

07 그림은 높이가 $3h$인 평면에 물체 C가 놓여 있고, 용수철 P에 연결된 물체 A에 물체 B를 접촉시켜 P를 원래 길이에서 d만큼 압축시킨 모습을 나타낸 것이다. B를 가만히 놓으면 B는 C와 충돌한 후 한 덩어리가 되어 면을 따라 운동하고, A는 P에 연결된 채로 직선 운동을 한다. 이후 B와 C는 높이차가 h인 마찰 구간을 등속도로 지나 수평면에 놓인 용수철 Q를 원래 길이에서 $2d$만큼 압축시킬 때 속력이 0이 된다. A, B, C의 질량은 m으로 모두 같고, P와 Q의 용수철 상수는 같다.

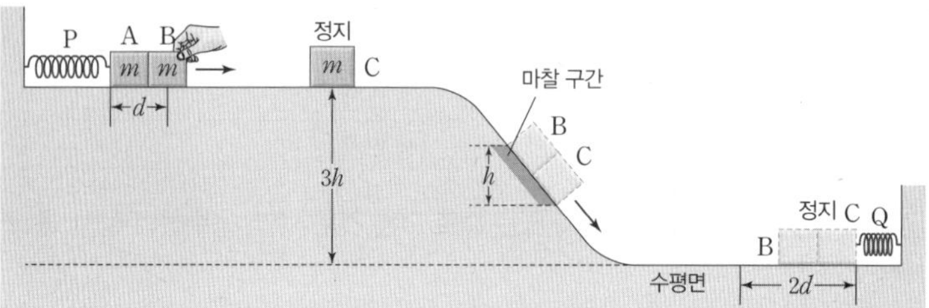

B를 가만히 놓은 후 A와 B가 분리되는 순간, B의 운동 에너지는? (단, 중력 가속도는 g이고, 용수철의 질량, 물체의 크기, 공기 저항, 마찰 구간 외의 모든 마찰은 무시한다.)

① $\frac{8}{15}mgh$ ② $\frac{3}{5}mgh$ ③ $\frac{2}{3}mgh$ ④ $\frac{11}{15}mgh$ ⑤ $\frac{4}{5}mgh$

물체가 빗면을 따라 올라가는 동안 물체의 중력 퍼텐셜 에너지 증가량은 물체에 작용하는 중력에 의해 빗면 아래 방향으로 작용하는 힘의 크기와 빗면을 따라 올라간 거리의 곱과 같다.

[24023-0086]

08 그림은 벽에 고정된 용수철 상수가 k인 용수철에 물체를 접촉시켜 용수철을 원래 길이에서 d만큼 압축시키고, 빗면의 점 p에서 물체를 잡고 있는 모습을 나타낸 것이다. 물체를 가만히 놓으면 물체는 점 q, r를 지나 최고점 s에 도달하여 속력이 0이 된다. 물체는 q와 r 사이의 마찰 구간에서 일정한 크기의 마찰력을 운동 반대 방향으로 받는다. 물체의 가속도의 크기는 물체가 q에서 r까지 운동하는 동안이 r에서 s까지 운동하는 동안의 3배이다. p와 q, q와 r, r와 s 사이의 거리는 $3d$로 같다.

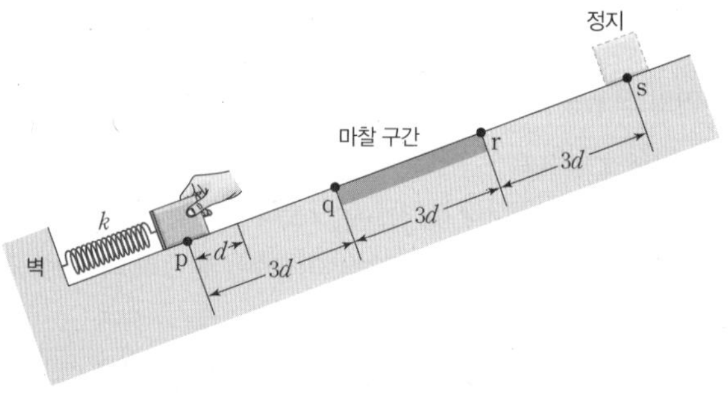

물체가 p에서 s까지 운동하는 동안, 이에 대한 설명으로 옳은 것만을 〈보기〉에서 있는 대로 고른 것은? (단, 용수철의 질량, 물체의 크기, 공기 저항, 마찰 구간 외의 모든 마찰은 무시한다.)

보기

ㄱ. 마찰 구간에서 손실된 물체의 역학적 에너지는 $\frac{1}{5}kd^2$이다.

ㄴ. 물체의 속력은 q에서가 r에서의 2배이다.

ㄷ. r에서 물체의 운동 에너지는 $\frac{1}{10}kd^2$이다.

① ㄱ ② ㄷ ③ ㄱ, ㄴ ④ ㄴ, ㄷ ⑤ ㄱ, ㄴ, ㄷ

04 열역학 법칙

1 열역학 제1법칙

(1) 온도: 물체의 차갑고 뜨거운 정도를 수치로 나타낸 물리량이다.

① 섭씨온도: 1기압에서 순수한 물이 어는 온도를 0 ℃, 끓는 온도를 100 ℃로 정하고 그 사이를 100등분하여 1 ℃ 간격으로 눈금을 나타낸 온도이다.

② 절대 온도: 섭씨온도와 눈금 간격은 같으나 열역학적 최저 온도인 −273 ℃를 0 K(켈빈)으로 정한 온도로, 절대 온도와 섭씨온도를 각각 T, t라고 할 때 다음 관계가 성립한다.

$$T(\text{K})=t(℃)+273$$

• 이상 기체 분자들의 평균 운동 에너지는 절대 온도에 비례한다.

③ 열: 물체의 온도와 상태를 변화시키는 원인으로, 에너지의 일종이므로 열에너지라고도 한다.

④ 열의 이동: 열은 저절로 온도가 높은 물체에서 온도가 낮은 물체로 이동한다. 고온의 물체에서 저온의 물체로 이동한 열에너지의 양을 열량이라고 하며, 열량의 단위는 kcal 또는 J을 사용한다.

⑤ 열평형 상태: 온도가 다른 두 물체 사이에 열이 이동하여 온도가 같아져 더 이상 온도가 변하지 않는 상태이다.

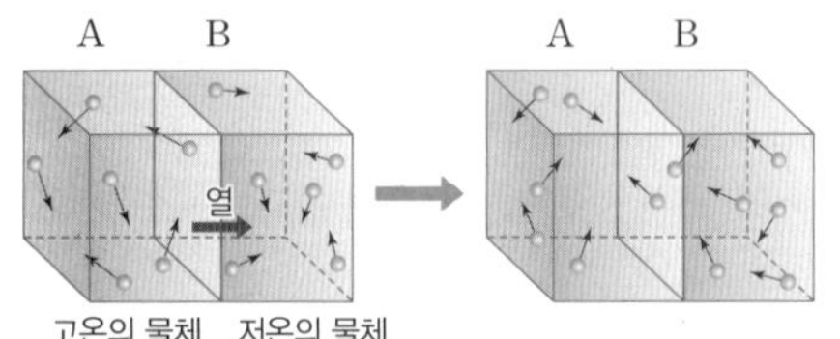

분자 운동과 열의 이동

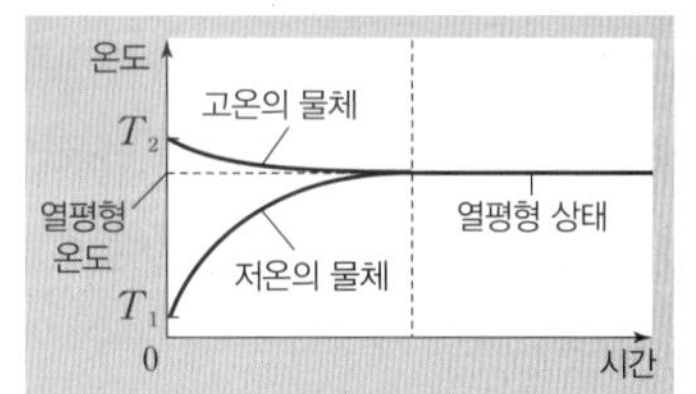

열의 이동과 열평형

(2) 기체가 하는 일

① 이상 기체: 분자의 부피를 무시할 수 있고 충돌하는 동안 에너지 손실이 없는 기체로, 퍼텐셜 에너지가 없으므로 기체 분자의 역학적 에너지는 운동 에너지와 같다. 실제 기체는 압력이 낮거나, 온도가 높거나, 밀도가 작으면 이상 기체처럼 행동한다.

② 압력(P): 단위 면적(A)에 수직으로 작용하는 힘(F)이다.

$$\text{압력}=\frac{\text{힘}}{\text{면적}},\ P=\frac{F}{A}\ [\text{단위: Pa(파스칼)},\ 1\ \text{Pa}=1\ \text{N/m}^2]$$

③ 기체에 열을 가하면 온도나 부피의 변화가 일어난다.

• 기체가 팽창하면 기체가 외부에 일을 하게 되고, 기체가 수축하면 기체가 외부로부터 일을 받는다.

• 압력이 일정할 때 기체가 하는 일은 다음과 같다.

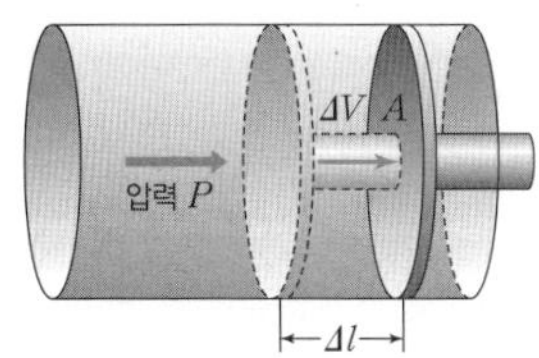
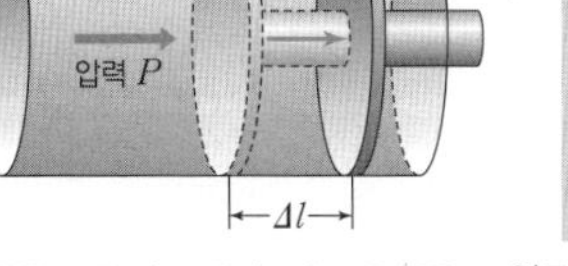

$W=F\Delta l=PA\Delta l=P\Delta V$

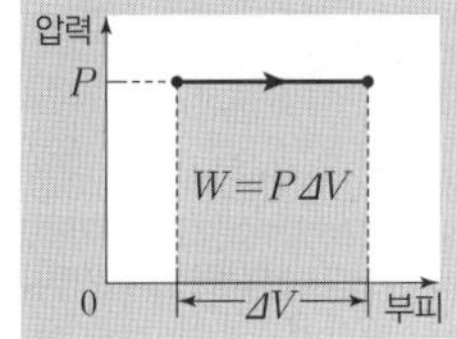

압력-부피 그래프에서 그래프 아래 면적은 기체가 외부에 한 일이다.

부피 변화	일의 부호와 의미
증가 ($\Delta V>0$)	기체가 외부에 일을 한다. ➡ $W>0$
감소 ($\Delta V<0$)	기체가 외부로부터 일을 받는다. ➡ $W<0$

개념 체크

◉ 열평형 상태: 두 물체의 온도가 같아져 더 이상 온도가 변하지 않는 상태이다.

◉ 이상 기체: 분자의 부피를 무시할 수 있으며, 분자들 사이에 충돌 이외의 다른 상호 작용을 하지 않는 기체이다. 일정량의 이상 기체에 대하여 $\frac{\text{압력}\times\text{부피}}{\text{절대 온도}}$가 일정하게 유지된다.

1. 물체의 차갑고 뜨거운 정도를 수치로 나타낸 물리량을 (   )라고 한다.

2. 열은 저절로 온도가 (높은 , 낮은) 물체에서 온도가 (높은 , 낮은) 물체로 이동한다.

3. 기체가 (팽창 , 수축)하면 기체가 외부에 일을 하고, 기체가 (팽창 , 수축)하면 기체가 외부로부터 일을 받는다.

정답

1. 온도
2. 높은, 낮은
3. 팽창, 수축

④ 찌그러진 탁구공을 뜨거운 물에 넣으면 부피가 증가하는 것은 열에 의해 탁구공 내부의 기체의 압력이 커져 기체의 부피가 증가했기 때문이다. 이때 공 내부의 공기가 열을 흡수하여 압력이 증가하면 공 안쪽에서 바깥쪽으로 힘을 작용하여 부피가 증가하므로 공 내부의 공기는 외부에 일을 한다.

개념 체크

◘ **경로에 따른 일**: 기체가 한 상태에서 다른 상태로 변하는 경우는 여러 경로가 있다. 이때 기체가 한 일은 경로에 따라 다른 값을 가질 수 있다.

◘ **압력-부피 그래프와 일**: 압력-부피 그래프에서 그래프 아래의 면적은 기체가 외부에 한 일 또는 외부로부터 받은 일과 같다.

[1~2] 그림은 일정량의 이상 기체가 상태 A → B와 A → C를 따라 변하는 동안 기체의 압력과 부피를 나타낸 것이다.

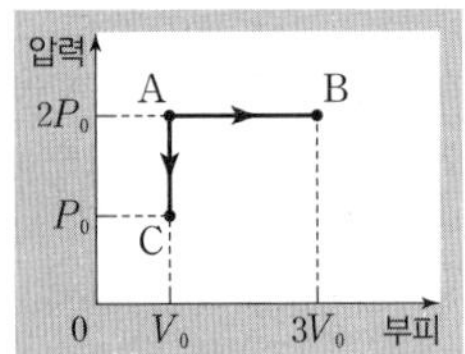

1. A → C 과정에서 기체의 온도는 (올라 , 내려)간다.

2. A → B 과정과 A → C 과정에서 기체가 외부에 한 일은 각각 (　　), (　　)이다.

과학 돋보기 압력(P)-부피(V) 그래프에서 기체가 한 일

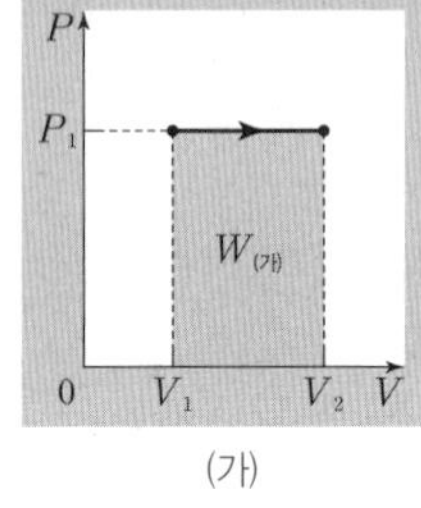

(가)

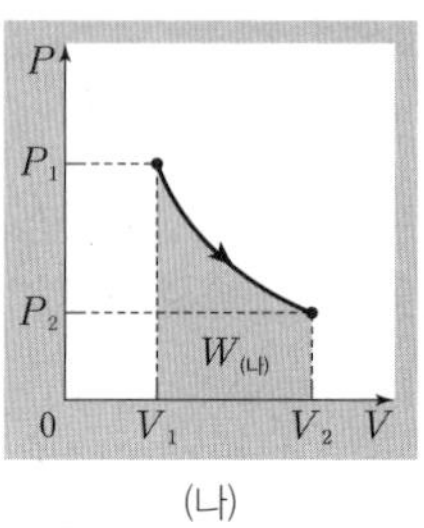

(나)

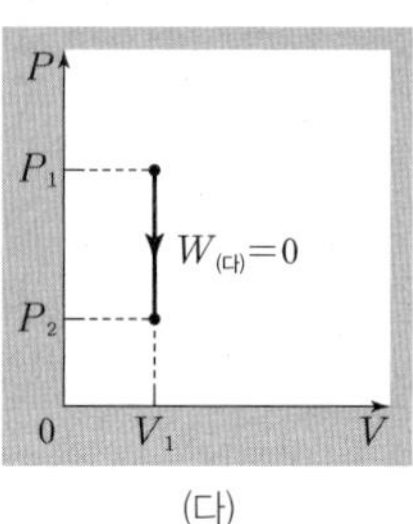

(다)

- (가) 과정: 압력이 P_1로 일정하고 부피가 V_1에서 V_2로 증가한 경우, 기체가 한 일은 그래프 아래의 면적인 $W_{(가)}=P_1(V_2-V_1)$이다.
- (나) 과정: 압력이 P_1에서 P_2로 감소하고 부피가 V_1에서 V_2로 증가한 경우, 기체가 한 일은 그래프 아래의 면적인 $W_{(나)}$이다.
- (다) 과정: 부피가 V_1로 일정하고 압력이 P_1에서 P_2로 변하는 경우, 기체의 부피 변화가 없으므로 기체가 한 일은 $W_{(다)}=0$이다.
- 기체가 한 일을 비교하면 $W_{(가)}>W_{(나)}>W_{(다)}=0$이다.

탐구자료 살펴보기 기체가 하는 일

과정

(1) 그림 (가)와 같이 굵은 빨대의 한쪽 끝에 물감을 푼 물을 조금 넣고 빨대를 불어 물감을 푼 물을 빨대의 중간쯤에 오게 한 후, 빨대의 한쪽 끝을 비닐 접착기를 이용하여 밀봉한다.

(2) 그림 (나)와 같이 빨대를 뜨거운 물에 넣고 물감을 푼 물의 위치를 관찰한다.

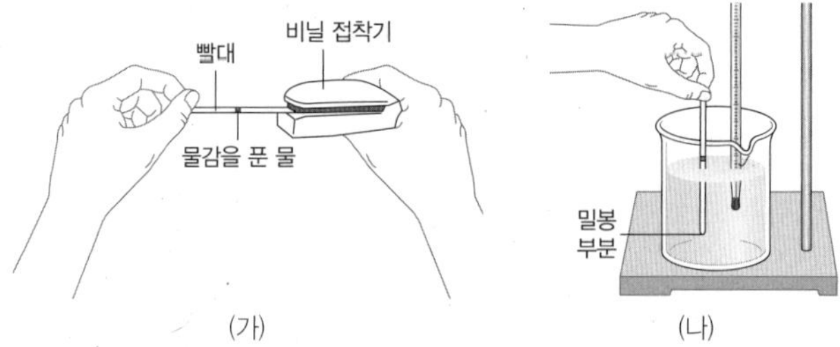

(가)　　(나)

결과

- 물감을 푼 물이 위로 이동하다가 멈춘다.

point

- 빨대 속 공기는 뜨거운 물로부터 열을 받아 온도가 올라가므로 내부 에너지가 증가한다.
- 빨대 속 공기는 뜨거운 물로부터 열을 받아 분자 운동이 활발해진다. 따라서 부피가 증가하여 물감을 푼 물이 위로 이동하였으므로 공기는 외부에 일을 한다.
- 빨대 속 공기가 흡수한 열에 의해 공기는 내부 에너지가 증가하고, 외부에 일을 한다.

정답

1. 내려
2. $4P_0V_0$, 0

(3) 기체의 내부 에너지

① **내부 에너지(U)**: 기체 분자의 운동 에너지와 퍼텐셜 에너지의 총합을 말한다.

② 이상 기체는 분자 사이의 인력이 없으므로 퍼텐셜 에너지가 없다. 따라서 이상 기체의 내부 에너지는 운동 에너지만의 총합으로 나타나고, 절대 온도에 비례한다.

③ 이상 기체 분자 1개의 평균 운동 에너지($\overline{E_k}$)는 절대 온도(T)에 비례하므로, 이상 기체의 내부 에너지(U)는 기체 분자의 수(N)와 절대 온도(T)에 비례한다.

$$U=N\overline{E_k}\propto NT$$

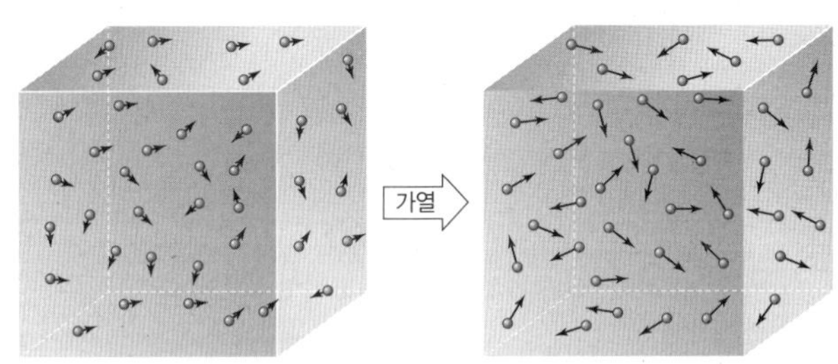

온도가 낮은 기체를 가열하여 온도가 높은 기체로 변화시키면 기체의 내부 에너지는 증가한다.

- 이상 기체의 분자 수가 일정한 경우 절대 온도가 2배로 증가하면 이상 기체의 내부 에너지도 2배가 된다.
- 이상 기체의 절대 온도가 0 K인 경우 내부 에너지는 0이 된다. 따라서 0 K일 때 기체는 열운동을 하지 않는다.

개념 체크

- **기체의 내부 에너지**: 기체 분자들이 가지는 운동 에너지와 퍼텐셜 에너지의 총합이다.
- **이상 기체의 내부 에너지**: 분자들이 충돌 이외의 상호 작용을 하지 않으므로 퍼텐셜 에너지가 0이다. 따라서 이상 기체의 내부 에너지는 분자들의 운동 에너지의 총합과 같다.
- **이상 기체의 내부 에너지와 절대 온도**: 일정량의 이상 기체의 내부 에너지는 절대 온도에 비례한다.

1. 기체 분자의 운동 에너지와 퍼텐셜 에너지의 합을 기체의 (　　)라고 한다.

2. 기체의 온도가 (높을수록 , 낮을수록) 기체의 내부 에너지가 크다.

3. 기체가 등온 팽창할 때, 기체의 내부 에너지 변화량은 (　　)이다.

탐구자료 살펴보기 내부 에너지와 평균 운동 에너지 비교

자료

그림 (가), (나)는 상자 속에 들어 있는 이상 기체의 분자들이 가지는 운동 에너지를 나타낸 것이다.

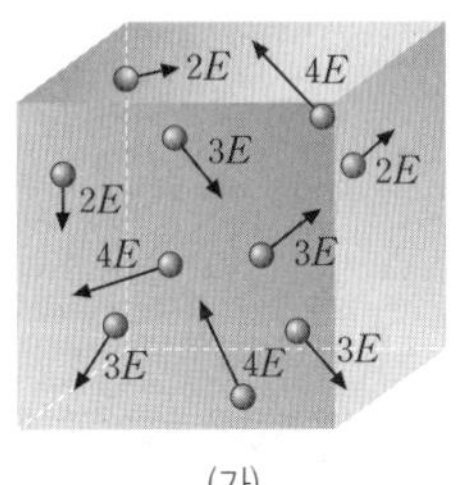

(가)

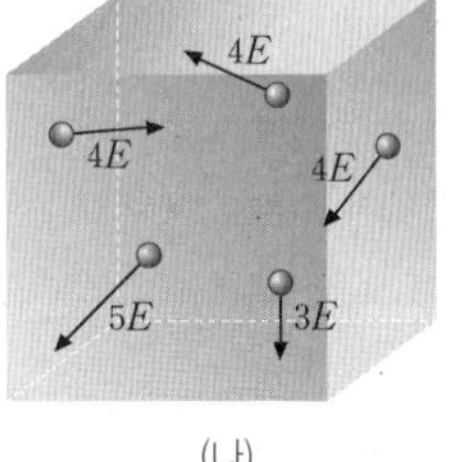

(나)

분석

구분	이상 기체의 내부 에너지	이상 기체의 평균 운동 에너지
(가)	$30E$	$3E$
(나)	$20E$	$4E$

point

- 기체의 내부 에너지는 (가)에서가 (나)에서보다 크고, 기체 분자의 평균 운동 에너지는 (나)에서가 (가)에서보다 크다.
- 이상 기체 분자의 평균 운동 에너지는 절대 온도에 비례하므로, 절대 온도는 (나)에서가 (가)에서보다 높다.

정답

1. 내부 에너지
2. 높을수록
3. 0

개념 체크

열역학 제1법칙: 기체의 내부 에너지 증가량은 기체가 외부로부터 흡수한 열량에서 외부에 한 일을 뺀 값과 같다.

$\Delta U = Q - W$, $Q = \Delta U + W$

제1종 영구 기관: 에너지를 공급하지 않아도 계속 작동하는 열기관으로, 열역학 제1법칙에 위배되므로 제작이 불가능하다.

1. 기체가 흡수한 열량이 $8Q$이고, 기체의 내부 에너지 증가량이 $3Q$일 때, 기체가 외부에 한 일은 (　　) 이다.

2. 외부에서 에너지를 공급받지 않아도 계속 작동하는 열기관을 만들 수 있다. (○, ×)

정답
1. $5Q$
2. ×

(4) **열역학 제1법칙**: 기체가 흡수한 열량(Q)은 기체의 내부 에너지 증가량(ΔU)과 기체가 외부에 한 일(W)의 합과 같다. ➡ $Q = \Delta U + W$

① 열역학 제1법칙은 에너지는 한 형태에서 다른 형태로 전환될 수 있지만 에너지의 총량은 변하지 않는다는 것을 뜻하므로 에너지 보존 법칙을 의미한다.

② 풍선 내부의 기체를 가열하면 기체의 온도가 올라가고, 풍선이 팽창하며 대기를 밀어내는 일을 한다. 이때 풍선 내부의 기체가 흡수한 열량은 기체의 내부 에너지 증가량과 기체가 외부에 한 일의 합과 같다.

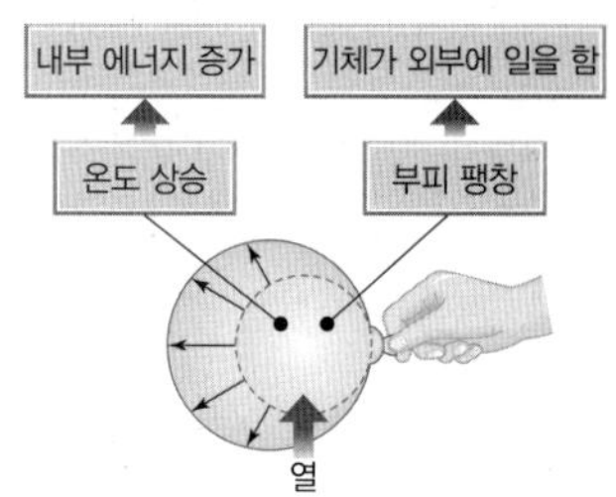

③ 부호와 물리량 0의 의미

구분	(+)	(−)	0
Q	열을 흡수	열을 방출	열 흡수 · 방출 없음
ΔU	내부 에너지 증가	내부 에너지 감소	기체 내부 에너지·온도 일정
W	외부에 일을 함	외부로부터 일을 받음	기체 부피 일정

④ **제1종 영구 기관**: 외부에서 에너지를 공급받지 않아도 계속 작동하는 열기관을 제1종 영구 기관이라고 한다. 제1종 영구 기관은 열역학 제1법칙, 즉 에너지 보존 법칙에 어긋나므로 만들 수 없다.

탐구자료 살펴보기 제1종 영구 기관

자료

다음은 어떤 연설가가 말한 무한 에너지 생산 장치에 대한 설명이다.

(가) 자석에 의해 쇠구슬이 비탈면을 따라 끌려 올라가다가 구멍으로 떨어진 후, 굽은 면을 따라 원래의 위치로 돌아간다. 쇠구슬의 운동 에너지를 사용한 후 자석이 쇠구슬을 당겨 비탈면을 따라 끌려 올라가며 계속해서 작동한다. 이 장치를 이용하면 에너지를 계속 생산할 수 있다.

(나) 물이 떨어지며 스크루가 연결된 수차를 회전시키고, 수차의 회전 에너지를 이용하여 아래쪽 물을 위쪽으로 이동시키면 영원히 작동하는 장치를 만들 수 있다.

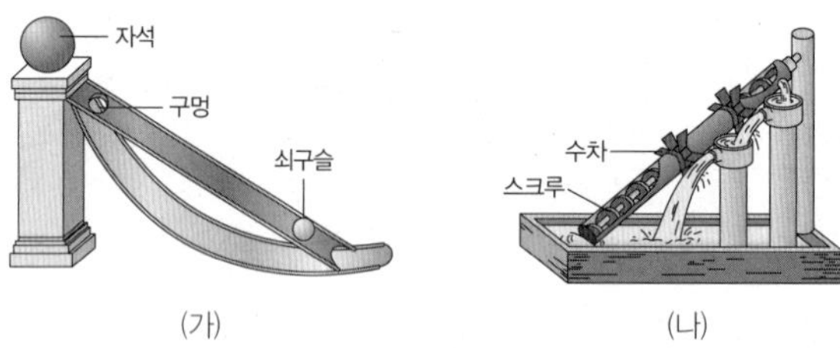

분석

(가) 쇠구슬이 비탈면을 따라 올라간다면, 구멍으로 떨어져도 자기력 때문에 다시 처음 위치로 갈 수 없다. 즉, 쇠구슬을 원래의 위치로 되돌리려면 별도의 에너지가 필요하다.

(나) 물의 처음 중력 퍼텐셜 에너지보다 수차를 돌리는 에너지와 스크루가 연결된 수차의 회전 에너지의 합이 더 크기 때문에 존재할 수 없는 장치이다.

point

• 에너지의 공급 없이 에너지를 계속 생산하는 장치는 존재할 수 없다.

(5) 열역학 과정

① 이상 기체의 상태 변화 그래프

- 그림과 같이 기체의 한 상태는 압력(P), 부피(V), 온도(T)의 세 가지 양으로 나타낸다.
- 온도가 같은 점을 이은 선을 등온선이라고 한다.

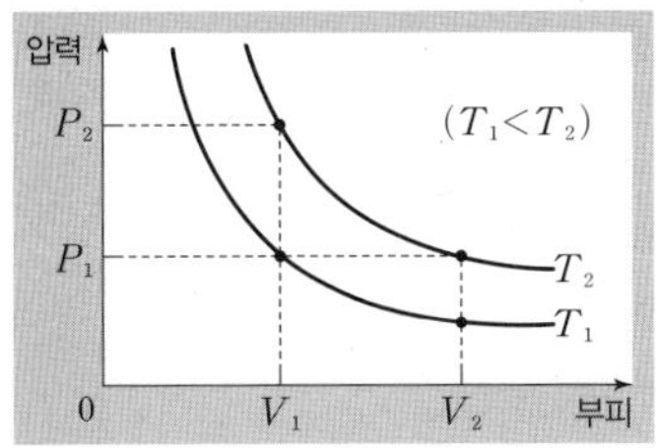

② 열역학 과정에서 일정하거나 0인 물리량

구분	등압(압력이 일정한) 과정	등적(부피가 일정한) 과정	등온(온도가 일정한) 과정	단열(열 출입이 없는) 과정
일정하거나 0인 물리량	압력 일정	부피 일정, 부피 변화량$=0$, 기체가 한 일$=0$	온도 일정, 내부 에너지 일정, 내부 에너지 변화량$=0$	열 출입$=0$

③ **등압 과정**: 기체의 압력이 일정하게 유지되면서 기체의 부피와 온도가 변하는 과정이다($\Delta P=0$).

- 기체가 흡수한 열은 기체의 내부 에너지 증가량과 기체가 외부에 한 일의 합과 같다.

$$Q=\Delta U+W$$

- 샤를 법칙에 따라 기체의 절대 온도가 올라가면 기체의 부피도 절대 온도에 비례하여 증가한다($\Delta T>0$ ➡ $\Delta V>0$).

구분	등압 팽창	등압 수축
압력-부피 그래프	압력, P, $(T_1<T_2)$, T_2, T_1, 0, V_1, V_2, 부피, V_2-V_1, Q, $W=P(V_2-V_1)$	압력, P, $(T_1<T_2)$, T_2, T_1, 0, V_1, V_2, 부피, V_2-V_1, Q, $W=P(V_1-V_2)$
기체가 외부에 한 일	$\Delta V>0$, $W>0$	$\Delta V<0$, $W<0$
내부 에너지 변화	$\Delta T>0$, $\Delta U>0$	$\Delta T<0$, $\Delta U<0$
특징	기체가 흡수한 열량은 기체가 외부에 한 일과 기체의 내부 에너지 증가량의 합과 같다. 따라서 기체의 부피, 내부 에너지, 절대 온도는 모두 증가한다.	기체가 방출한 열량은 기체가 외부로부터 받은 일과 기체의 내부 에너지 감소량의 합과 같다. 따라서 기체의 부피, 내부 에너지, 절대 온도는 모두 감소한다.

④ **등적 과정**: 기체의 부피가 일정하게 유지되면서 기체의 압력과 온도가 변하는 과정이다($\Delta V=0$, $W=0$).

- 기체가 외부에 한 일이 0이므로 기체가 흡수한 열은 기체의 내부 에너지 증가량과 같다.

$$Q=\Delta U$$

개념 체크

등압 팽창: 압력이 일정한 상태로 부피가 증가하는 열역학 과정이다. 부피가 팽창하므로 외부에 일을 하며, 기체 분자의 운동이 활발해지므로 내부 에너지가 증가한다.

보일-샤를 법칙: 일정량의 이상 기체에 대하여 $\frac{\text{압력}\times\text{부피}}{\text{절대 온도}}$가 일정하게 유지된다.

$$\frac{P_1V_1}{T_1}=\frac{P_2V_2}{T_2}$$

1. 기체가 등압 팽창하면 기체의 내부 에너지는 (증가 , 감소)하고, 기체는 외부에 일을 하므로 기체가 흡수한 열량은 기체가 한 일보다 (크다 , 작다).

[2~4] 그림은 일정량의 이상 기체가 상태 A → B를 따라 변하는 동안 기체의 압력과 부피를 나타낸 것이다.

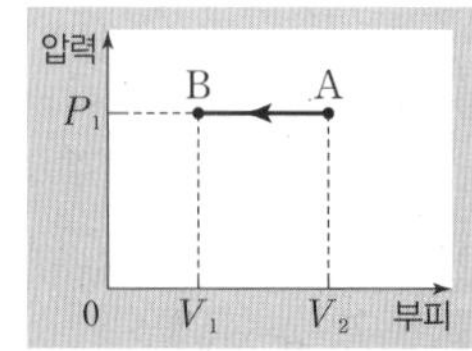

2. A → B 과정에서 기체의 내부 에너지는 (증가 , 감소) 한다.

3. A → B 과정에서 기체가 외부에서 받은 일은 (　　)이다.

4. A → B 과정에서 기체는 열을 (흡수 , 방출)한다.

정답

1. 증가, 크다
2. 감소
3. $P_1(V_2-V_1)$
4. 방출

• 기체의 절대 온도가 올라가면 기체의 압력도 비례하여 증가한다($\Delta T>0 \Rightarrow \Delta P>0$).

• 부피가 변하지 않는 밀폐된 용기 내부의 기체가 받은 열은 모두 내부 에너지 증가에 사용되어 기체의 압력은 증가하고 온도는 올라간다.

구분	등적 가열(압력 증가)	등적 냉각(압력 감소)
압력-부피 그래프	압력, P_2, P_1, ($T_1<T_2$), T_2, T_1, 0, V, 부피, Q, $\Delta U=Q$ $W=0$	압력, P_2, P_1, ($T_1<T_2$), T_2, T_1, 0, V, 부피, Q, $\Delta U=Q$ $W=0$
기체가 외부에 한 일	$\Delta V=0$, $W=0$	$\Delta V=0$, $W=0$
내부 에너지 변화	$\Delta T>0$, $\Delta U>0$	$\Delta T<0$, $\Delta U<0$
특징	기체가 흡수한 열량은 기체의 내부 에너지 증가량과 같다. 따라서 기체의 압력, 내부 에너지는 증가하고 절대 온도는 올라간다.	기체가 방출한 열량은 기체의 내부 에너지 감소량과 같다. 따라서 기체의 압력, 내부 에너지는 감소하고 절대 온도는 내려간다.

⑤ **등온 과정**: 기체의 온도가 일정하게 유지되면서 기체의 부피와 압력이 변하는 과정이다($\Delta T=0$, $\Delta U=0$).

• 기체의 내부 에너지 변화량이 0이므로 기체가 흡수한 열은 기체가 외부에 한 일과 같다.

$$Q=W$$

• 보일 법칙에 따라 기체의 부피가 증가하면 기체의 압력은 감소한다($\Delta V>0 \Rightarrow \Delta P<0$).

구분	등온 팽창	등온 압축
압력-부피 그래프	압력, (T: 일정), 0, V_1, V_2, 부피, Q, $\Delta U=0$ $W=Q$	압력, (T: 일정), 0, V_1, V_2, 부피, Q, $\Delta U=0$ $W=Q$
기체가 외부에 한 일	$\Delta V>0$, $W>0$	$\Delta V<0$, $W<0$
내부 에너지 변화	$\Delta T=0$, $\Delta U=0$	$\Delta T=0$, $\Delta U=0$
특징	기체가 흡수한 열량은 기체가 외부에 한 일과 같다. 기체의 부피는 증가하고, 압력은 감소한다. 압력-부피 그래프의 아래 면적은 기체가 흡수한 열 또는 기체가 외부에 한 일과 같다.	기체가 방출한 열량은 기체가 외부로부터 받은 일과 같다. 기체의 부피는 감소하고, 압력은 증가한다. 압력-부피 그래프의 아래 면적은 기체가 방출한 열 또는 기체가 외부로부터 받은 일과 같다.

⑥ **단열 과정**: 기체가 외부와의 열 출입이 없는 상태에서 부피가 변하는 과정이다($Q=0$).

• 기체가 흡수 또는 방출한 열량이 0이므로 기체가 외부에 한 일은 기체의 내부 에너지 감소량과 같고, 기체가 외부로부터 받은 일은 기체의 내부 에너지 증가량과 같다.

$$\Delta U=-W$$

• 기체의 부피가 증가하면 기체의 온도는 내려간다($\Delta V>0 \Rightarrow \Delta T<0$).

개념 체크

◎ 등적 과정: 기체가 외부에 한 일이 0이므로 기체에 가한 열은 기체의 내부 에너지 증가량과 같다.

◎ 등온 과정: 기체의 내부 에너지 변화량이 0이므로 기체에 가한 열은 기체가 외부에 한 일과 같다.

◎ 보일 법칙: 기체의 온도가 일정할 때 기체의 부피는 압력에 반비례한다.

◎ 등온 팽창: 기체의 온도가 일정하므로 내부 에너지가 일정하다. 따라서 외부에 한 일만큼 외부로부터 열을 흡수한다.

[1~3] 그림은 일정량의 이상 기체가 상태 A → B를 따라 변하는 동안 기체의 압력과 부피를 나타낸 것이다.

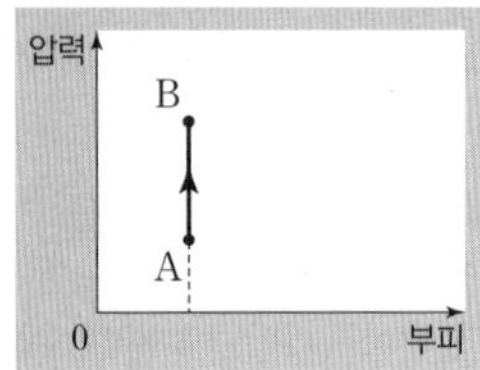

1. A → B 과정에서 기체의 내부 에너지는 (증가 , 감소)한다.

2. A → B 과정에서 기체가 외부에 한 일은 (   )이다.

3. A → B 과정에서 기체는 열을 (흡수 , 방출)한다.

4. 기체가 등온 팽창하면 기체가 흡수한 열량은 기체가 한 일과 같다. (○ , ×)

정답

1. 증가
2. 0
3. 흡수
4. ○

구분	단열 팽창	단열 압축
압력-부피 그래프	압력, 부피, 0, V_1, V_2, $(T_1<T_2)$, T_2, T_1, $Q=0$, $\varDelta U=-W$	압력, 부피, 0, V_1, V_2, $(T_1<T_2)$, T_2, T_1, $Q=0$, $\varDelta U=-W$
기체가 외부에 한 일	$\varDelta V>0$, $W>0$	$\varDelta V<0$, $W<0$
내부 에너지 변화	$\varDelta T<0$, $\varDelta U<0$	$\varDelta T>0$, $\varDelta U>0$
특징	기체가 외부에 한 일은 기체의 내부 에너지 감소량과 같다. 기체의 부피는 증가하고, 압력은 감소하며 온도는 내려간다. 압력-부피 그래프의 아래 면적은 기체가 외부에 한 일 또는 기체의 내부 에너지 감소량과 같다.	기체가 외부로부터 받은 일은 기체의 내부 에너지 증가량과 같다. 기체의 부피는 감소하고, 압력은 증가하며 온도는 올라간다. 압력-부피 그래프의 아래 면적은 기체가 외부로부터 받은 일 또는 기체의 내부 에너지 증가량과 같다.

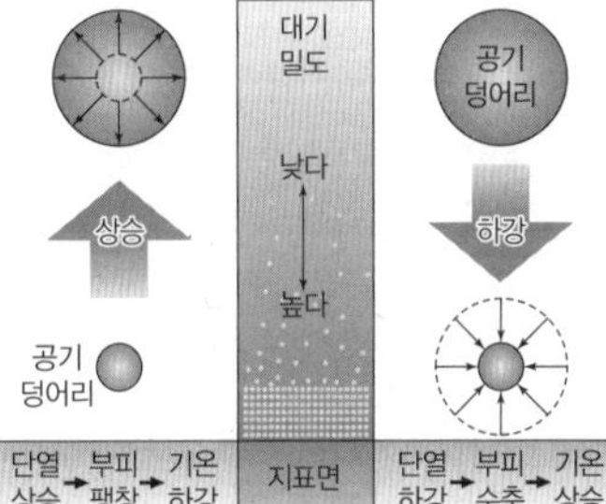

- 단열 팽창과 구름의 생성: 두터운 공기층 사이에서는 열의 이동이 느리게 일어나므로, 수증기를 포함하는 공기가 갑자기 상승하면 기압이 낮아져 공기 덩어리가 단열 팽창을 한다. 따라서 공기의 온도가 내려가고, 수증기가 응결하여 구름이 생성된다.
- 높새바람: 우리나라의 동해로부터 불어온 공기 덩어리가 태백산맥을 넘어 서쪽으로 불면 고온 건조한 바람이 되는데, 이것을 높새바람이라고 한다. 공기 덩어리가 산을 타고 상승할 때는 단열 팽창을 하면서 온도가 내려가고, 공기 덩어리가 산을 넘어서 내려올 때는 단열 압축을 하면서 온도가 올라간다.

탐구자료 살펴보기 단열 압축과 단열 팽창

과정

(1) 그림 (가)와 같이 페트병 안에 액정 온도계와 에탄올 5 mL 정도를 넣는다.
(2) 그림 (나)와 같이 페트병 입구를 공기 압축 마개로 닫은 후 온도를 측정하고, 공기를 빠르게 압축한 후 온도를 측정한다.
(3) 그림 (다)와 같이 공기가 더 이상 들어가지 않으면 공기 압축 마개의 뚜껑을 빠르게 열고 페트병 안에서 나타나는 현상과 온도 변화를 관찰한다.

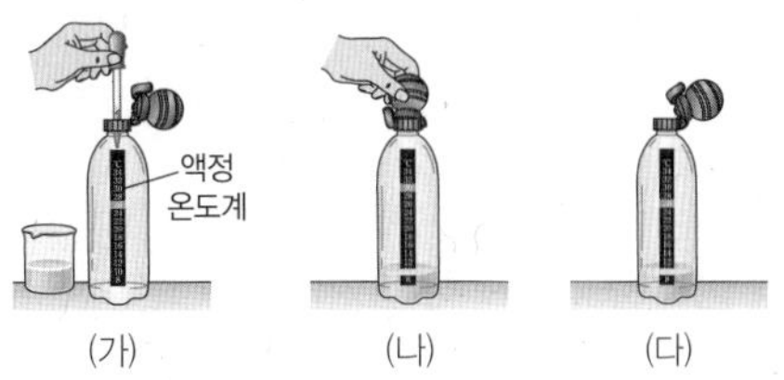

결과

- (나)의 결과: 공기를 압축한 후 액정 온도계의 온도가 올라간다.
- (다)의 결과: 페트병 안에 안개와 같은 것이 나타나고, 액정 온도계의 온도가 내려간다.

point

- 기체를 빠르게 압축하면 외부와의 열 출입이 없는 단열 압축 과정이 진행되어 기체의 온도가 올라가고, 기체를 빠르게 팽창시키면 외부와의 열 출입이 없는 단열 팽창 과정이 진행되어 기체의 온도가 내려가면서 수증기가 응결하여 구름이 형성된다.

개념 체크

- **단열 팽창**: $Q=\varDelta U+W=0$에서 $\varDelta U=-W$이다. 따라서 외부에 한 일만큼 내부 에너지가 감소한다.
- **구름 생성과 단열 팽창**: 공기 덩어리가 상승하면 압력이 낮아지므로 부피가 팽창한다. 이때 공기 덩어리의 부피가 매우 크므로 단위 부피당 표면적이 매우 작아 열 출입을 무시할 수 있다. 따라서 공기 덩어리가 상승하면서 구름이 생성되는 것은 단열 팽창으로 설명할 수 있다.
- **단열 팽창과 단열 압축**: 단열 팽창을 하면 외부에 한 일만큼 내부 에너지가 감소하고, 단열 압축을 하면 외부로부터 받은 일만큼 내부 에너지가 증가한다.

1. 기체가 단열 팽창하면 기체가 외부에 한 일은 기체의 내부 에너지 감소량보다 크다. (○ , ×)

2. 수증기를 포함하는 공기가 갑자기 상승하면 기압이 낮아져 공기 덩어리는 단열 (팽창 , 수축)한다.

3. 기체가 단열 압축하면 기체의 온도는 (올라 , 내려)간다.

정답
1. ×
2. 팽창
3. 올라

개념 체크

◎ 비가역 현상: 한쪽 방향으로의 변화는 자발적으로 일어나지만, 반대 방향으로의 변화는 자발적으로 일어나지 않는 현상

- 열은 온도가 높은 물체에서 온도가 낮은 물체로 자발적으로 이동하지만, 온도가 낮은 물체에서 온도가 높은 물체로는 자발적으로 이동하지 않는다.
- 일은 100 % 열로 전환될 수 있지만, 열은 100 % 일로 전환될 수 없다.

◎ 열역학 제2법칙: 고립계에서 자연 현상은 항상 확률이 높은 쪽으로 변화가 일어난다.

1. 자연 현상은 대부분 (가역적 , 비가역적)으로 일어나며, 무질서도가 (증가 , 감소)하는 방향으로 일어난다.

2. 역학적 에너지는 전부 열에너지로 전환될 수 있다. (○ , ×)

3. 고립계에서 자발적으로 일어나는 자연 현상은 항상 확률이 (높은 , 낮은) 방향으로 진행된다.

2 열역학 제2법칙

(1) 가역 현상과 비가역 현상

① **가역 현상**: 물체가 외부에 어떠한 변화도 남기지 않고 처음의 상태로 되돌아가는 현상이다.

예 이상적인 용수철의 진동, 진공 중에서 운동하는 진자

② **비가역 현상**: 어떤 현상이 한쪽 방향으로는 저절로(자발적으로) 일어나지만, 그 반대 방향으로는 저절로 일어나지 않는 현상이다. 가역 현상은 마찰이나 공기 저항이 없는 매우 이상적인 상황에서만 가능하기 때문에 자연 현상은 대부분 한쪽 방향으로만 일어나는 비가역 현상이다.

예 공기 중에서 용수철의 진동 또는 진자에서 감쇠 진동, 열의 이동, 잉크 또는 연기의 확산

(2) 열역학 제2법칙

① 자연 현상은 대부분 비가역적으로 일어나며, 무질서도가 증가하는 방향으로 일어난다.

② 어떤 계를 고립시켜 외부와의 상호 작용이 없도록 했을 때 그 계의 원자나 분자들이 처음 상태보다 더 무질서한 배열을 이루는 방향으로 반응이 일어나며, 그 반대 현상은 자발적으로 일어나지 않는다.

③ 역학적 에너지는 전부 열에너지로 전환될 수 있으나(마찰열), 열에너지는 전부 역학적 에너지로 전환되지 않는다.

④ 열은 저절로 고온에서 저온으로 이동한다.

⑤ 고립계에서 자발적으로 일어나는 자연 현상은 항상 확률이 높은 방향으로 진행된다.

예 시간이 흐르면 기체들은 두 상자에 고르게 퍼지며, 저절로 한 상자에 모이지는 않는다.

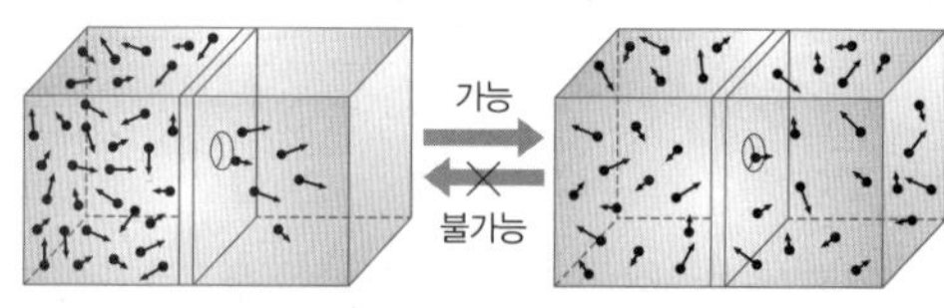

⑥ **제2종 영구 기관**: 열역학 제2법칙에 위배되는 열기관이다.

예 연료를 사용하지 않고 바닷물의 에너지를 이용하여 움직이는 '해수 에너지 선박'은 앞쪽의 물을 빨아들여 열을 빼앗아 엔진을 작동한 다음, 차가워진 물을 뒤로 내보내는 방식으로 작동하도록 설계되었다고 한다. 선박의 엔진을 작동시키려면 엔진의 온도가 높아야 하는데, 차가운 바닷물에서 고온의 엔진으로 열은 저절로 이동하지 않는다. 만약 저온의 바닷물에서 열을 빼앗아 고온의 엔진으로 이동시키려면 반드시 또 다른 에너지를 사용하여 일을 해 주어야 한다. 이것은 에어컨이 전기 에너지를 사용해야 작동되는 것과 마찬가지이다. 따라서 다른 연료를 사용하지 않고 바닷물의 열로만 엔진을 작동시키는 선박은 만들 수 없다.

정답
1. 비가역적, 증가
2. ○
3. 높은

3 열기관과 열효율

(1) **열기관**: 반복되는 순환 과정을 거쳐 열을 일로 바꾸는 장치이다.

(2) **열기관의 종류**

① **외연 기관**: 기관의 외부에서 연료를 연소시켜 이 열로 고온의 수증기를 만들어 수증기가 팽창할 때의 역학적 에너지를 이용하는 장치이다. 예 증기 기관, 증기 터빈, 스털링 엔진

② **내연 기관**: 기관의 내부에서 연료를 연소시켜 발생한 기체가 팽창할 때의 역학적 에너지를 이용하는 장치이다. 예 가솔린 기관, 디젤 기관, 제트 기관

(3) **열기관의 원리**

① **열기관의 순환 과정**: 모든 열기관은 고온(T_1)의 열원으로부터 열(Q_1)을 흡수하여 일(W)을 하고, 남은 열(Q_2)을 저온(T_2)의 열원으로 방출한 후 원래의 상태로 다시 돌아온다.

• 한 번의 순환 과정 동안 열기관의 내부 에너지는 변화 없다($\Delta U=0$).

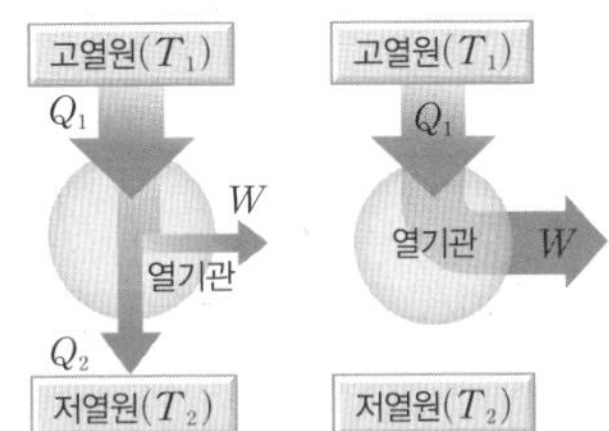

열기관에서 에너지 흐름 / 열효율이 1인 열기관에서 에너지 흐름

② **열기관의 열효율(e)**: 열기관의 열효율은 고온의 열원에서 흡수한 열량 Q_1에 대하여 외부에 한 일 W의 비로 정의한다.

➡ 열효율을 높이려면 일반적으로 고온부의 온도(T_1)는 높게, 저온부의 온도(T_2)는 낮게 해야 한다.

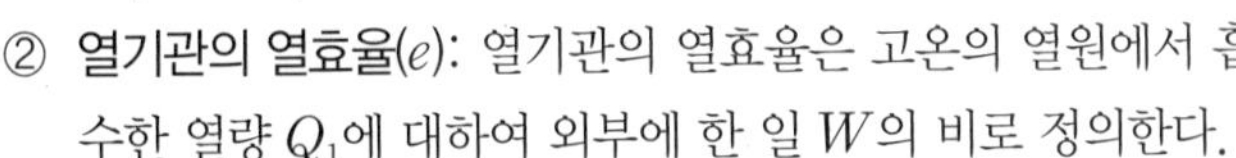

$$e=\frac{W}{Q_1}=\frac{Q_1-Q_2}{Q_1}=1-\frac{Q_2}{Q_1}$$

③ **열효율이 1(100 %)인 열기관($Q_1=W$)은 만들 수 없다**: 열역학 제2법칙에 의하면 열기관이 일을 하는 과정에서 열은 주변에 존재하는 더 낮은 온도의 계로 저절로 흘러가 버리기 때문이다.

④ 빗면에 놓은 물체는 빗면을 따라 내려와 수평면에 도달하여 멈춘다. 이는 물체의 에너지가 바닥이나 공기와의 마찰로 인해 모두 열로 바뀌었기 때문이다. 그러나 수평면에 있는 물체에 열을 가하면 물체가 빗면 위로 올라가지 못한다. 열은 원자나 분자의 무질서한 운동에 의한 에너지이다. 수평면에 멈춘 물체가 다시 빗면으로 올라가기 위해서는 무질서한 운동을 하던 공기 분자가 같은 방향으로 힘을 가해 물체를 움직여야 한다. 그러나 열역학 제2법칙에 따르면 그런 일이 일어날 확률은 없다. 따라서 일을 모두 열로 바꿀 수는 있지만, 열을 모두 일로 바꿀 수는 없다.

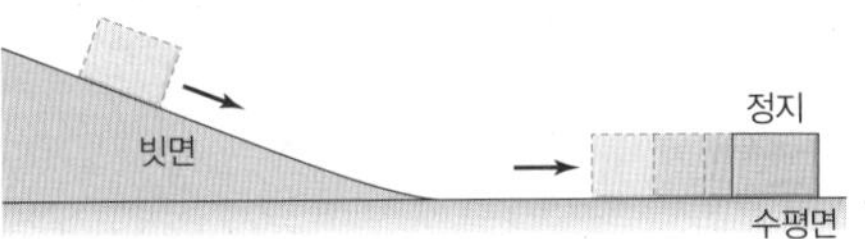

과학 돋보기 제임스 와트의 증기 기관

18세기 초 토마스 뉴커먼(Newcomen, Thomas., 1663~1729)이 최초로 피스톤을 이용한 증기 기관을 발명하였다. 이 증기 기관은 탄광 안의 물을 퍼내는 데 쓰여 광산에서 큰 성과를 나타냈다. 제임스 와트(Watt, James., 1736~1819)는 아버지를 따라 런던에서 1년간 기계공으로 일하면서 기술자의 자질을 다지게 되었고, 대학에서 일하며 화학자 블랙을 통해 잠열이라는 것을 이해하고 증기 기관의 개량을 생각하였다. 증기 기관이 발명된 이후 약 70년이 지난 1781년에 증기 기관의 수리를 맡게 된 와트는 뉴커먼의 증기 기관에서 열효율과 실용성을 크게 향상시킨 증기 기관을 탄생시키게 되었다.

개념 체크

◉ **열기관의 순환 과정**: 열역학 과정을 거친 후 다시 처음 상태로 되돌아오는 과정을 순환 과정이라고 하며, 열기관의 한 번의 순환 과정에서 기체가 한 일은 압력-부피 그래프에서 그래프로 둘러싸인 면적(W)과 같다.

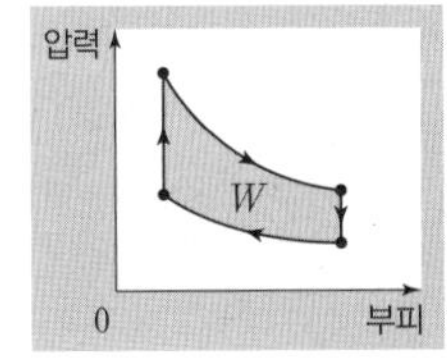

◉ **열기관**: 고열원과 저열원 사이의 온도 차를 이용해 열을 일로 전환하는 장치이다.

◉ **열효율**: 고열원에서 Q_1의 열량을 흡수하여 W만큼 일을 하고 저열원으로 Q_2의 열량을 방출하는 열기관의 열효율 e는 다음과 같다.

$$e=\frac{W}{Q_1}=\frac{Q_1-Q_2}{Q_1}=1-\frac{Q_2}{Q_1}$$

[1~2] 열기관이 고열원으로부터 흡수한 열량이 Q_0이고, 저열원으로 방출한 열량이 $0.7Q_0$이다.

1. 열기관이 한 일은 (　　)이다.

2. 열기관의 열효율은 (　　)이다.

3. 열역학 제(　　)법칙에 의하면 열기관이 일을 하는 과정에서 열이 주변으로 방출되므로 열효율이 1(100 %)인 열기관은 만들 수 (있다 , 없다).

정답
1. $0.3Q_0$
2. 0.3
3. 2, 없다

개념 체크

◎ **카르노 기관**: 열역학 제2법칙을 적용하여 알아낸 최대의 열효율을 가질 수 있는 열기관이다. 고열원과 저열원의 온도가 각각 T_1, T_2일 때, 카르노 기관의 열효율 $e_{카}$는 다음과 같다.

$$e_{카}=1-\frac{T_2}{T_1}$$

1. 카르노 기관의 순환 과정에는 2번의 등온 과정과 2번의 (   ) 과정이 있다.

[2~5] 그림은 열기관에서 일정량의 이상 기체가 A → B → C → D → A를 따라 변하는 동안 기체의 압력과 부피를 나타낸 것이다. A → B, C → D 과정은 등온 과정이고, B → C, D → A 과정은 단열 과정이다.

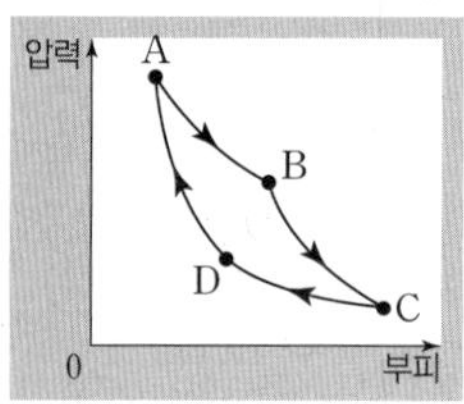

2. A → B 과정에서 기체는 열을 (흡수 , 방출)한다.

3. B → C 과정에서 기체가 한 일은 기체의 내부 에너지 변화량과 같다. (○ , ×)

4. C → D 과정에서 기체가 한 일은 0이다. (○ , ×)

5. D → A 과정에서 기체의 온도는 (올라 , 내려)간다

정답
1. 단열
2. 흡수
3. ○
4. ×
5. 올라

(4) 카르노 기관: 열효율이 최대인 이상적인 열기관이다.

① **순환 과정**: 등온 팽창(A → B) → 단열 팽창(B → C) → 등온 압축(C → D) → 단열 압축(D → A)

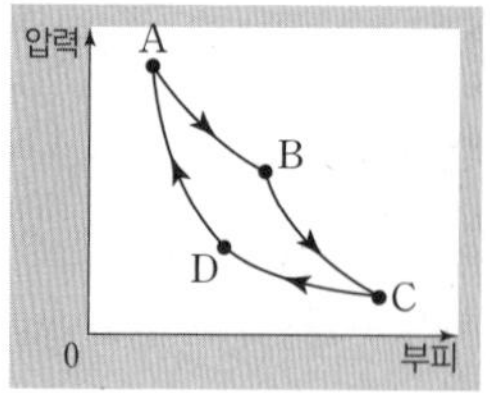

열역학 과정	Q	W	ΔU
등온 팽창(A → B)	+	+	0
단열 팽창(B → C)	0	+	−
등온 압축(C → D)	−	−	0
단열 압축(D → A)	0	−	+

② **열효율**: 고열원에서 흡수하는 열량 Q_1과 저열원으로 방출하는 열량 Q_2가 각각 고온부의 절대 온도 T_1과 저온부의 절대 온도 T_2에 비례한다. 따라서 카르노 기관의 열효율($e_{카}$)은 다음과 같다.

$$e_{카}=\frac{W}{Q_1}=\frac{Q_1-Q_2}{Q_1}=1-\frac{Q_2}{Q_1}=1-\frac{T_2}{T_1}\ (0\leq e_{카}<1)$$

(5) 실제 열기관의 열효율

구분	가솔린 기관	디젤 기관	증기 기관
열효율	20 %~30 %	25 %~35 %	20 % 미만

탐구자료 살펴보기 **스털링 엔진**

자료

그림은 스털링 엔진의 작동 과정을 나타낸 것이다.

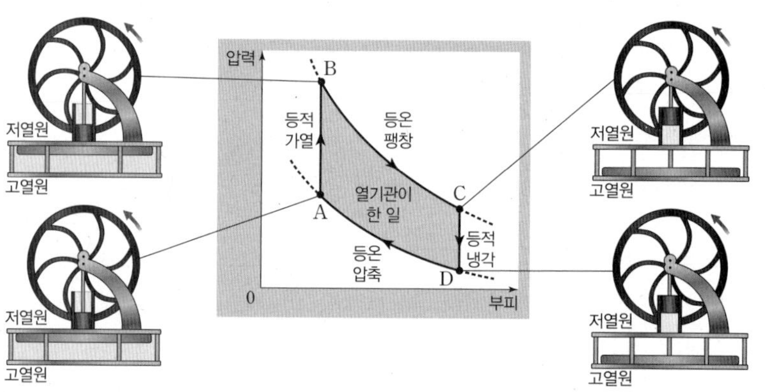

분석

- A → B(등적 가열) 과정: 부피가 일정한 상태에서 기체는 열을 흡수하여 온도가 올라간다($W=0$, $Q=\Delta U>0$).
- B → C(등온 팽창) 과정: 온도가 일정한 상태에서 기체는 열을 흡수하면서 팽창한다($\Delta U=0$, $Q=W>0$).
- C → D(등적 냉각) 과정: 부피가 일정한 상태에서 기체는 열을 방출하여 온도가 내려간다($W=0$, $Q=\Delta U<0$).
- D → A(등온 압축) 과정: 온도가 일정한 상태에서 기체가 열을 방출하면서 수축한다($\Delta U=0$, $Q=W<0$).

point

- 열을 흡수하는 과정은 A → B(등적 가열)와 B → C(등온 팽창)이고, 기체가 외부에 일을 하는 과정은 B → C(등온 팽창)이다.
- 외부에서 열을 흡수하는 과정에서는 내부 에너지가 증가하거나 부피가 팽창하여 외부에 일을 한다. 열을 방출하는 과정에서는 내부 에너지가 감소하거나 외부로부터 일을 받는다. 따라서 한 번의 순환 과정을 지난 후 내부 에너지는 동일한 상태를 반복한다.

[24023-0087]

01 그림 (가)는 이상 기체가 들어 있는 실린더에 피스톤을 고정한 것을, (나)는 (가)에서 기체에 열량 Q를 공급한 것을 나타낸 것이다.

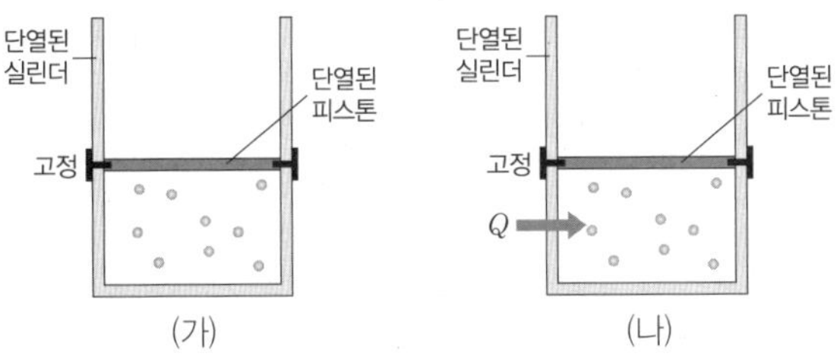

이에 대한 설명으로 옳은 것만을 〈보기〉에서 있는 대로 고른 것은?

보기

ㄱ. (가) → (나) 과정에서 기체가 외부에 한 일은 0이다.
ㄴ. 기체의 온도는 (가)에서가 (나)에서보다 낮다.
ㄷ. 기체의 압력은 (가)에서와 (나)에서가 같다.

① ㄱ ② ㄷ ③ ㄱ, ㄴ ④ ㄴ, ㄷ ⑤ ㄱ, ㄴ, ㄷ

[24023-0088]

02 다음은 열역학에 관한 실험이다.

[실험 과정]
(가) 비커에 뜨거운 물을 넣는다.
(나) 찌그러진 탁구공을 뜨거운 물에 넣고 탁구공의 모양을 관찰한다.
[실험 결과]
(나)의 결과: 탁구공이 펴진다.

(나)에서 탁구공 내부의 기체에 대한 설명으로 옳은 것만을 〈보기〉에서 있는 대로 고른 것은?

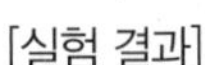

보기

ㄱ. 열을 흡수한다.
ㄴ. 외부에 일을 한다.
ㄷ. 내부 에너지는 증가한다.

① ㄱ ② ㄷ ③ ㄱ, ㄴ ④ ㄴ, ㄷ ⑤ ㄱ, ㄴ, ㄷ

[24023-0089]

03 그림은 일정량의 동일한 이상 기체가 상태 A → B, A → C를 따라 변하는 동안 기체의 압력과 부피를 나타낸 것이다. A → B 과정은 등온 과정이고, A → C 과정은 단열 과정이다.

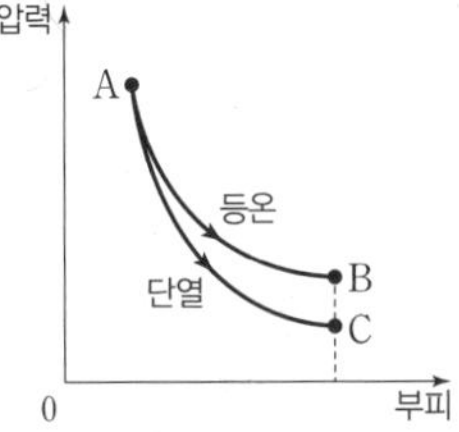

이에 대한 설명으로 옳은 것만을 〈보기〉에서 있는 대로 고른 것은?

보기

ㄱ. A → B 과정에서 기체가 한 일은 0이다.
ㄴ. A → C 과정에서 기체의 온도는 내려간다.
ㄷ. A → B 과정에서 기체가 흡수한 열량은 A → C 과정에서 기체가 한 일보다 크다.

① ㄱ ② ㄴ ③ ㄱ, ㄷ ④ ㄴ, ㄷ ⑤ ㄱ, ㄴ, ㄷ

[24023-0090]

04 그림은 일정량의 이상 기체가 상태 A → B → C를 따라 변하는 동안 기체의 압력과 온도를 나타낸 것으로, A → B 과정은 부피가 일정한 과정이다. 표는 각 과정에서 기체가 흡수 또는 방출한 열량을 나타낸 것이다.

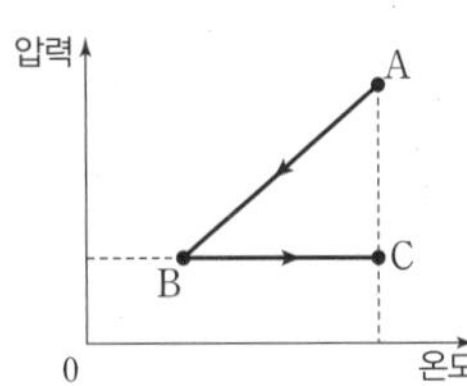

과정	흡수 또는 방출한 열량
A → B	$3Q_0$
B → C	$5Q_0$

이에 대한 설명으로 옳은 것만을 〈보기〉에서 있는 대로 고른 것은?

보기

ㄱ. A → B 과정에서 기체는 열을 흡수한다.
ㄴ. A → B 과정에서 기체의 내부 에너지 감소량과 B → C 과정에서 기체의 내부 에너지 증가량은 같다.
ㄷ. B → C 과정에서 기체가 한 일은 $3Q_0$이다.

① ㄱ ② ㄴ ③ ㄷ ④ ㄱ, ㄴ ⑤ ㄴ, ㄷ

[24023-0091]

05 그림은 열기관에 대해 학생이 발표하는 모습을 나타낸 것이다.

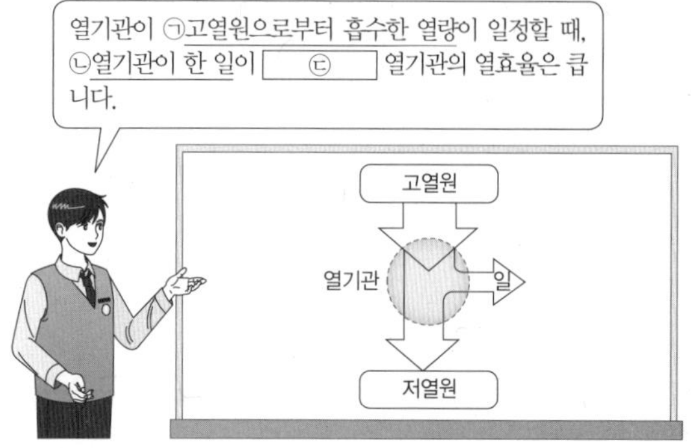

이에 대한 설명으로 옳은 것만을 〈보기〉에서 있는 대로 고른 것은?

보기

ㄱ. ㉠은 ㉡보다 크다.
ㄴ. 저열원으로 방출한 열량은 ㉠－㉡이다.
ㄷ. '클수록'은 ㉢에 해당한다.

① ㄱ ② ㄷ ③ ㄱ, ㄴ ④ ㄴ, ㄷ ⑤ ㄱ, ㄴ, ㄷ

[24023-0092]

06 표는 열기관 A, B의 열효율과 A, B가 각각 한 번 순환하는 동안 고열원에서 흡수한 열량, 저열원으로 방출한 열량을 나타낸 것이다.

열기관	A	B
열효율	0.4	0.2
고열원에서 흡수한 열량	Q_0	$5Q$
저열원으로 방출한 열량	Q	㉠

이에 대한 설명으로 옳은 것만을 〈보기〉에서 있는 대로 고른 것은?

보기

ㄱ. $Q=0.6Q_0$이다.
ㄴ. ㉠은 $1.2Q_0$이다.
ㄷ. 한 번의 순환 과정에서 A가 한 일과 B가 한 일은 같다.

① ㄱ ② ㄷ ③ ㄱ, ㄴ ④ ㄴ, ㄷ ⑤ ㄱ, ㄴ, ㄷ

[24023-0093]

07 그림은 열효율이 0.2인 열기관에서 일정량의 이상 기체가 상태 A → B → C → D → A를 따라 순환하는 동안 기체의 압력과 부피를 나타낸 것이다. A → B, C → D 과정은 등온 과정이고, B → C, D → A 과정은 단열 과정이다. A → B 과정에서 기체가 흡수한 열량은 Q_0이다.

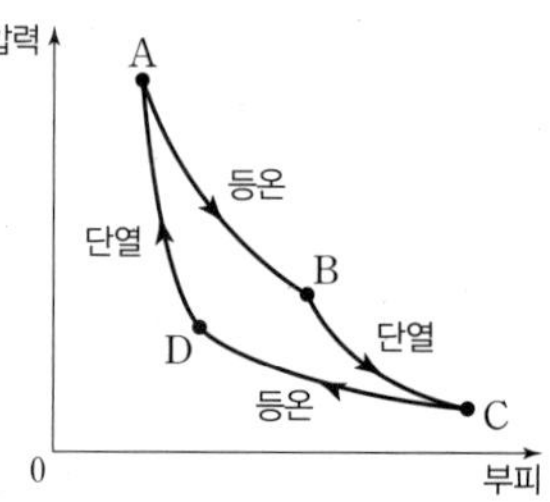

이에 대한 설명으로 옳은 것만을 〈보기〉에서 있는 대로 고른 것은?

보기

ㄱ. C → D 과정에서 기체가 방출한 열량은 $0.2Q_0$이다.
ㄴ. B → C 과정에서 기체의 내부 에너지 감소량은 D → A 과정에서 기체의 내부 에너지 증가량보다 크다.
ㄷ. A → B → C 과정에서 기체가 한 일은 C → D → A 과정에서 기체가 받은 일보다 크다.

① ㄱ ② ㄷ ③ ㄱ, ㄴ ④ ㄴ, ㄷ ⑤ ㄱ, ㄴ, ㄷ

[24023-0094]

08 그림은 손에 올려놓은 얼음이 녹는 현상에 대해 학생 A, B, C가 대화하는 모습을 나타낸 것이다.

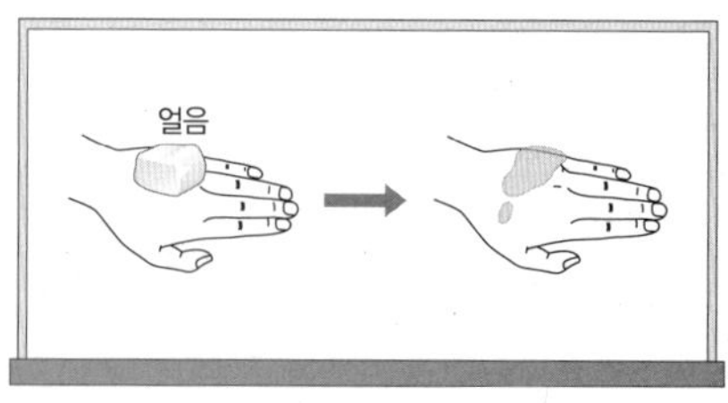

제시한 내용이 옳은 학생만을 있는 대로 고른 것은?

① A ② B ③ A, C ④ B, C ⑤ A, B, C

[24023-0095]

01 그림 (가)와 같이 열 전달이 잘 되는 고정된 금속판에 의해 분리된 실린더에 이상 기체 A, B가 열 평형 상태에 있다. 그림 (나)는 피스톤에 물체를 올려놓았더니 피스톤이 아래로 이동하여 정지해 있는 것을, (다)는 (나)에서 B에 열량 Q를 공급하였더니 피스톤이 위로 이동하여 정지해 있는 것을 나타낸 것이다.

(가) → (나) 과정에서 A는 외부로부터 일을 받는다. (나) → (다) 과정에서 B가 흡수한 열에 의해 A와 B의 온도는 올라간다.

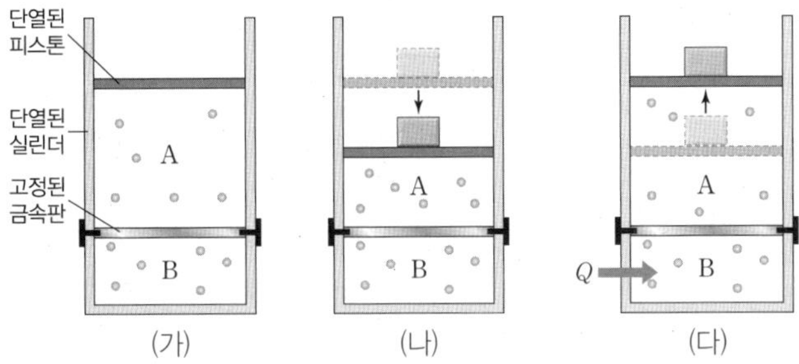

이에 대한 설명으로 옳은 것만을 <보기>에서 있는 대로 고른 것은? (단, 피스톤의 마찰은 무시한다.)

보기

ㄱ. A의 온도는 (가)에서가 (나)에서보다 낮다.
ㄴ. B의 압력은 (가)에서가 (나)에서보다 크다.
ㄷ. (나) → (다) 과정에서 A와 B의 내부 에너지 변화량의 합은 Q이다.

① ㄱ ② ㄴ ③ ㄱ, ㄷ ④ ㄴ, ㄷ ⑤ ㄱ, ㄴ, ㄷ

[24023-0096]

02 그림 (가)는 이상 기체가 들어 있는 실린더에서 피스톤을 용수철과 연결하였더니 용수철이 원래 길이보다 L만큼 압축되어 정지해 있는 것을 나타낸 것이다. 그림 (나)는 (가)에서 기체에 열량 Q를 공급하였더니 피스톤과 연결된 용수철이 원래 길이보다 $2L$만큼 압축되어 정지해 있는 것을 나타낸 것이다.

(가), (나)에서 기체의 압력은 용수철이 피스톤을 미는 힘에 의한 압력과 같다.

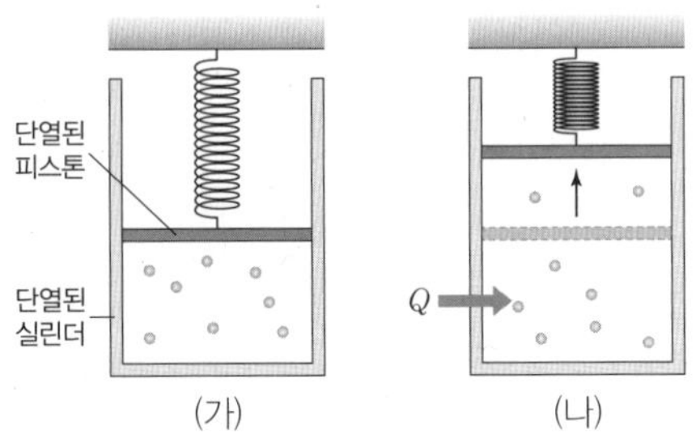

이에 대한 설명으로 옳은 것만을 <보기>에서 있는 대로 고른 것은? (단, 피스톤의 질량, 실린더와 피스톤 사이의 마찰, 대기압은 무시한다.)

보기

ㄱ. 기체의 압력은 (가)에서가 (나)에서보다 작다.
ㄴ. (가) → (나) 과정에서 기체의 내부 에너지는 감소한다.
ㄷ. (가) → (나) 과정에서 용수철에 저장된 탄성 퍼텐셜 에너지 변화량은 Q보다 작다.

① ㄱ ② ㄴ ③ ㄱ, ㄷ ④ ㄴ, ㄷ ⑤ ㄱ, ㄴ, ㄷ

이상 기체의 압력×부피가 클수록 기체의 온도가 높다. 이상 기체가 외부에 한 일 또는 외부로부터 받은 일은 압력-부피 그래프에서 그래프 아래의 면적과 같다.

[24023-0097]

03 그림은 일정량의 동일한 이상 기체가 상태 A → B → C → A를 따라 순환하는 과정 Ⅰ과 상태 A → B → D → A를 따라 순환하는 과정 Ⅱ를 압력과 부피로 나타낸 것이다. Ⅰ에서 C → A 과정은 등온 과정이고, Ⅱ에서 D → A 과정은 단열 과정이다.

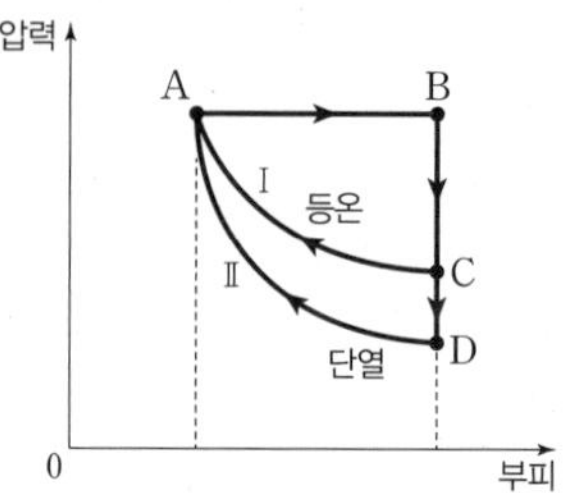

이에 대한 설명으로 옳은 것만을 〈보기〉에서 있는 대로 고른 것은?

보기

ㄱ. 기체의 온도는 C에서가 D에서보다 높다.
ㄴ. 기체가 방출한 열량은 B → C 과정에서가 B → D 과정에서보다 크다.
ㄷ. 기체가 한 번 순환하는 동안 기체가 한 일은 Ⅰ에서가 Ⅱ에서보다 작다.

① ㄱ ② ㄴ ③ ㄱ, ㄴ ④ ㄱ, ㄷ ⑤ ㄴ, ㄷ

기체가 단열 압축하면 기체가 외부에서 받은 일만큼 기체의 내부 에너지가 증가한다. 기체의 온도 변화량이 클수록 기체의 내부 에너지 변화량은 크다.

[24023-0098]

04 그림은 열기관에서 일정량의 이상 기체가 상태 A → B → C → D → A를 따라 순환하는 동안 기체의 압력과 부피를 나타낸 것으로, A → B 과정은 등온 과정이고, C → D 과정은 단열 과정이다. A → B 과정에서 기체가 흡수한 열량은 Q_1이고, B → C 과정에서 기체가 방출한 열량은 Q_2이다.

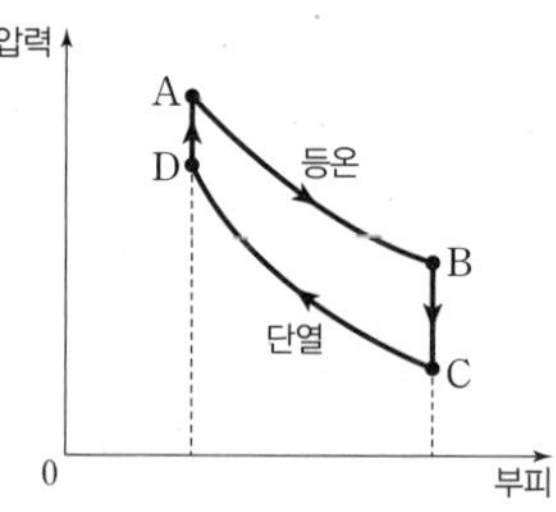

이에 대한 설명으로 옳은 것만을 〈보기〉에서 있는 대로 고른 것은?

보기

ㄱ. A → B 과정에서 기체가 한 일은 C → D 과정에서 기체가 받은 일보다 크다.
ㄴ. B → C 과정에서 기체의 내부 에너지 감소량은 D → A 과정에서 기체의 내부 에너지 증가량보다 크다.
ㄷ. 열기관의 열효율은 $1-\frac{Q_2}{Q_1}$보다 작다.

① ㄱ ② ㄷ ③ ㄱ, ㄴ ④ ㄴ, ㄷ ⑤ ㄱ, ㄴ, ㄷ

[24023-0099]

05 그림은 열효율이 0.2인 열기관에서 일정량의 이상 기체가 상태 A → B → C → D → A를 따라 순환하는 동안 기체의 압력과 온도를 나타낸 것으로, B → C 과정과 D → A 과정은 단열 과정이다. 기체가 한 번 순환하는 동안 기체가 한 일은 $10Q_0$이다. 표는 각 과정에서 기체의 내부 에너지 증가량 또는 감소량을 나타낸 것이다.

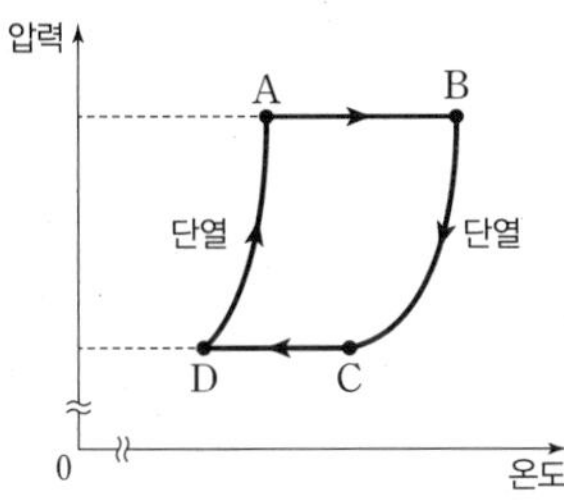

과정	내부 에너지 증가량 또는 감소량
A → B	$30Q_0$
B → C	㉠
C → D	$24Q_0$
D → A	$12Q_0$

이에 대한 설명으로 옳은 것만을 〈보기〉에서 있는 대로 고른 것은?

보기

ㄱ. ㉠은 $18Q_0$이다.
ㄴ. A → B 과정에서 기체가 흡수한 열량은 $50Q_0$이다.
ㄷ. 기체가 받은 일은 C → D 과정에서가 D → A 과정에서보다 크다.

① ㄱ ② ㄷ ③ ㄱ, ㄴ ④ ㄴ, ㄷ ⑤ ㄱ, ㄴ, ㄷ

기체가 한 번 순환하는 동안 기체의 내부 에너지 변화량은 0이다. 단열 과정에서 기체의 내부 에너지 변화량은 기체가 한 일 또는 받은 일과 같다.

[24023-0100]

06 그림은 고열원에서 열을 흡수한 열기관 A, B가 각각 W, $2W$의 일을 하고 저열원으로 각각 Q_0의 열량을 방출하는 것을 나타낸 것이다. 열기관의 열효율은 A가 B의 $\frac{2}{3}$배이다.

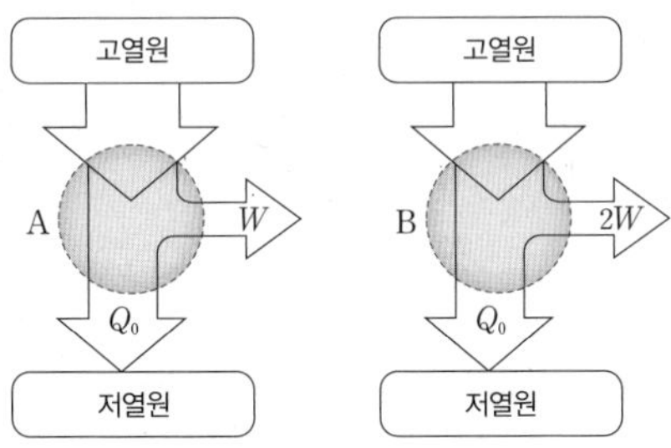

이에 대한 설명으로 옳은 것만을 〈보기〉에서 있는 대로 고른 것은?

보기

ㄱ. Q_0은 $2W$이다.
ㄴ. 고열원으로부터 받은 열량은 B가 A의 2배이다.
ㄷ. B의 열효율은 0.5이다.

① ㄱ ② ㄴ ③ ㄱ, ㄷ ④ ㄴ, ㄷ ⑤ ㄱ, ㄴ, ㄷ

열기관은 한 번 순환하는 동안 고열원으로부터 열을 흡수하여 일을 하고 저열원으로 열을 방출한다. 열기관의 열효율은 $1-\frac{Q_C}{Q_H}$ (Q_H: 열기관이 고열원으로부터 흡수한 열, Q_C: 열기관이 저열원으로 방출한 열)이다.

(나)에서 빨대 속 기체는 열을 흡수하고, (다)에서 빨대 속 기체는 열을 방출한다. 열역학 제 1법칙은 $Q=\Delta U+W$ (Q: 기체가 흡수 또는 방출한 열, ΔU: 기체의 내부 에너지 변화량, W: 기체가 외부에 한 일 또는 받은 일)이다.

[24023-0101]

07 다음은 열역학에 관한 실험이다.

[실험 과정]

(가) 빨대의 한쪽 끝에 잉크 방울을 떨어뜨리고 빨대를 불어 잉크 방울이 빨대의 중간에 오게 한 후, 빨대의 한쪽 끝을 접착제로 막는다.

(나) (가)의 빨대를 뜨거운 물이 들어 있는 비커에 넣고 잉크 방울을 관찰한다.

(다) (가)의 빨대를 얼음물이 들어 있는 비커에 넣고 잉크 방울을 관찰한다.

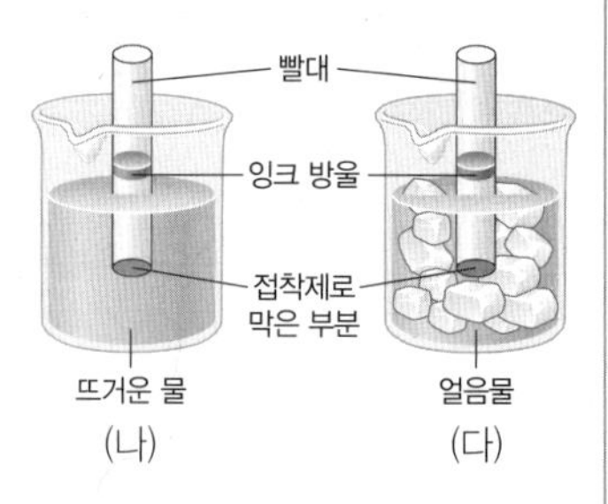

[실험 결과]

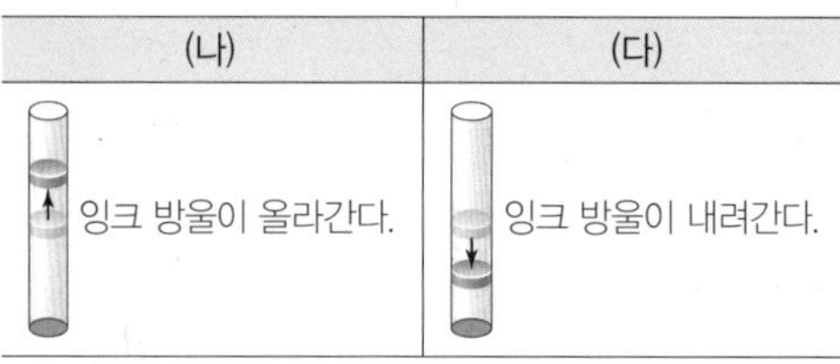

빨대 속 기체에 대한 설명으로 옳은 것만을 〈보기〉에서 있는 대로 고른 것은?

보기

ㄱ. (나)에서 기체는 외부에 일을 한다.

ㄴ. (나)에서 기체의 내부 에너지는 감소한다.

ㄷ. (다)에서 기체가 방출한 열은 기체의 내부 에너지 변화량과 같다.

① ㄱ ② ㄴ ③ ㄱ, ㄷ ④ ㄴ, ㄷ ⑤ ㄱ, ㄴ, ㄷ

고립계에서 자발적으로 일어나는 자연 현상은 항상 확률이 높은 방향으로 진행한다.

[24023-0102]

08 다음은 열역학 제2법칙에 관한 설명이다.

그림과 같이 단열된 진공 용기의 한쪽 칸에 기체를 넣고 칸막이에 작은 구멍을 뚫으면 (가) 과정과 같이 기체 분자가 퍼져 나가 두 칸에 골고루 퍼지고, 두 칸에 골고루 퍼진 기체 분자는 (나) 과정과 같이 한쪽 칸으로 모이지 않는다. 이와 같이 모든 자연 현상은 무질서한 정도가 ㉠ 하는 방향으로 일어나는데, 이를 ㉡열역학 제2법칙이라고 한다.

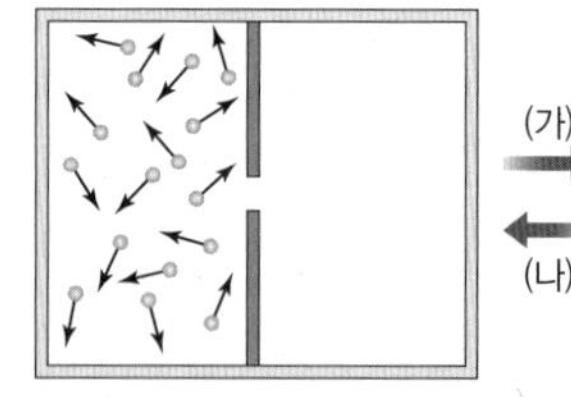

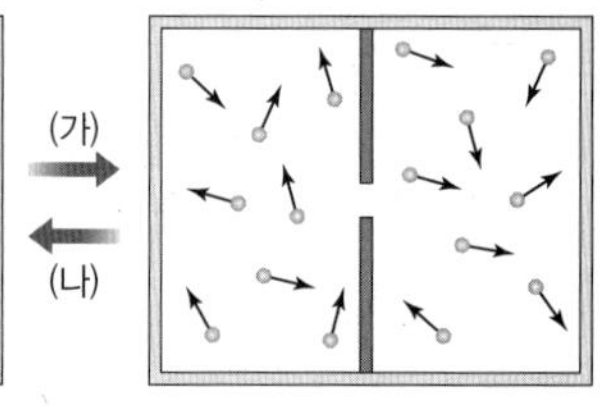

이에 대한 설명으로 옳은 것만을 〈보기〉에서 있는 대로 고른 것은?

보기

ㄱ. 기체 분자가 퍼져 나가는 현상은 비가역적 현상이다.

ㄴ. '감소'는 ㉠에 해당한다.

ㄷ. 열이 고온에서 저온으로 이동하는 현상은 ㉡으로 설명할 수 있다.

① ㄱ ② ㄴ ③ ㄱ, ㄷ ④ ㄴ, ㄷ ⑤ ㄱ, ㄴ, ㄷ

05 시간과 공간

1 특수 상대성 이론

(1) 고전 역학에서의 상대 속도: 물체의 운동 상태는 관찰자의 운동 상태에 따라 다르게 관찰되는데, 특히 관찰자가 운동하기 때문에 상대방의 속도가 다르게 나타나는 것을 상대 속도라고 한다.

① A, B가 지면에 대해 각각 v_A, v_B의 속도로 운동할 때 A가 본 B의 속도를 A에 대한 B의 속도(상대 속도)라고 한다.

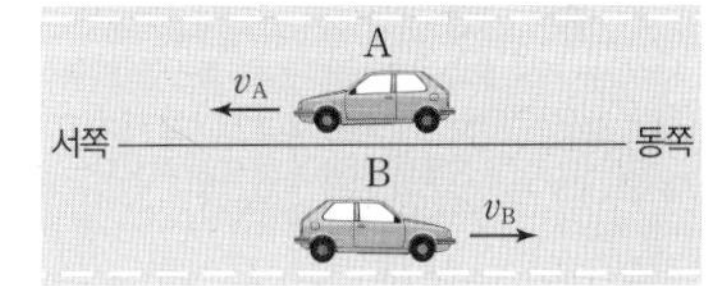

② A에 대한 B의 속도 v_{AB}는 B의 속도 v_B에서 A의 속도 v_A를 뺀 것과 같다.

$$v_{AB}=v_B-v_A \text{ (단, } v_A,\ v_B\text{는 빛의 속력 } c\text{보다 매우 작음)}$$

- A, B가 직선상에서 같은 방향으로 운동할 때: 두 속도의 부호는 같고, 상대 속도의 크기는 A와 B의 속력의 차와 같다.
- A, B가 직선상에서 반대 방향으로 운동할 때: A의 속도의 부호는 B와 반대이고, 상대 속도의 크기는 A와 B의 속력의 합과 같다.
- A, B가 같은 속도로 운동할 때 상대 속도는 0이다. 즉, 관찰자가 물체를 보면 정지해 있는 것으로 보인다.
- 상대 속도의 크기가 클수록 관찰자가 느끼는 상대방의 속력이 크다.

과학 돋보기 | 상대 속도

v_A, v_B는 각각 x축을 따라 운동하는 자동차 A, B의 속도의 크기이고, 속도의 방향은 $+x$ 방향 또는 $-x$ 방향이다.

모습	A가 측정한 B의 속도			
	$v_A>v_B$일 때		$v_A<v_B$일 때	
	크기	방향	크기	방향
A v_A →, B v_B →, x	v_A-v_B	$-x$ 방향	v_B-v_A	$+x$ 방향
A v_A →, ← v_B B, x	v_A+v_B	$-x$ 방향	v_A+v_B	$-x$ 방향

(2) 관성계(관성 좌표계): 관성 법칙이 성립하는 좌표계이다. 한 관성계에 대하여 정지해 있거나 일정한 속도로 움직이는 좌표계는 모두 관성계이다.

(가) S는 자신이 정지해 있고 S′가 v의 속도로 운동한다고 생각한다.

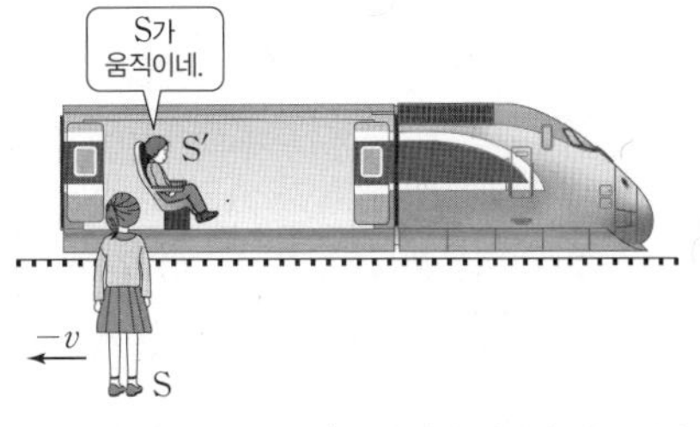

(나) 기차에 타고 있는 S′는 자신이 정지해 있고 S가 $-v$의 속도로 운동한다고 생각한다.

개념 체크

관성 좌표계: 뉴턴 운동 제1법칙(관성 법칙)이 성립하는 좌표계이다. 관성 좌표계에서는 모든 방향으로 빛이 휘지 않으며, 어떤 관성 좌표계에 대해 등속도 운동을 하는 좌표계는 모두 관성 좌표계이다.

1. A, B가 지면에 대해 일정한 속도로 운동할 때, A가 측정한 B의 속도를 A에 대한 B의 (　　)라고 한다.

[2~3] 그림 (가)는 직선 도로에서 A, B가 같은 방향으로 각각 3 m/s, 8 m/s의 속력으로 운동하는 것을, (나)는 A, B가 서로 반대 방향으로 각각 3 m/s, 8 m/s의 속력으로 운동하는 것을 나타낸 것이다.

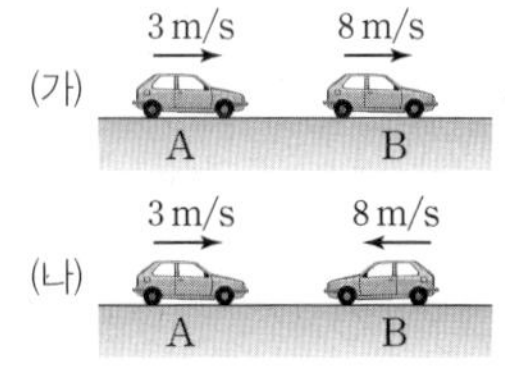

2. (가)에서 A에 대한 B의 속력은 (　　)이다.

3. (나)에서 A에 대한 B의 속력은 (　　)이다.

4. 관성계는 관성 법칙이 성립하는 좌표계로, 한 관성계에 대하여 (　　)해 있거나 (　　) 운동을 하는 좌표계는 모두 관성계이다.

정답

1. 상대 속도
2. 5 m/s
3. 11 m/s
4. 정지, 등속도

개념 체크

◎ **마이컬슨·몰리 실험**: 진공에서 빛의 속력 c를 '에테르'라는 매질에 대한 속력으로 가정하고, '에테르'의 존재를 증명하려던 실험이다. 결과적으로 에테르의 존재를 증명하지 못하였다.

◎ **상대성 원리**: 모든 관성 좌표계에서 물리 법칙은 동일하게 성립한다.

1. 마이컬슨·몰리 실험의 결과 빛은 매질(에테르)을 통해 전달된다는 것을 알 수 있다. (○, ×)

2. 모든 관성계에서 물리 법칙은 동일하게 성립한다. (○, ×)

(3) 특수 상대성 이론의 배경

① **에테르**: 19세기 과학자들이 생각한 빛을 전달해 주는 가상의 매질이다. 빛이 파동이므로 빛은 '에테르'라는 가상의 매질을 통해 전달된다고 생각하였다.

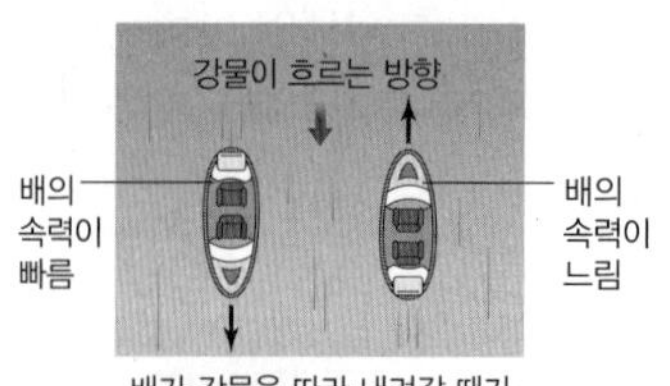

배가 강물을 따라 내려갈 때가 강물을 거슬러 올라갈 때보다 속력이 크게 측정된다.

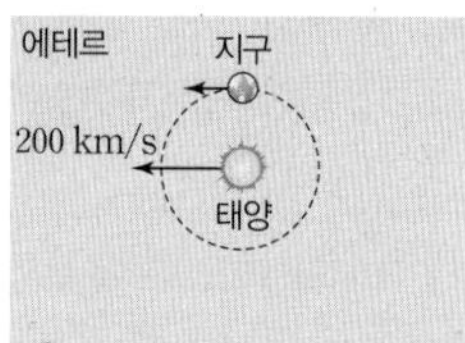

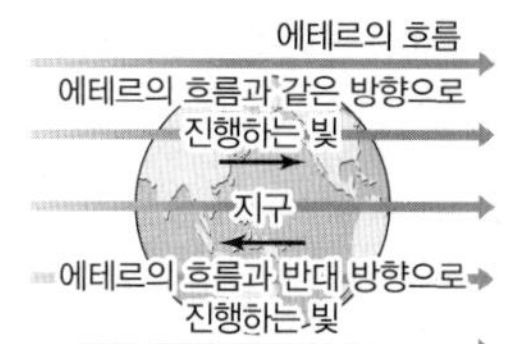

에테르에 대해 지구가 빠르게 운동하면, 지구에서 측정할 때 에테르의 흐름이 있으므로 빛의 진행 방향에 따라 빛의 속력이 다르게 측정되어야 한다.

② **마이컬슨·몰리 실험**: 빛의 매질인 에테르가 움직이면 빛의 속력 차가 나는 것을 이용하여 에테르의 존재를 증명하고자 하였으나, 에테르의 존재를 증명하지 못하였다.

탐구자료 살펴보기 | 마이컬슨·몰리 실험

과정

광원에서 방출한 빛의 50 %는 반투명 거울에서 반사되어 경로 1을 따라 진행하다가 거울 A에서 반사된 후 경로 2를 따라 진행하다가 반투명 거울을 투과하여 빛 검출기로 향하고, 나머지 50 %는 반투명 거울을 투과하여 경로 1′를 따라 진행하다가 거울 B에서 반사된 후 경로 2′를 따라 진행하다가 반투명 거울에서 반사되어 빛 검출기로 향한다.

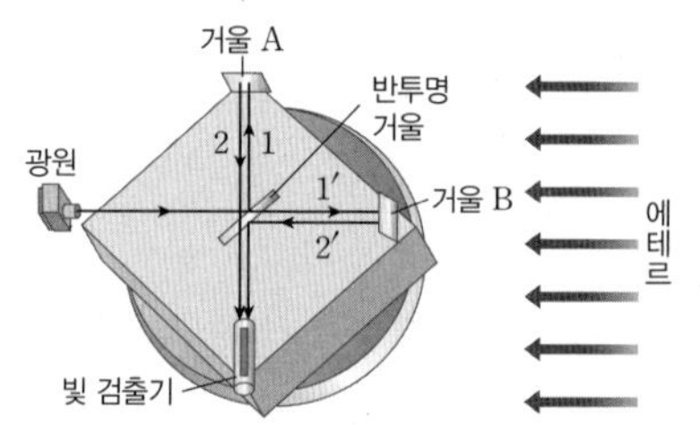

예상 결과

• 지구 표면에 에테르의 흐름이 있다면, 에테르의 흐름 방향에 대한 두 빛의 진행 방향이 다르기 때문에 빛 검출기에 도달하는 시간이 서로 다를 것이다.

결과

• 1 → A → 2 → 빛 검출기 경로의 빛과 1′ → B → 2′ → 빛 검출기 경로의 빛이 빛 검출기에 동시에 도달한다.

point

• 두 경로에서 빛의 속력 차가 측정되지 않아 에테르의 존재를 증명하지 못하였으며, 이후 모든 관성계에서 진공 속을 진행하는 빛의 속력이 같다는 '광속 불변 원리'의 실험적 증거가 되었다.

(4) 특수 상대성 이론의 두 가지 가정

① **상대성 원리**: 모든 관성계에서 물리 법칙은 동일하게 성립한다.

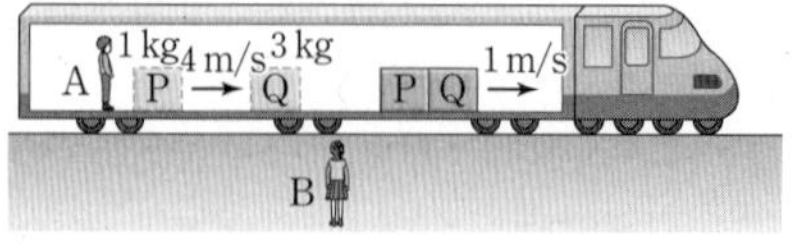

기차 내부의 관찰자 A의 관측

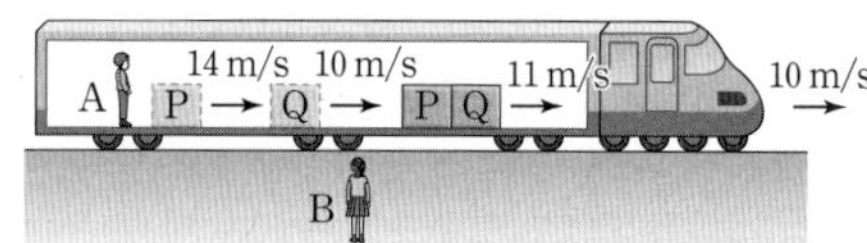

기차 외부의 관찰자 B의 관측

• 기차 내부의 관찰자 A가 관측할 때: 물체 P가 4 m/s의 속력으로 정지해 있던 물체 Q에 정면으로 충돌한 후, P, Q가 한 덩어리가 되어 1 m/s의 속력으로 운동한다.

• 기차 외부의 관찰자 B가 관측할 때: 기차가 10 m/s의 속력으로 운동하고 있으므로, 물체 P, Q가 각각 14 m/s, 10 m/s의 속력으로 운동하다가 정면으로 충돌한 후 한 덩어리가 되어 11 m/s의 속력으로 운동한다.

• A, B의 측정값은 서로 다르지만, 두 경우 모두 운동량이 보존된다. 이와 같이 서로 다른 관성계에서 측정한 각각의 물리량은 서로 다를 수 있지만, 이들 사이의 관계인 물리 법칙은 동일하게 성립한다.

탐구자료 살펴보기 빛의 속력에 대한 사고 실험

자료

그림과 같이 학생 A는 거울을 들고 지면에 정지해 있고, 학생 B는 거울을 들고 지면을 기준으로 빛의 속력 c로 직선 운동을 하고 있다고 가정하자. 상대 속도 식을 적용하여 다음의 물음에 답하자.

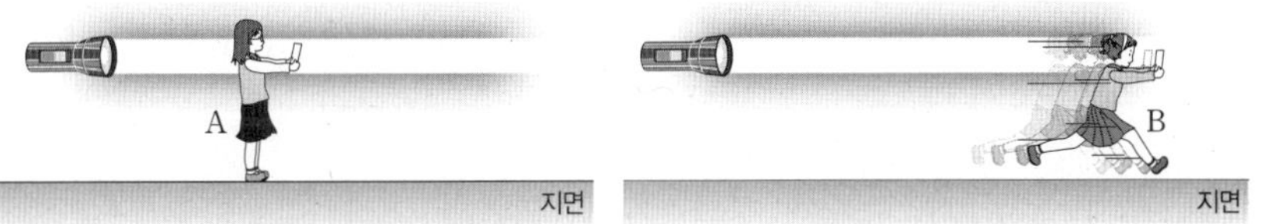

(1) 거울을 통해서 A는 자신의 모습을 볼 수 있는가?
(2) B에 대한 A의 속도의 크기는 얼마인가?
(3) 거울을 통해서 B는 자신의 모습을 볼 수 있는가?

분석

① 거울을 통해서 A는 자신의 모습을 볼 수 있다. 정지해 있는 A의 얼굴에서 출발한 빛이 거울에 반사되어 눈으로 들어오기 때문이다.
② B가 본 A의 상대 속도의 크기 $v_{BA}=v_A-v_B=0-c=-c$이다. 따라서 B가 A를 보면 A는 빛의 진행 방향과 반대 방향으로 빛의 속력 c로 움직이는 것으로 보일 것이다.
③ 거울을 통해서 B는 자신의 모습을 볼 수 없다. B의 얼굴에서 출발한 빛이 빛의 속력 c로 가는데, B도 c로 움직이므로, B가 본 빛의 상대 속도는 0이 되기 때문이다. 따라서 B의 얼굴에서 출발한 빛은 영원히 거울에 닿을 수 없다.

point

• A가 관측할 때 A는 거울을 통해서 자신의 얼굴을 보지만, B는 거울을 통해서 자신의 얼굴을 볼 수 없다. 그러나 B가 관측할 때는 A가 B의 운동 방향과 반대 방향으로 c로 움직이는 것으로 보이기 때문에 B는 거울을 통해 얼굴을 볼 수 있고, A가 거울을 통해 얼굴을 볼 수 없어야 한다. 이처럼 A와 B는 물리적으로 동등한 상황인데, 한쪽은 거울을 통해 얼굴을 보고 한쪽은 보지 못한다는 모순이 생긴다.
• 상대 속도 식에서처럼 빛의 속력도 관찰자에 따라 다르게 측정된다고 생각하면 모순이 생긴다. 특히 서로 다른 속도의 관성계에서 물리 현상이 달라지면 상대성 원리에 어긋난다. ➡ 빛의 속력은 관찰자의 속력에 관계없이 광속 c로 일정하다.

② **광속 불변 원리**: 모든 관성계에서 진공 속을 진행하는 빛의 속력은 광원이나 관찰자의 속력에 관계없이 광속 c로 일정하다.

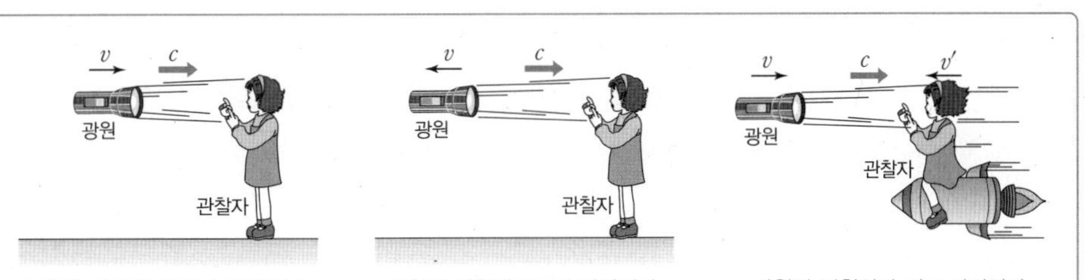

광원이 관찰자 쪽으로 다가온다. 광원이 관찰자로부터 멀어진다. 광원과 관찰자가 서로 다가간다.

➡ 광원이나 관찰자의 운동과 무관하게 빛의 속력은 항상 광속 c로 측정된다.

개념 체크

광속 불변 원리: 모든 관성계에서 진공 속을 진행하는 빛의 속력은 광원이나 관찰자의 운동에 관계없이 일정하다.

[1~3] 그림은 관찰자 A에 대해 우주선 B, C가 같은 방향으로 각각 $0.8c$, $0.7c$의 속력으로 등속도 운동을 하는 것을 나타낸 것으로, B에서 레이저 빛이 방출된다. (단, c는 빛의 속력이다.)

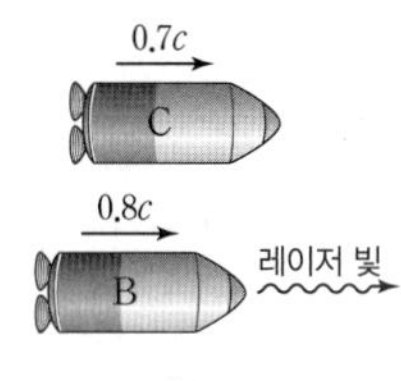

1. A의 관성계에서, 빛의 속력은 (   )이다.

2. B의 관성계에서, A의 속력은 (   )이다.

3. C의 관성계에서, 빛의 속력은 c보다 크다. (○, ×)

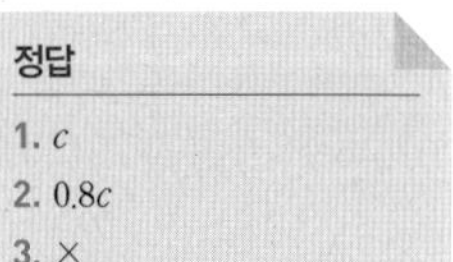

개념 체크

◎ **동시성의 상대성**: 한 관성계의 서로 다른 위치에서 동시에 발생한 두 사건을 다른 관성계에서 측정하면, 두 사건이 동시에 발생한 사건이 아닐 수 있다.

◎ 한 관성계에서 측정할 때 두 사건이 같은 장소에서 동시에 발생했다면, 어떤 관성계에서 측정해도 두 사건은 같은 장소에서 동시에 발생한 사건이다.

1. 한 관성 좌표계에서 동시에 일어난 두 사건은 다른 관성 좌표계에서도 항상 동시에 일어난다. (○, ×)

[2~3] 그림은 관찰자 A에 대해 관찰자 B가 탄 우주선이 $0.9c$의 속력으로 등속도 운동을 하는 것을 나타낸 것이다. B의 관성계에서, 광원에서 방출된 빛이 검출기 P, Q에 동시에 도달한다. (단, c는 빛의 속력이다.)

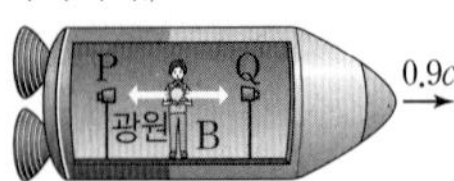

2. A의 관성계에서, 빛은 P, Q에 동시에 도달한다. (○, ×)

3. B의 관성계에서, 광원과 P 사이의 거리와 광원과 Q 사이의 거리는 같다. (○, ×)

정답
1. ×
2. ×
3. ○

(5) 특수 상대성 이론에 의한 현상

① **사건의 측정**: 물리적 현상의 발생을 사건이라고 하며, 사건을 측정한다는 것은 그 사건이 발생한 위치와 시간을 측정한다는 것이다.

② **동시성의 상대성**: 한 관성 좌표계에서 동시에 일어난 두 사건이 다른 관성 좌표계에서는 동시에 일어난 사건이 아닐 수 있다.

탐구자료 살펴보기 동시성에 대한 사고 실험

자료

행성에 대해 광속에 가까운 속력으로 등속도 운동을 하는 우주선의 가운데에 위치한 학생 P가 행성에 서 있는 학생 Q를 통과하는 순간 들고 있던 전구에서 불이 켜질 때, 전구에서 방출된 빛이 P로부터 같은 거리에 있는 두 빛 검출기에 도달하는 사건을 관측한다. 전구에서 방출된 빛이 두 검출기에 도달하는 사건을 각각 A와 B라고 하자.

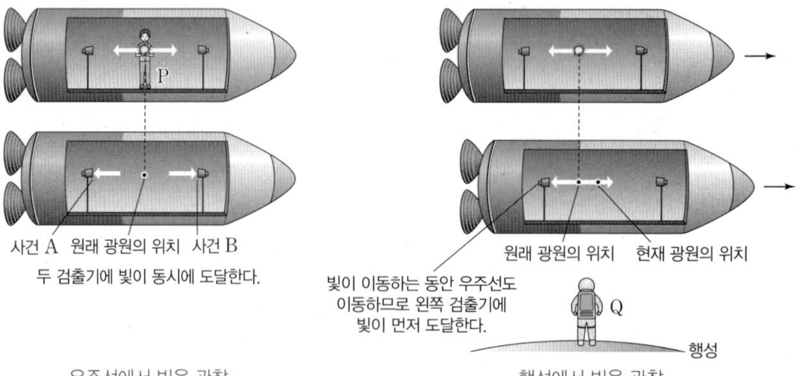

우주선에서 빛을 관찰 / 행성에서 빛을 관찰

(1) P가 측정할 때 A, B는 동시에 일어났는가?
(2) Q가 측정할 때 A, B는 동시에 일어났는가?
(3) P와 Q가 측정한 것 중 누가 옳은가?

분석

① 우주선 안의 관찰자(P)의 입장: 우주선의 중앙에서 방출된 빛은 같은 속력으로 같은 거리만큼 떨어진 왼쪽과 오른쪽 검출기에 동시에 도달한다.
② 행성에 있는 관찰자(Q)의 입장: 광속 불변 원리에 의해 왼쪽과 오른쪽으로 진행하는 빛의 속력은 같지만 우주선이 오른쪽으로 운동하고 있으므로 빛은 왼쪽 검출기에 먼저 도달하는 것으로 관측한다. 즉, 빛은 우주선의 왼쪽과 오른쪽 검출기에 동시에 도달하지 않는다.
③ P와 Q가 측정한 것 모두 관찰자 입장에서는 옳다.

point

- 우주선 안의 관찰자가 볼 때는 동시인 사건이 행성에 정지해 있는 관찰자에게는 동시가 아니다. 사건의 동시성은 절대적인 개념이 아니라 상대적인 개념인 것이다.
- 동시성의 상대성은 빛의 속력이 모든 관성 좌표계에서 일정하다는 사실 때문에 발생한다.

과학 돋보기 사건의 측정

1. 공간 좌표: xy 평면에서 각 축에 대해 평행한 막대들에 축을 따라 부여되는 좌표값을 준다.
2. 시간 좌표: 막대 교차점마다 작은 시계를 포함하고 있다고 생각한다. 작은 시계는 동시에 동일하게 맞추어야 한다.
3. 사건의 측정(시공간 좌표): 점 A에서 빛이 반짝이는 사건에 대해 가장 근접해 있는 시계에 나타나는 시간과 측정 막대의 좌표를 기록하면 시공간 좌표를 부여할 수 있다.

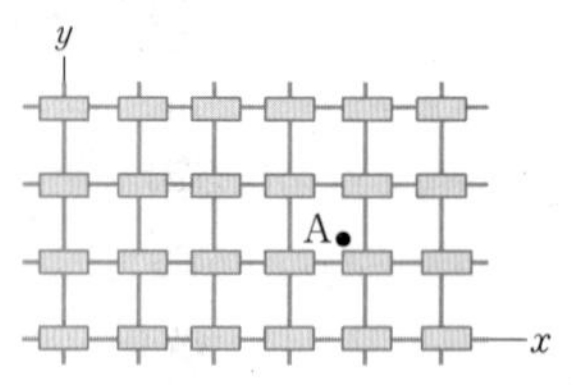

(6) **시간 팽창(시간 지연)**: 임의의 관성계 S에서 측정할 때, S에 대하여 빠르게 운동하는 관성계일수록 시간이 느리게 흐른다. 이것을 시간 팽창(시간 지연)이라고 한다.

① **고유 시간**: 한 장소에서 두 사건이 일어났을 때 일어난 장소에 대해 정지해 있는 관찰자가 측정한 두 사건 사이의 시간 간격을 고유 시간이라고 한다. 두 사건 사이의 시간 간격을 측정할 때, 고유 시간이 가장 짧다.

② **빛 시계**: 빛 시계는 거리가 L_0만큼 떨어진 양쪽의 거울 사이를 빛이 왕복하는 주기를 이용하여 시간을 측정한다.

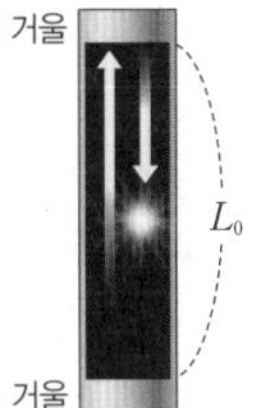

탐구자료 살펴보기 시간 팽창에 대한 사고 실험

자료

그림 (가)와 같이 지면에 대해 오른쪽으로 v의 속력으로 등속 직선 운동을 하는 우주선 안에서 빛을 수직 위로 발사하여 천장에 있는 거울에서 반사한 뒤 되돌아오게 한다. 빛이 바닥에서 출발하여 다시 바닥으로 되돌아오는 데 걸리는 시간을 (가)의 우주선 안의 관찰자가 측정할 때는 t_0이고, 그림 (나)와 같이 지면에 있는 관찰자가 측정할 때는 t라고 하자. c는 빛의 속력이다.

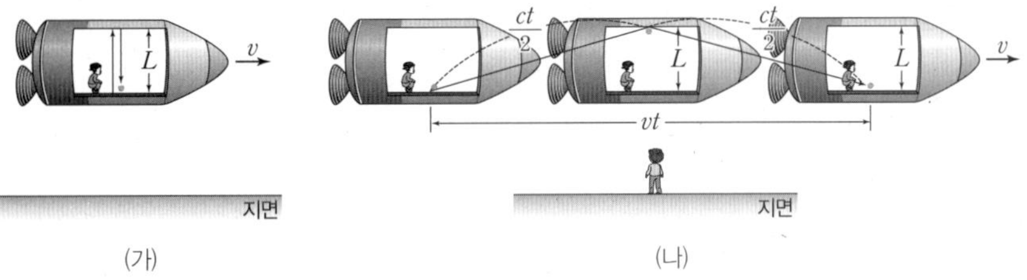

(가) (나)

(1) (가)와 (나)의 관찰자 중 빛이 바닥에서 출발하여 다시 바닥으로 되돌아올 때까지 빛이 진행한 거리는 어느 경우가 긴가?

(2) t_0과 t 중 어느 시간이 긴가?

분석

• (가)의 우주선 안의 관찰자: 빛이 위아래로 왕복하는 것으로 본다. 따라서 $t_0=\frac{2L}{c}$이다. 즉, 우주선 안의 시계로 측정한 시간 간격은 $\frac{2L}{c}$이고, 이 시간이 고유 시간이다.

• (나)의 지면에 있는 관찰자: (나)와 같이 빛이 위아래로 왕복하는 동안 우주선이 오른쪽으로 이동한 거리는 vt이고, 빛이 이동한 거리는 ct이다.

빗변 하나의 길이는 $\frac{ct}{2}=\sqrt{\left(\frac{vt}{2}\right)^2+L^2}=\sqrt{\left(\frac{vt}{2}\right)^2+\left(\frac{ct_0}{2}\right)^2}$이므로 $t=\frac{t_0}{\sqrt{1-\left(\frac{v}{c}\right)^2}}$이다.

• 빛이 진행한 거리는 (나)에서 지면에 있는 관찰자가 측정할 때가 더 길고, 시간은 t가 t_0보다 길게 측정된다.

point

• 지면에서 측정한 시간(t)이 운동하는 우주선 안에서 측정한 시간(고유 시간: t_0)보다 길게 측정된다. 이것을 시간 팽창(시간 지연)이라고 한다.

(7) **길이 수축**: 관찰자에 대해 운동하고 있는 물체는 관찰자에게 운동 방향으로 그 길이가 줄어든 것으로 측정된다. 이것을 길이 수축이라고 한다.

① **고유 길이**: 관찰자에 대해 정지해 있는 물체의 길이 또는 한 관성 좌표계에 대하여 동시에 측정한 고정된 두 지점 사이의 길이를 고유 길이라고 한다.

개념 체크

고유 시간: 어떤 관성계에서 측정할 때 두 사건이 같은 위치에서 발생했다면, 그 관성계에서 측정한 두 사건의 시간 차가 고유 시간이다.

시간 팽창: 두 사건의 고유 시간이 t_0이면 임의의 관성계에서 측정한 시간 t는 다음과 같다.

$$t=\gamma t_0 \left(\gamma=\frac{1}{\sqrt{1-\left(\frac{v}{c}\right)^2}}\right)$$

• $\gamma \geq 1$이므로 $t \geq t_0$이다. 따라서 두 사건 사이의 시간은 고유 시간이 가장 짧다.

• 어떤 관성계의 관찰자가 측정할 때, 빠르게 운동하는 물체의 시간은 느리게 간다.

[1~3] 그림과 같이 관찰자 A에 대해 관찰자 B가 탄 우주선이 $0.8c$의 속력으로 등속도 운동을 한다. B의 관성계에서, 빛 시계에서 빛은 길이가 L인 위아래를 왕복 운동한다. (단, c는 빛의 속력이다.)

1. A의 관성계에서, 빛이 왕복하는 데 걸린 시간은 고유 시간이다. (○ , ×)

2. A의 관성계에서, 빛이 왕복하는 데 걸린 시간은 $\frac{2L}{c}$보다 (크다 , 작다).

3. B의 관성계에서, A의 시간은 B의 시간보다 (빠르게 , 느리게) 간다.

정답

1. ×
2. 크다
3. 느리게

개념 체크

◎ 고유 길이: 어떤 관성계에서 측정할 때 두 점이 정지해 있으면, 그 좌표계에서 측정한 두 점 사이의 길이가 고유 길이이다.

◎ 길이 수축: 두 지점 사이의 고유 길이가 L_0이면, 임의의 관성계에서 측정한 두 지점 사이의 길이 L은 다음과 같다.

$$L=\frac{L_0}{\gamma}\ \left(\gamma=\frac{1}{\sqrt{1-\left(\frac{v}{c}\right)^2}}\right)$$

- $\gamma \geq 1$이므로 $L \leq L_0$이다. 따라서 두 지점 사이의 길이는 고유 길이가 가장 길다.
- 어떤 관성계의 관찰자가 측정할 때, 물체의 속력이 빠를수록 길이가 짧다.

[1~2] 그림과 같이 관찰자 A에 대해 관찰자 B가 탄 우주선이 $0.6c$의 속력으로 등속도 운동을 한다. A의 관성계에서, 우주선의 운동 방향과 나란한 우주선의 길이는 L이다. (단, c는 빛의 속력이다.)

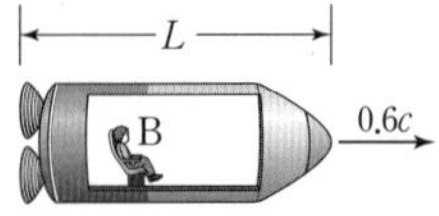

1. A의 관성계에서, 우주선의 운동 방향과 나란한 우주선의 길이는 고유 길이이다. (○ , ×)

2. B의 관성계에서, 우주선의 길이는 L보다 (크다 , 작다).

3. 길이 수축은 운동 방향과 나란한 방향으로 일어난다. (○ , ×)

4. 길이 수축은 운동 방향과 수직인 방향으로 일어난다. (○ , ×)

정답

1. × **2.** 크다
3. ○ **4.** ×

② 지구에 정지해 있는 관찰자에 대해 일정한 속도 v로 행성을 향해 운동하는 우주선이 있다.

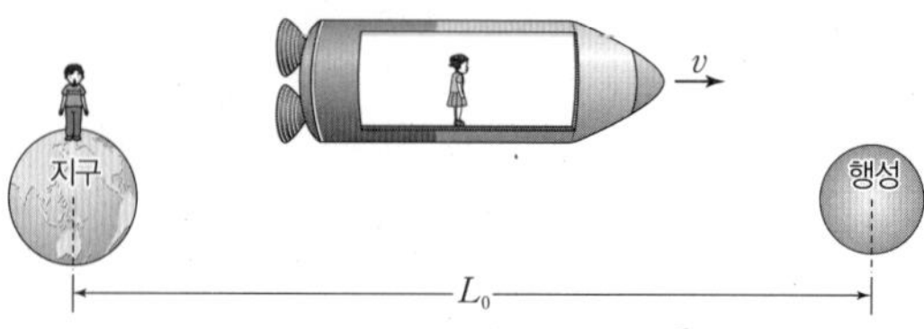

- 지구에 있는 관찰자 입장: 지구에 정지해 있는 관찰자가 지구에서 지구에 대해 정지해 있는 행성까지 측정한 거리를 L_0이라고 하면, 이 거리가 고유 길이이다. 지구에 있는 관찰자에 대해 속도 v로 운동하는 우주선이 지구에서 행성까지 가는 데 걸리는 시간 $t=\frac{L_0}{v}$이다.
- 우주선에 있는 관찰자 입장: 우주선에 있는 관찰자가 지구에서 행성까지 측정한 거리를 L이라고 하면, 지구와 행성이 자신에 대해 속도 v로 운동하므로 지구와 행성이 자신을 지나가는 데 걸리는 시간 $t_0=\frac{L}{v}$이 된다. 이 시간이 고유 시간이다. 따라서 시간 팽창에 의해 $t>t_0$이므로 $L<L_0$이다.

➡ 운동하는 우주선 안에서 측정한 거리(L)는 지구에 정지해 있는 관찰자가 측정한 거리(L_0)보다 짧다. 이것을 길이 수축이라고 한다. 길이 수축은 운동 방향과 나란한 방향의 길이에서만 일어나며, 운동 방향과 수직인 방향의 길이는 수축되지 않는다.

과학 돋보기 고유 시간과 고유 길이

① 고유 시간: 한 장소에서 두 사건이 일어났을 때 사건이 일어난 장소에 대해 정지해 있는 관찰자가 관측한 두 사건 사이의 시간 간격을 고유 시간이라고 한다.
- 운동하는 관성계의 시간은 정지해 있는 관성계의 시간보다 느리게 간다.
- 고유 시간(t_0)은 다른 관성계에서 측정한 시간(t)보다 항상 작다($t_0<t$).

② 고유 길이: 물체에 대해 정지해 있는 관찰자가 측정한 물체의 길이를 고유 길이라고 한다.
- 운동하는 물체의 길이를 정지한 관성계에서 측정하면 고유 길이보다 짧다.
- 고유 길이(L_0)는 다른 관성계에서 측정한 길이(L)보다 항상 길다($L_0>L$).

과학 돋보기 관찰 대상의 상대적 속력에 대한 시간 팽창과 길이 수축

- 고유 시간 T_0에 대한 팽창된 시간 T의 값(시간 팽창 효과)은 관찰 대상의 상대적 속력이 클수록 크게 나타난다.

➡ 빛의 속력에 가깝게 빠르게 등속도 운동을 하는 시계가 느리게 등속도 운동을 하는 시계에 비해 시간 팽창 효과가 더 크게 나타난다.

- L_0은 고유 길이, L은 수축된 길이이다.

➡ 길이 수축 효과는 관찰 대상의 상대적 속력이 클수록 크게 나타난다.

2 질량과 에너지

(1) 질량 에너지 동등성

① **정지 질량과 상대론적 질량**: 관성 좌표계에 대해 정지해 있는 물체의 질량을 정지 질량(m_0)이라 하고, 운동하는 물체의 질량을 상대론적 질량(m)이라고 하며, 물체의 속력이 증가하면 상대론적 질량도 증가한다.

② **질량 에너지 동등성**: 질량 m을 에너지 E로 환산하면 $E=mc^2$이다. 즉, 질량은 에너지로 변환될 수 있고, 반대로 에너지도 질량으로 변환될 수 있다. 정지 질량이 m_0인 물체가 정지해 있을 때 $E_0=m_0c^2$의 에너지를 가지며, 이것을 정지 에너지라고 한다.

③ **특수 상대성 이론에서의 에너지 보존 법칙**: 질량과 에너지가 서로 변환되더라도 운동 에너지와 같은 물체의 에너지와 정지 에너지를 더한 총 에너지는 항상 보존된다.

④ **질량과 에너지 사이의 변환 예**

- 태양에서의 수소 핵융합처럼 가벼운 원소들이 결합해서 무거운 원소가 되는 핵융합과 원자력 발전소에서처럼 무거운 원소가 가벼운 원소들로 쪼개지는 핵분열은 질량이 에너지로 변환되는 현상이다.
- 원자핵이 양성자와 중성자로 분리되는 과정은 질량이 증가하므로 원자핵이 에너지를 흡수해야 한다.
- 양전자 방출 단층 촬영(PET)에서 전자의 반입자로 양(+)전하를 띠는 양전자와 전자가 만나면 함께 소멸하며 그 질량이 모두 에너지로 변환되어 한 쌍의 감마(γ)선을 생성한다.

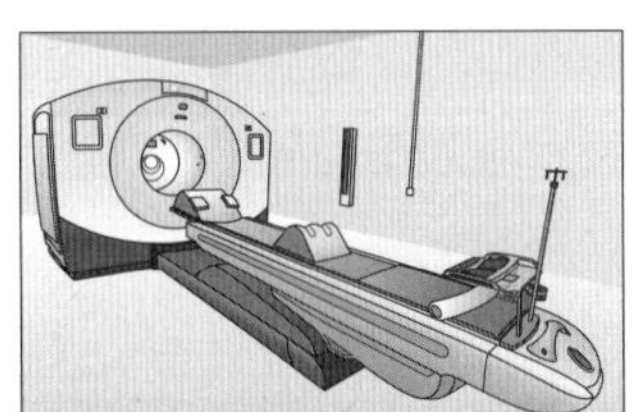

개념 체크

질량 에너지 동등성: 질량과 에너지는 서로 변환될 수 있으므로 근본적으로 동등하며, 상대론적 질량이 m인 물체의 에너지 E는 다음과 같다.
$E=mc^2$ (c: 진공에서 빛의 속력)

1. 관성 좌표계에 대해 정지해 있는 물체의 질량을 (　　)이라고 한다.

2. 입자의 속력이 (클수록 , 작을수록) 입자의 상대론적 질량은 크다.

3. 핵반응에서 질량 결손이 (클수록 , 작을수록) 핵반응에서 방출되는 에너지는 크다.

탐구자료 살펴보기 질량의 에너지 변환

자료

표는 정지해 있는 수소 원자핵들을 융합하여 헬륨 원자핵을 만드는 핵반응에서 충돌 전과 충돌 후의 질량과 융합된 수소 원자핵의 개수, 생성된 헬륨 원자핵의 개수를 나타낸 것이다. 단, 상대론적 질량과 정지 질량의 차이는 무시한다.

충돌 전	수소 원자핵($^1_1$H) 1개의 질량	1.0073 u
	융합된 수소 원자핵의 개수	4개
충돌 후	헬륨 원자핵($^4_2$He) 1개의 질량	4.0015 u
	생성된 헬륨 원자핵의 개수	1개

(1 u$=1.66\times10^{-27}$ kg)

분석

- 충돌 과정에서 결손된 질량은 $\Delta m=4\times1.0073\text{ u}-4.0015\text{ u}=0.0277\text{ u}=4.60\times10^{-29}$ kg이다.
- 한 번의 핵융합으로 방출되는 에너지는 약 4.14×10^{-12} J이다.

point

- 충돌 과정에서 방출된 에너지는 질량 에너지 동등성에 의한 $E=\Delta mc^2$을 이용하여 구한 에너지와 거의 일치한다. 이로부터 방출된 에너지는 감소한 질량으로부터 발생한 에너지임을 알 수 있다.

정답
1. 정지 질량
2. 클수록
3. 클수록

개념 체크

◎ 질량 결손: 핵반응이 일어날 때 질량이 감소하면서 에너지가 방출된다. 이때 감소한 질량을 질량 결손이라고 한다.

◎ 질량 결손과 에너지: 핵반응에 의한 질량 결손이 Δm일 때, 방출되는 에너지 ΔE는 다음과 같다.

$$\Delta E = \Delta mc^2$$

1. 원자핵의 질량수는 (　　) 와 (　　)의 합이다.

2. 우라늄 원자핵($^{235}_{92}U$)의 양성자수는 (　　)이고, 중성자수는 (　　)이다.

3. 핵반응에서 반응 전후 (　　)과 (　　)는 각각 보존된다.

4. 핵반응에서 질량수가 작은 원자핵이 융합하여 질량수가 큰 원자핵이 되는 현상을 (　　)이라고 한다.

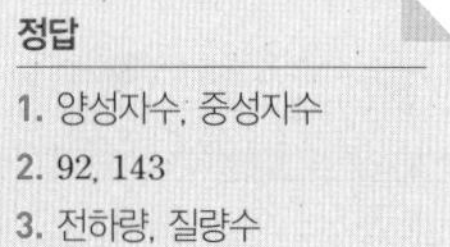

정답
1. 양성자수, 중성자수
2. 92, 143
3. 전하량, 질량수
4. 핵융합

(2) 원자핵: 원자에서 매우 작은 부피를 차지하고 있으며, 크기는 10^{-15} m 정도이다. 또한 핵을 구성하는 입자를 핵자라고 하며, 이 핵자에는 양성자와 중성자가 있다.

양성자　중성자

① **원자핵의 표현**

- 원자 번호(Z): 원자핵 속에 들어 있는 양성자수
- 질량수(A): 원자핵 속 양성자수(Z)와 중성자수(N)의 합

질량수 $-A$, 원자 번호 $-Z$ X

② **동위 원소**: 양성자수는 같지만 중성자수가 다른 원소로, 화학적 성질은 같으나 물리적 성질은 다르다.

예 수소(^1_1H)의 동위 원소에는 중수소(^2_1H), 삼중수소(^3_1H)가 있다.

(3) 핵반응: 핵이 분열하거나 융합하는 것을 말하며, 핵반응을 하는 동안 반응 전후 전하량과 질량수는 보존된다. 핵반응 전 질량의 총합보다 핵반응 후 질량의 총합이 작은 경우 줄어든 질량을 질량 결손이라고 하며, 질량 결손에 해당하는 에너지가 방출된다.

① **핵반응식**: 원자핵 A와 B가 반응하여 원자핵 C와 D가 되었을 때 핵반응식은 다음과 같다.

$$^a_wA + ^b_xB \longrightarrow ^c_yC + ^d_zD + \text{에너지} \quad \left(\begin{array}{l} \bullet \text{ 질량수 보존: } a+b=c+d \\ \bullet \text{ 전하량 보존: } w+x=y+z \end{array} \right)$$

② **핵분열**: 질량수가 큰 원자핵이 크기가 비슷한 2개의 원자핵으로 쪼개지는 현상으로, 원자력 발전소의 원자로에서 일어나는 우라늄($^{235}_{92}U$)의 핵분열 반응이 있다.

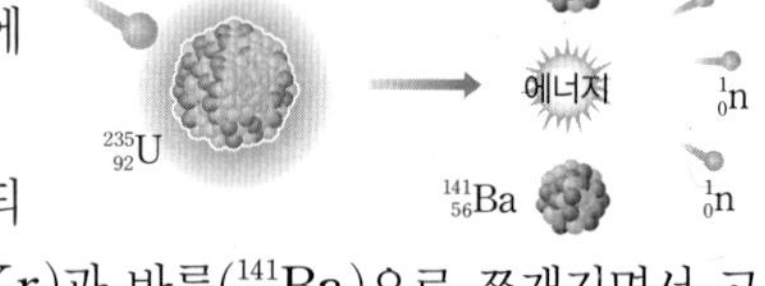

- 우라늄 원자핵($^{235}_{92}U$)에 저속의 중성자(^1_0n)가 흡수되면 불안정한 우라늄 원자핵이 분열하여 크립톤($^{92}_{36}Kr$)과 바륨($^{141}_{56}Ba$)으로 쪼개지면서 고속의 중성자 3개가 방출된다. 이 과정에서 질량 결손에 해당하는 만큼 에너지가 방출된다.
- 핵분열 반응식: $^{235}_{92}U + ^1_0n \longrightarrow ^{141}_{56}Ba + ^{92}_{36}Kr + 3^1_0n + 200\text{ MeV}$

③ **핵융합**: 질량수가 작은 원자핵이 융합하여 질량수가 큰 원자핵으로 되는 현상이다.

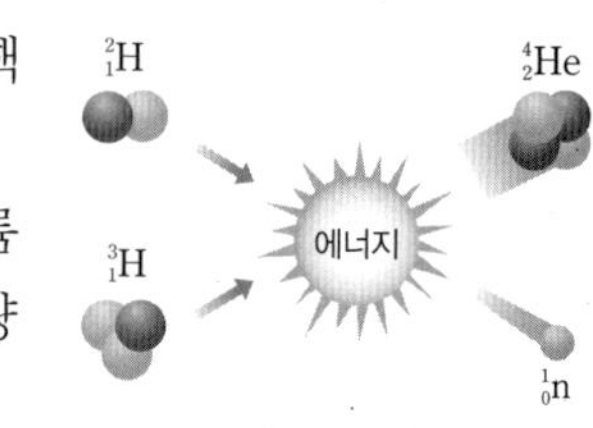

- 중수소 원자핵(^2_1H)과 삼중수소 원자핵(^3_1H)이 융합하여 헬륨 원자핵(^4_2He)과 중성자(^1_0n)가 생성된다. 이 과정에서 질량 결손에 해당하는 만큼의 에너지가 방출된다.
- 핵융합 반응식: $^2_1H + ^3_1H \longrightarrow ^4_2He + ^1_0n + 17.6\text{ MeV}$

과학 돋보기 **태양에서의 핵융합**

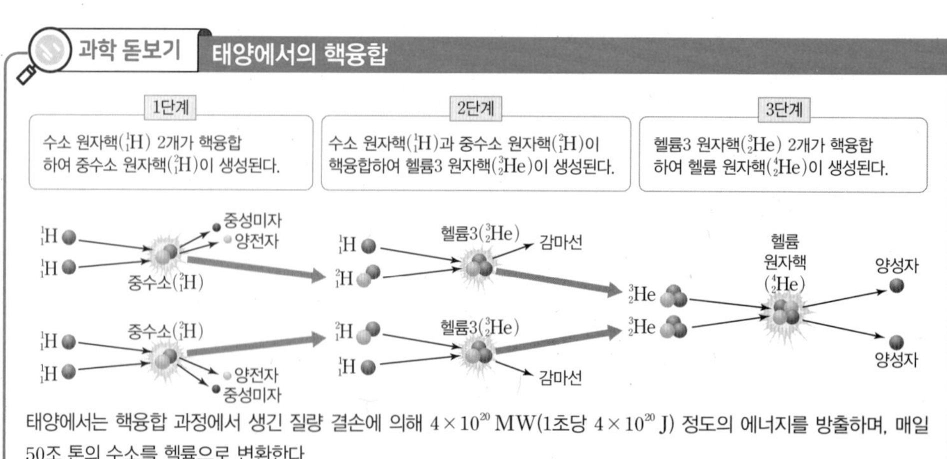

태양에서는 핵융합 과정에서 생긴 질량 결손에 의해 4×10^{20} MW(1초당 4×10^{20} J) 정도의 에너지를 방출하며, 매일 50조 톤의 수소를 헬륨으로 변환한다.

[24023-0103]

01 그림은 특수 상대성 이론에 대해 학생 A, B, C가 대화하는 모습을 나타낸 것이다.

제시한 내용이 옳은 학생만을 있는 대로 고른 것은?

① A ② C ③ A, B ④ B, C ⑤ A, B, C

[24023-0104]

02 다음은 특수 상대성 이론에 의한 현상을 설명한 것이다.

그림과 같이 관찰자 A에 대해 관찰자 B가 타고 있는 고유 길이가 L인 우주선이 광속에 가까운 속력으로 등속도 운동을 한다. A의 관성계에서, B의 시간은 A의 시간보다 [㉠] 가고, 우주선의 길이는 L보다 [㉡]. 또한 A의 관성계에서 B의 상대론적 질량은 B의 정지 질량보다 [㉢].

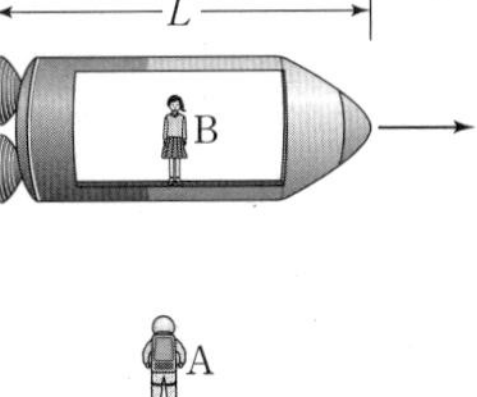

㉠, ㉡, ㉢에 들어갈 내용으로 가장 적절한 것은?

	㉠	㉡	㉢
①	느리게	길다	크다
②	느리게	짧다	크다
③	느리게	짧다	작다
④	빠르게	길다	작다
⑤	빠르게	짧다	작다

[24023-0105]

03 그림과 같이 관찰자 A에 대해 광원, 검출기가 정지해 있고, 관찰자 B가 탄 우주선이 광원과 검출기를 잇는 직선과 나란하게 $0.6c$의 속력으로 등속도 운동을 한다. A의 관성계에서, 광원에서 방출된 빛이 검출기에 도달하는 데 걸린 시간은 T이다.

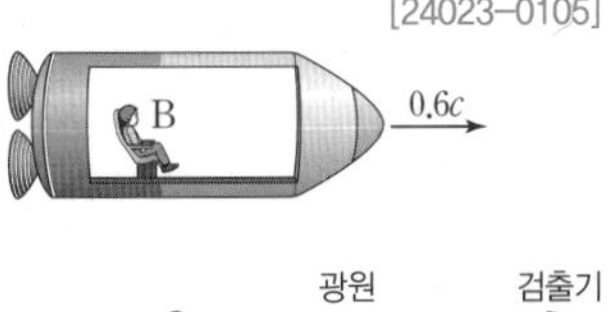

이에 대한 설명으로 옳은 것만을 〈보기〉에서 있는 대로 고른 것은? (단, c는 빛의 속력이다.)

보기

ㄱ. A의 관성계에서, 광원에서 검출기까지의 거리는 cT이다.

ㄴ. B의 관성계에서, 광원에서 방출된 빛의 속력은 c보다 작다.

ㄷ. B의 관성계에서, 광원에서 방출된 빛이 검출기에 도달하는 데 걸린 시간은 T보다 작다.

① ㄱ ② ㄴ ③ ㄱ, ㄷ ④ ㄴ, ㄷ ⑤ ㄱ, ㄴ, ㄷ

[24023-0106]

04 그림은 관찰자 A에 대해 관찰자 B가 탄 우주선이 광속에 가까운 속력으로 등속도 운동을 하는 것을 나타낸 것이다. 점 p, q, r는 우주선상의 한 점이고, A의 관성계에서 p와 q를 잇는 직선은 우주선의 운동 방향과 나란하다. 표는 A, B의 관성계에서 p와 q 사이의 길이, q와 r 사이의 길이를 나타낸 것이다.

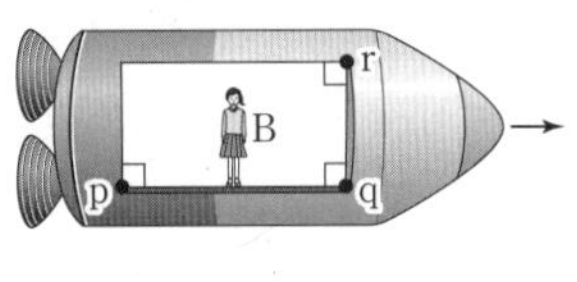

길이	A	B
p와 q	L_1	㉠
q와 r	㉡	L_2

이에 대한 설명으로 옳은 것만을 〈보기〉에서 있는 대로 고른 것은?

보기

ㄱ. p와 q 사이의 고유 길이는 L_1이다.

ㄴ. ㉠은 L_1보다 크다.

ㄷ. ㉡은 L_2보다 작다.

① ㄱ ② ㄴ ③ ㄱ, ㄷ ④ ㄴ, ㄷ ⑤ ㄱ, ㄴ, ㄷ

[24023-0107]

05 그림과 같이 관찰자 A에 대해 관찰자 B가 탄 우주선이 $0.7c$의 속력으로 등속도 운동을 한다. B의 관성계에서, 광원에서 우주선의 운동 방향과 수직으로 방출된 빛이 광원과 거울 사이를 왕복하는 데 걸린 시간은 t_0이다.

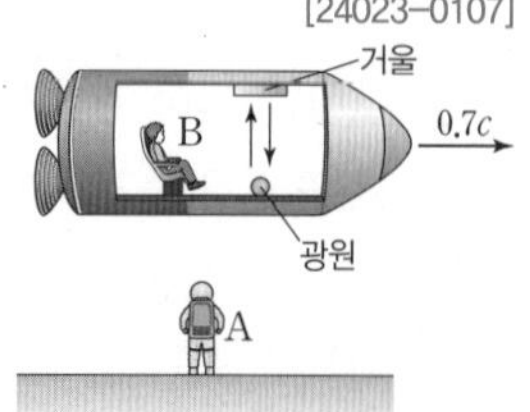

A의 관성계에서 측정할 때, 이에 대한 설명으로 옳은 것만을 〈보기〉에서 있는 대로 고른 것은? (단, c는 빛의 속력이다.)

보기

ㄱ. 광원에서 방출된 빛의 속력은 c이다.

ㄴ. 광원에서 방출된 빛이 거울에 도달할 때까지 빛의 경로 길이는 $\frac{1}{2}ct_0$보다 작다.

ㄷ. 광원에서 방출된 빛이 광원과 거울 사이를 왕복하는 데 걸린 시간은 t_0보다 크다.

① ㄴ ② ㄷ ③ ㄱ, ㄴ ④ ㄱ, ㄷ ⑤ ㄱ, ㄴ, ㄷ

[24023-0108]

06 그림은 관찰자 A에 대해 관찰자 B가 탄 우주선이 광속에 가까운 속력으로 등속도 운동을 하는 것을 나타낸 것으로, 우주선의 운동 방향은 ⓐ, ⓑ 중 하나이다. A의 관성계에서, 우주선의 운동 방향은 검출기 p, 광원, 검출기 q를 잇는 직선과 나란하다. B의 관성계에서, 광원에서 방출된 빛은 p, q에 동시에 도달한다. 표는 A의 관성계에서, 광원에서 방출된 빛이 p, q에 도달하는 데 걸린 시간을 나타낸 것으로, $t_1 > t_2$이다.

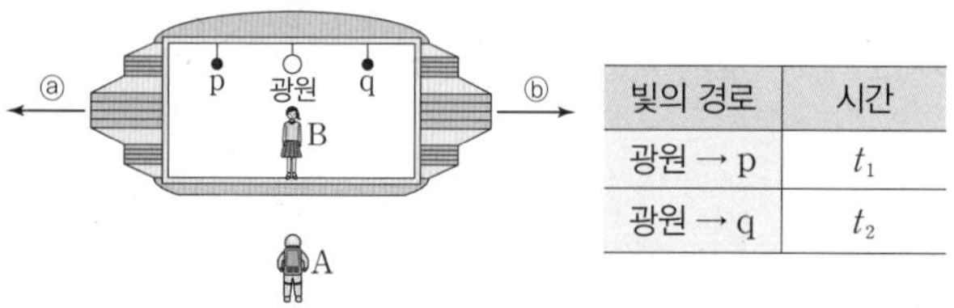

빛의 경로	시간
광원 → p	t_1
광원 → q	t_2

이에 대한 설명으로 옳은 것만을 〈보기〉에서 있는 대로 고른 것은?

보기

ㄱ. A의 관성계에서, 광원과 p 사이의 거리는 광원과 q 사이의 거리보다 크다.

ㄴ. 우주선의 운동 방향은 ⓐ이다.

ㄷ. B의 관성계에서, 광원에서 방출된 빛이 q에 도달하는 데 걸린 시간은 t_2보다 작다.

① ㄱ ② ㄴ ③ ㄷ ④ ㄱ, ㄴ ⑤ ㄴ, ㄷ

[24023-0109]

07 그림과 같이 관찰자 A에 대해 광원 P, 거울, 광원 Q는 정지해 있고, 관찰자 B가 탄 우주선이 P, 거울, Q를 잇는 직선과 나란하게 $0.5c$의 속력으로 등속도 운동을 한다. A의 관성계에서, P, Q에서 동시에 방출된 빛은 거울에서 반사되어 P, Q에 동시에 도달한다.

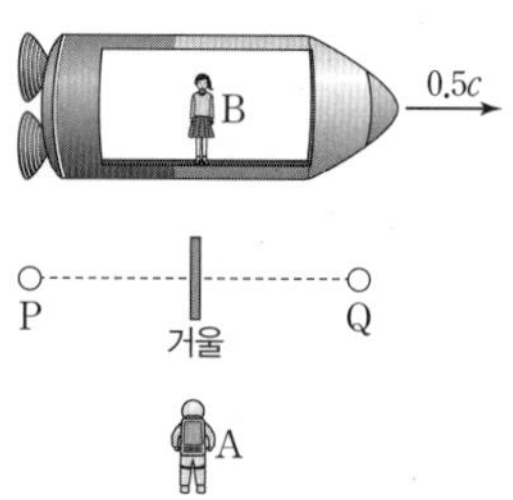

B의 관성계에서 측정할 때, 이에 대한 설명으로 옳은 것만을 〈보기〉에서 있는 대로 고른 것은? (단, c는 빛의 속력이다.)

보기

ㄱ. P, Q에서 방출된 빛은 거울에서 동시에 반사된다.

ㄴ. 빛은 P에서가 Q에서보다 먼저 방출된다.

ㄷ. 거울에서 반사된 빛은 P, Q에 동시에 도달한다.

① ㄱ ② ㄴ ③ ㄱ, ㄷ ④ ㄴ, ㄷ ⑤ ㄱ, ㄴ, ㄷ

[24023-0110]

08 그림과 같이 관찰자 C에 대해 정지해 있는 기준선 P, Q를 입자 A, B가 각각 $0.9c$, $0.7c$의 속력으로 등속도 운동을 하여 지난다. C의 관성계에서 P와 Q 사이의 거리는 L이고, 정지 에너지는 A와 B가 같다.

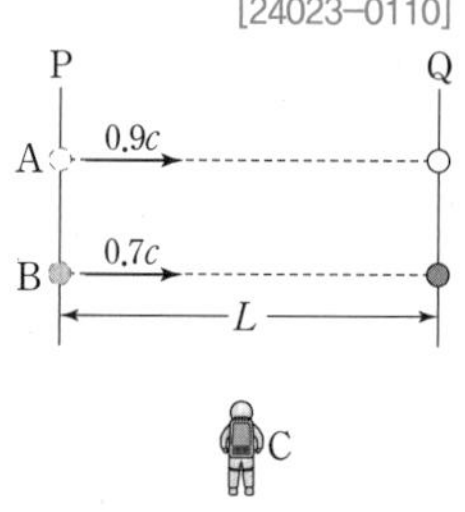

이에 대한 설명으로 옳은 것만을 〈보기〉에서 있는 대로 고른 것은? (단, c는 빛의 속력이다.)

보기

ㄱ. A의 관성계에서, P와 Q 사이의 거리는 L보다 작다.

ㄴ. B의 관성계에서, P를 통과한 순간부터 Q를 통과한 순간까지 걸린 시간은 $\frac{L}{0.7c}$이다.

ㄷ. C의 관성계에서, 상대론적 질량은 A가 B보다 크다.

① ㄱ ② ㄴ ③ ㄱ, ㄷ ④ ㄴ, ㄷ ⑤ ㄱ, ㄴ, ㄷ

[24023-0111]

09 다음은 핵반응에 대한 설명이다.

핵반응 전과 후 입자들의 전하량과 ㉠질량수는 보존되지만, 입자들의 질량의 합은 보존되지 않는다. 핵반응에서 반응 전과 후 입자들의 질량의 합을 각각 m_1, m_2라고 하면, 핵반응에서 발생하는 에너지는 [㉡](c: 빛의 속력)이다.

이에 대한 설명으로 옳은 것만을 <보기>에서 있는 대로 고른 것은?

보기

ㄱ. ㉠은 원자핵의 양성자수와 중성자수의 합이다.
ㄴ. 핵반응에서 결손된 질량은 m_1-m_2이다.
ㄷ. ㉡은 $(m_1+m_2)c^2$이다.

① ㄱ ② ㄴ ③ ㄷ ④ ㄱ, ㄴ ⑤ ㄴ, ㄷ

[24023-0112]

10 다음은 양전자 단층 촬영(PET)에 대한 설명이다.

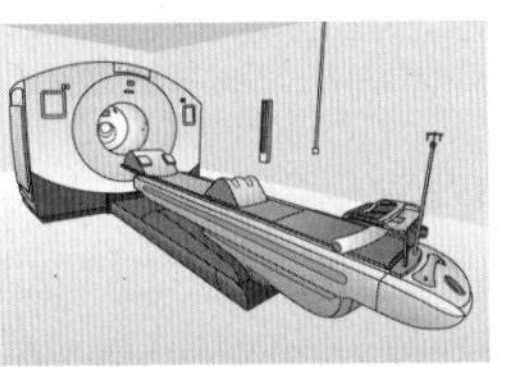

양전자 단층 촬영(PET)은 방사성 의약품에서 방출되는 양전자(e^+)를 이용하여 암을 진단한다. 환자의 몸에 주입된 방사성 의약품에서 방출된 양전자는 ㉠전자(e^-)와 결합하여 소멸하면서 2개의 감마선을 방출하는데, 이를 쌍소멸이라고 한다. 양전자 단층 촬영(PET)은 쌍소멸 과정에서 ㉡질량 결손에 의해 방출된 ㉢감마선을 이용해 영상을 재구성하여 암세포의 분포를 진단한다.

이에 대한 설명으로 옳은 것만을 <보기>에서 있는 대로 고른 것은?

보기

ㄱ. ㉠의 속력이 클수록 ㉠의 상대론적 질량은 크다.
ㄴ. 핵반응에서는 ㉡에 의해 에너지가 발생한다.
ㄷ. ㉢은 에너지가 0이다.

① ㄱ ② ㄷ ③ ㄱ, ㄴ ④ ㄴ, ㄷ ⑤ ㄱ, ㄴ, ㄷ

[24023-0113]

11 다음은 두 가지 핵반응이다.

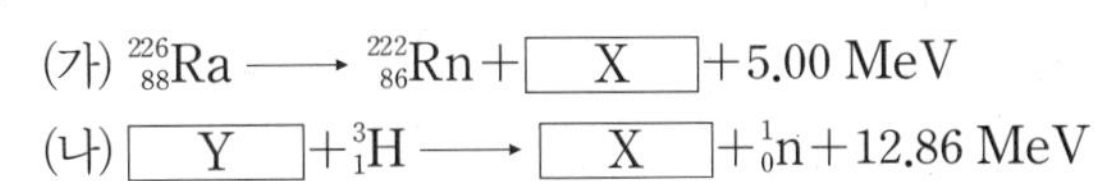

(가) ${}^{226}_{88}\mathrm{Ra} \longrightarrow {}^{222}_{86}\mathrm{Rn} + [\ \mathrm{X}\ ] + 5.00\ \mathrm{MeV}$

(나) $[\ \mathrm{Y}\ ] + {}^{3}_{1}\mathrm{H} \longrightarrow [\ \mathrm{X}\ ] + {}^{1}_{0}\mathrm{n} + 12.86\ \mathrm{MeV}$

이에 대한 설명으로 옳은 것만을 <보기>에서 있는 대로 고른 것은?

보기

ㄱ. (가)는 핵분열 반응이다.
ㄴ. 중성자수는 X가 Y보다 작다.
ㄷ. 질량 결손은 (가)에서가 (나)에서보다 크다.

① ㄱ ② ㄷ ③ ㄱ, ㄴ ④ ㄴ, ㄷ ⑤ ㄱ, ㄴ, ㄷ

[24023-0114]

12 다음은 핵융합로 KSTAR에 대한 설명이다.

KSTAR는 국내에서 개발한 ㉠핵융합 연구 장치로, 세계 최초로 1억 ℃ 이상의 고온 고밀도 플라스마를 1.5초 동안 유지하였다. 수소 원자핵들이 핵융합 반응하여 헬륨 원자핵이 생성되는 태양보다 중력이 매우 작은 지구에서 핵융합 반응이 일어나기 위해서는 태양 중심 온도의 7배인 1억 ℃ 이상의 고온 고밀도 플라스마를 유지해야 한다.

이에 대한 설명으로 옳은 것만을 <보기>에서 있는 대로 고른 것은?

보기

ㄱ. ㉠ 과정에서는 질량수가 작은 원자핵들이 반응하여 질량수가 큰 원자핵이 생성된다.
ㄴ. 원자력 발전소의 원자로에서는 ㉠ 과정에 의해 에너지가 발생한다.
ㄷ. 양성자수는 수소 원자핵이 헬륨 원자핵보다 작다.

① ㄱ ② ㄴ ③ ㄱ, ㄷ ④ ㄴ, ㄷ ⑤ ㄱ, ㄴ, ㄷ

광원에서 방출된 빛의 속력은 A의 관성계에서와 B의 관성계에서가 같다.

[24023-0115]

01 다음은 특수 상대성 이론에 대한 사고 실험의 일부이다.

그림과 같이 관찰자 A에 대해 관찰자 B가 탄 우주선이 광속에 가까운 속력으로 등속도 운동을 한다. B의 관성계에서, 광원에서 우주선의 운동 방향과 수직으로 방출된 빛은 거울에 반사되어 광원에 도달한다.

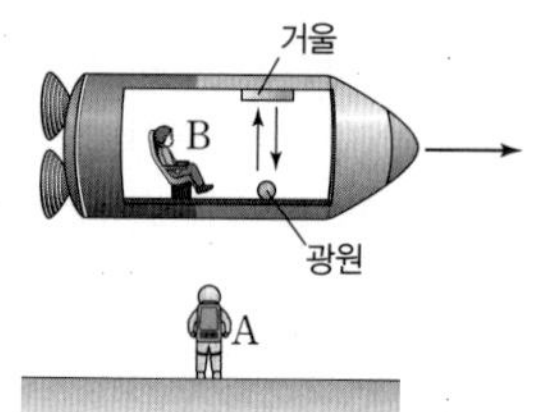

(가) 광원에서 방출된 빛이 거울에 반사되어 광원에 도달할 때까지 A, B의 관성계에서 빛이 진행한 거리는 각각 L_A, L_B이다.

(나) 광원에서 방출된 빛이 거울에 반사되어 광원에 도달할 때까지 A, B의 관성계에서 걸린 시간은 각각 t_A, t_B이다.

이에 대한 설명으로 옳은 것만을 〈보기〉에서 있는 대로 고른 것은?

보기

ㄱ. $L_A > L_B$이다.

ㄴ. $t_A > t_B$이다.

ㄷ. $\frac{L_A}{t_A} = \frac{L_B}{t_B}$이다.

① ㄱ ② ㄷ ③ ㄱ, ㄴ ④ ㄴ, ㄷ ⑤ ㄱ, ㄴ, ㄷ

광원과 P 사이의 고유 길이와 광원과 Q 사이의 고유 길이가 같으면, A의 관성계에서 빛이 P, Q에 도달할 때까지 빛이 진행한 거리는 같지 않다.

[24023-0116]

02 그림은 관찰자 A에 대해 관찰자 B가 탄 우주선이 검출기 P, 광원, 검출기 R를 잇는 직선과 나란한 방향으로 광속에 가까운 속력으로 등속도 운동을 하는 것을 나타낸 것이다. 표는 A의 관성계에서, 광원에서 방출된 빛이 P, 검출기 Q, R까지 진행한 거리를 나타낸 것이다.

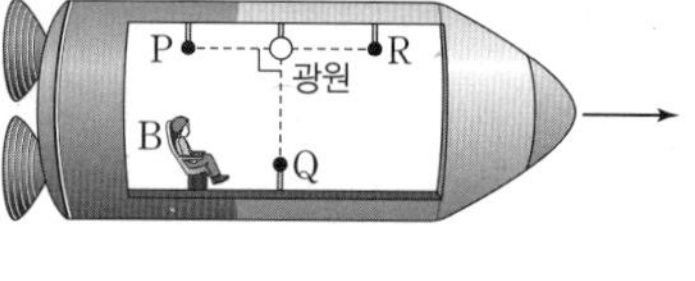

빛의 경로	A의 관성계에서 빛이 진행한 거리
광원 → P	L_1
광원 → Q	L_1
광원 → R	L_2

이에 대한 설명으로 옳은 것만을 〈보기〉에서 있는 대로 고른 것은?

보기

ㄱ. A의 관성계에서, 광원에서 방출된 빛은 P, Q에 동시에 도달한다.

ㄴ. B의 관성계에서, 광원에서 방출된 빛은 P, Q에 동시에 도달한다.

ㄷ. A의 관성계에서, 광원과 R 사이의 거리는 L_2보다 크다.

① ㄱ ② ㄴ ③ ㄱ, ㄷ ④ ㄴ, ㄷ ⑤ ㄱ, ㄴ, ㄷ

[24023-0117]

03 그림은 관찰자 A에 대해 관찰자 B가 탄 우주선이 광속에 가까운 속력으로 등속도 운동을 하는 것을 나타낸 것이다. 우주선의 운동 방향은 광원 P에서 거울 X를 잇는 직선, 광원 Q에서 거울 Y를 잇는 직선과 각각 나란하다. 표는 P, Q에서 방출된 빛이 각각 X, Y까지 진행하는 동안 걸린 시간을 A, B의 관성계에서 측정한 것이다.

A의 관성계에서, P에서 X까지의 길이와 Q에서 Y까지의 길이는 길이 수축이 일어난다.

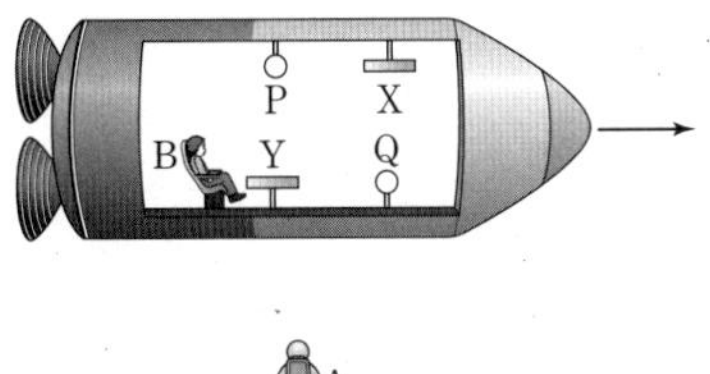

빛의 경로	걸린 시간	
	A의 관성계	B의 관성계
P → X	t_1	t_2
Q → Y	㉠	t_2

이에 대한 설명으로 옳은 것만을 <보기>에서 있는 대로 고른 것은?

보기

ㄱ. t_1 > ㉠이다.

ㄴ. t_1 + ㉠ > $2t_2$이다.

ㄷ. A의 관성계에서, P에서 X까지의 길이는 Q에서 Y까지의 길이보다 작다.

① ㄱ ② ㄷ ③ ㄱ, ㄴ ④ ㄴ, ㄷ ⑤ ㄱ, ㄴ, ㄷ

[24023-0118]

04 그림은 관찰자 A에 대해 관찰자 B가 탄 우주선이 광원 P, 검출기, 광원 Q를 잇는 직선과 나란한 방향으로 광속에 가까운 속력으로 등속도 운동을 하는 것을 나타낸 것이다. A의 관성계에서, P, 검출기, Q는 정지해 있다. 표는 A, B의 관성계에서 관측한 내용이다.

한 관성계에서 같은 장소에서 동시에 발생한 두 사건은 다른 관성계에서도 동시에 발생한다.

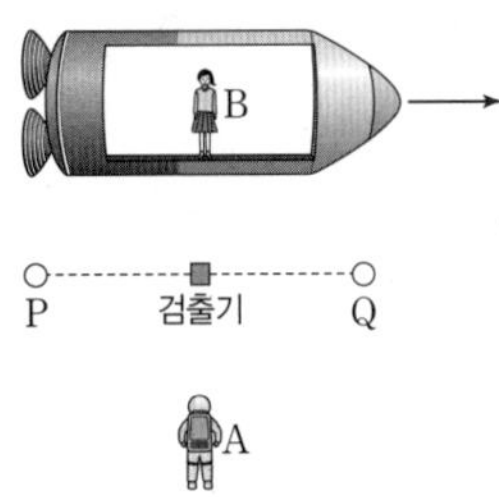

관측한 내용	A의 관성계	B의 관성계
광원에서 빛이 방출되는 사건과 검출기에 빛이 도달하는 사건	빛은 P, Q에서 동시에 방출되고, 검출기에 동시에 도달한다.	㉠
P와 Q 사이의 거리	L_1	L_2

이에 대한 설명으로 옳은 것만을 <보기>에서 있는 대로 고른 것은?

보기

ㄱ. '빛은 Q에서가 P에서보다 먼저 방출되고, 검출기에 동시에 도달한다.'는 ㉠에 해당한다.

ㄴ. $L_1 > L_2$이다.

ㄷ. A의 관성계에서, B의 시간은 A의 시간보다 느리게 간다.

① ㄱ ② ㄷ ③ ㄱ, ㄴ ④ ㄴ, ㄷ ⑤ ㄱ, ㄴ, ㄷ

길이 수축 효과는 관찰 대상의 상대적 속력이 클수록 크게 나타난다.

[24023-0119]

05 그림과 같이 관찰자 A의 관성계에서 점 p, q가 점 O로부터 같은 거리만큼 떨어져 정지해 있고, p, q에서 각각 생성된 입자 B, C가 A에 대해 각각 $0.8c$, $0.7c$의 속력으로 등속도 운동을 한다. A의 관성계에서, B, C의 운동 방향은 각각 $+x$ 방향, $+y$ 방향이고 O에서 동시에 소멸한다.

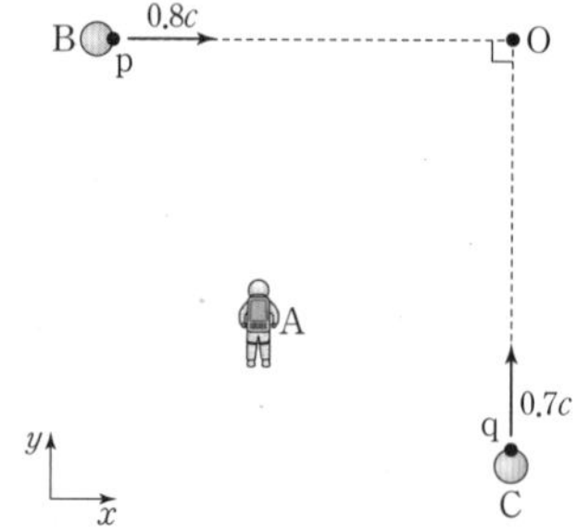

이에 대한 설명으로 옳은 것만을 〈보기〉에서 있는 대로 고른 것은? (단, c는 빛의 속력이다.)

보기

ㄱ. A의 관성계에서, B가 p에서 O까지 이동하는 데 걸린 시간은 C가 q에서 O까지 이동하는 데 걸린 시간보다 크다.
ㄴ. A의 관성계에서, B의 시간은 C의 시간보다 느리게 간다.
ㄷ. q에서 O까지의 거리는 B의 관성계에서가 C의 관성계에서보다 크다.

① ㄱ ② ㄴ ③ ㄷ ④ ㄱ, ㄴ ⑤ ㄴ, ㄷ

우주선은 Q에 대해 가까워지는 방향으로 이동한다.

[24023-0120]

06 그림은 우주 정거장에 대해 우주선이 광속에 가까운 속력으로 등속도 운동을 하는 것을 나타낸 것이다. 우주 정거장의 관성계에서, 우주선과 우주 정거장 사이의 거리가 3광년인 순간 우주선에서는 우주 정거장을 향해 빛 P가, 우주 정거장에서는 우주선을 향해 빛 Q가 동시에 방출된다.

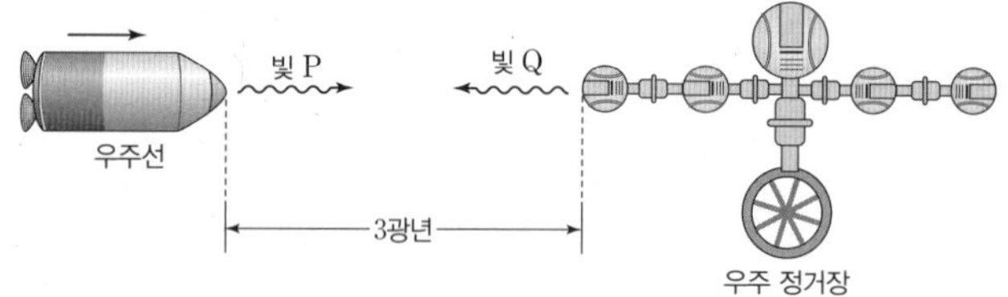

이에 대한 설명으로 옳은 것만을 〈보기〉에서 있는 대로 고른 것은?

보기

ㄱ. 우주선의 관성계에서, P가 우주 정거장에 도달하는 데 걸린 시간은 3년보다 작다.
ㄴ. 우주 정거장의 관성계에서, Q가 방출되는 순간부터 우주선에 도달할 때까지 Q가 진행한 거리는 3광년보다 작다.
ㄷ. 우주 정거장의 관성계에서, P가 우주 정거장에 도달하는 순간 Q가 우주선에 도달한다.

① ㄱ ② ㄷ ③ ㄱ, ㄴ ④ ㄴ, ㄷ ⑤ ㄱ, ㄴ, ㄷ

[24023-0121]

07 **다음은 마이컬슨 · 몰리 실험에 대한 내용이다.**

[실험 과정]

(가) 그림과 같이 광원에서 방출된 빛의 일부는 반투명 거울 M에서 반사된 후 L만큼 진행하여 거울 P에서 반사되고, 빛의 일부는 M을 통과한 후 L만큼 진행하여 거울 Q에서 반사되도록 광원, P, Q, 빛 검출기를 설치한다.

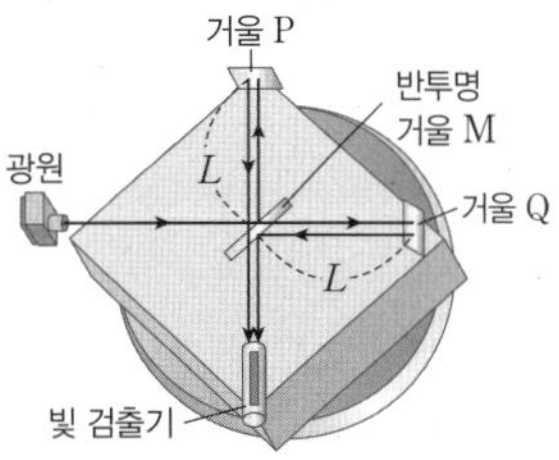

거울 P
반투명 거울 M
광원
거울 Q
빛 검출기

(나) 광원에서 빛을 방출시키고 경로 1(광원 → M → P → M → 검출기)을 진행하는 빛과 경로 2(광원 → M → Q → M → 검출기)를 진행하는 빛이 검출기에 도달하는 것을 관찰한다.

[실험 결과]

• 경로 1을 진행하는 빛과 경로 2를 진행하는 빛은 검출기에 동시에 도달한다.

[결론]

•  ㉠ .

빛의 매질을 고려하면 경로 1과 경로 2를 진행하는 빛의 속력은 서로 다르다.

이에 대한 설명으로 옳은 것만을 〈보기〉에서 있는 대로 고른 것은? (단, c는 빛의 속력이다.)

보기

ㄱ. 빛이 M → P → M을 진행하는 데 걸린 시간은 $\frac{2L}{c}$이다.
ㄴ. 경로 1과 경로 2를 진행하는 빛의 속력은 같다.
ㄷ. '빛의 매질은 존재하지 않는다'는 ㉠에 해당한다.

① ㄱ ② ㄷ ③ ㄱ, ㄴ ④ ㄴ, ㄷ ⑤ ㄱ, ㄴ, ㄷ

[24023-0122]

08 **그림은 관찰자 A에 대해 관찰자 B, C가 탄 우주선이 광속에 가까운 속력으로 각각 $+x$, $-y$ 방향으로 등속도 운동을 하는 것을 나타낸 것이다. A의 관성계에서, 광원은 원점 O에, 거울 P는 x축상에, 거울 Q와 R는 y축상에 고정되어 있고, 광원에서 방출된 빛은 P, Q, R에서 반사되어 광원에 동시에 도달한다.**
이에 대한 설명으로 옳은 것만을 〈보기〉에서 있는 대로 고른 것은?

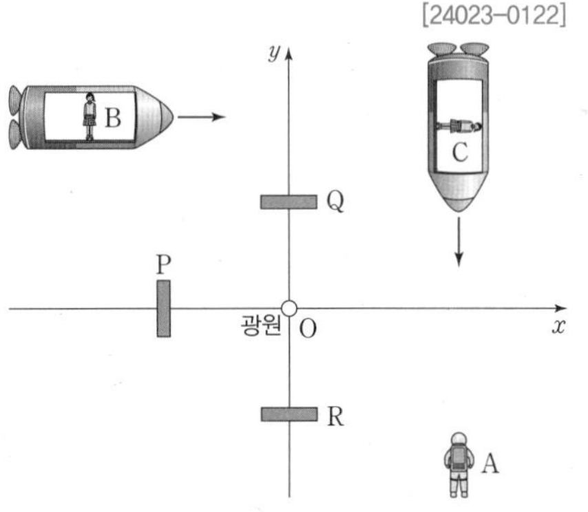

B, C의 관성계에서도 광원에서 방출된 빛은 P, Q, R에서 반사되어 광원에 동시에 도달한다.

보기

ㄱ. A의 관성계에서, 광원에서 방출된 빛은 P, Q에서 동시에 반사된다.
ㄴ. B의 관성계에서, 광원에서 방출된 빛은 P에서가 R에서보다 먼저 반사된다.
ㄷ. C의 관성계에서, 광원에서 방출된 빛은 Q에서가 R에서보다 먼저 반사된다.

① ㄱ ② ㄴ ③ ㄱ, ㄷ ④ ㄴ, ㄷ ⑤ ㄱ, ㄴ, ㄷ

물체의 정지 에너지는 $E_0 = m_0c^2$ (m_0: 정지 질량, c: 광속)이다.

[24023-0123]

09 그림은 정지해 있는 리튬 원자핵($^{7}_{3}Li$)에 양성자가 충돌하여 두 개의 헬륨 원자핵($^{4}_{2}He$)이 생성되는 것을 모식적으로 나타낸 것이다. 표는 충돌 전과 후 입자들의 정지 질량을 나타낸 것으로, $m_1 > m_2$이다.

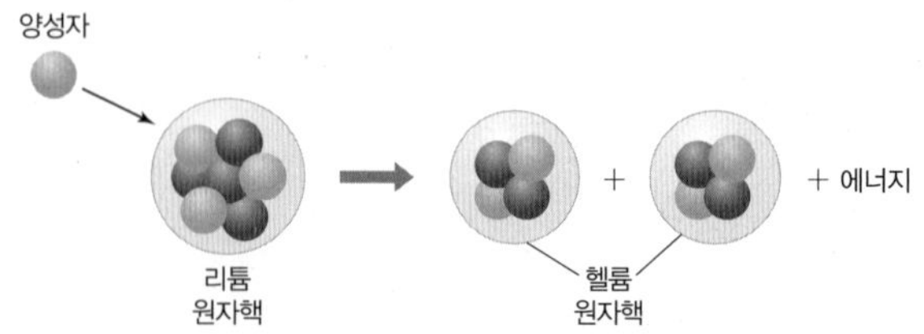

구분	충돌 전		충돌 후	
	리튬 원자핵	양성자	헬륨 원자핵	헬륨 원자핵
정지 질량	m_1	m_2	m_3	m_3

이에 대한 설명으로 옳은 것만을 〈보기〉에서 있는 대로 고른 것은? (단, c는 빛의 속력이다.)

보기

ㄱ. 핵분열 반응이다.

ㄴ. 정지 에너지는 리튬 원자핵이 양성자보다 $(m_1 - m_2)c^2$만큼 크다.

ㄷ. $m_3 > \frac{(m_1 + m_2)}{2}$이다.

① ㄱ　② ㄷ　③ ㄱ, ㄴ　④ ㄴ, ㄷ　⑤ ㄱ, ㄴ, ㄷ

핵반응 전과 후 입자들의 전하량의 합과 질량수의 합은 각각 보존된다. 원자핵의 질량수는 원자핵의 양성자수와 중성자수의 합과 같다.

[24023-0124]

10 다음 (가), (나)는 원자력 발전소와 별에서 일어나는 핵반응을 순서 없이 나타낸 것이다.

(가) $^{1}_{1}H + ^{2}_{1}H \longrightarrow$ [㉠] $+ 5.5\ MeV$

(나) $^{235}_{92}U + ^{1}_{0}n \longrightarrow ^{140}_{54}Xe +$ [㉡] $+ 2^{1}_{0}n + 200\ MeV$

이에 대한 설명으로 옳은 것은?

① (가)는 원자력 발전소에서 일어나는 핵반응이다.

② ㉠의 질량수는 2이다.

③ ㉡의 양성자수는 94이다.

④ 중성자수는 $^{140}_{54}Xe$이 ㉡보다 크다.

⑤ 질량 결손은 (가)에서가 (나)에서보다 크다.

[24023-0125]

11 **다음은 원자핵 A와 B가 핵융합하여 원자핵 C가 생성되는 핵반응을, 표는 A, B, C의 양성자수, 중성자수, 질량을 나타낸 것이다.**

A+B ⟶ C+에너지

원자핵	양성자수	중성자수	질량
A	1	0	M_1
B	㉠	1	M_2
C	2	㉡	M_3

이에 대한 설명으로 옳은 것만을 〈보기〉에서 있는 대로 고른 것은? (단, c는 빛의 속력이다.)

보기

ㄱ. ㉠과 ㉡은 같다.
ㄴ. A와 B는 동위 원소이다.
ㄷ. 핵반응에서 방출되는 에너지는 $(M_1+M_2-M_3)c^2$이다.

① ㄱ ② ㄷ ③ ㄱ, ㄴ ④ ㄴ, ㄷ ⑤ ㄱ, ㄴ, ㄷ

핵반응에서는 질량 결손에 의해 에너지가 발생한다. 핵반응에서 방출되는 에너지는 Δmc^2 (Δm:질량 결손, c:광속)이다.

[24023-0126]

12 **다음은 붕소 - 중성자 포획치료(A - BNCT)에 대한 자료의 일부이다.**

최근 핵반응을 이용한 암치료로 붕소 - 중성자 포획치료(A - BNCT)가 주목받고 있다. A - BNCT는 암환자에 주입한 붕소가 암세포에 축적되면 중성자를 조사한다. 이때 암세포 내 붕소가 중성자를 포획하여 리튬과 ㉠ 이 생성되면서 발생하는 고에너지로 암세포를 사멸시킨다. A - BNCT 과정에서의 핵반응은 (가)와 같다.

(가) ${}^{10}_{5}\mathrm{B}+{}^{1}_{0}\mathrm{n} \longrightarrow {}^{7}_{3}\mathrm{Li}+$ ㉠ $+$에너지

이에 대한 설명으로 옳은 것만을 〈보기〉에서 있는 대로 고른 것은?

보기

ㄱ. ㉠의 중성자수는 2이다.
ㄴ. (가)는 핵분열 반응이다.
ㄷ. (가)에서 발생하는 에너지는 질량 결손에 의한 것이다.

① ㄱ ② ㄷ ③ ㄱ, ㄴ ④ ㄴ, ㄷ ⑤ ㄱ, ㄴ, ㄷ

핵융합 반응은 질량수가 작은 원자핵들이 융합하여 질량수가 큰 원자핵이 생성되는 반응이고, 핵분열 반응은 질량수가 큰 원자핵이 분열하여 질량수가 작은 원자핵들이 생성되는 반응이다.

물질과 전자기장

2024학년도 대학수학능력시험 13번

13. 그림 (가)는 동일한 p-n 접합 발광 다이오드(LED) A와 B, 고체 막대 P와 Q로 회로를 구성하고, 스위치를 a 또는 b에 연결할 때 A, B의 빛의 방출 여부를 나타낸 것이다. P, Q는 도체와 절연체를 순서 없이 나타낸 것이고, Y는 p형 반도체와 n형 반도체 중 하나이다. 그림 (나)의 ㉠, ㉡은 각각 P 또는 Q의 에너지띠 구조를 나타낸 것으로 음영으로 표시된 부분까지 전자가 채워져 있다.

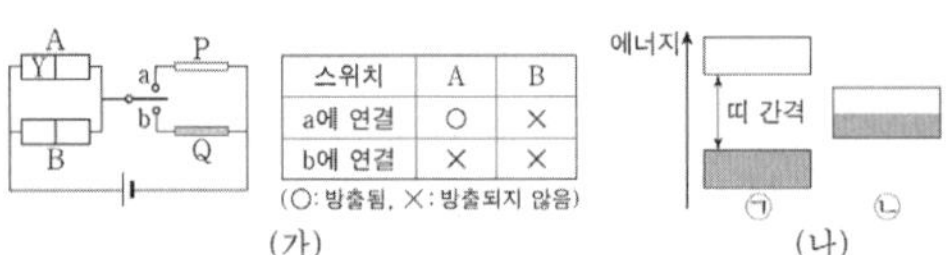

스위치	A	B
a에 연결	○	×
b에 연결	×	×

(○: 방출됨, ×: 방출되지 않음)

(가) (나)

이에 대한 설명으로 옳은 것만을 <보기>에서 있는 대로 고른 것은? [3점]

<보 기>

ㄱ. Y는 주로 양공이 전류를 흐르게 하는 반도체이다.
ㄴ. (나)의 ㉠은 Q의 에너지띠 구조이다.
ㄷ. 스위치를 a에 연결하면 B의 n형 반도체에 있는 전자는 p-n 접합면으로 이동한다.

① ㄱ ② ㄷ ③ ㄱ, ㄴ ④ ㄴ, ㄷ ⑤ ㄱ, ㄴ, ㄷ

2024학년도 EBS 수능완성 64쪽 4번

04 ▸23066-0120

그림 (가)는 p-n 접합 다이오드, 고체 막대 A, B를 직류 전원에 연결한 회로를 나타낸 것이다. 스위치를 a에 연결하면 회로에 전류가 흐르고, b에 연결하면 전류가 흐르지 않는다. 그림 (나)는 A 또는 B의 에너지띠 구조를 나타낸 것으로, 색칠된 부분까지 전자가 채워져 있다. X는 p형 반도체와 n형 반도체 중 하나이고, A와 B는 도체와 절연체를 순서 없이 나타낸 것이다.

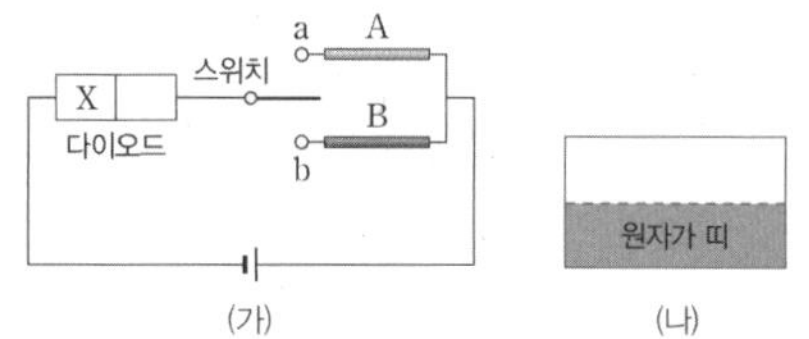

(가) (나)

이에 대한 설명으로 옳은 것만을 〈보기〉에서 있는 대로 고른 것은?

보기

ㄱ. X는 p형 반도체이다.
ㄴ. (나)는 A의 에너지띠 구조를 나타낸 것이다.
ㄷ. 전기 전도도는 B가 X보다 크다.

① ㄱ ② ㄴ ③ ㄱ, ㄷ
④ ㄴ, ㄷ ⑤ ㄱ, ㄴ, ㄷ

연계 분석 수능 13번 문항은 수능완성 64쪽 4번 문항과 연계하여 출제되었다. 두 문항 모두 그림 (가)에서는 전원 장치에 다이오드와 고체 막대인 도체와 절연체가 연결된 회로를, (나)에서는 고체의 에너지띠 구조를 제시했다는 점에서 매우 높은 유사성을 보인다. 수능 13번 문항은 (가)의 회로에서 스위치를 a 또는 b에 연결할 때 발광 다이오드에서 빛의 방출 여부를 나타내는 표를 추가하여 제시하였다는 점과 (나)에서 도체와 절연체의 에너지띠 구조를 함께 제시하였다는 점에서 수능완성 4번 문항과 일부 차이가 있다. 또한 수능 13번 문항은 발광 다이오드가 역방향으로 연결되었을 때 n형 반도체에 있는 전자의 운동 방향까지도 묻고 있다.

학습 대책 물질의 전기적 특성 단원에서는 다이오드의 연결 특성, 도체, 반도체, 절연체의 에너지띠 구조의 특성, 정류 회로의 특성 등을 명확히 이해하고 있는지를 물어보는 지식형 문항이 다수 출제되고 있다. 따라서 연계 교재의 문항을 풀 때, 그 문항의 보기뿐만 아니라 추가로 물어볼 수 있는 내용들을 더 생각하는 습관을 길러 연계 교재 내용을 변형시킨 문항에 대해서도 철저히 대비할 필요가 있다. 또한 최근 수능이나 모의평가에서 복잡한 형태의 회로가 제시된 문제들도 출제되고 있다. 회로를 분석할 때 다이오드에서는 p형 반도체에서 n형 반도체로 전류가 흐른다는 것을 적용하면 더 쉽게 문제를 해결할 수 있다.

2024학년도 대학수학능력시험 18번

18. 그림과 같이 가늘고 무한히 긴 직선 도선 A, B, C가 정삼각형을 이루며 xy 평면에 고정되어 있다. A, B, C에는 방향이 일정하고 세기가 각각 I_0, I_0, I_C인 전류가 흐른다. A에 흐르는 전류의 방향은 $+x$ 방향이다. 점 O는 A, B, C가 교차하는 점을 지나는 반지름이 $2d$인 원의 중심이고, 점 p, q, r는 원 위의 점이다. O에서 A에 흐르는 전류에 의한 자기장의 세기는 B_0이고, p, q에서 A, B, C에 흐르는 전류에 의한 자기장의 세기는 각각 0, $3B_0$이다.

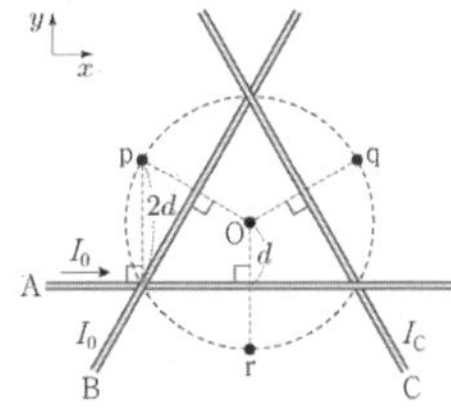

r에서 A, B, C에 흐르는 전류에 의한 자기장의 세기는? [3점]

① 0　② $\frac{1}{2}B_0$　③ B_0　④ $2B_0$　⑤ $3B_0$

2024학년도 EBS 수능특강 143쪽 5번

[23023-0189]

05 그림과 같이 무한히 긴 직선 도선 A, B, C가 xy 평면에 고정되어 있다. A, B, C에는 방향이 일정하고 세기가 각각 I_0, I_B, $2I_0$인 전류가 흐르고 있다. A에 흐르는 전류의 방향은 $+x$ 방향이다. 중심이 점 O인 원은 A, B, C가 만드는 정삼각형의 외접원이고, 원의 점 p, q, r에서 각각 O와 연결한 선은 B, C, A와 수직이다. 표는 p, q, r에서 A, B, C에 흐르는 전류에 의한 자기장의 세기를 나타낸 것이다. O에서 A에 흐르는 전류에 의한 자기장의 세기는 B_0이다.

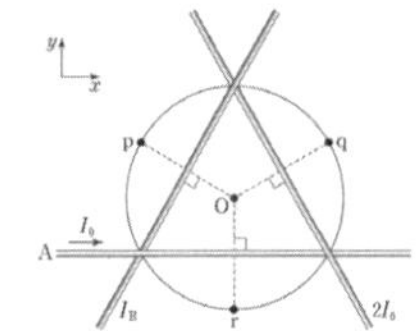

위치	A, B, C에 흐르는 전류에 의한 자기장의 세기
p	$\frac{3}{2}B_0$
q	$3B_0$
r	㉠

이에 대한 설명으로 옳은 것만을 〈보기〉에서 있는 대로 고른 것은?

보기
ㄱ. A, B, C에 흐르는 전류에 의한 자기장의 방향은 p에서와 q에서가 같다.
ㄴ. O에서 A, B, C에 흐르는 전류에 의한 자기장의 세기는 $2B_0$이다.
ㄷ. ㉠은 $\frac{3}{2}B_0$이다.

① ㄴ　② ㄷ　③ ㄱ, ㄴ　④ ㄱ, ㄷ　⑤ ㄱ, ㄴ, ㄷ

연계 분석 수능 18번 문항은 수능특강 143쪽 5번 문항과 연계하여 출제되었다. 두 문항 모두 가늘고 무한히 긴 직선 도선 A, B, C가 정삼각형을 이루며 xy 평면에 고정되어 있고, A, B, C에 일정한 전류가 흐르는 상황을 제시했다는 점에서 매우 높은 유사성을 보인다. 또한 풀이 과정에서도 B에 흐르는 전류의 방향을 임의로 한쪽 방향으로 가정했을 때 p, q에서 A, B, C에 흐르는 전류에 의한 자기장의 세기를 분석하여 모순된 상황을 찾으며 문제를 해결하는 과정이 있어 매우 유사하다고 볼 수 있다. 수능 18번 문항은 r에서 합성 자기장만을 묻고 있지만 수능특강 5번 문항은 자기장의 방향과 자기장의 세기 등을 종합적으로 묻고 있다는 점에서 일부 차이가 있다.

학습 대책 전류에 의한 자기장 단원은 매년 출제되는 개념이며, 직선 도선에 흐르는 전류에 의한 자기장, 원형 도선에 흐르는 전류에 의한 자기장, 직선 도선과 원형 도선이 함께 놓인 상황에서 전류에 의한 자기장 등 다양한 문제 상황에서 출제된다. 또한 3개 이상의 도선이 제시된 다소 까다로운 상황의 고난도 문항도 출제되고 있다. 따라서 개념에 대한 단순한 이해와 공식 적용을 넘어 핵심 개념을 정확하게 이해하고, 연계 교재를 통해 다양한 문제 상황을 접하면서 스스로 문제를 재구성하여 해결하는 학습을 하면 많은 도움이 될 것이다.

06 물질의 전기적 특성

1 원자와 전기력

(1) 원자의 구성 입자: 원자는 전자와 원자핵으로 이루어져 있다.

① **전자**: 톰슨은 음극선이 전기장과 자기장에 의해서 휘어지는 현상으로부터 음극선이 음(−)전하를 띤 입자의 흐름이라는 것을 알아내었다. 이 입자를 전자라고 한다.

- 톰슨의 음극선 실험 결과: 음극선은 전기장과 자기장의 영향을 모두 받는다.

전기장을 걸어 준 경우		자기장을 걸어 준 경우	
음극선 (−)극 (+)극	음극선에 전기장을 걸어 주면 음극선은 전기력에 의해 (+)극 쪽으로 휘어진다. ➡ 전기력을 받기 때문이다.	음극선 N극 S극	음극선에 자기장을 걸어 주면 음극선은 자기장에 의해 위쪽으로 휘어진다. ➡ 자기력을 받기 때문이다.

- 전자의 전하량의 크기(e): $e=1.6\times10^{-19}$ C(쿨롬) ➡ 기본 전하량이라고 한다.

② **원자핵**: 러더퍼드는 알파(α) 입자 산란 실험을 해석하여 '원자핵은 원자의 중심에 위치하며, 원자는 원자핵을 제외하면 거의 비어 있다.'는 사실을 알아내었다.

- 원자핵의 질량: 전자의 질량에 비해 매우 크다. ➡ 원자의 질량은 대부분 원자핵의 질량이다.
- 원자핵의 전하량: 양(+)전하를 띠며, 기본 전하량의 정수배이다.

과학 돋보기 러더퍼드 알파(α) 입자 산란 실험의 결과

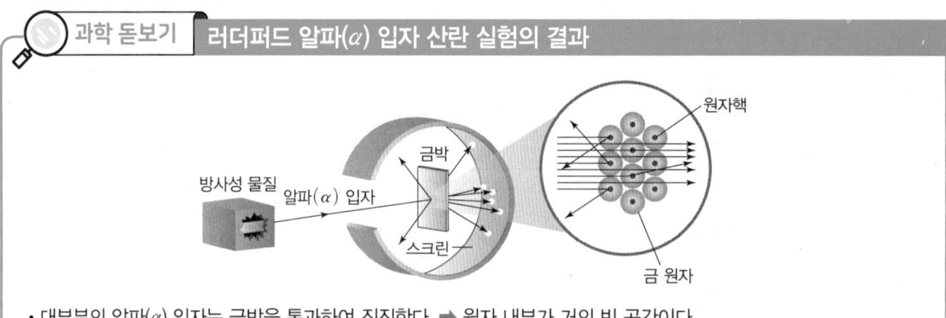

- 대부분의 알파(α) 입자는 금박을 통과하여 직진한다. ➡ 원자 내부가 거의 빈 공간이다.
- 소수의 알파(α) 입자가 큰 각도로 휘어지거나 입사 방향의 거의 정반대 방향으로 되돌아 나온다. ➡ 원자의 중심에 양(+)전하를 띤 입자가 좁은 공간에 존재한다.

과학 돋보기 원자 모형의 변천

원자 모형은 원자의 존재를 알게 된 이후부터 계속 변천되어 왔다.

톰슨 원자 모형(1904년)	러더퍼드 원자 모형(1911년)	보어 원자 모형(1913년)
원자가 양(+)전하를 띤 물질로 채워져 있고, 그 속에 전자들이 띄엄띄엄 박혀 있다.	전자가 원자핵을 중심으로 임의의 궤도에서 원운동을 한다.	전자가 원자핵을 중심으로 특정한 궤도에서 원운동을 한다.

개념 체크

◎ **원자의 구조**: 원자는 양(+)전하를 띠는 원자핵과 음(−)전하를 띠는 전자로 이루어져 있으며, 원자핵은 양(+)전하를 띠는 양성자와 전하를 띠지 않는 중성자로 구성되어 있다.

◎ **전자의 발견**: 톰슨은 음극선 실험을 통해 음극선이 음(−)전하를 띠고 있는 입자의 흐름이라는 것을 알아내었다.

◎ **원자핵의 발견**: 러더퍼드는 알파(α) 입자 산란 실험을 해석하여 원자의 중심에는 원자 질량의 대부분을 차지하고 양(+)전하를 띠고 있는 원자핵이 존재한다는 것을 알아내었다.

1. 원자는 원자핵과 (㉠)로 이루어져 있으며, 원자핵과 (㉠) 사이에는 서로 ㉡(당기는 , 미는) 전기력이 작용한다.

2. 톰슨의 음극선 실험에서 음극선에 전기장을 걸어 주면 음극선은 ( )극 쪽으로 휘어지므로, 음극선은 ( )전하를 띠는 입자의 흐름이다.

3. 원자핵은 ( )전하를 띠며, 원자의 질량은 대부분 (원자핵 , 전자)의 질량이다.

정답
1. ㉠ 전자, ㉡ 당기는
2. (+), 음(−)
3. 양(+), 원자핵

(2) 전기력: 전하 사이에 작용하는 힘이다.

① **전기력의 종류**: 인력(서로 당기는 힘)과 척력(서로 미는 힘) 두 종류가 있다. 다른 종류의 전하 사이에는 인력이 작용하고, 같은 종류의 전하 사이에는 척력이 작용한다.

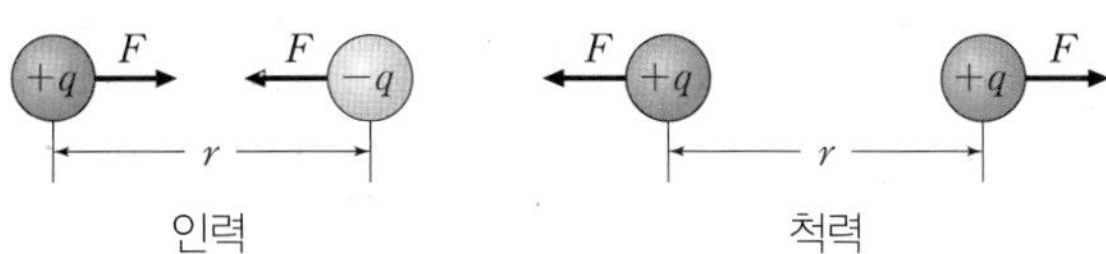

② **전기력의 크기(쿨롱 법칙)**: 두 점전하 사이에 작용하는 전기력의 크기는 두 점전하의 전하량의 크기의 곱에 비례하고, 두 점전하 사이의 거리의 제곱에 반비례한다. 전하량이 각각 q_1, q_2인 두 점전하 사이의 거리가 r일 때 두 점전하 사이에 작용하는 전기력의 크기 F는 다음과 같다.

$$F=k\frac{q_1q_2}{r^2}\ (\text{쿨롱 상수 } k=8.99\times10^9\ \text{N}\cdot\text{m}^2/\text{C}^2)$$

탐구자료 살펴보기 **쿨롱 실험**

쿨롱은 두 전하 사이에 작용하는 전기력의 크기를 측정하기 위해 그림과 같은 비틀림 저울을 이용하였다.

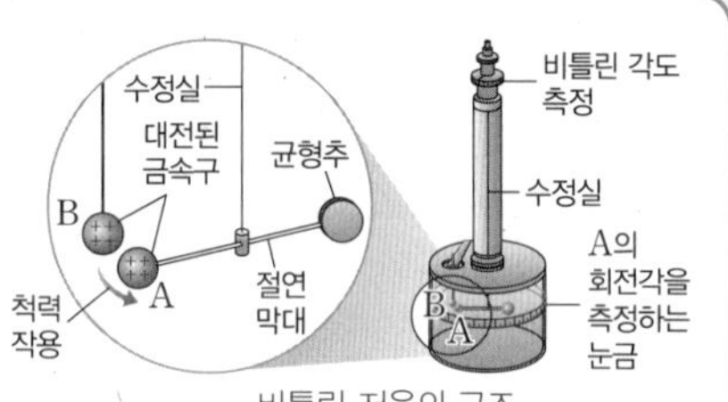

비틀림 저울의 구조

분석 1

• 대전된 두 금속구 A와 B를 서로 가까이하면 A가 전기력을 받아 회전하므로 A를 매단 수정실이 비틀리게 된다. 이때 나사를 반대로 돌려서 A가 다시 제자리에 돌아오게 하면 A가 회전한 각도를 알 수 있다.

분석 2

• 수정실의 탄성력의 크기는 수정실이 비틀린 각도에 비례하므로, 이 탄성력과 A와 B 사이에 작용하는 전기력이 평형을 이루는 곳에서 A가 정지할 것이다. 따라서 수정실이 비틀린 각도를 측정하면 A와 B 사이에 작용하는 전기력의 크기를 측정할 수 있다.

point

• 두 금속구가 같은 종류의 전하를 띠면 척력이 작용하여 밀려나고, 다른 종류의 전하를 띠면 인력이 작용하여 당겨진다.
• 밀리거나 당겨진 각도를 측정하여 전기력의 크기를 측정하면 두 전하 사이에 작용하는 전기력의 크기는 두 전하의 전하량의 크기의 곱에 비례하고, 두 전하 사이의 거리의 제곱에 반비례한다.

(3) 원자에 속박된 전자

① **원자핵과 전자 사이에 작용하는 전기력**: 원자의 중심에는 양(+)전하를 띠는 무거운 원자핵이 있고, 그 주위를 음(−)전하를 띠는 전자가 돌고 있다. 원자핵은 양(+)전하를 띠고, 전자는 음(−)전하를 띠고 있으므로 원자핵과 전자 사이에는 서로 당기는 전기력이 작용하여 전자가 원자핵 주위를 벗어나지 않고 돌 수 있다.

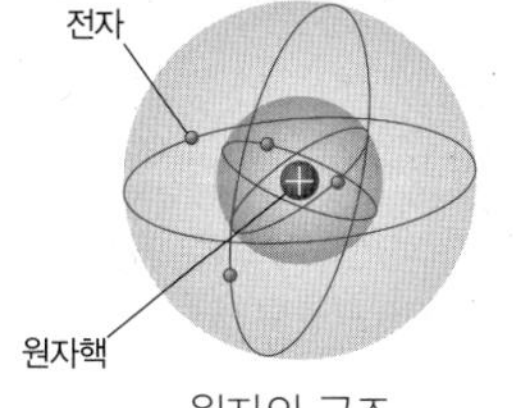

원자의 구조

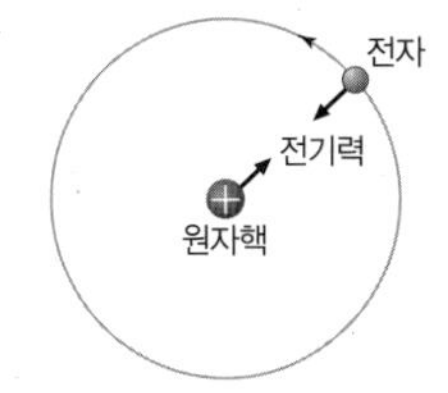

원자핵과 전자 사이의 전기력

개념 체크

● **전기력의 종류**: 다른 종류의 전하 사이에는 인력이, 같은 종류의 전하 사이에는 척력이 작용한다.
● **전기력의 크기(쿨롱 법칙)**: 두 점전하 사이에 작용하는 전기력의 크기는 두 점전하의 전하량의 크기의 곱에 비례하고, 두 점전하 사이의 거리의 제곱에 반비례한다.

1. 같은 종류의 전하 사이에는 서로 (당기는 , 미는) 전기력이 작용하고, 다른 종류의 전하 사이에는 서로 (당기는 , 미는) 전기력이 작용한다.

2. 두 점전하 사이에 작용하는 전기력의 크기는 두 점전하의 전하량의 크기의 곱에 (비례 , 반비례)하고, 두 점전하 사이의 거리의 제곱에 (비례 , 반비례)한다.

3. 원자에서 원자핵과 전자 사이에는 당기는 (   )이 작용하여 전자가 원자핵 주위를 벗어나지 않고 돌 수 있다.

정답
1. 미는, 당기는
2. 비례, 반비례
3. 전기력

개념 체크

● **마찰 전기**: 서로 다른 두 물체를 마찰시킬 때 발생되는 전기로, 물체를 마찰시키면 전자의 이동에 의해 전자를 잃은 물체는 양(+)전하로 대전되고, 전자를 얻은 물체는 음(−)전하로 대전된다.

1. 서로 다른 두 물체를 마찰시킬 때, 전자를 잃은 물체는 (   )전하로 대전되고, 전자를 얻은 물체는 (   )전하로 대전된다.

2. 그림과 같이 점전하 A, B가 x축상에 고정되어 있다. A에 작용하는 전기력의 방향은 $+x$ 방향이고, A에 작용하는 전기력의 크기는 F이다.

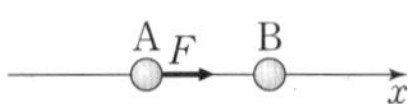

B에 작용하는 전기력의 방향은 (   ) 방향이고, B에 작용하는 전기력의 크기는 (   )이다.

3. 그림과 같이 점전하 A, B, C가 x축상에 고정되어 있다. B에 작용하는 전기력은 0이고, A와 B 사이의 거리는 B와 C 사이의 거리보다 작다.

A와 C는 서로 (같은 , 다른) 종류의 전하를 띠며, 전하량의 크기는 A가 C보다 (작다 , 크다).

정답

1. 양(+), 음(−)
2. $-x$, F
3. 같은, 작다

탐구자료 살펴보기 전기력의 종류

과정

(1) 그림 (가)와 같이 털가죽으로 동일한 플라스틱 빨대 A, B를 각각 여러 번 문지른다.
(2) 그림 (나)와 같이 A를 플라스틱 통 위에 놓고, B를 A의 한쪽 끝에 가까이 가져가면서 A의 움직임을 관찰한다.
(3) 그림 (다)와 같이 과정 (2)에서 B 대신 빨대를 문지른 털가죽을 A의 한쪽 끝에 가까이 가져가면서 A의 움직임을 관찰한다.

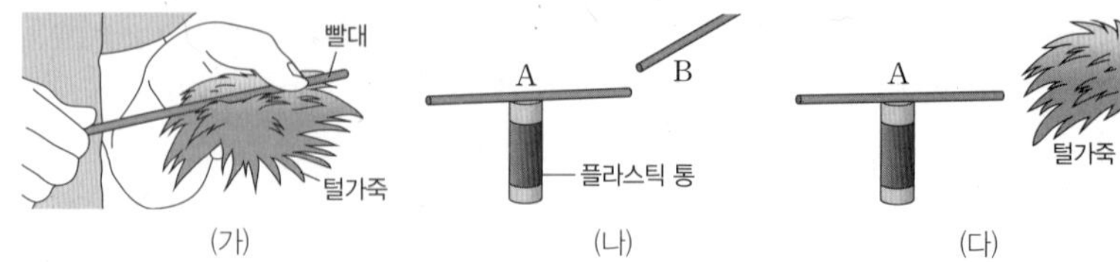

(가) (나) (다)

결과

• 과정 (2)에서 A는 B로부터 멀어지는 방향으로 회전한다.
• 과정 (3)에서 A는 털가죽에 가까워지는 방향으로 회전한다.

point

• 털가죽으로 A, B를 각각 여러 번 문지르면 A, B는 같은 종류의 전하로 대전되고, 털가죽은 A, B와 다른 종류의 전하로 대전된다.
• 같은 종류의 전하로 대전된 물체 사이에는 서로 미는 전기력(척력)이 작용한다.
• 다른 종류의 전하로 대전된 물체 사이에는 서로 당기는 전기력(인력)이 작용한다.

과학 돋보기 두 점전하로부터 받는 전기력이 0인 지점 찾기

① 두 점전하 A, B 사이에 있는 점전하 C에 작용하는 전기력이 0인 경우
  • A와 B의 전하의 종류는 같다.
  • A와 B의 전하량의 크기가 같으면 C가 받는 전기력이 0인 지점은 A와 B의 중간 지점에 있다.
  • 전하량의 크기가 A가 B보다 크면 C가 받는 전기력이 0인 지점은 A와 B의 중간 지점과 B 사이에 있다.
  • 전하량의 크기가 A가 B보다 작으면 C가 받는 전기력이 0인 지점은 A와 B의 중간 지점과 A 사이에 있다.

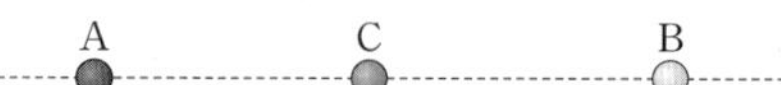

② 점전하 A의 왼쪽에 있는 점전하 C에 작용하는 전기력이 0인 경우: C로부터 멀리 떨어져 있는 B의 전하량의 크기가 C로부터 가까이 있는 A의 전하량의 크기보다 크고, A와 B의 전하의 종류는 다르다.

③ 점전하 B의 오른쪽에 있는 점전하 C에 작용하는 전기력이 0인 경우: C로부터 멀리 떨어져 있는 A의 전하량의 크기가 C로부터 가까이 있는 B의 전하량의 크기보다 크고, A와 B의 전하의 종류는 다르다.

point

• ①에서 점전하 C가 받는 전기력이 0인 경우, A와 B의 전하의 종류는 서로 같고, 전하량의 크기가 작은 점전하와 가까운 지점에 C가 위치한다.
• ②와 ③에서 점전하 C가 받는 전기력이 0인 경우, A와 B의 전하의 종류는 서로 다르고, 전하량의 크기가 작은 점전하와 가까운 지점에 C가 위치한다.

2 원자와 스펙트럼

(1) **스펙트럼**: 빛이 파장에 따라 분리되어 나타나는 색의 띠이다.

(2) **스펙트럼의 종류**

① **연속 스펙트럼**: 색의 띠가 모든 파장에서 연속적으로 나타나는 스펙트럼이다.

예 햇빛, 백열등과 같은 높은 온도의 물체에서 나오는 빛의 스펙트럼

② **선 스펙트럼**: 기체 방전관에서 나오는 빛의 스펙트럼으로, 특정한 위치에 파장이 다른 밝은 선이 띄엄띄엄 나타나는 스펙트럼이다.

예 수소, 네온 등과 같은 기체가 채워진 방전관에서 나오는 빛의 스펙트럼

- 원소의 종류에 따라 밝은 선의 위치, 밝은 선의 개수가 다르다.
- 선 스펙트럼을 분석하여 원소의 종류를 알 수 있다.

③ **흡수 스펙트럼**: 연속 스펙트럼을 나타내는 빛을 온도가 낮은 기체에 통과시켰을 때 기체가 특정한 파장의 빛을 흡수하여 연속 스펙트럼에 검은 선이 나타나는 스펙트럼이다.

- 별빛의 흡수 스펙트럼을 조사하면 별 표면에 있는 기체의 종류를 알 수 있다.
- 태양광의 흡수 스펙트럼에 수소의 흡수 스펙트럼이 포함된 것으로 보아, 태양 주변에는 수소 기체가 있음을 알 수 있다.

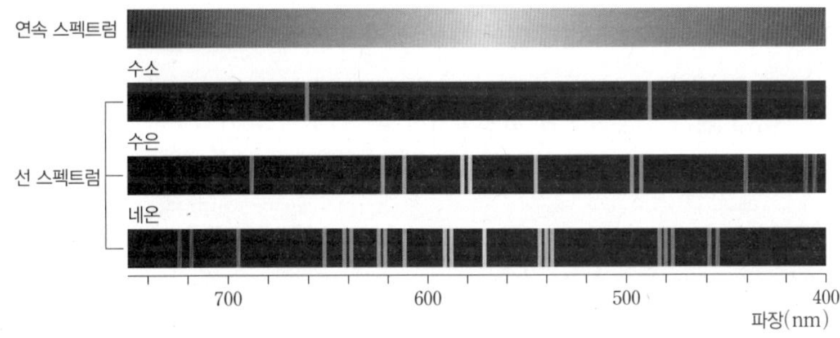

(3) **에너지 준위와 선 스펙트럼의 관계**: 수소 원자의 전자는 양자수 n으로 구분되는 다양한 궤도 사이에서 빛에너지를 흡수하면 더 높은 궤도로 전이하고, 더 낮은 궤도로 전이할 때에는 빛에너지를 방출한다. 이때 방출하는 빛의 파장은 선 스펙트럼의 분석을 통해 알 수 있다.

탐구자료 살펴보기 여러 가지 기체 방전관의 스펙트럼 관찰하기

과정

(1) 햇빛의 스펙트럼을 간이 분광기로 관찰한다.
(2) 수소, 헬륨, 네온 등 다양한 기체의 방전관에서 나오는 빛을 간이 분광기로 관찰한다.

결과

햇빛	수소	헬륨	네온
→ 파장 증가	→ 파장 증가	→ 파장 증가	→ 파장 증가

point

- 햇빛의 스펙트럼은 모든 색깔의 빛이 연속적으로 나타나는 연속 스펙트럼이고, 기체 방전관의 스펙트럼은 특정한 색깔의 빛이 띄엄띄엄 나타나는 선 스펙트럼이다.
- 기체의 종류에 따라 선의 개수, 위치, 굵기, 간격 등이 다른 까닭은 기체마다 원자 구조와 전자 배치가 달라서 원자가 방출하는 빛의 파장이 다르기 때문이다.

개념 체크

- **연속 스펙트럼**: 햇빛, 백열등과 같은 높은 온도의 물체에서 나오는 빛을 분광기로 관찰할 때 색의 띠가 모든 파장에서 연속적으로 나타나는 스펙트럼이다.
- **선 스펙트럼**: 수소, 네온 등과 같은 기체가 채워진 방전관에서 나오는 빛을 분광기로 관찰할 때 특정한 위치에 밝은색의 선이 띄엄띄엄 나타나는 스펙트럼이다.

1. (   ) 스펙트럼은 색의 띠가 모든 파장에서 연속적으로 나타나고, (   ) 스펙트럼은 특정한 위치에 파장이 다른 밝은 선이 띄엄띄엄 나타난다.

2. (   ) 스펙트럼은 연속 스펙트럼을 나타내는 빛을 온도가 낮은 기체에 통과시켰을 때 기체가 특정한 파장의 빛을 (방출 , 흡수)하여 연속 스펙트럼에 (검은 선 , 밝은 선)이 나타난다.

3. 수소 원자의 전자가 빛에너지를 (방출 , 흡수)하면 더 높은 궤도로 전이하고, 빛에너지를 (방출 , 흡수)하면 더 낮은 궤도로 전이한다.

정답

1. 연속, 선
2. 흡수, 흡수, 검은 선
3. 흡수, 방출

개념 체크

◎ **에너지 준위**: 원자 내 전자가 가지는 에너지 값 또는 에너지 상태를 말한다. 양자수 n의 값에 따라 불연속적인 값을 가지며, n이 커질수록 에너지 준위도 높아진다.
◎ **광자의 에너지**: 진동수가 f, 파장이 λ인 광자 1개의 에너지 $E=hf=\frac{hc}{\lambda}$(h: 플랑크 상수, c: 진공에서 빛의 속력)이다.
◎ **스펙트럼의 파장**: 전자가 양자수 m, n인 에너지 준위 사이를 전이할 때 방출 또는 흡수하는 빛의 파장 $\lambda=\frac{hc}{|E_m-E_n|}$이다.

1. 보어의 수소 원자 모형에서 전자의 에너지 준위는 (연속적 , 불연속적)이고, 양자수가 클수록 전자의 에너지 준위가 (낮다 , 높다).

2. 진동수가 f인 광자 1개의 에너지가 E일 때, 진동수가 $2f$인 광자 1개의 에너지는 (   )이다.

3. 전자가 전이할 때 방출하거나 흡수하는 빛의 파장은 전이하는 두 에너지 준위 차가 클수록 (길다 , 짧다).

4. 전자가 에너지 준위가 E_1인 궤도에서 에너지 준위가 E_2인 궤도로 전이하면서 방출하는 빛의 진동수는 (   )이다. (단, 플랑크 상수는 h이다.)

정답
1. 불연속적, 높다
2. $2E$
3. 짧다
4. $\frac{|E_1-E_2|}{h}$

(4) 원자의 에너지 준위

① **보어의 원자 모형**: 원자의 중심에 있는 원자핵 주위를 전자가 돌고 있으며, 전자는 특정 궤도에서 원운동을 한다.
➡ 전자가 전자기파를 방출하지 않고 안정하게 존재한다.

② **궤도와 양자수**: 원자핵에서 가장 가까운 궤도부터 $n=1$, $n=2$, $n=3$, …인 궤도라고 부르며, $n=1, 2, 3, \cdots$을 양자수라고 한다.

③ **에너지의 양자화**: 전자는 양자수와 관련된 특정한 에너지 값만을 가질 수 있다.

④ **에너지 준위**: 원자 내 전자가 가지는 에너지 값 또는 에너지 상태를 말한다. 양자수 n의 값에 따라 불연속적인 값을 가지며, 양자수 n이 커질수록 에너지 준위도 높아진다.

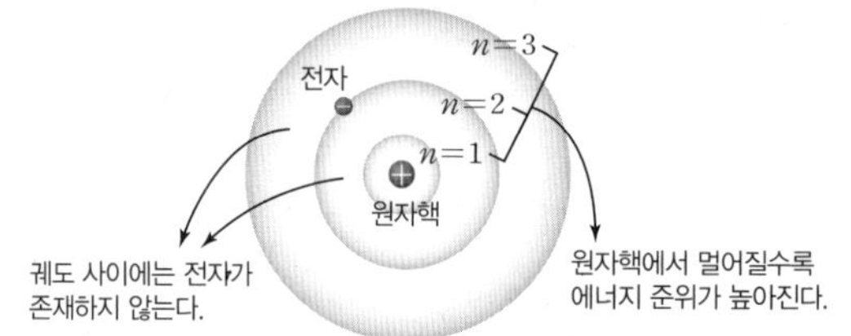

수소 원자에서 전자의 에너지 상태
- $n=1$일 때: 바닥상태
  ➡ 가장 낮은 에너지 상태
- $n\geq2$일 때: 들뜬상태
  ➡ 바닥상태에서 에너지를 흡수한 상태

수소 원자 내의 궤도와 에너지의 양자화

(5) 전자의 전이: 전자가 에너지 준위 사이를 이동하는 것을 말한다.

① **전자의 이동**: 전자는 두 에너지 준위의 차에 해당하는 에너지를 흡수하거나 방출하여 에너지 준위 사이를 이동한다.
➡ 방출하는 빛의 에너지가 클수록 진동수가 크고, 파장은 짧다.

에너지를 흡수할 때	에너지를 방출할 때
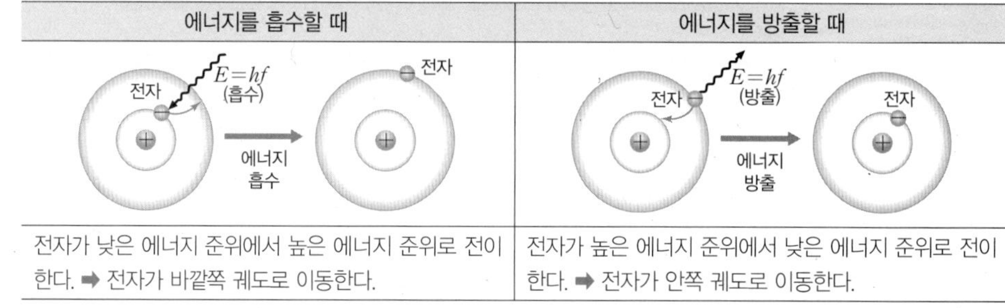	
전자가 낮은 에너지 준위에서 높은 에너지 준위로 전이한다. ➡ 전자가 바깥쪽 궤도로 이동한다.	전자가 높은 에너지 준위에서 낮은 에너지 준위로 전이한다. ➡ 전자가 안쪽 궤도로 이동한다.

② **원자의 선 스펙트럼**: 원자의 에너지 준위가 불연속적이므로 원자에서 방출되는 전자기파의 스펙트럼은 밝은 선이 띄엄띄엄 나타나는 선 스펙트럼이다.
➡ 원자의 선 스펙트럼은 원자의 에너지 준위가 양자화되어 있음을 의미한다.

- 광자의 에너지: 진동수가 f인 광자 1개의 에너지 E는 다음과 같다.

$$E=hf=\frac{hc}{\lambda}\ (h\text{: 플랑크 상수, }c\text{: 진공에서 빛의 속력})$$

- 스펙트럼의 파장: 양자수 m, n인 에너지 준위에 있는 전자의 에너지를 각각 E_m, E_n이라고 하면, 전자가 양자수 m, n인 에너지 준위 사이를 전이할 때 방출 또는 흡수하는 빛의 파장 λ는 다음과 같다.

$$hf=\frac{hc}{\lambda}=|E_m-E_n| \Rightarrow \lambda=\frac{hc}{|E_m-E_n|}$$

- 원자의 종류에 따라 에너지 준위의 분포가 다르므로 선 스펙트럼을 분석하여 빛을 방출하는 원자의 종류를 알 수 있다.

(6) 수소의 선 스펙트럼

① **수소 원자의 에너지 준위:** 수소 원자의 에너지 준위는 불연속적이며, 다음과 같다.

$$E_n = -\frac{13.6}{n^2}\text{ eV (단, } n=1, 2, 3, \cdots)$$

② **수소의 선 스펙트럼 계열:** 전자가 들뜬상태에서 보다 안정한 상태로 전이할 때 선 스펙트럼이 나타나며, 라이먼 계열, 발머 계열, 파셴 계열 등으로 구분한다.

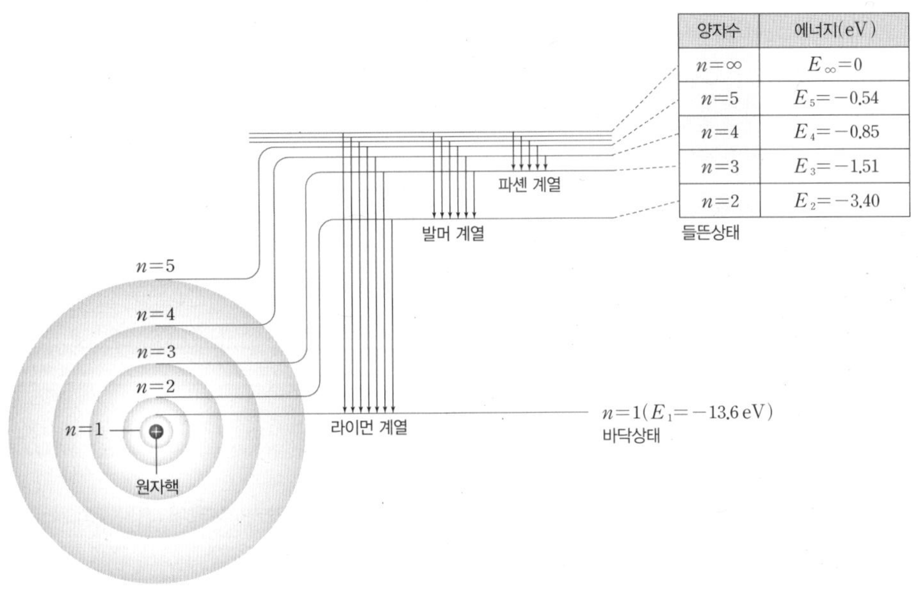

수소 원자에서 전자 궤도의 에너지 분포와 선 스펙트럼 계열

구분	라이먼 계열	발머 계열	파셴 계열
전자의 전이	전자가 $n \geq 2$인 궤도에서 $n=1$인 궤도로 전이할 때	전자가 $n \geq 3$인 궤도에서 $n=2$인 궤도로 전이할 때	전자가 $n \geq 4$인 궤도에서 $n=3$인 궤도로 전이할 때
방출되는 빛	자외선 영역	가시광선을 포함하는 영역	적외선 영역

과학 돋보기 **수소 원자에서 방출되는 빛의 선 스펙트럼 분석**

수소 원자에서 방출되는 빛의 선 스펙트럼은 다음과 같다.

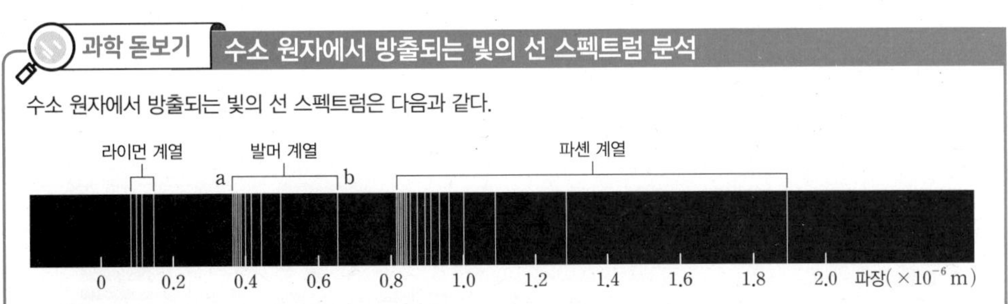

- 전자가 전이할 때 방출하는 광자 1개의 에너지가 클수록 빛의 파장은 짧다.
- 에너지 비교: 라이먼 계열 > 발머 계열 > 파셴 계열
- 진동수 비교: 라이먼 계열 > 발머 계열 > 파셴 계열
- 파장 비교: 라이먼 계열 < 발머 계열 < 파셴 계열
- 발머 계열에서 파장이 가장 짧은 a는 양자수 $n=\infty$에서 양자수 $n=2$인 궤도로 전자가 전이할 때 방출하는 빛이고, 파장이 가장 긴 b는 양자수 $n=3$에서 양자수 $n=2$인 궤도로 전자가 전이할 때 방출하는 빛이다.

개념 체크

- **수소의 선 스펙트럼**: 전자가 들뜬상태에서 보다 안정한 상태로 전이할 때 선 스펙트럼이 나타나며, 라이먼 계열, 발머 계열, 파셴 계열 등으로 구분한다.
- **발머 계열**: 전자가 $n \geq 3$인 궤도에서 $n=2$인 궤도로 전이할 때 방출하는 스펙트럼으로, 가시광선을 포함하는 영역이다.

1. 수소 원자의 에너지 준위는 양자수 $n=1$일 때가 $n=2$일 때보다 (작다 , 크다).

2. 보어의 수소 원자 모형에서 전자가 양자수 $n \geq 2$인 궤도에서 $n=1$인 궤도로 전이할 때 방출하는 빛은 (   ) 영역이고, 양자수 $n \geq 4$인 궤도에서 $n=3$인 궤도로 전이할 때 방출하는 빛은 (   ) 영역이다.

3. 보어의 수소 원자 모형에서 전자가 $n=4$인 궤도에서 $n=2$인 궤도로 전이할 때 방출하는 빛의 파장은 전자가 $n=3$인 궤도에서 $n=2$인 궤도로 전이할 때 방출하는 빛의 파장보다 (길다 , 짧다).

정답
1. 작다
2. 자외선, 적외선
3. 짧다

과학 돋보기 **형광등에서의 전자의 전이**

형광등은 진공 상태의 유리관에 아르곤과 수은 기체를 넣고 밀봉한 것으로, 유리관 안쪽 벽에는 형광 물질이 칠해져 있다. 양 끝 전극에 전압을 걸어 주면 열전자가 방출되고, 열전자가 수은 원자와 충돌하면 원자가 열전자의 에너지를 흡수하여 수은 원자의 전자가 들뜬상태로 전이하고, 전자는 자외선을 방출하면서 안정한 상태로 전이한다. 수은에서 방출된 자외선은 형광 물질에 에너지를 전달하여 전자가 들뜬상태로 전이하고, 전자는 낮은 에너지 준위로 전이하면서 가시광선을 방출한다.

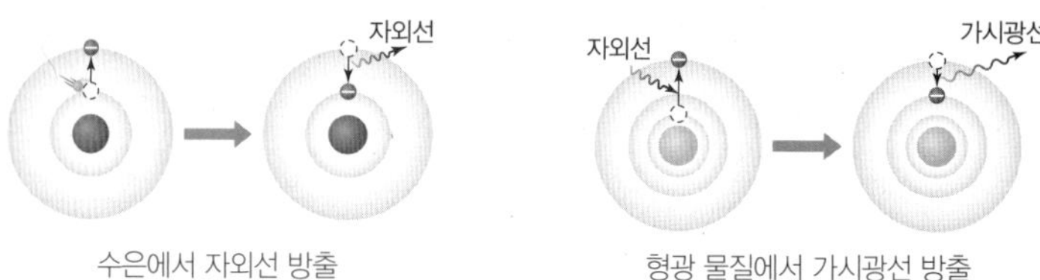

수은에서 자외선 방출　　형광 물질에서 가시광선 방출

3 에너지띠 이론과 물질의 전기 전도성

(1) 고체의 에너지띠

① **기체 원자의 에너지 준위**: 원자들이 서로 멀리 떨어져 있어 한 원자가 다른 원자에 영향을 주지 않으므로 같은 종류의 기체 원자는 에너지 준위 분포가 같다.

② **고체 원자의 에너지 준위**: 원자 사이의 거리가 매우 가까워지면 인접한 원자들의 전자 궤도가 겹치게 되어 에너지 준위가 겹치게 된다.

- 에너지 준위의 변화: 파울리 배타 원리에 의하면 하나의 양자 상태에 전자 2개가 있을 수 없다. 따라서 전자의 에너지 준위는 미세한 차를 두면서 존재한다.
- 에너지띠: 전자의 에너지 준위가 매우 가깝게 존재하여 연속적인 것으로 취급할 수 있는 에너지 준위의 영역으로, 고체 내의 전자들은 에너지띠가 있는 영역의 에너지만 가질 수 있다.

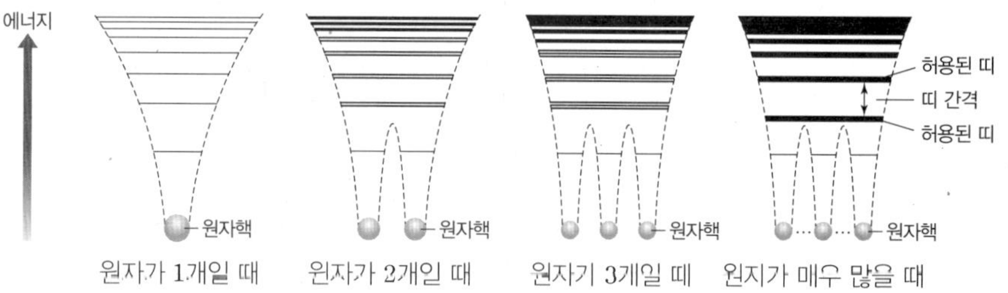

원자가 1개일 때　원자가 2개일 때　원자가 3개일 때　원자가 매우 많을 때

(2) 에너지띠의 구조

① **허용된 띠**: 전자가 존재할 수 있는 영역으로, 온도가 0 K인 상태에서 원자 내부의 전자들은 허용된 띠의 에너지가 낮은 부분부터 채워 나간다.

에너지 / 전자가 채워지지 않은 띠 / 전도띠 – 허용된 띠 / 띠 간격 / 원자가 띠 – 허용된 띠 / 전자가 채워진 띠

- 원자가 띠: 원자의 가장 바깥쪽에 원자가 전자가 차지하는 에너지띠로, 전자가 채워져 있고 원자가 띠에 있는 전자들은 모든 에너지 준위에 차 있어 자유롭게 움직이지 못한다.
- 전도띠: 원자가 띠 위에 있는 에너지띠로, 원자가 띠에 있는 전자는 띠 간격 이상의 에너지를 흡수하여 전도띠로 전이할 수 있고, 작은 에너지만 주어도 자유롭게 움직일 수 있는 자유 전자가 된다.

② **띠 간격**: 에너지띠 사이의 간격으로, 전자는 이 영역의 에너지 준위를 가질 수 없다.

개념 체크

고체의 에너지띠: 고체에서 전자의 에너지 준위가 매우 가깝게 존재하여 연속적인 것으로 취급할 수 있는 에너지 준위의 영역으로, 고체 내의 전자들은 에너지띠가 있는 영역의 에너지만 가질 수 있다.

원자가 띠: 원자의 가장 바깥쪽에 원자가 전자가 차지하는 에너지띠이다.

전도띠: 원자가 띠 위에 있는 에너지띠이다.

1. 고체의 (　　)는 전자의 에너지 준위가 매우 가깝게 존재하여 (연속 , 불연속)적인 것으로 취급할 수 있는 에너지 준위의 영역이다.

2. (㉠)는 원자의 가장 바깥쪽에 있는 원자가 전자가 차지하는 에너지띠이며, 전자가 (㉠)에서 전도띠로 전이할 때 에너지를 ㉡(방출 , 흡수)한다.

3. 에너지띠 사이의 에너지 간격을 (㉠)이라 하고, 전자는 (㉠) 영역에 해당하는 에너지 준위를 가질 수 ㉡(있다 , 없다).

정답
1. 에너지띠, 연속
2. ㉠ 원자가 띠, ㉡ 흡수
3. ㉠ 띠 간격, ㉡ 없다

(3) 고체의 전기 전도성

① **고체의 전기 전도성**: 전자가 모두 채워져 있는 원자가 띠에 해당하는 에너지를 갖는 전자는 자유롭게 움직이지 못하지만, 비어 있는 전도띠로 전이된 전자는 전류를 흐르게 할 수 있다.
➡ 에너지띠 구조의 차이에 의해 전기 전도성이 달라진다.

② **자유 전자와 양공**: 자유 전자와 양공에 의해서 전류가 흐른다.

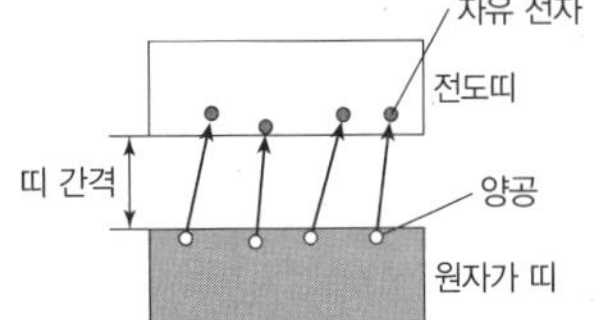

- 자유 전자: 원자가 띠에 있던 전자가 띠 간격 이상의 에너지를 얻으면 전자는 전도띠로 전이하여 자유롭게 움직이는 자유 전자가 된다.
- 양공: 원자가 띠에 전자가 채워질 수 있는 빈자리로, 이웃한 전자가 채워지면서 움직일 수 있기 때문에 양(+)전하를 띤 입자 같은 역할을 한다.

③ 고체의 전기 전도성과 에너지띠 구조

구분	도체	절연체(부도체)	반도체
정의	전기가 잘 통하는 물질 (전기 전도성이 좋은 물질)	전기가 잘 통하지 않는 물질 (전기 전도성이 좋지 않은 물질)	전기 전도성이 도체와 절연체의 중간 정도인 물질
전기 저항	매우 작다.	매우 크다.	절연체보다 작다.
예	은, 구리, 알루미늄	유리, 다이아몬드	규소(Si), 저마늄(Ge)
에너지띠 구조	에너지 / 전도띠 / 원자가 띠	에너지 / 전도띠 / 띠 간격(넓다) / 원자가 띠	에너지 / 전도띠 / 띠 간격(좁다) / 원자가 띠
	원자가 띠의 일부분만 전자로 채워져 있거나, 원자가 띠와 전도띠가 일부 겹쳐 있어 상온에서도 비교적 많은 자유 전자들이 자유롭게 이동할 수 있다.	원자가 띠가 모두 전자로 채워져 있고, 원자가 띠와 전도띠 사이의 띠 간격이 매우 넓다.	원자가 띠가 모두 전자로 채워져 있고, 원자가 띠와 전도띠 사이의 띠 간격이 좁다.
전자의 이동	• 약간의 에너지만 흡수해도 전자가 쉽게 전도띠로 전이하여 고체 안을 자유롭게 이동하므로 전류가 잘 흐른다. • 원자가 띠에 전자가 부분적으로 채워져 있어 전자가 자유롭게 움직일 수 있으므로 전류가 잘 흐른다.	전류가 흐르기 위해서는 원자가 띠의 전자가 띠 간격 이상의 에너지를 얻어 전도띠로 전이해야 한다. 띠 간격이 넓어 상온일 때 원자가 띠에서 전도띠로 전자의 전이가 일어나지 않는다.	띠 간격이 좁아 상온일 때 원자가 띠에서 전도띠로 전자가 전이될 가능성이 있다.

- 전류가 흐르는 반도체 내부에서는 원자가 띠에 머물러있던 전자가 전도띠로 전이되면 자유 전자가 되어 전류를 흐를 수 있게 해 주고, 원자가 띠에서 전자의 빈자리인 양공도 전류를 흐를 수 있게 해 준다. 따라서 그림과 같이 반도체의 경우 자유 전자와 양공 모두 전하를 운반할 수 있는 전하 운반자(전하 나르개)의 역할을 할 수 있다.

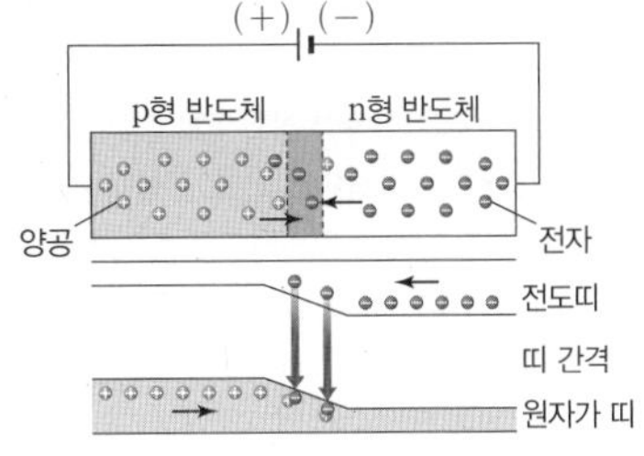

개념 체크

◉ **도체**: 원자가 띠의 일부분만 전자로 채워져 있거나, 원자가 띠와 전도띠가 일부 겹쳐 있어 상온에서도 비교적 많은 자유 전자들이 자유롭게 이동할 수 있는 물질이다.

◉ **절연체**: 원자가 띠와 전도띠 사이의 띠 간격이 매우 넓고, 상온에서 전도띠에 전자가 거의 분포하지 않는 물질이다.

◉ **반도체**: 원자가 띠와 전도띠 사이의 띠 간격이 절연체에 비해 좁아서 상온에서 전도띠에 전자가 약간 분포하는 물질이다.

1. 원자가 띠와 전도띠 사이의 띠 간격에 따라 (㉠)이 달라지며, (㉠)은 도체가 절연체보다 ㉡(나쁘다 , 좋다).

2. 원자가 띠에 있는 전자가 ( ) 이상의 에너지를 (방출 , 흡수)하여 ( )로 전이하면 자유롭게 움직일 수 있는 자유 전자가 된다.

3. ( )는 원자가 띠의 일부분만 전자로 채워져 있거나, 원자가 띠와 전도띠가 일부 겹쳐 있다.

4. 원자가 띠와 전도띠 사이의 띠 간격은 절연체가 반도체보다 (넓다 , 좁다).

정답
1. ㉠ 전기 전도성, ㉡ 좋다
2. 띠 간격, 흡수, 전도띠
3. 도체
4. 넓다

개념 체크

◎ **전기 전도도**: 물질의 전기 전도성을 정량적으로 나타낸 물리량으로, 외부 전압에 의해 물체에서 전자가 자유롭게 이동할 수 있는 정도를 의미한다.

1. (㉠)는 물질의 전기 전도성을 정량적으로 나타낸 물리량이고, (㉠)는 도체가 절연체보다 ㉡(작다 , 크다).

2. 비저항이 ρ, 길이가 l, 단면적이 A인 물체의 전기 저항은 (　　)이다.

3. (　　)는 온도가 높아질수록 비저항이 감소하며, 대표적인 물질로는 규소, 저마늄이 있다.

④ 전기 전도도(σ): 물질의 전기 전도성을 정량적으로 나타낸 물리량이며 물질의 고유한 성질로, 외부 전압에 의해 물체에서 전자가 자유롭게 이동할 수 있는 정도를 의미한다.

- 비저항(ρ): 일정한 온도에서 물체의 저항값 R는 물체의 길이 l에 비례하고, 단면적 A에 반비례한다. 이때의 비례 상수 ρ를 비저항이라고 한다. ➡ $R=\rho\frac{l}{A}$
- 전기 전도도(σ): 전기 전도도는 비저항의 역수와 같다. ➡ $\sigma=\frac{1}{\rho}=\frac{l}{RA}$ [단위: $\Omega^{-1}\cdot m^{-1}$]

탐구자료 살펴보기 여러 가지 고체의 전기 전도도 측정

과정

(1) 그림과 같이 구리선, 전지, 전류계, 전압계로 회로를 구성한다.
(2) 구리선에 흐르는 전류와 구리선 양단의 전압을 측정하여 옴의 법칙 ($V=IR$)으로 저항값을 구한다.
(3) 구리선의 길이와 단면적을 측정하여 전기 전도도를 계산한다.
(4) 구리선 대신 여러 가지 물질로 바꿔 가며 전기 전도도를 계산한다.

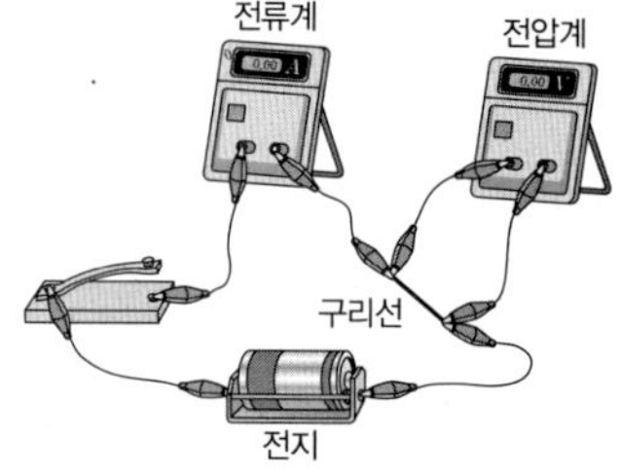

결과

물질	전기 전도도(단위: $\Omega^{-1}\cdot m^{-1}$)	물질	전기 전도도(단위: $\Omega^{-1}\cdot m^{-1}$)
은	6.30×10^{7}	저마늄(Ge)	2.17
구리	5.96×10^{7}	규소(Si)	1.56×10^{-3}
알루미늄	3.50×10^{7}	유리	$10^{-11}\sim10^{-15}$
철	1.00×10^{7}	고무	10^{-14}

[출처: Serway R. A. Principle of Physics, Saunders College]

point

- 은, 구리, 알루미늄, 철 등 금속 물질은 전기 전도도가 매우 커서 전류가 잘 흐른다.
- 유리, 고무 등은 전기 전도도가 매우 작아 전류가 흐르지 못한다.
- 저마늄, 규소는 전기 전도도가 은, 구리, 알루미늄, 철보다 작고, 유리, 고무보다 크다.
- 은, 구리, 알루미늄, 철과 같이 전기 전도도가 큰 물질을 도체라 하고, 유리, 고무와 같이 전기 전도도가 작은 물질을 절연체(부도체)라고 한다. 그리고 저마늄이나 규소와 같이 전기 전도도가 도체와 절연체의 중간인 물질을 반도체라고 한다.

과학 돋보기 온도에 따른 고체의 전기 전도도

- 도체: 일반적으로 온도가 높아질수록 비저항이 증가한다. 즉, 온도가 높아질수록 전기 저항이 증가하므로 전기 전도도는 감소한다.
  ➡ 원자의 운동이 활발해져 전자가 원자 사이를 통과하기 어려워지기 때문이다.
- 반도체: 일반적으로 온도가 높아질수록 비저항이 감소한다. 즉, 온도가 높아질수록 전기 저항이 감소하므로 전기 전도도는 증가한다.
  ➡ 전도띠로 전이한 전자의 수가 증가하기 때문이다.

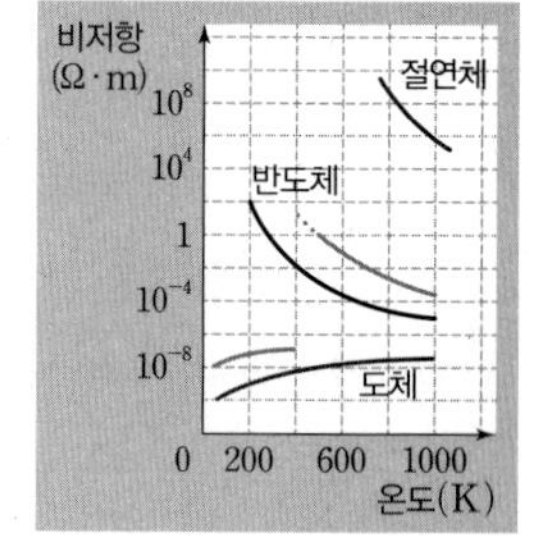

정답
1. ㉠ 전기 전도도, ㉡ 크다
2. $\rho\frac{l}{A}$
3. 반도체

4 반도체

(1) **고유 반도체(순수 반도체)**: 불순물이 거의 없이 완벽한 결정 구조를 갖는 반도체로, 낮은 온도에서 양공이나 자유 전자의 수가 매우 적다.

① 도체와 절연체의 중간 정도의 전기 전도성을 가지고 있는 물질로, 원자가 전자가 4개인 규소(Si), 저마늄(Ge)과 같은 반도체이다.

② 순수한 규소(Si) 반도체는 고체 내에서 주위의 규소 원자 4개와 공유 결합을 한다.

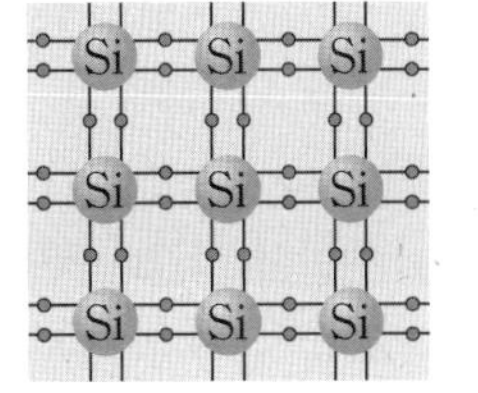

규소(Si)로 이루어진 고유 반도체의 원자가 전자의 배열

(2) **불순물 반도체**: 불순물의 종류에 따라 p형 반도체와 n형 반도체로 나뉜다.

• 도핑: 순수 반도체에 불순물을 첨가하여 반도체의 성질을 바꾸는 기술이다.

① **n형 반도체**: 원자가 전자가 4개인 규소(Si)에 원자가 전자가 5개인 인(P), 비소(As), 안티모니(Sb) 등을 첨가하면 5개의 원자가 전자 중 4개는 규소와 결합하고, 남는 전자 1개가 원자에 약하게 속박되어 자유롭게 이동할 수 있다.

➡ 전자가 주된 전하 운반자의 역할을 한다.

• 규소(Si)에 불순물로 인(P)을 첨가하면 전도띠 바로 아래에 도핑된 원자에 의한 새로운 에너지 준위가 만들어져 전자가 작은 에너지로도 전도띠로 쉽게 전이하여 전류가 흐를 수 있다.

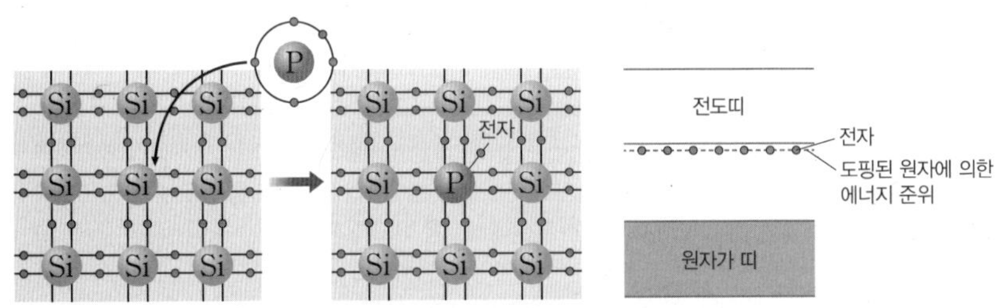

n형 반도체의 원자가 전자의 배열과 에너지띠

② **p형 반도체**: 원자가 전자가 4개인 규소(Si)에 원자가 전자가 3개인 붕소(B), 알루미늄(Al), 갈륨(Ga), 인듐(In) 등을 첨가하면 규소(Si) 원자에 비해 전자 1개가 부족하여 전자가 비어 있는 자리인 양공이 생긴다. 주변의 전자가 양공을 채우면 전자가 빠져나간 자리에 새로운 양공이 생긴다.

➡ 양공이 주된 전하 운반자의 역할을 한다.

• 규소(Si)에 불순물로 붕소(B)를 첨가하면 원자가 띠 바로 위에 도핑된 원자에 의한 새로운 에너지 준위가 만들어져 원자가 띠의 전자가 작은 에너지로도 도핑된 원자에 의한 에너지 준위로 쉽게 전이하여 전류가 흐를 수 있다.

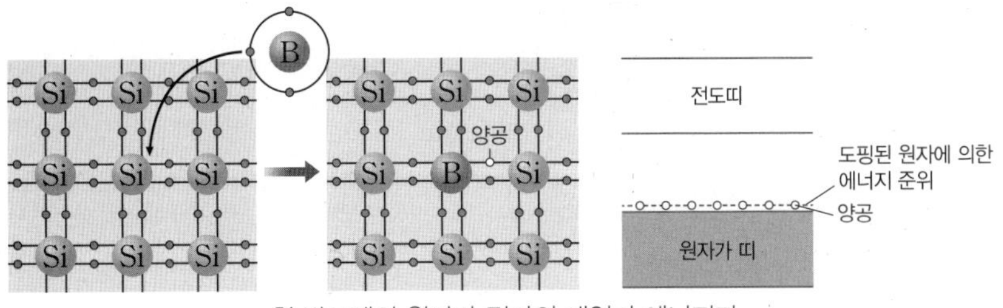

p형 반도체의 원자가 전자의 배열과 에너지띠

개념 체크

◘ **고유 반도체(순수 반도체)**: 도체와 절연체의 중간 정도의 전기 전도성을 가지고 있는 물질로, 원자가 전자가 4개인 규소(Si), 저마늄(Ge)과 같은 반도체이다.

◘ **n형 반도체와 p형 반도체**: 원자가 전자가 4개인 순수한 규소(Si)나 저마늄(Ge)에 원자가 전자가 5개인 원소를 도핑하여 주된 전하 운반자가 전자인 반도체를 n형 반도체라 하고, 원자가 전자가 3개인 원소를 도핑하여 주된 전하 운반자가 양공인 반도체를 p형 반도체라고 한다.

1. (　　)는 불순물이 거의 없이 완벽한 결정 구조를 갖는 반도체로, 전기 전도도는 도체보다는 (작고 , 크고), 절연체보다는 크다.

2. (　　)는 원자가 전자가 4개인 규소(Si)에 원자가 전자가 3개인 붕소(B), 인듐(In) 등을 첨가한 반도체로, 주된 전하 운반자가 (　　)이다.

3. (　　)는 원자가 전자가 4개인 규소(Si)에 원자가 전자가 5개인 인(P), 비소(As) 등을 첨가한 반도체로, 주된 전하 운반자가 (　　)이다.

정답
1. 고유(순수) 반도체, 작고
2. p형 반도체, 양공
3. n형 반도체, 전자

(3) **p−n 접합 다이오드:** p형 반도체와 n형 반도체를 접합한 것으로, 전류를 한쪽 방향으로만 흐르게 하는 특성이 있다.

① 순방향 전압과 역방향 전압

구분	순방향 전압	역방향 전압
전원의 연결	p형 반도체에 전원의 (+)극을, n형 반도체에 전원의 (−)극을 연결한다.	p형 반도체에 전원의 (−)극을, n형 반도체에 전원의 (+)극을 연결한다.
원리	(+) (−) p형 반도체 n형 반도체 양공 공핍층 얇아짐 전자 양공과 전자가 접합면을 통과한다.	(−) (+) p형 반도체 n형 반도체 공핍층 두꺼워짐 양공이 (−)극 쪽으로 모인다. 양공과 전자가 접합면을 통과할 수 없다. 전자가 (+)극 쪽으로 모인다.
	p형 반도체의 양공은 n형 반도체 쪽으로 이동하고, n형 반도체의 전자는 p형 반도체 쪽으로 이동한다. 양공과 전자가 서로 반대 방향으로 이동하므로, 전원에 의해 다이오드의 양 끝에서 양공과 전자가 계속 공급되어 전류가 지속적으로 흐른다.	p형 반도체에서는 전자가 공급되어 양공이 거의 사라지고 전원의 (−)극 쪽으로 양공이 몰리며, n형 반도체에서는 전자가 전원의 (+)극 쪽으로 몰린다. 따라서 접합면에 남는 양공이나 전자가 없어 p−n 접합면 쪽으로 전자가 이동할 수 없으므로 전류가 흐르지 않는다.

과학 돋보기 공핍층

p−n 접합 다이오드의 접합면에서는 전압을 걸지 않아도 p형 반도체의 양공은 n형 반도체 쪽으로, n형 반도체의 전자는 p형 반도체 쪽으로 확산된다. 따라서 접합면 부분에서 p형 반도체 쪽에는 음(−)전하 층이 형성되고, n형 반도체 쪽에는 양(+)전하 층이 형성되어 n형 반도체에서 p형 반도체 방향으로 양(+)전하가 받는 전기력이 작용하여 더 이상 전자나 양공이 이동할 수 없게 된다. 이 영역을 공핍층이라고 한다.

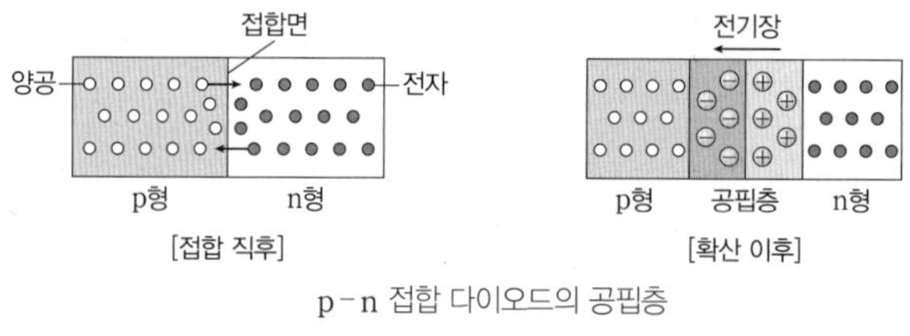

p−n 접합 다이오드의 공핍층

② **정류 작용:** 다이오드는 순방향 전압이 걸리면 전류가 흐르고, 역방향 전압이 걸리면 전류가 흐르지 않는다. 즉, 다이오드는 전류를 한쪽 방향으로만 흐르게 하는 특성이 있는데, 이를 정류 작용이라고 한다.

p−n 접합 다이오드의 정류 작용

개념 체크

- **p−n 접합 다이오드:** p형 반도체와 n형 반도체를 접합한 것으로, 전류를 한쪽 방향으로만 흐르게 하는 정류 작용을 한다.
- **순방향 전압, 역방향 전압**

	p형 반도체	n형 반도체
순방향 전압	전원의 (+)극에 연결	전원의 (−)극에 연결
역방향 전압	전원의 (−)극에 연결	전원의 (+)극에 연결

1. p−n 접합 다이오드는 p형 반도체와 ( )를 접합한 것으로, 전류를 한쪽 방향으로만 흐르게 하는 ( ) 작용을 한다.

2. p−n 접합 다이오드의 p형 반도체에 전원의 ( )극을, n형 반도체에 전원의 ( )극을 연결하면 다이오드에 전류가 흐른다.

3. 다이오드에 (순방향 , 역방향) 전압이 걸리면 p형 반도체의 양공과 n형 반도체의 전자는 p−n 접합면에서 멀어진다.

정답
1. n형 반도체, 정류
2. (+), (−)
3. 역방향

③ 가정에서 사용하는 전기 제품 중에서 직류로 작동하는 전기 제품 내부에는 다이오드로 구성된 정류 회로가 들어 있어 가정에 들어오는 교류를 전기 제품에 맞는 직류로 바꾸어 준다.

과학 돋보기 다이오드를 이용한 정류 회로

그림과 같이 교류 전원에 p-n 접합 다이오드 D_1, D_2, D_3, D_4와 저항 R를 연결하면 전류가 A 방향으로 흐를 때와 B 방향으로 흐를 때 모두 직류로 전환할 수 있다.

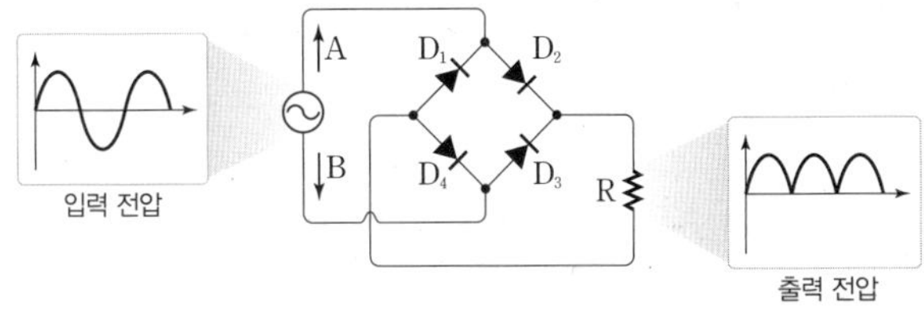

- 그림 (가)와 같이 전류가 A 방향으로 흐르는 경우: D_2와 D_4에는 순방향 전압이 걸리고, D_1과 D_3에는 역방향 전압이 걸리므로 D_2와 D_4에는 전류가 흐르고, D_1과 D_3에는 전류가 흐르지 않는다.
- 그림 (나)와 같이 전류가 B 방향으로 흐르는 경우: D_1과 D_3에는 순방향 전압이 걸리고, D_2와 D_4에는 역방향 전압이 걸리므로 D_1과 D_3에는 전류가 흐르고, D_2와 D_4에는 전류가 흐르지 않는다.
- 다이오드의 정류 작용: 교류 전원에 의한 전류의 방향은 주기적으로 바뀌지만 R에는 한쪽 방향으로 전류가 흐른다.

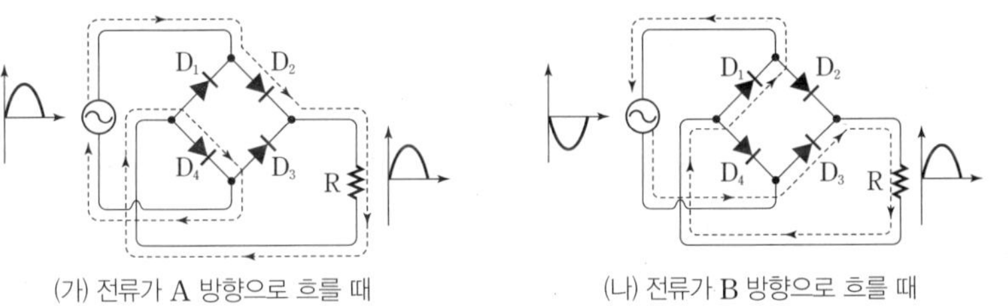

(가) 전류가 A 방향으로 흐를 때 (나) 전류가 B 방향으로 흐를 때

과학 돋보기 순방향 전압과 역방향 전압

- 순방향 전압: p형 반도체, n형 반도체를 각각 전원의 (+)극, (−)극에 연결한 상태를 말한다. 다이오드가 순방향으로 연결되면 p-n 접합면에 양공과 전자가 공존하는 영역이 생긴다. 따라서 전도띠의 전자가 아래쪽 양공을 채우게 되므로 다이오드의 양 끝에서 양공과 전자를 계속 공급할 수 있게 되어 전류가 지속적으로 흐른다.
- 역방향 전압: p형 반도체, n형 반도체를 각각 전원의 (−)극, (+)극에 연결한 상태를 말한다. 다이오드가 역방향으로 연결되면 양공과 전자가 접합면에서 멀어지게 된다. 따라서 접합면에서 양공의 자리로 전자의 전이가 일어날 수 없게 되어 전류가 흐르지 않는다.

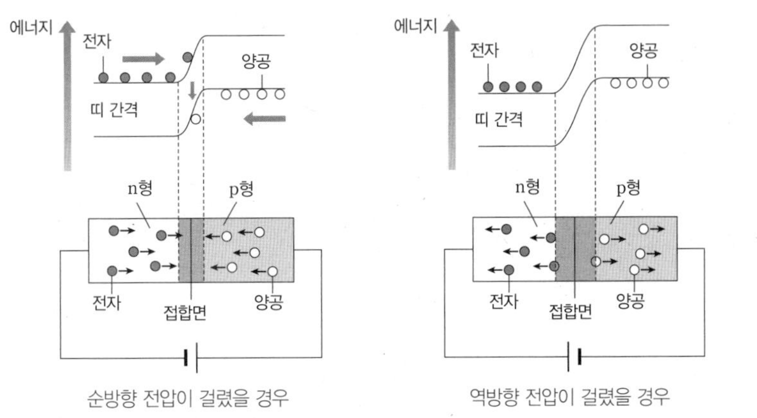

순방향 전압이 걸렸을 경우 역방향 전압이 걸렸을 경우

개념 체크

- **정류 회로**: 정류 회로는 방향이 주기적으로 바뀌는 교류를 한쪽 방향으로만 흐르게 한다.
- **다이오드의 특성**: 다이오드는 전원의 연결 방향에 따라 전류가 흐르거나 흐르지 않으므로 전류를 한쪽 방향으로 흐르게 하는 데 이용될 수 있다.

1. 직류를 사용하는 전기 제품 내부에는 다이오드로 구성된 정류 회로가 들어 있어 가정에 들어오는 (　　)를 전기 제품에 맞는 (　　)로 바꾸어 준다.

[2~3] 그림과 같이 직류 전원 장치에 p-n 접합 다이오드와 저항이 연결되어 있다. 저항에는 화살표 방향으로 전류가 흐른다.

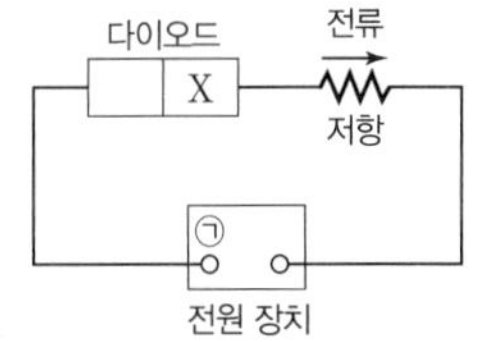

2. 전원 장치의 전극 ㉠은 (　　)극이다.

3. 다이오드의 X는 (　　)형 반도체이다.

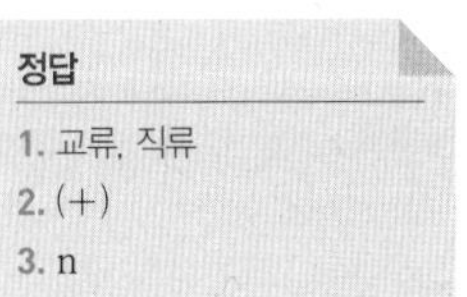

정답
1. 교류, 직류
2. (+)
3. n

개념 체크

발광 다이오드(LED): 순방향 전압에 의해 전류가 흐를 때 n형 반도체에서 p형 반도체에 도달한 전자들이 에너지 준위가 낮은 양공의 자리로 전이하면서 띠 간격에 해당하는 만큼의 에너지를 빛으로 방출하는 다이오드이다.

광 다이오드: 빛을 전기 신호로 변환하는 반도체 소자이다.

1. 발광 다이오드(LED)에 (순방향 , 역방향) 전압을 걸어 주면 p-n 접합면에서 전자와 양공이 결합하면서 빛을 방출한다. 이때 방출되는 빛의 파장은 원자가 띠와 전도띠 사이의 띠 간격이 클수록 (길다 , 짧다).

2. (㉠)는 빛을 전기 신호로 변환하는 반도체 소자이다. (㉠)에 빛을 비추면 원자가 띠의 전자가 전도띠로 전이하면서 원자가 띠에는 (㉡)이 생긴다.

정답

1. 순방향, 짧다
2. ㉠ 광 다이오드, ㉡ 양공

(4) 다이오드의 이용

① 발광 다이오드(LED): 전류가 흐를 때 빛을 내는 다이오드이다.

- 원리: 순방향 전압에 의해 전류가 흐를 때 n형 반도체에서 p형 반도체에 도달한 전자들이 에너지 준위가 낮은 양공의 자리로 전이하면서 띠 간격에 해당하는 만큼의 에너지를 빛으로 방출한다.

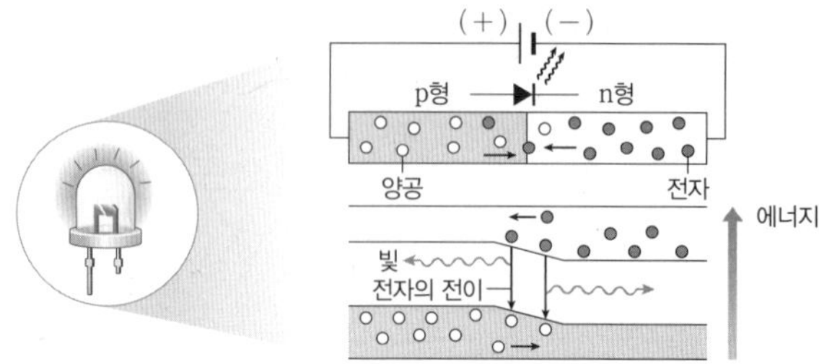

- 특징: LED의 띠 간격에 따라 방출되는 빛의 색깔이 다르다. ➡ 띠 간격이 큰 LED일수록 파장이 짧은 빛을 방출한다.
- 이용: 소모 전력이 작고, 수명이 길며, 소형으로 제작할 수 있어 영상 표시 장치, 리모컨, 조명 장치 등으로 활용된다.

② 광 다이오드: 빛을 전기 신호로 변환하는 반도체 소자이다.

- 원리: 다이오드에 빛을 비추면 접합면 부근에서 빛이 흡수되면서 원자가 띠의 전자가 전도띠로 전이하며 양공과 전자가 생긴다. 이들이 접합면 부근의 전기장에 의해 전기력을 받아 각각 분리되면서 전류가 발생한다.
- 이용: 광센서, 화재 감지기, 조도계, 광통신 등

탐구자료 살펴보기 전도성 잉크로 발광 다이오드(LED)의 특성 알아보기

과정

(1) 종이 위에 전도성 잉크 펜으로 회로를 그리고, 잉크가 굳은 후 저항과 발광 다이오드(LED)를 연결한다.
(2) 원형 건전지를 회로에 연결하고 LED에 불이 켜지는지 확인한다.
(3) 과정 (2)에서 원형 건전지를 반대로 연결하고 LED에 불이 켜지는지 확인한다.

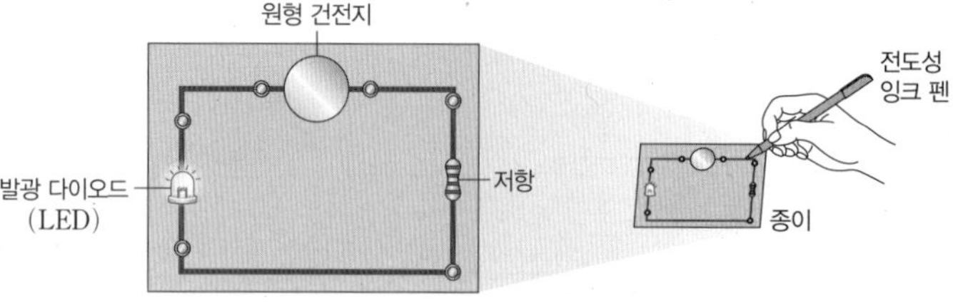

결과

- 과정 (2)와 (3) 중에서 한 과정에서만 LED에 불이 켜진다.

point

- 굳은 전도성 잉크에는 전류가 잘 흐른다.
- 발광 다이오드(LED)에 순방향 전압이 걸리면 불이 켜지고, 역방향 전압이 걸리면 불이 켜지지 않는다.

[24023-0127]

01 다음은 보어의 원자 모형에 대한 설명이다.

물질은 원자로 이루어져 있으며, 원자는 원자핵과 [㉠](으)로 구성되어 있다. 원자핵은 양(+)전하를 띠고, [㉠]은/는 음(−)전하를 띠며, 원자핵과 [㉠] 사이에 작용하는 힘에 의해 [㉠]은/는 원자에 속박되어 있다.

이에 대한 설명으로 옳은 것만을 〈보기〉에서 있는 대로 고른 것은?

보기

ㄱ. ㉠은 '전자'이다.
ㄴ. 원자핵과 ㉠ 사이에는 서로 당기는 전기력이 작용한다.
ㄷ. 원자 내의 ㉠은 정지해 있다.

① ㄱ ② ㄷ ③ ㄱ, ㄴ ④ ㄴ, ㄷ ⑤ ㄱ, ㄴ, ㄷ

[24023-0128]

02 그림 (가), (나)는 각각 원자를 구성하는 입자 A, B를 발견한 실험을 나타낸 것이다.

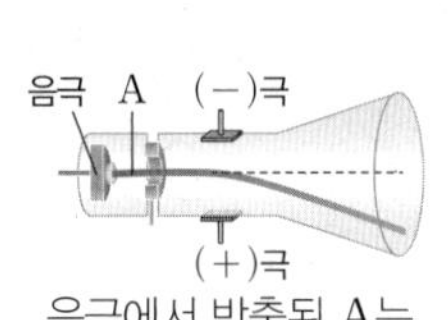

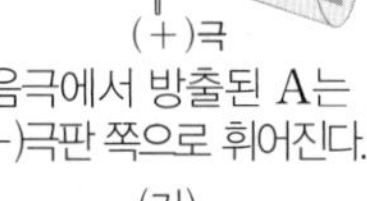

음극에서 방출된 A는 (+)극판 쪽으로 휘어진다.

(가)

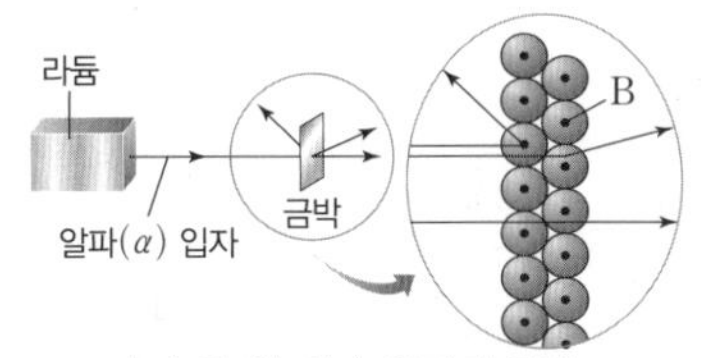

소수의 알파(α) 입자가 B에 의해 큰 각도로 산란된다.

(나)

이에 대한 설명으로 옳은 것만을 〈보기〉에서 있는 대로 고른 것은?

보기

ㄱ. A는 음(−)전하를 띤다.
ㄴ. B는 양(+)전하를 띤다.
ㄷ. 원자의 대부분의 공간은 B가 차지한다.

① ㄱ ② ㄷ ③ ㄱ, ㄴ ④ ㄴ, ㄷ ⑤ ㄱ, ㄴ, ㄷ

[24023-0129]

03 그림과 같이 x축상에 점전하 A, B가 고정되어 있다. A에 작용하는 전기력의 크기는 F이고, 전기력의 방향은 $-x$ 방향이다. B는 음(−)전하이다.

이에 대한 설명으로 옳은 것만을 〈보기〉에서 있는 대로 고른 것은?

보기

ㄱ. A는 음(−)전하이다.
ㄴ. B에 작용하는 전기력의 방향은 $+x$ 방향이다.
ㄷ. B에 작용하는 전기력의 크기는 F이다.

① ㄱ ② ㄴ ③ ㄱ, ㄷ ④ ㄴ, ㄷ ⑤ ㄱ, ㄴ, ㄷ

[24023-0130]

04 그림 (가)는 절연된 실에 매단 대전된 도체구 A, B가 정지해 있는 모습을, (나)는 절연된 실에 매단 대전된 도체구 A, C가 정지해 있는 모습을 나타낸 것이다.

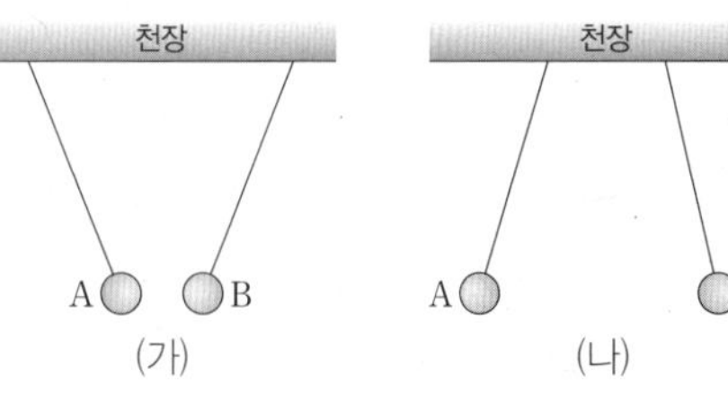

(가) (나)

이에 대한 설명으로 옳은 것만을 〈보기〉에서 있는 대로 고른 것은?

보기

ㄱ. (가)에서 A와 B 사이에는 서로 당기는 전기력이 작용한다.
ㄴ. (나)에서 A가 C에 작용하는 전기력의 크기는 C가 A에 작용하는 전기력의 크기보다 작다.
ㄷ. B와 C는 다른 종류의 전하로 대전되어 있다.

① ㄱ ② ㄴ ③ ㄱ, ㄷ ④ ㄴ, ㄷ ⑤ ㄱ, ㄴ, ㄷ

[24023-0131]

05 그림과 같이 x축상에 점전하 A, B, C가 고정되어 있다. 표는 양(+)전하인 점전하 C를 고정한 위치에 따라 C에 작용하는 전기력의 방향을 나타낸 것이다.

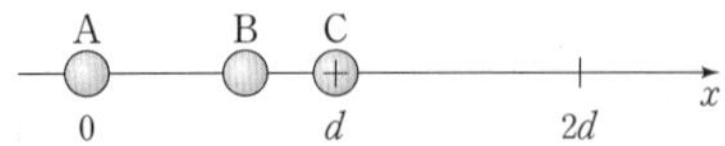

C의 위치	C에 작용하는 전기력의 방향
$x=d$	$-x$ 방향
$x=2d$	$+x$ 방향

이에 대한 설명으로 옳은 것만을 〈보기〉에서 있는 대로 고른 것은?

보기

ㄱ. A는 양(+)전하이다.
ㄴ. B와 C 사이에는 서로 당기는 전기력이 작용한다.
ㄷ. 전하량의 크기는 A가 B보다 작다.

① ㄱ ② ㄷ ③ ㄱ, ㄴ ④ ㄴ, ㄷ ⑤ ㄱ, ㄴ, ㄷ

[24023-0132]

06 그림과 같이 x축상에 점전하 A, B, C가 같은 거리 d만큼 떨어져 고정되어 있다. A와 C에 작용하는 전기력은 0이다.

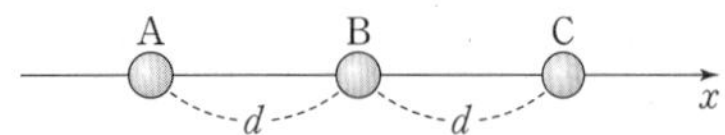

이에 대한 설명으로 옳은 것만을 〈보기〉에서 있는 대로 고른 것은?

보기

ㄱ. A와 C 사이에는 서로 당기는 전기력이 작용한다.
ㄴ. 전하량의 크기는 A가 B보다 크다.
ㄷ. B에 작용하는 전기력은 0이다.

① ㄱ ② ㄴ ③ ㄱ, ㄷ ④ ㄴ, ㄷ ⑤ ㄱ, ㄴ, ㄷ

[24023-0133]

07 그림 (가), (나)는 가열된 고체 A와 가열된 기체 B에서 방출되는 빛의 스펙트럼을 순서 없이 나타낸 것이다. (나)에서 p, q는 스펙트럼선이다.

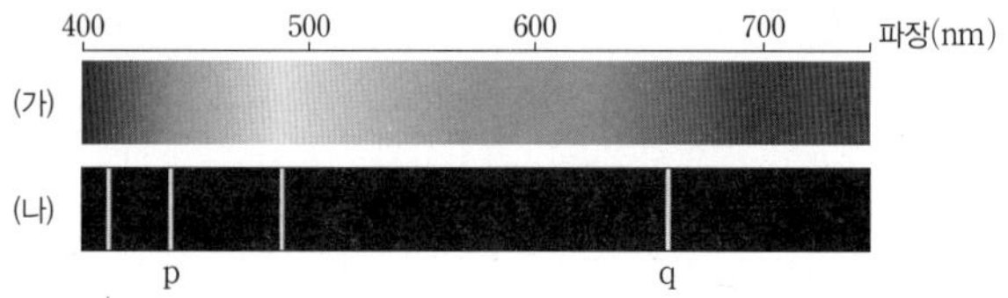

이에 대한 설명으로 옳은 것만을 〈보기〉에서 있는 대로 고른 것은?

보기

ㄱ. (가)는 A에서 방출되는 빛의 스펙트럼이다.
ㄴ. B의 에너지 준위는 불연속적이다.
ㄷ. p에 해당하는 빛의 진동수는 q에 해당하는 빛의 진동수보다 작다.

① ㄱ ② ㄷ ③ ㄱ, ㄴ ④ ㄴ, ㄷ ⑤ ㄱ, ㄴ, ㄷ

[24023-0134]

08 그림 (가)는 기체 방전관에서 방출되는 빛을 관찰하는 모습을 나타낸 것이고, (나)는 기체 A, B가 들어 있는 방전관에서 방출된 빛의 스펙트럼을 파장에 따라 나타낸 것이다. ㉠과 ㉡은 각각 A, B의 스펙트럼선이다.

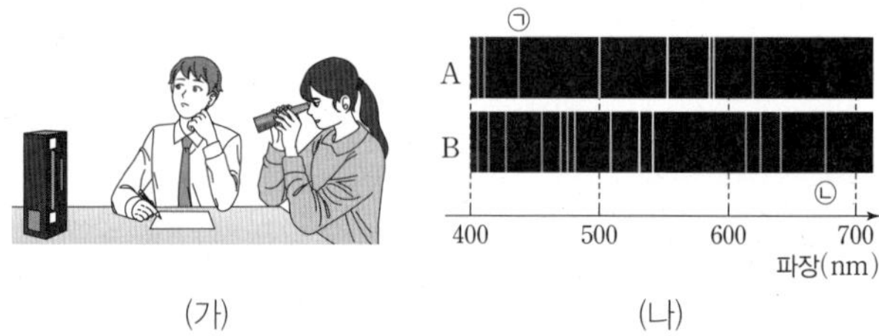

이에 대한 설명으로 옳은 것만을 〈보기〉에서 있는 대로 고른 것은?

보기

ㄱ. ㉠에 해당하는 빛이 방출될 때, A에서 전이하는 전자의 에너지는 증가한다.
ㄴ. A는 ㉡에 해당하는 빛을 흡수할 수 있다.
ㄷ. 광자 1개의 에너지는 ㉠에 해당하는 빛이 ㉡에 해당하는 빛보다 크다.

① ㄱ ② ㄷ ③ ㄱ, ㄴ ④ ㄱ, ㄷ ⑤ ㄴ, ㄷ

[24023-0135]

09 그림 (가)는 보어의 수소 원자 모형에서 바닥상태의 수소 원자를, (나)는 들뜬상태의 수소 원자를 나타낸 것이다.

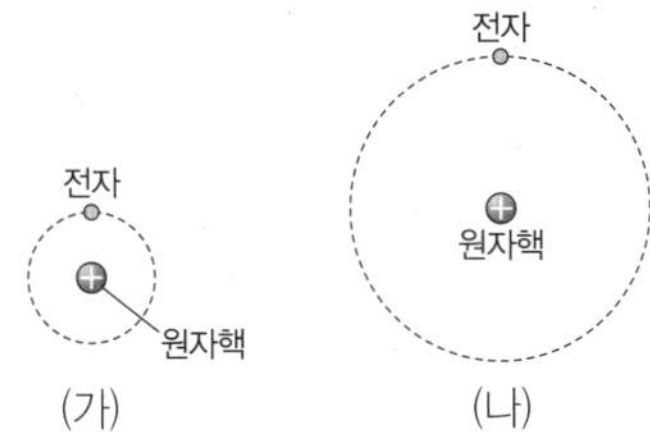

이에 대한 설명으로 옳은 것만을 <보기>에서 있는 대로 고른 것은?

보기

ㄱ. 원자핵과 전자 사이에는 서로 당기는 전기력이 작용한다.
ㄴ. 전자에 작용하는 전기력의 크기는 (가)에서가 (나)에서보다 작다.
ㄷ. (가)에서 (나)로 될 때, 수소 원자는 에너지를 방출한다.

① ㄱ ② ㄴ ③ ㄱ, ㄷ ④ ㄴ, ㄷ ⑤ ㄱ, ㄴ, ㄷ

[24023-0136]

10 그림은 보어의 수소 원자 모형에서 양자수 n에 따른 에너지 준위의 일부와 전자의 전이 a, b, c를 나타낸 것이다. a, b, c에서 각각 방출되는 빛의 진동수는 f_1, f_2, f_3 중 하나이고, $f_1>f_2>f_3$이다.

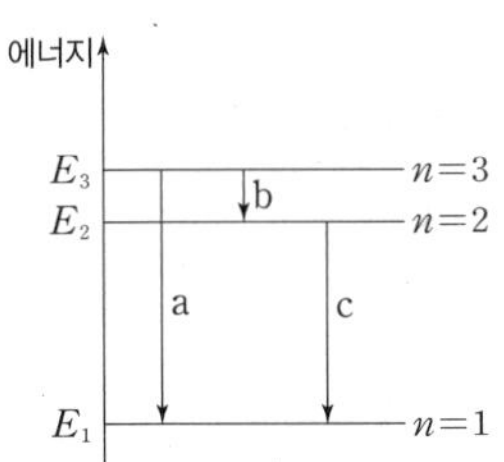

이에 대한 설명으로 옳은 것만을 <보기>에서 있는 대로 고른 것은?

보기

ㄱ. a에서 방출되는 빛의 진동수는 f_1이다.
ㄴ. 방출되는 광자 1개의 에너지는 b에서가 c에서보다 크다.
ㄷ. $f_1=f_2+f_3$이다.

① ㄱ ② ㄴ ③ ㄱ, ㄴ ④ ㄱ, ㄷ ⑤ ㄴ, ㄷ

[24023-0137]

11 그림 (가)는 보어의 수소 원자 모형에서 양자수 n에 따른 에너지 준위의 일부와 전자의 전이 a, b, c를 나타낸 것이다. 그림 (나)는 a, b, c에서 방출되는 빛의 스펙트럼을 파장에 따라 나타낸 것이다. ㉢은 전자가 $n=2$로 전이할 때 방출되는 빛 중에서 파장이 가장 긴 스펙트럼선이다.

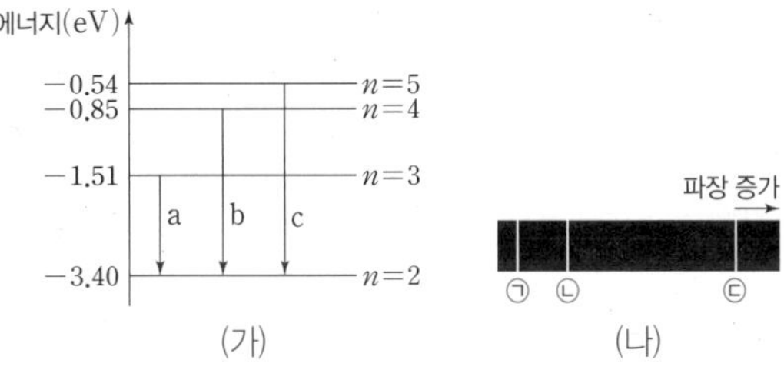

이에 대한 설명으로 옳은 것만을 <보기>에서 있는 대로 고른 것은?

보기

ㄱ. ㉠은 c에서 방출되는 빛에 의해 나타난 스펙트럼선이다.
ㄴ. b에서 방출되는 광자 1개의 에너지는 0.85 eV이다.
ㄷ. ㉡에 해당하는 빛의 진동수는 ㉢에 해당하는 빛의 진동수의 2배이다.

① ㄱ ② ㄴ ③ ㄱ, ㄴ ④ ㄱ, ㄷ ⑤ ㄴ, ㄷ

[24023-0138]

12 그림 (가)는 기체 상태에 있는 원자의 에너지 준위를, (나)는 고체 상태에 있는 물질의 에너지띠를 나타낸 것이다. (나)에서 색칠한 부분에는 전자가 모두 채워져 있고, P는 두 에너지띠 사이의 띠 간격이고, Q는 에너지띠이다.

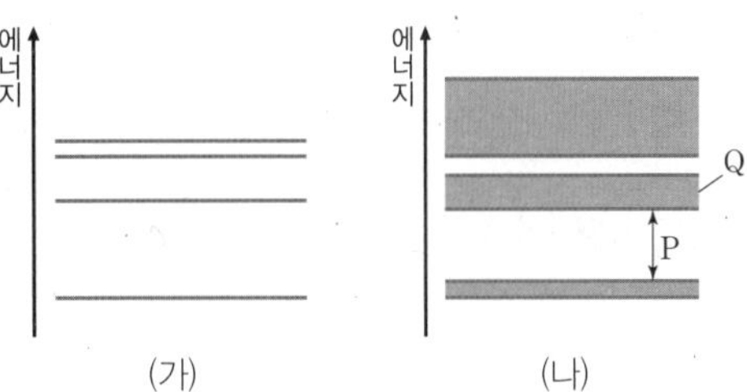

이에 대한 설명으로 옳은 것만을 <보기>에서 있는 대로 고른 것은?

보기

ㄱ. 기체 상태에 있는 원자 내 전자는 모든 파장의 빛을 흡수할 수 있다.
ㄴ. (나)에서 전자는 P의 에너지 준위를 가질 수 없다.
ㄷ. (나)에서 Q에 있는 전자의 에너지는 모두 같다.

① ㄱ ② ㄴ ③ ㄱ, ㄴ ④ ㄱ, ㄷ ⑤ ㄴ, ㄷ

[24023-0139]

13 그림은 고체 A, B의 에너지띠 구조를 나타낸 것이다. P는 원자가 띠 바로 위의 에너지띠이다.

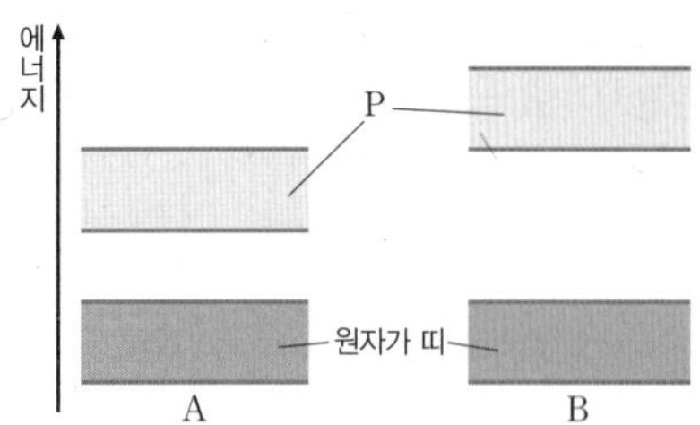

이에 대한 설명으로 옳은 것만을 〈보기〉에서 있는 대로 고른 것은?

보기
ㄱ. P는 전도띠이다.
ㄴ. 전자가 원자가 띠에서 P로 전이할 때 에너지를 흡수한다.
ㄷ. 전기 전도성은 B가 A보다 좋다.

① ㄱ ② ㄷ ③ ㄱ, ㄴ ④ ㄴ, ㄷ ⑤ ㄱ, ㄴ, ㄷ

[24023-0140]

14 그림은 각각 절대 온도 0 K에서 고체 A, B의 에너지 띠 구조를 나타낸 것이다. 색칠한 부분은 전자가 채워져 있다. A, B는 각각 도체와 반도체 중 하나이다.

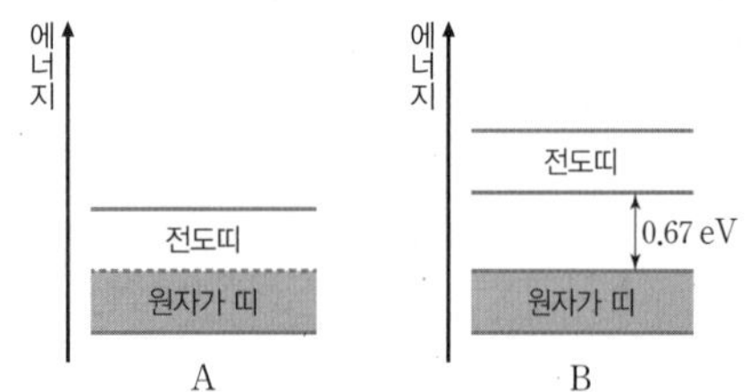

이에 대한 설명으로 옳은 것만을 〈보기〉에서 있는 대로 고른 것은?

보기
ㄱ. A는 도체이다.
ㄴ. B에서 전자가 원자가 띠에서 전도띠로 전이할 때 흡수하는 에너지는 0.67 eV보다 작다.
ㄷ. 상온에서 단위 부피당 자유 전자의 수는 A가 B보다 많다.

① ㄱ ② ㄴ ③ ㄱ, ㄴ ④ ㄱ, ㄷ ⑤ ㄴ, ㄷ

[24023-0141]

15 그림은 물리량 X에 따라 물질의 전기적 성질을 ㉠, ㉡, ㉢으로 분류한 것을 나타낸 것이다. ㉠, ㉡, ㉢은 도체, 반도체, 절연체를 순서 없이 나타낸 것이다.

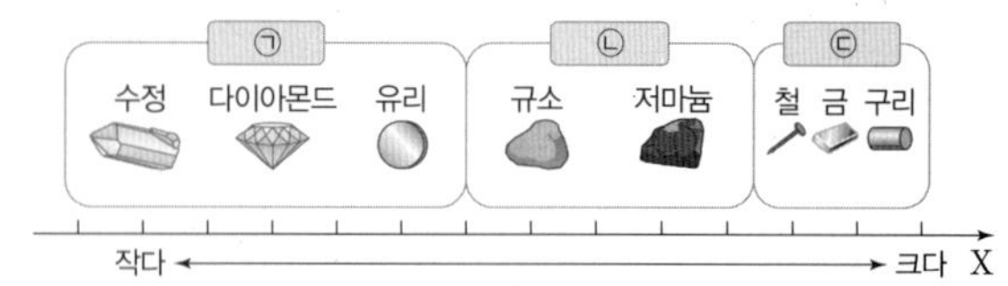

이에 대한 설명으로 옳은 것만을 〈보기〉에서 있는 대로 고른 것은?

보기
ㄱ. '전기 전도도'는 X에 해당한다.
ㄴ. ㉡은 절연체이다.
ㄷ. 상온에서 단위 부피당 자유 전자의 수는 금이 다이아몬드보다 많다.

① ㄱ ② ㄴ ③ ㄱ, ㄷ ④ ㄴ, ㄷ ⑤ ㄱ, ㄴ, ㄷ

[24023-0142]

16 그림과 같이 직류 전원, 균질한 고체 막대 P와 Q, 전류계, 스위치 S로 회로를 구성한다. P, Q의 길이와 단면적은 서로 같다. 표는 S를 p, q에 연결했을 때 회로에 흐르는 전류의 세기를 나타낸 것이다.

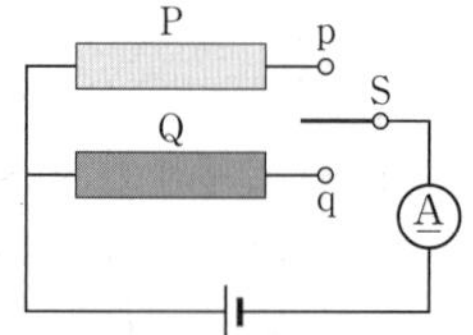

S의 연결	전류의 세기(A)
S를 p에 연결	1
S를 q에 연결	2

이에 대한 설명으로 옳은 것만을 〈보기〉에서 있는 대로 고른 것은?

보기
ㄱ. 저항값은 P가 Q보다 크다.
ㄴ. 전기 전도성은 P가 Q보다 좋다.
ㄷ. 단위 부피당 자유 전자의 수는 P가 Q보다 많다.

① ㄱ ② ㄷ ③ ㄱ, ㄴ ④ ㄴ, ㄷ ⑤ ㄱ, ㄴ, ㄷ

[24023-0143]

17 그림은 순수한 저마늄(Ge) 반도체 X와 저마늄(Ge)에 비소(As)를 첨가한 불순물 반도체 Y의 원자가 전자의 배열을 나타낸 것이다.

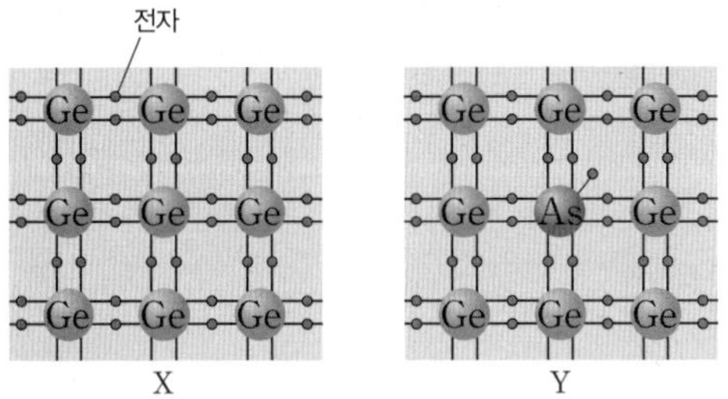

이에 대한 설명으로 옳은 것만을 〈보기〉에서 있는 대로 고른 것은?

보기

ㄱ. 원자가 전자는 저마늄(Ge)이 비소(As)보다 많다.
ㄴ. Y는 n형 반도체이다.
ㄷ. 상온에서 전기 전도성은 X가 Y보다 좋다.

① ㄱ ② ㄴ ③ ㄱ, ㄷ ④ ㄴ, ㄷ ⑤ ㄱ, ㄴ, ㄷ

[24023-0144]

18 그림과 같이 직류 전원에 p-n 접합 다이오드와 저항을 연결하였더니 저항에 전류가 흐른다. 저항에 흐르는 전류의 방향은 ⓐ, ⓑ 중 하나이다.

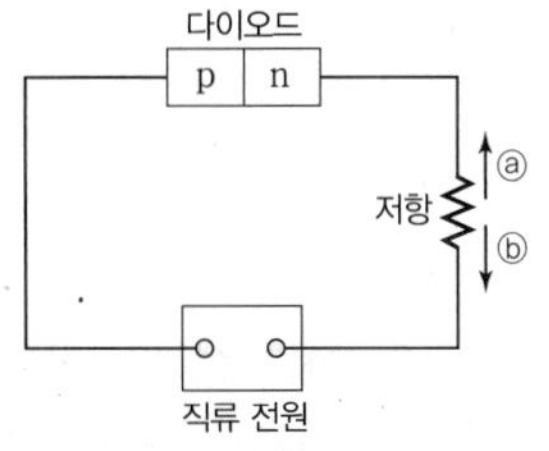

이에 대한 설명으로 옳은 것만을 〈보기〉에서 있는 대로 고른 것은?

보기

ㄱ. 다이오드에는 순방향 전압이 걸린다.
ㄴ. 저항에 흐르는 전류의 방향은 ⓐ 방향이다.
ㄷ. 다이오드의 p형 반도체에서 양공은 p-n 접합면으로 이동한다.

① ㄱ ② ㄴ ③ ㄱ, ㄷ ④ ㄴ, ㄷ ⑤ ㄱ, ㄴ, ㄷ

[24023-0145]

19 그림은 직류 전원 장치에 p-n 접합 다이오드와 p-n 접합 발광 다이오드(LED)를 연결하였더니 LED에서 빛이 방출되는 모습을 나타낸 것이다. X는 p형 반도체와 n형 반도체 중 하나이다.

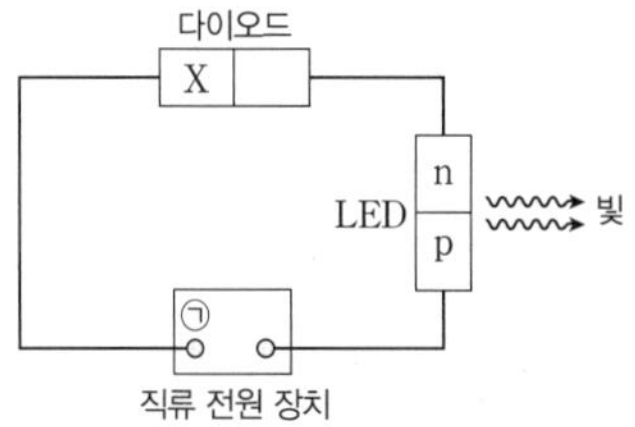

이에 대한 설명으로 옳은 것만을 〈보기〉에서 있는 대로 고른 것은?

보기

ㄱ. 전원 장치의 ㉠은 (−)극이다.
ㄴ. X는 n형 반도체이다.
ㄷ. LED에는 순방향 전압이 걸린다.

① ㄱ ② ㄷ ③ ㄱ, ㄴ ④ ㄴ, ㄷ ⑤ ㄱ, ㄴ, ㄷ

[24023-0146]

20 그림 (가)는 p-n 접합 다이오드, 스위치 S, 직류 전원으로 구성한 회로를, (나)는 다이오드의 X의 에너지띠 구조를 나타낸 것이다. X는 순수한 규소(Si)에 원소 ㉠을 첨가한 불순물 반도체이다.

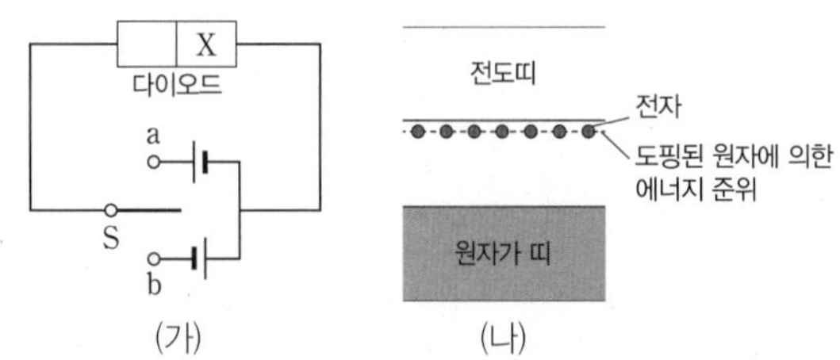

이에 대한 설명으로 옳은 것만을 〈보기〉에서 있는 대로 고른 것은?

보기

ㄱ. 원자가 전자의 수는 ㉠이 규소(Si)보다 많다.
ㄴ. S를 a에 연결하면 다이오드에 순방향 전압이 걸린다.
ㄷ. S를 b에 연결하면 다이오드의 n형 반도체에서 전자는 p-n 접합면으로 이동한다.

① ㄱ ② ㄷ ③ ㄱ, ㄴ ④ ㄴ, ㄷ ⑤ ㄱ, ㄴ, ㄷ

A, B, C에 작용하는 알짜힘은 모두 0이고, B가 A와 C로부터 받는 전기력의 합은 0이다.

[24023-0147]

01 그림과 같이 절연된 실에 매단 대전된 도체구 A, B, C가 정지해 있다. B를 연결한 실은 연직 방향과 나란하고, A와 B 사이의 거리는 B와 C 사이의 거리보다 크며, 수평면으로부터의 높이는 A, B, C가 서로 같다.

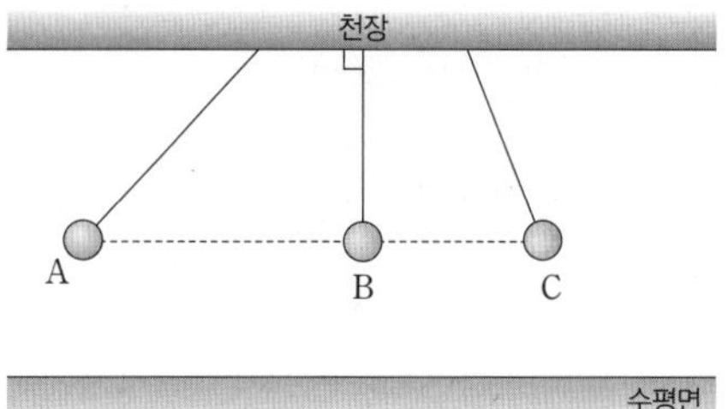

이에 대한 설명으로 옳은 것만을 〈보기〉에서 있는 대로 고른 것은? (단, 실의 질량, A, B, C의 크기는 무시한다.)

보 기

ㄱ. B가 A에 작용하는 전기력의 크기와 B가 C에 작용하는 전기력의 크기는 같다.
ㄴ. A와 C는 서로 다른 종류의 전하이다.
ㄷ. 전하량의 크기는 A가 C보다 크다.

① ㄱ　② ㄴ　③ ㄱ, ㄷ　④ ㄴ, ㄷ　⑤ ㄱ, ㄴ, ㄷ

B에 작용하는 전기력의 방향은 (가)에서와 (나)에서가 서로 반대 방향이다. B에 작용하는 전기력의 크기는 (나)에서가 (가)에서보다 크므로 A와 B는 서로 다른 종류의 전하이다.

[24023-0148]

02 그림 (가)는 점전하 A, B, C를 각각 $x=-d$, $x=0$, $x=d$에 고정시킨 것을, (나)는 (가)에서 B를 옮겨 $x=2d$에 고정시킨 것을 나타낸 것이다. (가), (나)에서 B에 작용하는 전기력의 방향은 각각 $+x$ 방향, $-x$ 방향이고, B에 작용하는 전기력의 크기는 각각 F, $2F$이다.

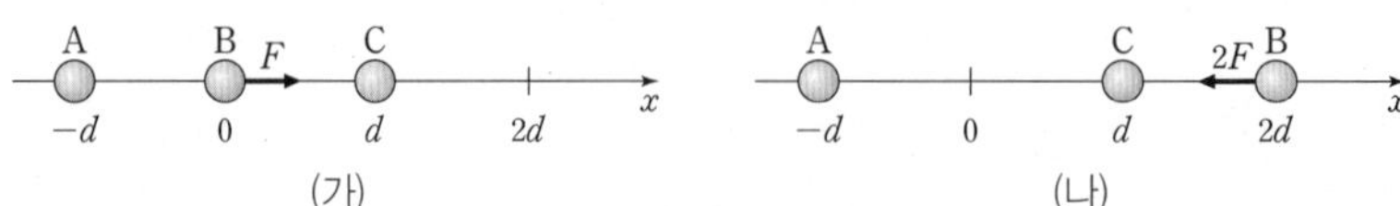

A, C의 전하량의 크기를 각각 Q_A, Q_C라고 할 때, $\frac{Q_A}{Q_C}$는?

① $\frac{9}{19}$　② $\frac{1}{2}$　③ $\frac{11}{21}$　④ $\frac{6}{11}$　⑤ $\frac{13}{23}$

[24023-0149]

03 그림과 같이 xy 평면에 점전하 A, B, C, D가 고정되어 있다. A, B, C는 각각 x축상의 $x=-d$, $x=0$, $x=2d$에 고정되어 있고, D는 y축상의 $y=d$에 고정되어 있다. B에 작용하는 전기력의 방향은 $-y$ 방향이다. B와 C는 각각 양(+)전하, 음(−)전하이다.

B가 A와 C로부터 받는 전기력의 합은 0이고, B와 D 사이에는 서로 미는 전기력이 작용한다.

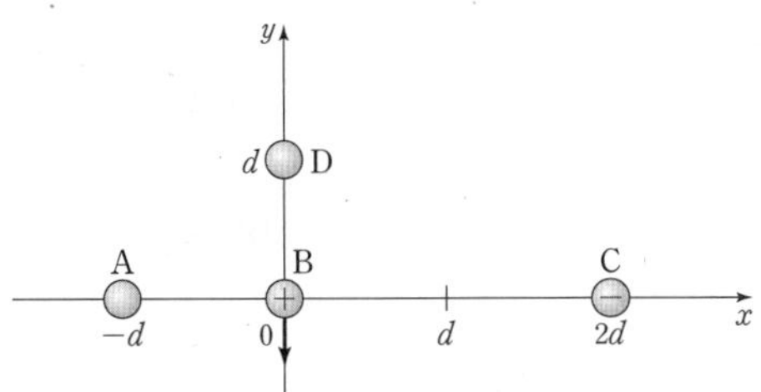

이에 대한 설명으로 옳은 것만을 〈보기〉에서 있는 대로 고른 것은?

보기

ㄱ. B가 D에 작용하는 전기력의 방향은 $+y$ 방향이다.
ㄴ. A와 D 사이에는 서로 당기는 전기력이 작용한다.
ㄷ. 전하량의 크기는 C가 A의 2배이다.

① ㄱ ② ㄷ ③ ㄱ, ㄴ ④ ㄴ, ㄷ ⑤ ㄱ, ㄴ, ㄷ

[24023-0150]

04 그림 (가)와 같이 x축상에 점전하 B, C를 각각 $x=2d$, $x=3d$에 고정하고, 점전하 A를 $0 \leq x < 2d$인 x축상에 옮겨 고정하면서 C에 작용하는 전기력을 측정한다. 그림 (나)는 A의 위치 x에 따라 C에 작용하는 전기력을 나타낸 것이다. 전기력은 $+x$ 방향일 때가 양(+)이다.

C에 작용하는 전기력이 0일 때가 있으므로 A와 B는 서로 다른 종류의 전하이고, 전하량의 크기는 A가 B보다 크다.

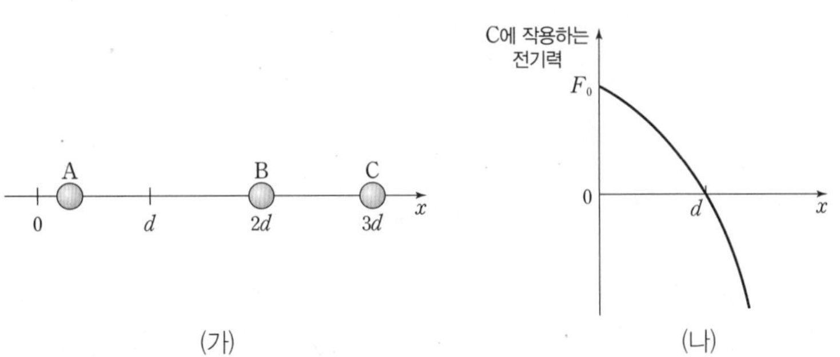

(가) (나)

이에 대한 설명으로 옳은 것만을 〈보기〉에서 있는 대로 고른 것은?

보기

ㄱ. A와 C는 같은 종류의 전하이다.
ㄴ. 전하량의 크기는 A가 B의 4배이다.
ㄷ. C가 B에 작용하는 전기력의 크기는 $\frac{9}{4}F_0$이다.

① ㄱ ② ㄴ ③ ㄱ, ㄷ ④ ㄴ, ㄷ ⑤ ㄱ, ㄴ, ㄷ

A와 B의 전하량의 크기가 같으므로 (가)에서 A가 C에 작용하는 전기력의 크기는 B가 C에 작용하는 전기력의 크기의 $\frac{1}{4}$배이다.

[24023-0151]

05 그림 (가)와 같이 x축상에 점전하 A, B, C가 같은 간격 d만큼 떨어져 고정되어 있다. 그림 (나)는 (가)에서 A를 옮겨 $x=3d$에 고정한 것을 나타낸 것이다. A는 양(+)전하이고, A와 B의 전하량의 크기는 같다. (가)와 (나)에서 C에 작용하는 전기력의 방향은 같다.

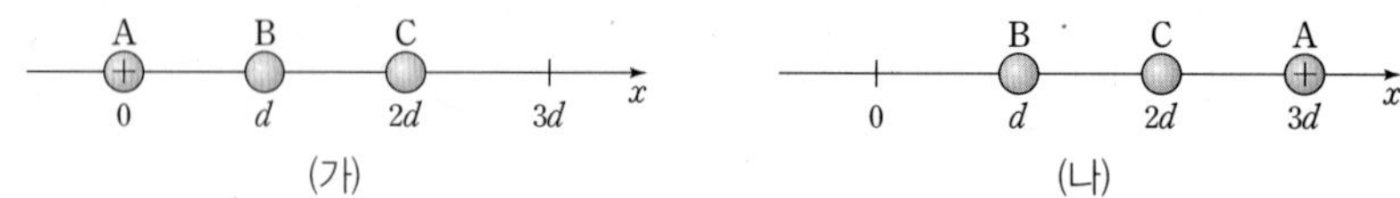

(가)에서 C에 작용하는 전기력의 크기를 F_0이라고 할 때, (나)에서 C에 작용하는 전기력의 크기는?

① $2F_0$ ② $\frac{7}{3}F_0$ ③ $\frac{8}{3}F_0$ ④ $3F_0$ ⑤ $\frac{10}{3}F_0$

보어의 수소 원자 모형에서 양자수가 클수록 전자의 에너지가 크다. 전자가 에너지가 큰 궤도에서 에너지가 작은 궤도로 전이할 때 빛을 방출한다.

[24023-0152]

06 그림은 보어의 수소 원자 모형에서 전자가 양자수 $n=a$에서 $n=b$로 전이하는 과정 P와 $n=a$에서 $n=c$로 전이하는 과정 Q를 나타낸 것이다. P와 Q에서 전자는 각각 파장이 $5\lambda_0$, $4\lambda_0$인 빛을 흡수한다.

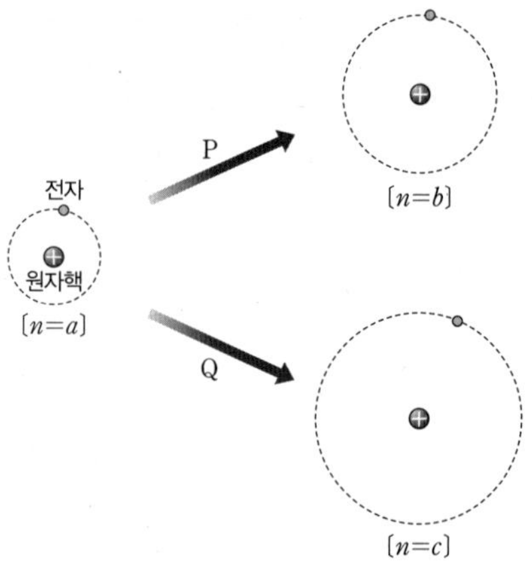

이에 대한 설명으로 옳은 것만을 <보기>에서 있는 대로 고른 것은?

보기

ㄱ. $a<b$이다.

ㄴ. P에서 흡수하는 빛의 진동수는 Q에서 흡수하는 빛의 진동수보다 크다.

ㄷ. 전자가 $n=c$에서 $n=b$로 전이할 때 방출하는 빛의 파장은 $9\lambda_0$이다.

① ㄱ ② ㄴ ③ ㄱ, ㄷ ④ ㄴ, ㄷ ⑤ ㄱ, ㄴ, ㄷ

[24023-0153]

07 그림은 보어의 수소 원자 모형에서 양자수 n에 따른 전자의 에너지 준위의 일부와 전자의 전이 a, b, c, d를 나타낸 것이다. 표는 a, b, c, d에서 흡수하거나 방출하는 빛의 진동수를 나타낸 것이다.

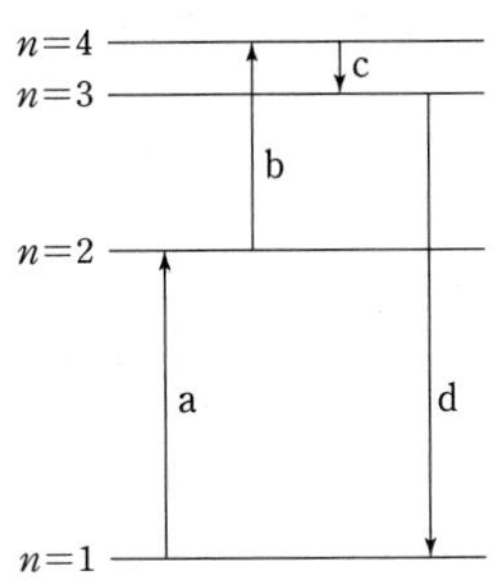

전자의 전이	흡수하거나 방출하는 빛의 진동수
a	f_0
b	f_1
c	$\frac{7}{27}f_1$
d	$\frac{32}{27}f_0$

$\frac{f_1}{f_0}$은?

① $\frac{1}{10}$ ② $\frac{1}{8}$ ③ $\frac{1}{6}$ ④ $\frac{1}{5}$ ⑤ $\frac{1}{4}$

전자가 전이할 때 흡수하거나 방출하는 빛에너지는 전이하는 두 궤도의 에너지 준위 차와 같다.

[24023-0154]

08 그림은 보어의 수소 원자 모형에서 에너지 준위의 일부와 전자의 전이 a, b, c를 나타낸 것이다. a, b, c에서 방출되는 광자 1개의 에너지는 각각 $20E_0$, $5E_0$, E_0이다.

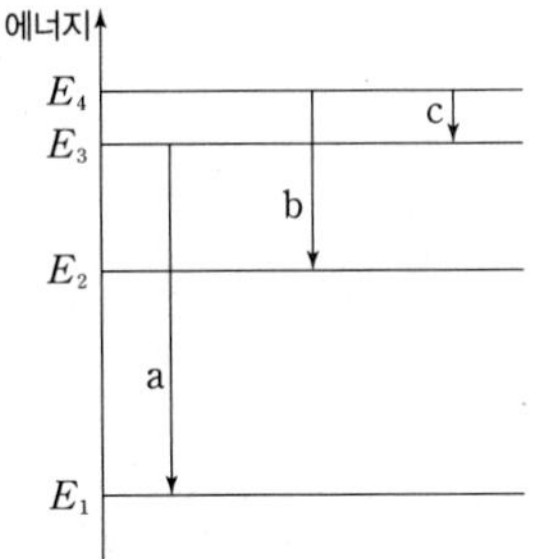

이에 대한 설명으로 옳은 것만을 〈보기〉에서 있는 대로 고른 것은? (단, 플랑크 상수는 h이다.)

보기

ㄱ. c에서 방출되는 빛의 진동수는 $\frac{E_0}{h}$이다.

ㄴ. 방출되는 빛의 파장은 b에서가 a에서의 4배이다.

ㄷ. $E_2-E_1=16E_0$이다.

① ㄱ ② ㄷ ③ ㄱ, ㄴ ④ ㄴ, ㄷ ⑤ ㄱ, ㄴ, ㄷ

빛의 진동수와 파장은 서로 반비례하고, 전이하는 전자의 에너지 준위 차와 방출하는 빛의 진동수는 비례한다.

전이하는 전자의 에너지 준위 차가 클수록 흡수하거나 방출하는 빛의 파장이 짧다.

[24023-0155]

09 표는 보어의 수소 원자 모형에서 전자의 전이와 전이할 때 흡수하거나 방출하는 빛의 파장, 흡수하거나 방출하는 광자 1개의 에너지를 나타낸 것이다. n은 양자수이다.

전자의 전이	흡수 또는 방출하는 빛의 파장(nm)	흡수 또는 방출하는 광자 1개의 에너지(eV)
$n=1 \rightarrow n=3$	103	12.09
$n=3 \rightarrow n=2$	656	1.89
$n=2 \rightarrow n=4$	㉠	2.55

이에 대한 설명으로 옳은 것만을 〈보기〉에서 있는 대로 고른 것은?

보기

ㄱ. ㉠은 656보다 작다.

ㄴ. $n=4$인 상태에서 $n=3$인 상태로 전이할 때, 방출하는 광자 1개의 에너지는 0.66 eV이다.

ㄷ. 바닥상태의 수소 원자는 광자 1개의 에너지가 9.54 eV인 빛을 흡수할 수 있다.

① ㄱ ② ㄷ ③ ㄱ, ㄴ ④ ㄴ, ㄷ ⑤ ㄱ, ㄴ, ㄷ

고체의 전기 전도도는 비저항이 작을수록 크다. 고체의 전기 저항은 길이에 비례하고 단면적에 반비례한다.

[24023-0156]

10 다음은 고체의 전기 전도도를 측정하는 실험이다.

[실험 과정]

- 준비물: 멀티 테스터, 균질한 물질로 된 원기둥 모양의 막대 A, B, C

(가) A, B, C의 길이, 단면의 지름을 측정한다.

(나) 멀티 테스터의 두 단자를 A의 양쪽 끝에 접촉하고 저항값을 측정한다.

(다) A를 B, C로 바꾸어 (나)를 반복하고, A, B, C의 전기 전도도를 구한다.

[실험 결과]

막대	길이(cm)	단면의 지름(cm)	저항값($\times 10^{-3}\ \Omega$)	전기 전도도($\times 10^{5}\ \Omega^{-1}\cdot \text{m}^{-1}$)
A	10	0.1	28	45
B	10	0.2	㉠	45
C	20	0.1	28	㉡

이에 대한 설명으로 옳은 것만을 〈보기〉에서 있는 대로 고른 것은?

보기

ㄱ. ㉠은 28보다 크다.

ㄴ. ㉡은 90이다.

ㄷ. 비저항은 A가 C보다 크다.

① ㄴ ② ㄷ ③ ㄱ, ㄴ ④ ㄱ, ㄷ ⑤ ㄴ, ㄷ

[24023-0157]

11 그림 (가)와 같이 막대 A, B, 스위치, p-n 접합 발광 다이오드(LED)를 직류 전원에 연결한다. 스위치가 열려 있을 때는 LED에서 빛이 방출되지 않고, 스위치를 닫았을 때는 LED에서 빛이 방출된다. 그림 (나)의 ㉠과 ㉡은 A, B의 에너지띠 구조를 순서 없이 나타낸 것이다. X는 p형 반도체와 n형 반도체 중 하나이다.

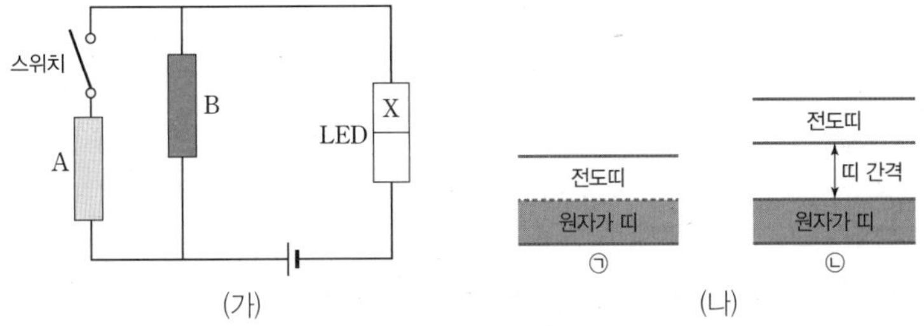

(가) (나)

이에 대한 설명으로 옳은 것만을 〈보기〉에서 있는 대로 고른 것은?

보기

ㄱ. X는 p형 반도체이다.
ㄴ. B의 에너지띠 구조는 ㉡이다.
ㄷ. 전기 전도성은 A가 B보다 좋다.

① ㄱ ② ㄷ ③ ㄱ, ㄴ ④ ㄴ, ㄷ ⑤ ㄱ, ㄴ, ㄷ

도체는 원자가 띠의 일부가 비어 있거나 원자가 띠와 전도띠가 일부 겹쳐 있다. LED에 순방향 전압이 걸릴 때 전류가 흐른다.

[24023-0158]

12 그림은 고체의 에너지띠 구조를 나타낸 것이다. 표는 물질 A, B, C, D의 원자가 띠와 전도띠 사이의 띠 간격과 물질의 전기적 성질에 따라 P, Q로 구분한 것을 나타낸 것이다. P, Q는 반도체와 절연체를 순서 없이 나타낸 것이다.

에너지
전도띠
띠 간격
원자가 띠

물질	띠 간격(eV)	전기적 성질
A	1.12	P
B	0.67	
C	5.33	Q
D	9.0	

이에 대한 설명으로 옳은 것만을 〈보기〉에서 있는 대로 고른 것은?

보기

ㄱ. P는 반도체이다.
ㄴ. 전기 전도성은 B가 A보다 좋다.
ㄷ. 상온에서 단위 부피당 전도띠에 있는 전자의 수는 D가 A보다 많다.

① ㄱ ② ㄷ ③ ㄱ, ㄴ ④ ㄴ, ㄷ ⑤ ㄱ, ㄴ, ㄷ

원자가 띠와 전도띠 사이의 띠 간격은 절연체가 반도체보다 크다.

광 다이오드는 빛에너지를 전기 에너지로 전환하며, 다이오드에는 p형 반도체에서 n형 반도체로 전류가 흐른다.

[24023-0159]

13 그림은 p형 반도체와 n형 반도체를 접합하여 만든 광 다이오드 A와 다이오드 B를 서로 연결하고, A에 빛을 비출 때 회로의 저항에 화살표 방향으로 전류가 흐르는 것을 나타낸 것이다. X는 p형 반도체와 n형 반도체 중 하나이다.

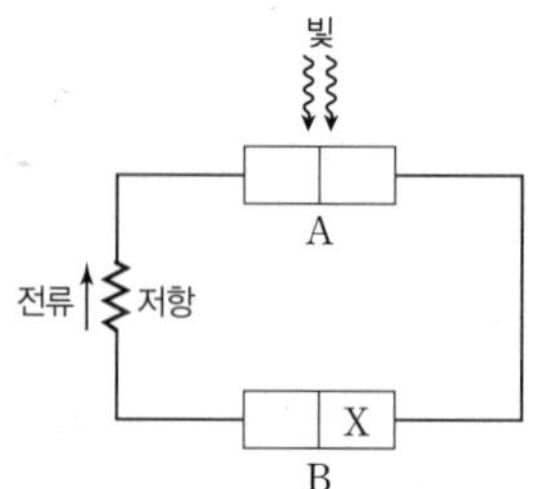

이에 대한 설명으로 옳은 것만을 〈보기〉에서 있는 대로 고른 것은?

보기

ㄱ. X는 p형 반도체이다.
ㄴ. B에서 p형 반도체의 양공은 p-n 접합면으로 이동한다.
ㄷ. A에 빛을 비출 때, A의 p-n 접합면에서 전이하는 전자의 에너지는 감소한다.

① ㄴ ② ㄷ ③ ㄱ, ㄴ ④ ㄱ, ㄷ ⑤ ㄱ, ㄴ, ㄷ

원자가 띠의 전자가 전도띠로 전이하기 위해서는 띠 간격 이상의 에너지를 흡수해야 한다.

[24023-0160]

14 그림 (가)는 보어의 수소 원자 모형에서 양자수 n에 따른 에너지 준위의 일부와 전자의 전이 a, b를 나타낸 것으로, a, b에서 방출되는 빛의 진동수는 각각 f_a, f_b이다. 그림 (나)는 물질 X의 에너지띠 구조를 나타낸 것이다. (가)에서 방출된 빛을 X에 비추었을 때 전자가 원자가 띠에서 전도띠로 전이하면, 원자가 띠에는 전이한 전자의 빈자리인 ㉠이 생긴다.

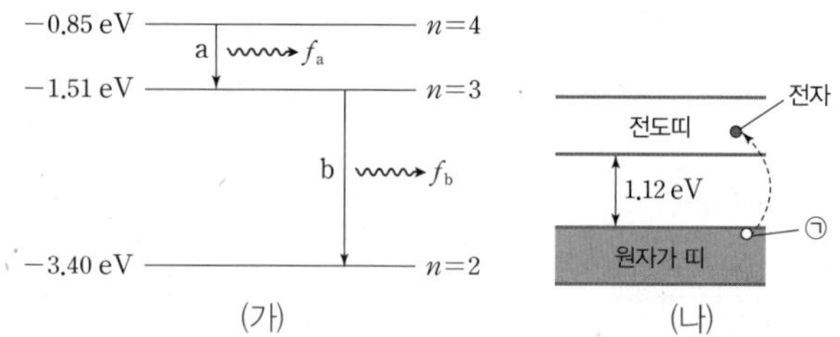

이에 대한 설명으로 옳은 것만을 〈보기〉에서 있는 대로 고른 것은?

보기

ㄱ. $f_a < f_b$이다.
ㄴ. (나)에서 ㉠은 양공이다.
ㄷ. a에서 방출된 빛을 X에 비출 때, 원자가 띠의 전자는 전도띠로 전이한다.

① ㄱ ② ㄷ ③ ㄱ, ㄴ ④ ㄴ, ㄷ ⑤ ㄱ, ㄴ, ㄷ

[24023-0161]

15 **그림 (가)는 p-n 접합 다이오드를 직류 전원에 연결한 것을, (나)는 순수한 규소(Si)에 불순물 a, b를 각각 첨가한 불순물 반도체 X, Y의 원자가 전자 배열을 나타낸 것이다. X, Y는 p형 반도체와 n형 반도체를 순서 없이 나타낸 것이다.**

p형 반도체에서는 양공이 주된 전하 운반자 역할을 하고, n형 반도체에서는 전자가 주된 전하 운반자 역할을 한다.

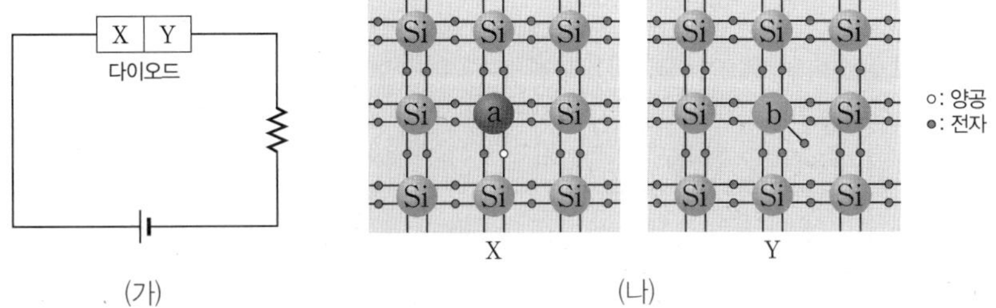

(가) (나)

이에 대한 설명으로 옳은 것만을 〈보기〉에서 있는 대로 고른 것은?

보기

ㄱ. 원자가 전자 수는 a가 b보다 많다.
ㄴ. Y는 n형 반도체이다.
ㄷ. (가)에서 X의 양공은 p-n 접합면에서 멀어진다.

① ㄱ ② ㄴ ③ ㄷ ④ ㄱ, ㄴ ⑤ ㄴ, ㄷ

[24023-0162]

16 **그림과 같이 직류 전원에 저항, p-n 접합 다이오드 A, B, 스위치 S_1, S_2를 연결하여 회로를 구성하고, S_1, S_2를 열고 닫음에 따라 회로의 점 O에 흐르는 전류의 세기를 측정한다. 표는 S_1, S_2를 열고 닫음에 따라 O에 흐르는 전류의 세기를 나타낸 것이다. X는 p형 반도체와 n형 반도체 중 하나이다.**

다이오드에는 p형 반도체에서 n형 반도체로 전류가 흐른다. p형 반도체가 전원의 (+)극에 연결되고 n형 반도체가 전원의 (−)극에 연결될 때, 다이오드에는 순방향 전압이 걸린다.

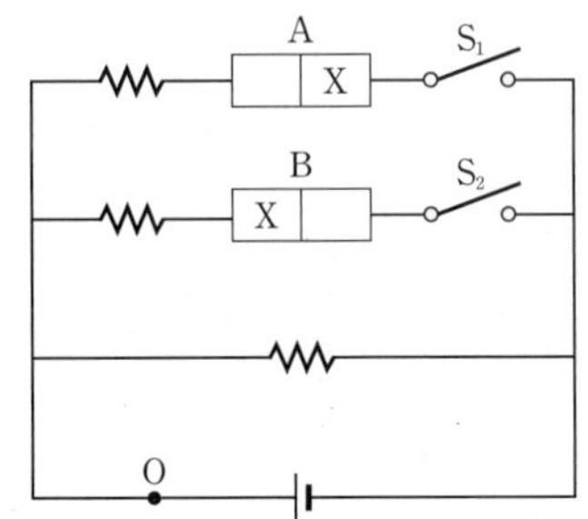

스위치		O에 흐르는 전류의 세기
S_1	S_2	
열림	열림	I_0
닫힘	열림	$2I_0$
닫힘	닫힘	㉠

이에 대한 설명으로 옳은 것만을 〈보기〉에서 있는 대로 고른 것은?

보기

ㄱ. X는 n형 반도체이다.
ㄴ. S_1을 닫았을 때, A에는 역방향 전압이 걸린다.
ㄷ. ㉠은 $2I_0$보다 크다.

① ㄱ ② ㄷ ③ ㄱ, ㄴ ④ ㄱ, ㄷ ⑤ ㄴ, ㄷ

다이오드는 한 방향으로만 전류를 흐르게 할 수 있다. a에 흐르는 전류의 세기는 t_1일 때가 t_2일 때보다 작다.

[24023-0163]

17 그림 (가)와 같이 동일한 p-n 접합 다이오드 5개, 저항값이 같은 저항 3개를 교류 전원에 연결하여 회로를 구성하였다. 그림 (나)는 (가)의 회로의 점 a에 흐르는 전류를 시간에 따라 나타낸 것이다. 전류는 a에 화살표 방향으로 흐를 때가 양(+)이다. X, Y, Z는 각각 p형 반도체와 n형 반도체 중 하나이다.

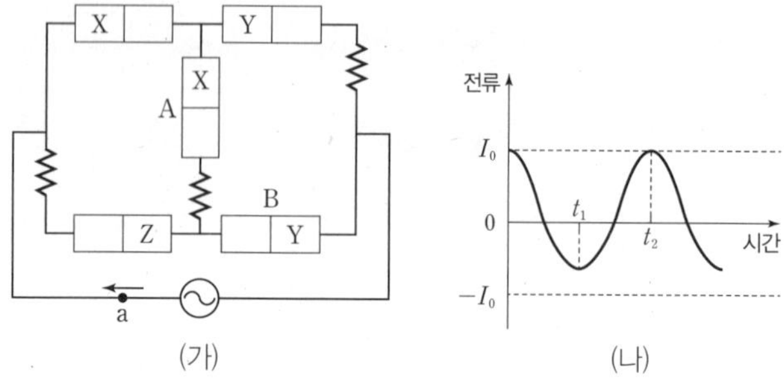

(가) (나)

이에 대한 설명으로 옳은 것만을 <보기>에서 있는 대로 고른 것은?

보기

ㄱ. X와 Z는 모두 p형 반도체이다.
ㄴ. A에 흐르는 전류의 방향은 t_1일 때와 t_2일 때가 반대이다.
ㄷ. t_1일 때, B에는 역방향 전압이 걸린다.

① ㄱ ② ㄷ ③ ㄱ, ㄴ ④ ㄱ, ㄷ ⑤ ㄴ, ㄷ

LED에서 방출되는 빛의 파장은 원자가 띠와 전도띠 사이의 띠 간격이 클수록 짧다.

[24023-0164]

18 그림 (가)는 p-n 접합 다이오드, 단색광을 방출하는 p-n 접합 발광 다이오드(LED) A와 B, 저항, 직류 전원, 스위치 S를 이용하여 구성한 회로를, (나)는 A, B의 p-n 접합면에서의 에너지띠 구조를 나타낸 것이다. (가)에서 S를 각각 a, b에 연결했을 때 LED에서 방출되는 빛의 파장은 각각 λ_1, λ_2이다. X는 p형 반도체와 n형 반도체 중 하나이다.

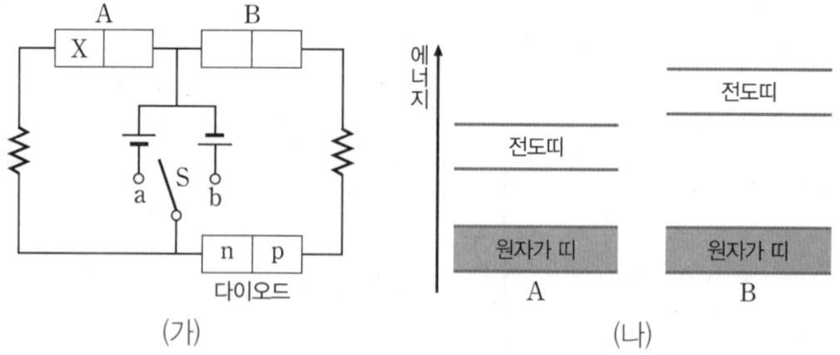

(가) (나)

이에 대한 설명으로 옳은 것만을 <보기>에서 있는 대로 고른 것은?

보기

ㄱ. X는 p형 반도체이다.
ㄴ. S를 a에 연결하면, 빛을 방출하는 LED의 p-n 접합면에서 전자와 양공이 결합할 때 전자의 에너지는 감소한다.
ㄷ. $\lambda_1 < \lambda_2$이다.

① ㄱ ② ㄷ ③ ㄱ, ㄴ ④ ㄴ, ㄷ ⑤ ㄱ, ㄴ, ㄷ

07 물질의 자기적 특성

1 전류에 의한 자기장

(1) 자석 주위의 자기장

① **자기력**: 자석 사이에 작용하는 힘을 자기력이라고 한다. 자석의 N극과 N극, S극과 S극 사이에는 서로 미는 방향으로 자기력이 작용하고, 자석의 N극과 S극 사이에는 서로 당기는 방향으로 자기력이 작용한다.

② **자기장**: 자석 주위에 다른 자석을 놓으면 자기력이 작용한다. 자석이나 전류가 흐르는 도선 주위에 자기력이 작용하는 공간을 자기장이라고 한다.

- 자기장의 방향: 자침의 N극이 가리키는 방향이 자침이 놓인 지점에서 자기장의 방향이다.
- 자기장의 세기: 자석의 자극에 가까울수록 자기장의 세기가 세다.

③ **자기력선**: 자기장 내에서 자침의 N극이 가리키는 방향을 연속적으로 연결한 선이다.

④ **자기력선의 특징**

- 자석의 N극에서 나와서 S극으로 들어가는 폐곡선이다.
- 서로 교차하거나 도중에 갈라지거나 끊어지지 않는다.
- 자기력선 위의 한 점에서 그은 접선 방향이 그 점에서 자기장의 방향이다.
- 자기장에 수직인 단위 면적을 지나는 자기력선의 수(밀도)는 자기장의 세기에 비례한다.

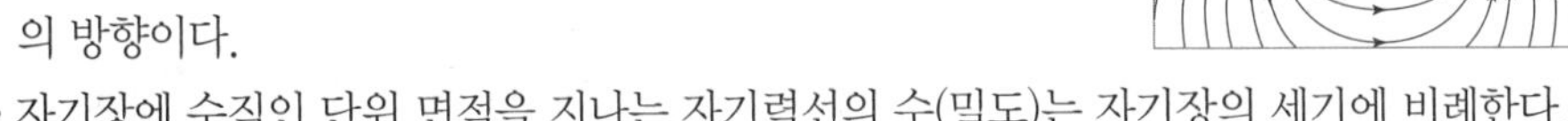

⑤ **자석 주위의 자기력선**

- 다른 극 사이에는 서로 당기는 방향으로 자기력선이 분포하고, 같은 극 사이에는 서로 미는 방향으로 자기력선이 분포한다.
- 자석의 끝부분에서 자기력선의 밀도가 크다.

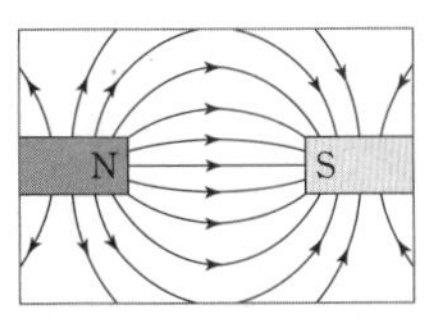

N극과 S극 사이의 자기력선

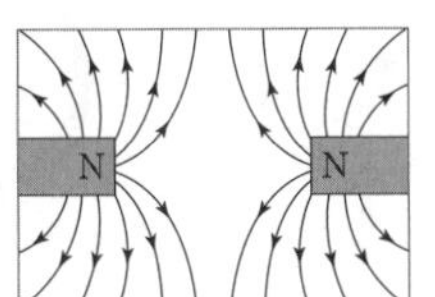

N극과 N극 사이의 자기력선

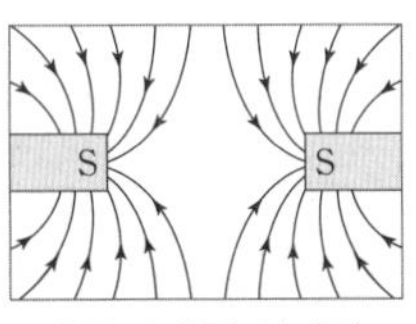

S극과 S극 사이의 자기력선

과학 돋보기 | 자석의 발견과 특징

우리가 주변에서 쉽게 볼 수 있는 자석은 자철석(magnetite)이라는 광석으로부터 얻을 수 있다. 자기(magnet)라는 단어의 어원을 살펴보면 고대 마그네시아(Magnesia) 지방에 많이 분포한 자철광으로 인해 이 지방의 이름으로부터 유래되었다고 한다. 또한 자석은 아무리 작게 쪼개도 N극과 S극이 항상 같이 나타나며, N극 또는 S극만 갖는 자석은 존재하지 않는다.

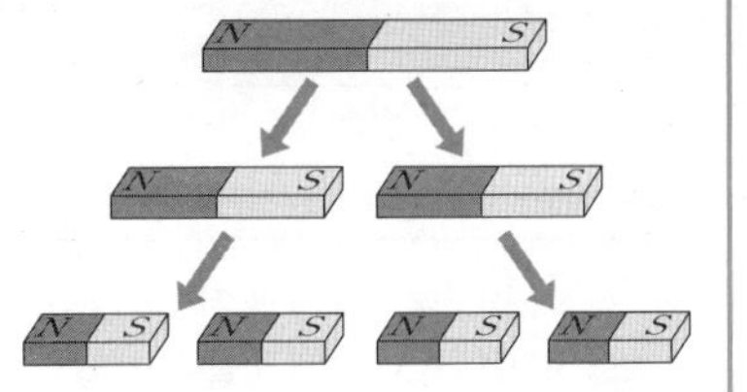

개념 체크

- **자기력**: 자석 사이에 작용하는 힘을 말한다. 같은 극끼리는 서로 미는 자기력이 작용하고, 다른 극끼리는 서로 당기는 자기력이 작용한다.
- **자기장**: 자기력이 작용하는 공간을 자기장이라고 한다.
- **자기력선**: 자기장 내에서 나침반 자침의 N극이 가리키는 방향을 연속적으로 연결한 선으로, 자석의 N극에서 나와서 S극으로 들어가는 폐곡선이다.

1. (   )은 자석이나 전류가 흐르는 도선 주위에 자기력이 작용하는 공간이다.

2. (   )은 자기장 내에서 자침의 N극이 가리키는 방향을 연속적으로 연결한 선이다.

3. 자기력선은 자석의 (   )극에서 나와 (   )극으로 들어간다.

정답
1. 자기장
2. 자기력선
3. N, S

(2) 직선 전류에 의한 자기장: 직선 도선에 전류가 흐르면 도선 주위에 도선을 중심으로 하는 동심원의 자기장이 형성된다.

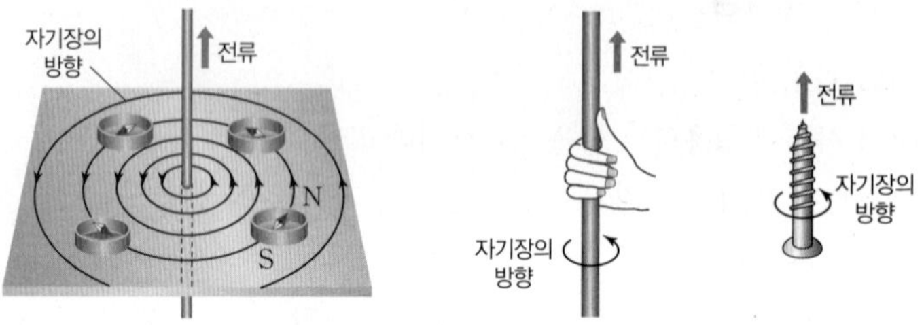

① **자기장의 세기**: 전류의 세기가 클수록 세고, 전류가 흐르는 도선으로부터의 거리가 멀수록 약하다.

$$\text{자기장의 세기} \propto \frac{\text{전류의 세기}}{\text{직선 도선으로부터의 거리}}$$

② **자기장의 방향**: 직선 전류가 흐르는 방향으로 오른손의 엄지손가락을 향하게 하면 직선 전류에 의한 자기장의 방향은 나머지 네 손가락이 도선을 감아쥐는 방향이다.

➡ 이를 앙페르 법칙이라고 하며, 앙페르 법칙은 오른나사의 진행 방향을 전류의 방향으로 할 때 자기장의 방향이 나사가 회전하는 방향과 같아 오른나사 법칙이라고 한다. 따라서 앙페르 법칙은 오른나사 법칙과 같은 의미로 사용한다.

과학 돋보기 지구 자기장의 영향

그림 (가), (나)와 같이 직선 도선을 남북 방향으로 놓고 도선에 전류를 북쪽으로 흐르게 하면, (가)의 직선 도선의 수직 아래에 놓은 나침반 자침은 시계 반대 방향으로 회전하여 정지하고, (나)의 직선 도선 위에 놓은 나침반 자침은 시계 방향으로 회전하여 정지한다.

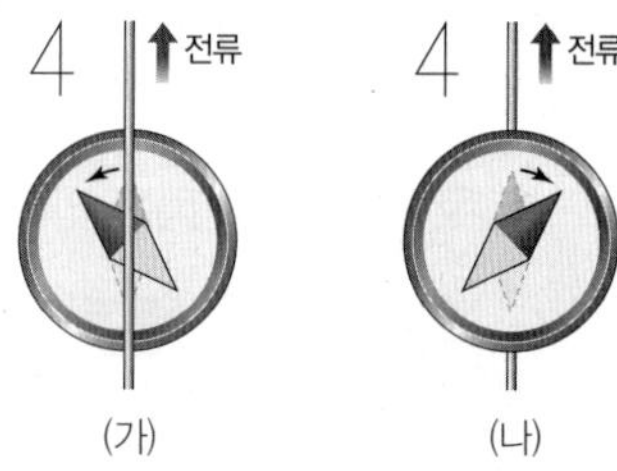

(가) (나)

• 지구 자기장은 북쪽을 향하고, 전류에 의한 자기장은 나침반을 놓은 곳에 따라 서쪽 또는 동쪽을 향한다.

(가) 직선 도선 아래에 나침반을 놓은 경우	(나) 직선 도선 위에 나침반을 놓은 경우
$B_{합성}$, $B_{지구}$, $B_{전류}$, 전류	$B_{지구}$, $B_{합성}$, $B_{전류}$, 전류

• 직선 도선에 전류가 흐를 때 자침의 N극이 가리키는 방향은 전류에 의한 자기장 $B_{전류}$와 지구에 의한 자기장 $B_{지구}$의 합성 자기장 $B_{합성}$의 방향과 같다.

개념 체크

◘ **직선 전류에 의한 자기장**: 직선 도선 주위에 도선을 중심으로 하는 동심원의 자기장이 형성되며, 자기장의 세기는 전류의 세기에 비례하고, 직선 도선으로부터의 거리에 반비례한다.

◘ **앙페르 법칙(오른나사 법칙)**: 직선 전류에 의한 자기장의 방향은 오른손의 엄지손가락을 전류의 방향으로 향하게 했을 때, 나머지 네 손가락이 도선을 감아쥐는 방향이다.

1. 직선 도선에 흐르는 전류에 의한 자기장의 세기는 도선에 흐르는 전류의 세기에 (비례 , 반비례)하고, 도선으로부터의 거리에 (비례 , 반비례)한다.

2. 앙페르 법칙(오른나사 법칙)에 의하면 오른손의 엄지손가락을 전류의 방향으로 향하게 하고 나머지 네 손가락으로 직선 도선을 감아쥘 때 네 손가락이 가리키는 방향이 (   )의 방향이다.

3. 그림과 같이 xy 평면에 고정된 무한히 긴 직선 도선에 $+y$ 방향으로 전류가 흐른다. 점 p, q는 x축상의 점이고, p에서 도선에 흐르는 전류에 의한 자기장의 세기는 B_0이다.

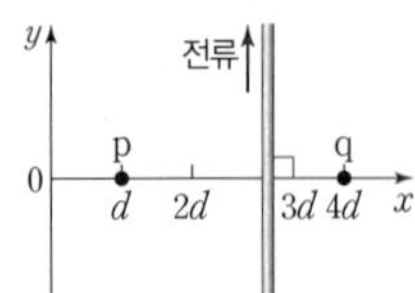

q에서 도선에 흐르는 전류에 의한 자기장의 세기는 (   )이고, 자기장의 방향은 xy 평면에 수직으로 (   ) 방향이다.

정답
1. 비례, 반비례
2. 자기장
3. $2B_0$, 들어가는

탐구자료 살펴보기 직선 전류에 의한 자기장

과정

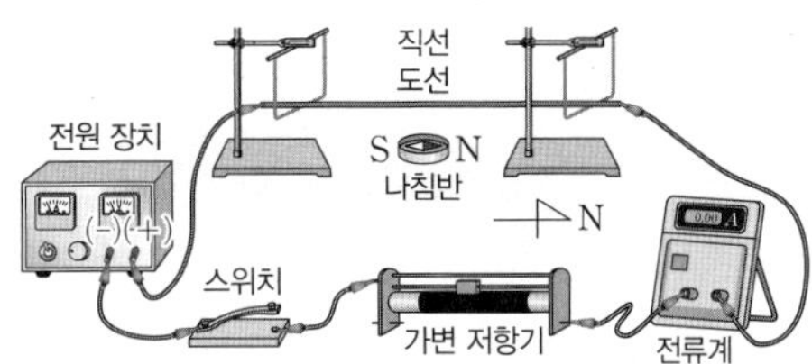

(1) 그림과 같이 남북 방향의 직선 도선의 수직 아래에 나침반을 놓고 도선에 흐르는 전류의 세기를 변화시키면서 나침반 자침이 회전하는 각을 관찰한다.
(2) 전류의 세기는 일정하게 유지하고, 도선과 나침반 사이의 거리를 변화시키면서 나침반 자침이 회전하는 각을 관찰한다.
(3) 도선에 흐르는 전류의 방향을 바꾸어 과정 (1), (2)를 반복한다.

결과

- 전류의 세기가 증가할수록 나침반 자침의 회전각이 증가한다.
- 도선과 나침반 사이의 거리가 증가할수록 나침반 자침의 회전각이 감소한다.
- 전류의 방향이 바뀌면 나침반 자침의 회전 방향이 반대로 바뀐다.

point

- 직선 전류에 의한 자기장의 세기는 전류의 세기가 클수록 세고, 전류가 흐르는 도선에서 멀수록 약하다.
- 오른손의 엄지손가락을 전류의 방향으로 향하게 했을 때, 나머지 네 손가락이 도선을 감아쥐는 방향이 직선 전류에 의한 자기장의 방향이다.

(3) **원형 전류에 의한 자기장**: 원형 도선에 흐르는 전류에 의한 자기장은 작은 직선 도선에 흐르는 전류에 의한 자기장의 합으로 생각할 수 있다.

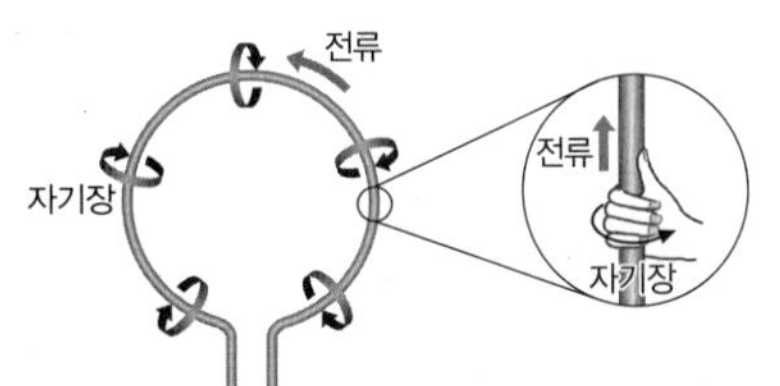

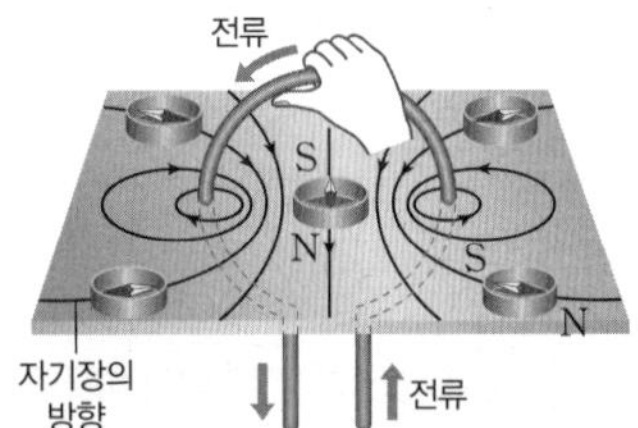

① **원형 전류 중심에서 자기장의 세기**: 전류의 세기가 클수록 세고, 반지름이 클수록 약하다.

$$\text{자기장의 세기} \propto \frac{\text{전류의 세기}}{\text{원형 도선의 반지름}}$$

② **원형 전류 중심에서 자기장의 방향**: 전류가 흐르는 방향으로 오른손의 엄지손가락을 향하게 하면 자기장의 방향은 나머지 네 손가락이 도선을 감아쥐는 방향이다.

과학 돋보기 두 원형 도선에 흐르는 전류에 의한 자기장

전류의 세기가 같은 두 원형 도선 A, B에 의한 원형 도선 중심에서의 합성 자기장은 다음과 같다.

전류의 방향이 같은 경우		전류의 방향이 반대인 경우	
I, B, I, A, r, $2r$	• 도선 A: B_0 (×) • 도선 B: $\frac{1}{2}B_0$ (×) • 합성 자기장: $\frac{3}{2}B_0$ (×)	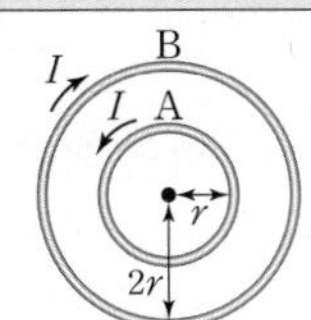	• 도선 A: B_0 (•) • 도선 B: $\frac{1}{2}B_0$ (×) • 합성 자기장: $\frac{1}{2}B_0$ (•)

×: 종이면에 수직으로 들어가는 방향, •: 종이면에서 수직으로 나오는 방향

➡ 두 원형 전류 중심에서의 자기장의 세기는 전류가 같은 방향으로 흐르면 커지고, 반대 방향으로 흐르면 작아진다.

개념 체크

◘ **원형 전류에 의한 자기장**: 원형 도선 중심에서 자기장의 세기는 전류의 세기에 비례하고, 원형 도선의 반지름에 반비례한다.

[1~2] 그림과 같이 xy 평면에 반지름이 d이고, 중심이 원점 O인 원형 도선이 고정되어 있다.

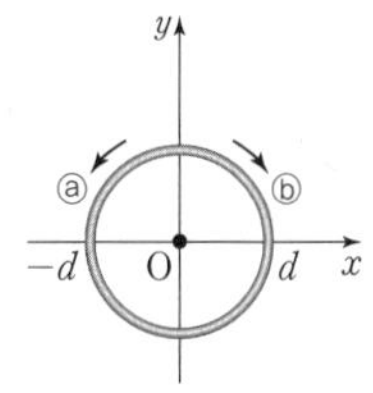

1. O에서 원형 도선에 흐르는 전류에 의한 자기장의 방향이 xy 평면에서 수직으로 나오는 방향일 때, 원형 도선에 흐르는 전류의 방향은 (ⓐ, ⓑ) 방향이다.

2. 원형 도선에 흐르는 전류의 세기가 I일 때 O에서 자기장의 세기가 B_0이면, 원형 도선에 흐르는 전류의 세기가 $2I$일 때 O에서 자기장의 세기는 (　　) 이다.

정답
1. ⓐ
2. $2B_0$

개념 체크

◎ 솔레노이드 내부에서의 자기장: 솔레노이드 내부에서 자기력선이 평행하고 간격이 일정하므로, 솔레노이드 내부에서 자기장은 균일하다.

1. 솔레노이드 내부에서 전류에 의한 자기장의 세기는 전류의 세기에 (비례 , 반비례)하고, 단위 길이당 도선의 감은 수에 (비례 , 반비례)한다.

2. 그림과 같이 중심축이 x축인 솔레노이드에 전원 장치를 연결하여 전류가 흐르게 하였다. 이때 솔레노이드 내부에서 전류에 의한 자기장의 방향은 ($+x$, $-x$) 방향이다.

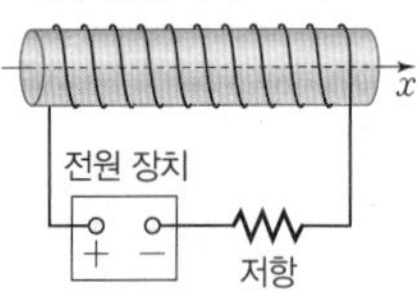

3. 코일 내부에 철심을 넣어 코일에 전류가 흐를 때 자석의 성질을 갖게 한 것을 (　　)이라고 한다.

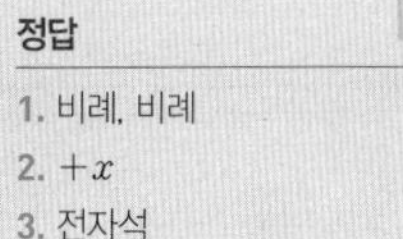
정답
1. 비례, 비례
2. $+x$
3. 전자석

(4) 솔레노이드에서 전류에 의한 자기장: 도선을 촘촘하고 균일하게 원통형으로 감은 것을 솔레노이드라고 하며, 원형 도선을 여러 개 겹쳐 놓은 것과 같다.

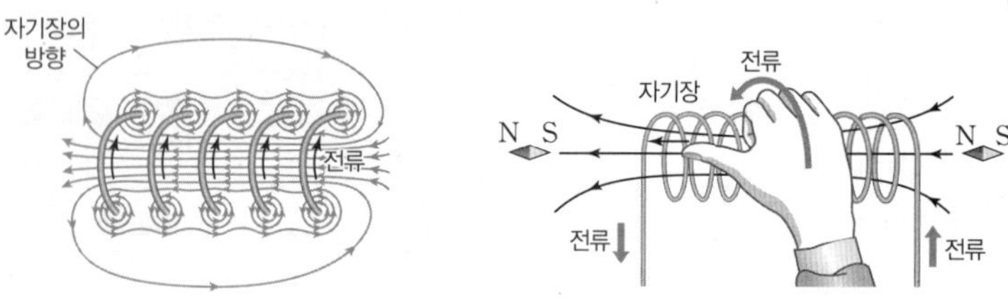

① **솔레노이드 내부에서 자기장의 세기**: 무한히 긴 솔레노이드 내부의 자기장은 균일하며, 전류의 세기가 클수록, 단위 길이당 도선의 감은 수가 많을수록 크다.

자기장의 세기 $\propto$ (전류의 세기) $\times$ (단위 길이당 도선의 감은 수)

② **솔레노이드 내부에서 자기장의 방향**: 오른손의 네 손가락을 전류의 방향으로 감아쥘 때 엄지 손가락이 가리키는 방향이다.

(5) 전류에 의한 자기장의 이용

① **전자석**: 코일 내부에 철심을 넣어 코일에 전류가 흐를 때 자석의 성질을 갖게 한 것을 말한다.

- 전자석의 원리: 영구 자석과 달리 전류의 세기를 조절하여 자기장의 세기를 조절할 수 있고, 전류의 방향을 반대 방향으로 하면 자석의 극도 바꿀 수 있다. 센 전자석을 만들려면 코일에 센 전류를 흘려 보내야 하고, 코일을 촘촘히 감아야 한다.

S N 전류 철심 전류

전자석

- 전자석의 이용: 전자석 기중기, 스피커, 자기 부상 열차, 초인종, 도난 경보 장치 등

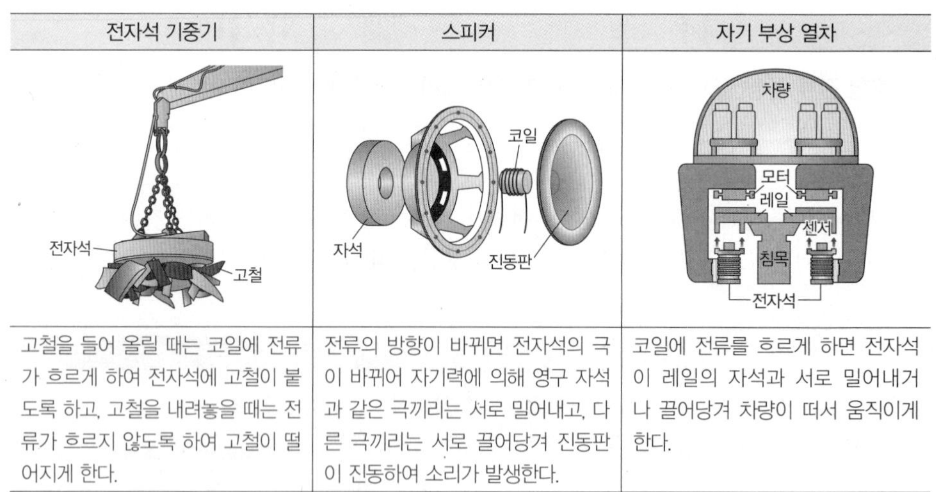

전자석 기중기	스피커	자기 부상 열차
고철을 들어 올릴 때는 코일에 전류가 흐르게 하여 전자석에 고철이 붙도록 하고, 고철을 내려놓을 때는 전류가 흐르지 않도록 하여 고철이 떨어지게 한다.	전류의 방향이 바뀌면 전자석의 극이 바뀌어 자기력에 의해 영구 자석과 같은 극끼리는 서로 밀어내고, 다른 극끼리는 서로 끌어당겨 진동판이 진동하여 소리가 발생한다.	코일에 전류를 흐르게 하면 전자석이 레일의 자석과 서로 밀어내거나 끌어당겨 차량이 떠서 움직이게 한다.

② **전동기**: 전류의 자기 작용을 이용하여 회전 운동을 하는 장치이다.

- 전동기의 원리: 자석 사이에 있는 코일에 전류가 흐를 때 자석과 코일 사이에 작용하는 자기력에 의해 코일이 회전하게 되며, 코일의 면이 자기장에 수직이 되는 순간 정류자에 의하여 전류의 방향이 바뀌므로 코일은 계속 한 방향으로 회전한다. 또한 전류의 방향을 바꾸면 코일의 회전 방향도 바뀌게 된다.

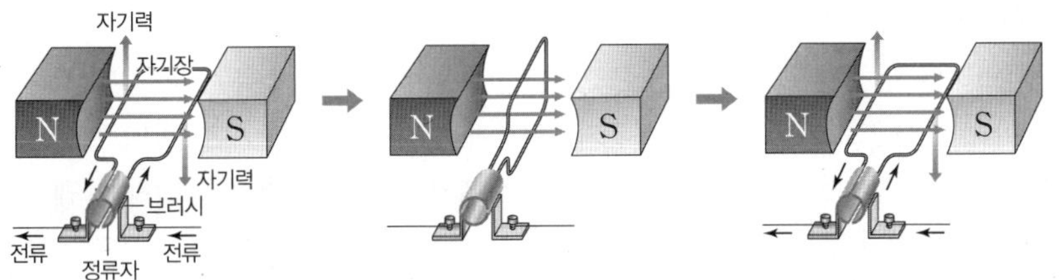

- 자기력의 크기: 코일의 단위 길이당 감은 수가 많을수록, 코일에 흐르는 전류의 세기가 클수록 코일에 작용하는 자기력의 크기가 크다.
- 전동기의 이용: 선풍기, 세탁기, 믹서기, 진공청소기, 헤어드라이어, 엘리베이터, 에스컬레이터, 전기 자동차, 전동 열차 등 각종 전기 제품에 기본적인 부품으로 이용된다.

③ 전류의 자기 작용을 이용한 다양한 예

자기 공명 영상(MRI) 장치	하드 디스크(HDD)	토카막(Tokamak)
	플래터, 헤드	코일, 자기장, 플라스마
코일에 전류가 흐를 때 생기는 강한 자기장을 이용하여 인체 내부의 영상을 얻는다.	헤드의 코일에 전류가 흐를 때 생기는 자기장을 이용하여 플래터에 정보를 기록한다.	도넛 모양의 장치로, 강한 전류가 흐름에 따라 강한 자기장이 형성되어 플라스마를 가두어 둔다.

과학 돋보기 **자기 공명 영상(MRI) 장치**

병원에서 사용하는 의료 장비 중 하나인 자기 공명 영상(MRI, Magnetic Resonance Imaging) 장치에는 자기장을 발생시키는 코일이 설치되어 있다. 이 장치에 인체를 넣고 고주파의 자기장을 발생시키면 우리 몸의 약 70 %를 차지하는 물 분자의 수소 원자핵이 공명하면서 신호를 발생시킨다. 이 신호의 차이를 측정하고 컴퓨터를 통해 재구성하여 인체 내부를 영상으로 나타낸다. 자기장이 인체에 침투할 수 있도록 코일 안으로 넣어야 하기 때문에 인체 내부에 심장 박동기와 같은 금속이 있거나 이를 소지한 사람은 자기 공명 영상 장치를 이용하기 어렵다.

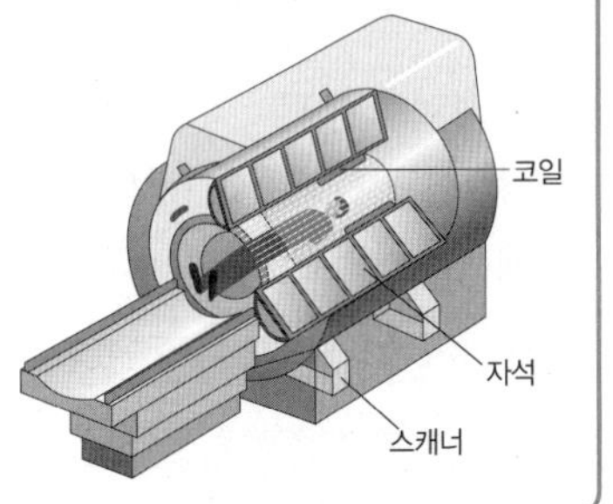

2 물질의 자성

(1) **자성**: 물질이 가지는 자기적인 성질을 자성이라고 한다. 물질을 구성하는 원자 내부의 전자의 운동은 전류가 흐르는 효과를 나타낼 수 있으므로 원자 하나하나가 자석의 성질을 가질 수 있다. 따라서 전자의 궤도 운동과 스핀에 따라 물질의 자성이 달라진다.

개념 체크

전동기: 전류의 자기 작용을 이용하여 전기 에너지를 역학적 에너지로 전환하는 장치이다.

1. 전동기는 전류의 자기 작용을 이용하여 (역학적 , 전기) 에너지를 (역학적 , 전기) 에너지로 전환하는 장치이다.

2. 하드 디스크(HDD)는 헤드의 코일에 ( )가 흐를 때 생기는 자기장을 이용하여 플래터에 정보를 기록한다.

정답
1. 전기, 역학적
2. 전류

개념 체크

전자의 스핀과 자성: 서로 반대 스핀의 두 전자가 짝을 이루면 스핀에 의한 자기화는 상쇄되고 전자의 궤도 운동에 의해 생기는 자성만을 갖는다. 반면에 짝이 없는 전자를 가지고 있는 물질은 상쇄되지 않은 스핀에 의해 상자성이나 강자성을 갖는다.

1. 외부 자기장에 의해 물질 내부의 원자가 나타내는 자기장의 배열이 바뀌어 물질 전체가 자석의 성질을 갖게 되는 것을 (　　) 라고 한다.

2. 외부 자기장의 방향과 같은 방향으로 강하게 자기화되고, 외부 자기장을 제거하여도 자성을 오래 유지하는 물질을 (　　)라고 한다.

(2) 원자 내부 전자의 운동과 자성

① **전자의 궤도 운동에 의한 자기장**: 그림과 같이 원형 고리에 전류가 흐를 때 고리의 중심에서는 아래 방향으로 자기장이 형성된다. 전자가 원자핵 둘레를 시계 반대 방향으로 회전하면 전류는 시계 방향으로 흐르므로, 회전 중심에서 자기장의 방향은 전자의 궤도면에 수직인 아래 방향이 된다.

② **전자의 스핀에 의한 자기장**: 전자의 궤도 운동 외에 전자는 원자가 자성을 갖는 데 기여하는 스핀이라는 고유 성질을 가지고 있다.

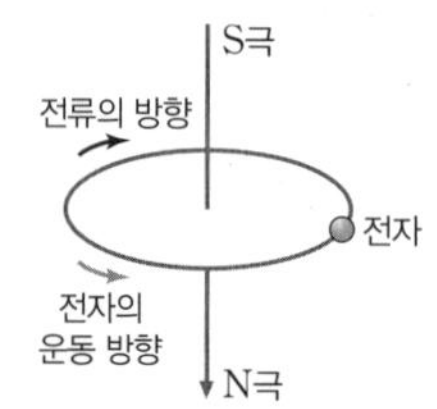
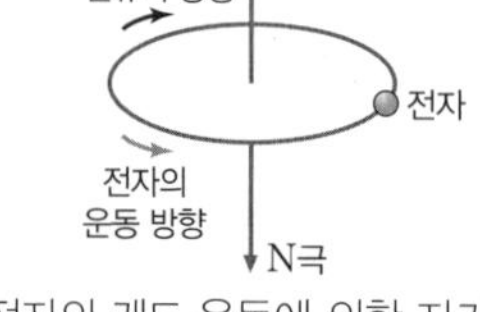

전자의 궤도 운동에 의한 자기장

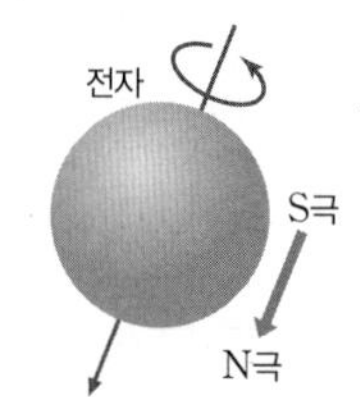

전자의 스핀에 의한 자기장

(3) 자기화(자화): 외부 자기장에 의하여 물질 내부의 원자가 나타내는 자기장의 배열이 바뀌어 물질 전체가 자석의 성질을 갖게 되는 것을 자기화라고 한다.

(4) 물질의 자성: 자석에 강하게 끌리는 성질을 강자성, 자석에 약하게 끌리는 성질을 상자성, 자석에 약하게 밀리는 성질을 반자성이라고 한다.

과학 돋보기 물질의 자성

물질이 자성을 나타내는 까닭은 물질을 구성하는 원자 내 전자의 궤도 운동과 스핀에 의해 나타나는 자기장 때문으로, 원자를 매우 작은 자석으로 생각할 수 있다. 대부분의 물질에서 전자의 궤도 운동에 의한 자기적 효과는 0이거나 매우 작다. 많은 전자를 갖는 원자에서 전자들은 대개 반대 스핀을 갖는 것과 쌍을 이루며 자기적 효과가 상쇄된다. 그러나 이러한 쌍을 이루지 않는 전자를 갖는 원자에 의해 강자성이나 상자성이 나타나게 된다.

(5) 자성체의 종류

① **강자성체**: 외부 자기장의 방향과 같은 방향으로 자기화되는 비율이 높으며, 외부 자기장을 제거하여도 자성을 오래 유지하는 물질을 강자성체라고 한다.
예 철, 코발트, 니켈 등

외부 자기장이 없을 때	외부 자기장을 걸어 줄 때	외부 자기장을 제거했을 때
	N S	
자기 구역의 자기장이 다양하게 분포한다.	자기 구역이 외부 자기장과 같은 방향으로 강하게 자기화된다.	자기화된 상태를 오래 유지한다.

② **상자성체**: 외부 자기장의 방향과 같은 방향으로 자기화되는 비율이 낮으며, 외부 자기장을 제거하면 자성이 없어지는 물질을 상자성체라고 한다.

정답
1. 자기화
2. 강자성체

예 종이, 알루미늄, 마그네슘, 텅스텐, 산소 등

외부 자기장이 없을 때	외부 자기장을 걸어 줄 때	외부 자기장을 제거했을 때
원자가 나타내는 자기장 방향이 불규칙하게 분포되어 자성을 나타내지 않는다.	원자가 나타내는 자기장 방향이 외부 자기장과 같은 방향으로 약하게 자기화된다.	원자가 나타내는 자기장 방향이 흐트러져 자기화된 상태가 바로 사라진다.

③ **반자성체**: 외부 자기장이 없을 때 물질을 구성하는 각 원자들의 총 자기장이 0이고, 외부 자기장의 방향과 반대 방향으로 자기화되는 물질을 반자성체라고 한다. 반자성체에 가하는 외부 자기장을 제거하면 자성이 없어진다.

예 구리, 유리, 플라스틱, 금, 수소, 물 등

외부 자기장이 없을 때	외부 자기장을 걸어 줄 때	외부 자기장을 제거했을 때
원자가 나타내는 자기장은 총 0이다.	외부 자기장과 반대 방향으로 약하게 자기화된다.	자기화된 상태가 바로 사라진다.

탐구자료 살펴보기 물질의 자기적 성질 알아보기

과정

(1) 그림 (가)와 같이 자기화되어 있지 않은 물체 A, B, C에 각각 막대자석을 가까이하여 물체의 움직임을 관찰한다. A, B, C는 강자성체, 상자성체, 반자성체를 순서 없이 나타낸 것이다.

(2) 그림 (나)와 같이 막대자석을 제거하고 A, B, C를 각각 자기화되어 있지 않은 철 클립에 가까이하여 철 클립의 움직임을 관찰한다.

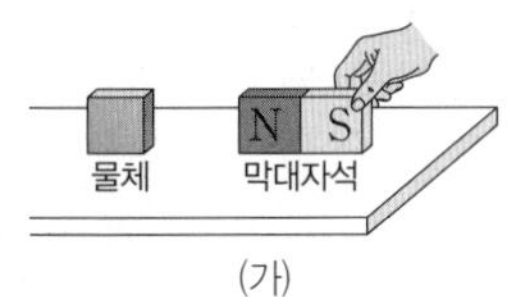

(가)

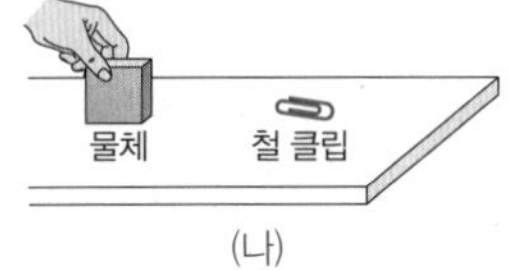

(나)

결과

물체	과정 (1)의 결과	과정 (2)의 결과
A	자석에 끌린다.	철 클립이 움직이지 않는다.
B	자석에서 밀린다.	철 클립이 움직이지 않는다.
C	자석에 끌린다.	철 클립이 끌린다.

point

- 강자성체와 상자성체는 자석에 의한 자기장과 같은 방향으로 자기화되므로 자석에 끌리고, 반자성체는 자석에 의한 자기장과 반대 방향으로 자기화되므로 자석에서 밀린다.
- 강자성체는 외부 자기장을 제거하여도 자성을 오래 유지하므로 철 클립이 끌리고, 상자성체와 반자성체는 외부 자기장을 제거하면 자성이 사라지므로 철 클립이 움직이지 않는다.
- A는 상자성체, B는 반자성체, C는 강자성체이다.

개념 체크

◉ **자성체의 성질**: 강자성체와 상자성체는 외부 자기장과 같은 방향으로 자기화되지만, 반자성체는 외부 자기장과 반대 방향으로 자기화된다. 강자성체는 외부 자기장을 제거해도 자성을 오랫동안 유지하지만, 상자성체와 반자성체는 외부 자기장을 제거하면 자기화된 상태가 바로 사라진다.

1. 외부 자기장의 방향과 같은 방향으로 약하게 자기화되고, 외부 자기장을 제거하면 자성이 없어지는 물질을 (　　)라고 한다.

2. 반자성체는 외부 자기장의 방향과 (같은 , 반대) 방향으로 약하게 자기화되고, 외부 자기장을 제거하면 자성이 없어진다.

정답

1. 상자성체
2. 반대

개념 체크

- **자기 구역**: 물질 내에서 자기장의 방향이 같은 원자들이 모여 있는 구역을 말한다.
- **철심을 넣은 전자석**: 강자성체인 철심을 넣어 자기장을 세게 만든 전자석은 강자성체를 이용하는 대표적인 예이다.

1. 광고 전단지, 냉장고 문 등에 사용하는 고무 자석은 (   ) 분말을 고무에 섞어 만든다.

2. 지폐는 위조 방지를 위해 지폐의 숫자 부분에 (   ) 분말을 이용하여 만든 액체 자석을 넣은 잉크가 사용된다.

3. 하드 디스크(HDD)는 외부 자기장을 제거해도 자성을 유지하는 (강자성체, 상자성체)의 특징을 이용하여 정보를 저장한다.

과학 돋보기 자기 구역

강자성 물질이 강하게 자기를 띠게 되는 것은 '자기 구역' 때문이다. 자기 구역이란 그림처럼 수백만 개의 원자 자석들이 한 방향으로 정렬되어서 자석을 형성하게 되는 작은 단위를 말한다. 강자성 물질은 작은 자석들이 무작위 방향으로 배열되어 있고, 외부적으로는 각각의 자석의 효과가 상쇄되어 마치 자석이 아닌 것처럼 행동한다. 그렇지만 외부에서 자기장이 가해지면 자기 구역들의 자기를 띠는 방향이 외부 자기장의 방향으로 정렬되면서 자석으로서의 역할을 할 수 있게 된다.

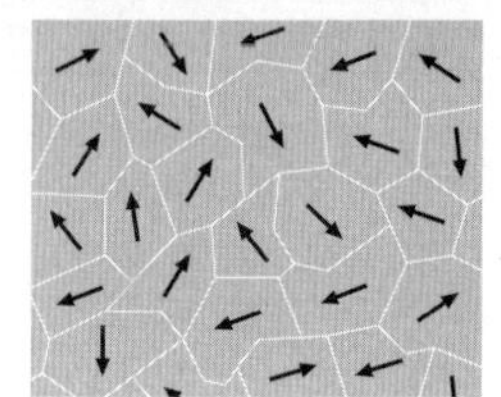

(6) 자성체의 이용

전자석	고무 자석
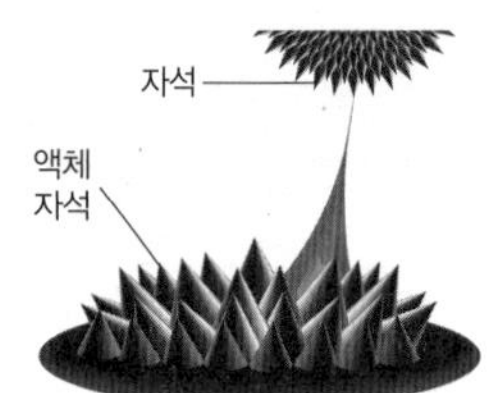	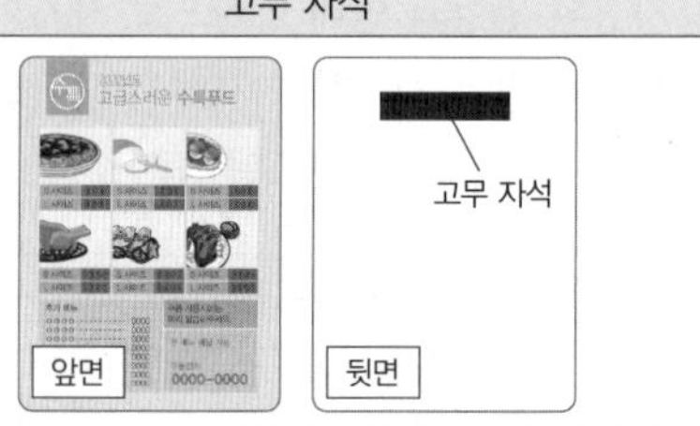
전류가 흐르는 코일 안에 강자성체를 넣으면 강자성체가 전류에 의한 자기장과 같은 방향으로 자기화되므로 매우 강한 자석이 된다.	강자성체 분말을 고무에 섞어 만든 고무 자석은 제작 단가가 낮고, 사용이 편리하기 때문에 광고 전단지, 냉장고 문 등에 많이 사용된다.
액체 자석	**하드 디스크**
	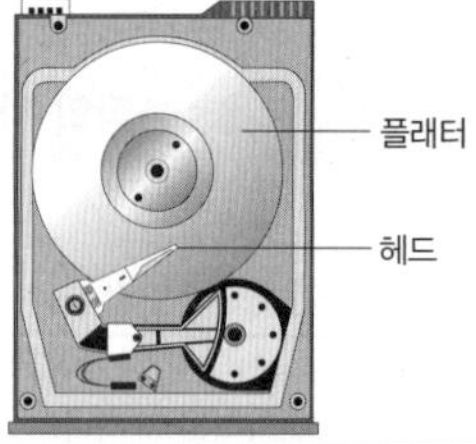
액체 자석은 강자성체 분말을 매우 작게 만들어 액체 속에 넣고 서로 뒤엉키지 않도록 처리하여 만든다. 지폐의 위조 방지를 위해 지폐의 숫자 부분에 액체 자석을 넣은 잉크가 사용되고 있으며, 장기 내부를 살펴보는 MRI 조영제로 활용하기 위한 연구도 진행되고 있다.	강자성체인 산화 철로 코팅된 얇은 디스크(플래터) 위에 헤드가 놓여 있는 구조로, 헤드에 전류가 흐르면서 생기는 자기장에 의해 헤드 근처를 지나가는 디스크의 작은 부분들이 자기화되면서 정보를 저장한다.

과학 돋보기 하드 디스크(Hard Disk)

하드 디스크는 컴퓨터에서 사용하는 대용량 저장 매체로, 컴퓨터에 공급하는 전원이 없어져도 저장된 정보들이 지워지지 않는 기억 장치 중 하나이며 플래터와 헤드 등으로 구성되어 있다. 플래터는 알루미늄과 같은 상자성체의 표면에 강자성체인 산화 철이 얇게 코팅되어 있으며, 회전하는 플래터 위에서 헤드의 코일에 흐르는 전류에 의한 자기장을 이용하여 산화 철을 전류에 의한 자기장의 방향으로 자기화시켜 정보를 구분하여 저장한다. 이때 산화 철은 전류에 의한 자기장이 사라져도 자기화된 상태가 유지되므로 저장된 정보가 사라지지 않는다.

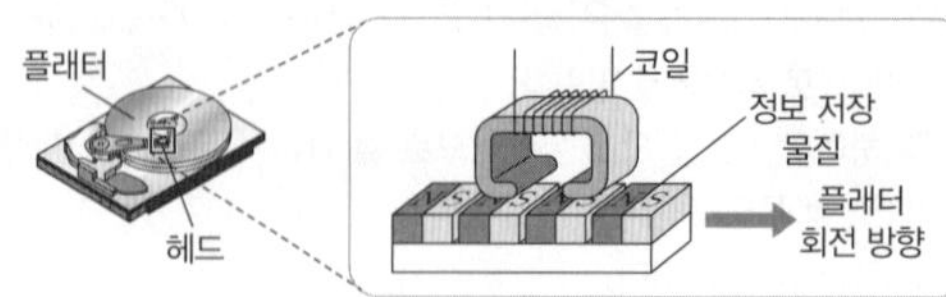

정답

1. 강자성체
2. 강자성체
3. 강자성체

3 전자기 유도

(1) 유도 전류

① **자기 선속(Φ)**: 자기 다발이라는 의미이며, 자기장에 수직인 단면을 지나는 자기력선의 수에 비례한다. 단위는 Wb(웨버)를 사용한다.

② **자기장의 세기(B)**: 자기장에 수직인 단위 면적을 통과하는 자기 선속을 자기장의 세기라고 한다. 자기장에 수직이고 면적이 S인 단면을 통과하는 자기 선속이 Φ일 때 자기장의 세기 B는 다음과 같다.

$$B=\frac{\Phi}{S}\ [\text{단위: T(테슬라)},\ 1\text{ T}=1\text{ Wb/m}^2]$$

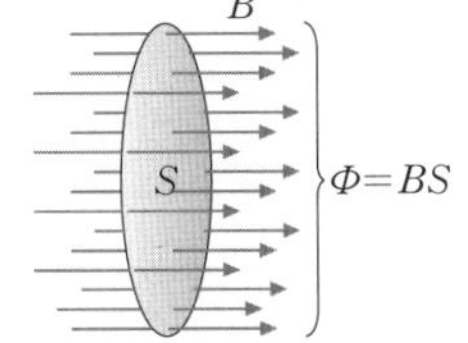

③ **전자기 유도**: 코일 내부를 통과하는 자기 선속이 변할 때 코일에 전류가 흐르는 현상이다.

④ **유도 기전력**: 전자기 유도에 의하여 발생하는 전압이다.

⑤ **유도 전류**: 전자기 유도에 의하여 흐르는 전류이다.

탐구자료 살펴보기 | 전자기 유도 실험

과정

(1) 그림과 같이 자석과 검류계에 연결된 코일을 각각 잡는다.
(2) 과정 (1)에서 자석의 N극을 코일의 중심축을 따라 코일에 가까워지게 한다.
(3) 과정 (1)에서 자석의 N극을 코일의 중심축을 따라 코일에서 멀어지게 한다.
(4) 과정 (1)에서 자석의 중심축을 따라 코일을 자석의 N극에 가까워지게 한다.
(5) 과정 (1)에서 자석의 중심축을 따라 코일을 자석의 N극에서 멀어지게 한다.

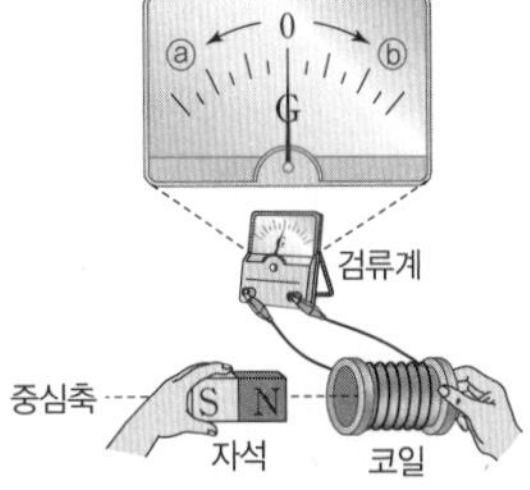

결과

구분	(2)의 결과	(3)의 결과	(4)의 결과	(5)의 결과
검류계 바늘이 움직이는 방향	ⓐ 방향	ⓑ 방향	ⓐ 방향	ⓑ 방향

point

• 유도 전류는 자석과 코일의 상대적인 운동으로 인해 자기 선속의 변화를 방해하는 방향으로 흐른다.

(2) 렌츠 법칙: 전자기 유도가 일어날 때 자기 선속의 변화에 따른 유도 전류의 방향을 찾는 법칙이다. 자기 선속의 변화를 방해하는 방향으로 유도 전류에 의한 자기장이 형성되도록 유도 전류가 흐른다.

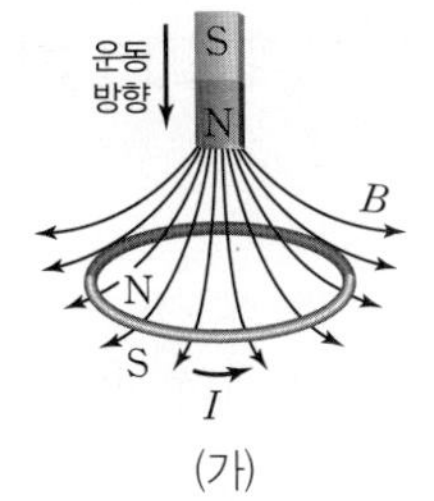

(가)

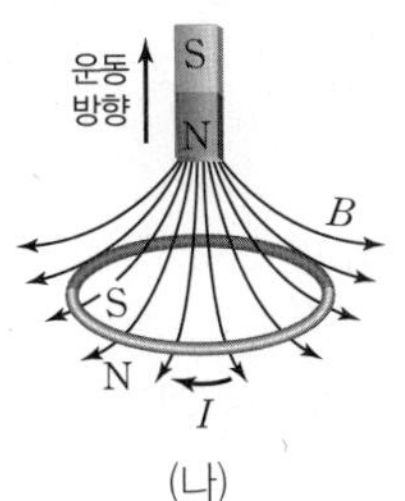

(나)

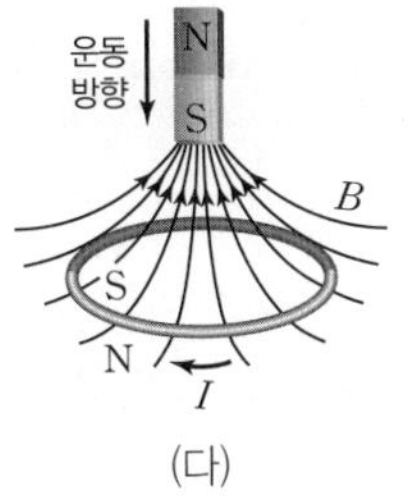

(다)

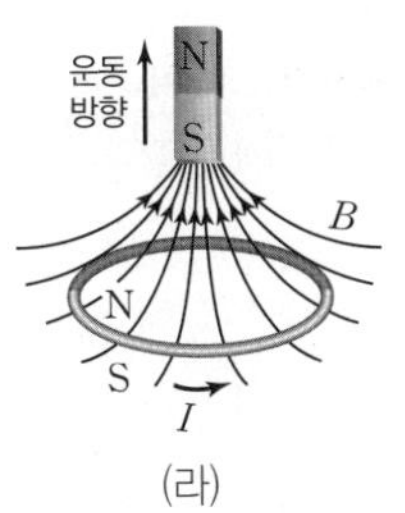

(라)

개념 체크

전자기 유도: 코일 내부를 통과하는 자기 선속이 변할 때 기전력이 유도되어 전류가 흐르는 현상이다.

렌츠 법칙: 유도 기전력과 유도 전류는 자기 선속의 변화를 방해하는 방향으로 발생한다.

1. 코일 내부를 통과하는 자기 선속이 변할 때 코일에 전류가 흐르게 되는 현상을 (　　)라고 한다.

2. (　　) 법칙에 의하면 코일에 흐르는 유도 전류의 방향은 코일 내부를 통과하는 자기 선속의 변화를 방해하는 방향이다.

3. 그림과 같이 자석의 N극이 원형 도선에 가까워질 때 원형 도선에 흐르는 유도 전류의 방향은 (ⓐ , ⓑ)이다.

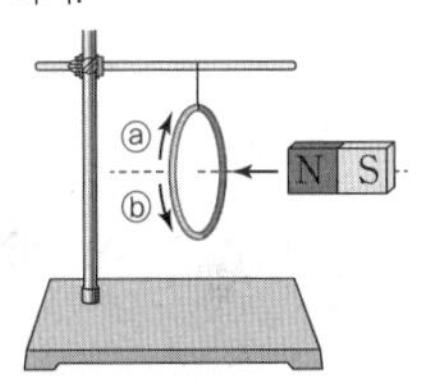

정답
1. 전자기 유도
2. 렌츠
3. ⓑ

개념 체크

○ 패러데이 법칙: 유도 기전력의 크기는 코일 내부를 지나는 자기 선속이 빠르게 변할수록 커지며, 패러데이 법칙 식에서 (−)부호는 유도 기전력의 방향이 자기 선속의 변화를 방해하는 방향이라는 의미이므로 렌츠 법칙을 포함한다.

[1~2] 그림과 같이 솔레노이드 중심축을 따라 자석이 가까워지는 동안 솔레노이드에 흐르는 유도 전류의 방향은 a → Ⓖ → b이다.

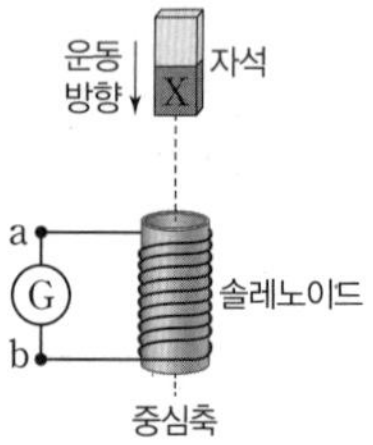

1. 자석이 솔레노이드와 가까워지는 동안 솔레노이드와 자석 사이에 서로 (당기는 , 미는) 자기력이 작용한다.

2. 자석의 X는 (N , S)극이다.

① 그림 (가): 자석의 N극이 원형 도선에 가까워지면 원형 도선 중심에 아래 방향의 자기 선속이 증가한다. 따라서 아래 방향의 자기 선속이 증가하는 것을 방해하려면 유도 전류에 의한 자기장이 위 방향이 되어야 하므로, 원형 도선에는 시계 반대 방향으로 유도 전류가 흐른다.

② 그림 (나): 자석의 N극이 원형 도선에서 멀어지면 원형 도선 중심에 아래 방향의 자기 선속이 감소한다. 따라서 아래 방향의 자기 선속이 감소하는 것을 방해하려면 유도 전류에 의한 자기장이 아래 방향이 되어야 하므로, 원형 도선에는 시계 방향으로 유도 전류가 흐른다.

③ 그림 (다): 자석의 S극이 원형 도선에 가까워지면 원형 도선 중심에 위 방향의 자기 선속이 증가한다. 따라서 위 방향의 자기 선속이 증가하는 것을 방해하려면 유도 전류에 의한 자기장이 아래 방향이 되어야 하므로, 원형 도선에는 시계 방향으로 유도 전류가 흐른다.

④ 그림 (라): 자석의 S극이 원형 도선에서 멀어지면 원형 도선 중심에 위 방향의 자기 선속이 감소한다. 따라서 위 방향의 자기 선속이 감소하는 것을 방해하려면 유도 전류에 의한 자기장이 위 방향이 되어야 하므로, 원형 도선에는 시계 반대 방향으로 유도 전류가 흐른다.

과학 돋보기 　전자기 유도와 자기력

구분	N극이 접근할 때	N극이 멀어질 때	S극이 접근할 때	S극이 멀어질 때
과정	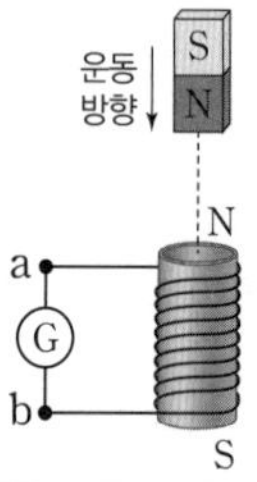	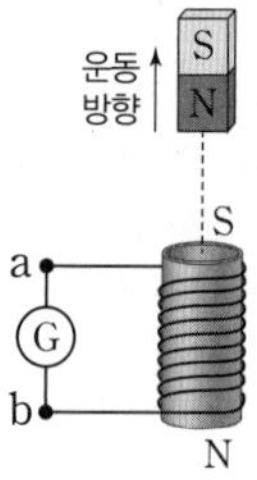	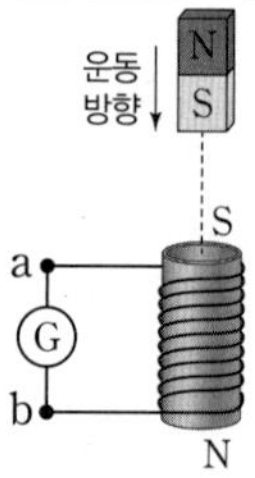	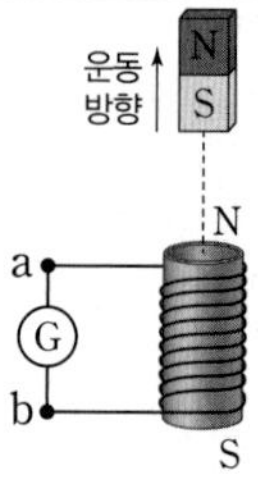
자기력	밀어냄(척력)	끌어당김(인력)	밀어냄(척력)	끌어당김(인력)
코일의 극	위: N극 아래: S극	위: S극 아래: N극	위: S극 아래: N극	위: N극 아래: S극
유도 전류의 방향	a → Ⓖ → b	b → Ⓖ → a	b → Ⓖ → a	a → Ⓖ → b

• 자석이 코일에 가까워질 때: 밀어내는 자기력(척력)이 작용하도록 코일에 유도 전류가 흐른다. ➡ 자석과 가까운 쪽 코일에 자석과 같은 극이 형성된다.
• 자석이 코일에서 멀어질 때: 끌어당기는 자기력(인력)이 작용하도록 코일에 유도 전류가 흐른다. ➡ 자석과 가까운 쪽 코일에 자석과 다른 극이 형성된다.

(3) 패러데이 법칙

① 유도 기전력의 크기는 코일 내부를 지나는 자기 선속(Φ)이 빠르게 변할수록 크다.

② **패러데이 법칙**: 시간 Δt 동안 감은 수가 N인 코일을 통과하는 자기 선속의 변화가 $\Delta\Phi$이면 유도 기전력 V는 다음과 같다.

$$V = -N\frac{\Delta\Phi}{\Delta t}$$

위 식에서 (−)부호는 유도 기전력의 방향이 자기 선속의 변화를 방해하는 방향이라는 의미를 가지므로, 패러데이 법칙은 렌츠 법칙을 포함한다.

정답
1. 미는
2. N

탐구자료 살펴보기 균일한 자기장 영역을 일정한 속력으로 통과하는 도선

자료 및 분석

×: 종이면에 수직으로 들어가는 방향

[자료] 도선의 이동	균일한 자기장 영역 / 운동 방향 / 유도 전류	균일한 자기장 영역 / 운동 방향	균일한 자기장 영역 / 운동 방향 / 유도 전류
[분석]	균일한 자기장 영역으로 들어갈 때	균일한 자기장 영역 내에서 운동할 때	균일한 자기장 영역에서 빠져나올 때
자기 선속	종이면에 수직으로 들어가는 방향의 자기 선속 증가	일정	종이면에 수직으로 들어가는 방향의 자기 선속 감소
유도 전류에 의한 자기장	종이면에서 수직으로 나오는 방향	없음	종이면에 수직으로 들어가는 방향
유도 전류의 방향	시계 반대 방향	없음	시계 방향

point

• 코일의 단면을 지나는 단위 시간당 자기 선속의 변화량은 $\frac{\Delta\Phi}{\Delta t}=\frac{\Delta(BS)}{\Delta t}=\frac{B\Delta S}{\Delta t}$이므로, 코일이 1번 감겼을 때 유도 기전력은 $V=-\frac{\Delta\Phi}{\Delta t}=-B\frac{\Delta S}{\Delta t}$이다. 따라서 유도 기전력은 유도 전류를 발생시키고, 유도 전류는 자기 선속의 변화를 방해하는 방향으로 흐른다.

탐구자료 살펴보기 시간에 따라 변하는 자기장 영역에서의 전자기 유도

자료

그림 (가)는 종이면에 수직으로 들어가는 방향의 균일한 자기장 영역에 금속 고리가 고정되어 있는 것을, (나)는 (가)의 자기장을 시간에 따라 나타낸 것이다.

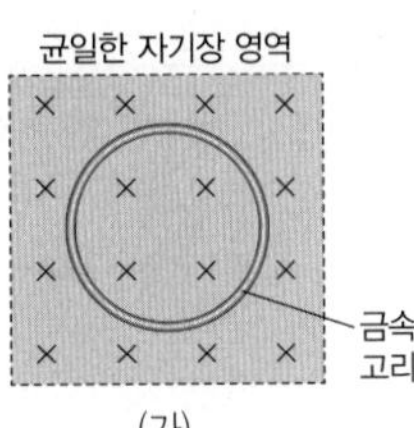

(가)

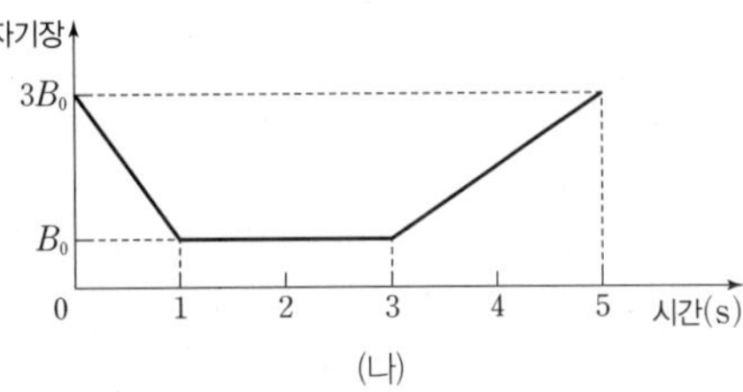

(나)

분석

시간(s)	0~1	1~3	3~5
금속 고리에 흐르는 유도 전류의 방향	시계 방향	없음	시계 반대 방향
금속 고리에 흐르는 유도 전류의 세기	$2I_0$	0	I_0

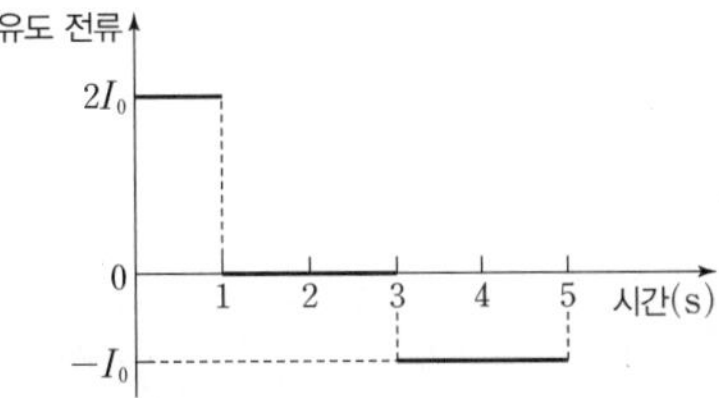

point

• 자기 선속이 통과하는 금속 고리의 면적(S)은 일정하고 자기장의 세기가 변하므로, 단위 시간당 자기 선속의 변화량은 $\frac{\Delta\Phi}{\Delta t}=\frac{\Delta(BS)}{\Delta t}=S\frac{\Delta B}{\Delta t}$이다. 따라서 (나)에서 기울기의 절댓값은 금속 고리에 흐르는 유도 전류의 세기에 비례한다.

개념 체크

유도 전류의 세기: 코일의 단면을 지나는 자기 선속이 빠르게 변할수록 유도 전류의 세기는 커진다.

1. 그림과 같이 종이면에 수직으로 들어가는 방향의 균일한 자기장 B의 영역에 금속 고리가 고정되어 있다. B의 세기가 증가할 때 금속 고리에 흐르는 유도 전류의 방향은 (시계 , 시계 반대) 방향이다.

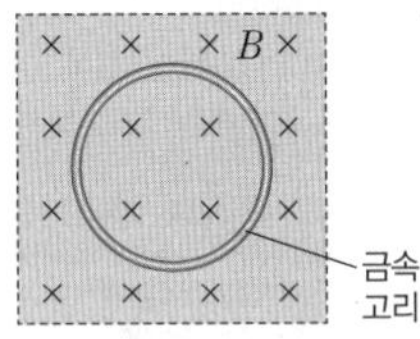

2. 그림과 같이 xy 평면에 수직으로 들어가는 방향의 균일한 자기장 영역에서 금속 고리가 $+x$ 방향의 속력 v로 등속도 운동을 하고 있다. 고리에 흐르는 유도 전류의 세기가 0인 경우는 고리의 중심이 (P , Q)일 때이고, 금속 고리의 중심이 R일 때 고리에 흐르는 유도 전류의 방향은 (시계 , 시계 반대) 방향이다.

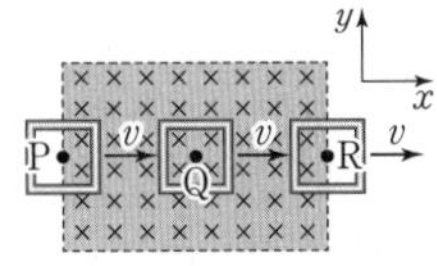

정답

1. 시계 반대
2. Q, 시계

개념 체크

발전기: 코일을 회전시키는 역학적 에너지가 전자기 유도에 의해 전기 에너지로 전환된다.

마이크: 전자기 유도를 이용하여 소리를 전기 신호로 변환시키는 장치이다.

1. 발전기는 자석 사이에 코일을 넣고 회전시킬 때 코일을 지나는 ( )의 변화에 의해 발생한 유도 전류를 이용하여 전기를 발생시킨다.

2. 발전기는 전자기 유도에 의해 코일을 회전시키는 (역학적 , 전기) 에너지가 (역학적 , 전기) 에너지로 전환된다.

3. 마이크, 무선 충전, 도난 방지 장치는 ( )를 이용한 장치이다.

정답

1. 자기 선속
2. 역학적, 전기
3. 전자기 유도

(4) 전자기 유도의 이용 예

① **발전기**: 자석 사이에 코일을 넣고 회전시키면 자기장에 수직 방향인 코일의 단면적이 변하므로 코일 내부를 통과하는 자기 선속이 계속 변하여 코일에 유도 전류가 흐른다.

② **마이크**: 소리에 의해 진동판이 진동하면 코일이 진동하고, 코일을 통과하는 자기 선속이 변하여 유도 전류가 흐른다.

③ **교통 카드**: 교통 카드 가장자리에는 코일이 감겨 있으므로 단말기의 변하는 자기장이 교통 카드의 코일에 유도 전류를 흐르게 한다. 이 전류에 의해 마이크로 칩이 작동하여 요금이 계산된다.

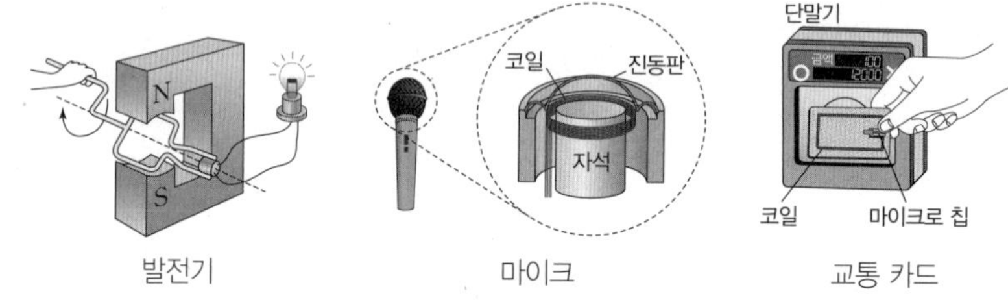

발전기 마이크 교통 카드

④ **무선 충전**: 충전 패드의 1차 코일에 변하는 전류가 흘러 스마트폰 내부의 2차 코일을 통과하는 자기 선속이 시간에 따라 변하면 2차 코일에 유도 전류가 흘러 스마트폰이 충전된다.

⑤ **금속 탐지기**: 탐지기의 전송 코일에서 발생한 자기장이 금속을 통과하면 자기장의 변화가 생기고, 이를 탐지기의 수신 코일이 감지하여 유도 전류를 발생시켜 금속을 탐지하게 된다.

⑥ **전기 기타**: 영구 자석에 의해 자기화된 기타 줄이 진동하면 기타 줄 아래에 있는 코일을 통과하는 자기 선속이 변하여 코일에 유도 전류가 흐르게 되고, 이 전기 신호를 증폭하여 스피커로 보내면 소리가 난다.

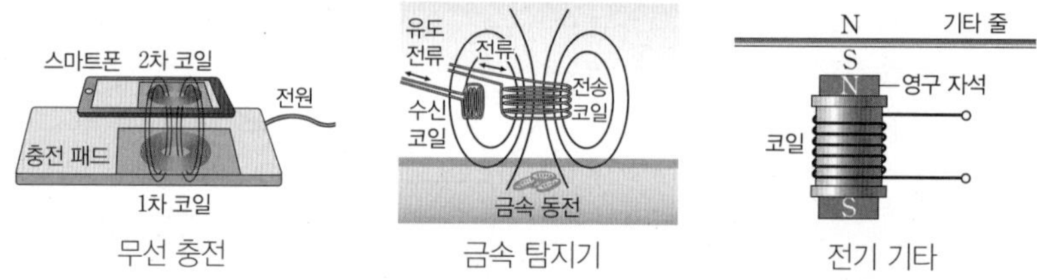

무선 충전 금속 탐지기 전기 기타

⑦ **발광 바퀴**: 바퀴가 회전하면서 코일을 감은 철심이 바퀴의 축에 고정된 영구 자석 주위를 회전하면, 코일을 통과하는 자기 선속의 변화로 유도 전류가 흘러 발광 다이오드가 켜진다.

⑧ **도난 방지 장치**: 출입구의 기둥 속에 코일이 들어 있어 자성을 제거하지 않은 채 물건을 가지고 나가면 코일에 유도 전류가 흘러 경고음이 발생한다.

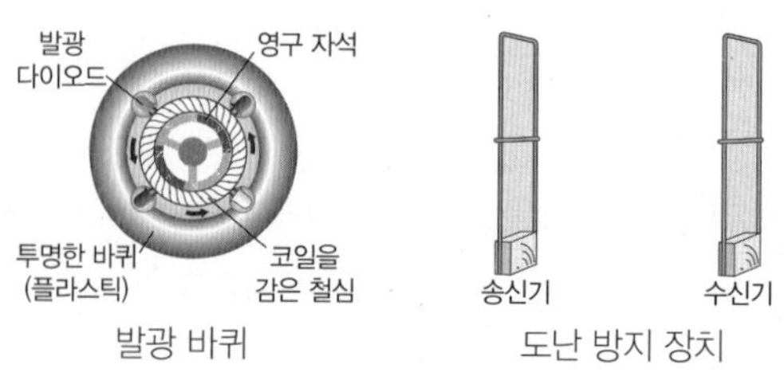

발광 바퀴 도난 방지 장치

과학 돋보기 사운드 스프레이

아프리카 지역에서 모기에 의해 전염되는 말라리아 문제를 해결하기 위해 우리나라 연구진이 개발한 적정 기술 사례가 있다. 이것은 일반 살충제처럼 통을 흔든 후 윗부분을 눌러 말라리아를 옮기는 모기를 퇴치하는 장치인데, 살충제 약이 분무되는 대신 모기가 싫어하는 특정 진동수의 초음파가 나오는 점이 일반 살충제와 다르다. 이 장치는 통을 흔들 때 내부의 코일에서 발생한 전기 에너지를 전지에 저장한 후, 이를 이용해 초음파를 발생하므로 반영구적으로 사용할 수 있는 장점이 있다.

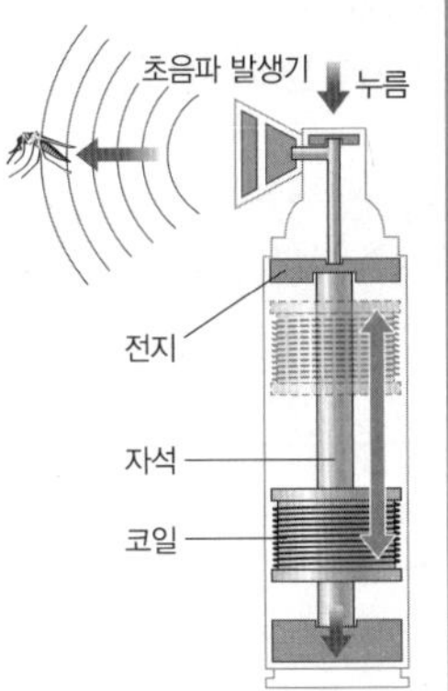

과학 돋보기 자기 브레이크

낙하하는 놀이 기구에서 사용하는 브레이크를 '자기 브레이크'라고 한다. 낙하하는 놀이 기구의 브레이크는 영구 자석에 의해 금속에 생기는 유도 전류를 이용한다. 놀이 기구를 지탱하는 기둥의 상단부를 지날 때에는 탑승 의자의 속력이 증가하지만, 수많은 금속판이 장착된 기둥의 하단부를 지날 때에는 금속판에 유도 전류가 형성되어 탑승 의자의 낙하 운동을 방해하므로 결국 운동 에너지를 잃고 멈춘다.

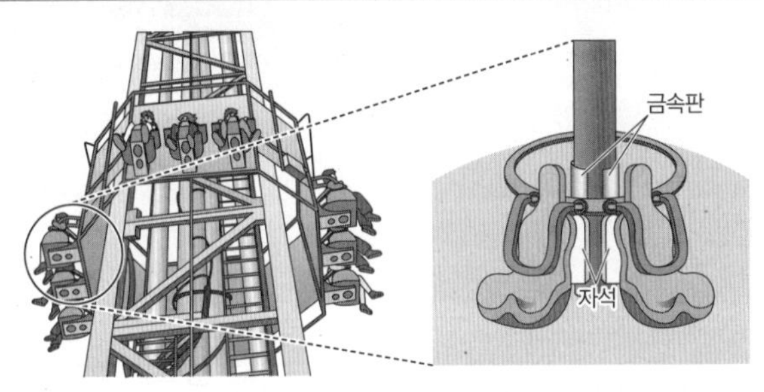

탐구자료 살펴보기 두 관 속에서 자석의 낙하 운동

과정

(1) 길이와 두께가 같은 플라스틱 관과 구리관, 질량이 같은 약한 자석과 강한 자석을 준비한다.
(2) 그림과 같이 약한 자석을 각각 연직으로 세워진 플라스틱 관, 구리관의 입구에서 가만히 놓은 후, 자석을 놓는 순간부터 자석이 관을 빠져나오는 순간까지 걸린 시간을 측정한다.
(3) 강한 자석을 사용하여 과정 (2)를 반복한다.

결과

구분	플라스틱 관	구리관
약한 자석	0.49초	1.64초
강한 자석	0.49초	2.38초

point

- 절연체인 플라스틱 관에서보다 도체인 구리관에서 낙하 시간이 더 크다.
- 구리관에서는 자석의 운동으로 인해 유도 전류가 흐르게 되어 자석의 운동을 방해하는 힘이 작용한다.
- 구리관에서 자석의 운동을 방해하는 힘은 강한 자석을 사용할 때가 더 크게 작용하여 낙하 시간이 더 크다.

개념 체크

자기 브레이크: 영구 자석에 의해 금속에 생기는 유도 전류를 이용한다.

1. 낙하하는 놀이 기구에 사용되는 (   )는 영구 자석에 의해 금속에 생기는 유도 전류를 이용하여 놀이 기구의 속력을 감소시킨다.

2. 그림과 같이 길이와 두께가 같은 플라스틱 관과 구리관의 입구에서 동일한 자석을 가만히 놓았다. 자석을 놓은 순간부터 자석이 관을 빠져나오는 순간까지 자석이 낙하하는 데 걸린 시간은 (   )에서가 (   )에서보다 크다.

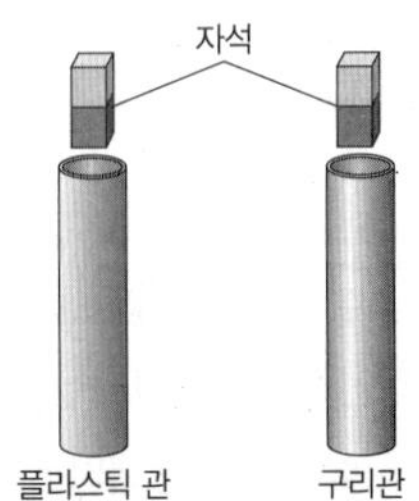

정답
1. 자기 브레이크
2. 구리관, 플라스틱 관

[24023-0165]

01 다음은 두 막대자석 주위의 자기력선에 대한 설명이다.

> 자기력선은 자기장 내에서 자침의 ㉠ 극이 가리키는 방향을 연속적으로 연결한 선이다. 그림의 막대자석의 X는 자극 중 ㉡ 극이고, 자기장의 세기는 점 p에서가 점 q에서보다 ㉢ .

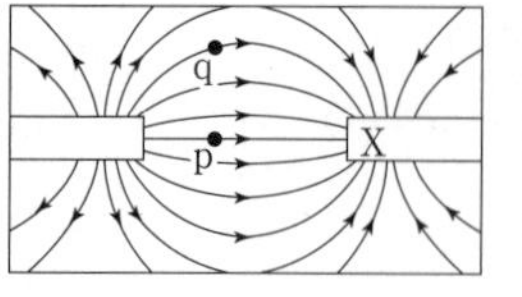

㉠, ㉡, ㉢에 들어갈 내용으로 옳은 것은?

	㉠	㉡	㉢
①	N	N	크다
②	N	N	작다
③	N	S	크다
④	N	S	작다
⑤	S	N	크다

[24023-0166]

02 그림 (가)와 같이 일정한 세기의 전류가 흐르는 무한히 긴 직선 도선 A, B를 xy 평면에 수직으로 고정시켰더니, A, B로부터 각각 d만큼 떨어진 원점 O에서 A, B의 전류에 의한 자기장의 방향은 $-x$ 방향이다. 그림 (나)와 같이 (가)에서 A를 제거하였더니 O에서 B의 전류에 의한 자기장의 방향은 $+x$ 방향이다.

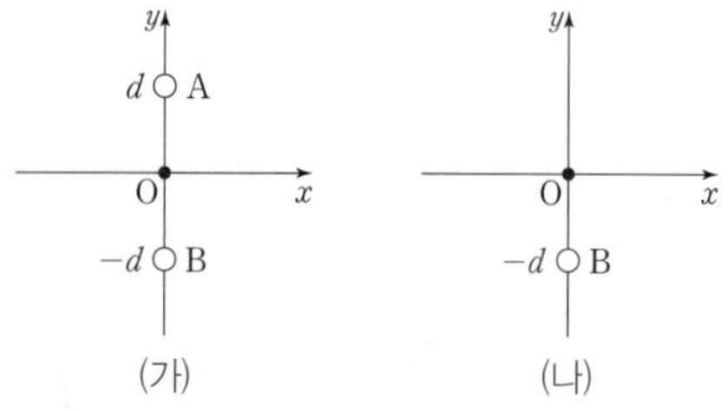

이에 대한 설명으로 옳은 것만을 〈보기〉에서 있는 대로 고른 것은?

보기
ㄱ. 전류의 방향은 A에서와 B에서가 같다.
ㄴ. 전류의 세기는 A에서가 B에서보다 작다.
ㄷ. (가)에서 B를 $y=-2d$에 옮겨 고정시키면, O에서 A, B의 전류에 의한 자기장의 방향은 $+x$ 방향이다.

① ㄱ ② ㄴ ③ ㄱ, ㄷ ④ ㄴ, ㄷ ⑤ ㄱ, ㄴ, ㄷ

[24023-0167]

03 그림과 같이 일정한 세기의 전류가 흐르는 무한히 긴 직선 도선 A가 xy 평면의 원점 O에 수직으로 고정되어 있다. A에 흐르는 전류의 방향은 xy 평면에서 수직으로 나오는 방향이고, 점 p, q, r는 xy 평면상에 있다.

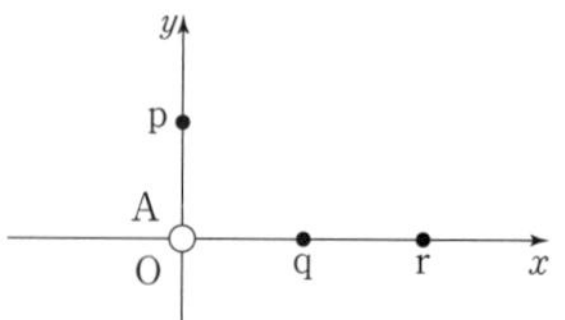

A의 전류에 의한 자기장에 대한 설명으로 옳은 것만을 〈보기〉에서 있는 대로 고른 것은?

보기
ㄱ. p에서 자기장의 방향은 $+x$ 방향이다.
ㄴ. 자기장의 세기는 q에서가 r에서보다 크다.
ㄷ. A에 흐르는 전류의 세기를 증가시키면 p에서 자기장의 세기는 증가한다.

① ㄱ ② ㄷ ③ ㄱ, ㄴ ④ ㄴ, ㄷ ⑤ ㄱ, ㄴ, ㄷ

[24023-0168]

04 그림과 같이 세기와 방향이 일정한 전류가 흐르는 무한히 긴 직선 도선 A, B가 xy 평면에 나란하게 고정되어 있다. 점 p, q, r는 x축상에 있고, A에 흐르는 전류의 방향은 $+y$ 방향이다. A, B의 전류에 의한 자기장의 세기는 p에서가 r에서보다 크고, r에서 A, B의 전류에 의한 자기장의 방향은 xy 평면에서 수직으로 나오는 방향이다.

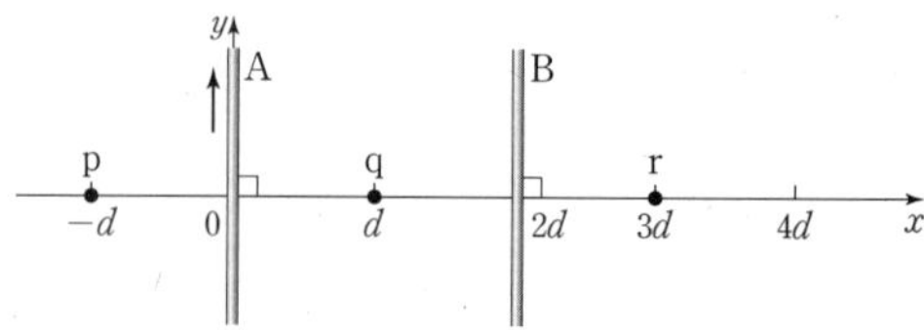

이에 대한 설명으로 옳은 것만을 〈보기〉에서 있는 대로 고른 것은?

보기
ㄱ. B에 흐르는 전류의 방향은 $+y$ 방향이다.
ㄴ. q에서 A, B의 전류에 의한 자기장의 방향은 xy 평면에 수직으로 들어가는 방향이다.
ㄷ. $x>3d$에서 A, B의 전류에 의한 자기장이 0이 되는 위치가 있다.

① ㄱ ② ㄴ ③ ㄱ, ㄷ ④ ㄴ, ㄷ ⑤ ㄱ, ㄴ, ㄷ

[24023-0169]

05 그림과 같이 세기와 방향이 일정한 전류가 흐르는 무한히 긴 직선 도선 A, B가 xy 평면에 고정되어 있다. A에는 세기가 I_0인 전류가 $+y$ 방향으로 흐른다. xy 평면의 점 p, q에서 A, B의 전류에 의한 자기장의 방향은 서로 같다. 표는 p, q에서 A, B의 전류에 의한 자기장의 세기를 나타낸 것이다.

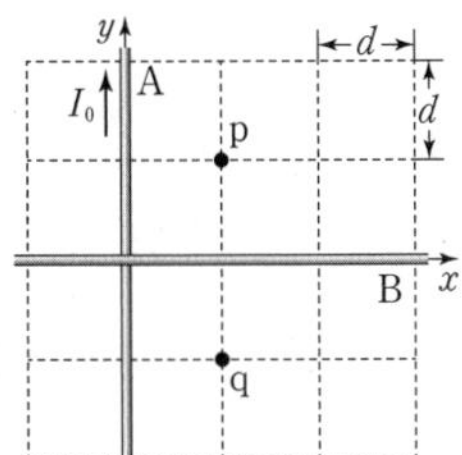

위치	A, B의 전류에 의한 자기장의 세기
p	$3B_0$
q	B_0

이에 대한 설명으로 옳은 것만을 〈보기〉에서 있는 대로 고른 것은?

보기

ㄱ. p에서 A, B의 전류에 의한 자기장의 방향은 xy 평면에 수직으로 들어가는 방향이다.

ㄴ. B에 흐르는 전류의 방향은 $+x$ 방향이다.

ㄷ. B에 흐르는 전류의 세기는 $2I_0$이다.

① ㄱ ② ㄴ ③ ㄱ, ㄷ ④ ㄴ, ㄷ ⑤ ㄱ, ㄴ, ㄷ

[24023-0170]

06 그림과 같이 중심이 점 O이고 반지름이 각각 d, $2d$인 원형 도선 A, B가 종이면에 고정되어 있다. A에는 세기가 I_0인 전류가 시계 방향으로 흐른다. 표는 O에서 A, B의 전류에 의한 자기장의 세기와 방향을 B에 흐르는 전류에 따라 나타낸 것이다.

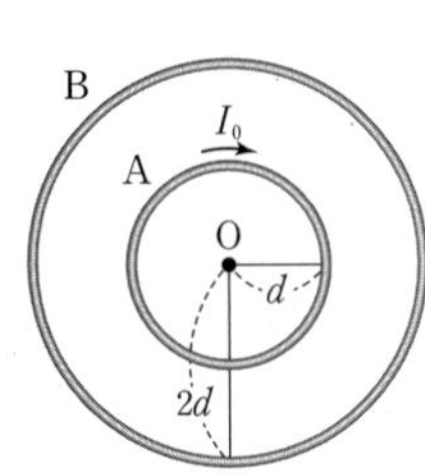

B에 흐르는 전류		O에서 A, B의 전류에 의한 자기장	
세기	방향	세기	방향
0	해당 없음	B_0	㉠
㉡	㉢	$\frac{1}{2}B_0$	×

×: 종이면에 수직으로 들어가는 방향
•: 종이면에서 수직으로 나오는 방향

㉠, ㉡, ㉢에 들어갈 내용으로 옳은 것은?

	㉠	㉡	㉢
①	•	I_0	시계 방향
②	•	$2I_0$	시계 반대 방향
③	×	$\frac{1}{2}I_0$	시계 방향
④	×	I_0	시계 반대 방향
⑤	×	$2I_0$	시계 반대 방향

[24023-0171]

07 그림과 같이 무한히 긴 직선 도선 A와 x축상의 점 p를 중심으로 하는 원형 도선 B가 xy 평면에 고정되어 있다. A, B에는 세기가 일정한 전류가 흐르고, B에 흐르는 전류의 방향은 일정하다. 표는 A에 흐르는 전류의 방향에 따른 p에서 A, B의 전류에 의한 자기장의 세기를 나타낸 것이다.

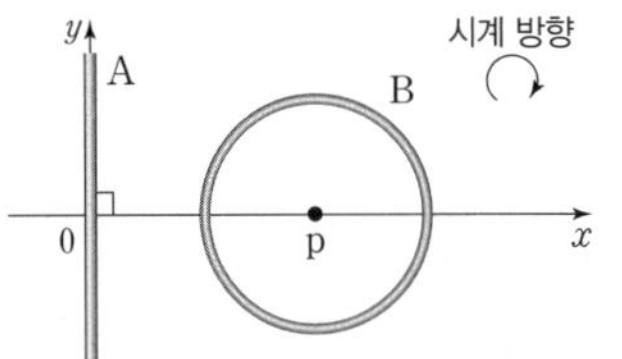

A에 흐르는 전류의 방향	p에서 A, B의 전류에 의한 자기장의 세기
$+y$	0
$-y$	B_0

이에 대한 설명으로 옳은 것만을 〈보기〉에서 있는 대로 고른 것은?

보기

ㄱ. B에 흐르는 전류의 방향은 시계 반대 방향이다.

ㄴ. p에서 B의 전류에 의한 자기장의 세기는 $\frac{1}{2}B_0$이다.

ㄷ. A에 흐르는 전류의 방향이 $-y$ 방향일 때, p에서 A, B의 전류에 의한 자기장의 방향은 xy 평면에서 수직으로 나오는 방향이다.

① ㄱ ② ㄷ ③ ㄱ, ㄴ ④ ㄴ, ㄷ ⑤ ㄱ, ㄴ, ㄷ

[24023-0172]

08 그림과 같이 반지름이 동일한 솔레노이드 A, B, 동일한 저항, 직류 전원 장치를 이용하여 회로를 구성한 후 고정시켰다. 단위 길이당 감은 수는 A에서가 B에서보다 작고, 점 p에서 A의 전류에 의한 자기장의 방향은 점 q에서 B의 전류에 의한 자기장의 방향과 같다. A와 B에 연결된 저항에 흐르는 전류의 세기는 같고, 솔레노이드 내부에 있는 p, q는 A와 B의 중심축을 잇는 x축상에 있다.

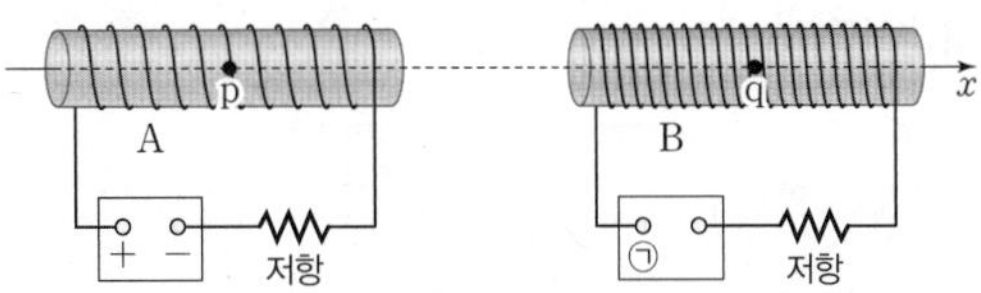

이에 대한 설명으로 옳은 것만을 〈보기〉에서 있는 대로 고른 것은?

보기

ㄱ. 충분한 시간이 지난 후 p에서 A에 의한 자기장의 세기는 q에서 B에 의한 자기장의 세기보다 작다.

ㄴ. ㉠은 (+)극이다.

ㄷ. A와 B 사이에는 서로 미는 자기력이 작용한다.

① ㄱ ② ㄷ ③ ㄱ, ㄴ ④ ㄴ, ㄷ ⑤ ㄱ, ㄴ, ㄷ

[24023-0173]

09 다음은 솔레노이드 밸브에 대한 설명이다.

솔레노이드 밸브는 전기 신호를 이용하여 밸브를 열거나 닫을 수 있는 장치이다. 솔레노이드에 전류가 흐르면 철제 물질에 자기력이 작용한다.

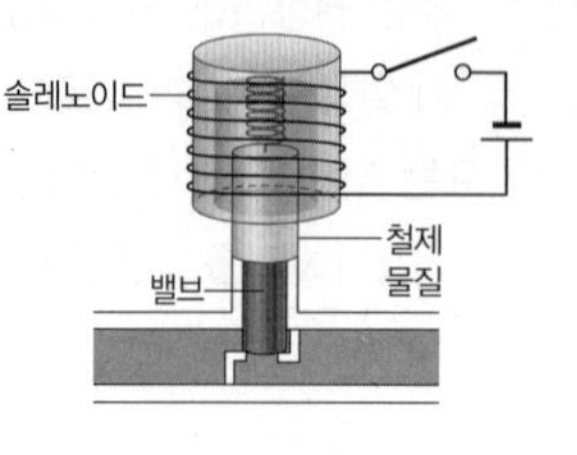

이에 대한 설명으로 옳은 것만을 〈보기〉에서 있는 대로 고른 것은?

보기

ㄱ. 솔레노이드에 전류가 흐르면 철제 물질은 솔레노이드 내부 자기장의 방향과 반대 방향으로 자기화된다.
ㄴ. 솔레노이드에 흐르는 전류의 세기가 클수록 솔레노이드 내부의 자기장의 세기가 크다.
ㄷ. 솔레노이드에 흐르는 전류의 방향을 바꾸면 철제 물질에 자기력이 작용하지 않는다.

① ㄱ ② ㄴ ③ ㄱ, ㄷ ④ ㄴ, ㄷ ⑤ ㄱ, ㄴ, ㄷ

[24023-0174]

10 그림은 물질의 자성에 대해 학생 A, B, C가 대화하는 모습을 나타낸 것이다.

상자성체는 외부 자기장과 같은 방향으로 자기화돼.
강자성체는 외부 자기장이 사라져도 자기화된 상태가 오래 유지돼.
반자성체에 자석을 가까이하면 서로 미는 자기력이 작용해.
학생 A
학생 B
학생 C

제시한 내용이 옳은 학생만을 있는 대로 고른 것은?

① A ② B ③ A, C ④ B, C ⑤ A, B, C

[24023-0175]

11 그림 (가)는 자기화되지 않은 알루미늄 클립 A를 자석에 가져갔을 때 A가 자석에 붙는 모습을, (나)는 자석에서 떼어낸 A를 자기화되지 않은 철못에 가까이 가져갔을 때 서로 붙지 않는 모습을 나타낸 것이다.

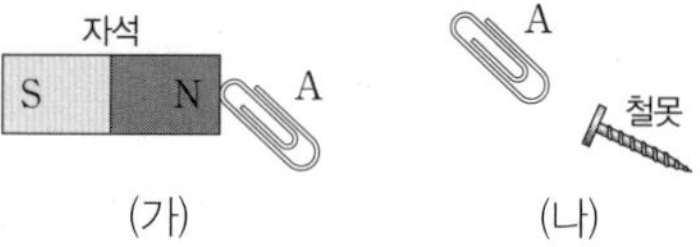

(가) (나)

이에 대한 설명으로 옳은 것만을 〈보기〉에서 있는 대로 고른 것은?

보기

ㄱ. A는 강자성체이다.
ㄴ. (가)에서 A는 자기화되어 있다.
ㄷ. 자기화된 철못을 자기화되어 있지 않은 A에 가까이 가져가면 서로 붙는다.

① ㄱ ② ㄷ ③ ㄱ, ㄴ ④ ㄴ, ㄷ ⑤ ㄱ, ㄴ, ㄷ

[24023-0176]

12 다음은 자성체를 이용한 사례이다.

액체 자석 잉크로 만들어 자석에 붙는 지폐 A

외부 자기장을 제거해도 정보가 저장되어 있는 하드 디스크 B

지구의 북쪽을 가리키거나 자기장의 방향을 가리키는 나침반 C

A, B, C 중 강자성체가 이용된 예만을 있는 대로 고른 것은?

① A ② B ③ A, C ④ B, C ⑤ A, B, C

[24023-0177]

13 그림은 균일한 자기장 영역에 자기화되지 않은 물체 A, B, C를 넣어 자기화시킨 것을 나타낸 것이다. 표는 균일한 자기장에서 꺼내어 가까이한 두 물체 사이에 작용하는 자기력의 종류를 나타낸 것이다. A, B, C는 강자성체, 반자성체, 상자성체를 순서 없이 나타낸 것이다.

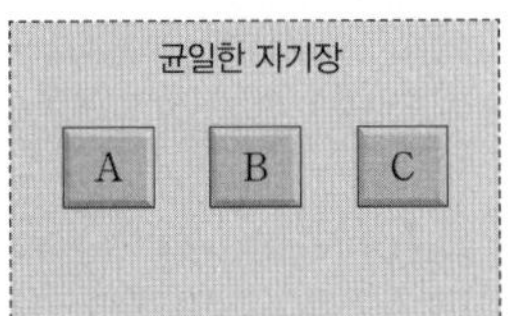

두 물체	자기력
A, B	서로 미는 힘
A, C	없음
B, C	㉠

이에 대한 설명으로 옳은 것만을 〈보기〉에서 있는 대로 고른 것은?

보기

ㄱ. 균일한 자기장에서 꺼낸 A는 자기화되어 있다.

ㄴ. '서로 당기는 힘'은 ㉠에 해당한다.

ㄷ. B는 반자성체이다.

① ㄱ ② ㄴ ③ ㄱ, ㄷ ④ ㄴ, ㄷ ⑤ ㄱ, ㄴ, ㄷ

[24023-0178]

14 다음은 강자성체, 반자성체, 상자성체 중 하나에 해당하는 물질 A, B에 대한 설명이다.

- 그림과 같이 오목한 자석 위에 떠서 정지해 있는 A는 외부 자기장이 없을 때 A를 구성하는 각 원자들이 나타내는 총 자기장이 0이다.

A
N
S

- 하드 디스크에는 정보를 기록하는 플래터가 있다. 플래터는 외부 자기장을 제거해도 자기화된 상태를 오래 유지하는 B로 만들어진다.

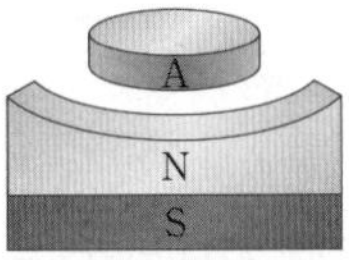

A, B로 옳은 것은?

	A	B
①	강자성체	상자성체
②	강자성체	반자성체
③	상자성체	반자성체
④	반자성체	강자성체
⑤	반자성체	상자성체

[24023-0179]

15 그림과 같이 자석이 x축상에서 고정되어 있는 솔레노이드의 중심축을 따라 운동한다. x축상의 점 r에서 자석이 $-x$ 방향으로 운동할 때 솔레노이드에 흐르는 유도 전류의 방향은 'p → Ⓖ → q'이다. X는 N극과 S극 중 하나이다.

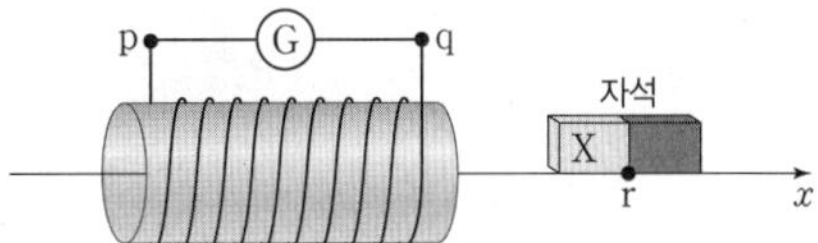

이에 대한 설명으로 옳은 것만을 〈보기〉에서 있는 대로 고른 것은?

보기

ㄱ. X는 N극이다.

ㄴ. 자석이 r에서 $+x$ 방향으로 운동할 때 자석에 작용하는 자기력의 방향은 $-x$ 방향이다.

ㄷ. 자석이 r에 고정되어 있고 솔레노이드가 $+x$ 방향으로 운동하여 자석에 가까워질 때 솔레노이드에 흐르는 유도 전류의 방향은 'p → Ⓖ → q' 방향이다.

① ㄱ ② ㄴ ③ ㄱ, ㄷ ④ ㄴ, ㄷ ⑤ ㄱ, ㄴ, ㄷ

[24023-0180]

16 그림 (가)와 같이 종이면에 고정된 중심이 점 O인 원형 도선 X의 내부에 균일한 자기장 영역 Ⅰ이 있다. Ⅰ의 자기장 방향은 종이면에 수직이고, 일정하다. 그림 (나)는 Ⅰ의 자기장 세기를 시간에 따라 나타낸 것이다. 3초일 때 X에는 시계 방향으로 유도 전류가 흐른다.

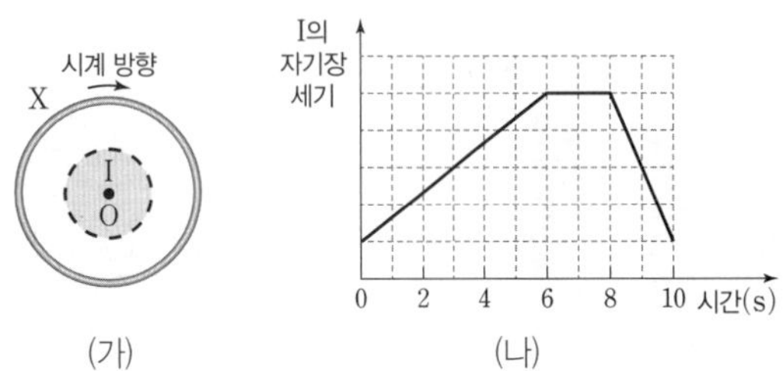

(가) (나)

이에 대한 설명으로 옳은 것만을 〈보기〉에서 있는 대로 고른 것은?

보기

ㄱ. 3초일 때 Ⅰ의 자기장 방향은 종이면에서 수직으로 나오는 방향이다.

ㄴ. 7초일 때 X에는 유도 전류가 흐르지 않는다.

ㄷ. X에 흐르는 유도 전류의 세기는 9초일 때가 3초일 때보다 크다.

① ㄱ ② ㄴ ③ ㄱ, ㄷ ④ ㄴ, ㄷ ⑤ ㄱ, ㄴ, ㄷ

[24023-0181]

17 다음은 인덕션 레인지에 대한 설명이다.

> 금속 냄비를 가열하는 인덕션 레인지 내부에 코일이 있다. 이 코일에 ㉠전류가 흐르면 냄비에 ㉡유도 전류가 발생한다.

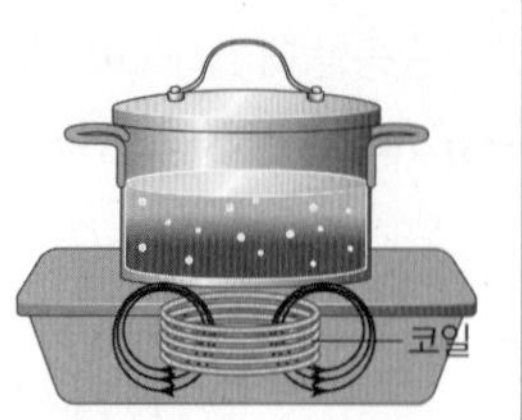

이에 대한 설명으로 옳은 것만을 <보기>에서 있는 대로 고른 것은?

보기

ㄱ. ㉠에 의해 자기장이 발생한다.

ㄴ. 코일에 흐르는 전류의 세기가 일정하게 증가하면 냄비를 통과하는 자기 선속이 일정하다.

ㄷ. 냄비를 통과하는 자기장이 시간에 따라 변할 때 냄비에 ㉡이 발생한다.

① ㄱ ② ㄴ ③ ㄱ, ㄷ ④ ㄴ, ㄷ ⑤ ㄱ, ㄴ, ㄷ

[24023-0182]

18 그림은 두께와 굵기가 같고 높이가 h인 구리관, 알루미늄관의 입구에서 각각 자석 A, B를, 두 도체 관의 입구와 같은 높이에서 자석 C를 가만히 놓은 모습을 나타낸 것이다. 표는 동일한 자석 A, B, C를 가만히 놓은 순간부터 h만큼 가속도 운동하여 낙하하는 데 걸린 시간을 나타낸 것이다. A는 기준선 P, Q를 순서대로 지난다.

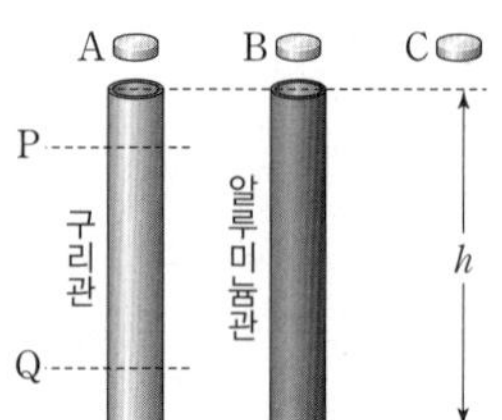

자석	걸린 시간
A	1.0초
B	0.8초
C	0.5초

이에 대한 설명으로 옳은 것만을 <보기>에서 있는 대로 고른 것은? (단, 관과 자석 사이의 마찰과 공기 저항은 무시한다.)

보기

ㄱ. A는 운동 방향과 반대 방향으로 자기력을 받는다.

ㄴ. B의 역학적 에너지는 보존된다.

ㄷ. 구리관에서 유도 전류의 세기는 자석이 P를 지날 때와 Q를 지날 때가 서로 같다.

① ㄱ ② ㄷ ③ ㄱ, ㄴ ④ ㄴ, ㄷ ⑤ ㄱ, ㄴ, ㄷ

[24023-0183]

19 그림은 $+x$ 방향으로 운동하는 막대자석이 중심이 x축상의 $x=2d$인 원형 고리의 중심축상에서 $x=0$인 지점을 지나는 순간의 모습을 나타낸 것이다. 표는 자석의 위치에 따른 원형 고리에 흐르는 유도 전류의 방향과 세기를 나타낸 것이다.

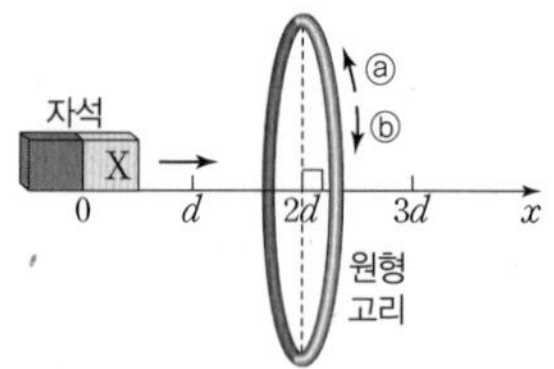

자석의 위치	원형 고리에 흐르는 유도 전류	
	방향	세기
$x=d$	ⓐ	$2I_0$
$x=3d$	㉠	I_0

이에 대한 설명으로 옳은 것만을 <보기>에서 있는 대로 고른 것은? (단, 자석의 크기는 무시한다.)

보기

ㄱ. X는 N극이다.

ㄴ. ㉠은 ⓐ이다.

ㄷ. 자석의 속력은 자석의 위치가 $x=d$일 때가 $x=3d$일 때보다 크다.

① ㄱ ② ㄴ ③ ㄱ, ㄷ ④ ㄴ, ㄷ ⑤ ㄱ, ㄴ, ㄷ

[24023-0184]

20 그림과 같이 한 변의 길이가 d인 정사각형 금속 고리가 xy 평면에서 $+x$ 방향으로 등속도 운동을 하며 자기장의 세기가 B_0으로 같은 균일한 자기장 영역 Ⅰ, Ⅱ를 지난다.

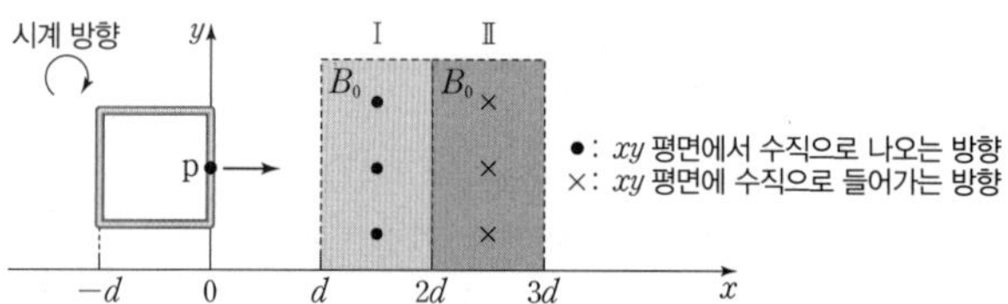

고리에 시계 방향으로 흐르는 유도 전류를 양(+)으로 표시할 때, 고리가 Ⅰ, Ⅱ를 완전히 통과할 때까지 고리에 유도되는 전류를 고리상의 점 p의 위치 x에 따라 가장 적절하게 나타낸 것은?

①

②

③

④

⑤
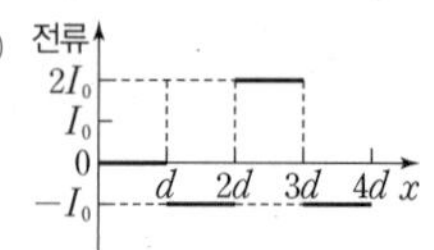

[24023-0185]

01 그림과 같이 xy 평면에 고정된 무한히 긴 직선 도선 A, B, C에 세기와 방향이 일정한 전류가 흐르고 있다. A에는 세기가 I_0인 전류가 흐르고, A, C에 흐르는 전류의 방향은 각각 $+y$, $-y$ 방향이다. 표는 x축상의 점 p, q에서 A, B, C의 전류에 의한 자기장의 세기를 나타낸 것이다. p에서 A의 전류에 의한 자기장의 세기는 B_0이다.

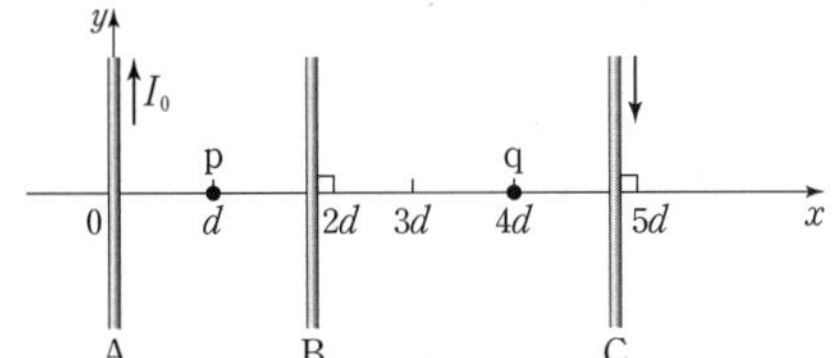

위치	A, B, C의 전류에 의한 자기장의 세기
p	0
q	$3B_0$

이에 대한 설명으로 옳은 것만을 ⟨보기⟩에서 있는 대로 고른 것은?

보기

ㄱ. B에 흐르는 전류의 방향은 $-y$ 방향이다.
ㄴ. q에서 A, B, C의 전류에 의한 자기장의 방향은 xy 평면에 수직으로 들어가는 방향이다.
ㄷ. 전류의 세기는 B에서가 C에서의 $\frac{3}{4}$배이다.

① ㄱ　② ㄴ　③ ㄱ, ㄷ　④ ㄴ, ㄷ　⑤ ㄱ, ㄴ, ㄷ

p에서 A, C의 전류에 의한 자기장의 방향은 xy 평면에 수직으로 들어가는 방향이므로, p에서 B의 전류에 의한 자기장의 방향은 xy 평면에서 수직으로 나오는 방향이다.

[24023-0186]

02 그림과 같이 세기와 방향이 일정한 전류가 흐르는 무한히 긴 직선 도선 A~C가 xy 평면에 수직으로 고정되어 있다. A에는 xy 평면에서 수직으로 나오는 방향으로 전류가 흐른다. 표는 xy 평면의 점 p, q에서 두 도선의 전류에 의한 자기장을 나타낸 것으로, p에서 A의 전류에 의한 자기장의 세기는 B_0이다.

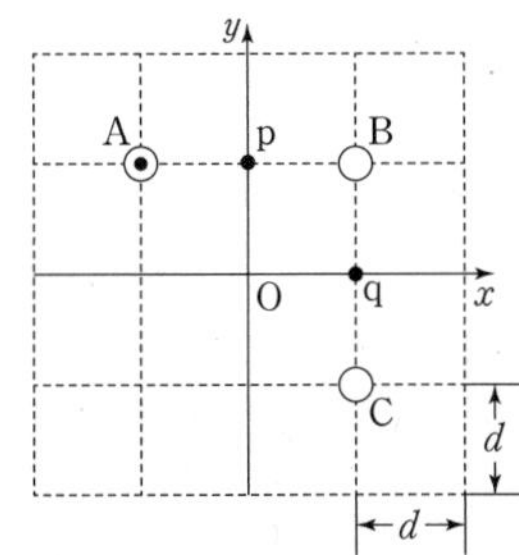

위치	도선	두 도선의 전류에 의한 자기장	
		세기	방향
p	A, B	$4B_0$	$-y$
q	B, C	$4B_0$	$-x$

B, C에 흐르는 전류의 세기를 각각 I_B, I_C라고 할 때, $\frac{I_C}{I_B}$는?

① $\frac{1}{5}$　② 1　③ $\frac{9}{5}$　④ 2　⑤ 5

p에서 A, B의 전류에 의한 자기장의 방향이 $-y$ 방향이고, 세기가 $4B_0$이므로 B에 흐르는 전류의 방향은 xy 평면에서 수직으로 나오는 방향이고, 전류의 세기는 B에서가 A에서보다 크다.

B, C에 흐르는 전류의 방향이 서로 반대 방향이면 p, q에서 B, C의 전류에 의한 자기장의 세기와 방향이 같으므로, p, q에서 A, B, C의 전류에 의한 자기장의 세기가 서로 같을 수 없다.

[24023-0187]

03 그림과 같이 xy 평면에 고정된 무한히 긴 직선 도선 A, B, C에 세기와 방향이 일정한 전류가 흐르고 있다. A에는 세기가 I_0인 전류가 $+x$ 방향으로 흐르고, B, C에는 같은 세기의 전류가 흐른다. xy 평면상의 점 p, q에서 A, B, C의 전류에 의한 자기장의 세기는 $\frac{1}{2}B_0$으로 서로 같다. p에서 A의 전류에 의한 자기장의 세기는 B_0이고, q에서 B, C의 전류에 의한 자기장의 세기는 B_0보다 작다.

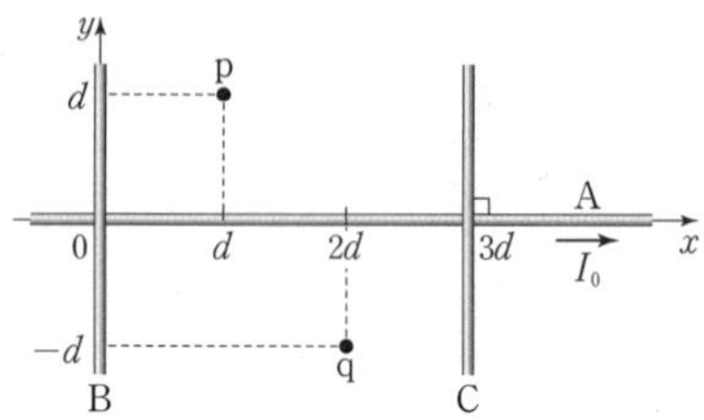

이에 대한 설명으로 옳은 것만을 〈보기〉에서 있는 대로 고른 것은?

보기

ㄱ. B와 C에 흐르는 전류의 방향은 서로 같다.

ㄴ. B에 흐르는 전류의 세기는 I_0이다.

ㄷ. q에서 A, B, C의 전류에 의한 자기장의 방향은 xy 평면에 수직으로 들어가는 방향이다.

① ㄱ ② ㄷ ③ ㄱ, ㄴ ④ ㄴ, ㄷ ⑤ ㄱ, ㄴ, ㄷ

$-d<x<-\frac{1}{2}d$, $-\frac{1}{2}d<x<0$, $0<x<2d$에서 A, B, C의 전류에 의한 자기장의 방향은 각각 xy 평면에서 수직으로 나오는 방향, xy 평면에 수직으로 들어가는 방향, xy 평면에서 수직으로 나오는 방향이므로 A, B, C에 흐르는 전류의 방향은 각각 $-y$ 방향, $-y$ 방향, $+y$ 방향이다.

[24023-0188]

04 그림 (가)와 같이 xy 평면에 고정된 무한히 긴 직선 도선 A, B, C에 세기와 방향이 일정한 전류가 흐르고 있다. 그림 (나)는 $-d<x<2d$ 영역에서 A, B, C의 전류에 의한 자기장을 x에 따라 나타낸 것이다. 자기장은 xy 평면에서 수직으로 나오는 방향이 양(+)이다.

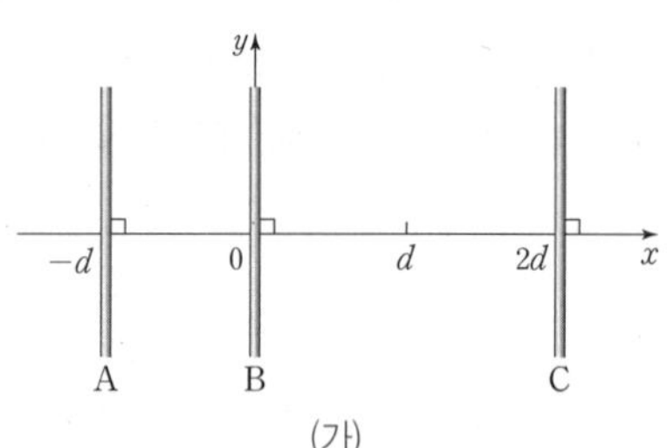

(가)

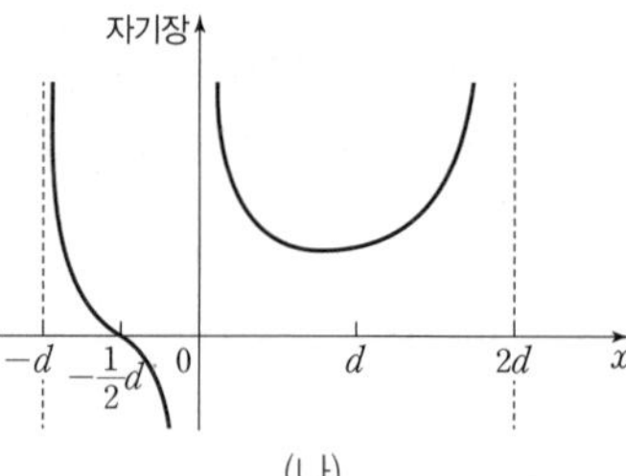

(나)

이에 대한 설명으로 옳은 것만을 〈보기〉에서 있는 대로 고른 것은?

보기

ㄱ. 전류의 방향은 A에서와 B에서가 같다.

ㄴ. 전류의 세기는 B에서가 C에서보다 크다.

ㄷ. $x=-\frac{1}{2}d$에서 B의 전류에 의한 자기장의 세기가 C의 전류에 의한 자기장의 세기보다 크다.

① ㄱ ② ㄴ ③ ㄱ, ㄷ ④ ㄴ, ㄷ ⑤ ㄱ, ㄴ, ㄷ

[24023-0189]

05 그림과 같이 무한히 긴 직선 도선 A, C와 점 p를 중심으로 하는 원형 도선 B가 xy 평면에 고정되어 일정한 방향으로 전류가 흐르고 있다. B에는 세기가 일정한 전류가 흐르고, C에는 세기가 I_0인 전류가 $+x$ 방향으로 흐른다. 표는 p에서 A, B, C의 전류에 의한 자기장의 세기를 A에 흐르는 전류의 세기에 따라 나타낸 것이다.

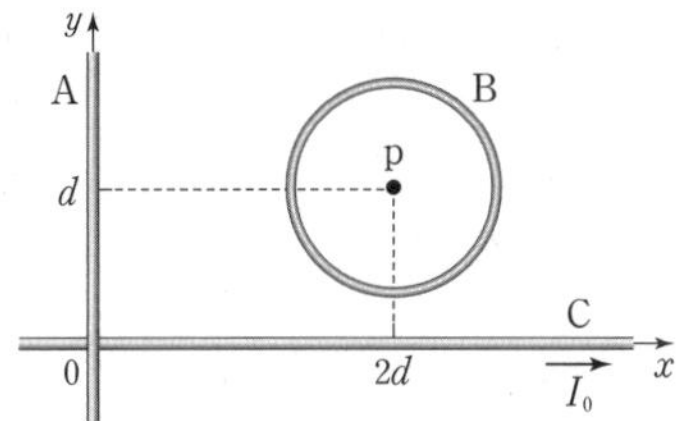

A에 흐르는 전류의 세기	p에서 A, B, C의 전류에 의한 자기장	
	세기	방향
I_0	$2B_0$	•
$2I_0$	B_0	•

•: xy 평면에서 수직으로 나오는 방향

이에 대한 설명으로 옳은 것만을 〈보기〉에서 있는 대로 고른 것은?

보기

ㄱ. A에 흐르는 전류의 방향은 $-y$ 방향이다.
ㄴ. p에서 B의 전류에 의한 자기장의 방향은 xy 평면에서 수직으로 나오는 방향이다.
ㄷ. p에서 C의 전류에 의한 자기장의 세기는 B_0이다.

① ㄱ ② ㄴ ③ ㄱ, ㄷ ④ ㄴ, ㄷ ⑤ ㄱ, ㄴ, ㄷ

p에서 B, C의 전류에 의한 자기장의 세기는 일정하고, 방향은 xy 평면에서 수직으로 나오는 방향이다.

[24023-0190]

06 그림 (가), (나)와 같이 무한히 긴 직선 도선 A와 원점 O를 중심으로 하는 원형 도선 B, C가 xy 평면에 고정되어 있다. A에는 세기가 일정한 전류가 $+y$ 방향으로 흐르고, B, C에는 같은 세기의 전류가 일정하게 흐른다. O에서 C의 전류에 의한 자기장의 세기는 B_0이다. 표는 (가), (나)의 O에서 A, B, C의 전류에 의한 자기장의 세기를 나타낸 것이다.

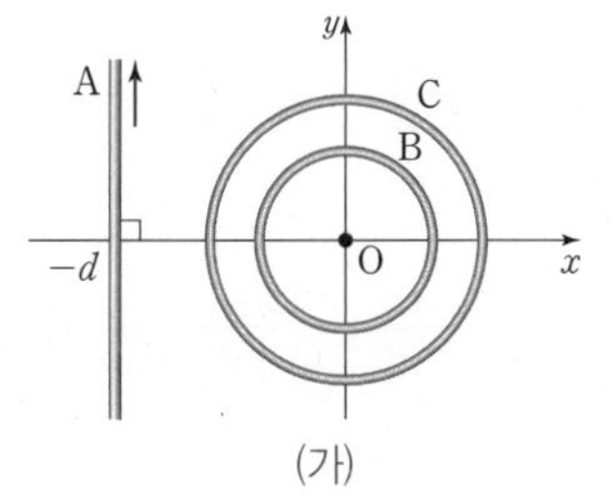

(가)

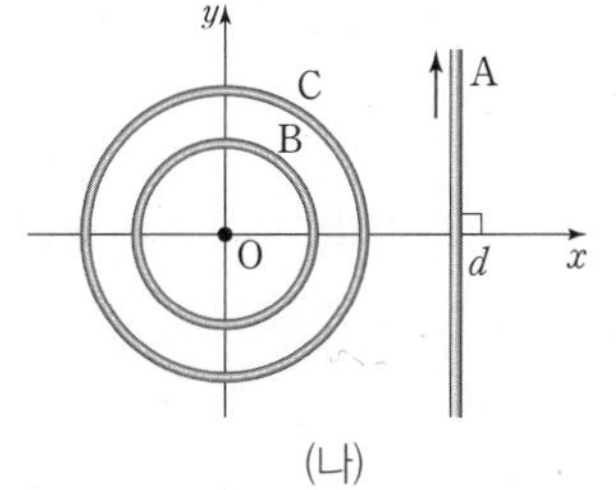

(나)

구분	O에서 A, B, C의 전류에 의한 자기장의 세기
(가)	0
(나)	B_0

O에서 B의 전류에 의한 자기장의 세기는?

① $\frac{1}{2}B_0$ ② B_0 ③ $\frac{3}{2}B_0$ ④ $2B_0$ ⑤ $\frac{5}{2}B_0$

(가)의 O에서 A의 전류에 의한 자기장의 세기는 B, C의 전류에 의한 자기장의 세기와 같고, A의 전류에 의한 자기장의 방향은 B, C의 전류에 의한 자기장의 방향과 서로 반대이다.

Ⅰ과 Ⅱ를 비교하면 O에서 D의 전류에 의한 자기장의 세기가 B_0이고, Ⅰ과 Ⅲ을 비교하면 O에서 A, B의 전류에 의한 자기장의 세기는 B_0이며, 자기장의 방향은 xy 평면에 수직으로 들어가는 방향임을 알 수 있다.

[24023-0191]

07 그림과 같이 원점 O를 중심으로 하는 원형 도선 A, B와 세기가 일정한 전류가 흐르는 무한히 긴 직선 도선 C, D가 xy 평면에 고정되어 있다. A, B에는 같은 세기의 전류가 일정하게 흐르고, O에서 A의 전류에 의한 자기장의 세기는 B_0이다. 표는 C, D에 흐르는 전류의 방향에 따른 O에서 A~D의 전류에 의한 자기장의 세기와 방향을 나타낸 것으로, O에서 A, B의 전류에 의한 자기장의 방향은 일정하다.

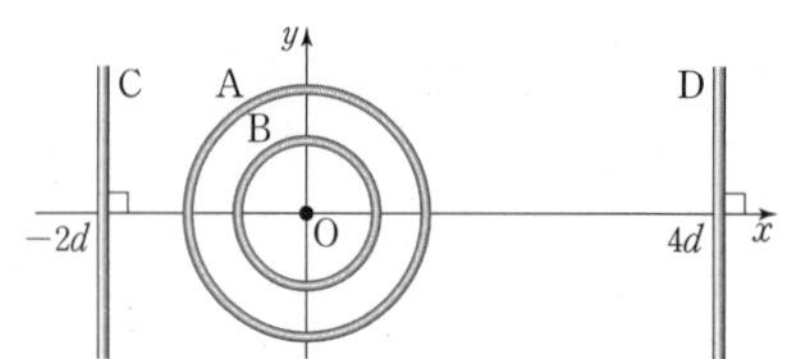

구분	전류의 방향		O에서 A~D의 전류에 의한 자기장	
	C	D	세기	방향
Ⅰ	$-y$	$-y$	0	해당 없음
Ⅱ	$-y$	$+y$	$2B_0$	•
Ⅲ	$+y$	$+y$	$2B_0$	×

•: xy 평면에서 수직으로 나오는 방향
×: xy 평면에 수직으로 들어가는 방향

O에서 B, C, D의 전류에 의한 자기장의 세기를 각각 B_B, B_C, B_D라고 할 때, B_B, B_C, B_D의 크기를 옳게 비교한 것은?

① $B_B < B_C < B_D$
② $B_B = B_C < B_D$
③ $B_B < B_C = B_D$
④ $B_C < B_B = B_D$
⑤ $B_D < B_B = B_C$

전자석은 코일 내부에 철심을 넣어 코일에 전류가 흐를 때 자석의 성질을 가지도록 만든 것이고, 전동기는 전류의 자기 작용을 이용하여 회전 운동을 하는 장치이다.

[24023-0192]

08 다음은 도선에 흐르는 전류에 의한 자기장이 일상생활에서 이용되는 예에 대한 설명이다.

전자석 기중기: 기중기의 전자석에 전류가 흐르면 고철이 전자석에 붙는다.

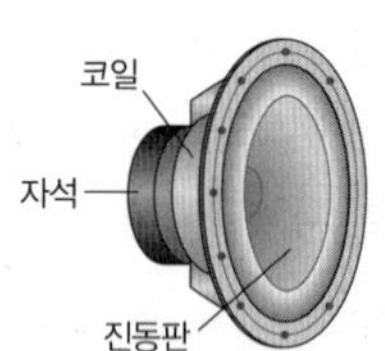

스피커: 코일에 전류가 흐르면 진동판이 진동한다.

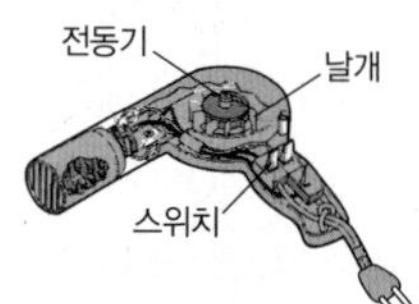

헤어드라이어: 내부에는 ㉠전동기가 있어 날개를 돌려 바람을 일으킨다.

이에 대한 설명으로 옳은 것만을 <보기>에서 있는 대로 고른 것은?

보기

ㄱ. 전자석의 코일에 전류가 흐르면 전자석은 자석의 성질을 갖는다.
ㄴ. 스피커의 코일에 전류가 흐르면 코일과 자석 사이에 자기력이 작용한다.
ㄷ. ㉠은 전기 에너지를 역학적 에너지로 전환하는 장치이다.

① ㄱ ② ㄴ ③ ㄱ, ㄷ ④ ㄴ, ㄷ ⑤ ㄱ, ㄴ, ㄷ

[24023-0193]

09 **다음은 물체의 자성에 대한 실험이다.**

[실험 과정]

(가) 그림과 같이 스탠드에 유리 막대를 수평으로 매달고 정지시킨다.

(나) 유리 막대에 자석의 N극을 가까이하며 유리 막대의 움직임을 관찰한다.

(다) 유리 막대를 자기화되지 않은 철 막대로 바꾸어 과정 (가), (나)를 반복한다.

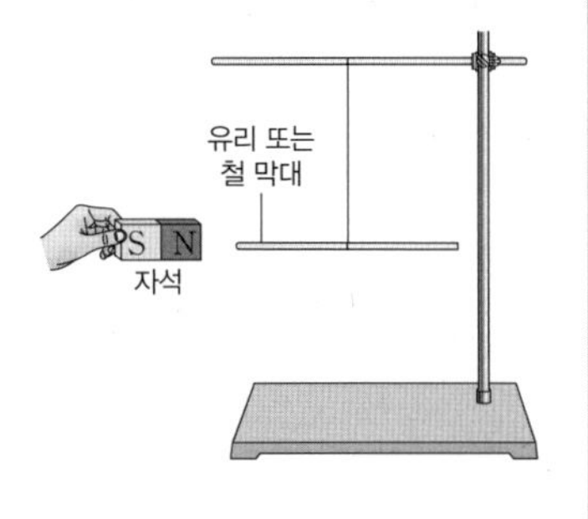

[실험 결과]

과정	막대의 움직임
(나)	N극으로부터 밀려난다.
(다)	N극에 끌린다.

이에 대한 설명으로 옳은 것만을 〈보기〉에서 있는 대로 고른 것은?

보기

ㄱ. 유리 막대는 상자성체이다.

ㄴ. 철 막대는 외부 자기장과 같은 방향으로 자기화된다.

ㄷ. (다)에서 자기화되지 않은 철 막대에 자석의 S극을 가까이하면 철 막대는 S극으로부터 밀려난다.

① ㄱ ② ㄴ ③ ㄱ, ㄷ ④ ㄴ, ㄷ ⑤ ㄱ, ㄴ, ㄷ

유리 막대와 자석은 서로 미는 자기력이 작용하므로 유리 막대는 자석의 자기장과 반대 방향으로 자기화된다. 철 막대와 자석은 서로 당기는 자기력이 작용하므로 철 막대는 자석의 자기장과 같은 방향으로 자기화된다.

[24023-0194]

10 **그림 (가)와 같이 마찰이 없는 수평면에서 막대자석을 자기화되지 않은 물체 A, B에 각각 가까이 하였더니 A는 막대자석으로부터 멀어지고, B는 막대자석에 끌려가 붙었다. 그림 (나)는 (가)에서 막대자석을 제거하고 A, B를 서로 가까이 가져갔을 때 자기장의 모습을 나타낸 것이다.**

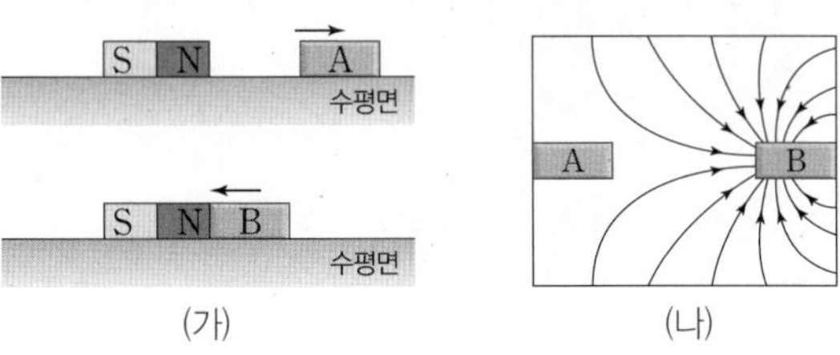

(가) (나)

이에 대한 설명으로 옳은 것만을 〈보기〉에서 있는 대로 고른 것은?

보기

ㄱ. (가)에서 A는 외부 자기장과 반대 방향으로 자기화되어 있다.

ㄴ. (나)에서 A와 B 사이에는 서로 당기는 자기력이 작용한다.

ㄷ. B는 상자성체이다.

① ㄱ ② ㄷ ③ ㄱ, ㄴ ④ ㄴ, ㄷ ⑤ ㄱ, ㄴ, ㄷ

B는 외부 자기장을 제거해도 자성을 유지하므로 강자성체이다.

(가)에서 실이 자석에 작용하는 힘의 크기는 자석에 작용하는 중력의 크기와 같다. (나)와 (다)에서 실이 자석에 작용하는 힘의 크기는 자기화된 A, B가 각각 자석에 작용하는 자기력과 자석에 작용하는 중력의 합과 같다.

[24023-0195]

11 그림 (가)는 천장에 실로 연결된 자석이 정지해 있는 모습을 나타낸 것이다. 그림 (나)와 (다)는 (가)에서 자석의 연직 아래 수평면에 자기화되지 않은 물체 A, B를 각각 놓았더니 A, B가 정지해 있는 모습을 나타낸 것이다. (가), (나), (다)에서 실이 자석에 작용하는 힘의 크기를 각각 $F_{(가)}$, $F_{(나)}$, $F_{(다)}$라고 할 때, $F_{(나)} > F_{(가)} > F_{(다)}$이다. A, B는 각각 강자성체, 반자성체 중 하나이다.

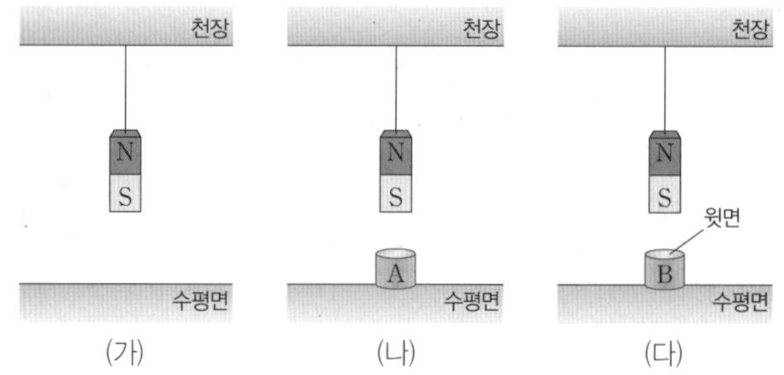

이에 대한 설명으로 옳은 것만을 <보기>에서 있는 대로 고른 것은?

보기

ㄱ. A는 강자성체이다.
ㄴ. (다)에서 B의 윗면은 S극으로 자기화된다.
ㄷ. (다)에서 실에 매달린 자석을 제거하면 B는 자기화된 상태가 유지된다.

① ㄱ ② ㄷ ③ ㄱ, ㄴ ④ ㄴ, ㄷ ⑤ ㄱ, ㄴ, ㄷ

자석의 위아래에 있는 비스무트 결정이 자석에 작용하는 자기력의 방향은 서로 반대이다.

[24023-0196]

12 그림 (가)는 비스무트 결정 사이에 작은 네오디뮴 자석을 놓았더니 자석이 공중에 떠 있는 모습을, (나)는 외부 자기장이 없을 때 비스무트 원자들이 나타내는 총 자기장이 없는 것을 나타낸 것이다.

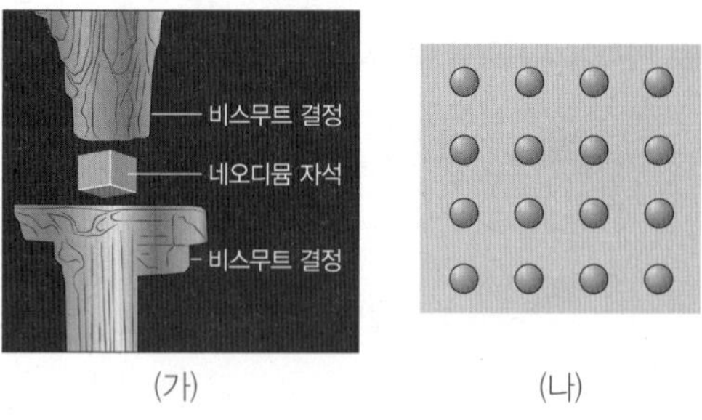

이에 대한 설명으로 옳은 것만을 <보기>에서 있는 대로 고른 것은?

보기

ㄱ. 비스무트 결정은 네오디뮴 자석의 자기장과 반대 방향으로 자기화된다.
ㄴ. 자석을 제거하면 비스무트 결정의 자기화된 상태는 사라진다.
ㄷ. 하드 디스크는 비스무트의 자기적 성질과 같은 원리를 이용하여 정보를 저장한다.

① ㄱ ② ㄷ ③ ㄱ, ㄴ ④ ㄴ, ㄷ ⑤ ㄱ, ㄴ, ㄷ

[24023-0197]

13 다음은 일상생활에 사용되는 자성체에 대한 설명이다.

그림은 의류나 신발 등에 부착하여 도난 사고를 예방해 주는 하드택을 나타낸 것이다. 핀을 위로 당길수록 베어링이 핀을 더 강하게 조여주지만 자석이 들어있는 하드택 분리기 X에 갖다 대면 자성체 Y가 X에 끌려 용수철이 압축되고 핀과 베어링 사이에 틈이 생기게 되어 핀이 분리된다. 하드택을 X로부터 분리하여도 Y는 자기화된 상태를 유지한다.

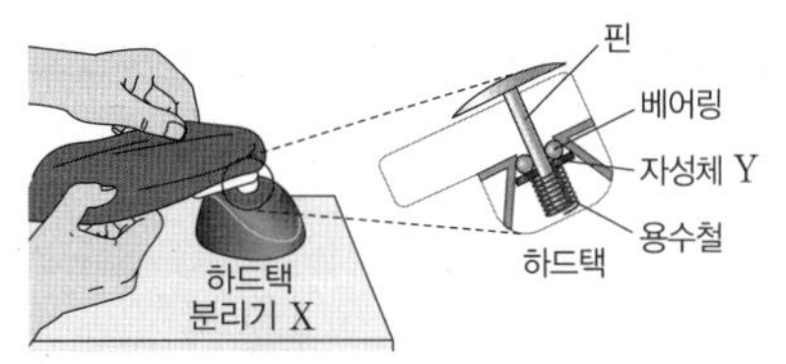

이에 대한 설명으로 옳은 것만을 <보기>에서 있는 대로 고른 것은?

보기

ㄱ. Y는 강자성체이다.
ㄴ. 하드택을 X에 갖다 대면 Y는 X의 내부 자석의 자기장과 같은 방향으로 자기화된다.
ㄷ. 하드택을 X에 갖다 댈 때, X 내부의 자석이 Y에 작용하는 힘의 방향과 용수철이 Y에 작용하는 힘의 방향은 서로 반대이다.

① ㄱ ② ㄷ ③ ㄱ, ㄴ ④ ㄴ, ㄷ ⑤ ㄱ, ㄴ, ㄷ

강자성체는 외부 자기장의 방향과 같은 방향으로 강하게 자기화된다. 따라서 강자성체는 자석과 서로 당기는 자기력이 작용한다.

[24023-0198]

14 다음은 전자기 유도에 대한 실험이다.

[실험 과정]

(가) 자기화되어 있지 않은 자성체로 이루어진 막대 X를 전원 장치가 연결된 솔레노이드에 넣어 자기화시킨다.

(나) 솔레노이드에서 꺼낸 X를 코일의 중심축을 따라 통과하도록 가만히 놓고, X의 중심이 코일의 중심으로부터 각각 h만큼 떨어진 코일의 중심축상의 점 p, q를 지나는 순간 코일에 흐르는 전류를 측정한다.

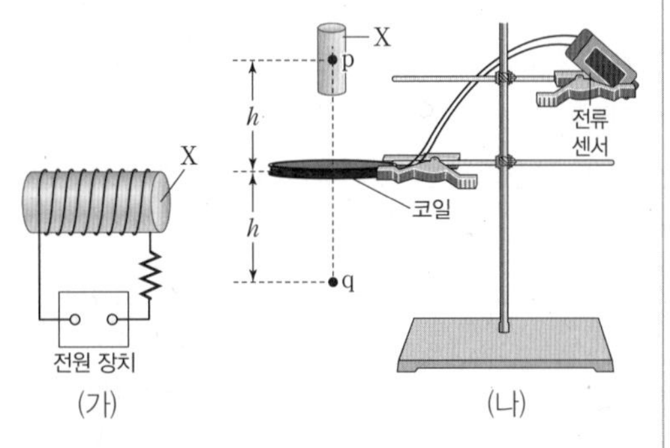

[실험 결과]

위치	전류의 세기
p	I_0
q	$1.2I_0$

이에 대한 설명으로 옳은 것만을 <보기>에서 있는 대로 고른 것은?

보기

ㄱ. X는 강자성체이다.
ㄴ. 코일을 통과하는 단위 시간당 자기 선속의 변화량은 X가 p를 지날 때와 q를 지날 때가 같다.
ㄷ. X의 속력은 q에서가 p에서보다 크다.

① ㄱ ② ㄴ ③ ㄱ, ㄷ ④ ㄴ, ㄷ ⑤ ㄱ, ㄴ, ㄷ

코일의 중심축상을 따라 운동하는 X의 속력이 클수록 코일을 통과하는 단위 시간당 자기 선속의 변화량이 크므로 유도 전류의 세기가 크다.

자석이 P → O로 운동하는 동안 자석에 의해 코일을 통과하는 자기 선속은 증가하고, 증가하는 자기 선속을 감소시키는 방향으로 코일에는 유도 전류가 흐른다. 이때 코일과 자석 사이에는 서로 미는 자기력이 작용한다.

[24023-0199]

15 그림 (가)는 천장에 고정된 코일 아래의 마찰이 없는 수평면을 따라 자석이 코일의 중심축과 동일 연직면상에서 운동하는 모습을 나타낸 것이다. 그림 (나)는 자석이 수평면상의 점 P, O, Q를 지나는 동안 자석의 위치에 따른 코일에 흐르는 전류의 세기를 나타낸 것이다. 전류의 방향은 'a → R → b'일 때가 양(+)이다. X는 N극과 S극 중 하나이다.

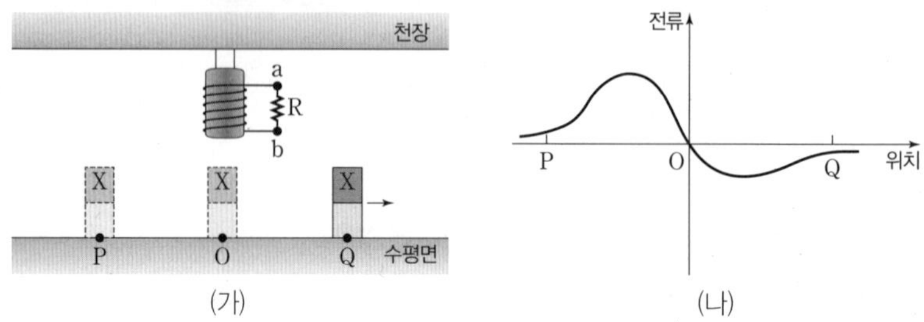

(가) (나)

이에 대한 설명으로 옳은 것만을 <보기>에서 있는 대로 고른 것은? (단, 자석의 크기는 무시한다.)

보기

ㄱ. X는 N극이다.

ㄴ. 자석에 의해 코일을 통과하는 자기 선속은 자석이 O를 지날 때가 Q를 지날 때보다 크다.

ㄷ. 자석의 속력은 P에서와 Q에서가 같다.

① ㄱ ② ㄴ ③ ㄱ, ㄷ ④ ㄴ, ㄷ ⑤ ㄱ, ㄴ, ㄷ

자석의 S극이 A로부터 멀어지는 방향으로 운동할 때, A와 연결된 LED에 순방향 전압이 걸려 빛이 방출된다.

[24023-0200]

16 그림과 같이 마찰이 없는 경사진 레일이 동일한 p－n 접합 발광 다이오드(LED)가 각각 연결된 솔레노이드 A, B의 중심축에 고정되어 있다. 점 a에 가만히 놓은 자석은 레일상의 점 b, c를 지나며 고정된 A, B를 통과한다. 자석이 c를 지날 때 A와 연결된 LED에서 빛이 방출된다. X는 N극과 S극 중 하나이다.

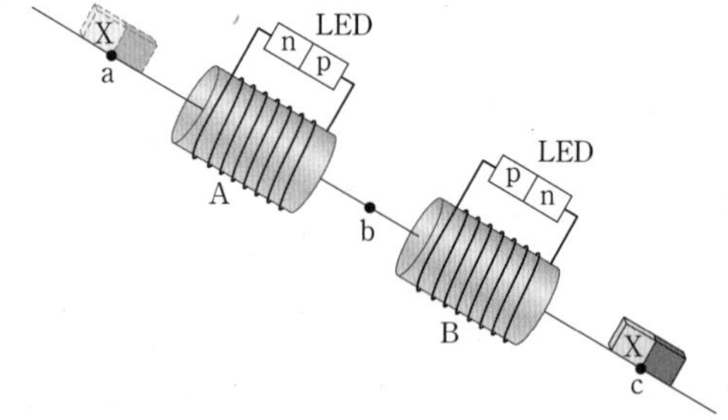

이에 대한 설명으로 옳은 것만을 <보기>에서 있는 대로 고른 것은? (단, 자석의 크기는 무시한다.)

보기

ㄱ. X는 S극이다.

ㄴ. 자석이 b를 지날 때 A와 B가 자석에 작용하는 자기력의 방향은 서로 같다.

ㄷ. 자석이 b를 지날 때 빛이 방출되는 LED는 2개이다.

① ㄱ ② ㄷ ③ ㄱ, ㄴ ④ ㄴ, ㄷ ⑤ ㄱ, ㄴ, ㄷ

[24023-0201]

17 그림 (가)와 같이 한 변의 길이가 $2d$인 정사각형 금속 고리가 xy 평면에서 $+x$ 방향으로 등속도 운동을 하며 xy 평면에 수직인 방향의 균일한 자기장 영역 Ⅰ, Ⅱ를 지난다. 그림 (나)는 고리에 시계 방향으로 흐르는 유도 전류를 양(+)으로 표시할 때, 고리의 점 p의 위치 x가 $0 \le x \le 8d$ 영역에서 고리에 유도되는 전류를 x에 따라 나타낸 것이다.

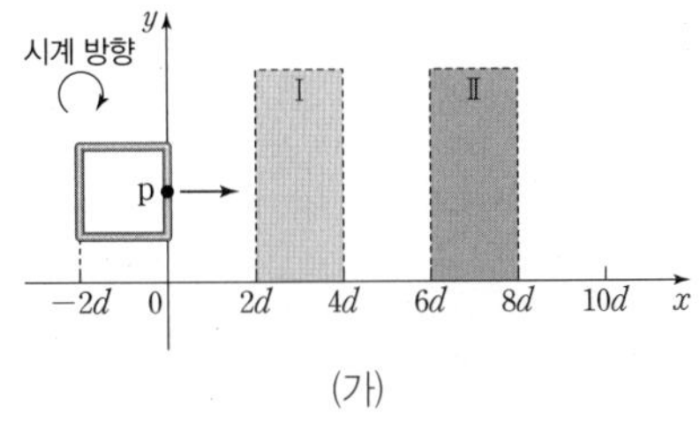

(가)

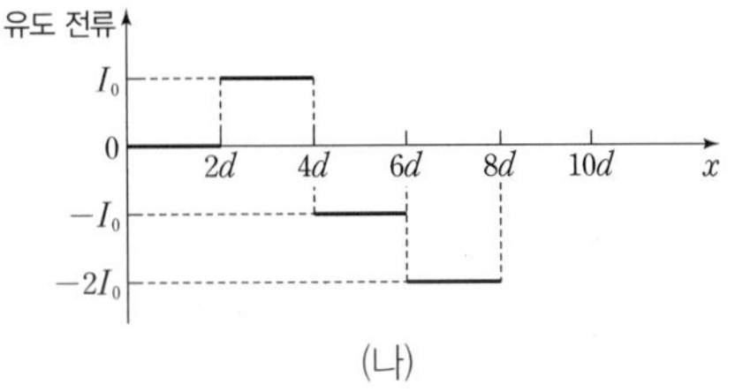

(나)

이에 대한 설명으로 옳은 것만을 〈보기〉에서 있는 대로 고른 것은?

보기

ㄱ. 자기장의 방향은 Ⅰ에서와 Ⅱ에서가 같다.
ㄴ. 자기장의 세기는 Ⅱ에서가 Ⅰ에서의 3배이다.
ㄷ. p가 $x=9d$를 지날 때, p에 흐르는 유도 전류의 세기는 $2I_0$이다.

① ㄱ ② ㄷ ③ ㄱ, ㄴ ④ ㄴ, ㄷ ⑤ ㄱ, ㄴ, ㄷ

금속 고리에 흐르는 유도 전류의 방향은 p의 위치가 $2d \le x \le 4d$일 때 시계 방향이고, $6d \le x \le 8d$일 때 시계 반대 방향이다.
유도 전류의 세기는 p의 위치가 $6d \le x \le 8d$일 때가 $2d \le x \le 4d$일 때의 2배이다.

[24023-0202]

18 그림은 xy 평면에 수직인 방향의 균일한 자기장 영역 Ⅰ, Ⅱ에서 정사각형 금속 고리 A, B, C가 시간 $t=t_0$일 때 운동하는 모습을 나타낸 것으로, A는 xy 평면에서 $+x$ 방향, B는 $-y$ 방향, C는 $-x$ 방향으로 각각 일정한 속력 v로 운동한다. 표는 $t=t_0$일 때 A, B, C에 흐르는 유도 전류의 방향과 세기를 나타낸 것이다.

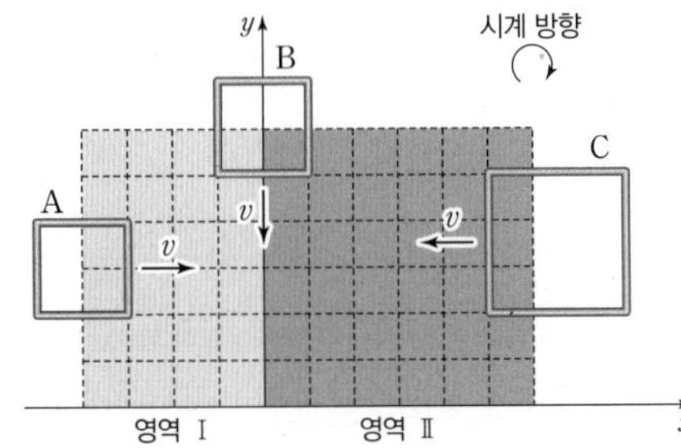

고리	유도 전류	
	방향	세기
A	시계 반대 방향	$2I_0$
B	시계 방향	I_0
C	㉠	㉡

이에 대한 설명으로 옳은 것만을 〈보기〉에서 있는 대로 고른 것은? (단, 모눈 간격은 일정하고, 고리의 상호 작용은 무시한다.)

보기

ㄱ. ㉠은 시계 방향이다.
ㄴ. 자기장의 세기는 Ⅰ에서와 Ⅱ에서가 같다.
ㄷ. ㉡은 $2I_0$이다.

① ㄱ ② ㄴ ③ ㄱ, ㄷ ④ ㄴ, ㄷ ⑤ ㄱ, ㄴ, ㄷ

A에 흐르는 유도 전류의 방향이 시계 반대 방향이므로 Ⅰ에서 자기장의 방향은 xy 평면에 수직으로 들어가는 방향이다. B에 흐르는 유도 전류에 의한 자기장의 방향은 xy 평면에 수직으로 들어가는 방향이므로 Ⅱ에서 자기장의 방향은 xy 평면에서 수직으로 나오는 방향이다.

Ⅲ 파동과 정보 통신

2024학년도 대학수학능력시험 5번

5. 그림은 주기가 2초인 파동이 x축과 나란하게 매질 Ⅰ에서 매질 Ⅱ로 진행할 때, 시간 $t=0$인 순간과 $t=3$초인 순간의 파동의 모습을 각각 나타낸 것이다. 실선과 점선은 각각 마루와 골이다.

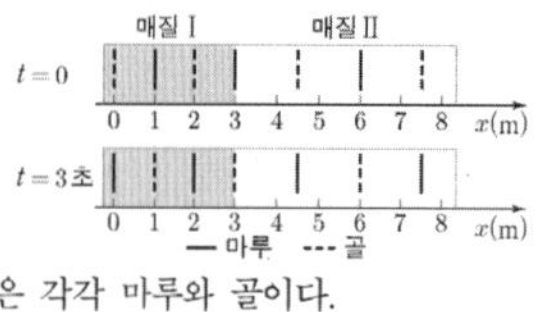

이에 대한 설명으로 옳은 것만을 <보기>에서 있는 대로 고른 것은? [3점]

<보 기>

ㄱ. Ⅰ에서 파동의 파장은 1m이다.
ㄴ. Ⅱ에서 파동의 진행 속력은 $\frac{3}{2}$m/s이다.
ㄷ. $t=0$부터 $t=3$초까지, $x=7$m에서 파동이 마루가 되는 횟수는 2회이다.

① ㄱ ② ㄴ ③ ㄷ ④ ㄴ, ㄷ ⑤ ㄱ, ㄴ, ㄷ

2024학년도 EBS 수능특강 174쪽 8번

[23023-0234]

08 그림 (가)는 시간 $t=0$일 때 매질 Ⅰ에서 $+x$ 방향으로 매질 Ⅱ를 향해 진행하는 파동을 나타낸 것으로, 실선과 점선은 각각 마루와 골이다. 그림 (나)는 $t=3$초일 때의 파동을 나타낸 것이다.

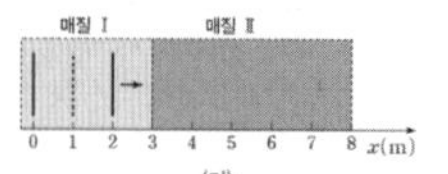

(가)

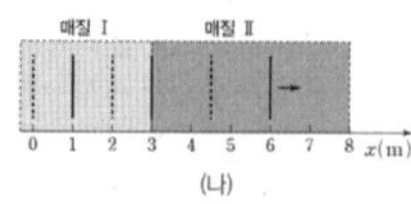

(나)

이에 대한 설명으로 옳은 것만을 <보기>에서 있는 대로 고른 것은?

보기

ㄱ. 파동의 진동수는 0.5 Hz이다.
ㄴ. $t=0$부터 $t=3$초까지 $x=2$ m에서 변위가 0이 되는 경우는 2회이다.
ㄷ. Ⅱ에서 파동의 진행 속력은 2 m/s이다.

① ㄱ ② ㄴ ③ ㄷ ④ ㄱ, ㄴ ⑤ ㄱ, ㄷ

연계 분석

수능 5번 문항은 수능특강 174쪽 8번 문항과 연계하여 출제되었다. 두 문항 모두 파동이 매질 Ⅰ에서 매질 Ⅱ로 진행할 때 서로 다른 시간에서의 파동의 모습을 제시하고, 기본적인 파동의 물리량과 함께 임의의 지점에서 파동의 변위 변화에 대해 묻고 있다는 점에서 매우 높은 유사성을 보인다. 수능 5번 문항은 $t=0$일 때 Ⅰ에서 Ⅱ로 파동이 완전히 전파되어 Ⅰ, Ⅱ에서 파동의 모습이 모두 나타나 있지만, 수능특강 8번 문항은 $t=0$일 때 Ⅱ에 아직 파동이 전파되지 않은 상태로 두 문항에서 일부 차이가 있다.

학습 대책

파동이 발생하고 전파되는 문제들을 해결하기 위해서는 파동의 기본 물리량인 파장, 진폭, 주기, 진동수 등의 기본 개념을 명확히 알고 있어야 한다. 최근 수능과 모의평가에서 파동의 위치에 따른 변위 그래프를 제시하고, 임의의 지점에서 파동의 변위가 시간에 따라 어떻게 변하는지 묻는 유형의 문제들이 많이 출제되고 있다. 따라서 파동이 진행할 때 한 주기 동안 한 파장만큼 진행한다는 내용을 이해하고, 연계 교재에 수록된 다양한 상황의 문제들을 풀면서 파동의 특성을 분석하여 이해하는 학습이 필요하다.

2024학년도 대학수학능력시험 6번

6. 그림은 줄에서 연속적으로 발생하는 두 파동 P, Q가 서로 반대 방향으로 x축과 나란하게 진행할 때, 두 파동이 만나기 전 시간 $t=0$인 순간의 줄의 모습을 나타낸 것이다. P와 Q의 진동수는 0.25Hz로 같다.

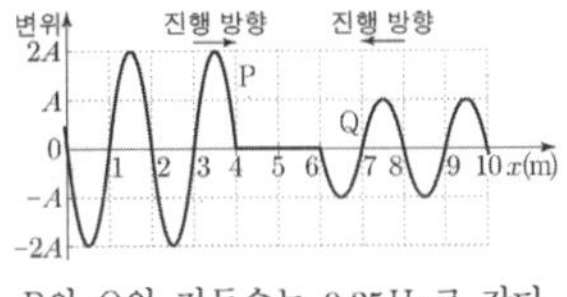

$t=2$초부터 $t=6$초까지, $x=5$m에서 중첩된 파동의 변위의 최댓값은?

① 0 ② A ③ $\frac{3}{2}A$ ④ $2A$ ⑤ $3A$

2024학년도 EBS 수능완성 102쪽 2번

02 ▸23066-0195

그림은 줄을 따라 서로 반대 방향으로 진행하는 진폭이 각각 $2A$, A인 두 파동의 시간 $t=0$인 순간의 모습을 나타낸 것이다. 두 파동의 속력은 1 m/s로 같고 점 P, Q는 위치가 각각 4 m, 4.5 m인 매질상의 지점이다.

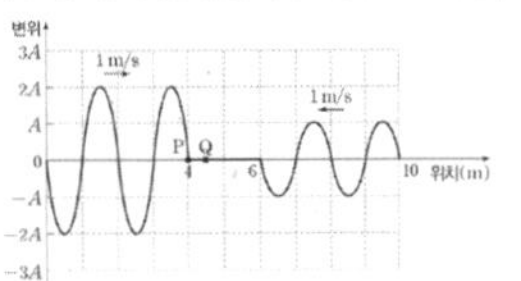

이에 대한 설명으로 옳은 것만을 〈보기〉에서 있는 대로 고른 것은?

보기

ㄱ. $t=1$초일 때 P는 아래 방향으로 운동한다.
ㄴ. $t=2$초부터 $t=6$초까지 P의 변위의 크기의 최댓값은 A이다.
ㄷ. $t=4$초일 때 Q의 변위는 $3A$이다.

① ㄴ ② ㄷ ③ ㄱ, ㄴ ④ ㄱ, ㄷ ⑤ ㄱ, ㄴ, ㄷ

연계 분석

수능 6번 문항은 수능완성 102쪽 2번 문항과 연계하여 출제되었다. 두 문항 모두 진폭이 다른 두 파동이 연속적으로 발생하여 서로 반대 방향으로 x축과 나란하게 진행할 때 두 파동이 만나기 전의 모습을 제시하고, 임의의 지점에서 중첩된 파동의 변위의 최댓값을 묻고 있다는 점에서 매우 높은 유사성을 보인다. 또한 두 문항에서 제시된 파동의 형태가 똑같은 점은 주목할 만하다. 제시된 물리량을 비교하면 수능 6번 문항에서는 파동의 진동수를, 수능완성 2번 문항에서는 파동의 진행 속력을 제시하였다는 점에서 일부 차이가 있다.

학습 대책

수능과 모의평가에서 출제된 파동의 간섭 문항들을 살펴보면 일상생활에서 파동의 간섭 현상을 이용한 사례들, 물결파의 간섭, 스피커에서 발생한 소리의 간섭, 횡파의 중첩 등 다양한 형식으로 출제되고 있다. 단순한 간섭 현상의 이해 정도를 묻는 정성적인 수준의 문제들도 많지만, $v=\frac{\lambda}{T}$ 관계식을 이용하여 두 파동이 중첩될 때 임의의 지점에서 파동의 변위를 묻거나 물결파의 간섭에서 임의의 두 지점 사이에 상쇄 간섭이 일어나는 지점의 수를 찾는 다소 복잡한 형태의 문제들도 최근 출제되고 있다. 따라서 연계 교재에 나오는 내용들을 심도 있게 이해하면서 학습해야 수능에 나오는 문제들에 대비할 수 있다.

08 파동의 성질과 활용

1 파동의 진행과 굴절

(1) 파동의 특성

① **파동**: 공간이나 물질의 한 지점에서 발생한 진동이 주위로 퍼져 나가는 현상이다.

- 매질: 용수철이나 물과 같이 파동을 전달해 주는 물질로, 파동이 전파될 때 매질은 제자리에서 진동만 할 뿐 파동과 함께 이동하지 않는다.
- 전자기파는 매질이 없는 공간에서도 전기장과 자기장의 진동으로 전파된다.

② **파동의 종류**

횡파	종파
파동의 진행 방향과 매질의 진동 방향이 서로 수직인 파동	파동의 진행 방향과 매질의 진동 방향이 서로 나란한 파동
진동 방향, 진행 방향	진동 방향, 진행 방향
예 지진파의 S파	예 지진파의 P파, 소리(초음파) 등

③ **파동의 표현**

- 파장(λ): 매질의 각 점이 한 번 진동하는 동안 파동이 진행한 거리, 즉 이웃한 마루와 마루 또는 골과 골 사이의 거리
- 진폭(A): 매질의 최대 변위의 크기, 즉 매질의 진동 중심으로부터 마루 또는 골까지의 거리
- 주기(T): 매질의 각 점이 한 번 진동하는 데 걸리는 시간, 즉 파동이 진행할 때 매질의 한 점이 마루가 되는 순간부터 다음 마루가 되는 데까지 걸리는 시간 [단위: s]
- 진동수(f): 매질의 한 점이 1초 동안 진동하는 횟수 [단위: Hz] ➡ $f=\frac{1}{T}$ 또는 $T=\frac{1}{f}$
- 위상: 매질의 각 점들의 위치와 진동(운동) 상태를 나타내는 물리량으로, 한 파동에 있는 마루들은 위상이 서로 같고, 마루와 골은 위상이 서로 반대이다.
- 주기와 진동수는 파동을 발생시키는 파원에서 결정된다. 즉, 매질이 달라져도 주기와 진동수는 변하지 않는다.

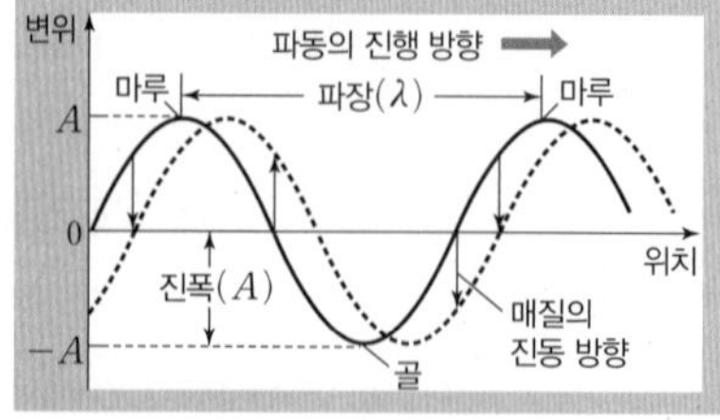

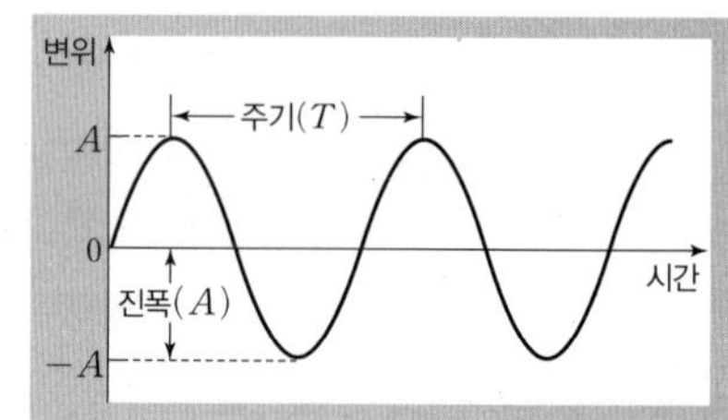

④ **파동의 진행 속력**: 파동은 한 주기(T) 동안 한 파장(λ)만큼 진행하므로 파동의 진행 속력은 파장(λ)을 주기(T)로 나눈 값이다.

$$v=\frac{\lambda}{T}=f\lambda$$

개념 체크

- **파동**: 공간이나 물질의 한 지점에서 발생한 진동이 주위로 퍼져 나가는 현상이다.
- **파장**: 이웃한 마루와 마루 또는 골과 골 사이의 거리이다.
- **파동의 진행 속력**: $v=\frac{\lambda}{T}=f\lambda$

1. 파동이 진행할 때 매질은 파동과 함께 진행한다. (○ , ×)
2. 파동의 진행 방향과 매질의 진동 방향이 서로 수직인 파동은 (횡파 , 종파)이다.
3. 파동의 변위-위치 그래프에서 인접한 마루와 마루 사이의 거리는 (파장 , 진폭)이다.
4. 매질의 한 점이 한 번 진동하는 시간은 (㉠)이고, 1초 동안 진동하는 횟수는 (㉡)이다. (㉠)와 (㉡)는 역수 관계이다.
5. 한 파동에 있는 마루들은 위상이 서로 (같고 , 반대이고), 마루와 골은 위상이 서로 (같다 , 반대이다).

정답

1. ×
2. 횡파
3. 파장
4. ㉠ 주기, ㉡ 진동수
5. 같고, 반대이다

• 줄에서의 속력

① 줄의 재질과 굵기가 같을 때

줄을 천천히 흔들 때 / 줄을 빠르게 흔들 때

매질이 같으므로 파동의 속력이 같고, 속력이 같으므로 진동수가 증가하면 파장이 짧아진다.

② 줄의 재질은 같고 굵기가 다를 때

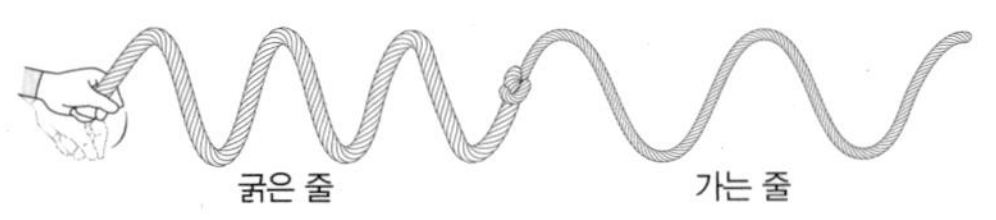

굵은 줄에서 가는 줄로 진행할 때, 파동의 진동수는 변하지 않고 속력은 빨라지며 파장은 길어진다.

• 물결파의 속력

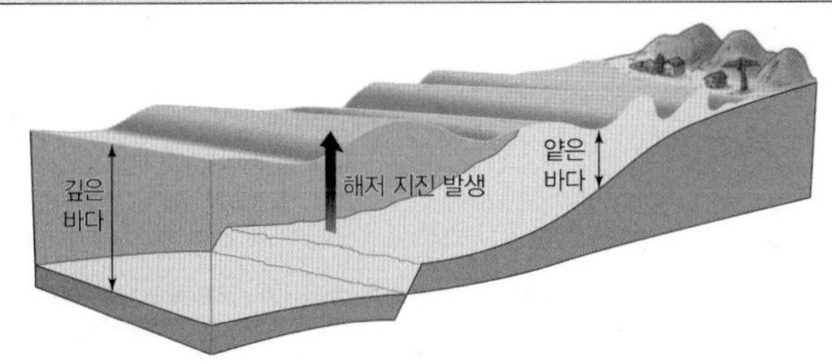

물결파는 수심이 깊을수록 속력이 빠르다. 해저 지진으로 발생한 지진 해일이 육지 쪽으로 진행하면 수심이 얕아지므로 속력은 느려지고 파장은 짧아진다.

• 소리의 속력

① 기체에서의 속력: 소리는 기체의 한 부분에서의 압력 변화가 주위로 전파되는 것으로, 이때 기체의 온도가 높을수록 소리의 속력이 빠르다. ➡ $v_{고온} > v_{저온}$

② 매질의 상태에 따른 속력: 매질의 상태에 따라 소리의 속력이 다른데, 소리의 속력은 고체에서 가장 빠르고 기체에서 가장 느리다. ➡ $v_{고체} > v_{액체} > v_{기체}$

기체에서 소리의 속력(m/s)			액체에서 소리의 속력(m/s)			고체에서 소리의 속력(m/s)		
공기 (0 ℃)	산소 (0 ℃)	헬륨 (0 ℃)	물	메탄올	바닷물	알루미늄	구리	철
331	317	972	1490	1140	1530	5100	3560	5130

과학 돋보기 **소리가 발생한 방향을 찾는 원리**

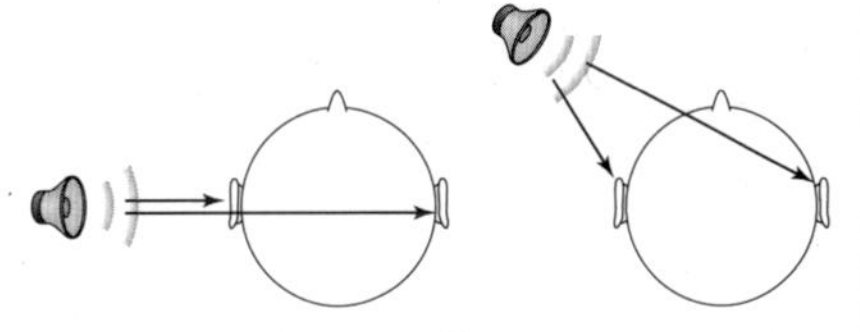

사람의 두 귀는 공간에서 발생한 소리의 방향을 인식하는 역할을 한다. 사람의 귀가 소리의 발생 방향을 인식하는 능력(Binaural Effect)의 가장 중요한 원리는 양쪽 귀에 소리가 도달하는 시간의 차를 감지하는 것이다. 소리가 사람의 왼쪽에서 발생하였을 때 소리의 이동 거리는 왼쪽 귀까지가 오른쪽 귀까지보다 짧아 오른쪽 귀에는 왼쪽 귀보다 소리가 약 0.0006초 늦게 도달한다. 사람의 왼쪽 측면으로부터 30° 전방에서 소리가 발생한 경우, 오른쪽 귀에는 왼쪽 귀보다 소리가 약 0.0002초 늦게 도달한다. 이처럼 사람은 양쪽 귀에 도달하는 소리의 시간차를 인식하여 소리가 발생한 방향을 감지한다. 사람이 물속으로 잠수하여 물속에서 발생한 소리를 감지하는 경우, 물속 소리의 속력이 공기 중에서보다 빨라 양쪽 귀에 도달하는 소리의 시간차가 매우 짧아서 소리가 발생한 방향을 쉽게 찾지 못한다.

(2) 파동의 굴절: 파동이 진행할 때 속력이 다른 매질의 경계면에서 진행 방향이 변하는 현상이다.

① **굴절의 원인**: 매질의 종류와 상태에 따라 파동의 진행 속력이 변하기 때문이다.

- 법선: 두 매질의 경계면에 수직인 직선
- 입사각(i): 입사파의 진행 방향과 법선이 이루는 각

개념 체크

- **깊이에 따른 물결파의 속력**: 물결파는 수심이 깊을수록 속력이 빠르다.
- **기체의 온도에 따른 소리의 속력**: 온도가 높을수록 소리의 속력이 빠르다. ➡ $v_{고온} > v_{저온}$
- **매질에 따른 소리의 속력**: 소리의 속력은 고체에서 가장 빠르고, 기체에서 가장 느리다. ➡ $v_{고체} > v_{액체} > v_{기체}$
- **파동의 굴절**: 파동이 진행하다가 속력이 다른 매질을 만나면 매질의 경계면에서 파동의 진행 방향이 꺾이는 현상이다.

1. 파장이 1 m이고 진동수가 2 Hz인 파동의 진행 속력은?

2. 차가운 공기에서 뜨거운 공기로 진행하는 소리의 속력은 (빨라진다 , 느려진다).

3. 소리의 속력은 (고체 , 액체 , 기체)에서 가장 빠르고, (고체 , 액체 , 기체)에서 가장 느리다.

4. 물결파가 수심이 얕은 곳에서 깊은 곳으로 진행할 때 속력이 (빨라진다 , 느려진다).

정답

1. 2 m/s
2. 빨라진다
3. 고체, 기체
4. 빨라진다

개념 체크

▶ **굴절 법칙(스넬 법칙)**: 굴절률이 n_1인 매질 A에서 파동의 속력이 v_1, 파장이 λ_1이고, 굴절률이 n_2인 매질 B에서 파동의 속력이 v_2, 파장이 λ_2이면, A에서 B로 진행하는 빛의 입사각과 굴절각이 각각 i, r일 때 $\frac{n_2}{n_1}=\frac{\sin i}{\sin r}=\frac{v_1}{v_2}=\frac{\lambda_1}{\lambda_2}$이다.

1. 파동이 속력이 빠른 매질에서 속력이 느린 매질로 진행할 때 파동의 진동수는 (증가한다 , 변화 없다 , 감소한다).

2. 파동이 굴절할 때, 입사각과 굴절각을 비교하여 각도가 큰 쪽 매질에서 빛의 속력은 작은 쪽 매질에서 빛의 속력보다 (빠르다 , 느리다).

[3~4] 그림과 같이 파동이 매질 1에서 매질 2로 진행할 때 매질 1과 2의 경계면에서 굴절한다.

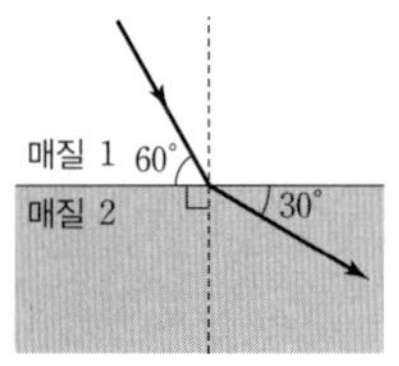

3. 입사각은 (　　)이고, 굴절각은 (　　)이다.

4. 매질 1에서 파동의 파장을 λ_1, 매질 2에서 파동의 파장을 λ_2라고 할 때, $\lambda_1 : \lambda_2$는?

정답

1. 변화 없다
2. 빠르다
3. 30°, 60°
4. $1 : \sqrt{3}$

- 굴절각(r): 굴절파의 진행 방향과 법선이 이루는 각
- 파동의 속력이 빠른 매질에서 느린 매질로 진행할 때 입사각(i)이 굴절각(r)보다 크고, 파동의 속력이 느린 매질에서 빠른 매질로 진행할 때 입사각(i)이 굴절각(r)보다 작다.

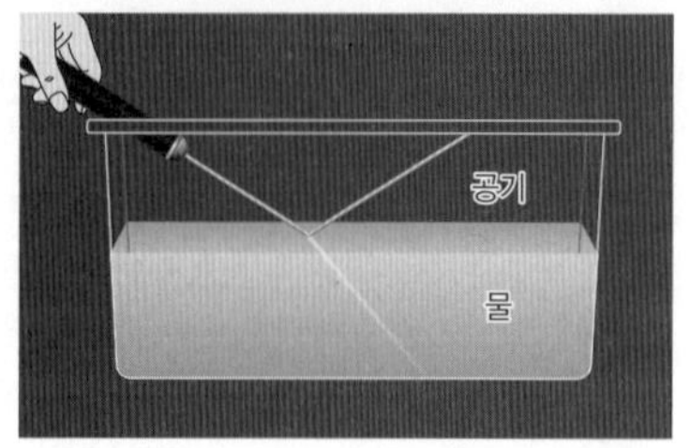

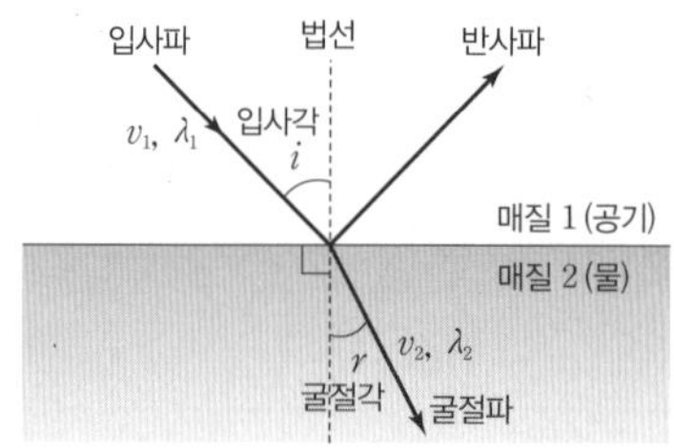

② 굴절 법칙(스넬 법칙)

- 굴절률(n): 매질에서 빛의 속력 v에 대한 진공에서 빛의 속력 c의 비

$$n=\frac{c}{v}$$

물질	진공	공기	물	에탄올	글리세린	유리	다이아몬드
굴절률	1.00	1.0003	1.33	1.36	1.47	1.5~1.9	2.42

[온도] 공기: 0 ℃, 액체: 20 ℃, 고체: 상온, [파장] 589.29 nm

- 상대 굴절률: 매질 1의 굴절률이 n_1, 매질 2의 굴절률이 n_2일 때, 매질 1의 굴절률에 대한 매질 2의 굴절률(n_{12})

$$n_{12}=\frac{n_2}{n_1}$$

- 굴절 법칙: 매질 1에서 매질 2로 빛이 진행할 때, 매질 1의 굴절률이 n_1, 매질 2의 굴절률이 n_2이면 다음 관계가 성립한다.

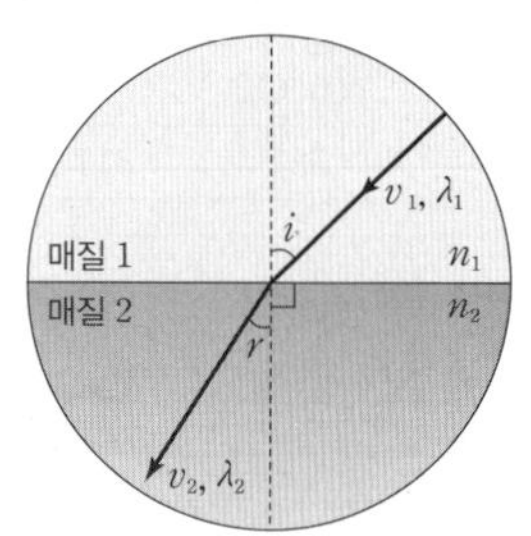

$$\frac{\sin i}{\sin r}=\frac{v_1}{v_2}=\frac{\lambda_1}{\lambda_2}=\frac{\frac{c}{n_1}}{\frac{c}{n_2}}=\frac{n_2}{n_1}=n_{12}(\text{일정})$$

$n_1\sin i=n_2\sin r$: 굴절 법칙

과학 돋보기 | 굴절 법칙

그림은 매질 1에서 매질 2로 진행하는 파동이 굴절하는 것을 나타낸 것으로, 같은 시간(t) 동안 파면 AB가 진행할 때 매질 2에서는 A에서 A′까지 진행하고, 매질 1에서는 B에서 B′까지 진행한다.

매질 1에서 파동의 속력과 파장이 각각 v_1, λ_1, 매질 2에서 파동의 속력과 파장이 각각 v_2, λ_2라면 굴절 과정에서 파동의 진동수 f는 변하지 않으므로 $\overline{BB'}=v_1t$, $v_1=f\lambda_1$, $\overline{AA'}=v_2t$, $v_2=f\lambda_2$이다. $\overline{BB'}=\overline{AB'}\sin i$이고, $\overline{AA'}=\overline{AB'}\sin r$이므로 $\frac{\overline{BB'}}{\overline{AA'}}=\frac{v_1t}{v_2t}=\frac{v_1}{v_2}=\frac{f\lambda_1}{f\lambda_2}=\frac{\lambda_1}{\lambda_2}=\frac{\sin i}{\sin r}$이다. 따라서 $\frac{\sin i}{\sin r}=\frac{v_1}{v_2}=\frac{\lambda_1}{\lambda_2}$이다.

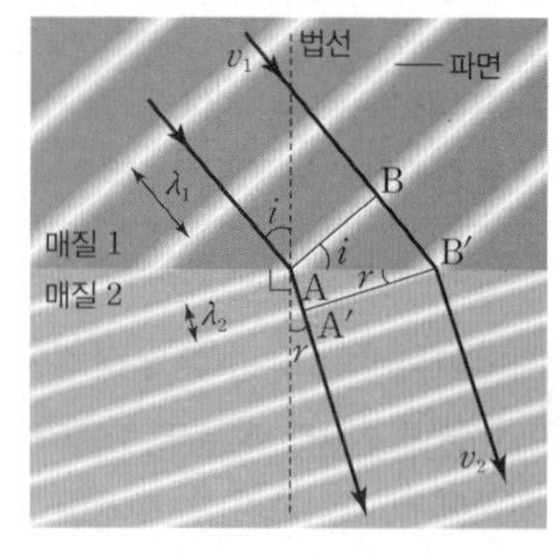

탐구자료 살펴보기 빛이 굴절할 때의 규칙성 찾기

과정

(1) 그림과 같이 굴절 실험 장치의 물통에 물을 기준선까지 넣는다.
(2) 입사각이 30°가 되도록 물통의 중심을 향해 레이저 빛을 비추고 빛의 진행 경로를 관찰하여 굴절각을 측정한다.
(3) 입사각을 45°, 60°로 바꾸어 굴절각을 측정한다.

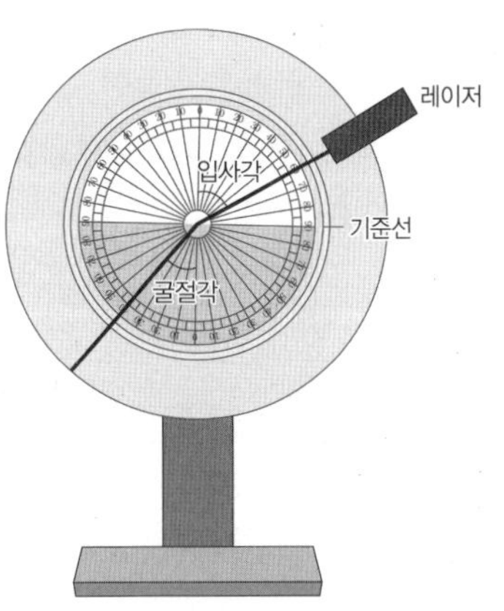

결과

입사각(°)	굴절각(°)	sin(입사각)	sin(굴절각)
30	22.1	0.500	0.376
45	32.1	0.707	0.531
60	40.6	0.866	0.651

point

- 입사각이 증가하면 굴절각도 증가한다.
- 공기에 대한 물의 굴절률은 입사각에 관계없이 $\frac{\sin(입사각)}{\sin(굴절각)} \fallingdotseq 1.33$으로 일정하다.

탐구자료 살펴보기 물결파의 진행 방향 관찰하기

과정

(1) 그림 (가)와 같이 물결파 투영 장치에 물을 채우고 물결파를 발생시켜 스크린에 투영된 물결파의 파면을 관찰한다.
(2) 그림 (나)와 같이 수조 안에 유리판을 넣어 물의 깊이가 얕은 곳을 만들고 물결파를 발생시켜 스크린에 투영된 물결파의 파면을 관찰한다.
(3) 그림 (다)와 같이 수조 안에 유리판을 비스듬히 넣고 물결파를 발생시켜 스크린에 투영된 물결파의 파면을 관찰한다.

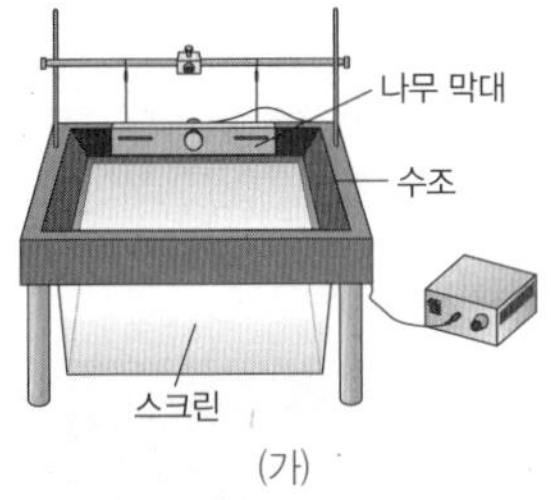

(가)

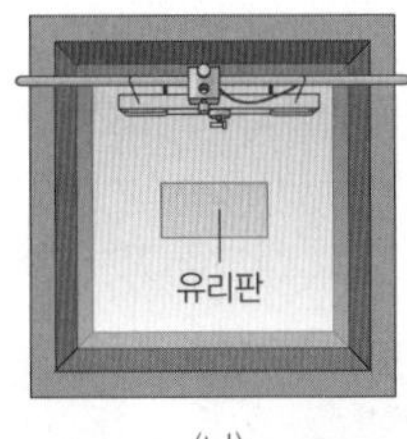

(나)

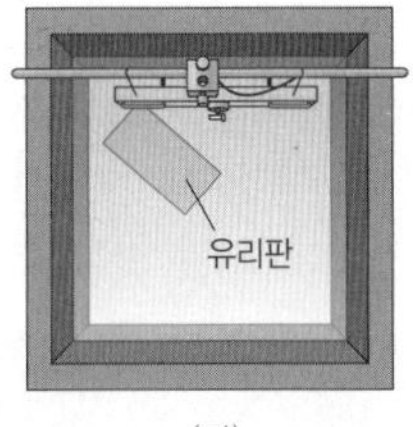

(다)

결과

- 과정 (1)의 결과: 물결파의 파장이 일정하다.
- 과정 (2)의 결과: 물결파의 파장은 깊은 곳에서가 얕은 곳에서보다 길다.
- 과정 (3)의 결과: 물결파는 깊은 곳과 얕은 곳의 경계면에서 굴절한다.

깊은 물 입사파 | 깊은 물 얕은 물 입사파 v_1 v_2 λ_1 λ_2

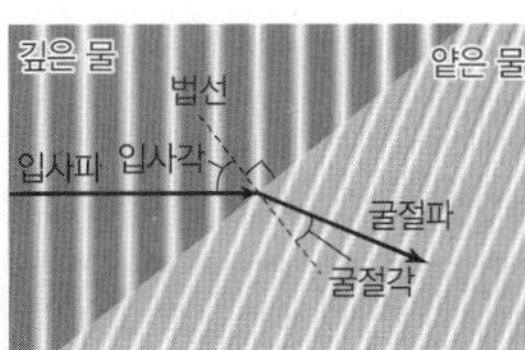

point

- 물의 깊이가 변하지 않을 때 물결파의 속력은 일정하다.
- 물결파의 진동수는 일정하므로 물결파의 속력은 깊은 곳에서가 얕은 곳에서보다 크다($v_1 > v_2$, $\lambda_1 > \lambda_2$).
- 물결파는 깊은 곳에서 얕은 곳으로 진행할 때 입사각이 굴절각보다 크다.

개념 체크

파동의 굴절 원인: 매질에 따라 파동의 속력이 달라지기 때문이다.

1. 매질의 굴절률과 매질에서 빛의 속력은 (비례 , 반비례)한다.

[2~3] 그림과 같이 빛이 공기에서 물로 진행할 때, 입사각은 θ_1이고 굴절각은 θ_2이다.

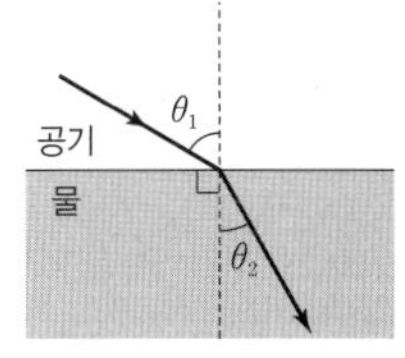

2. 입사각이 θ_1보다 작으면 굴절각은 θ_2보다 작다. (○ , ×)

3. 빛이 물에서 공기로 진행할 때, 입사각이 θ_2이면 굴절각은 θ_1이다. (○ , ×)

4. 그림은 물결파 투영 장치를 통해 관찰한 물결파의 파면 모습이다.

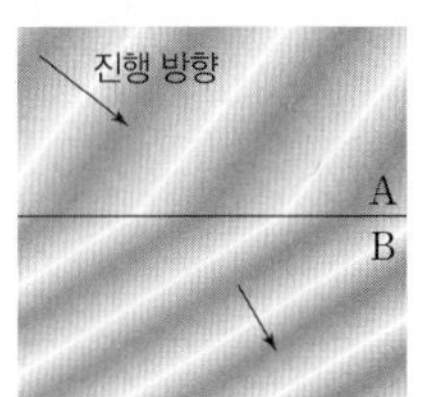

A는 B보다 수심이 (깊 , 얕)고, 입사각이 굴절각보다 (크다 , 작다).

정답
1. 반비례
2. ○
3. ○
4. 깊, 크다

③ 생활 속 굴절 현상

• 소리의 굴절: 공기 중에서 소리는 속력이 느린(온도가 낮은) 쪽으로 굴절한다.

➡ 낮에는 높이 올라갈수록 기온이 낮아지므로 소리가 위로 휘어지고, 밤에는 높이 올라갈수록 기온이 높아지므로 소리가 아래로 휘어진다.

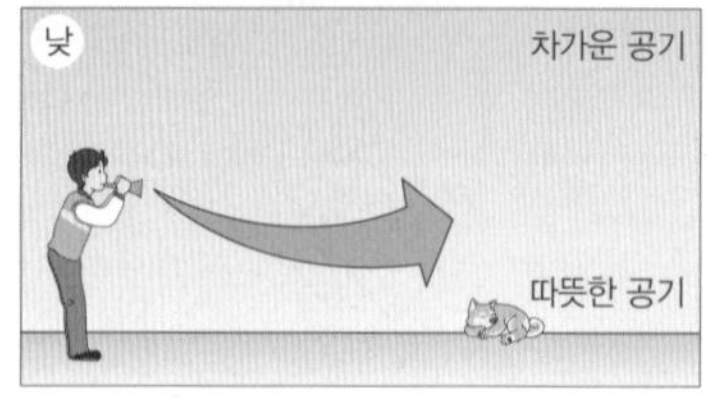

낮의 소리의 굴절

밤의 소리의 굴절

• 신기루: 공기의 온도에 따른 밀도의 변화로 빛의 진행 방향이 바뀌어 물체의 실제 위치가 아닌 곳에서 물체가 보이는 현상이다.

➡ 지표면이 뜨거워지면 상대적으로 위쪽 공기보다 지표면 근처의 공기 밀도가 작아지고 빛의 속력이 커져서 아래로 향하던 빛이 위로 휘어져 사람의 눈에 들어오기 때문에 바닥에서도 물체가 보이고, 추운 지방에서는 온도 변화가 반대로 나타나므로 공중을 향하던 빛이 아래로 휘어져 사람의 눈에 들어오기 때문에 공중에서도 물체가 보인다.

뜨거운 도로 위 신기루

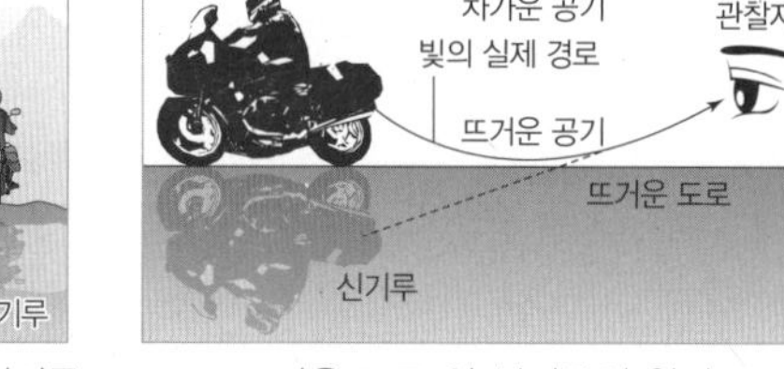

뜨거운 도로 위 신기루의 원리

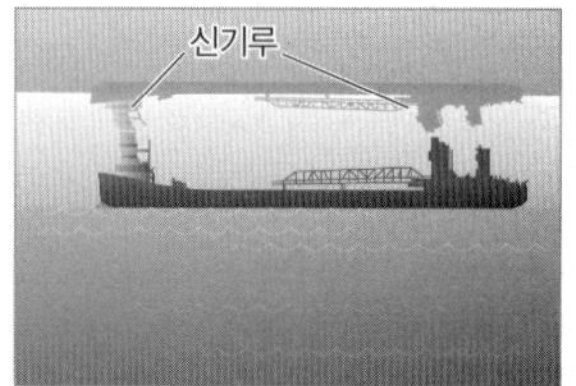

추운 지방의 공중에 생기는 신기루

• 렌즈: 빛의 굴절을 이용하여 빛을 모으거나 퍼지게 할 수 있도록 만든 광학 기구로, 안경, 망원경, 현미경, 사진기 등에 이용된다.

➡ 볼록 렌즈는 빛을 모으고, 오목 렌즈는 빛을 퍼지게 한다.

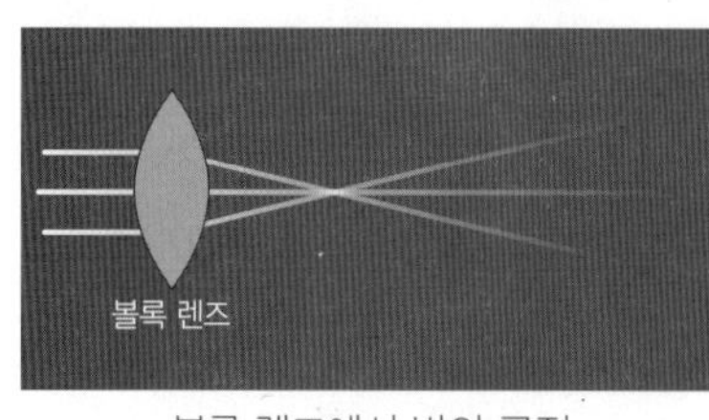

볼록 렌즈에서 빛의 굴절

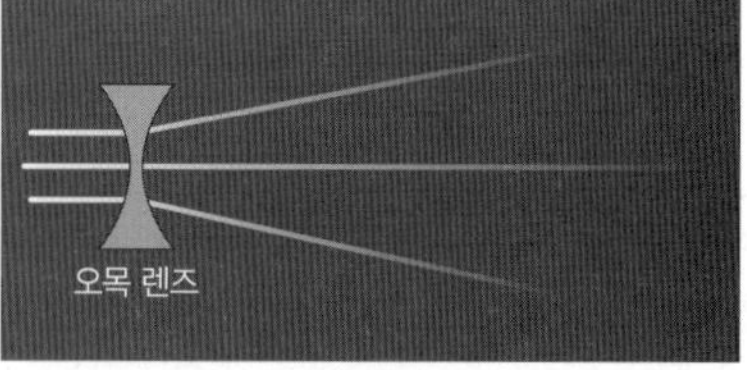

오목 렌즈에서 빛의 굴절

• 수심이 얕아 보이는 현상: 빛이 물속에서 공기 중으로 나올 때 굴절각이 입사각보다 크고, 이때 굴절된 광선의 연장선이 만나는 지점에 물체가 있는 것으로 보인다.

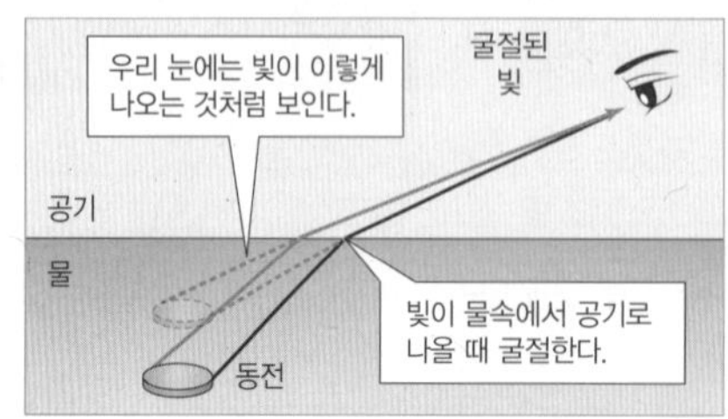

개념 체크

○ 소리의 굴절: 공기 중에서 소리는 속력이 느린(온도가 낮은) 쪽으로 굴절한다.

○ 신기루: 공기의 온도에 따른 밀도의 변화로 빛의 진행 방향이 바뀌어 물체의 실제 위치가 아닌 곳에서 물체가 보이는 현상이다.

1. 낮에는 소리가 위로 휘어지고, 밤에는 소리가 아래로 휘어지는 까닭은 공기의 온도가 높이에 따라 (같기 , 다르기) 때문이다.

2. 신기루는 공기의 온도가 높을수록 빛의 속력이 (빨라지는 , 느려지는) 현상 때문에 진행하는 빛이 (굴절 , 회절)하여 일어난다.

3. 공기에서 진행하는 빛의 속력은 렌즈에서 진행하는 빛의 속력보다 (크다 , 작다).

[4~5] 그림은 매질 A, B에 놓인 볼펜이 꺾여 보이는 것을 나타낸 것이다.

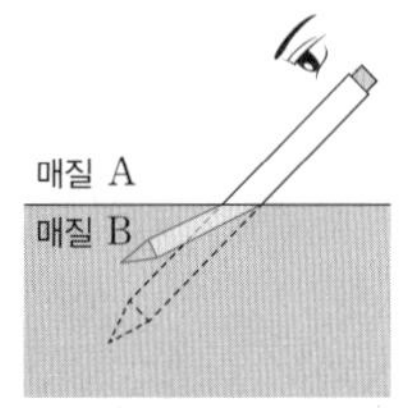

4. 볼펜 끝 지점에서 방출된 빛이 눈에 들어올 때, 입사각이 굴절각보다 (크다 , 작다).

5. 빛의 속력은 A에서가 B에서보다 (크다 , 작다).

정답

1. 다르기
2. 빨라지는, 굴절
3. 크다
4. 작다
5. 크다

탐구자료 살펴보기 서로 다른 매질에서 소리의 굴절 확인하기

과정

(1) 그림과 같이 신호 발생기를 스피커와 연결하여 소리의 세기가 일정하고 진동수가 500 Hz인 소리를 발생시킨다.

(2) 스피커에서 나는 소리를 직접 들어보며, 소리의 세기와 진동수를 비교한다.

(3) 스피커 앞에 이산화 탄소 기체를 넣은 풍선을 두고 과정 (2)를 반복한다.

(4) 스피커 앞에 헬륨 기체를 넣은 풍선을 두고 과정 (2)를 반복한다.

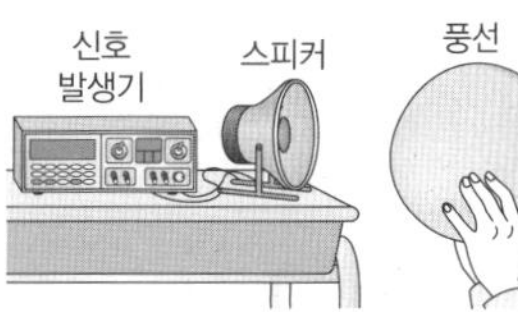

결과

구분	이산화 탄소 풍선	헬륨 풍선
소리의 세기	(2)에서보다 소리의 세기가 크다.	(2)에서보다 소리의 세기가 작다.
소리의 진동수	(2)에서와 같다.	(2)에서와 같다.

point

• 이산화 탄소는 공기보다 무거운 기체이므로 소리의 속력은 공기에서보다 작아지고, 이산화 탄소가 들어 있는 풍선을 통과하면서 굴절한 소리가 모이므로 소리의 세기가 크게 들린다. 헬륨은 공기보다 가벼운 기체이므로 소리의 속력은 공기에서보다 커지고, 헬륨이 들어 있는 풍선을 통과하면서 굴절한 소리가 흩어지므로 소리의 세기가 작게 들린다.

• 소리의 진동수는 매질에는 관계없고, 음원에서 결정된다.

2 전반사와 광통신

(1) 전반사

① **빛의 반사**: 빛이 진행하다가 서로 다른 매질의 경계면에서 원래 매질로 되돌아 나오는 현상으로, 입사각(i)과 반사각(i')의 크기는 항상 같다. ➡ $i=i'$

• 입사각이 증가하면 반사각과 굴절각도 증가한다.

입사 광선 법선 반사 광선 i i' 매질 1 매질 2 경계면 r 굴절 광선

② **빛의 전반사**: 빛이 매질의 경계면에서 전부 반사되는 현상이다.

• 그림과 같이 물에서 공기로 빛을 입사시키면 입사각보다 굴절각이 크다. 입사각을 증가시키면 굴절각도 증가하게 되고, 특정한 입사각에서 굴절각은 90°가 된다. 이때의 입사각을 임계각(i_c)이라 한다. 임계각보다 큰 각으로 입사된 빛은 매질의 경계면에서 전부 반사된다.

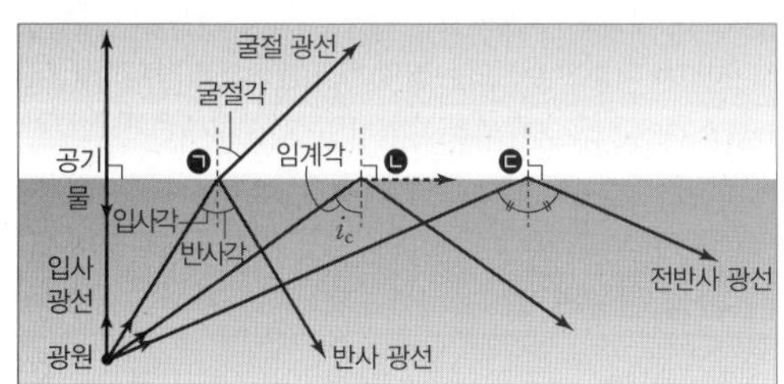

• ㉠의 경우: 입사각<임계각
➡ 빛의 일부는 반사하고, 일부는 굴절한다.
• ㉡의 경우: 입사각=임계각
➡ 굴절각이 90°이다.
• ㉢의 경우: 입사각>임계각
➡ 빛은 전반사한다.

• 임계각(i_c): 빛이 굴절률이 큰 매질(n_1)에서 굴절률이 작은 매질(n_2)로 진행할 때 굴절각이 90°일 때의 입사각이다. $\frac{n_2}{n_1}$의 값이 작을수록 임계각이 작다.

• 빛이 굴절률이 n_1인 매질에서 n_2인 매질($n_1>n_2$)로 진행할 때 임계각 i_c는 다음과 같다.

$$\sin i_c=\frac{n_2}{n_1}$$

개념 체크

◉ **전반사**: 빛이 매질의 경계면에서 전부 반사되는 현상으로, 빛이 굴절률이 큰 매질에서 굴절률이 작은 매질로 진행하고 입사각이 임계각보다 클 때 나타나는 현상이다.

◉ **임계각**: 빛이 굴절률이 n_1인 매질에서 n_2인 매질($n_1>n_2$)로 진행할 때 임계각 i_c는 다음과 같다.

$$\sin i_c=\frac{n_2}{n_1}$$

1. 굴절률이 작은 매질에서 큰 매질을 향해 진행하는 단색광은 매질의 경계면에서 전반사할 수 있다. (○ , ×)

[2~3] 그림은 매질 1에서 매질 2를 향해 진행하는 단색광이 매질의 경계면에 임계각 θ_c로 입사하는 모습을 나타낸 것이다.

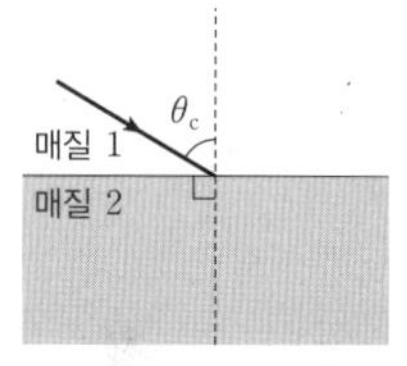

2. 빛의 속력은 매질 1에서가 매질 2에서보다 (빠르다 , 느리다).

3. 단색광의 입사각이 θ_c보다 크면 매질의 경계면에서 전반사가 일어난다. (○ , ×)

4. 빛이 굴절률이 큰 매질(n_1)에서 굴절률이 작은 매질(n_2)로 입사할 때, $\frac{n_2}{n_1}$가 작을수록 임계각은 (작다 , 크다).

정답

1. × 2. 느리다
3. ○ 4. 작다

개념 체크

◐ **전반사 조건**: 빛이 굴절률이 큰 매질에서 굴절률이 작은 매질로 진행하고, 입사각이 임계각보다 커야 한다.
◐ **전반사의 이용**: 빛의 전반사 현상은 광통신, 쌍안경, 내시경 등에 이용된다.

[1~3] 그림은 쌍안경의 직각 이등변 삼각형 모양의 프리즘에서 빛이 전반사하며 진행 경로를 바꾸는 모습을 나타낸 것이다.

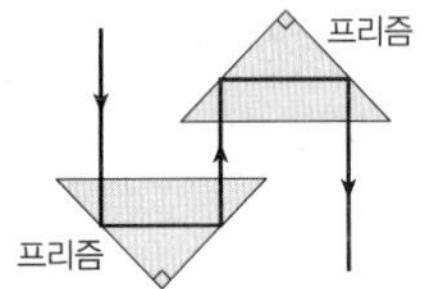

1. 빛의 속력은 공기에서가 프리즘에서보다 (크다 , 작다).

2. 빛이 프리즘 내부에서 전반사하면 진동수가 감소한다. (○, ×)

3. 프리즘과 공기 사이의 임계각은 45°보다 (크다 , 작다).

정답
1. 크다
2. ×
3. 작다

- 전반사 조건: 빛이 굴절률이 큰 매질(밀한 매질, 느린 매질)에서 굴절률이 작은 매질(소한 매질, 빠른 매질)로 진행하면서 입사각이 임계각보다 큰 경우에 전반사가 일어난다.
- 전반사의 이용: 전반사를 이용하여 빛에너지의 손실 없이 신호를 멀리까지 전송할 수 있으며, 전반사 현상은 광섬유를 이용한 광통신, 의료에서의 내시경, 카메라, 쌍안경 등에 이용된다.

③ 생활 속 전반사의 이용
- 쌍안경: 프리즘 내부에서의 전반사를 이용하여 빛의 진행 경로를 바꾸고, 렌즈를 사용해 먼 곳의 물체를 확대하여 볼 수 있다.
- 자연 채광: 태양을 추적하는 집광기로 모은 빛을 광섬유를 묶어서 만든 광케이블을 사용해 지하로 이동시켜 어두운 지하를 밝게 한다.
- 내시경: 쉽게 휘어지도록 가늘게 만든 광섬유 다발을 연결한 소형 카메라를 사용해 인체 내부 장기의 모습을 살펴볼 수 있다.
- 장식품: 광섬유를 사용하여 예술품이나 장식품을 만들 수 있다.
- 다이아몬드: 외부에서 다이아몬드로 들어온 빛이 전반사를 통해 대부분 되돌아 나오기 때문에 다른 보석보다 더 많이 빛나 보인다.

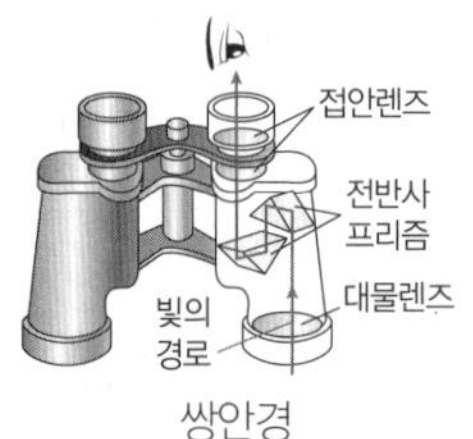

쌍안경

자연 채광

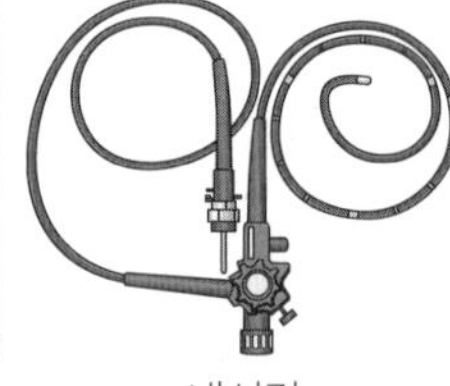
내시경

장식품

과학 돋보기 광학식 지문 스캐너 기술

지문은 땀샘이 솟아올라 일정한 모양을 형성한 것으로, 그 모양이 사람마다 다르다. 광학식 지문 인식 센서는 내부에서 프리즘을 통해 지문 쪽으로 빛을 쪼였을 때 반사되어 나오는 빛을 감지하여 지문의 모양을 분석한다. 지문이 접촉되지 않은 골 부분은 공기가 있으므로 이 지점에 도달한 빛은 프리즘 면에서 전반사되어 광센서에 모두 도달한다. 그러나 접촉부에 입사된 빛은 습기나 기름이 있어 이 지점에 도달한 빛은 전반사되지 않고 일부가 굴절되어 나가므로, 광센서에 빛이 도달하지 않거나 일부만 도달한다. 따라서 이렇게 수신되는 빛의 차를 광센서로 감지하여 지문의 모양을 전기 신호로 변환한다.

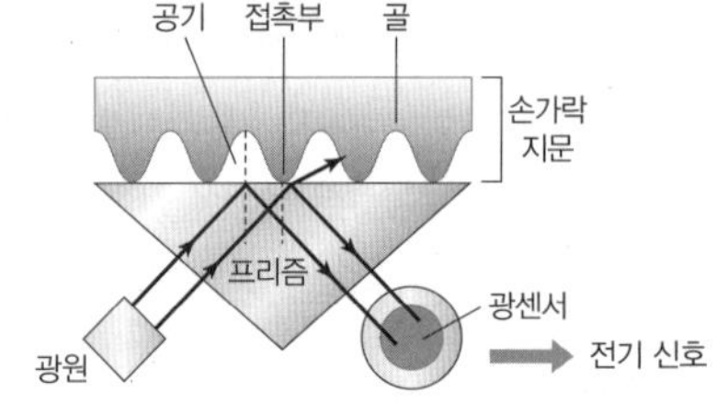

탐구자료 살펴보기 여러 가지 전반사 현상 관찰하기

과정
(1) 광학용 물통에 물을 절반 가량 채운다.
(2) 그림 (가)와 같이 레이저 빛을 물통의 둥근 부분 쪽에서 중심을 향해 비추어 빛이 물에서 공기로 진행할 때, 입사각을 변화시키면서 전반사 현상이 일어나는지를 관찰한다.
(3) 그림 (나)와 같이 빛이 공기에서 물로 진행할 때 입사각을 변화시키면서 전반사 현상이 일어나는지 관찰한다.

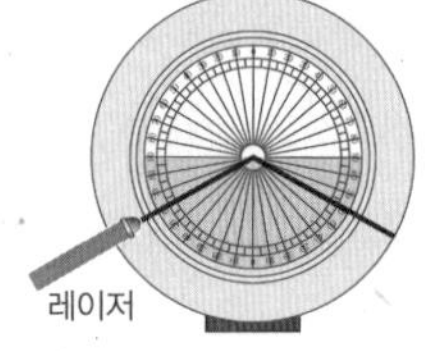

(가) 빛이 물 → 공기로 진행

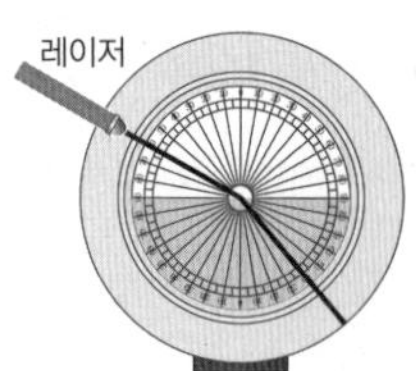

(나) 빛이 공기 → 물로 진행

(4) 그림 (다)와 같이 구멍이 뚫린 플라스틱 컵에서 나오는 물줄기에 레이저 포인터로 빛을 비춘다.
(5) 그림 (라)와 같이 투명 아크릴 통에 물과 식용유를 차례로 넣고 식용유에서 공기 쪽으로 레이저 포인터를 비춘다.

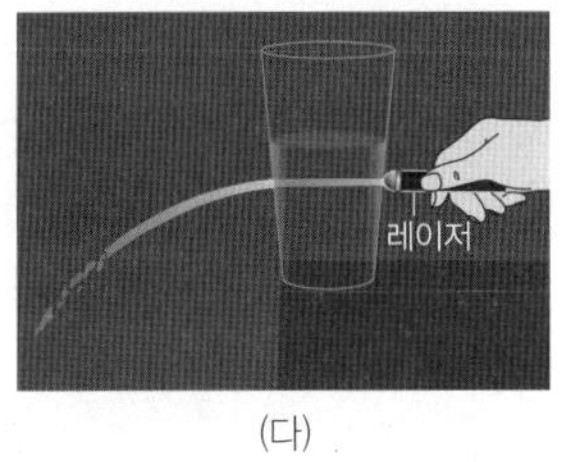

(다)

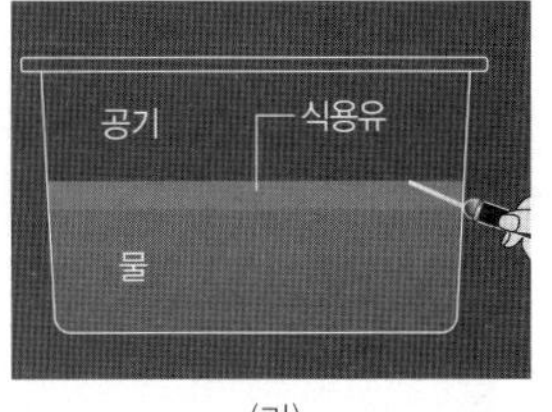

(라)

결과

- (가)에서 레이저 빛이 물에서 공기로 진행할 때, 입사각이 특정한 각보다 크면 전반사 현상이 나타난다.
- (나)에서 레이저 빛이 공기에서 물로 진행할 때, 입사각에 관계없이 전반사 현상이 나타나지 않는다.
- (다)에서 레이저 빛은 물줄기를 따라 전반사한다.
- (라)에서 레이저 빛은 식용유 안에서 전반사하며 진행한다.

point

- 전반사 현상은 빛이 굴절률이 큰 매질에서 굴절률이 작은 매질로 진행하고 입사각이 임계각보다 클 때 나타나며, 빛은 굴절률이 큰 매질 안에서 전반사하며 진행한다.
- 전반사 현상은 빛이 굴절률이 작은 매질에서 굴절률이 큰 매질로 진행할 때에는 나타나지 않는다.

(2) 광통신

① **광섬유의 구조:** 빛을 전송시킬 수 있는 투명한 유리 또는 플라스틱 섬유로, 중앙의 코어를 클래딩이 감싸고 있는 이중 원기둥 모양이다. 굴절률은 코어가 클래딩보다 크므로 코어와 클래딩의 경계면에서 입사각이 임계각보다 클 때 빛은 전반사하면서 코어를 따라 진행한다.

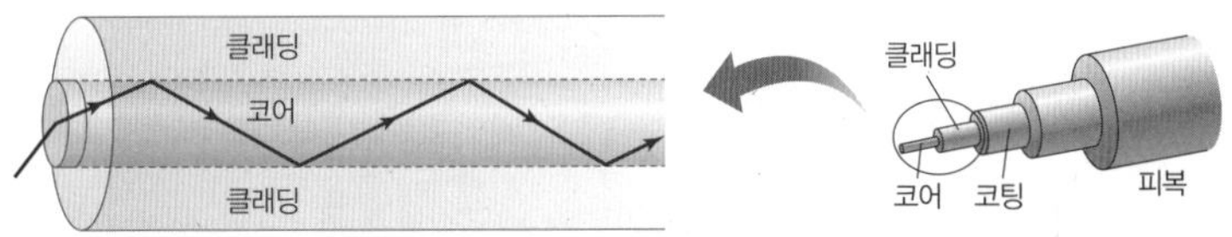

② **광통신:** 음성, 영상 등의 정보를 담은 전기 신호를 빛 신호로 변환하여 빛을 통해 정보를 주고받는 통신 방식이다.

③ **광통신 과정:** 음성, 영상 등과 같은 신호를 전기 신호로 변환한 후 레이저나 발광 다이오드를 사용하여 빛 신호로 변환하고, 빛 신호가 광섬유를 통해서 멀리까지 전달되면 수신기의 광 검출기에서 전기 신호로 변환하여 음성, 영상 등을 재생한다.

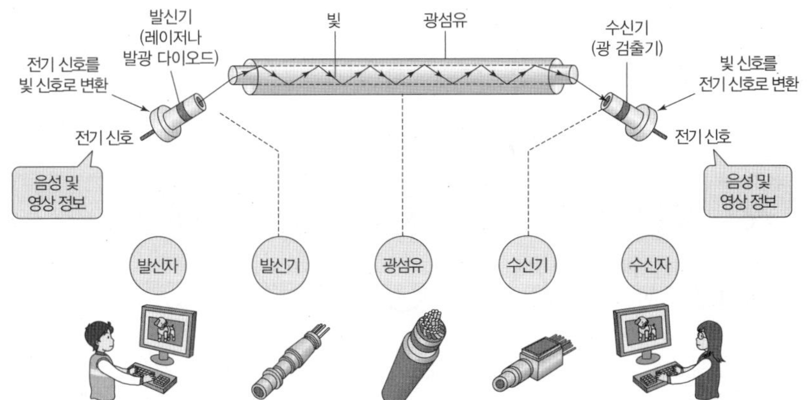

개념 체크

- **광섬유**: 광섬유를 이루고 있는 코어의 굴절률은 클래딩의 굴절률보다 크다.
- **광통신**: 음성, 영상 등의 정보를 담은 전기 신호를 빛으로 변환하여 빛을 통해 정보를 주고받는 통신 방식이다.

[1~3] 그림은 코어와 클래딩의 경계면에서 빛이 전반사하면서 진행하는 모습을 나타낸 것이다.

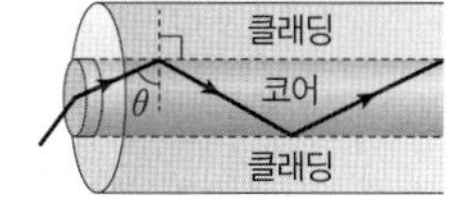

1. 코어의 굴절률은 클래딩의 굴절률보다 (크다 , 작다).

2. 입사각 θ는 코어와 클래딩 사이의 임계각보다 (크다 , 작다).

3. 전반사 전 빛의 세기와 전반사 후 빛의 세기는 같다. (○ , ×)

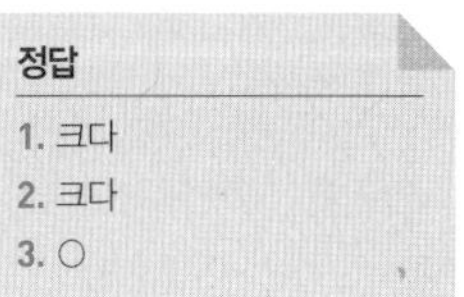
정답
1. 크다
2. 크다
3. ○

개념 체크

광통신의 장점: 도선을 이용한 통신에 비해 더 많은 양의 정보를 보내고, 외부 전파에 의한 간섭이나 혼선이 없다.
전자기파: 전기장과 자기장이 서로를 유도하며 진행하는 파동이다.

1. 광통신은 외부 전파에 의한 간섭이나 혼선이 없고, 도청을 할 수 없다. (○ , ×)

2. 전자기파는 (횡파 , 종파) 이다.

3. 전자기파의 진행 방향, 전기장의 진동 방향, 자기장의 진동 방향은 서로 (수직이다 , 나란하다).

4. 진공에서 전자기파의 속력은 파장에 따라 다르다. (○ , ×)

5. 감마선, 마이크로파, 자외선을 진동수가 큰 것부터 순서대로 나열하시오.

정답
1. ○
2. 횡파
3. 수직이다
4. ×
5. 감마선 – 자외선 – 마이크로파

④ 광통신의 장단점

- 장점: 도선을 이용한 통신에 비해 더 많은 양의 정보를 보낼 수 있다. 또한 외부 전파에 의한 간섭이나 혼선이 없고, 도청을 할 수 없다.
- 단점: 연결 부위에 작은 먼지가 끼거나 틈이 생기면 광통신이 불가능해지기도 하고, 한번 끊어지면 연결하기가 어렵다.

과학 돋보기 비 오는 양에 따라 조절되는 자동차의 와이퍼

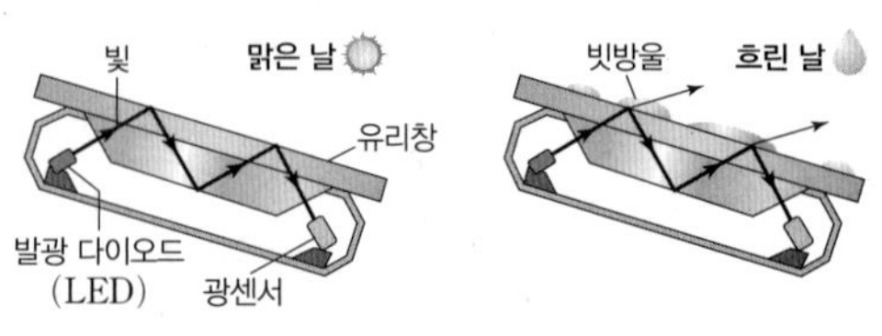

자동차의 와이퍼는 비나 눈이 내리면 앞 유리의 물기를 닦아 주어 운전자의 안전 운전을 돕는다. 최근에는 내리는 비의 양에 따라 와이퍼의 속력을 자동으로 조절하는 기술이 나왔는데, 이 기술의 작동 원리에도 전반사가 이용된다. 맑은 날에 발광 다이오드(LED)에서 나온 빛은 유리창에서 전반사되어 모두 광센서로 들어오지만, 유리창에 빗방울이 닿으면 일부 빛이 빗방울을 통해 외부로 굴절되어 나가기 때문에 도달하는 빛의 양이 줄어들게 된다. 이로부터 비의 양을 판단해 와이퍼의 속력을 조절한다.

3 전자기파의 종류 및 활용

(1) **전자기파**: 전기장과 자기장이 서로를 유도하며 진행하는 파동이다.

① 전자기파의 전기장과 자기장의 진동 방향은 서로 수직이고, 이때 전자기파는 전기장과 자기장의 진동 방향에 수직인 방향으로 진행하므로 횡파이다.

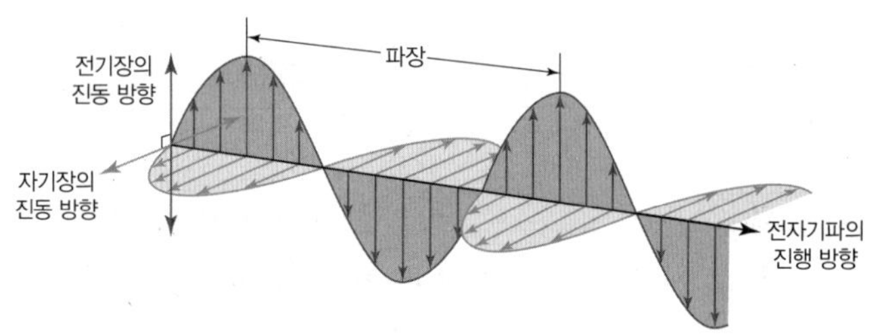

② 전자기파는 매질이 없어도 진행하며, 진공에서 전자기파의 속력은 파장에 관계없이 약 3×10^8 m/s이다.

③ 같은 매질에서 진동수가 클수록(파장이 짧을수록) 에너지가 크다.

④ 전자기파는 파동의 일반적인 성질인 간섭, 회절 현상과 같은 파동성을 나타내고, 광전 효과와 같은 입자성도 나타낸다.

(2) **전자기파의 종류와 이용**: 전자기파는 비슷한 성질을 가진 파장의 구간을 정하여 구분한다.

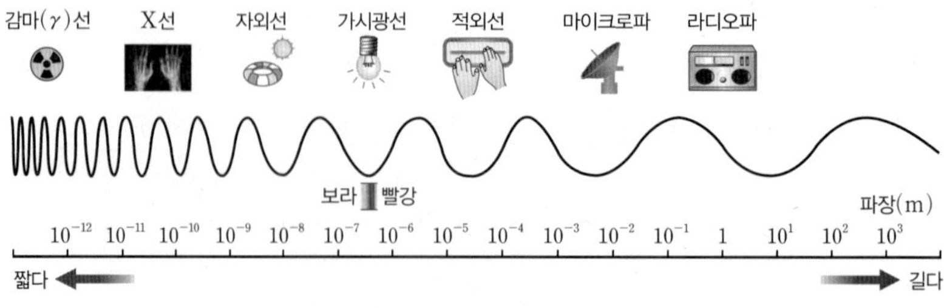

① 감마(γ)선	
• X선보다 파장이 짧고, 전자기파 중에서 에너지가 가장 크다. • 불안정한 원자핵이 붕괴하면서 방출하며, 투과력과 에너지가 매우 크고, 화상, 암 유발, 유전자 변형을 일으키기도 한다. • 의료에서는 암을 치료하는 데 이용된다.	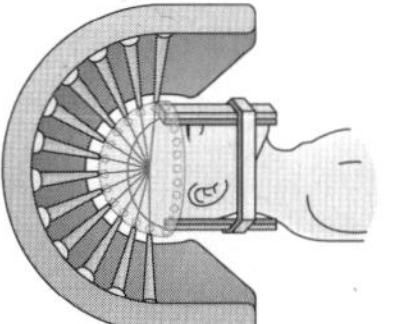 감마(γ)선 치료
② X선	
• 자외선보다 파장이 짧고, 감마(γ)선보다 파장이 긴 전자기파이다. • 감마(γ)선을 제외한 다른 전자기파보다 에너지가 크고 투과력이 강해 인체 내부의 골격 사진을 찍을 때 이용되고, 공항에서 수하물 내의 물품을 검색할 때와 물질의 특성을 파악하는 데도 이용된다.	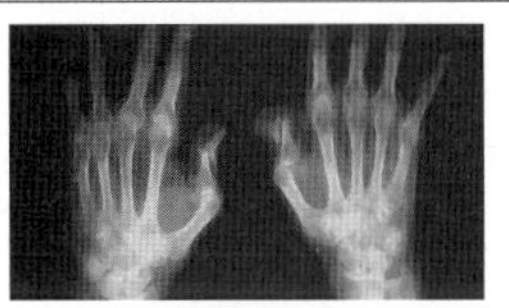 X선 촬영
③ 자외선	
• 가시광선의 보라색보다 파장이 짧고, X선보다 파장이 긴 전자기파이다. • 세균의 DNA·RNA 구조를 변화시켜 살균 작용을 한다. • 태양에서 오는 자외선은 피부 노화의 원인이 되기도 하고, 피부에서 비타민 D의 생성, 위조지폐 감별 등에 이용된다.	 자외선 살균기
④ 가시광선	
• 사람의 눈으로 관찰할 수 있는 전자기파이다. • 파장은 대략 380 nm∼750 nm 정도이다. • 사람의 눈은 파장에 따라 반응 정도가 다르며, 가시광선을 이용하여 물체를 볼 수 있으므로 광학 기구에 이용된다.	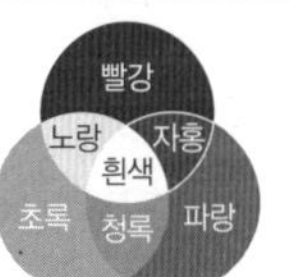 빛의 삼원색과 합성
⑤ 적외선	
• 가시광선의 빨간색보다 파장이 길고 마이크로파보다 파장이 짧은 전자기파로, 적외선 진동이 열을 발생시켜 열선이라고도 한다. • 적외선 열화상 카메라, 적외선 온도계, 물리치료기, 리모컨, 야간 투시경과 같은 기구 등에 이용된다.	 리모컨
⑥ 마이크로파	
• 적외선보다 파장이 길고, 라디오파보다 파장이 짧은 전자기파이다. • 마이크로파의 진동수에 따라 전자레인지, 휴대 전화, 레이더, 위성 통신 등에 이용된다.	 전자레인지
⑦ 라디오파	
• 라디오파는 마이크로파보다 파장이 긴 전자기파이다. • 파장의 길이에 따라 TV 방송, FM 라디오, 경찰 라디오, 항공기 라디오, AM 라디오 등에 이용된다.	 라디오

개념 체크

- **감마(γ)선**: X선보다 파장이 짧고, 전자기파 중에서 에너지가 가장 크다.
- **X선**: 투과력이 커서 골격 사진을 찍을 때 이용된다.
- **자외선**: 살균 작용을 할 수 있다.
- **적외선**: 열 감지, 리모컨 등에 이용된다.
- **마이크로파**: 전자레인지에서 음식을 데우는 데 이용된다.

1. 전자기파의 종류와 이용 사례를 짝 지으시오.

(1) 감마선
(2) X선
(3) 자외선
(4) 가시광선
(5) 적외선
(6) 마이크로파
(7) 라디오파

이용 사례

㉠ 광학 현미경
㉡ 전자레인지
㉢ 살균
㉣ 암 치료
㉤ 라디오 방송
㉥ 뼈 사진
㉦ 열화상 카메라

2. 피부 노화의 원인이 되기도 하고, 위조지폐 감별에 활용되는 전자기파는?

정답

1. (1) ㉣ (2) ㉥ (3) ㉢ (4) ㉠ (5) ㉦ (6) ㉡ (7) ㉤
2. 자외선

개념 체크

● 중첩 원리: 두 파동이 겹칠 때 합성파의 변위는 각 파동의 변위의 합과 같다.
● 파동의 독립성: 두 파동은 중첩 이후에 서로 다른 파동에 아무런 영향을 주지 않고 본래의 특성을 그대로 유지하면서 진행한다.
● 보강 간섭: 중첩되기 전보다 진폭이 커지는 간섭이다.
● 상쇄 간섭: 중첩되기 전보다 진폭이 작아지는 간섭이다.

1. 그림과 같이 변위가 각각 +30 cm, −20 cm인 두 파동이 서로 반대 방향으로 진행하여 중첩할 때 합성파의 최대 변위는?

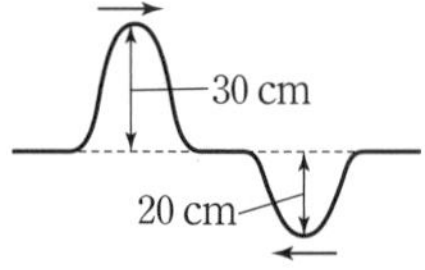

2. 동일한 파동 A와 B가 중첩하여 보강 간섭을 하면 합성파의 진폭은 A의 진폭의 (　　)배가 되고, 상쇄 간섭하면 합성파의 진폭은 (　　)이 된다.

정답
1. +10 cm
2. 2, 0

과학 돋보기 전자레인지의 원리

• 전자레인지에서 사용하는 마이크로파는 진동수가 약 2.45 GHz이고, 파장이 약 12.2 cm이다. 이 마이크로파는 음식물 속에 들어 있는 물 분자에서 잘 흡수된다.
• 그림과 같이 마이크로파의 전기장에 의해 음식물 속의 극성 분자인 물 분자가 운동하고 주위의 분자와 충돌하게 되면서 음식물이 데워진다.

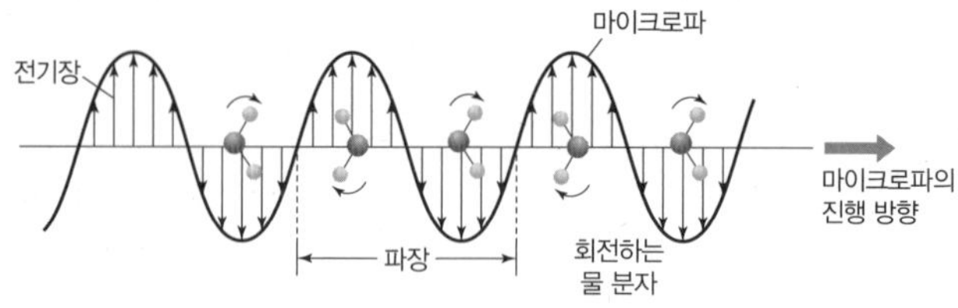

4 파동의 간섭

(1) 파동의 중첩

① **중첩 원리**: 두 파동이 겹칠 때 합성파의 변위는 각 파동의 변위의 합과 같다.
② **파동의 독립성**: 두 파동은 중첩 이후에 서로 다른 파동에 아무런 영향을 주지 않고 본래의 특성을 그대로 유지하면서 진행한다.
③ **합성파**: 두 개 이상의 파동이 중첩된 결과 만들어지는 파동이다.

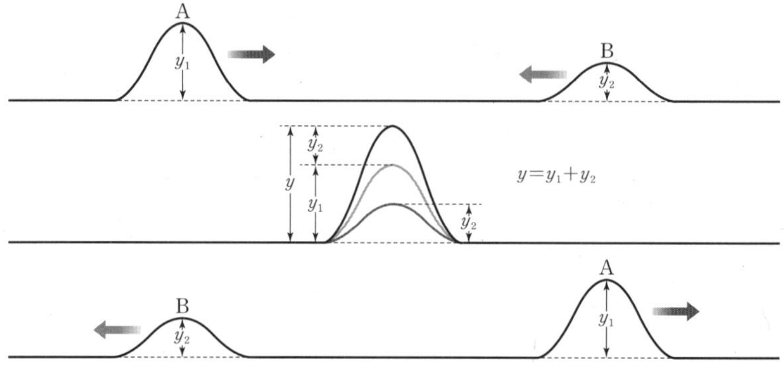

(2) 간섭: 두 파동이 중첩되어 진폭이 커지거나 작아지는 현상이다.

① **보강 간섭**: 두 파동의 위상이 동일하여 중첩되기 전보다 진폭이 커지는 간섭이다.
② **상쇄 간섭**: 두 파동의 위상이 반대여서 중첩되기 전보다 진폭이 작아지는 간섭이다.

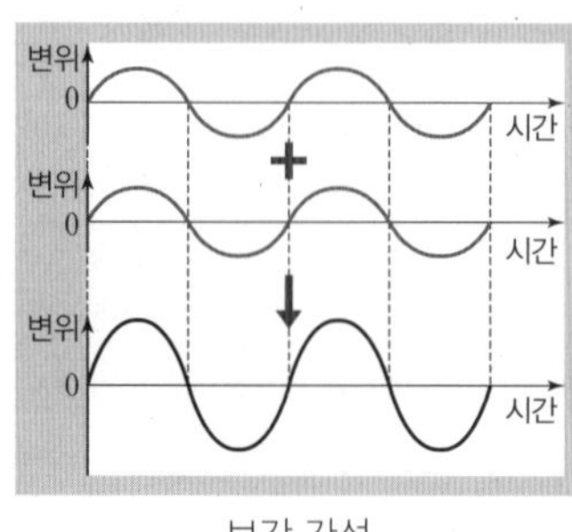

보강 간섭

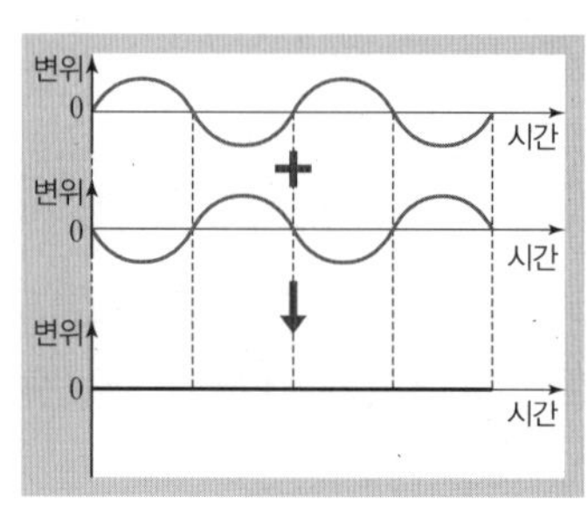

상쇄 간섭

(3) 소리의 간섭: 두 스피커에서 발생하는 소리가 크게 들리는 지점(P)에서는 보강 간섭이 일어나고, 작게 들리는 지점(Q)에서는 상쇄 간섭이 일어난다.

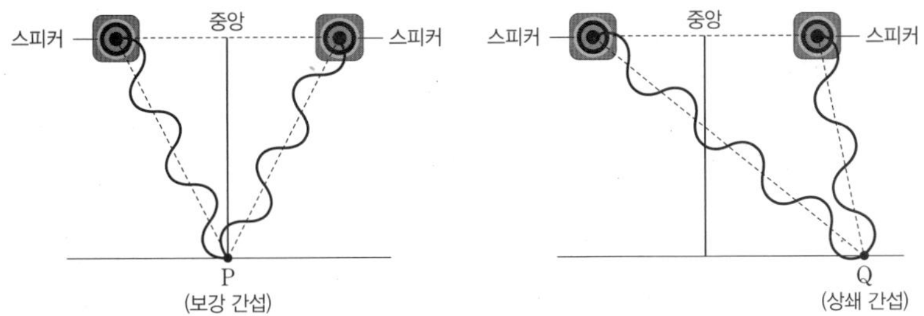

탐구자료 살펴보기 2개의 스피커를 이용한 소리의 간섭

과정

(1) 그림과 같이 책상 위에 스피커 2개를 1 m 간격으로 놓고 함수 발생기를 연결한 후, 스피커의 중앙에서 2 m 떨어진 지점을 선으로 표시한다.

(2) 양쪽 스피커에서 500 Hz의 동일한 소리가 나오도록 한다.

(3) 선을 따라 이동하면서 스피커의 소리가 크게 들리는 곳과 작게 들리는 곳을 바닥에 표시한다.

(4) 소리의 진동수만을 1000 Hz로 바꾼 후 과정 (3)을 반복한다.

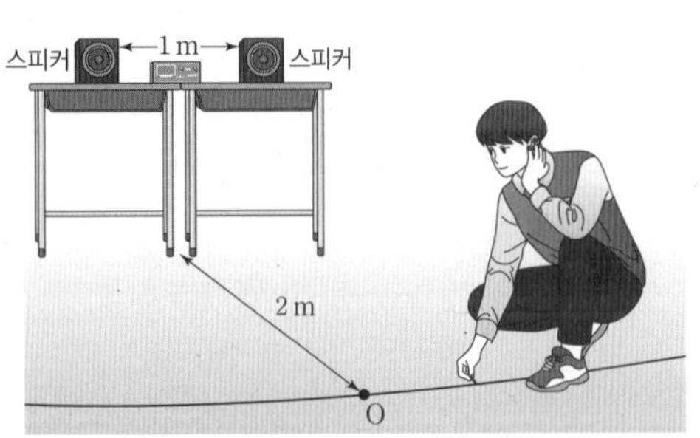

결과

- 두 스피커로부터 떨어진 거리가 같은 선의 중앙 지점 O에서 큰 소리가 발생하였다.
- 소리의 진동수를 바꾸었을 때 크게 들리는 곳과 작게 들리는 곳의 위치가 변한다.

point

- 소리의 진동수가 클수록 파장이 짧아서 O로부터 가까운 지점에서 첫 번째 상쇄 간섭이 일어나고, 소리의 진동수가 작을수록 파장이 길어서 O로부터 멀리 떨어진 지점에서 첫 번째 상쇄 간섭이 일어난다.
- 큰 소리가 나는 지점에서는 보강 간섭이 일어난다.
- 상쇄 간섭은 소음 제거의 원리로 이용할 수 있다.

(4) 물결파의 간섭: 물결파 투영 장치의 두 파원에서 파장과 진폭이 같은 물결파를 같은 위상으로 발생시킬 때 나타나는 무늬는 다음과 같다.

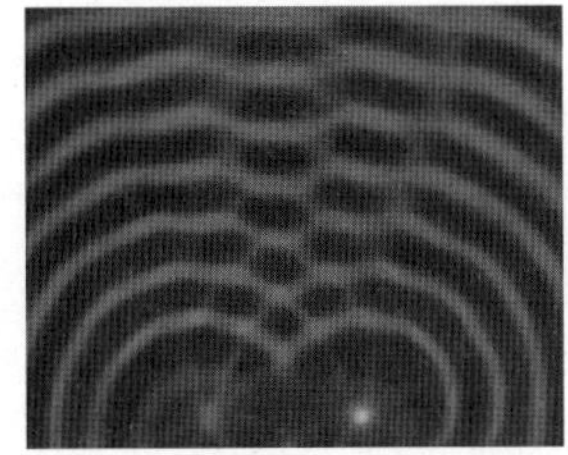

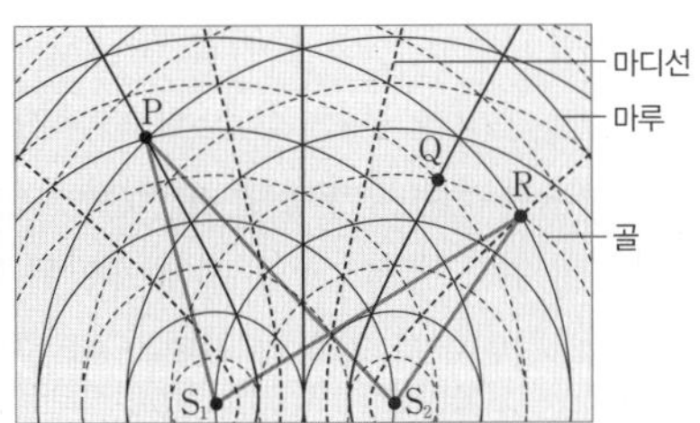

① **보강 간섭 지점(P, Q 지점)**: 수면의 높이가 계속 변하므로 무늬의 밝기가 변한다.

② **상쇄 간섭 지점(마디선, R 지점)**: 수면이 거의 진동하지 않으므로 무늬의 밝기가 변하지 않는다.

개념 체크

- **소리의 간섭**: 소리도 파동이므로 보강 간섭과 상쇄 간섭을 한다.
- **물결파의 간섭**: 두 파원에서 발생한 동일한 물결파가 상쇄 간섭하는 지점에서는 마디가 나타난다.

1. 동일한 두 소리가 중첩하여 보강 간섭하면 (큰 소리 , 작은 소리)가 들리고, 동일한 두 물결파가 중첩하여 보강 간섭하면 물결이 (큰 , 작은) 진동이 일어난다.

2. 위상이 같은 파동이 중첩하면 (보강 , 상쇄) 간섭하고, 위상이 반대인 파동이 중첩하면 (보강 , 상쇄) 간섭한다.

[3~4] 그림은 두 점파원 S_1, S_2에서 진동수와 진폭이 같고 반대의 위상으로 발생시킨 두 물결파의 모습을 나타낸 것이다.

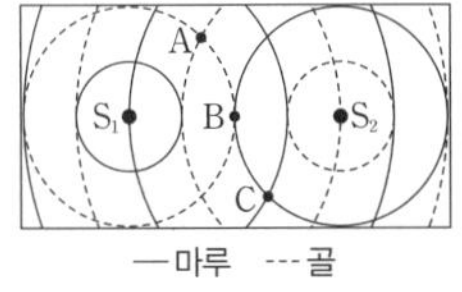

3. A와 반대 위상으로 물결이 크게 진동하는 지점은?

4. A, B, C 중 물결이 거의 진동하지 않는 지점은?

정답

1. 큰 소리, 큰
2. 보강, 상쇄
3. C
4. B

개념 체크

◘ **빛의 간섭**: 빛은 보강 간섭을 하면 밝기가 밝아지고, 상쇄 간섭을 하면 밝기가 어두워진다.
◘ **상쇄 간섭의 이용**: 소리의 상쇄 간섭 현상은 소음 제거 원리로 이용할 수 있다.

1. 기름 막에 의한 간섭에서 윗면에서 반사한 빛과 아랫면에서 반사한 빛이 서로 같은 위상으로 중첩되면 (보강 , 상쇄) 간섭이 일어나고, 서로 반대 위상으로 중첩되면 (보강 , 상쇄) 간섭이 일어난다.

2. 무반사 코팅 렌즈는 빛의 (보강 , 상쇄) 간섭을 이용한 것이다.

3. 파동의 간섭을 활용한 예를 〈보기〉에서 모두 고르시오.

보기
ㄱ. 타악기의 울림통
ㄴ. 소음 제거 이어폰
ㄷ. 돋보기

정답
1. 보강, 상쇄
2. 상쇄
3. ㄱ, ㄴ

(5) 빛의 간섭: 빛은 보강 간섭을 하면 밝기가 밝아지고, 상쇄 간섭을 하면 밝기가 어두워지므로 보강 간섭이 일어나면 그 색깔의 빛이 더 밝게 보이고, 상쇄 간섭이 일어나면 검게 보인다.

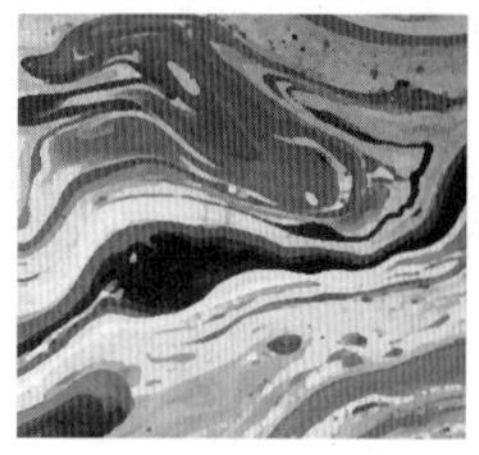
기름 막에 의한 간섭무늬

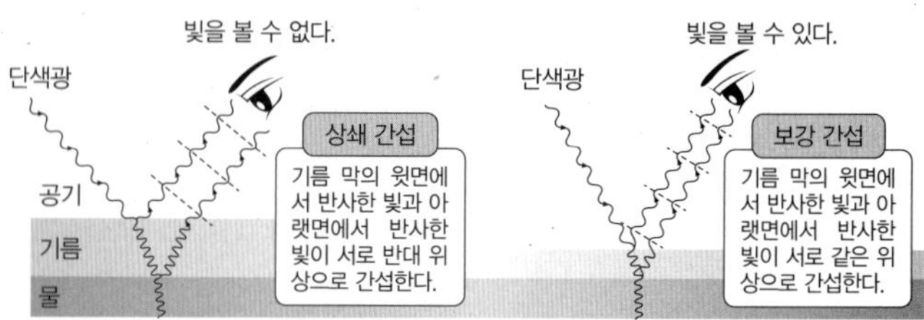

기름 막에 의한 빛의 간섭 원리

(6) 파동의 간섭의 이용

① 상쇄 간섭의 이용

- 소음 제거 헤드폰: 헤드폰에 달린 마이크로 외부 소음이 입력되면 소음과 상쇄 간섭을 일으킬 수 있는 소리를 발생시켜서 마이크로 입력된 소음과 헤드폰에서 발생시킨 소리가 서로 상쇄되어 소음이 줄어든다. 이 원리는 자동차나 항공기 엔진의 소음을 제거하는 기술로 발전하여 다양한 분야에 이용되고 있다.

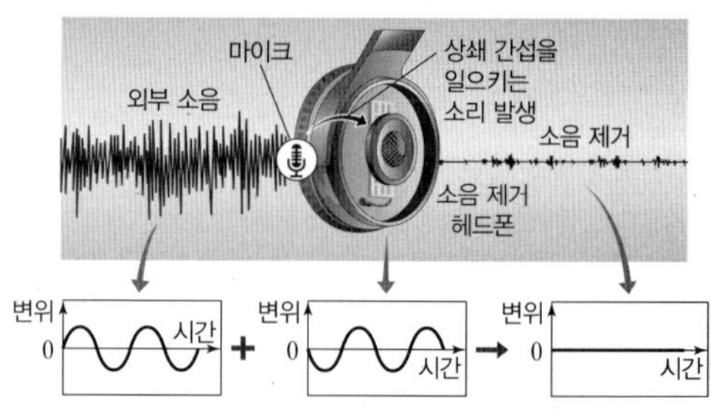

- 렌즈 코팅: 안경 렌즈, 카메라 렌즈, 망원경 렌즈 등의 렌즈 표면에 적당한 두께의 얇은 막을 코팅하면 코팅 막의 윗면에서 반사된 빛과 아랫면에서 반사된 빛이 상쇄 간섭을 일으켜 선명한 시야를 얻을 수 있다.

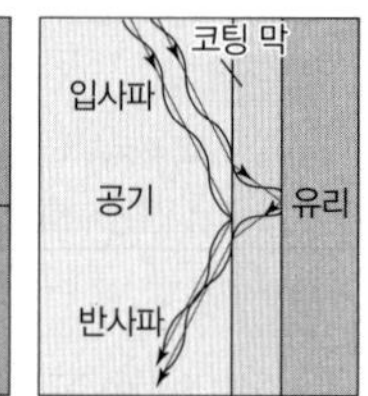

② 보강 간섭의 이용

- 악기: 현악기는 줄에서, 관악기는 공기 기둥에서, 타악기는 판에서 진동이 발생한다. 현악기의 줄에서, 관악기의 관 내부의 공기에서, 타악기의 울림통에서 보강 간섭이 일어나면 크고 선명하며 일정한 음파를 만든다.

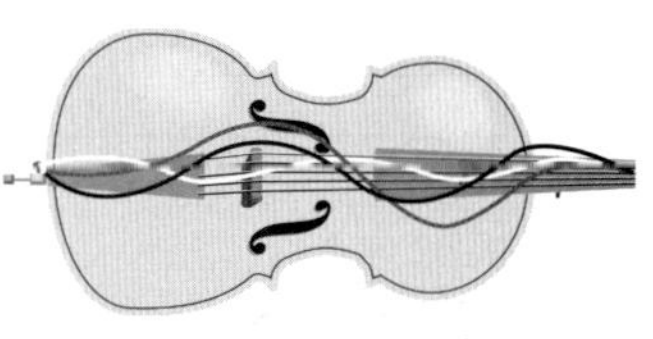

- 초음파 충격: 초음파 발생기에서 발생한 초음파가 결석이 있는 위치에서 보강 간섭을 하여 결석을 깨뜨린다. 신체 내부의 다른 조직을 통과할 때 파동의 세기가 약하여 다른 조직에 손상을 주는 것을 최소화하면서 필요한 부위에서 파동의 세기를 강하게 할 수 있다.

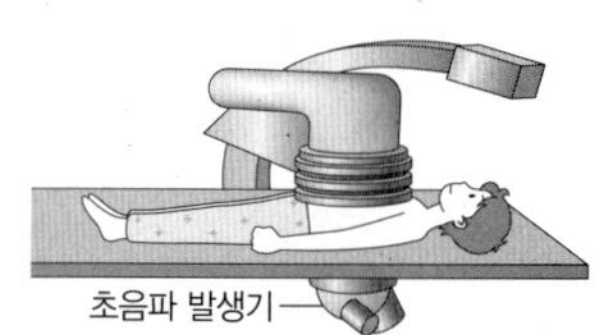

- 지폐 위조 방지: 잉크 속에 포함된 미세한 입자들의 모양이 비대칭이어서 입자의 윗면과 아랫면에서 반사된 빛 중에서 보강 간섭을 하는 빛의 색깔이 잘 보이게 된다. 따라서 고성능 컬러 프린터로도 복사할 수 없기 때문에 지폐의 위조를 방지할 수 있다.

[24023-0203]

01 그림과 같이 공기 A에 위치한 스피커에서 발생한 파장이 λ_A인 소리가 유리를 거쳐 공기 B에 위치한 마이크에 입력되고, 마이크에 연결된 소리 분석 장치로 입력된 소리를 분석한다. A에서 소리의 속력은 v_A이다.

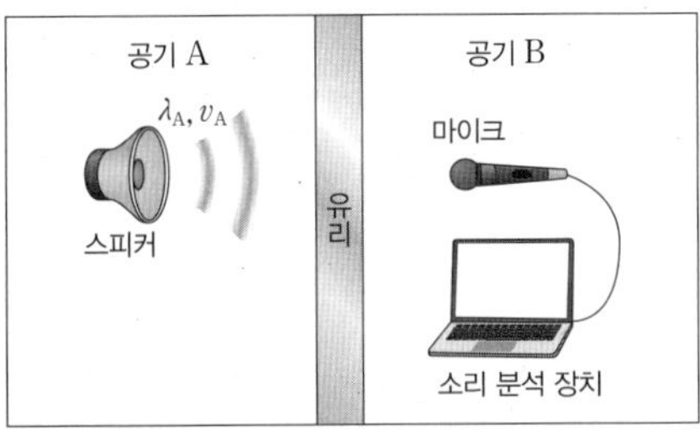

소리의 속력이 A에서가 B에서보다 빠를 때, 이에 대한 설명으로 옳은 것만을 〈보기〉에서 있는 대로 고른 것은?

보기

ㄱ. 소리의 파장은 A에서가 B에서보다 길다.

ㄴ. 소리 분석 장치에서 측정된 소리의 진동수는 $\frac{v_A}{\lambda_A}$이다.

ㄷ. B에서 소리의 진행 방향과 B의 진동 방향은 수직이다.

① ㄱ ② ㄷ ③ ㄱ, ㄴ ④ ㄴ, ㄷ ⑤ ㄱ, ㄴ, ㄷ

[24023-0204]

02 그림은 시간 $t=0$일 때 1 cm/s의 속력으로 x축과 나란하게 진행하는 파동의 변위를 위치 x에 따라 나타낸 것이다. $t=3$초일 때 매질 위의 점 P의 변위가 처음으로 A가 된다. Q는 매질 위의 한 점이다.

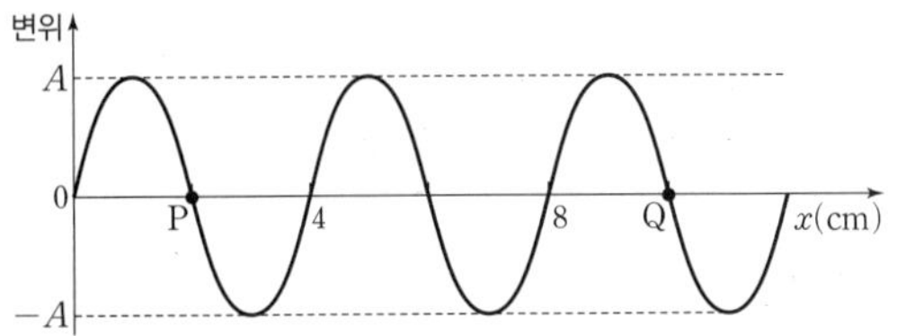

이에 대한 설명으로 옳은 것만을 〈보기〉에서 있는 대로 고른 것은?

보기

ㄱ. 파동의 진동수는 0.25 Hz이다.

ㄴ. 파동의 진행 방향은 $-x$ 방향이다.

ㄷ. P와 Q의 위상이 같다.

① ㄱ ② ㄷ ③ ㄱ, ㄴ ④ ㄴ, ㄷ ⑤ ㄱ, ㄴ, ㄷ

[24023-0205]

03 다음은 골(뼈)전도 이어폰에 대한 설명이다.

일반적인 이어폰은 공기를 통해 고막을 진동시켜 달팽이관에 소리를 전달한다. 하지만 골전도 이어폰은 고막을 거치지 않고 뼈를 통해 달팽이관에 소리를 전달한다.

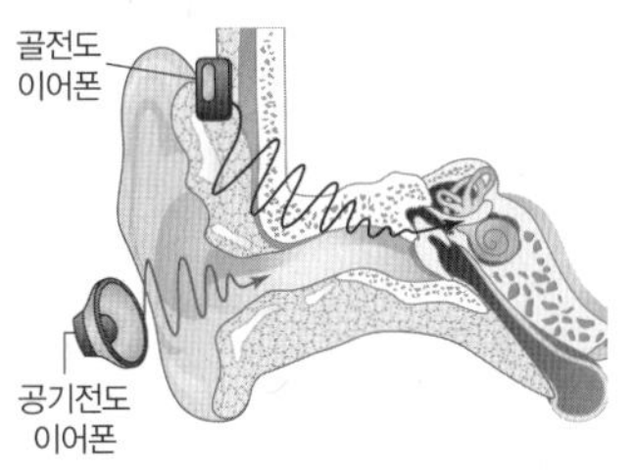

이에 대한 설명으로 옳은 것만을 〈보기〉에서 있는 대로 고른 것은?

보기

ㄱ. 소리의 진동수는 뼈에서가 공기에서보다 크다.

ㄴ. 소리의 진행 속력은 뼈에서가 공기에서보다 빠르다.

ㄷ. 소리의 진동수가 클수록 공기 중에서 전달되는 소리의 진행 속력은 빠르다.

① ㄴ ② ㄷ ③ ㄱ, ㄴ ④ ㄱ, ㄷ ⑤ ㄱ, ㄴ, ㄷ

[24023-0206]

04 그림은 시간 $t=0$일 때, x축과 나란하게 매질 A에서 매질 B로 진행하는 파동의 변위를 위치 x에 따라 나타낸 것이다. $x=6$ cm인 지점은 $t=1$초일 때부터 진동을 시작한다.

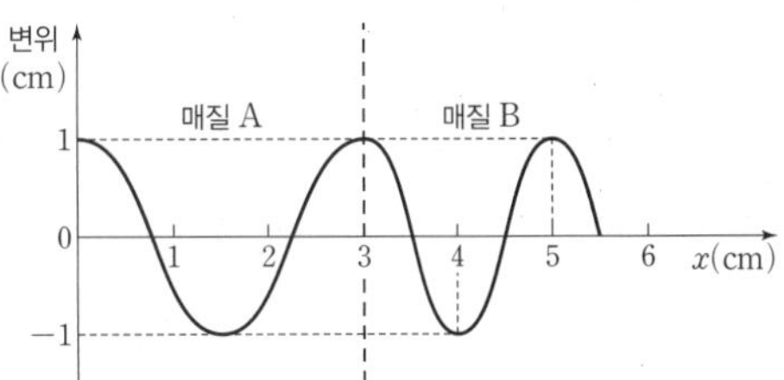

이에 대한 설명으로 옳은 것만을 〈보기〉에서 있는 대로 고른 것은?

보기

ㄱ. A에서 파동의 진행 속력은 1.5 cm/s이다.

ㄴ. $t=2$초일 때 $x=3$ cm에서 파동의 변위는 0이다.

ㄷ. $t=4$초일 때 $x=6$ cm에서 파동의 변위는 -1 cm이다.

① ㄱ ② ㄷ ③ ㄱ, ㄴ ④ ㄴ, ㄷ ⑤ ㄱ, ㄴ, ㄷ

[24023-0207]

05 그림 (가)는 진동수 f_0으로 진동하는 소리굽쇠에서 발생한 소리가 진행하는 모습을 나타낸 것이다. 그림 (나)는 시간 $t=0$일 때 (가)의 소리에 의해 공기에 작용하는 압력을 x축상의 위치에 따라 나타낸 것이다.

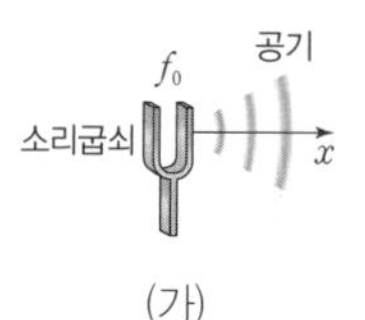

(가)

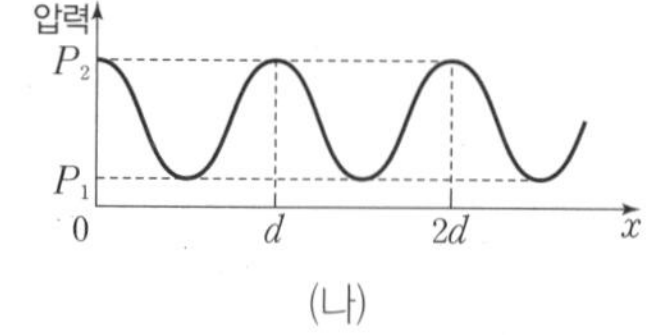

(나)

이에 대한 설명으로 옳은 것만을 <보기>에서 있는 대로 고른 것은?

보기

ㄱ. 소리의 진동수는 f_0이다.
ㄴ. 소리의 속력은 df_0이다.
ㄷ. $t=\frac{1}{f_0}$일 때, $x=d$에서의 압력은 P_1이다.

① ㄱ ② ㄷ ③ ㄱ, ㄴ ④ ㄴ, ㄷ ⑤ ㄱ, ㄴ, ㄷ

[24023-0208]

06 그림 (가)는 물속에 잠긴 다리가 짧아 보이는 모습을, (나)는 지표면 근처에서 발생한 소리의 진행 경로가 휘어지는 모습을 나타낸 것이다.

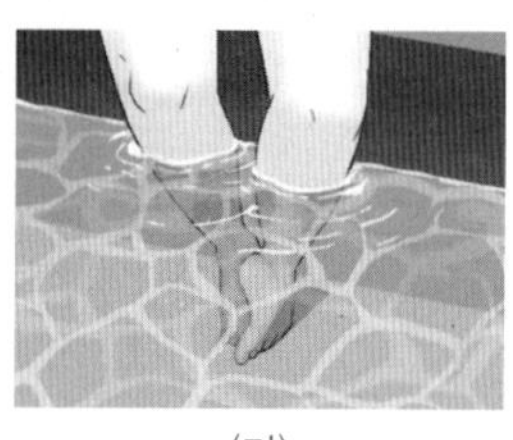
(가)

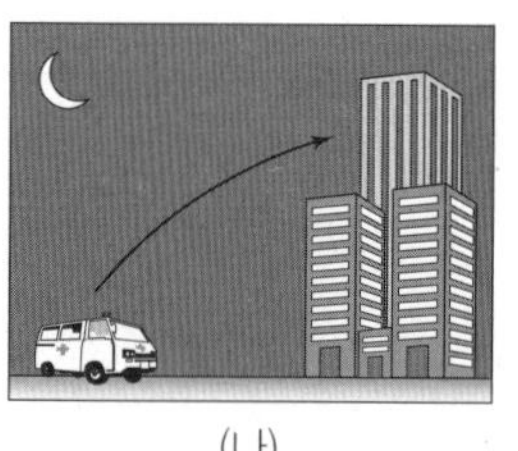
(나)

이에 대한 설명으로 옳은 것만을 <보기>에서 있는 대로 고른 것은?

보기

ㄱ. (가)는 굴절에 의한 현상이다.
ㄴ. (가)에서 빛의 속력은 물속에서가 공기 중에서보다 크다.
ㄷ. (나)에서 위로 진행하는 소리의 진동수는 감소한다.

① ㄱ ② ㄴ ③ ㄱ, ㄷ ④ ㄴ, ㄷ ⑤ ㄱ, ㄴ, ㄷ

[24023-0209]

07 그림은 추운 지방에서 바다 위의 배가 하늘에 떠 보이는 현상에 대해 학생 A, B, C가 대화하는 모습을 나타낸 것이다.

제시한 내용이 옳은 학생만을 있는 대로 고른 것은?

① A ② C ③ A, B ④ B, C ⑤ A, B, C

[24023-0210]

08 그림은 단색광 P가 매질 A에서 렌즈 모양의 매질 B와 C를 지나 다시 A로 진행하는 모습을 나타낸 것이다.

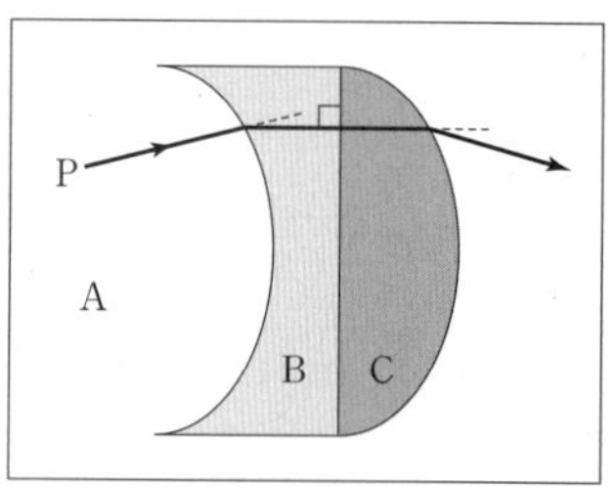

이에 대한 설명으로 옳은 것만을 <보기>에서 있는 대로 고른 것은?

보기

ㄱ. P의 속력은 A에서가 B에서보다 작다.
ㄴ. 굴절률은 A가 C보다 크다.
ㄷ. P의 파장은 B에서가 C에서보다 길다.

① ㄴ ② ㄷ ③ ㄱ, ㄴ ④ ㄱ, ㄷ ⑤ ㄱ, ㄴ, ㄷ

[24023-0211]

09 그림은 단색광 P가 매질 A, B, C에서 진행하는 모습을 나타낸 것이다. A와 B의 경계면에서 입사각과 굴절각은 각각 θ_1, θ_2이고, B와 C의 경계면에서 입사각과 굴절각은 각각 θ_3, θ_1이며, C와 A의 경계면에서 굴절각은 θ_2이다. $\theta_1>\theta_2$, $\theta_1>\theta_3$이다.

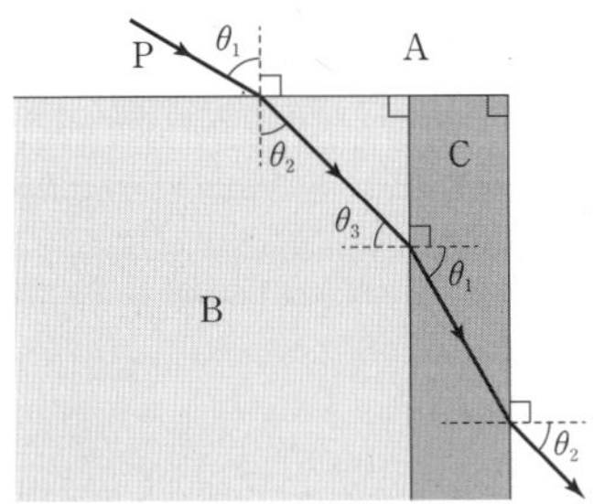

이에 대한 설명으로 옳은 것만을 〈보기〉에서 있는 대로 고른 것은?

보기
ㄱ. P의 진동수는 B에서와 C에서가 같다.
ㄴ. 굴절률은 A가 C보다 크다.
ㄷ. $\theta_2>\theta_3$이다.

① ㄴ ② ㄷ ③ ㄱ, ㄴ ④ ㄱ, ㄷ ⑤ ㄱ, ㄴ, ㄷ

[24023-0212]

10 그림 (가)는 시간 $t=0$인 순간 진동수가 일정한 물결파가 매질 A와 B에서 진행하는 모습을 나타낸 것이다. 실선은 물결파의 마루를 연결한 파면이고, 파면 사이의 간격인 d_1, d_2는 $d_1<d_2$이다. 그림 (나)는 (가)에서 고정된 점 p에서 물결파의 변위를 t에 따라 나타낸 것이다.

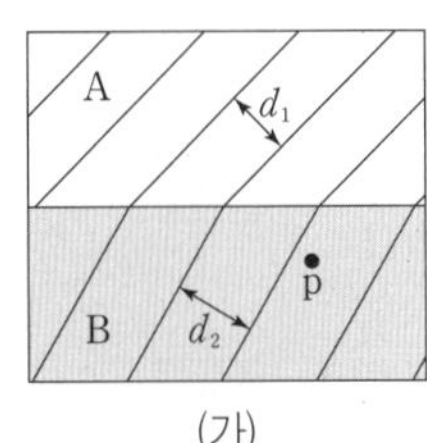

(가)

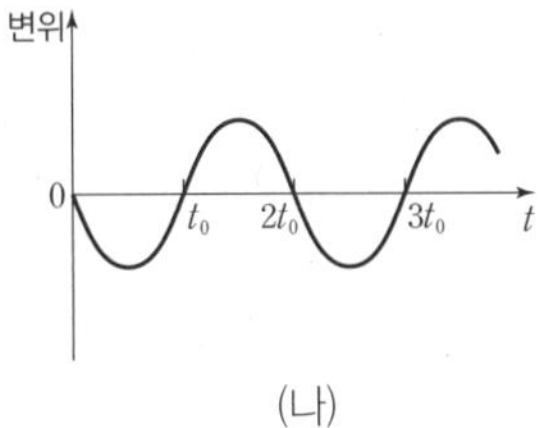

(나)

이에 대한 설명으로 옳은 것만을 〈보기〉에서 있는 대로 고른 것은? (단, 마루의 변위는 양(+)이다.)

보기
ㄱ. A에서 물결파의 속력은 $\frac{d_1}{t_0}$이다.
ㄴ. 물의 깊이는 A에서가 B에서보다 깊다.
ㄷ. A와 B의 경계면에서 물결파의 입사각은 굴절각보다 크다.

① ㄴ ② ㄷ ③ ㄱ, ㄴ ④ ㄱ, ㄷ ⑤ ㄱ, ㄴ, ㄷ

[24023-0213]

11 다음은 빛의 전반사에 대한 실험이다.

[실험 과정]
(가) 반원형 매질 A, B를 준비한다.
(나) 그림과 같이 매질의 중심 O를 향해 입사각 θ를 변화시키며 빛을 입사시켜 전반사 여부를 측정한다.

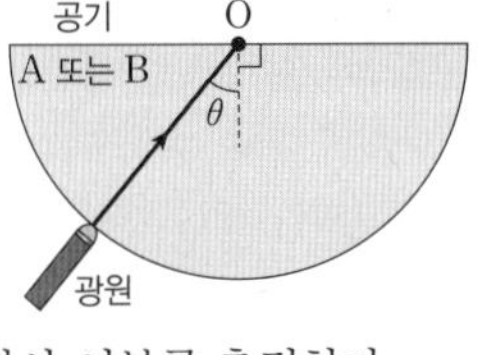

[실험 결과]

입사각	A	B
θ_1	○	×
θ_2	○	○

(○: 전반사함, ×: 전반사하지 않음)

이에 대한 설명으로 옳은 것만을 〈보기〉에서 있는 대로 고른 것은?

보기
ㄱ. 공기와 A 사이의 임계각은 공기와 B 사이의 임계각보다 크다.
ㄴ. 굴절률은 A가 B보다 크다.
ㄷ. $\theta_1>\theta_2$이다.

① ㄱ ② ㄴ ③ ㄱ, ㄷ ④ ㄴ, ㄷ ⑤ ㄱ, ㄴ, ㄷ

[24023-0214]

12 그림 (가)는 매질 A에서 원형 매질 B에 입사한 단색광 P가 굴절각 θ_1로 진행하여 B와 매질 C의 경계면에 임계각으로 입사하는 모습을, (나)는 (가)의 B와 C로 만든 광섬유의 코어 내부에서 P가 입사각 θ_2로 입사하여 전반사하며 진행하는 모습을 나타낸 것이다.

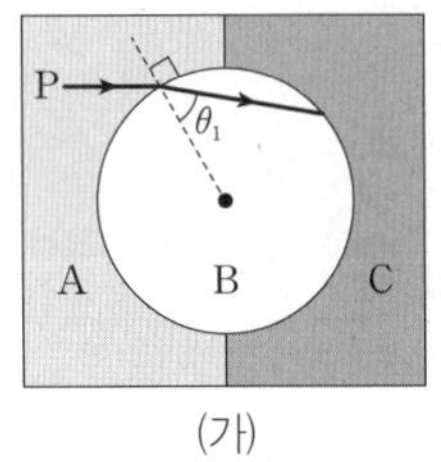

(가)

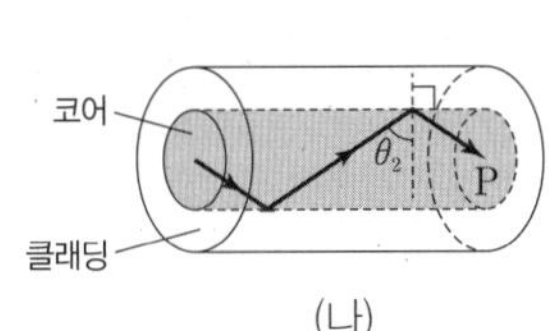

(나)

이에 대한 설명으로 옳은 것만을 〈보기〉에서 있는 대로 고른 것은?

보기
ㄱ. 굴절률은 A가 C보다 크다.
ㄴ. $\theta_1>\theta_2$이다.
ㄷ. (나)에서 코어는 B, 클래딩은 C이다.

① ㄱ ② ㄴ ③ ㄱ, ㄷ ④ ㄴ, ㄷ ⑤ ㄱ, ㄴ, ㄷ

[24023-0215]

13 그림 (가)와 (나)는 단색광 P가 매질 A와 매질 B, B와 매질 C의 경계면에 각각 입사각 30°로 입사하여 굴절각 60°로 진행하는 모습을 나타낸 것이다.

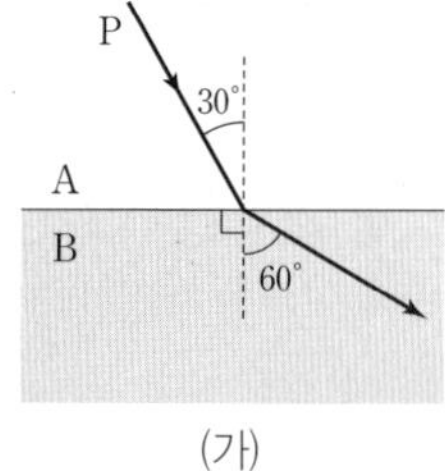

(가)

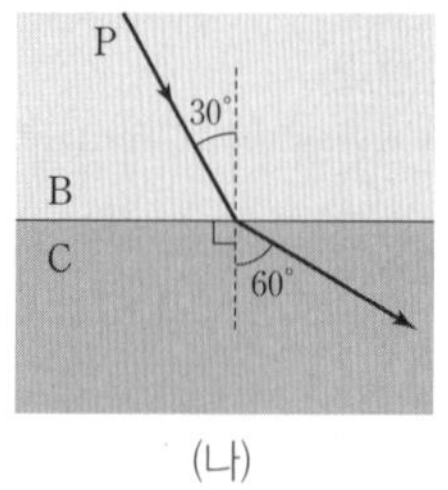

(나)

이에 대한 설명으로 옳은 것만을 〈보기〉에서 있는 대로 고른 것은?

보기
ㄱ. P의 진동수는 A에서가 B에서보다 작다.
ㄴ. P의 속력은 C에서가 A에서의 3배이다.
ㄷ. 임계각은 A와 B 사이에서와 B와 C 사이에서가 같다.

① ㄱ ② ㄴ ③ ㄱ, ㄷ ④ ㄴ, ㄷ ⑤ ㄱ, ㄴ, ㄷ

[24023-0216]

14 그림과 같이 단색광이 매질 A와 매질 B의 경계면에 입사각 θ로 입사하여 B와 매질 C의 경계면에 임계각으로 도달한다.

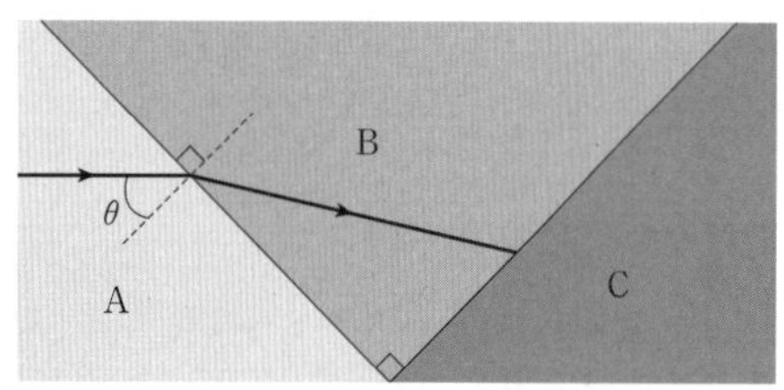

이에 대한 설명으로 옳은 것만을 〈보기〉에서 있는 대로 고른 것은?

보기
ㄱ. 단색광의 파장은 A에서가 B에서보다 짧다.
ㄴ. 굴절률은 C가 B보다 작다.
ㄷ. 임계각은 B와 C 사이에서가 A와 C 사이에서보다 크다.

① ㄱ ② ㄴ ③ ㄱ, ㄷ ④ ㄴ, ㄷ ⑤ ㄱ, ㄴ, ㄷ

[24023-0217]

15 그림은 매질 A에서 매질 B에 입사각 θ로 입사한 단색광 X를 나타낸 것으로, X는 굴절하여 A와 매질 C 사이의 경계면의 점 p에 임계각으로 입사한다.

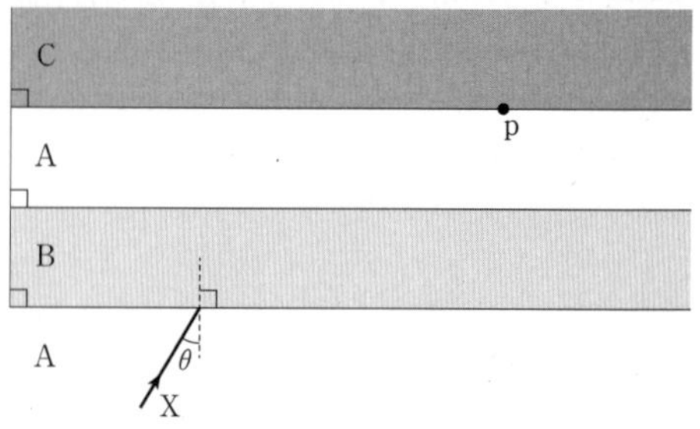

이에 대한 설명으로 옳은 것만을 〈보기〉에서 있는 대로 고른 것은?

보기
ㄱ. 굴절률은 A가 B보다 크다.
ㄴ. θ보다 작은 입사각으로 X를 A에서 B로 입사시키면 A와 C의 경계면에서 전반사가 일어난다.
ㄷ. 임계각은 A와 B 사이에서가 A와 C 사이에서보다 크다.

① ㄱ ② ㄴ ③ ㄱ, ㄷ ④ ㄴ, ㄷ ⑤ ㄱ, ㄴ, ㄷ

[24023-0218]

16 다음은 전자기파인 X선, 마이크로파, 자외선을 분류한 것이다.

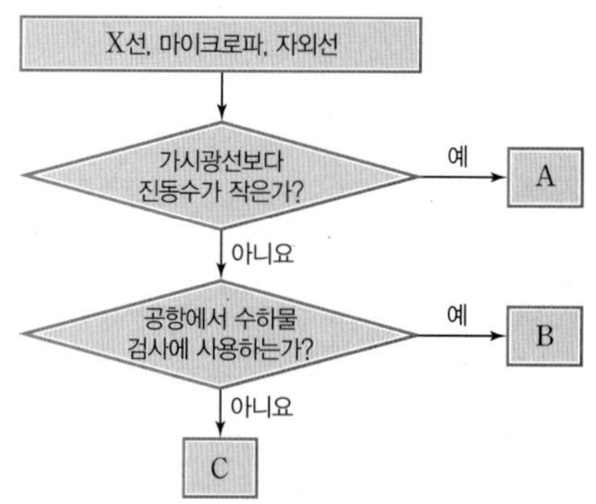

이에 대한 설명으로 옳은 것만을 〈보기〉에서 있는 대로 고른 것은?

보기
ㄱ. A는 전자레인지에 이용된다.
ㄴ. C는 자외선이다.
ㄷ. 진공에서 파장은 A가 B보다 길다.

① ㄱ ② ㄷ ③ ㄱ, ㄴ ④ ㄴ, ㄷ ⑤ ㄱ, ㄴ, ㄷ

[24023-0219]

17 그림 (가)는 파장에 따른 전자기파의 분류를, (나)는 마이크로파를 이용한 스피드건으로 자동차의 속력을 측정하는 모습을 나타낸 것이다.

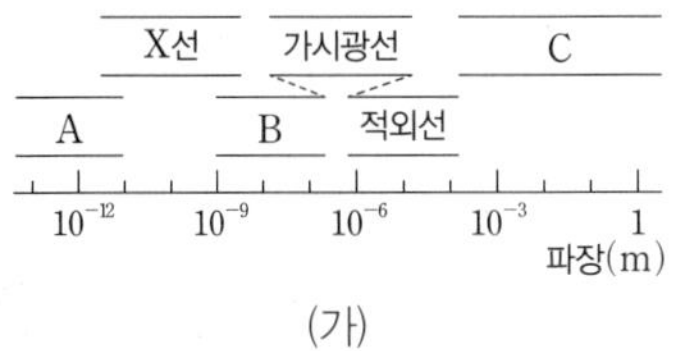

(가)

(나)

이에 대한 설명으로 옳은 것만을 〈보기〉에서 있는 대로 고른 것은?

보기

ㄱ. A는 무선 통신에 이용한다.
ㄴ. 스피드건에 이용되는 전자기파는 C에 속한다.
ㄷ. 진공에서 속력은 B와 C가 같다.

① ㄱ ② ㄴ ③ ㄱ, ㄷ ④ ㄴ, ㄷ ⑤ ㄱ, ㄴ, ㄷ

[24023-0220]

18 그림 (가)는 전자기파 A를 사용하여 찍은 의료 진단용 사진을, (나)는 초음파를 이용하여 치료하는 모습을, (다)는 전자선을 이용한 전자 현미경으로 적혈구 모습을 관측한 것을 나타낸 것이다.

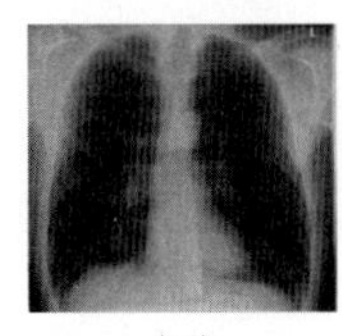

(가)

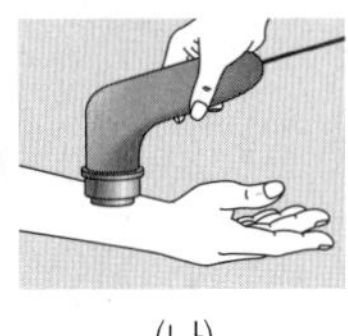

(나)

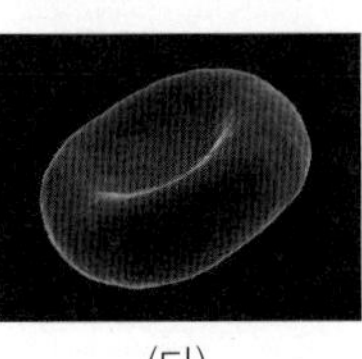

(다)

이에 대한 설명으로 옳은 것만을 〈보기〉에서 있는 대로 고른 것은?

보기

ㄱ. A는 X선이다.
ㄴ. 초음파의 속력은 기체, 액체, 고체 중 기체에서 가장 빠르다.
ㄷ. 전자선은 전자기파의 한 종류이다.

① ㄱ ② ㄴ ③ ㄱ, ㄷ ④ ㄴ, ㄷ ⑤ ㄱ, ㄴ, ㄷ

[24023-0221]

19 다음 A, B, C는 파동의 성질로 설명할 수 있는 예를 나타낸 것이다.

A. 소음 제거 기능이 있는 헤드폰

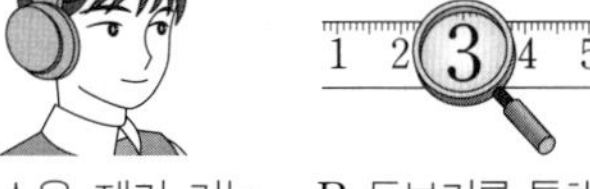

B. 돋보기를 통해 사물이 확대된 모습

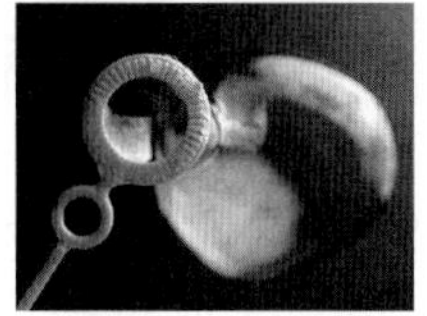

C. 비눗방울 표면에서 관측되는 다양한 색깔의 빛

A, B, C 중 파동의 간섭으로 설명할 수 있는 예만을 있는 대로 고른 것은?

① A ② B ③ A, C ④ B, C ⑤ A, B, C

[24023-0222]

20 그림은 빛의 간섭 실험에 대해 학생 A, B, C가 대화하는 모습을 나타낸 것이다.

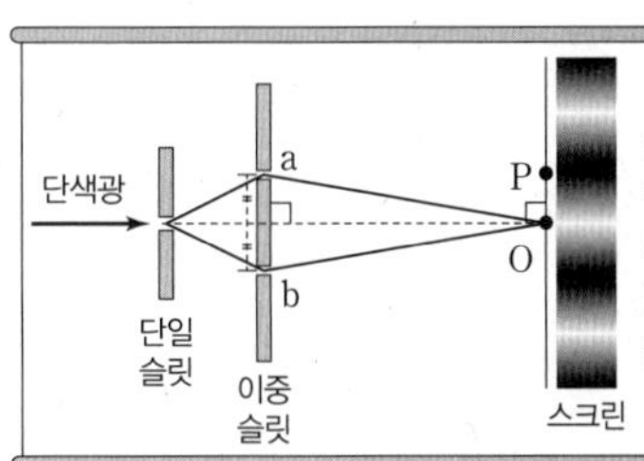

이중 슬릿의 a, b를 통과한 단색광은 스크린상의 점 O에는 밝은 무늬의 중심을, 점 P에는 어두운 무늬의 중심을 만든다.

제시한 내용이 옳은 학생만을 있는 대로 고른 것은?

① A ② C ③ A, B ④ B, C ⑤ A, B, C

[24023-0223]

21 다음은 빛의 간섭을 활용한 사례에 대한 설명이다.

종이에 색 변환 잉크를 칠하면 종이를 보는 각도에 따라 [ⓐ] 간섭이 일어나는 색깔의 빛이 달라진다. 다른 색깔의 빛보다 세기가 증가하여 밝게 보이는 색깔은 ㉠잉크의 윗면에서 반사한 빛과 ㉡잉크의 아랫면에서 반사한 빛이 중첩되어 [ⓐ] 간섭이 일어난 결과이다.

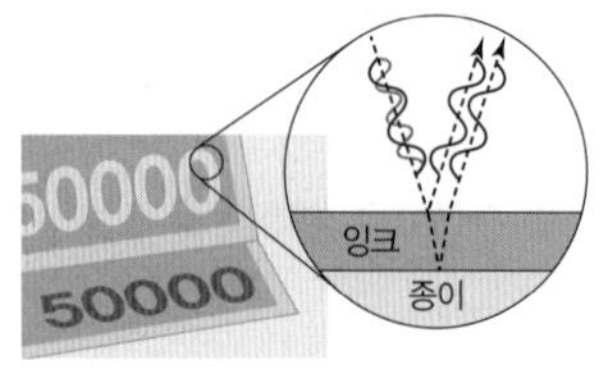

이에 대한 설명으로 옳은 것만을 〈보기〉에서 있는 대로 고른 것은?

보기

ㄱ. 각도에 따라 색깔이 달라 보이는 현상은 빛의 파동성으로 설명할 수 있다.
ㄴ. ㉠과 ㉡은 위상이 반대이다.
ㄷ. '보강'은 ⓐ에 해당한다.

① ㄴ ② ㄷ ③ ㄱ, ㄴ ④ ㄱ, ㄷ ⑤ ㄱ, ㄴ, ㄷ

[24023-0224]

22 그림 (가)와 같이 두 점파원 S_1, S_2에서 진동수, 진폭, 위상이 같은 물결파가 발생하여 가상의 선분 $\overline{AB}$를 통과한다. 그림 (나)는 (가)에서 S_1과 S_2 사이의 간격만을 크게 하여 물결파를 발생시킨 모습을 나타낸 것이다. 실선과 점선은 각각 물결파의 마루와 골이다.

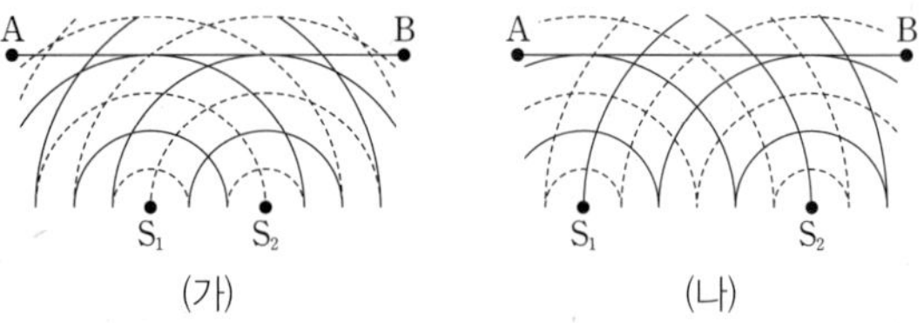

이에 대한 설명으로 옳은 것만을 〈보기〉에서 있는 대로 고른 것은?

보기

ㄱ. 골과 골이 만나는 지점에서는 보강 간섭이 일어난다.
ㄴ. 보강 간섭이 일어나는 지점에서 물결파의 진동수는 (가)에서가 (나)에서보다 크다.
ㄷ. $\overline{AB}$에서 보강 간섭이 일어나는 지점의 개수는 (가)에서와 (나)에서가 같다.

① ㄱ ② ㄴ ③ ㄱ, ㄷ ④ ㄴ, ㄷ ⑤ ㄱ, ㄴ, ㄷ

[24023-0225]

23 그림과 같이 진폭이 같고 진동수가 f_0인 소리를 반대 위상으로 발생시키는 두 개의 스피커 앞을 사람이 $+x$ 방향으로 걸어간다. 사람은 점 P를 지날 때 점 O로부터 첫 번째 보강 간섭이 일어난 소리를 듣는다.

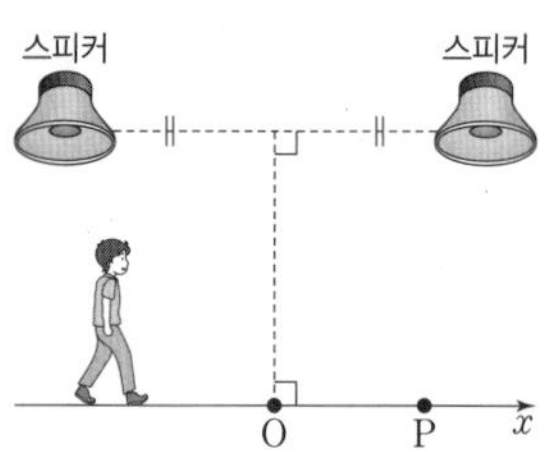

이에 대한 설명으로 옳은 것만을 〈보기〉에서 있는 대로 고른 것은? (단, 사람의 크기는 무시한다.)

보기

ㄱ. O에서 두 스피커의 소리는 반대 위상으로 중첩된다.
ㄴ. P에서 소리의 진동수는 f_0보다 크다.
ㄷ. 두 스피커에서 발생시키는 소리의 진동수만을 $1.5f_0$으로 바꾸면 사람은 O와 P 사이에서 보강 간섭이 일어난 소리를 듣는다.

① ㄴ ② ㄷ ③ ㄱ, ㄴ ④ ㄱ, ㄷ ⑤ ㄱ, ㄴ, ㄷ

[24023-0226]

24 그림 (가)는 시간 $t=0$일 때 반사면에 입사하는 물결파와 반사면에서 반사된 물결파가 중첩된 모습을 나타낸 것으로, 실선과 점선은 각각 물결파의 마루와 골이다. 그림 (나)는 평면상의 고정된 점 p, q, r 중 한 점에서 물결파의 변위를 t에 따라 나타낸 것이다.

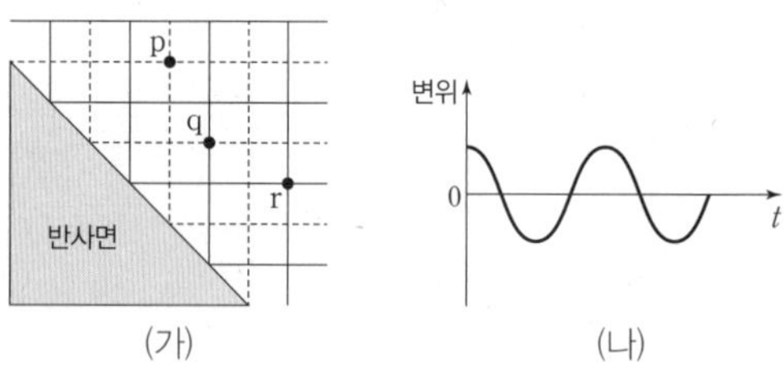

이에 대한 설명으로 옳은 것만을 〈보기〉에서 있는 대로 고른 것은? (단, 마루의 변위는 양(+)이다.)

보기

ㄱ. (나)는 p에서 물결파의 변위를 나타낸 것이다.
ㄴ. q에서는 상쇄 간섭이 일어난다.
ㄷ. r에서 수면의 높이는 시간에 따라 변하지 않는다.

① ㄱ ② ㄴ ③ ㄱ, ㄷ ④ ㄴ, ㄷ ⑤ ㄱ, ㄴ, ㄷ

[24023-0227]

01 그림 (가)는 점 S에서 일정한 진동수로 물결파가 발생한 것을 나타낸 것으로, 수면에 떠 있는 물체 P는 물결파에 의해 진동한다. 그림 (나)는 P의 속력을 시간에 따라 나타낸 것이다.

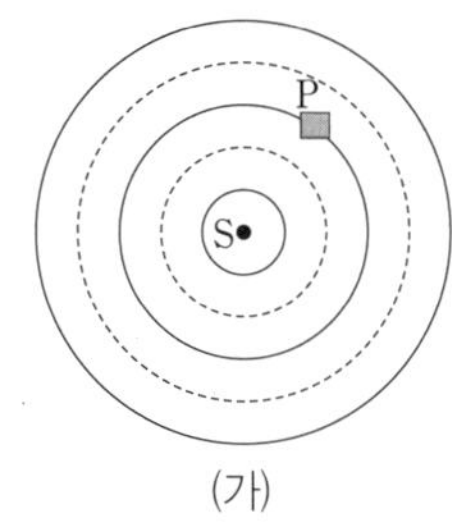

(가)

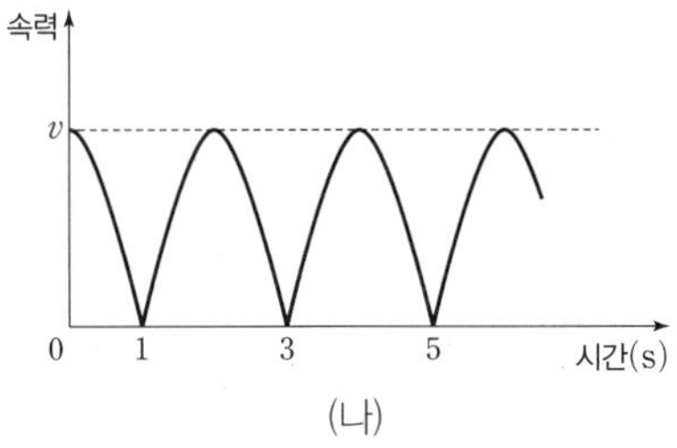

(나)

이에 대한 설명으로 옳은 것만을 〈보기〉에서 있는 대로 고른 것은? (단, 물체의 크기는 무시한다.)

보기

ㄱ. P의 속력이 v일 때, P는 물결파의 마루에 위치한다.
ㄴ. 1초일 때와 3초일 때 P의 위상은 같다.
ㄷ. 물결파의 진동수는 0.25 Hz이다.

① ㄱ ② ㄷ ③ ㄱ, ㄴ ④ ㄴ, ㄷ ⑤ ㄱ, ㄴ, ㄷ

P는 물결파에 의해 진동하므로 마루와 골의 위치를 반복한다.

[24023-0228]

02 다음은 파동에 대한 실험이다.

[실험 과정]
(가) 그림과 같이 파동 발생기가 연결된 줄을 y축 방향으로 진동시켜 x축 방향으로 진행하는 파동을 발생시킨다.

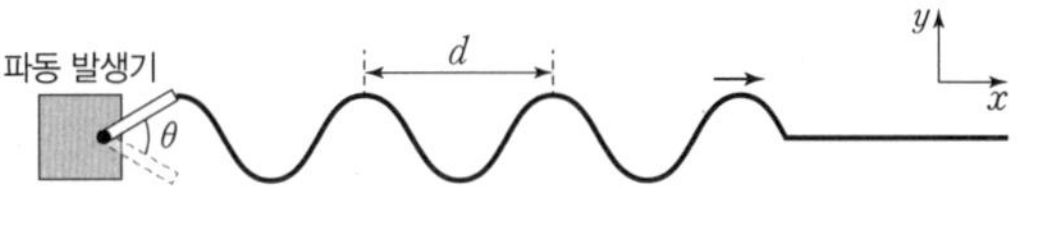

(나) 파동 발생기의 진동 주기 T와 진동 각도 θ를 변화시킨다.
(다) 파동의 마루와 마루 사이의 간격 d를 측정한다.

[실험 결과]

실험	T	θ	d
Ⅰ	T_0	θ_0	d_0
Ⅱ	$2T_0$	$2\theta_0$	$2d_0$
Ⅲ	T_0	$2\theta_0$	㉠

이에 대한 설명으로 옳은 것만을 〈보기〉에서 있는 대로 고른 것은?

보기

ㄱ. 파동의 진행 속력은 Ⅱ에서가 Ⅰ에서의 2배이다.
ㄴ. 파동의 진동수는 Ⅲ에서가 Ⅱ에서의 2배이다.
ㄷ. ㉠은 d_0보다 크다.

① ㄱ ② ㄴ ③ ㄱ, ㄷ ④ ㄴ, ㄷ ⑤ ㄱ, ㄴ, ㄷ

파동의 파장은 이웃한 마루와 마루 사이의 간격이고, 파동의 진행 속력은 $\frac{파장}{주기}$=파장×진동수이다.

파동의 매질은 파동을 따라 진행하지 않고 진동만 한다. 매질의 진동 방향을 알면 파동의 진행 방향을 파악할 수 있다.

[24023-0229]

03 그림 (가)는 2 cm/s의 속력으로 x축과 나란하게 진행하는 파동의 변위를 위치 x에 따라 나타낸 것으로, 시간 $t=0$일 때와 $t=t_0$일 때 파형의 모습은 각각 실선과 점선이다. 실선과 점선의 골에 각각 위치하는 점 Q와 점 R 사이의 거리는 d이다. 그림 (나)는 (가)의 점 P의 변위를 t에 따라 나타낸 것이다.

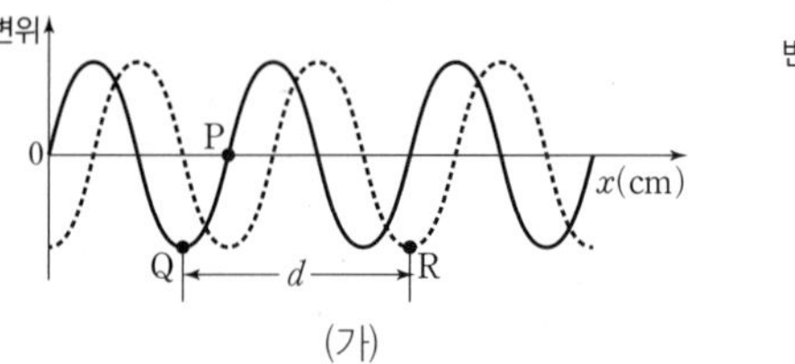

(가)

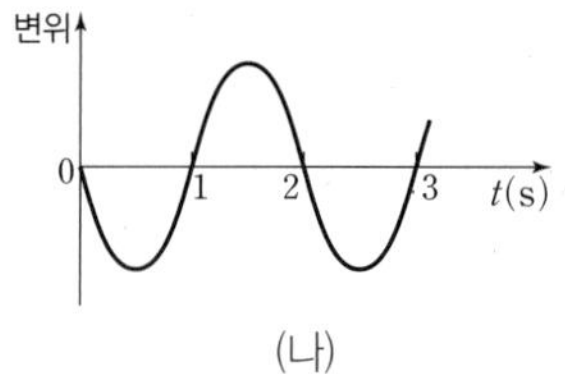

(나)

이에 대한 설명으로 옳은 것만을 <보기>에서 있는 대로 고른 것은?

보기

ㄱ. 파동의 진행 방향은 $-x$ 방향이다.
ㄴ. $t=2.5$초일 때 파형의 모습은 점선이다.
ㄷ. $d=5$ cm이다.

① ㄱ ② ㄷ ③ ㄱ, ㄴ ④ ㄴ, ㄷ ⑤ ㄱ, ㄴ, ㄷ

마이크는 전자기 유도 현상을 이용하여 소리 신호를 전기 신호로 변환시킨다. 소리 신호의 진동수와 변환된 전기 신호의 진동수는 같다.

[24023-0230]

04 그림 (가)는 마이크의 내부 구조를 나타낸 것으로 소리의 진동에 의해 진동판에 연결된 코일과 고정된 자석 사이의 거리 d가 변하고, 전류 측정기에서는 d의 변화에 따라 코일에 흐르는 유도 전류 I를 측정한다. 그림 (나)와 (다)는 (가)에서 파장이 λ_1, λ_2로 일정한 소리가 각각 마이크에 들어갈 때, 시간에 따른 d와 I의 측정 결과를 순서 없이 나타낸 것이다. $\lambda_1 > \lambda_2$이다.

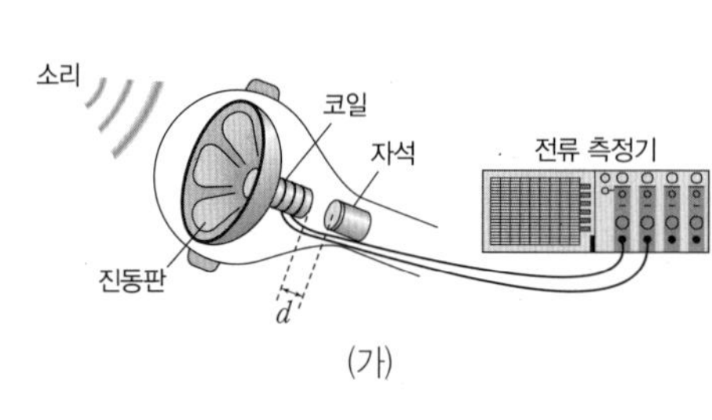

(가)

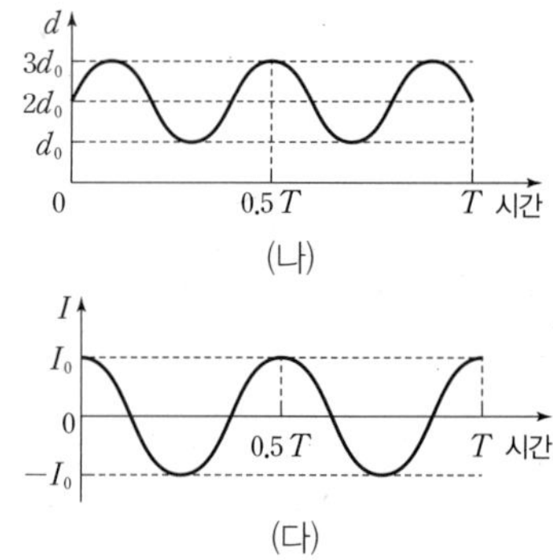

(다)

이에 대한 설명으로 옳은 것만을 <보기>에서 있는 대로 고른 것은? (단, 공기의 온도는 일정하다.)

보기

ㄱ. (나)의 결과는 파장이 λ_1인 소리를 측정한 것이다.
ㄴ. 소리의 속력은 $\frac{2\lambda_2}{T}$이다.
ㄷ. $\frac{\lambda_1}{\lambda_2}=\frac{5}{4}$이다.

① ㄱ ② ㄷ ③ ㄱ, ㄴ ④ ㄴ, ㄷ ⑤ ㄱ, ㄴ, ㄷ

[24023-0231]

05 그림 (가)는 파동 발생 장치 A에서 발생한 진동에 의해 x축 방향으로 일정한 속력 1 m/s로 파동이 진행하는 모습을 나타낸 것이다. (가)에서 입자 P는 파동에 의해 진동한다. (나)는 (가)에서 P의 x축 변위와 y축 변위를 시간에 따라 나타낸 것이다.

y
x
A
P
(가)

x축 변위
0
0.1
0.2
0.3
시간(s)

y축 변위
0
0.1
0.2
0.3
시간(s)
(나)

이에 대한 설명으로 옳은 것만을 〈보기〉에서 있는 대로 고른 것은?

보기

ㄱ. A에서 발생하는 파동은 횡파이다.

ㄴ. 파동의 진동수는 5 Hz이다.

ㄷ. 파동의 파장은 0.2 m이다.

① ㄱ ② ㄷ ③ ㄱ, ㄴ ④ ㄴ, ㄷ ⑤ ㄱ, ㄴ, ㄷ

파동의 진행 방향과 매질의 진동 방향이 나란한 파동은 종파이다.

[24023-0232]

06 그림은 동일한 매질에서 진행하는 파동 A와 B가 간격 3 cm를 유지하며 y축과 나란한 방향으로 일정한 속력으로 진행할 때, 시간 $t=0$인 순간의 모습을 나타낸 것이다. A의 발생 시점과 B의 발생 시점의 시간 간격은 1초이고, ㉠과 ㉡은 A와 B를 순서 없이 나타낸 것이다. ㉠과 ㉡의 길이는 각각 2 cm, 4 cm이고, 파장은 각각 1 cm, 2 cm이다. $t=0$일 때 매질 위의 점 p와 점 q의 운동 방향은 $-x$ 방향이고, A와 B는 매질의 같은 지점에서 A−B 순서로 발생하였다.

y
x
㉠
p
2 cm
3 cm
4 cm
㉡
q

이에 대한 설명으로 옳은 것만을 〈보기〉에서 있는 대로 고른 것은?

보기

ㄱ. 파동의 진행 방향은 $+y$ 방향이다.

ㄴ. A의 속력은 7 cm/s이다.

ㄷ. B의 진동수는 3.5 Hz이다.

① ㄱ ② ㄴ ③ ㄱ, ㄷ ④ ㄴ, ㄷ ⑤ ㄱ, ㄴ, ㄷ

파동의 진행 방향은 y축과 나란한 방향이고, 매질의 진동 방향은 x축과 나란한 방향이다. 매질의 진동 방향을 알면 파동의 진행 방향을 파악할 수 있다.

P가 공기에서 액체로 진행하는 입사각과 액체에서 공기로 진행하는 굴절각은 같다.

[24023-0233]

07 다음은 빛의 성질을 알아보는 실험이다.

[실험 과정]

(가) 그림과 같이 액체 A가 채워져 있는 투명한 사각 용기의 점 a에 단색광 P를 입사각 θ로 입사시킨다.

(나) 사각 용기를 통과한 단색광이 스크린에 도달하는 지점의 높이 H를 측정한다.

(다) (가)에서 A를 액체 B로 바꾸고 (가)와 (나)를 반복한다.

[실험 결과]

액체	A	B
H(cm)	3	3.5

이에 대한 설명으로 옳은 것만을 〈보기〉에서 있는 대로 고른 것은? (단, 용기의 두께는 무시한다.)

보기

ㄱ. P가 스크린에 도달할 때 입사각은 θ이다.

ㄴ. 액체의 굴절률은 A가 B보다 크다.

ㄷ. (가)에서 P를 θ보다 큰 입사각으로 a에 입사시키면 a에서 전반사가 일어날 수 있다.

① ㄱ ② ㄷ ③ ㄱ, ㄴ ④ ㄴ, ㄷ ⑤ ㄱ, ㄴ, ㄷ

(가)의 a에서의 입사각과 (나)의 B의 a에서의 굴절각, C의 a에서의 입사각은 모두 같다.

[24023-0234]

08 그림 (가)는 단색광 P가 매질 A에서 매질 B와 매질 C의 경계면의 점 a에 입사각 θ로 입사하는 모습을 나타낸 것이다. 그림 (나)는 (가)에서 B와 C를 180° 회전시켜 맞대고, P가 A에서 B의 a에 입사각 θ_1로 입사하여 C의 a에서 굴절각 θ_2로 진행하는 모습을 나타낸 것이다. $\theta_1 > \theta_2$이다.

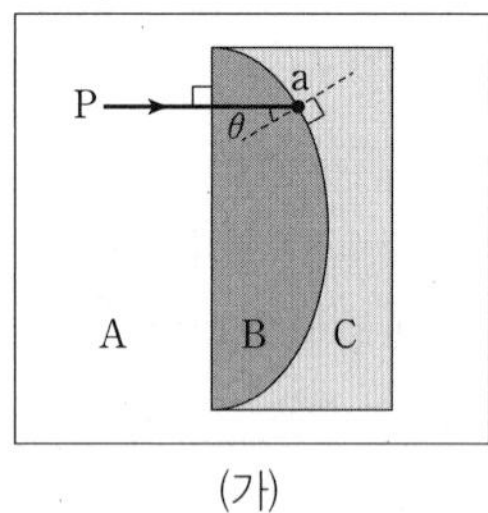

(가)

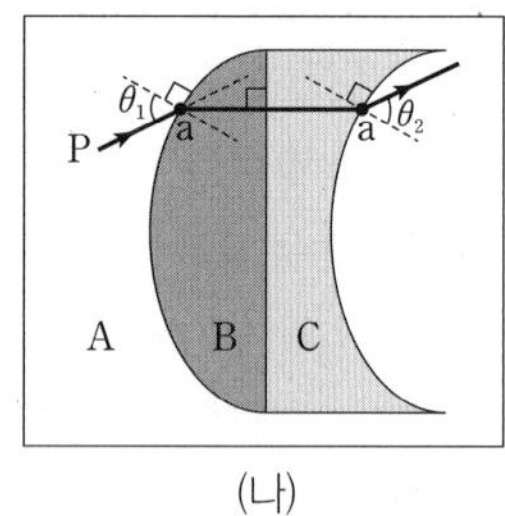

(나)

이에 대한 설명으로 옳은 것만을 〈보기〉에서 있는 대로 고른 것은?

보기

ㄱ. P의 속력은 A에서가 B에서보다 크다.

ㄴ. 굴절률은 B가 C보다 크다.

ㄷ. (가)의 a에서 굴절각은 θ_1보다 크다.

① ㄱ ② ㄷ ③ ㄱ, ㄴ ④ ㄴ, ㄷ ⑤ ㄱ, ㄴ, ㄷ

[24023-0235]

09 다음은 물결파에 대한 실험이다.

[실험 과정]

(가) 그림과 같이 물결파 실험 장치를 준비한다.

(나) 삼각형 모양의 유리판을 넣고 진동수가 f_0인 물결파를 발생시켜 스크린에 투영된 물결파의 무늬를 관찰한다.

(다) 유리판의 위치만을 바꾸고 과정 (나)를 반복한다.

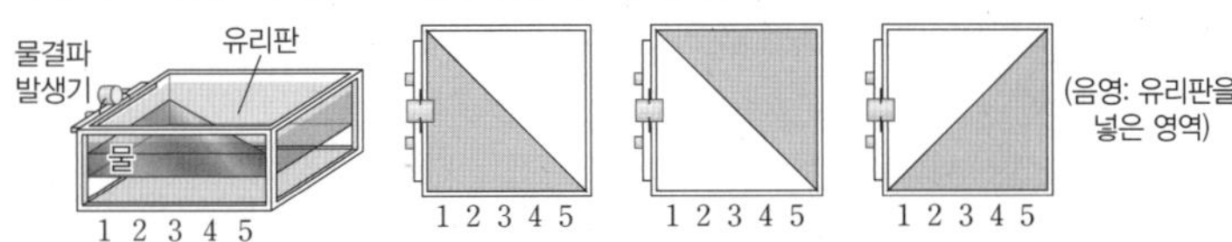

[실험 결과]

(나)의 결과	(다)의 결과
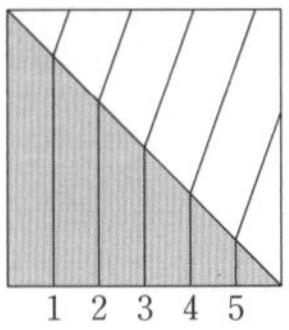 1 2 3 4 5	㉠

㉠으로 가장 적절한 것은?

① 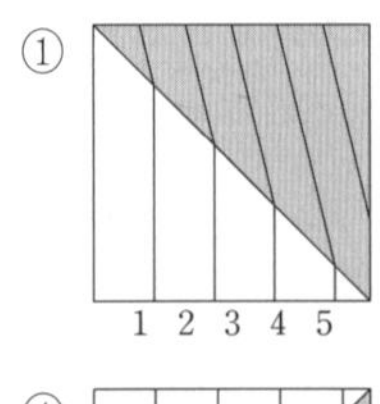

② 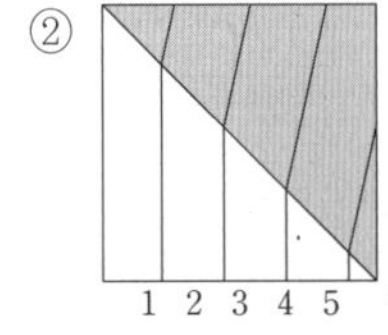

③ 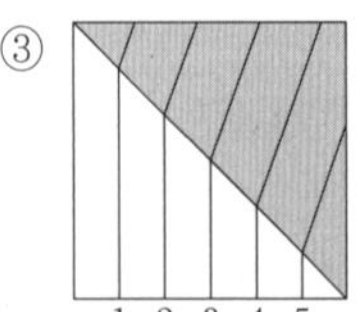

④ 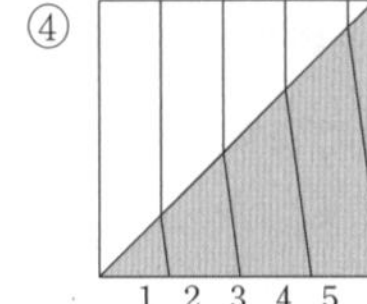

⑤ 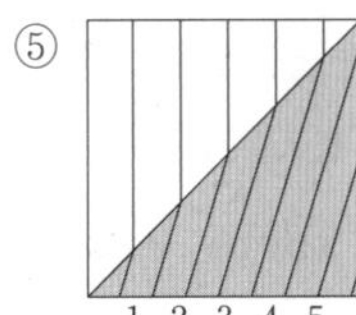

물결파의 속력은 수심이 깊을수록 빠르다. 물결파의 무늬 사이의 간격은 파장이므로 수심이 깊을수록 무늬 사이의 간격이 크다.

[24023-0236]

10 그림과 같이 동일한 단색광 A, B가 공기에서 정삼각형 매질의 경계면에 입사각 θ_0으로 입사하여 같은 굴절각으로 각각 굴절한다. A는 매질의 다른 경계면에서 전반사한 후 점 p로 진행하고, B는 점 q에 임계각으로 입사한다. p와 q는 매질의 경계면상의 점이다.

이에 대한 설명으로 옳은 것만을 <보기>에서 있는 대로 고른 것은?

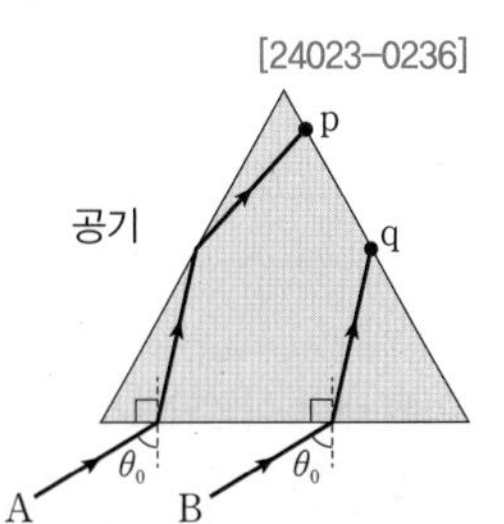

보기

ㄱ. A의 진동수는 공기에서와 매질에서가 같다.

ㄴ. p에서 굴절각은 θ_0이다.

ㄷ. B를 θ_0보다 작은 입사각으로 매질에 입사시키면 굴절한 B는 매질의 경계면에서 전반사한다.

① ㄱ ② ㄷ ③ ㄱ, ㄴ ④ ㄴ, ㄷ ⑤ ㄱ, ㄴ, ㄷ

단색광이 매질의 경계면에서 전반사할 때 입사각과 반사각은 같다.

물결파의 속력은 수심이 깊을수록 빠르고, 진동수가 일정한 물결파가 진행할 때 무늬 사이의 간격은 물결파의 속력에 비례한다.

[24023-0237]

11 **다음은 물결파에 대한 실험이다.**

[실험 과정]

(가) 그림과 같이 물결파 실험 장치 한쪽에 두께 h_1인 사다리꼴 모양의 유리판을 넣는다.

(나) 물을 높이 H만큼 채우고 진동수가 f_0인 물결파를 발생시켜 스크린에 투영된 물결파의 무늬를 관찰한다.

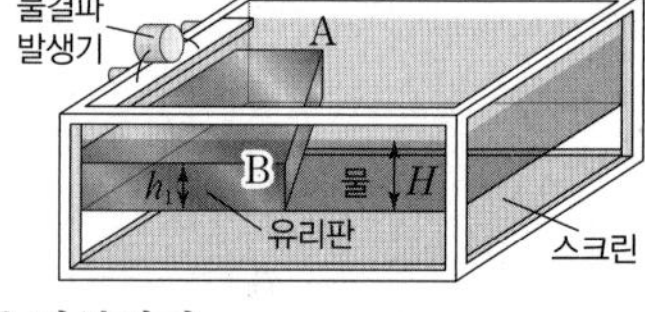

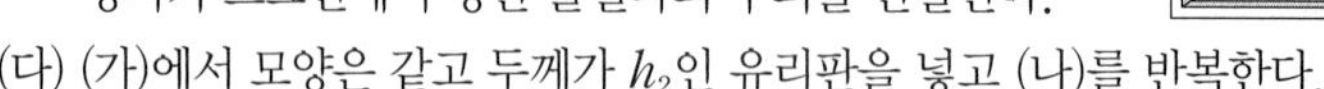

(다) (가)에서 모양은 같고 두께가 h_2인 유리판을 넣고 (나)를 반복한다.

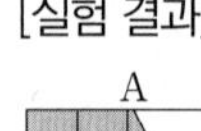

[실험 결과]

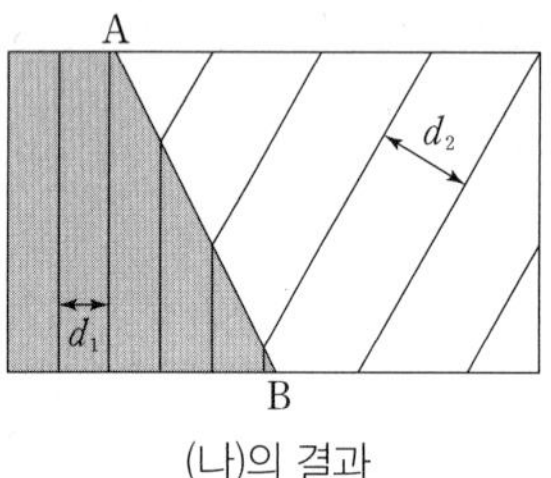

(나)의 결과

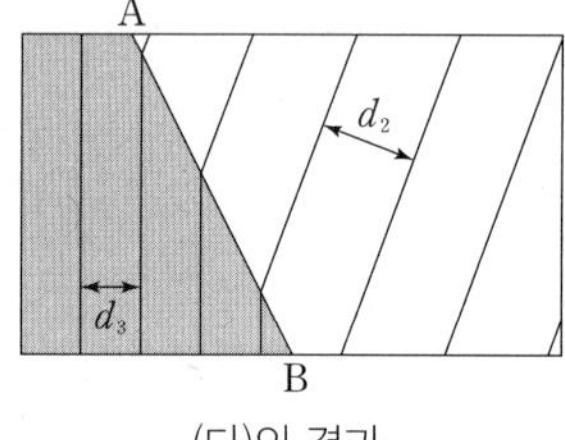

(다)의 결과

※ d_1, d_2, d_3은 인접한 파면과 파면 사이의 거리이고, $d_1 < d_3$이다.

이에 대한 설명으로 옳은 것만을 〈보기〉에서 있는 대로 고른 것은?

보기

ㄱ. $h_1 > h_2$이다.

ㄴ. H는 (나)에서와 (다)에서가 같다.

ㄷ. 유리판의 경계면 AB에서 물결파의 굴절각은 (나)에서가 (다)에서보다 작다.

① ㄱ ② ㄷ ③ ㄱ, ㄴ ④ ㄴ, ㄷ ⑤ ㄱ, ㄴ, ㄷ

단색광이 매질에서 공기로 진행할 때, 매질의 굴절률이 클수록 매질과 공기 사이의 임계각은 작다.

[24023-0238]

12 **그림 (가)는 단색광의 파장에 따른 매질 A의 굴절률을 나타낸 것으로, p, q, r는 파장이 다른 단색광이다. 그림 (나)와 (다)는 단색광을 A에서 공기로 입사각 θ로 입사시켰을 때 (나)에서는 굴절, (다)에서는 전반사하는 모습을 나타낸 것이다. (나)와 (다)의 단색광은 p, q를 순서 없이 나타낸 것이다.**

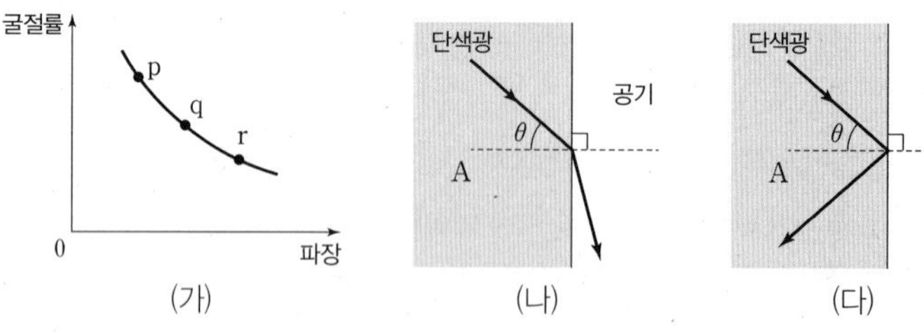

(가) (나) (다)

이에 대한 설명으로 옳은 것만을 〈보기〉에서 있는 대로 고른 것은?

보기

ㄱ. A와 공기 사이의 임계각은 (나)에서가 (다)에서보다 크다.

ㄴ. (나)의 단색광은 p이다.

ㄷ. r를 A에서 공기로 입사각 θ로 입사시키면 전반사한다.

① ㄱ ② ㄴ ③ ㄱ, ㄷ ④ ㄴ, ㄷ ⑤ ㄱ, ㄴ, ㄷ

[24023-0239]

13 그림 (가)는 단색광 P가 매질 A와 반원 모양의 매질 B의 경계면에 입사각 θ_1로 입사하여 B와 공기가 접한 지점에서 전반사하는 모습을 나타낸 것이다. 그림 (나)는 P가 B와 같은 반원 모양의 매질 C의 경계면에 입사각 θ_2로 입사하여 C와 공기가 접한 지점에서 굴절하는 모습을 나타낸 것이다. (가)에서 A와 B의 경계면, (나)에서 A와 C의 경계면에서 굴절각은 θ로 같다.

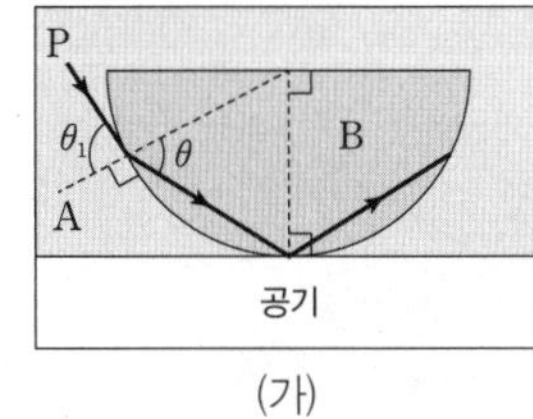

(가)

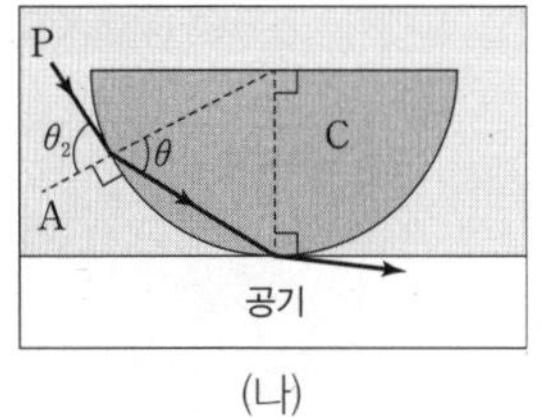

(나)

이에 대한 설명으로 옳은 것만을 〈보기〉에서 있는 대로 고른 것은? (단, B와 C의 크기는 같다.)

보기

ㄱ. P의 속력은 공기에서가 A에서보다 크다.
ㄴ. 굴절률은 B가 C보다 크다.
ㄷ. $\theta_1 > \theta_2$이다.

① ㄱ ② ㄷ ③ ㄱ, ㄴ ④ ㄴ, ㄷ ⑤ ㄱ, ㄴ, ㄷ

굴절률이 큰 매질의 굴절률을 n_1, 굴절률이 작은 매질의 굴절률을 n_2라고 하면, $\frac{n_2}{n_1}$가 작을수록 임계각은 작다.

[24023-0240]

14 그림 (가)는 단색광 A가 매질 Ⅰ, Ⅱ, Ⅲ의 경계면을 지나는 모습을, (나)는 (가)에서 매질을 바꾸었을 때 A가 매질 ㉠과 매질 ㉡ 사이의 임계각으로 입사하여 점 p에 도달한 모습을 나타낸 것이다. ㉠, ㉡은 Ⅱ, Ⅲ을 순서 없이 나타낸 것이고, (가)에서 Ⅱ와 (나)에서 ㉡은 반원형이다.

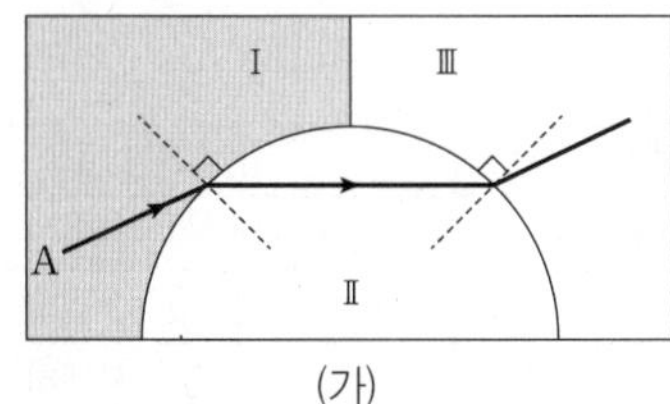

(가)

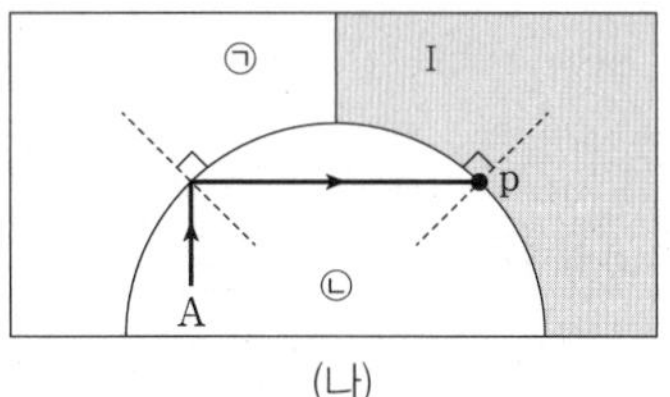

(나)

이에 대한 설명으로 옳은 것만을 〈보기〉에서 있는 대로 고른 것은?

보기

ㄱ. 굴절률은 Ⅰ이 가장 크다.
ㄴ. ㉡은 Ⅱ이다.
ㄷ. (나)에서 A는 p에서 전반사한다.

① ㄱ ② ㄷ ③ ㄱ, ㄴ ④ ㄴ, ㄷ ⑤ ㄱ, ㄴ, ㄷ

단색광이 굴절할 때 입사각과 굴절각을 비교하면, 각이 큰 매질의 굴절률이 각이 작은 매질의 굴절률보다 작다.

삼각형 내각의 합은 180°이므로 q에서 입사각은 45°이고, p에 입사한 X의 진행 방향과 q에서 굴절한 X의 진행 방향이 나란하므로 q에서 굴절각은 60°이다.

[24023-0241]

15 그림과 같이 단색광 X가 공기와 매질 A의 경계면의 점 p에 입사각 45°로 입사하여 굴절각 30°로 굴절한 후, A와 매질 B의 경계면의 점 q에서 일부는 굴절, 일부는 반사한다. q에서 반사한 X는 공기와 A의 경계면의 점 r에 도달하고, q에서 굴절한 X의 진행 방향은 p에 입사한 X의 진행 방향과 나란하다. 공기와 A의 경계면과 A와 B의 경계면 사이의 각도는 15°이다.

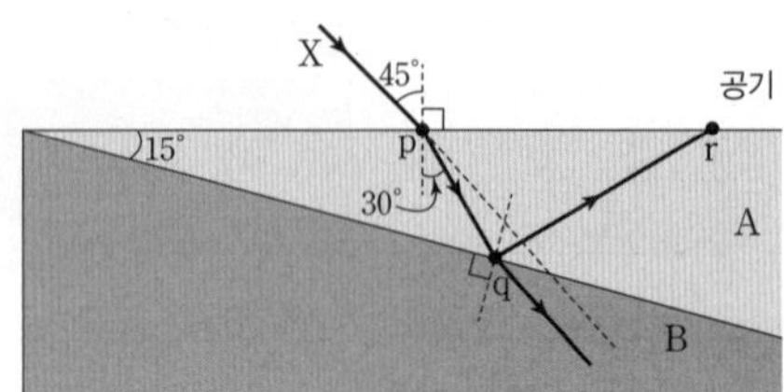

이에 대한 설명으로 옳은 것만을 〈보기〉에서 있는 대로 고른 것은? (단, 공기의 굴절률은 1이다.)

보기

ㄱ. p에서 X를 45°보다 작은 입사각으로 입사시키면 p에서 굴절한 X는 A와 B의 경계면에서 전반사한다.

ㄴ. q에서 반사한 X는 r에서 전반사한다.

ㄷ. B의 굴절률은 $\frac{2\sqrt{3}}{3}$이다.

① ㄱ ② ㄷ ③ ㄱ, ㄴ ④ ㄴ, ㄷ ⑤ ㄱ, ㄴ, ㄷ

위성 통신에 이용되는 전자기파는 마이크로파이고, 고해상도 카메라는 가시광선을 기록하여 사물을 자세히 관찰할 수 있게 한다.

[24023-0242]

16 그림은 전자기파를 파장에 따라 분류한 것을 나타낸 것이다. 표는 우리나라 달 궤도선 다누리호에 실린 주요 장비의 일부분에 대한 설명으로, 각각의 장비는 그림의 전자기파 A, B, C 중 하나를 주로 이용한다.

X선 B C
A 자외선 적외선 라디오파
10^{-12} 10^{-9} 10^{-6} 10^{-3} 1 10^{3}
파장(m)

장비	기능
감마선 분광기	자원 탐사를 위한 ㉠감마선 분광 측정
우주 인터넷 탑재체	㉡위성 통신을 이용한 인터넷 연결
고해상도 카메라	㉢달 표면의 모습을 자세히 관찰

이에 대한 설명으로 옳은 것만을 〈보기〉에서 있는 대로 고른 것은?

보기

ㄱ. ㉠은 A이다.

ㄴ. 진동수는 ㉡에 이용되는 전자기파가 ㉢에 이용되는 전자기파보다 크다.

ㄷ. 진공에서 전자기파의 속력은 B가 C보다 작다.

① ㄱ ② ㄷ ③ ㄱ, ㄴ ④ ㄴ, ㄷ ⑤ ㄱ, ㄴ, ㄷ

[24023-0243]

17 그림 (가)는 전기장과 ㉠이 각각 x축과 y축에 나란하게 진동하는 전자기파가 진행하는 모습을 나타낸 것으로, d는 전기장의 이웃한 골 사이의 거리이다. 그림 (나)는 전자기파 A, B를 이용한 예를 나타낸 것이다.

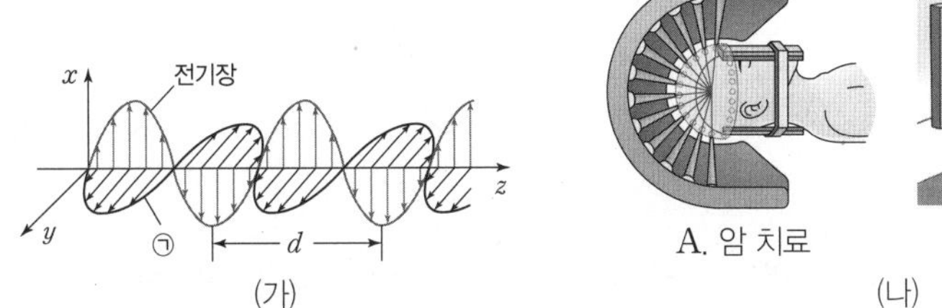

(가)

A. 암 치료 B. TV 리모컨

(나)

이에 대한 설명으로 옳은 것만을 ⟨보기⟩에서 있는 대로 고른 것은?

보기

ㄱ. ㉠은 자기장이다.
ㄴ. (가)에서 전자기파의 진행 방향은 z축에 나란하다.
ㄷ. d는 A가 B보다 크다.

① ㄱ ② ㄷ ③ ㄱ, ㄴ ④ ㄴ, ㄷ ⑤ ㄱ, ㄴ, ㄷ

전자기파는 전기장의 진동과 자기장의 진동이 결합된 파동이다.

[24023-0244]

18 그림은 자동차의 주요 장치를 나타낸 것이고, 표는 장치의 기능에 대해 설명한 것이다.

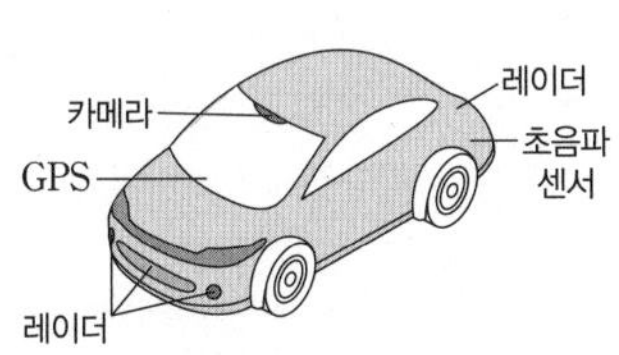

장치	기능
카메라	자동차 전방의 모습을 영상으로 저장
레이더	전파로 전후방 차량 인식
GPS	위성 통신으로 위치 판단
초음파 센서	초음파로 근접 차량 및 사물 인식

장치의 기능 수행에 이용되는 파동에 대한 설명으로 옳은 것만을 ⟨보기⟩에서 있는 대로 고른 것은?

보기

ㄱ. 진공에서의 파장은 카메라에 이용되는 파동이 레이더에서 이용되는 파동보다 짧다.
ㄴ. GPS는 자외선을 이용한다.
ㄷ. 초음파는 매질이 없어도 진행한다.

① ㄱ ② ㄴ ③ ㄱ, ㄷ ④ ㄴ, ㄷ ⑤ ㄱ, ㄴ, ㄷ

카메라는 가시광선을 기록하는 장치이고, 가시광선은 전파(라디오파, 마이크로파)보다 진동수가 크다.

두 파동의 파장과 진동수가 같으므로 두 파동의 진행 속력은 같다.

[24023-0245]

19 그림 (가)는 시간 $t=0$일 때 파장, 진폭, 진동수가 같은 두 파동이 서로 반대 방향으로 x축을 따라 진행하는 모습을 나타낸 것이다. 그림 (나)는 (가)에서 $t=3$초일 때 두 파동의 일부가 중첩된 모습을 나타낸 것이다. 눈금의 간격은 1 cm이다.

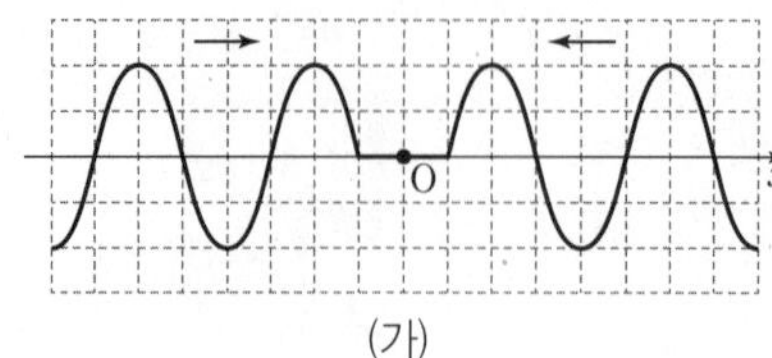

(가)

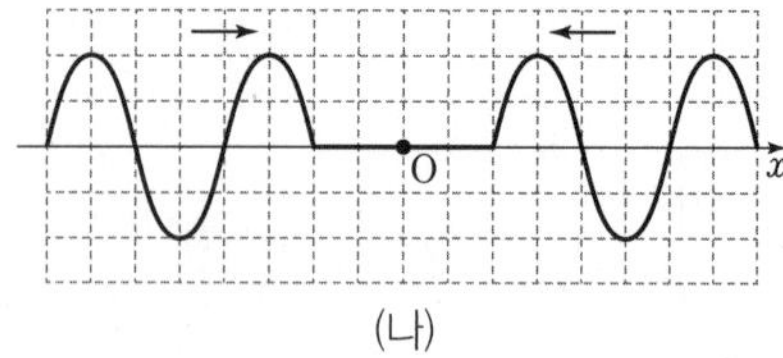

(나)

매질 위의 점 O에서의 파동에 대한 설명으로 옳은 것만을 <보기>에서 있는 대로 고른 것은?

보기

ㄱ. $t=3$초일 때 상쇄 간섭이 일어난다.
ㄴ. (나)에서 진동수는 0.25 Hz이다.
ㄷ. $t=4$초일 때 변위는 -4 cm이다.

① ㄱ ② ㄷ ③ ㄱ, ㄴ ④ ㄴ, ㄷ ⑤ ㄱ, ㄴ, ㄷ

인접한 마루와 마루 사이의 간격 또는 골과 골 사이의 간격은 파장이다.

[24023-0246]

20 그림은 물결파 발생기 A, B가 각각 진동하여 $-y$ 방향, $+x$ 방향으로 물결파가 진행할 때 시간 $t=0$인 순간의 모습을 나타낸 것이다. 실선과 점선은 각각 물결파의 마루와 골이고, 점 p, q, r는 평면상의 고정된 지점이다. 물결파의 속력은 v로 일정하다.

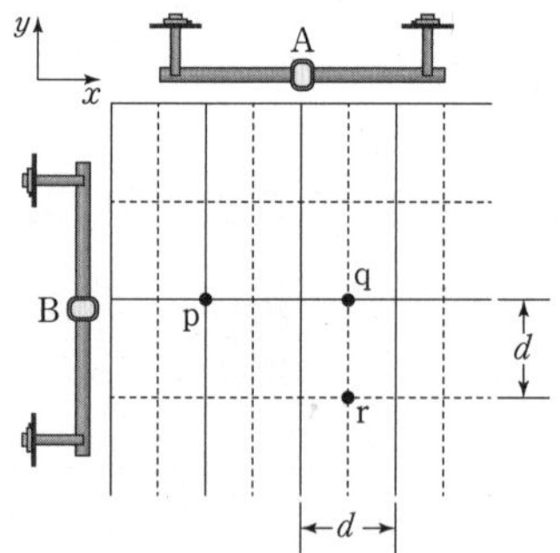

이에 대한 설명으로 옳은 것만을 <보기>에서 있는 대로 고른 것은?

보기

ㄱ. 진동수는 A가 B의 2배이다.
ㄴ. p와 r에서 물결파의 위상은 반대이다.
ㄷ. $t=\frac{d}{v}$일 때 q에서는 보강 간섭이 일어난다.

① ㄱ ② ㄴ ③ ㄱ, ㄷ ④ ㄴ, ㄷ ⑤ ㄱ, ㄴ, ㄷ

[24023-0247]

21 그림 (가)는 xy 평면의 원점 O로부터 같은 거리에 있는 x축상의 두 점파원 S_1, S_2에서 진동수와 진폭이 같은 파동이 발생하는 모습을 나타낸 것으로, 점 p, q, r, s는 O로부터 같은 거리에 위치한다. 그림 (나)는 p와 r에서 시간 $t=0$인 순간부터 측정한 파동의 변위를 t에 따라 나타낸 것이다.

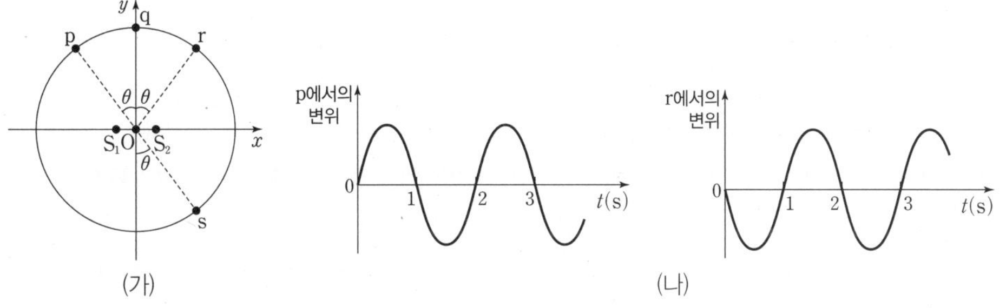

(가) (나)

p와 r는 y축에 대칭인 지점이고, (나)를 통해 p와 r에서 파동의 위상이 반대임을 알 수 있다.

이에 대한 설명으로 옳은 것만을 〈보기〉에서 있는 대로 고른 것은?

보기

ㄱ. S_1에서 발생하는 파동의 진동수는 0.5 Hz이다.
ㄴ. q에서는 상쇄 간섭이 일어난다.
ㄷ. $t=0$인 순간부터 s에서 측정한 시간에 따른 파동의 변위는 p에서 측정한 결과와 같다.

① ㄴ ② ㄷ ③ ㄱ, ㄴ ④ ㄱ, ㄷ ⑤ ㄱ, ㄴ, ㄷ

[24023-0248]

22 다음은 소리의 간섭 실험이다.

[실험 과정]

(가) 그림과 같이 두 스피커 사이의 중앙 지점에서 거리 d만큼 떨어진 지점 O를 표시한다.
(나) 두 스피커에서 진동수, 위상, 진폭이 동일한 소리를 발생시킨다.
(다) O에서 $+x$ 방향으로 이동하며 첫 번째 보강 간섭이 일어나는 지점 P를 표시한다.
(라) d를 변화시키며 O와 P 사이의 거리 s를 측정한다.

[실험 결과]

d	d_0	$1.5d_0$
s	s_0	㉠

O는 두 스피커로부터 같은 거리만큼 떨어진 지점이고, 두 스피커에서는 같은 위상으로 소리가 발생한다.

이에 대한 설명으로 옳은 것만을 〈보기〉에서 있는 대로 고른 것은?

보기

ㄱ. $d=1.5d_0$일 때, O에서는 보강 간섭이 일어난다.
ㄴ. $d=d_0$일 때 O와 P 사이에는 상쇄 간섭이 일어나는 지점이 있다.
ㄷ. ㉠은 s_0보다 크다.

① ㄱ ② ㄴ ③ ㄱ, ㄷ ④ ㄴ, ㄷ ⑤ ㄱ, ㄴ, ㄷ

두 파원에서 발생한 물결파에 의해 보강 간섭이 일어나는 지점에서는 마루와 마루, 골과 골이 주기적으로 번갈아 가며 만난다.

[24023-0249]

23 그림 (가)는 두 점파원 S_1, S_2에서 진동수, 진폭, 위상이 같은 물결파를 발생시켰을 때 시간 $t=0$인 순간의 모습을 나타낸 것으로, 실선과 점선은 각각 물결파의 마루와 골이다. 그림 (나)는 (가)에서 평면상의 고정된 세 지점 p, q, r 중 한 지점에서의 파동의 변위를 t에 따라 나타낸 것이다. S_1, S_2에서 발생한 두 물결파의 속력은 같고, S_1과 S_2 사이의 거리는 0.6 m이다.

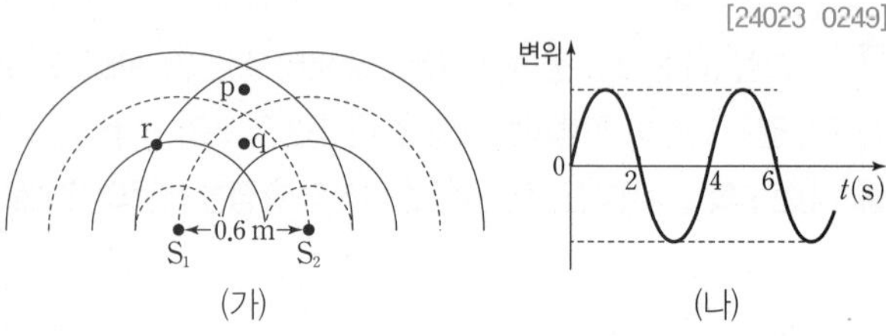

이에 대한 설명으로 옳은 것만을 <보기>에서 있는 대로 고른 것은? (단, 마루의 변위는 양(+)이다.)

보기

ㄱ. 물결파의 속력은 0.1 m/s이다.
ㄴ. (나)는 q에서의 변위를 나타낸 것이다.
ㄷ. $t=3$초일 때 r에서는 상쇄 간섭이 일어난다.

① ㄱ ② ㄷ ③ ㄱ, ㄴ ④ ㄴ, ㄷ ⑤ ㄱ, ㄴ, ㄷ

두 스피커에서 발생한 소리가 중첩할 때 보강 간섭이 일어나면 소리의 진폭이 커지고, 상쇄 간섭이 일어나면 소리의 진폭이 작아진다.

[24023-0250]

24 다음은 소리의 간섭 실험이다.

[실험 과정]

(가) 그림과 같이 신호 발생기, 동일한 스피커 A와 B, 마이크, 소리 분석기를 준비한다.
(나) A를 신호 발생기에 연결한다.
(다) 마이크를 P, O, Q에 차례로 위치시켜 스피커에서 발생한 소리를 분석한다.
(라) A와 B를 신호 발생기에 연결하고 (다)를 반복한다.

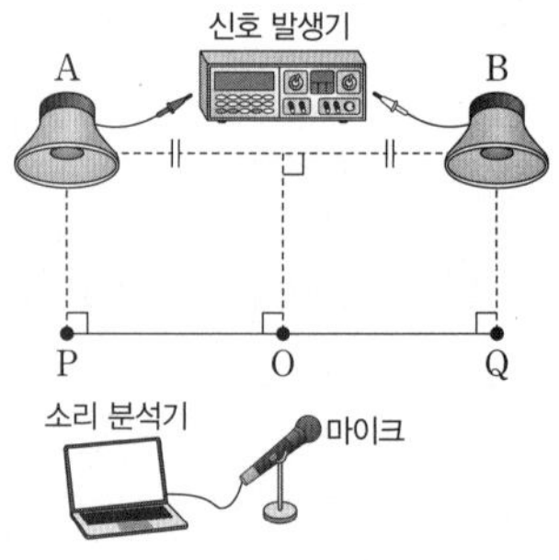

[실험 결과]

실험 과정	P	O	Q
(다)	전압 0 시간	전압 0 시간	
(라)	전압 0 시간	전압 0 시간	

(라)에 대한 설명으로 옳은 것만을 <보기>에서 있는 대로 고른 것은?

보기

ㄱ. A와 B에서 같은 위상으로 소리가 발생한다.
ㄴ. P에서는 A와 B에서 발생한 소리가 반대 위상으로 중첩된다.
ㄷ. Q에서의 결과는 P에서와 같다.

① ㄱ ② ㄷ ③ ㄱ, ㄴ ④ ㄴ, ㄷ ⑤ ㄱ, ㄴ, ㄷ

09 빛과 물질의 이중성

1 빛의 이중성

(1) 광전 효과

① **광전 효과:** 금속에 특정한 진동수보다 큰 진동수의 빛을 비출 때 금속에서 전자(광전자)가 방출되는 현상을 광전 효과라고 한다.

② **문턱(한계) 진동수:** 금속에서 전자가 방출되기 위한 최소한의 빛의 진동수로, 금속의 종류에 따라 다르다.

③ **광전류:** 광전관의 (−)극 K에 문턱 진동수 이상의 빛을 비출 때, 광전자가 방출되어 (+)극 P로 모이므로 광전류가 흐른다.

- 문턱(한계) 진동수보다 작은 진동수의 빛으로는 광전자를 방출시키지 못한다.
- 광전자의 최대 운동 에너지는 빛의 세기와 관계없고, 빛의 진동수와 문턱 진동수에 의해서만 결정된다.

광전 효과 실험 장치

④ **광전 효과의 이용:** 도난 경보기, 디지털카메라, 자동문 등

과학 돋보기 | 광전 효과의 이용

- 도난 경보기는 빛을 광전관의 (−)극에 비추면 광전류가 발생하고, 광전류가 전자석의 코일에 흐르면 스위치의 금속 막대를 끌어당겨 스위치가 열려 있게 된다. 그러나 침입자가 빛을 차단하게 되면 광전류가 흐르지 않게 되어 스위치의 금속 막대에 연결된 용수철이 금속 막대를 당기므로 스위치가 닫히게 되고, 이때 경보 시스템이 작동하여 경보음이 울리게 된다.
- 화재 경보기는 평소에는 광원에서 방출된 빛이 직진하여 광센서에 도달하지 못하지만, 화재가 발생하여 빛이 연기에 의해 산란되어 광센서에 도달하면 경보가 울린다.

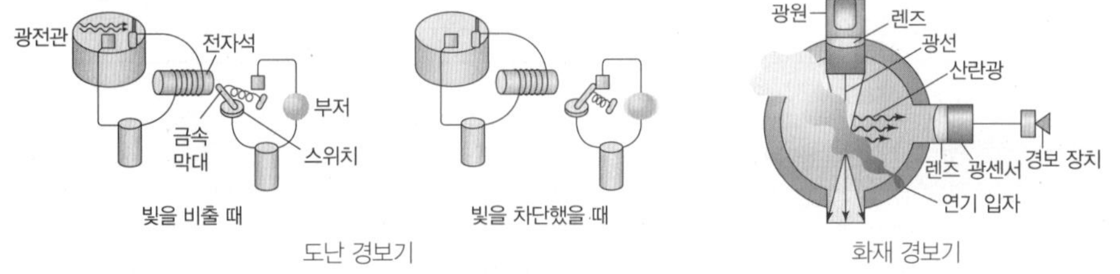

도난 경보기 　 화재 경보기

탐구자료 살펴보기 | 광전 효과 실험

과정

(1) 그림과 같이 아연판을 검전기 위에 올려놓고 음(−)전하로 대전시킨다.

(2) 검전기 위의 아연판에 형광등과 자외선등을 각각 비추고 금속박의 변화를 관찰한다. 빛의 세기를 세게 하여 실험을 반복한다.

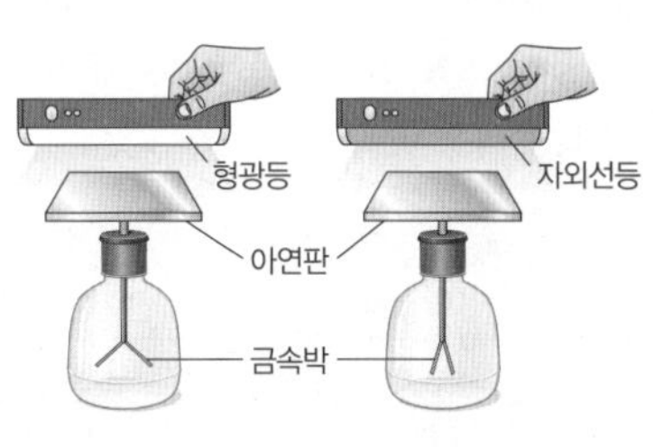

결과

구분	약한 빛	센 빛
형광등	벌어져 있다.	벌어져 있다.
자외선등	천천히 오므라든다.	빨리 오므라든다.

point

- 금속에 특정 진동수 이상의 빛을 비추면 빛의 세기와 관계없이 금속에서 광전자가 방출된다. 따라서 세기가 약한 자외선을 아연판에 비추어도 자외선의 진동수가 아연의 문턱(한계) 진동수보다 크면 금속박이 오므라든다.
- 광전 효과를 일으키는 빛은 빛의 세기가 셀수록 단위 시간 동안에 방출되는 전자의 수가 많다.

개념 체크

- **광전 효과:** 금속에 특정한 진동수보다 큰 진동수의 빛을 비출 때 금속에서 광전자가 방출되는 현상이다.
- **문턱(한계) 진동수:** 광전 효과가 일어나기 위한 빛의 최소 진동수이다.

1. 금속에 특정한 진동수보다 큰 진동수의 빛을 비출 때 금속에서 광전자가 방출되는 현상을 (　　)라고 한다.

2. 금속판 A, B에 각각 진동수가 f인 빛을 비추었을 때, A에서는 광전자가 방출되었고, B에서는 광전자가 방출되지 않았다.
   (1) A의 문턱 진동수는 f보다 작다. (○, ×)
   (2) 금속판의 문턱 진동수는 A가 B보다 작다. (○, ×)

3. 금속에서 방출되는 광전자의 최대 운동 에너지는 빛의 (세기 , 진동수)에만 관계가 있고, 금속에 비추는 광자 1개의 에너지가 클수록 방출되는 광전자의 최대 운동 에너지가 (작다 , 크다).

정답

1. 광전 효과
2. (1) ○ (2) ○
3. 진동수, 크다

개념 체크

광양자설: 빛은 진동수에 비례하는 에너지를 갖는 광자(광양자)의 흐름이다.

1. 아인슈타인은 '빛은 진동수에 비례하는 에너지를 갖는 광자라고 하는 입자들의 흐름이다.'라는 (　　)을 이용하여 광전 효과를 설명하였다.

2. 진동수가 f인 광자 1개의 에너지는 (　　)이다. (단, 플랑크 상수는 h이다.)

3. 광전 효과 현상은 빛의 (입자성 , 파동성)으로 설명할 수 있다.

4. 진동수가 f인 빛을 금속에 비추어 광전자가 방출될 때, 진동수가 f인 빛의 세기를 증가시키면 방출되는 광전자의 (수 , 최대 운동 에너지)가 증가한다.

(2) 빛의 파동 이론의 한계와 광양자설

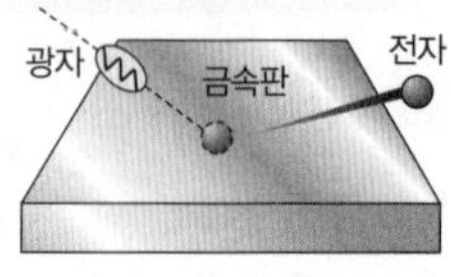

① 빛이 파동이라면 진동수가 아무리 작아도 그 빛의 세기를 증가시키거나 오랫동안 비추면 금속 내의 전자는 충분한 에너지를 얻어 금속 표면 밖으로 튀어나올 수 있어야 한다. 그러나 문턱 진동수보다 작은 진동수를 갖는 빛은 비추는 시간에 관계없이 광전자가 방출되지 않는다. 그리고 문턱 진동수가 물질의 종류에 따라 다르다는 것도 파동 이론으로는 설명이 되지 않는다. 따라서 광전 효과를 설명하려면 빛에 대한 다른 이론이 필요하다.

② 1905년 아인슈타인은 플랑크가 제안한 양자 가설을 이용하여 '빛은 진동수에 비례하는 에너지를 갖는 광자(광양자)라고 하는 입자들의 흐름이다.'라는 광양자설로 광전 효과를 설명하였다. 광양자설에 의하면 진동수가 f인 광자 1개가 가지는 에너지는 $E=hf$이다. 여기서 h는 플랑크 상수이고, 그 값은 $h \fallingdotseq 6.6\times10^{-34}\ \mathrm{J\cdot s}$이다.

과학 돋보기 광전 효과의 해석

진동수가 f인 빛을 금속 표면에 비춰주면 hf(단, h는 플랑크 상수)의 에너지를 가진 광자가 금속 내의 1개의 전자와 충돌하여 전자에 에너지를 전달한다. 광자 에너지 hf가 금속에서 전자를 떼어내는 데 필요한 최소 에너지 W보다 크면 즉시 광전자가 방출된다. 이때 방출되는 광전자의 최대 운동 에너지는 $E_k=hf-W$이므로 f가 클수록 광전자의 최대 운동 에너지는 커진다. W보다 에너지가 큰 빛의 세기가 증가할수록 금속에서 전자를 떼어낼 수 있는 광자의 수가 증가하고, 방출되는 광전자의 수가 증가한다.

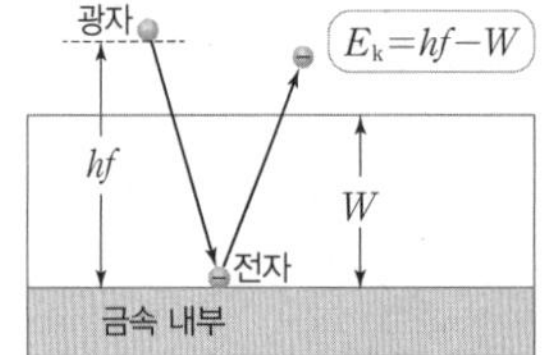

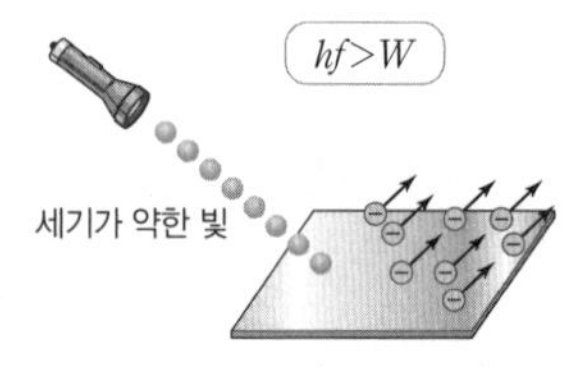

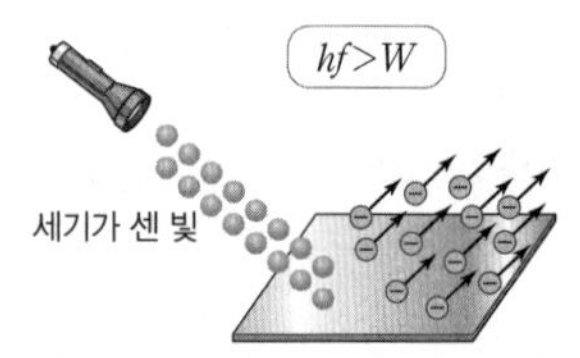

탐구자료 살펴보기 광전관 실험

과정

(1) 그림과 같이 회로를 구성한 후, 광전관 내에 금속판 A를 설치한다.
(2) 광전관 내의 금속판 A에 단색광을 비추고, 전류계의 값을 읽는다.
(3) (−)극과 (+)극 사이에 전압을 걸어 주어 전류계의 값이 0이 될 때의 전압을 측정하여 광전자의 최대 운동 에너지를 구한다.
(4) 단색광의 진동수를 다르게 하여 과정 (2), (3)을 반복한다.
(5) 금속판 A를 금속판 B로 바꾸어 과정 (2)~(4)를 반복한다.

금속판 A 또는 B, 단색광, 광전자, 광전관, 전압계, 가변 저항, 전류계

결과

단색광의 진동수 ($\times10^{15}$ Hz)	광전자의 최대 운동 에너지(eV)	
	금속판 A	금속판 B
0.75	1.00	0
1.00	2.04	0.44
1.25	3.07	1.47

point

• 광전자의 최대 운동 에너지는 단색광의 진동수가 클수록 크다.
• 광전자의 최대 운동 에너지는 금속판의 문턱 진동수가 작을수록 크다.

정답
1. 광양자설
2. hf
3. 입자성
4. 수

(3) 빛의 이중성

① 빛은 진행할 때 파동의 성질인 간섭과 회절 현상이 나타나고, 광전 효과에서는 입자의 성질이 나타난다. 이와 같이 빛은 어떤 경우에는 파동성을 나타내고, 또 다른 경우에는 입자성을 나타내는데, 이것을 빛의 이중성이라고 한다.

② 모든 광학적 현상은 전자기파 이론 또는 파동 이론과 빛의 광양자 이론 중 어느 하나로 설명이 가능하다.

③ 빛은 간섭이나 회절 현상에서 알 수 있듯이 파동의 성질을 가지고 있는 것이 분명하다. 그러나 광전 효과에서 보았듯이 빛을 입자라고 생각해야 잘 설명할 수 있는 현상도 있다. 사진 건판에 상이 기록되는 현상은 광자와 사진 건판에 발라진 감광제 입자들의 충돌에 의한 화학 반응의 결과이고, 이것은 빛의 파동성으로 설명하기 어렵다. 그러므로 빛은 파동이면서 동시에 입자인 이중적인 본질을 지니고 있는 것이다.

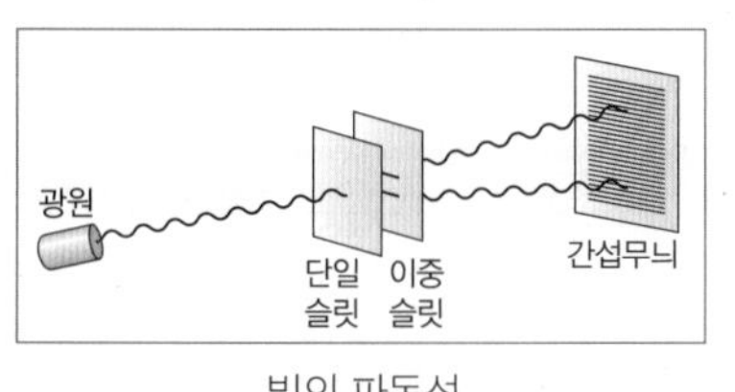

빛의 파동성

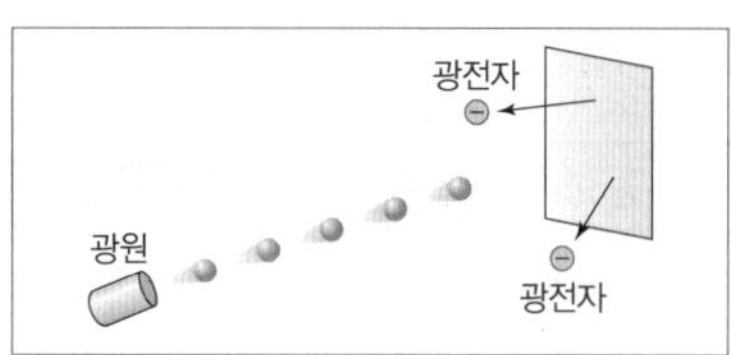

빛의 입자성

2 영상 정보의 기록

(1) 전하 결합 소자(Charge-Coupled Device, CCD)

① 빛을 전기 신호로 바꾸어 주는 장치로, 수백만 개의 집광 장치로 이루어져 있다.

② 구조는 광센서인 광 다이오드가 평면적으로 배열된 형태를 가지고 있고, 주로 규소(Si) 등의 물질이 광센서로 사용되며 각각의 화소를 구성한다. 디지털카메라, 광학 스캐너, 비디오 카메라 등에 이용된다.

(2) 영상 정보가 기록되는 원리

① 렌즈를 통과한 빛이 전하 결합 소자 내부로 입사하면 광전 효과로 인해 반도체 내에서 전자와 양공의 쌍이 형성되고, 이때 전자의 수는 입사한 빛의 세기에 비례하며, 전자는 (+)전압이 걸려 있는 첫 번째 전극 아래에 쌓이게 된다.

② 인접한 두 번째 전극에 같은 크기의 전압을 걸어 주면 전자는 고르게 분포하게 된다.

③ 첫 번째 전극의 전압을 제거하면 전자는 두 번째 전극으로 이동하여 모이게 된다.

④ 다시 인접한 세 번째 전극에 같은 크기의 전압을 걸어 주면 전자는 고르게 분포하게 된다. 이렇게 순차적으로 전극에 전압을 걸어 주어 전자들이 이동하게 된다.

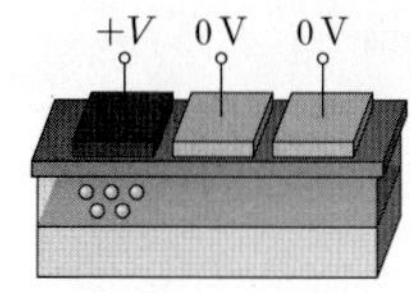

① 광전 효과에 의해 첫 번째 전극 아래에 전자가 쌓인다.

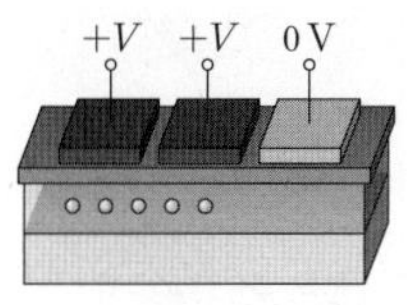

② 두 번째 전극에 걸린 전압에 의해 전자는 고르게 분포하게 된다.

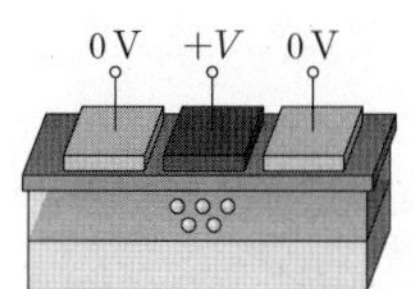

③ 첫 번째 전극의 전압을 제거하면 전자는 다시 두 번째 전극에 모인다.

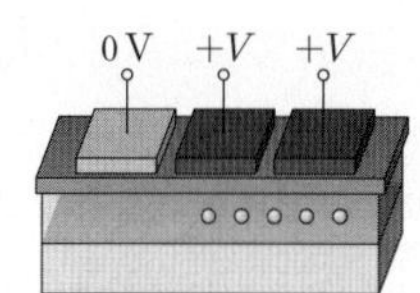

④ 세 번째 전극에 걸린 전압에 의해 전자는 고르게 분포하게 된다.

개념 체크

◎ 빛의 이중성: 빛은 간섭이나 회절과 같은 파동성을 가지는 동시에 광전 효과와 같은 입자성을 가진다.

◎ 전하 결합 소자(CCD): 빛 신호를 전기 신호로 바꾸어 주는 장치로, 디지털카메라, 광학 스캐너, 비디오 카메라 등에 이용된다.

1. 빛은 간섭이나 회절과 같은 (   )을 나타내기도 하고, 광전 효과와 같은 (   )을 나타내기도 하는데, 이를 빛의 이중성이라고 한다.

2. (   )는 빛을 전기 신호로 바꾸어 주는 장치로, 광센서인 광 다이오드가 평면적으로 배열된 형태를 가지고 있다.

3. 전하 결합 소자 내부로 빛이 입사하면 (   )에 의해 반도체 내에서 전자와 양공의 쌍이 생성되고, 이때 발생하는 전자의 수는 입사하는 빛의 (세기 , 진동수)에 비례한다.

정답

1. 파동성, 입자성
2. 전하 결합 소자(CCD)
3. 광전 효과, 세기

개념 체크

◆ **물질파**: 물질 입자가 파동성을 나타낼 때, 이 파동을 물질파라고 하며, 물질파 파장은 운동량의 크기에 반비례한다.

$\lambda=\frac{h}{p}=\frac{h}{mv}$

1. 전하 결합 소자는 입사하는 빛의 ( )만 측정하기 때문에 흑백 영상만을 얻을 수 있으므로, 컬러 영상을 얻기 위해서 ( )를 전하 결합 소자 위에 배열한다.

2. 물질 입자가 파동성을 나타낼 때, 이 파동을 ( )라고 한다.

3. 질량이 m인 입자가 속력 v로 운동할 때, 이 입자의 물질파 파장은 ( )이다. (단, 플랑크 상수는 h이다.)

정답

1. 세기, 색 필터
2. 물질파(드브로이파)
3. $\frac{h}{mv}$

(3) 컬러 영상을 얻는 원리

① 일반적으로 전하 결합 소자는 빛의 세기만 측정하기 때문에 흑백 영상만을 얻을 수 있으므로, 컬러 영상을 얻기 위해서 서로 교차된 색 필터를 전하 결합 소자 위에 배열한다.

② 빨간색, 초록색, 파란색 필터 아래에 있는 전하 결합 소자에는 각각 빨간색, 초록색, 파란색 빛의 세기에 비례하는 전자가 전극에 쌓이게 되어 원래의 색상 정보가 입력된다.

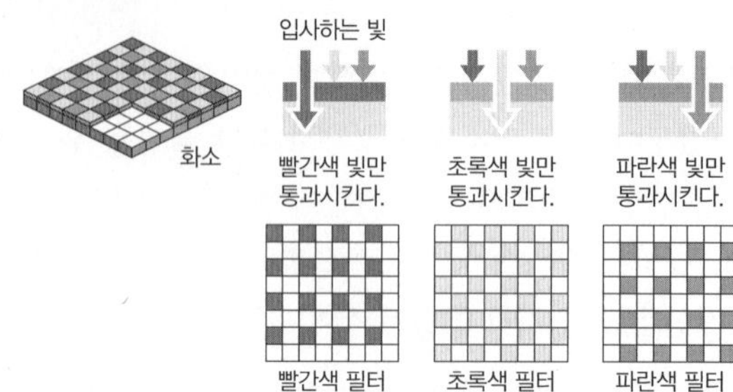

과학 돋보기 | 디지털카메라의 영상 정보 기록

렌즈를 통해 빛이 전하 결합 소자(CCD)의 광 다이오드에 들어오면 광전 효과에 의해 광전자가 방출되어 빛이 전기 신호로 변환되며, 색 필터를 통과한 빛의 세기에 따라 방출되는 광전자의 수가 달라지므로 빛의 세기를 분석하여 천연색 영상 정보를 메모리 카드에 저장한다.

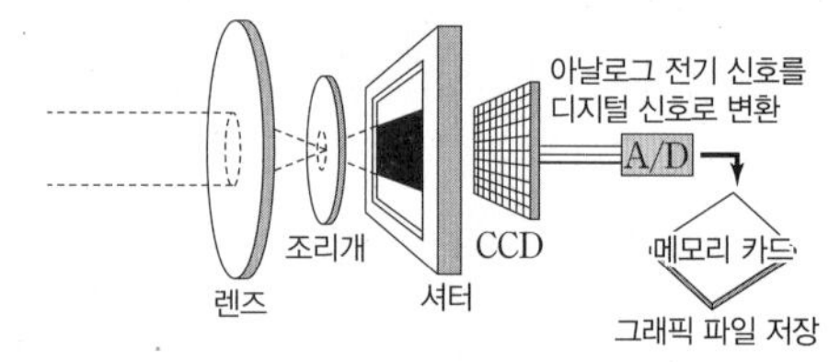

3 물질의 파동성

(1) 물질파

① <u>드브로이의 물질파 이론</u>: 1923년 드브로이는 파동이라고 생각했던 빛이 입자성을 나타낸다면 반대로 전자와 같은 물질 입자도 파동성을 나타낼 수 있을 것이라는 가설을 제안하였다.

② <u>물질파</u>: 물질 입자가 파동성을 나타낼 때, 이 파동을 물질파 또는 드브로이파라고 한다.

③ <u>물질파 파장(드브로이 파장)</u>: 드브로이는 질량이 m인 입자가 속력 v로 운동하여 운동량의 크기가 p일 때 나타나는 파장은 $\lambda=\frac{h}{p}=\frac{h}{mv}$ (h: 플랑크 상수)로 주어진다고 제안하였다.

(2) 데이비슨·거머 실험

① 데이비슨과 거머는 그림과 같이 니켈 결정에 느리게 움직이는 전자의 전자선을 입사시킨 후 입사한 전자선과 튀어나온 전자가 이루는 각에 따른 분포를 알아보기 위해 전자 검출기의 각 θ를 변화시키면서 각에 따라 검출되는 전자의 수를 측정하였다.

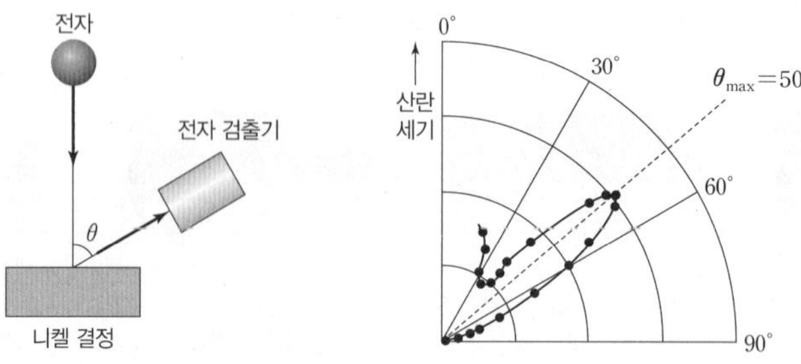

② **실험 결과:** 54 V의 전압으로 전자를 가속한 경우 입사한 전자선과 50°의 각을 이루는 곳에서 튀어나오는 전자의 수가 가장 많았다.

③ **실험 결과에 대한 해석**

- 원자가 반복적으로 배열된 결정 표면에 X선을 비출 때, 결정면에 대하여 특정한 각으로 X선을 입사시킬 경우 결정 표면에서 반사된 빛과 이웃한 결정면에서 반사된 빛이 보강 간섭을 일으킨다. 이는 마치 얇은 막에 의해 빛이 반사될 경우, 빛이 얇은 막에 특정한 각으로 입사할 때 반사된 빛이 보강 간섭을 일으킨 것으로 해석할 수 있다.
- 전자선을 결정 표면에 입사시킬 때, X선을 결정 표면에 비출 경우와 마찬가지로 입사한 전자선과 결정면에서 튀어나온 전자선이 이루는 각이 특정한 각도에서 전자가 많이 검출된다.
- 실험 결과 X선 회절 실험으로부터 구한 전자의 파장과 드브로이의 물질파 이론을 적용하여 구한 전자의 파장이 일치한다는 사실로 드브로이의 물질파 이론이 증명되었다.

과학 돋보기 전자의 입자성과 파동성

그림은 전자들을 바람개비에 쏘아 주었을 때 바람개비에 나타나는 변화를 확인할 수 있는 실험 장치이다. 이 장치를 작동시키면 전자들이 쏘여졌을 때 바람개비가 돌아가는데, 이것은 전자가 바람개비에 충돌하여 정지해 있던 바람개비가 회전하는 것이다. 즉, 전자는 운동량을 가진 입자임을 알 수 있다.

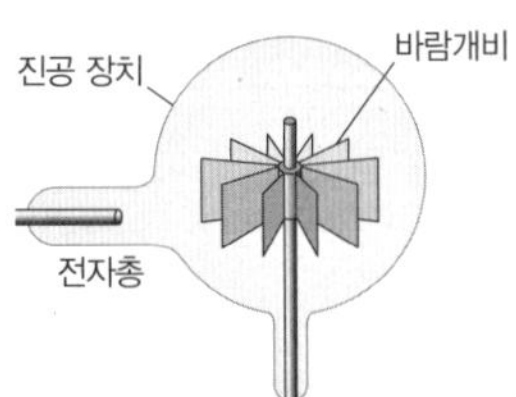

그림 (가)와 같이 2개의 슬릿이 뚫린 얇은 금속박과 벽에 나란하게 움직일 수 있는 감지기를 설치하고, 전자총으로 전자들을 금속박의 슬릿으로 쏘아 주면 전자들이 슬릿을 통과하여 감지기가 있는 벽에 도달한다. 벽에 도달한 전자의 위치를 점으로 나타낸 결과, (나)와 같이 도달하는 전자의 양이 많은 지점과 적은 지점이 번갈아 가면서 나타난다.

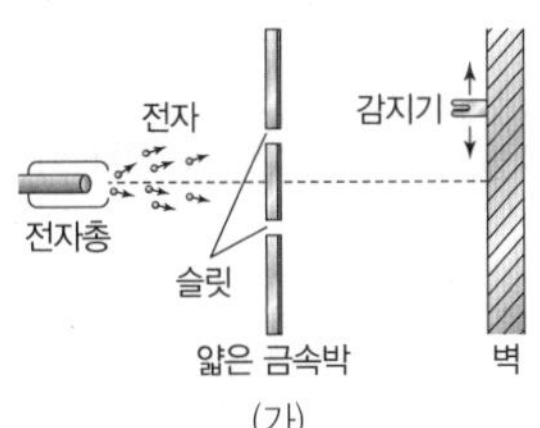

(가)

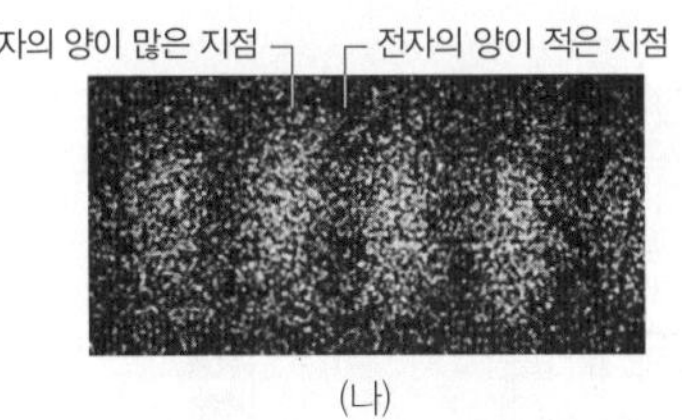

(나)

전자가 입자라면 전자의 양이 많은 지점이 두 군데 생겨야 한다. 그러나 전자를 쏘았을 때 전자의 양이 많은 지점과 적은 지점이 번갈아 가면서 나타나는 간섭무늬가 생겼으므로, 전자는 파동이라고 생각해야 한다. 따라서 전자도 빛과 마찬가지로 입자와 파동의 이중성을 나타낸다.

(3) **톰슨 실험:** 1928년 톰슨은 얇은 금속박에 전자선을 입사시켜 전자선의 회절 무늬를 얻었는데, 이것은 파장이 매우 짧은 X선을 입사시켰을 때 얻어지는 회절 무늬와 같았다. 따라서 전자선의 회절 무늬로 전자와 같은 물질 입자가 파동성을 갖는다는 것을 확인할 수 있었다.

개념 체크

톰슨 실험: 전자선의 회절 무늬는 전자와 같은 물질 입자가 파동성을 갖는다는 것을 확인시켜 주는 것이다.

1. 데이비슨과 거머의 실험은 전자의 (입자성 , 파동성)을 확인시켜 주는 실험이다.

2. 전자들을 바람개비에 쏘아 주었을 때 바람개비가 회전하는 것은 전자의 (　　)으로 설명할 수 있으며, 전자들이 이중 슬릿을 통과하여 스크린에 밝고 어두운 간섭무늬를 만든 것은 전자의 (　　)으로 설명할 수 있다.

정답

1. 파동성
2. 입자성, 파동성

개념 체크

물질의 이중성: 빛과 마찬가지로 입자에서도 파동과 입자의 이중적인 성질이 나타나며, 이와 같은 현상을 물질의 이중성이라고 한다.

1. 미시적인 세계에서는 빛과 마찬가지로 물질 입자도 파동과 입자의 이중적인 성질이 나타나는데, 이를 물질의 (   )이라고 한다.

2. 전자 현미경은 전자의 (입자성 , 파동성)을 이용한 것으로, 실물 크기의 10만 배 이상으로 물체를 확대시켜 볼 수 있다.

3. 먼지와 같은 작은 크기를 갖는 입자에서도 물질파 파장은 존재하지만, 그 파장이 너무 (길어서 , 짧아서) 파동성을 관찰할 수 없다.

정답
1. 이중성
2. 파동성
3. 짧아서

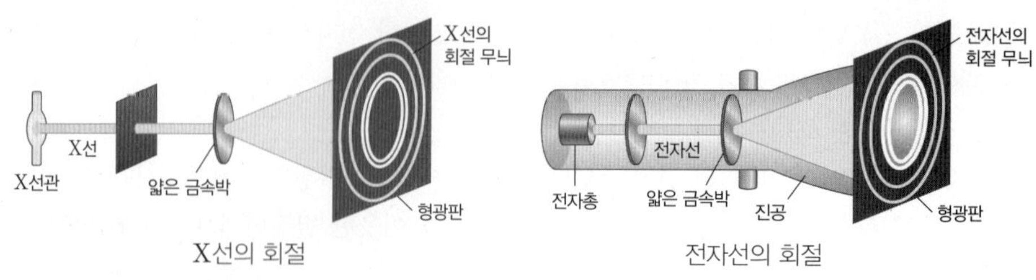

X선의 회절   전자선의 회절

(4) 물질의 이중성

① 파동성은 전자뿐만 아니라 원자핵의 구성 입자인 양성자와 중성자, 분자 같은 입자에서도 발견되었다. 이와 같이 미시적인 세계에서는 빛과 마찬가지로 물질 입자도 파동과 입자의 이중적인 성질이 나타나며, 이와 같은 성질을 물질의 이중성이라고 한다.

② 공중에 떠다니는 먼지와 같이 작은 크기를 갖는 입자에서도 물질파 파장은 존재하지만, 그 파장이 너무 짧아서 파동성을 관찰할 수 없다. 즉, 물질파 파장 λ는 플랑크 상수 h를 물체의 질량과 속력의 곱인 mv로 나눈 값$\left(\frac{h}{mv}\right)$인데, 플랑크 상수의 값이 아주 작기 때문에 mv의 값이 전자와 같이 아주 작지 않으면 검증할 수 있는 파장 λ의 값을 얻을 수 없는 것이다. 이것이 물질 입자의 파동성이 늦게 발견된 까닭이다.

③ 전자의 파동성을 이용하여 전자의 속력을 조절하면 파장이 매우 짧은 물질파의 전자선을 만들 수 있고, 이를 이용해서 분해능이 우수한 현미경을 만들 수 있다. 전자의 파동성을 이용한 현미경이 전자 현미경이며, 전자 현미경을 이용하여 실물 크기의 10만 배 이상으로 물체를 확대시켜 볼 수 있다.

탐구자료 살펴보기   **간섭 실험을 통한 물질의 이중성**

과정

빛의 간섭 실험	전자선의 간섭 실험
단색광, 단일 슬릿, 이중 슬릿, 스크린	전자총, 전자, 단일 슬릿, 이중 슬릿, 형광판
빛을 단일 슬릿과 이중 슬릿에 통과시키면 스크린에 보강 간섭(밝은 무늬)과 상쇄 간섭(어두운 무늬)이 나타난다.	전자의 속력을 조절하여 전자를 단일 슬릿과 이중 슬릿에 통과시키면 형광판에 보강 간섭(밝은 무늬)과 상쇄 간섭(어두운 무늬)이 나타난다.

결과

• 슬릿을 통과한 빛과 전자는 모두 보강 간섭과 상쇄 간섭을 일으켜 밝은 무늬와 어두운 무늬가 번갈아 가며 나타난다.

point

• 두 실험의 결과로부터 물질 입자인 전자도 파동성을 가진다는 것을 알 수 있다.

4 전자 현미경

(1) 전자의 속력과 전자의 물질파 파장

① **가속 전압과 전자의 운동 에너지**: 그림과 같이 금속판 A와 B에 전압 V가 걸려 있을 경우 A에 정지해 있던 질량이 m인 전자는 전기력을 받아 가속되어 매우 빠른 속력으로 B에 도달하게 된다. B에 도달하는 순간 전자의 운동 에너지 E_k는 전기력이 전자에 해 준 일과 같다.

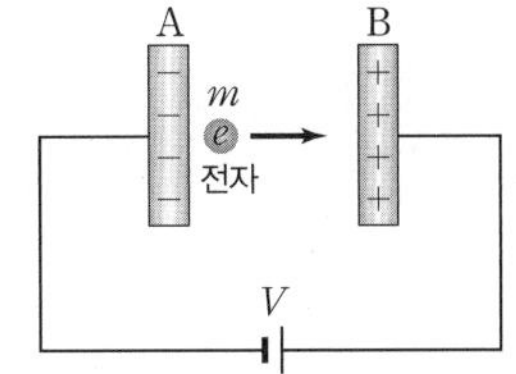

② **가속 전압에 따른 전자의 물질파 파장**: 전기력을 받아 가속된 전자의 속력이 v일 때 전자의 물질파 파장은 다음과 같다.

$$\lambda=\frac{h}{p}=\frac{h}{mv}=\frac{h}{\sqrt{2mE_k}}\ (h: \text{플랑크 상수})$$

과학 돋보기 　전자의 속력과 물질파 파장

그림과 같이 질량이 m, 전하량이 e인 전자를 정지 상태에서 전압 V로 가속시켜서 속력이 v가 되었다면, 이 전자의 운동 에너지 E_k는 전기력이 전자에 해 준 일(W)인 eV와 같다. 전자의 운동량의 크기를 p라고 하면, 다음과 같은 식이 성립한다.

$$E_k=eV=\frac{1}{2}mv^2=\frac{(mv)^2}{2m}=\frac{p^2}{2m},\ p=\sqrt{2meV}$$

(전자의 전하량 $e=1.6\times10^{-19}$ C, 전자의 질량 $m=9.1\times10^{-31}$ kg)

따라서 가속 전압에 따른 전자의 물질파 파장은 다음과 같다.

$$\lambda=\frac{h}{p}=\frac{h}{mv}=\frac{h}{\sqrt{2meV}}=\frac{h}{\sqrt{2mE_k}}$$

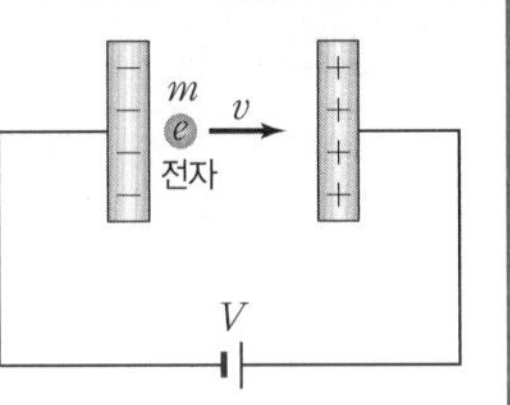

(2) 전자 현미경

① 전자 현미경에서 이용하는 전자의 물질파 파장은 광학 현미경에서 이용하는 가시광선의 파장보다 훨씬 짧아 전자 현미경은 광학 현미경보다 훨씬 높은 배율과 분해능을 얻을 수 있다.

② 광학 현미경에서 최대 배율은 약 2000배이고, 전자의 물질파 파장이 1.0 nm 이하인 전자 현미경의 최대 배율은 수백만 배이다.

③ 전자 현미경은 자기장에 의해 전자의 진행 경로가 휘어지는 현상을 이용하는 것으로, 코일을 감은 원통형 전자석인 자기렌즈는 전자를 초점으로 모으는 역할을 한다. 전자 현미경은 이러한 자기렌즈를 사용하여 광학 현미경처럼 물체를 확대하여 볼 수 있다.

④ 전자 현미경은 시료를 진공 속에 넣어야 하기 때문에 살아있는 생명체를 관찰하는 것이 어렵고, 얇은 시료를 만들거나 코팅을 해야 하는 준비 작업을 필요로 하지만, 높은 배율과 좋은 분해능을 얻을 수 있는 장점이 있다.

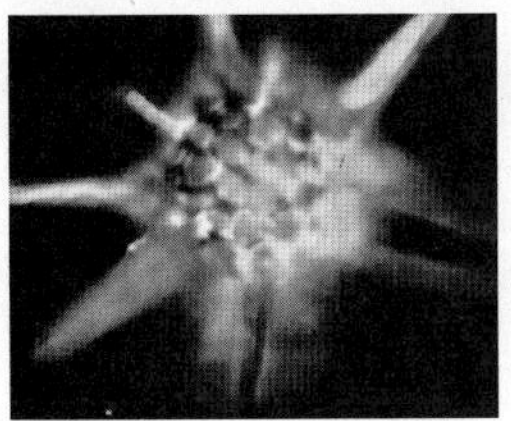
광학 현미경

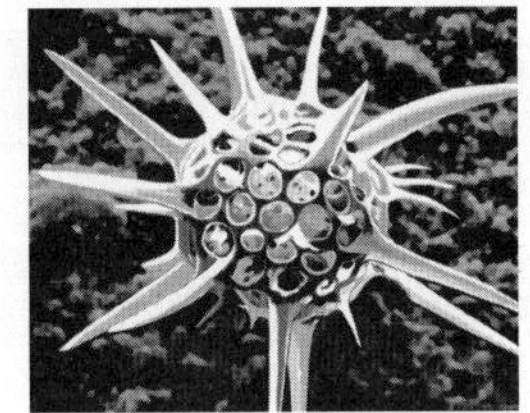
전자 현미경

개념 체크

◉ 전자의 물질파 파장: 전자의 속력이 v일 때 전자의 물질파 파장은 다음과 같다.

$$\lambda=\frac{h}{p}=\frac{h}{mv}=\frac{h}{\sqrt{2mE_k}}$$

◉ 전자 현미경: 전자의 물질파를 이용한 현미경으로, 최대 배율은 수백만 배이다.

1. 정지해 있던 전자를 전압 V로 가속시킬 때, 가속시키는 전압 V가 클수록 전자의 운동 에너지는 (작고 , 크고), 전자의 물질파 파장은 (길다 , 짧다).

2. 운동 에너지가 E_0인 전자의 물질파 파장이 λ_0이면, 운동 에너지가 $4E_0$인 전자의 물질파 파장은 (　　　)이다.

3. 전자 현미경에서 이용하는 전자의 물질파 파장은 광학 현미경에서 이용하는 가시광선의 파장보다 훨씬 (길어 , 짧아) 광학 현미경보다 훨씬 높은 배율과 분해능을 얻을 수 있다.

4. 전자 현미경에서 (　　　)는 자기장에 의해 전자의 경로가 휘어지는 현상을 이용하여 전자를 초점으로 모으는 역할을 한다.

정답

1. 크고, 짧다
2. $\frac{1}{2}\lambda_0$
3. 짧아
4. 자기렌즈

개념 체크

◎ 투과 전자 현미경(TEM): 전자선이 시료를 투과한 후 확대된 영상을 얻는다.

◎ 주사 전자 현미경(SEM): 전자선을 쪼일 때 시료에서 튀어나오는 전자를 측정하여 시료의 영상을 얻는다.

1. (　　) 전자 현미경은 전자가 특별하게 제작된 얇은 시료를 통과하게 되어 평면 영상을 관찰할 수 있다.

2. 투과 전자 현미경으로 관찰하는 시료는 매우 (두껍게 , 얇게) 만들어져야 한다. 그렇지 않으면 투과하는 동안 전자의 속력이 느려져 전자의 물질파 파장이 (길어 , 짧아)지므로 분해능이 나빠지게 된다.

3. (　　) 전자 현미경은 전자선을 시료의 표면에 쪼일 때 튀어나오는 전자를 검출하므로, 시료 표면의 3차원적 구조를 관찰할 수 있다.

정답
1. 투과
2. 얇게, 길어
3. 주사

(3) 전자 현미경의 종류

① 투과 전자 현미경(TEM, Transmission Electron Microscope)

- 전자가 특별하게 제작된 얇은 시료를 통과하게 되고, 이때 시료 내부의 물질에 의해 전자가 산란되는 정도가 달라지며 시료를 통과한 전자에 의해 확대된 영상이 만들어진다.
- 전자는 눈에 보이지 않으므로 확대된 영상은 필름이나 형광면에 투사시키면 볼 수 있다.
- 투과 전자 현미경으로 관찰하는 시료는 매우 얇게 만들어져야 한다. 그렇지 않으면 투과하는 동안 전자의 속력이 느려져 전자의 드브로이 파장이 길어지므로 분해능이 떨어져 시료의 영상이 흐려진다.
- 투과 전자 현미경은 전자선이 얇은 시료를 투과하므로 평면 영상을 관찰할 수 있다.

② 주사 전자 현미경(SEM, Scanning Electron Microscope)

- 전자선을 시료의 전체 표면에 차례로 쪼일 때 시료에서 튀어나오는 전자를 측정한다.
- 감지기에서 측정한 신호를 해석하여 상을 재구성한다.
- 주사 전자 현미경으로 관찰하려는 대상은 전기 전도성이 좋아야 한다. 따라서 전기 전도도가 낮은 생물과 같은 시료는 금, 백금, 이리듐 등과 같이 전기 전도도가 높은 물질로 얇게 코팅해야 한다.
- 주사 전자 현미경은 투과 전자 현미경보다 배율은 낮지만, 시료 표면의 3차원적 구조를 볼 수 있다는 장점이 있다.

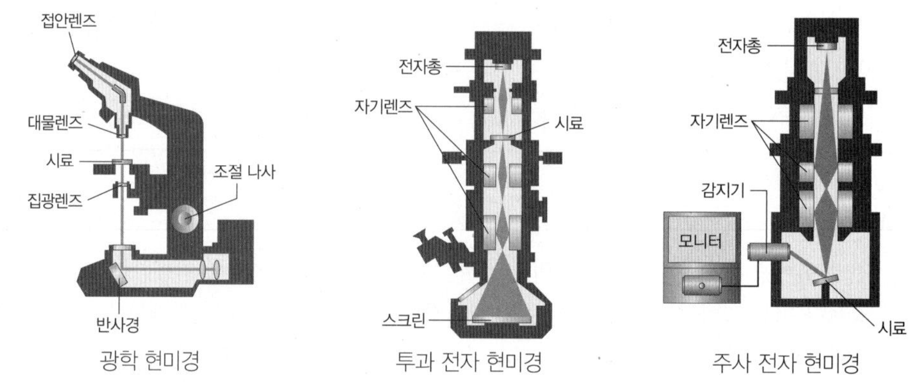

광학 현미경　　투과 전자 현미경　　주사 전자 현미경

과학 돋보기 광학 현미경과 전자 현미경의 차이점

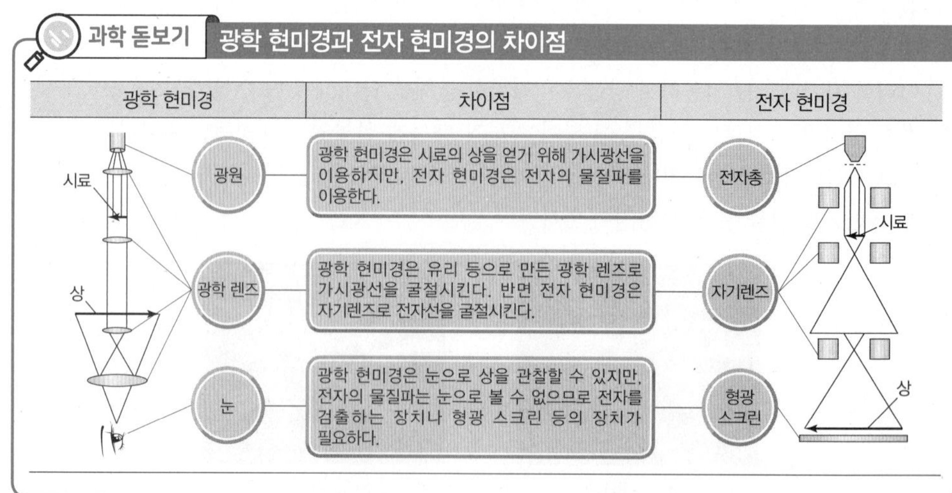

[24023-0251]

01 그림 (가)는 단색광을 이중 슬릿에 비추었을 때 스크린에 밝고 어두운 무늬가 만들어진 것을, (나)는 단색광을 금속판에 비추었을 때 광전자가 방출되는 것을 나타낸 것이다.

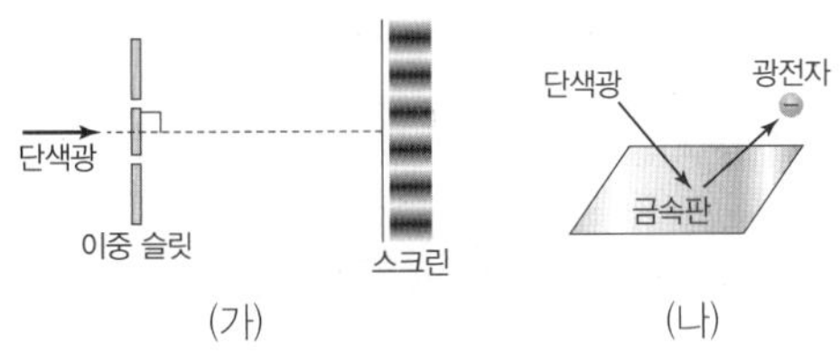

(가) (나)

이에 대한 설명으로 옳은 것만을 <보기>에서 있는 대로 고른 것은?

보기

ㄱ. (가)에서 스크린에 만들어진 무늬는 빛의 파동성으로 설명할 수 있다.
ㄴ. (나)에서 광전자가 방출되는 현상은 빛의 입자성으로 설명할 수 있다.
ㄷ. 빛은 입자성과 파동성을 모두 가지고 있다.

① ㄱ ② ㄷ ③ ㄱ, ㄴ ④ ㄴ, ㄷ ⑤ ㄱ, ㄴ, ㄷ

[24023-0252]

02 그림 (가), (나)는 동일한 금속판 P에 진동수가 각각 f, $2f$인 빛을 비출 때 P에서 광전자가 방출되는 것을 나타낸 것이다.

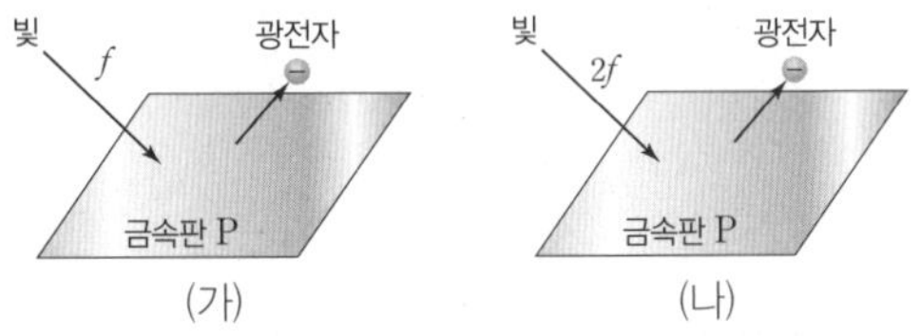

(가) (나)

이에 대한 설명으로 옳은 것만을 <보기>에서 있는 대로 고른 것은?

보기

ㄱ. P의 문턱 진동수는 f보다 크다.
ㄴ. 방출되는 광전자의 최대 운동 에너지는 (나)에서가 (가)에서보다 크다.
ㄷ. (나)에서 비추는 빛의 세기를 증가시키면, 방출되는 광전자의 최대 운동 에너지가 커진다.

① ㄱ ② ㄴ ③ ㄱ, ㄷ ④ ㄴ, ㄷ ⑤ ㄱ, ㄴ, ㄷ

[24023-0253]

03 다음은 검전기를 이용한 광전 효과 실험이다.

[실험 과정]
(가) 그림과 같이 검전기의 금속판에 음(−)전하로 대전된 에보나이트 막대를 접촉하여 검전기를 음(−)전하로 대전시킨다.
(나) 그림과 같이 (가)의 과정을 거친 금속판에 단색광 A 또는 B를 비추고 금속박의 움직임을 관찰한다.

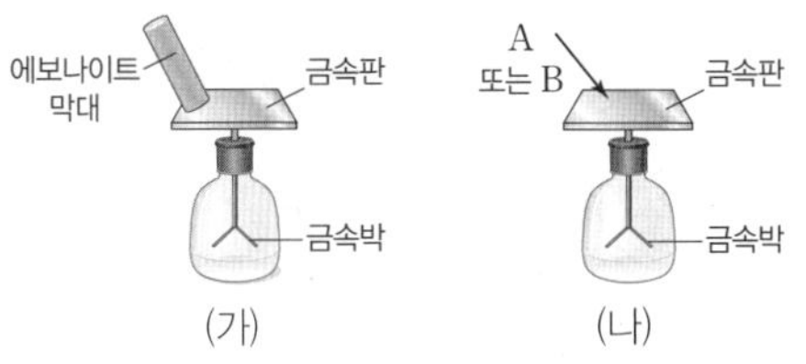

(가) (나)

[실험 결과]

단색광	금속박의 움직임
A	움직이지 않는다.
B	오므라든다.

이에 대한 설명으로 옳은 것만을 <보기>에서 있는 대로 고른 것은?

보기

ㄱ. 진동수는 A가 B보다 작다.
ㄴ. B를 비출 때, 금속판에서 전자가 방출된다.
ㄷ. A의 세기를 증가시켜 비추면 금속박이 오므라든다.

① ㄱ ② ㄷ ③ ㄱ, ㄴ ④ ㄴ, ㄷ ⑤ ㄱ, ㄴ, ㄷ

[24023-0254]

04 그림은 광전관에 빛을 비추는 모습을, 표는 광전관에 비추는 빛의 파장과 빛의 세기, 광전자의 방출 여부를 나타낸 것이다.

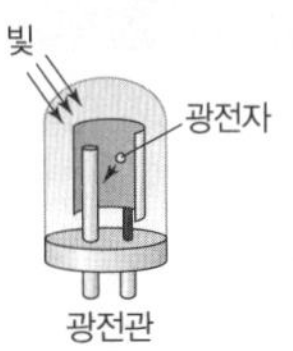

실험	빛의 파장	빛의 세기	광전자
Ⅰ	λ_0	I_0	방출 안 됨
Ⅱ	λ_1	I_0	㉠
Ⅲ	$2\lambda_1$	$2I_0$	방출됨
Ⅳ	$2\lambda_1$	I_0	방출됨

이에 대한 설명으로 옳은 것만을 <보기>에서 있는 대로 고른 것은?

보기

ㄱ. '방출됨'은 ㉠에 해당한다. ㄴ. $\lambda_0 < \lambda_1$이다.
ㄷ. 단위 시간당 방출되는 광전자의 수는 Ⅲ에서가 Ⅳ에서보다 많다.

① ㄱ ② ㄴ ③ ㄱ, ㄷ ④ ㄴ, ㄷ ⑤ ㄱ, ㄴ, ㄷ

[24023-0255]

05 그림과 같이 광전관의 금속판에 단색광 A, B, C를 비추며 방출되는 광전자의 최대 운동 에너지를 측정한다. 표는 금속판에 비춘 단색광과 방출된 광전자의 최대 운동 에너지를 나타낸 것이다.

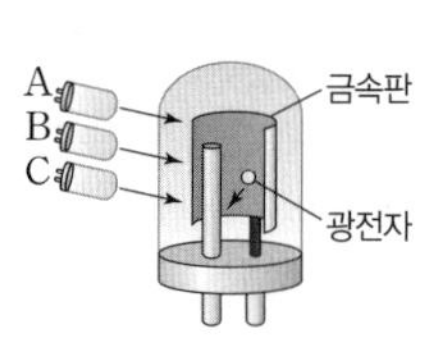

단색광	광전자의 최대 운동 에너지
A	E_0
A, B	E_0
B, C	$2E_0$
A, B, C	㉠

이에 대한 설명으로 옳은 것만을 〈보기〉에서 있는 대로 고른 것은?

보기

ㄱ. A의 광자 1개의 에너지는 E_0이다.
ㄴ. 진동수는 C가 A보다 크다.
ㄷ. ㉠은 $3E_0$이다.

① ㄱ ② ㄴ ③ ㄱ, ㄷ ④ ㄴ, ㄷ ⑤ ㄱ, ㄴ, ㄷ

[24023-0256]

06 다음은 디지털카메라에 이용되는 소자 P에 대한 설명이다.

P는 빛 신호를 전기 신호로 바꾸어 주는 장치로, 빛이 P에 입사되면 전자와 양공 쌍이 생성되어 빛 신호를 전기 신호로 바꾸어 준다. P는 광센서인 광 다이오드가 평면으로 배열된 형태를 가지고 있다.

P에 대한 설명으로 옳은 것만을 〈보기〉에서 있는 대로 고른 것은?

보기

ㄱ. 전하 결합 소자이다.
ㄴ. 빛의 입자성을 이용한다.
ㄷ. P에 입사되는 빛의 세기가 셀수록 생성되는 전자의 수가 적다.

① ㄱ ② ㄷ ③ ㄱ, ㄴ ④ ㄴ, ㄷ ⑤ ㄱ, ㄴ, ㄷ

[24023-0257]

07 그림은 p-n 접합 광 다이오드의 p-n 접합면에 빛을 비출 때 a와 b가 쌍으로 생성되어 각각 p형 반도체, n형 반도체로 이동하는 모습을 나타낸 것이다. 저항에는 화살표 방향으로 전류가 흐른다. a와 b는 각각 양공과 전자 중 하나이다.

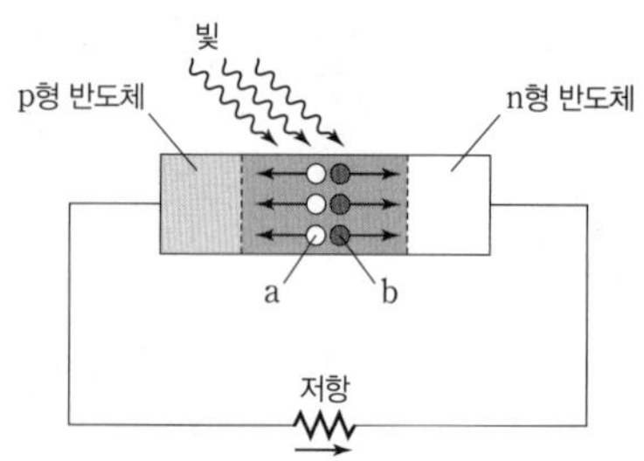

이에 대한 설명으로 옳은 것만을 〈보기〉에서 있는 대로 고른 것은?

보기

ㄱ. a는 양공이다.
ㄴ. 빛의 세기가 셀수록 저항에 흐르는 전류의 세기가 크다.
ㄷ. p-n 접합면에서 전자는 에너지를 방출한다.

① ㄱ ② ㄷ ③ ㄱ, ㄴ ④ ㄴ, ㄷ ⑤ ㄱ, ㄴ, ㄷ

[24023-0258]

08 다음은 빛에 의한 현상 A, B, C에 대한 설명이다.

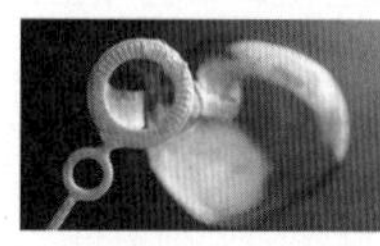
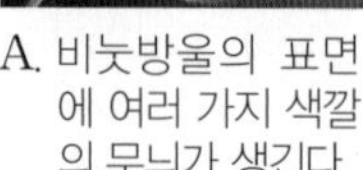

A. 비눗방울의 표면에 여러 가지 색깔의 무늬가 생긴다.

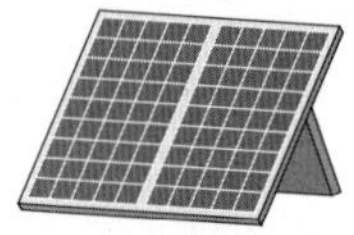

B. 태양 전지에 빛을 비추면 전기 에너지가 생산된다.

C. 지폐에 가시광선을 비출 때 보이지 않던 무늬가 자외선을 비추면 형광 무늬로 나타난다.

빛의 입자성으로 설명할 수 있는 현상만을 있는 대로 고른 것은?

① A ② B ③ A, C ④ B, C ⑤ A, B, C

[24023-0259]

09 그림 (가)와 같이 톰슨은 얇은 금속박에 X선 또는 전자선을 쪼이는 실험을 하였다. 그림 (나)는 각각 X선과 전자선에 의해 사진 건판에 생긴 무늬를 나타낸 것이다.

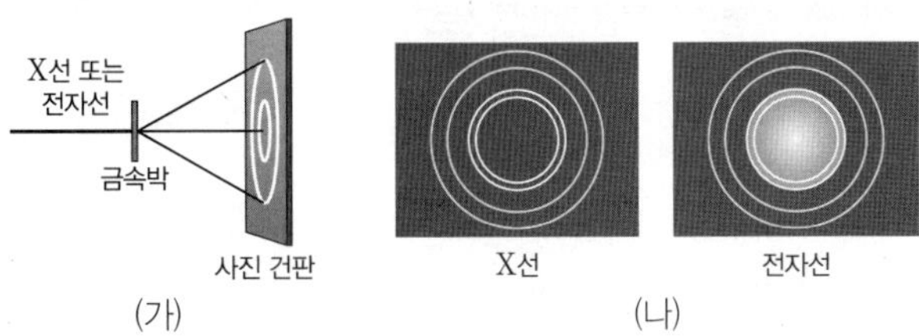

(가) (나)

이에 대한 설명으로 옳은 것만을 <보기>에서 있는 대로 고른 것은?

보기

ㄱ. 사진 건판에 생긴 무늬는 회절 현상에 의한 것이다.
ㄴ. 전자는 파동성을 나타낸다.
ㄷ. 전자선의 속력을 변화시켜도 사진 건판에 나타나는 무늬의 크기와 폭은 변하지 않는다.

① ㄱ ② ㄷ ③ ㄱ, ㄴ ④ ㄴ, ㄷ ⑤ ㄱ, ㄴ, ㄷ

[24023-0260]

10 그림은 학생 A, B, C가 물질파에 대해 대화하는 모습을 나타낸 것이다.

제시한 내용이 옳은 학생만을 있는 대로 고른 것은?

① A ② C ③ A, B ④ B, C ⑤ A, B, C

[24023-0261]

11 그림은 입자 A, B, C의 속력과 물질파 파장을 나타낸 것이다.

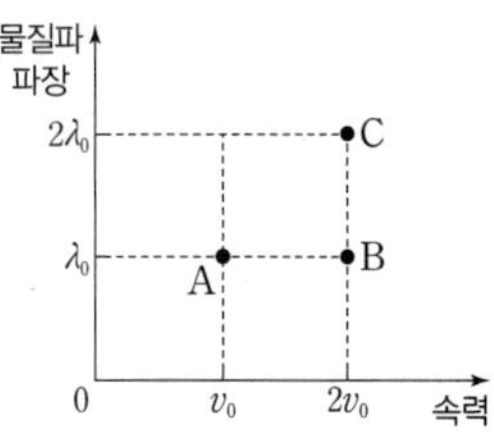

이에 대한 설명으로 옳은 것만을 <보기>에서 있는 대로 고른 것은?

보기

ㄱ. 질량은 A가 B보다 크다.
ㄴ. 운동량의 크기는 B와 C가 같다.
ㄷ. 운동 에너지는 C가 A의 2배이다.

① ㄱ ② ㄴ ③ ㄱ, ㄴ ④ ㄱ, ㄷ ⑤ ㄴ, ㄷ

[24023-0262]

12 다음은 데이비슨·거머 실험에 대한 설명이다.

데이비슨과 거머는 그림과 같은 실험 장치를 이용하여 전자의 (㉠)을 증명하였다. 54 V의 전압으로 가속시킨 전자선을 니켈 결정에 쏘면 입사하는 방향과 50°의 각도를 이루는 곳에서 튀어나온 전자의 수가 가장 많았다. 이는 전자의 (㉡)가 니켈 결정면에서 반사되어 나올 때 특정한 각도에서 (㉢) 간섭이 일어나는 것으로 해석할 수 있다.

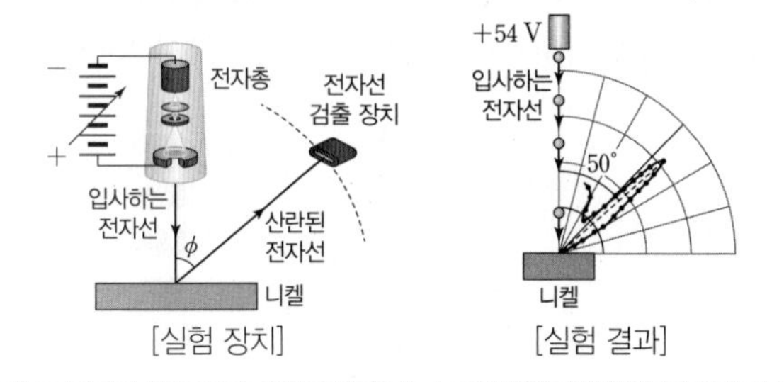

[실험 장치] [실험 결과]

㉠, ㉡, ㉢으로 가장 적절한 것은?

	㉠	㉡	㉢
①	입자성	물질파	상쇄
②	입자성	전자기파	보강
③	이중성	물질파	상쇄
④	파동성	물질파	보강
⑤	파동성	전자기파	보강

[24023-0263]

13 그림은 입자 A, B, C의 물질파 파장을 운동 에너지에 따라 나타낸 것이다.

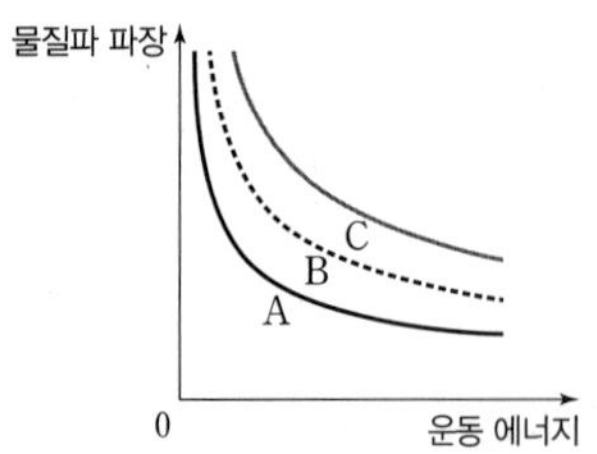

이에 대한 설명으로 옳은 것만을 〈보기〉에서 있는 대로 고른 것은?

보기

ㄱ. A와 B의 물질파 파장이 같을 때, 운동량의 크기는 A와 B가 같다.
ㄴ. 질량은 A가 C보다 작다.
ㄷ. B와 C의 속력이 같을 때, 물질파 파장은 B가 C보다 짧다.

① ㄱ ② ㄷ ③ ㄱ, ㄴ ④ ㄱ, ㄷ ⑤ ㄴ, ㄷ

[24023-0264]

14 그림은 전자총에서 방출된 전자가 단일 슬릿과 이중 슬릿을 통과하여 형광판에 밝고 어두운 무늬를 만든 것을 나타낸 것이다.

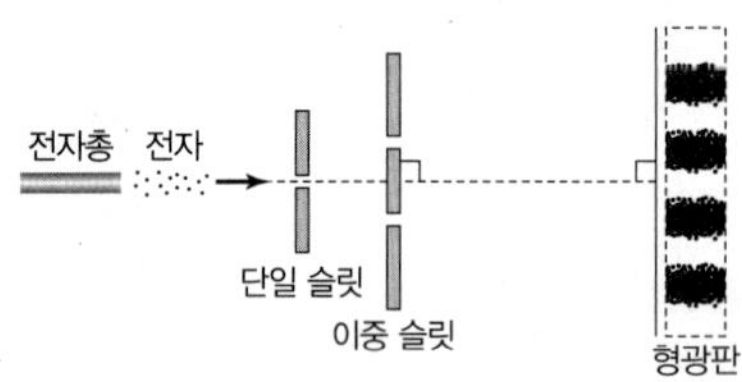

이에 대한 설명으로 옳은 것만을 〈보기〉에서 있는 대로 고른 것은?

보기

ㄱ. 형광판의 간섭무늬는 전자의 파동성으로 설명할 수 있다.
ㄴ. 전자의 물질파가 간섭하여 만든 무늬이다.
ㄷ. 전자의 속력이 클수록 무늬의 간격이 좁아진다.

① ㄱ ② ㄷ ③ ㄱ, ㄴ ④ ㄴ, ㄷ ⑤ ㄱ, ㄴ, ㄷ

[24023-0265]

15 그림은 전자 현미경의 구조를 나타낸 것이다. 전자선이 시료를 투과하여 스크린에 확대된 영상을 만든다. 이에 대한 설명으로 옳은 것만을 〈보기〉에서 있는 대로 고른 것은?

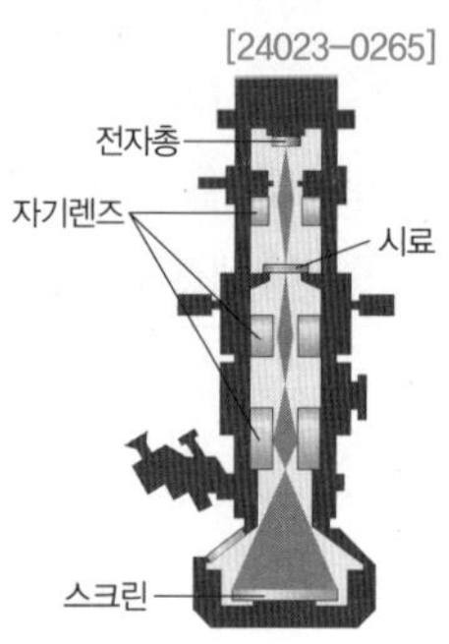

보기

ㄱ. 이 전자 현미경은 투과 전자 현미경이다.
ㄴ. 자기렌즈는 전자를 초점으로 모으는 역할을 한다.
ㄷ. 전자총에서 방출되는 전자의 속력이 클수록 분해능이 좋다.

① ㄱ ② ㄷ ③ ㄱ, ㄴ ④ ㄴ, ㄷ ⑤ ㄱ, ㄴ, ㄷ

[24023-0266]

16 표는 전자 현미경 X, Y의 특징을 나타낸 것이다. X, Y는 주사 전자 현미경과 투과 전자 현미경을 순서 없이 나타낸 것이다.

전자 현미경	X	Y
가속 전압	100 kV~300 kV	10 kV~30 kV
시료	시료를 매우 얇게 만든다.	시료를 전기 전도도가 높은 물질로 얇게 고팅한다.
원리	가속된 전자선을 시료에 투과시켜 스크린에 나타난 상을 관찰한다.	가속된 전자선을 시료의 표면에 쪼여 방출되는 2차 전자를 검출하여 상을 관찰한다.

이에 대한 설명으로 옳은 것만을 〈보기〉에서 있는 대로 고른 것은?

보기

ㄱ. X는 주사 전자 현미경이다.
ㄴ. 사용하는 전자의 물질파 파장은 X에서가 Y에서보다 짧다.
ㄷ. Y를 이용하면 시료 표면의 3차원적 구조를 관찰할 수 있다.

① ㄱ ② ㄴ ③ ㄱ, ㄷ ④ ㄴ, ㄷ ⑤ ㄱ, ㄴ, ㄷ

[24023-0267]

01 그림은 광전관의 금속판 P 또는 Q에 단색광 A 또는 B를 비추는 모습을 나타낸 것이다. 표는 금속판에 비춘 단색광, 광전관의 금속판, 방출된 광전자의 물질파 파장의 최솟값을 나타낸 것이다.

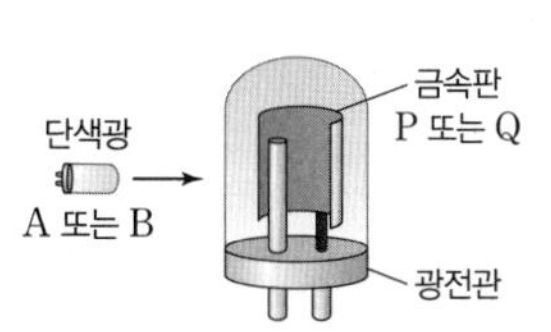

실험	단색광	금속판	광전자의 물질파 파장의 최솟값
Ⅰ	A	P	λ_0
Ⅱ	B	Q	$0.7\lambda_0$
Ⅲ	B	P	$2\lambda_0$

이에 대한 설명으로 옳은 것만을 〈보기〉에서 있는 대로 고른 것은?

보기

ㄱ. 단색광의 파장은 A가 B보다 길다.
ㄴ. 금속판의 문턱 진동수는 P가 Q보다 크다.
ㄷ. 방출된 광전자의 최대 운동량의 크기는 Ⅰ에서가 Ⅲ에서의 2배이다.

① ㄱ ② ㄴ ③ ㄱ, ㄷ ④ ㄴ, ㄷ ⑤ ㄱ, ㄴ, ㄷ

금속판에 비추는 빛의 진동수가 클수록 방출되는 광전자의 최대 운동 에너지가 크고, 광전자의 물질파 파장의 최솟값이 작다.

[24023-0268]

02 그림과 같이 금속판의 영역 Ⅰ, Ⅱ, Ⅲ에 단색광 A, B를 비춘다. Ⅰ과 Ⅲ에는 각각 A, B만 비춰지고, Ⅱ에는 A와 B가 모두 비춰진다. 표는 Ⅰ, Ⅱ, Ⅲ에서 방출되는 광전자의 최대 속력을 나타낸 것이다.

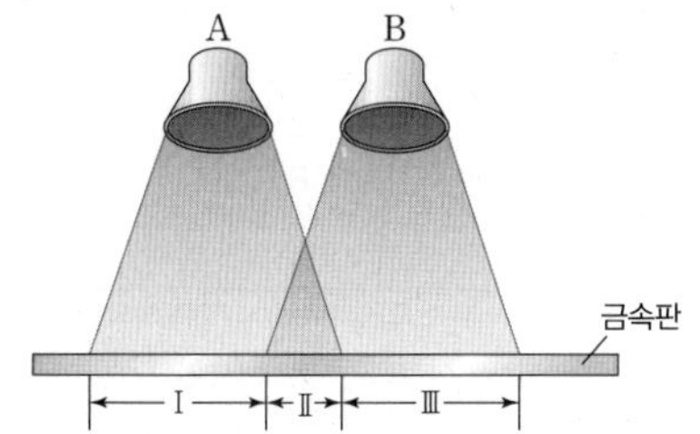

영역	광전자의 최대 속력
Ⅰ	v_0
Ⅱ	㉠
Ⅲ	$2v_0$

이에 대한 설명으로 옳은 것만을 〈보기〉에서 있는 대로 고른 것은?

보기

ㄱ. ㉠은 $3v_0$이다.
ㄴ. 진동수는 A가 B보다 작다.
ㄷ. A의 세기를 2배로 증가시켜 비추면 Ⅰ에서 방출되는 광전자의 최대 속력은 $2v_0$이다.

① ㄱ ② ㄴ ③ ㄱ, ㄷ ④ ㄴ, ㄷ ⑤ ㄱ, ㄴ, ㄷ

금속판에 문턱(한계) 진동수보다 큰 진동수의 빛을 비출 때 광전자가 방출되며, 방출되는 광전자의 최대 속력은 비추는 빛의 진동수가 클수록 크다.

금속판에서 방출되는 광전자의 최대 운동 에너지는 금속판에 비추는 빛의 파장이 짧을수록 크다.

[24023-0269]

03 그림 (가)와 같이 광전관의 금속판 P 또는 Q에 단색광을 비추어 금속판에서 방출되는 광전자의 최대 운동 에너지를 측정한다. 그림 (나)는 금속판 P, Q에 비추는 단색광의 물리량 ㉠에 따라 P, Q에서 방출되는 광전자의 최대 운동 에너지를 나타낸 것이다. ㉠은 진동수와 파장 중 하나이다.

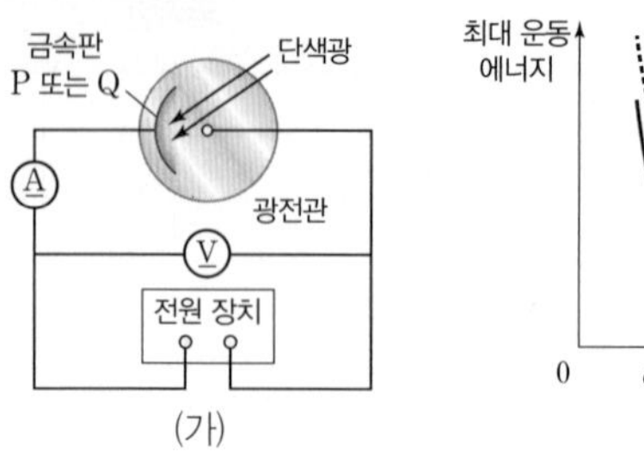

(가)

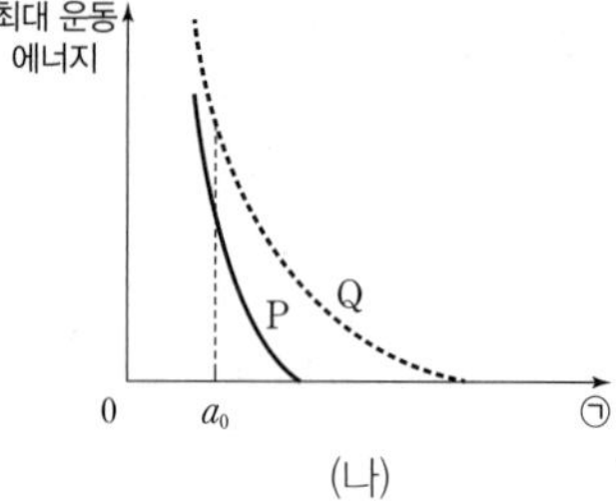

(나)

이에 대한 설명으로 옳은 것만을 <보기>에서 있는 대로 고른 것은?

보기

ㄱ. ㉠은 파장이다.
ㄴ. 금속판의 문턱 진동수는 P가 Q보다 크다.
ㄷ. ㉠이 a_0인 단색광을 비출 때 방출되는 광전자의 물질파 파장의 최솟값은 P에서가 Q에서보다 크다.

① ㄱ ② ㄷ ③ ㄱ, ㄴ ④ ㄴ, ㄷ ⑤ ㄱ, ㄴ, ㄷ

금속판에서 방출되는 광전자의 최대 운동 에너지는 금속판에 비추는 빛의 진동수가 클수록 크다. 또한 광자 1개의 에너지는 진동수에 비례한다.

[24023-0270]

04 그림 (가)는 광전관의 금속판에 단색광 A 또는 B를 비추는 모습을 나타낸 것이고, (나)는 (가)의 금속판에 A 또는 B를 비출 때 방출되는 광전자의 운동 에너지에 따라 방출된 광전자의 수를 나타낸 것이다.

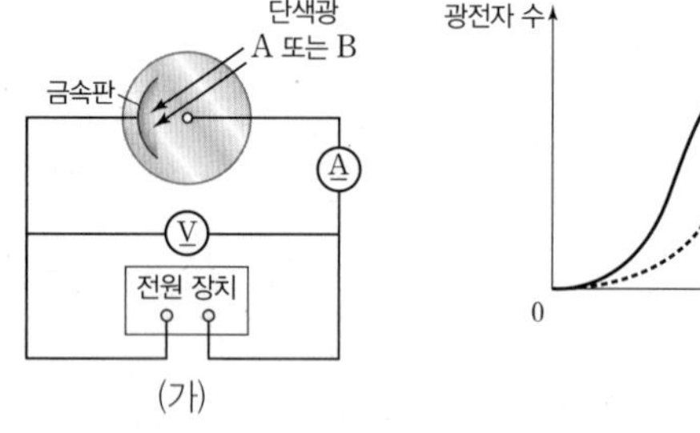

(가) (나)

이에 대한 설명으로 옳은 것만을 <보기>에서 있는 대로 고른 것은?

보기

ㄱ. A의 진동수는 금속판의 문턱 진동수보다 작다.
ㄴ. 광자 1개의 에너지는 B가 A보다 크다.
ㄷ. A와 B를 함께 금속판에 비추면, 광전자의 최대 운동 에너지는 $7E_0$이다.

① ㄱ ② ㄴ ③ ㄱ, ㄷ ④ ㄴ, ㄷ ⑤ ㄱ, ㄴ, ㄷ

[24023-0271]

05 그림은 전하 결합 소자(CCD)의 동일한 화소 P, Q, R에 각각 단색광 a, b, c를 같은 시간 동안 비추었을 때, p-n 접합면에서 생성된 전자가 전극 아래에 모인 것을 나타낸 것이다. P와 R의 전극 아래에 모인 전자의 수는 각각 $2N_0$, N_0이고, Q의 p-n 접합면에서 생성된 전자는 없다. a, b, c의 진동수는 각각 f_1, f_2 중 하나이며, $f_1 > f_2$이다.

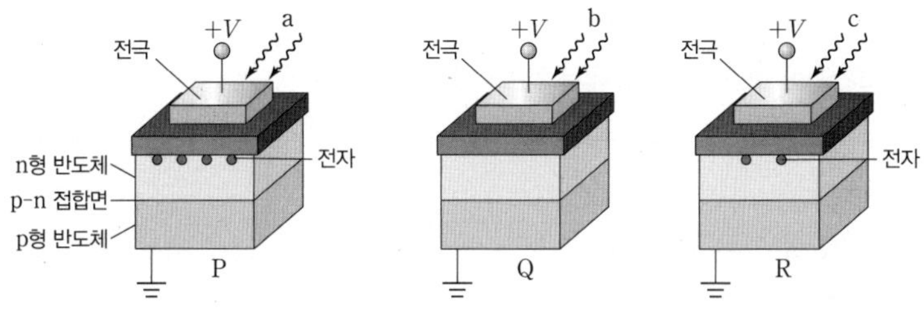

이에 대한 설명으로 옳은 것만을 <보기>에서 있는 대로 고른 것은?

보기

ㄱ. a의 진동수는 f_1이다.
ㄴ. 빛의 세기는 a가 c보다 세다.
ㄷ. b의 세기를 증가시키면 Q의 p-n 접합면에서 전자가 생성된다.

① ㄱ ② ㄷ ③ ㄱ, ㄴ ④ ㄴ, ㄷ ⑤ ㄱ, ㄴ, ㄷ

전하 결합 소자(CCD)에 비추는 빛의 세기가 증가할수록 전극 아래에 모이는 전자의 수가 많다.

[24023-0272]

06 그림은 p-n 접합 광 다이오드에 단색광을 비추는 모습을 나타낸 것이다. 표는 광 다이오드에 비추는 단색광의 세기에 따라 저항에서 전류의 흐름 여부를 나타낸 것이다. 단색광 B와 C의 진동수는 같다.

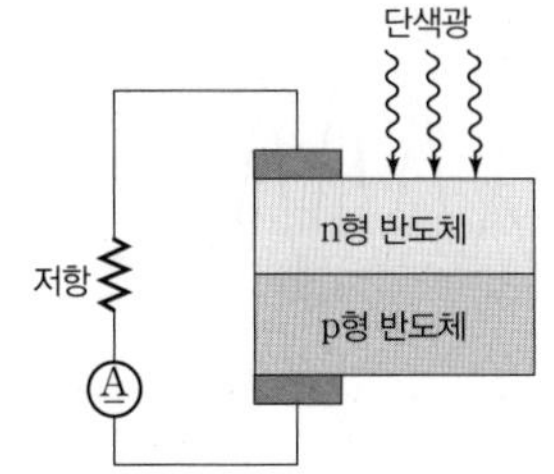

단색광	단색광의 세기	전류의 흐름 여부
A	I_0	흐르지 않음
B	$2I_0$	흐름
C	I_0	흐름

이에 대한 설명으로 옳은 것만을 <보기>에서 있는 대로 고른 것은?

보기

ㄱ. 광자 1개의 에너지는 B가 A보다 크다.
ㄴ. 저항에 흐르는 전류의 세기는 B를 비출 때가 C를 비출 때보다 크다.
ㄷ. A의 세기를 $2I_0$으로 하여 비추면 저항에 전류가 흐른다.

① ㄱ ② ㄷ ③ ㄱ, ㄴ ④ ㄴ, ㄷ ⑤ ㄱ, ㄴ, ㄷ

광 다이오드에는 특정한 진동수 이상의 빛을 비추어야 전자가 생성되어 전류가 흐른다.

질량이 m, 속력이 v인 입자의 운동량의 크기는 mv이고, 입자의 물질파 파장은 $\frac{h}{mv}$ (h: 플랑크 상수)이다.

[24023-0273]

07 표는 입자 A, B, C의 질량, 속력, 물질파 파장을 나타낸 것이다.

입자	질량	속력	물질파 파장
A	m_A	v	λ
B	m_B	v	2λ
C	m_C	$2v$	λ

이에 대한 설명으로 옳은 것만을 〈보기〉에서 있는 대로 고른 것은?

보기

ㄱ. $m_A > m_B$이다.

ㄴ. A와 C의 운동량의 크기는 서로 같다.

ㄷ. 운동 에너지는 C가 B보다 크다.

① ㄱ ② ㄷ ③ ㄱ, ㄴ ④ ㄴ, ㄷ ⑤ ㄱ, ㄴ, ㄷ

스크린에 생긴 무늬는 전자의 물질파 간섭에 의해 생긴 것이다. 전자의 속력이 빠를수록 전자의 물질파 파장이 짧다.

[24023-0274]

08 그림 (가)와 같이 전자총에서 방출되는 전자가 이중 슬릿을 통과하여 스크린상에 도달한다. 그림 (나)는 스크린에 도달한 전자의 수를 스크린상의 위치에 따라 나타낸 것이다. P는 스크린상의 점이며, Δx는 전자가 도달하지 않은 인접한 지점 사이의 간격이다.

(가) (나)

이에 대한 설명으로 옳은 것만을 〈보기〉에서 있는 대로 고른 것은?

보기

ㄱ. 스크린상의 위치에 따라 검출되는 전자의 수가 다른 것은 전자의 파동성으로 설명할 수 있다.

ㄴ. P에서는 전자의 물질파가 상쇄 간섭을 한다.

ㄷ. 전자총에서 방출되는 전자의 속력을 크게 하면 Δx가 작아진다.

① ㄱ ② ㄷ ③ ㄱ, ㄴ ④ ㄴ, ㄷ ⑤ ㄱ, ㄴ, ㄷ

[24023-0275]

09 그림과 같이 입자 A, B가 각각 속력 v_0, $2v_0$으로 영역 P에 동시에 들어가 등가속도 직선 운동을 한 후 P를 동시에 빠져나온다. A, B는 P에서 같은 크기의 일정한 힘을 운동 방향으로 받으며, A, B의 질량은 각각 m, $2m$이다.

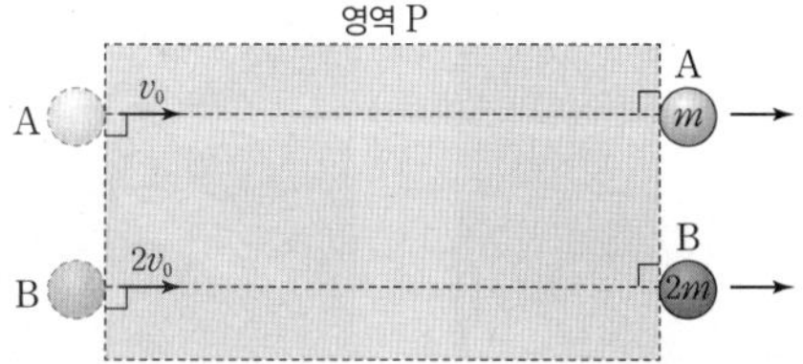

P를 빠져나온 순간 A, B의 물질파 파장을 각각 λ_A, λ_B라고 할 때, $\frac{\lambda_A}{\lambda_B}$는? (단, A, B의 크기는 무시한다.)

① 1 ② $\frac{6}{5}$ ③ $\frac{7}{5}$ ④ $\frac{8}{5}$ ⑤ $\frac{9}{5}$

질량이 m인 입자의 속력이 v일 때, 이 입자의 물질파 파장은 $\frac{h}{mv}$ (h: 플랑크 상수)이다.

[24023-0276]

10 그림 (가)는 전자 현미경 P의 구조를 나타낸 것으로, P는 전자총에서 방출된 전자를 시료 표면에 쪼일 때 방출되는 2차 전자를 검출하여 시료를 관찰한다. 그림 (나)는 P의 전자총의 구조를 나타낸 것으로, P는 주사 전자 현미경과 투과 전자 현미경 중 하나이다.

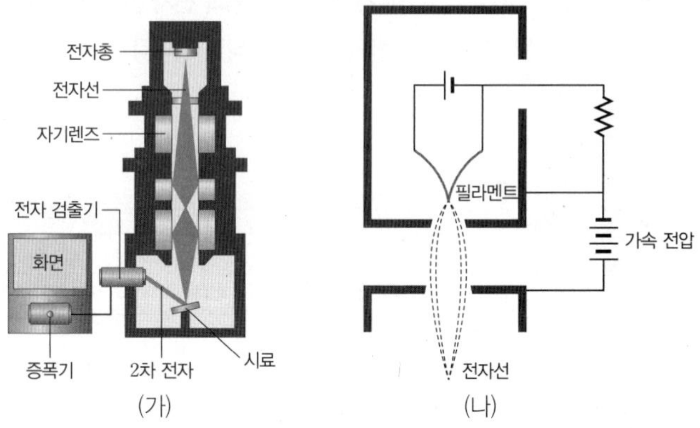

(가) (나)

이에 대한 설명으로 옳은 것만을 〈보기〉에서 있는 대로 고른 것은?

보 기

ㄱ. P는 주사 전자 현미경이다.
ㄴ. P를 이용하면 시료 표면의 3차원적 구조를 관찰할 수 있다.
ㄷ. 전자총에서 전자선을 가속시키는 전압을 크게 하면 전자 현미경의 분해능이 좋아진다.

① ㄱ ② ㄷ ③ ㄱ, ㄴ ④ ㄴ, ㄷ ⑤ ㄱ, ㄴ, ㄷ

주사 전자 현미경은 시료에 전자선을 주사하여 시료를 관찰하고, 전자총에서 전자를 가속시키는 전압이 클수록 전자의 물질파 파장이 짧다.

(나)에서가 (가)에서보다 더 작은 구조를 구분하여 관찰할 수 있다.

[24023-0277]

11 그림 (가), (나)는 광학 현미경과 전자 현미경으로 동일한 물체를 같은 배율로 관찰한 것을 순서 없이 나타낸 것이다.

(가)

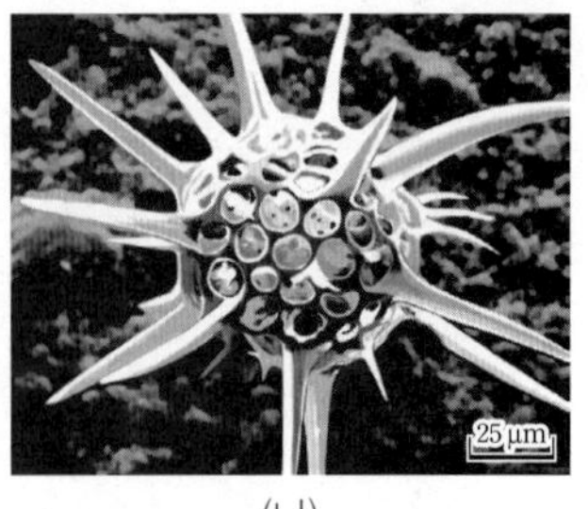

(나)

이에 대한 설명으로 옳은 것만을 <보기>에서 있는 대로 고른 것은?

보기

ㄱ. 전자 현미경으로 관찰한 것은 (나)이다.
ㄴ. (가)와 (나)는 모두 전자기파를 이용하여 관찰한 것이다.
ㄷ. 관찰할 때 사용한 파동의 파장은 (나)에서가 (가)에서보다 짧다.

① ㄱ ② ㄴ ③ ㄱ, ㄴ ④ ㄱ, ㄷ ⑤ ㄴ, ㄷ

전자총에서 전자를 가속시키는 전압이 클수록 전자총에서 방출되는 전자의 속력이 크고, 전자의 운동량의 크기가 크다.

[24023-0278]

12 그림은 투과 전자 현미경의 구조를 나타낸 것이고, 표는 투과 전자 현미경의 전자총에서 전자를 가속시키는 전압과 전자총에서 방출된 전자의 운동량의 크기를 나타낸 것이다.

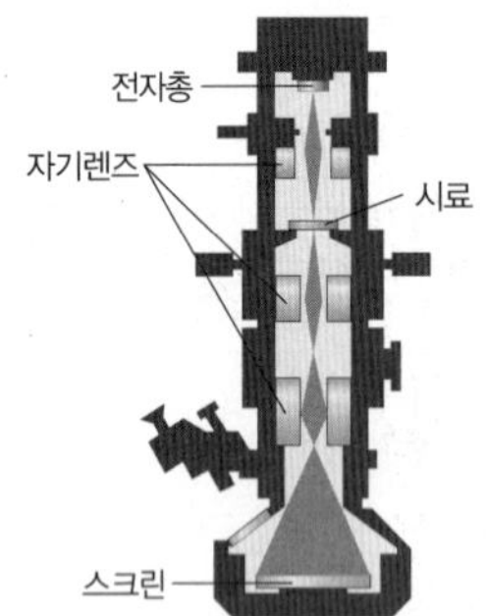

구분	가속 전압	운동량의 크기
Ⅰ	V_0	p_0
Ⅱ	㉠	$2p_0$

이에 대한 설명으로 옳은 것만을 <보기>에서 있는 대로 고른 것은?

보기

ㄱ. ㉠은 V_0보다 크다.
ㄴ. 전자의 물질파 파장은 Ⅰ일 때가 Ⅱ일 때의 2배이다.
ㄷ. Ⅱ일 때가 Ⅰ일 때보다 시료의 더 작은 구조를 구분하여 관찰할 수 있다.

① ㄱ ② ㄷ ③ ㄱ, ㄴ ④ ㄴ, ㄷ ⑤ ㄱ, ㄴ, ㄷ

문제를 사진 찍고
해설 강의 보기

EBSi 사이트
무료 강의 제공

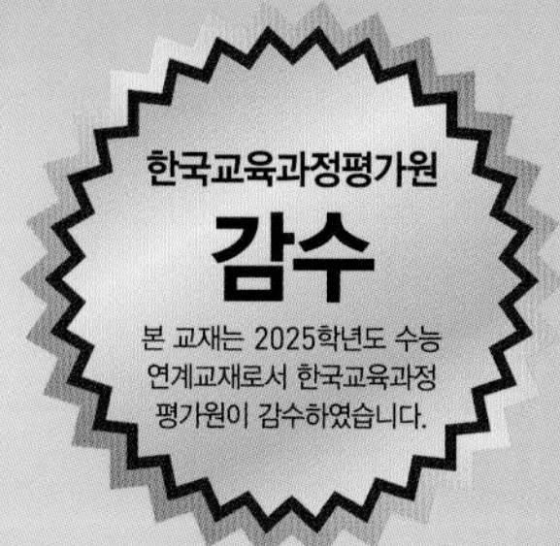

정답과 해설

수능특강

과학탐구영역
물리학 I

2025학년도 수능 연계교재

본 교재는 대학수학능력시험을 준비하는 데 도움을 드리고자 과학과 교육과정을 토대로 제작된 교재입니다.
학교에서 선생님과 함께 교과서의 기본 개념을 충분히 익힌 후 활용하시면 더 큰 학습 효과를 얻을 수 있습니다.

수능특강

과학탐구영역 **물리학 I**

정답과 해설

01 힘과 운동

수능 2점 테스트

본문 16~21쪽

01 ⑤ 02 ③ 03 ⑤ 04 ⑤ 05 ④ 06 ③ 07 ②
08 ③ 09 ④ 10 ① 11 ⑤ 12 ⑤ 13 ③ 14 ①
15 ② 16 ② 17 ③ 18 ③ 19 ② 20 ① 21 ②
22 ⑤ 23 ② 24 ②

01 운동의 분류

물체의 운동은 물체의 속력 변화와 운동 방향의 변화에 따라 분류할 수 있다.
운동의 종류로는 속력과 운동 방향이 모두 일정한 등속 직선 운동, 속력만 변하는 운동, 운동 방향만 변하는 운동, 속력과 운동 방향이 모두 변하는 운동이 있다.
A는 자유 낙하 운동, B는 포물선 운동, C는 등속 원운동을 하는 물체이다.
㉠. 자유 낙하 운동을 하는 물체는 운동 방향이 일정하고 속력은 일정하게 증가하므로, A는 자유 낙하 운동을 하는 물체이다.
㉡. B는 속력과 운동 방향이 모두 변하는 운동을 한다.
㉢. C는 속력은 변하지 않고 운동 방향만 변하는 가속도 운동을 한다.

02 물체의 운동 분석

등속 원운동을 하는 물체는 빠르기는 변하지 않고, 운동 방향만 변하는 가속도 운동을 한다.
~~㉠~~. X의 운동 방향은 p에서와 q에서가 다르므로 X는 속도가 변하는 가속도 운동을 한다.
~~㉡~~. X는 가속도 운동을 하므로 X에 작용하는 알짜힘은 0이 아니다.
㉢. X의 운동 경로는 곡선이므로 p에서 q까지 운동하는 동안 이동 거리는 변위의 크기보다 크다.

03 이동 거리와 변위

물체가 이동한 경로의 길이가 이동 거리이고, 물체의 처음 위치에서 나중 위치까지의 위치 변화량이 변위이다.
㉠. 이동한 경로의 길이, 즉 이동 거리는 A가 B보다 작다.
㉡. 물체가 운동 방향이 변하지 않고 직선 운동을 할 때 이동 거리는 변위의 크기와 같다. 이동 거리는 A가 B보다 작으므로 변위의 크기도 A가 B보다 작다.
㉢. 평균 속력$=\frac{\text{이동 거리}}{\text{걸린 시간}}$이고 같은 시간 동안 이동 거리는 A가 B보다 작으므로, 평균 속력은 A가 B보다 작다.

04 위치-시간 그래프 분석

이동 거리는 물체가 이동한 경로의 길이로 크기만 있고 방향이 없는 물리량이고, 변위는 처음 위치에서 나중 위치까지의 위치 변화량으로 크기와 방향이 모두 있는 물리량이다.
㉠. 위치-시간 그래프에서 기울기는 속도를 나타내므로 기울기의 부호는 속도의 방향을 나타낸다. B의 기울기 부호가 1초일 때와 3초일 때가 반대이므로, 1초일 때와 3초일 때 B의 운동 방향은 서로 반대이다.
㉡. 0초일 때 A, B의 위치가 같고 4초일 때 A, B의 위치가 같으므로 0초부터 4초까지 A와 B의 변위는 같다.
㉢. 0초부터 4초까지 이동 거리는 A가 4 m, B가 12 m이다. 따라서 평균 속력은 A가 $\frac{4\text{ m}}{4\text{ s}}=1\text{ m/s}$, B가 $\frac{12\text{ m}}{4\text{ s}}=3\text{ m/s}$이므로, 평균 속력은 B가 A의 3배이다.

05 등속 직선 운동과 등가속도 운동

물체는 p에서 q까지 등속 직선 운동을 하고 q에서 r까지 등가속도 운동을 하며, 걸린 시간은 p에서 q까지가 q에서 r까지의 2배이다.
④ 수평면에서 물체가 운동하는 데 걸린 시간과 빗면에서 물체가 최고점까지 운동하는 데 걸린 시간이 같으므로 속도-시간 그래프를 그리면 그림과 같다. p에서 q까지 운동하는 데 걸린 시간을 t라고 하면 p에서 q까지 이동 거리는 $L_1=2v_0t$이고, q에서 r까지 이동 거리는 $L_2=\frac{1}{2}(2v_0+v_0)\times\frac{1}{2}t=\frac{3}{4}v_0t$이다.

따라서 $\frac{L_1}{L_2}=\frac{2v_0t}{\frac{3}{4}v_0t}=\frac{8}{3}$이다.

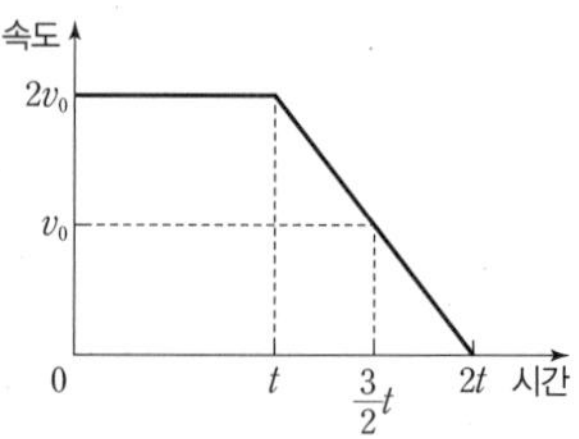

06 등속도 운동과 등가속도 운동

속도-시간 그래프에서 그래프의 기울기는 가속도, 그래프가 시간 축과 이루는 면적은 변위이다.
㉠. 속도-시간 그래프에서 그래프가 시간 축과 이루는 면적은 변

위를 나타낸다. 따라서 $t=0$부터 $t=10$초까지 이동 거리는 $100=4v\times\frac{1}{2}\times2+v\times4+v\times\frac{1}{2}\times4=10v$이므로 $v=10$ m/s이다.

ㄱ(X). 속도-시간 그래프에서 기울기는 가속도이므로 $t=1$초일 때 가속도의 크기는 $\left|\frac{10\text{ m/s}-30\text{ m/s}}{2\text{ s}}\right|=10\text{ m/s}^2$이다.

ㄷ. 물체는 $t=2$초부터 $t=6$초까지 등속도 운동을 하므로 등속도 운동을 하는 동안 이동한 거리는 10 m/s×4 s=40 m이다.

07 빗면에서 물체의 운동

기울기가 일정한 빗면을 따라 내려가는 물체의 운동은 등가속도 직선 운동으로, 속도가 일정하게 변하는 가속도 운동이다. 등가속도 직선 운동의 변위와 시간의 관계는 다음과 같다.

$s=v_0t+\frac{1}{2}at^2$ (s: 변위, v_0: 처음 속도, t: 걸린 시간, a: 가속도)

② A, B의 가속도 방향은 빗면 아래 방향으로 같다. A, B의 가속도의 크기를 a, A와 B가 충돌할 때까지 걸린 시간을 t라고 하면, 충돌할 때까지 A, B의 이동 거리는 각각 $s_A=vt+\frac{1}{2}at^2$, $s_B=vt-\frac{1}{2}at^2$이다. 따라서 $L=s_A+s_B=2vt$에서 $t=\frac{L}{2v}$이다. A와 B가 충돌할 때까지 속도 변화량의 크기를 Δv라고 하면, $v+\Delta v=4(v-\Delta v)$에서 $\Delta v=\frac{3}{5}v$이다. 따라서 가속도의 크기는

$$a=\frac{\Delta v}{t}=\frac{\frac{3v}{5}}{\frac{L}{2v}}=\frac{6v^2}{5L}\text{이다.}$$

08 등가속도 직선 운동

등가속도 직선 운동을 하는 물체의 처음 속도가 v_0, 나중 속도가 v, 변위가 s일 때, 가속도의 크기는 $a=\frac{v^2-v_0{}^2}{2s}$이다.

③ P에서 Q까지의 거리와 Q에서 R까지의 거리가 L로 같고 자동차는 등가속도 직선 운동을 한다. 자동차의 가속도를 a라고 하면 $2aL=v^2-v_0{}^2=49v_0{}^2-v^2$에서 $v=5v_0$이다.

09 직선상에서 물체의 운동

물체가 이동한 총 거리는 'P와 Q 사이의 거리+Q와 R 사이의 거리'이고, '평균 속력×걸린 시간=이동 거리'이다.

ㄱ(X). '물체가 이동한 총 거리=P와 Q 사이의 거리+Q와 R 사이의 거리'이므로 Q에서 물체의 속력을 V라고 하면 $130=\frac{20+V}{2}\times5+\frac{V+16}{2}\times5$에서 $V=8$ m/s이다.

ㄴ. 'Q와 R 사이의 거리=Q와 R 사이의 평균 속력×걸린 시간'이므로 $\frac{8\text{ m/s}+16\text{ m/s}}{2}\times5\text{ s}=60\text{ m}$이다.

ㄷ. P에서 Q까지 가속도의 크기는 $a=\left|\frac{8\text{ m/s}-20\text{ m/s}}{5\text{ s}}\right|=\frac{12}{5}\text{ m/s}^2$이고, Q에서 R까지 가속도의 크기는 $a'=\frac{16\text{ m/s}-8\text{ m/s}}{5\text{ s}}=\frac{8}{5}\text{ m/s}^2$이다. 따라서 가속도의 크기는 P와 Q 사이에서가 Q와 R 사이에서의 $\frac{\frac{12}{5}}{\frac{8}{5}}=\frac{3}{2}$배이다.

10 등속 직선 운동과 등가속도 직선 운동

속력-시간 그래프의 기울기는 가속도의 크기이고, 그래프와 시간 축이 이루는 면적은 이동 거리이다.

① 물체의 속력을 시간에 따라 그래프로 나타내면 그림과 같다.

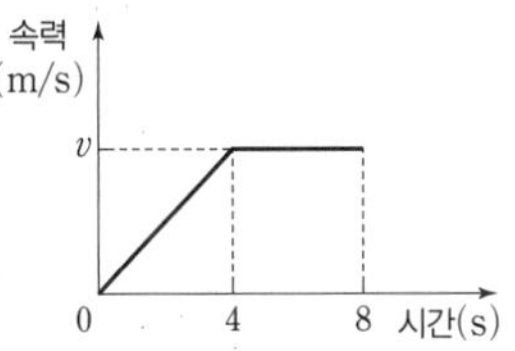

0초부터 8초까지 이동한 거리가 48 m이므로 $48\text{ m}=\frac{1}{2}\times v\times4\text{ s}+v\times4\text{ s}$에서 $v=8$ m/s이고, 0초부터 4초까지 가속도의 크기는 $\frac{8\text{ m/s}}{4\text{ s}}=2\text{ m/s}^2$이다. 따라서 ㉠은 2이고, ㉡은 8이다.

11 등가속도 직선 운동

등가속도 직선 운동을 하는 물체의 평균 속력은 처음 속력과 나중 속력의 중간값이다.

$$v_{평균}=\frac{v_{처음}+v_{나중}}{2}$$

ㄱ. A는 속도가 일정하게 감소하는 등가속도 운동을 한다.

ㄴ. A의 가속도는 $a=\frac{2\text{ m/s}-10\text{ m/s}}{4\text{ s}}=-2\text{ m/s}^2$이므로 2초일 때 A의 속력은 6 m/s이다. 등가속도 직선 운동을 하는 물체의 평균 속력은 $\frac{v_{처음}+v_{나중}}{2}$이므로 0초부터 2초까지 A의 평균 속력은 $\frac{10\text{ m/s}+6\text{ m/s}}{2}=8$ m/s이다.

ㄷ. 0초부터 4초까지 A의 평균 속력은 $\frac{10\text{ m/s}+2\text{ m/s}}{2}=6$ m/s이므로 A가 0초부터 4초까지 이동한 거리는 6 m/s×4 s=24 m이다. 따라서 ㉠은 6이다.

12 가속도 – 시간 그래프 분석

가속도 – 시간 그래프에서 그래프와 시간 축이 이루는 면적은 물체의 속도 변화량과 같다. 가속도의 방향이 운동 방향과 같을 때는 물체의 속력이 증가하고, 가속도의 방향이 운동 방향과 반대일 때는 물체의 속력이 감소한다.
물체의 속도를 시간에 따라 나타내면 그림과 같다.

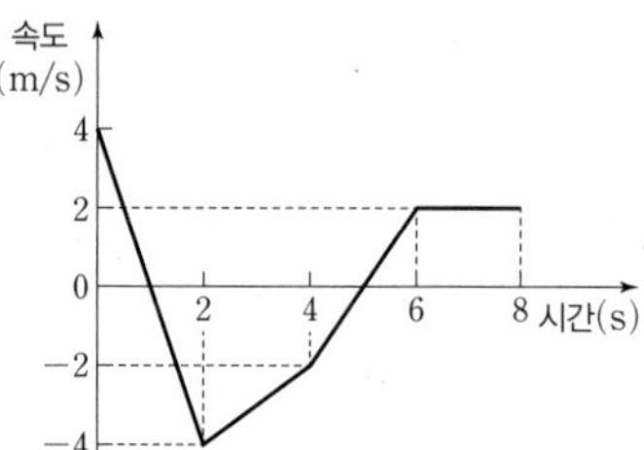

ㄱ. 0초부터 1초까지 물체의 운동 방향은 (+)방향이고, 가속도의 방향은 (−)방향이다. 가속도 – 시간 그래프에서 그래프와 시간 축이 이루는 면적은 속도 변화량을 나타내므로 0초부터 1초까지 속도 변화량은 -4 m/s이다. 따라서 1초일 때 물체의 속력은 0이다.
ㄴ. 2초부터 4초까지 물체의 가속도는 일정하므로 물체는 등가속도 운동을 한다.
ㄷ. 물체가 4초부터 6초까지 이동한 거리는 2 m이고 6초부터 8초까지 이동한 거리는 4 m이므로, 물체의 평균 속력은 4초부터 6초까지가 6초부터 8초까지의 $\frac{1}{2}$배이다.

13 가속도 운동

속도의 방향과 가속도의 방향이 반대인 경우 물체의 속력은 감소하다가 0(=정지)이 된 후 증가한다.
ㄱ. 수평면에서 오른쪽으로 운동하는 경우 속도의 부호를 양(+)이라고 하면, $t=2$초일 때 A의 속력은 0이다. $t=2$초일 때 B의 속력이 0이 되려면 $0=-5\text{ m/s}+㉠\times 2\text{ s}$에서 ㉠은 $+2.5(\text{m/s}^2)$이다.
ㄴ. $t=4$초일 때 A의 속도는 -10 m/s이므로, C의 속도도 -10 m/s이다. 따라서 $t=4$초일 때 C의 속도는
$-10\text{ m/s}=㉡+(-2.5\text{ m/s}^2)\times 4\text{ s}$에서 ㉡은 0이다.
ㄷ. A, B, C의 속도 – 시간 그래프를 나타내면 그림과 같다.

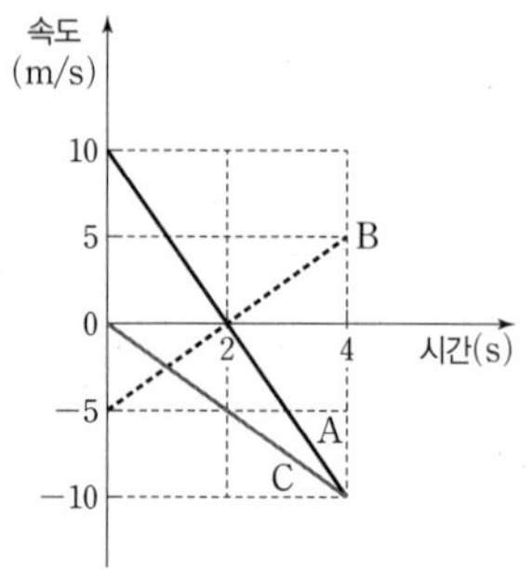

$t=0$부터 $t=4$초까지 A, B의 변위의 크기는 0이고, C의 변위의 크기는 20 m이다. 평균 속도 $=\frac{\text{변위}}{\text{걸린 시간}}$이므로 $t=0$부터 $t=4$초까지 A, B, C의 평균 속도의 크기를 비교하면 C>A=B이다.

14 등가속도 운동

A의 운동 방향과 가속도의 방향이 같으므로 A의 속력은 증가하고, B의 운동 방향과 가속도의 방향이 반대이므로 B의 속력은 감소하다가 0이 된 후 증가한다.
ㄱ. R에서 A, B의 속도를 각각 $3v$, $2v$라고 하면, A가 P에서 R까지 이동하는 동안 속도 변화량의 크기는 B가 Q에서 R까지 이동하는 동안 속도 변화량의 크기와 같으므로
$3v-0=2v-(-6\text{ m/s})$에서 $v=6$ m/s이다.
B가 빗면에서 속력이 0이 될 때의 시각을 t라 하고, A, B의 운동을 속도 – 시간 그래프로 나타내면 그림과 같다.

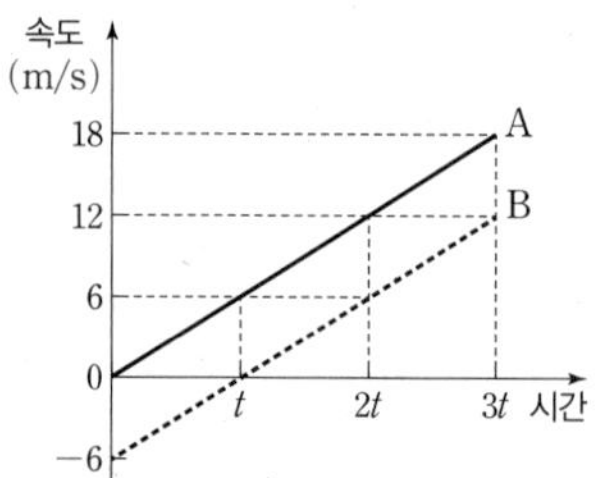

충돌할 때 A의 속력은 B의 속력의 $\frac{3}{2}$배이므로, A와 B는 $3t$일 때 충돌하고 B는 $2t$부터 $3t$까지 18 m를 이동하므로
$18=(6+12)\times\frac{1}{2}\times t$에서 $t=2$초이다. 따라서 A의 가속도 크기는 $\frac{6\text{ m/s}}{2\text{ s}}=3\text{ m/s}^2$이다.
ㄴ. A가 P에서 R까지 이동하는 데 걸린 시간은 6초이고, 이동 거리는 $\frac{1}{2}\times 3\text{ m/s}^2\times(6\text{ s})^2=54$ m이다.
따라서 $s=54\text{ m}-18\text{ m}=36$ m이다.
ㄷ. A의 처음 속도는 0이고, Q를 지날 때의 속력을 v_Q라고 하면 $v_Q^2-0^2=2\times3\times36$에서 $v_Q=6\sqrt{6}$ m/s이다.

15 빗면에서 물체의 운동

수레는 빗면 위에서 등가속도 직선 운동을 하고 등가속도 직선 운동을 하는 물체의 t_1부터 t_2까지 평균 속력은 $\frac{t_1+t_2}{2}$일 때의 순간 속력과 같다.
ㄱ. $t=0$일 때 속력을 v, 가속도의 크기를 a라고 하면 $t=0$부터 $t=t_0$까지 이동 거리는 $2L=vt_0+\frac{1}{2}at_0^2$ ⋯ ①이고, $t=0$부터 $t=2t_0$까지 이동 거리는 $5L=v(2t_0)+\frac{1}{2}a(2t_0)^2$ ⋯ ②이다. ①,

②를 연립하면 $L=at_0^2$, $v=\frac{3L}{2t_0}=\frac{3}{2}at_0$이다. 따라서 $t=0$부터 $t=3t_0$까지 이동한 거리는 $v(3t_0)+\frac{1}{2}a(3t_0)^2=9at_0^2=9L$이다.

ⓒ. $t=0$부터 $t=3t_0$까지 평균 속력은 $\frac{9L}{3t_0}=\frac{3L}{t_0}$이고, $t=t_0$부터 $t=2t_0$까지 평균 속력은 $\frac{3L}{t_0}$이다.

✗. $t=0$부터 $t=2t_0$까지 평균 속력 $\frac{5L}{2t_0}$은 $t=t_0$일 때의 순간 속력과 같고, $t=t_0$부터 $t=3t_0$까지 평균 속력 $\frac{7L}{2t_0}$은 $t=2t_0$일 때의 순간 속력과 같다. 따라서 수레의 속력은 $t=t_0$일 때가 $t=2t_0$일 때의 $\frac{5}{7}$배이다.

16 작용 반작용 법칙

힘은 반드시 두 물체 사이에서 상호 작용을 하므로 물체 A가 물체 B에 힘을 작용하면, B는 A에 반대 방향으로 크기가 같은 힘을 작용한다.

✗. 저울에 나타난 눈금은 두 자석 A, B의 무게와 상자의 무게를 더한 것과 같다. 따라서 100 N이다.

ⓒ. 상자가 A를 받치는 힘의 크기는 A가 상자를 누르는 힘의 크기와 같으므로, 상자가 A를 받치는 힘의 크기=A에 작용하는 자기력의 크기(70 N)+A의 무게(20 N)=90 N이다.

✗. B가 정지해 있으므로 실이 B를 당기는 힘의 크기=B에 작용하는 자기력의 크기(70 N)−B의 무게(30 N)이다. 따라서 실이 B를 당기는 힘의 크기가 40 N이므로 실이 상자 바닥을 당기는 힘의 크기는 40 N이다.

17 힘의 평형

물체가 정지 또는 등속도 운동을 할 때 물체에 작용하는 알짜힘은 0이고, 물체에 작용하는 모든 힘은 평형을 이루고 있다.

ⓐ. (가)에서 A, B에 작용하는 중력의 크기의 합이 $2mg$이므로 B가 수평면을 누르는 힘의 크기는 $2mg$이다. 따라서 작용 반작용 법칙에 의해 수평면이 B를 받치는 힘의 크기는 $2mg$이다.

✗. (나)에서 A가 정지해 있으므로 A에 작용하는 알짜힘은 0이다. 용수철저울이 A를 당기는 힘의 크기가 mg이고 A의 무게도 mg이므로, B가 A를 받치는 힘의 크기는 두 자석 사이에 작용하는 자기력의 크기와 같다. 따라서 자기력이 0이 아니므로 B가 A를 받치는 힘은 0이 아니다.

ⓒ. (가)에서 B가 수평면을 누르는 힘의 크기는 $2mg$이고, (나)에서 용수철저울의 눈금만큼 A의 무게를 상쇄시키므로 B가 수평면을 누르는 힘의 크기는 mg이다. 따라서 B가 수평면을 누르는 힘의 크기는 (가)에서가 (나)에서의 2배이다.

18 등가속도 직선 운동

가속도(a)는 물체에 작용하는 알짜힘(F)에 비례하고, 질량(m)에 반비례한다.

$$a\propto\frac{F}{m},\ F=ma$$

③ A의 가속도를 a라고 하면, B의 가속도는 $\frac{1}{3}a$이다. $t=0$부터 $t=1$초까지 A가 이동한 거리를 s_A, B가 이동한 거리를 s_B라고 하면 $t=1$초일 때 A가 B보다 2 m 앞서 있으므로 $s_A-s_B=2$ m이다. $s_A-s_B=\frac{1}{2}\times a\times1^2-\frac{1}{2}\times\frac{1}{3}a\times1^2=2$에서 $a=6\ \mathrm{m/s^2}$이므로 $F=1\ \mathrm{kg}\times6\ \mathrm{m/s^2}=6$ N이다.

19 등가속도 직선 운동

동일한 크기의 힘이 A, B에 작용하고, 질량은 A가 B의 $\frac{1}{2}$배이므로 가속도의 크기는 A가 B의 2배이다.

② A와 B는 같은 크기의 일정한 힘을 각각 받아 등가속도 직선 운동을 하고, 질량은 B가 A의 2배이므로 가속도의 크기는 A가 B의 2배이다. 따라서 $\frac{v_A-v_0}{t_0}=2\times\frac{v_B-v_0}{t_0}$에서 $v_A-2v_B=-v_0$ ⋯ ①이다. $t=0$부터 $t=t_0$까지 이동 거리는 A가 B의 $\frac{3}{2}$배이므로 평균 속력은 A가 B의 $\frac{3}{2}$배이다. 따라서 $2\times\frac{v_0+v_A}{2}=3\times\frac{v_0+v_B}{2}$에서 $2v_A-3v_B=v_0$ ⋯ ②이다. ①과 ②에 의해 $v_A=5v_0$, $v_B=3v_0$이므로 $\frac{v_A}{v_B}=\frac{5}{3}$이다.

20 뉴턴 운동 법칙

(가)와 (나)에서 A와 B의 질량의 합이 같고, 물체에 작용하는 알짜힘의 크기 비가 2 : 1이므로 물체의 가속도의 크기 비는 2 : 1이다.

ⓐ. A, B를 한 물체로 생각하면 전체 질량은 같은데, 알짜힘의 크기는 (가)에서가 (나)에서의 2배이다. 따라서 가속도의 크기도 (가)에서가 (나)에서의 2배이다.

✗. 실이 A, B를 당기는 힘의 크기는 서로 같다. A, B의 질량을 각각 m_A, m_B라고 할 때, (가)에서 B의 가속도의 크기를 $2a$, 실이 B를 당기는 힘의 크기를 $3T$라고 하면 $3T=m_B\times2a$이고, (나)에서 A의 가속도의 크기는 a, 실이 A를 당기는 힘의 크기는 T이므로 $T=m_A\times a$이다. 따라서 $m_A=\frac{2}{3}m_B$이므로, 질량은 A가 B의 $\frac{2}{3}$배이다.

ㄷ̸. (가)에서 A에 작용하는 알짜힘의 크기는 $\frac{2}{3}m_B \times 2a$이고, (나)에서 B에 작용하는 알짜힘의 크기는 $m_B \times a$이다. 따라서 (가)에서 A에 작용하는 알짜힘의 크기는 (나)에서 B에 작용하는 알짜힘의 크기의 $\frac{4}{3}$배이다.

21 가속도 법칙

뉴턴 운동 제2법칙(가속도 법칙)에 따라 물체의 가속도(a)는 물체에 작용하는 알짜힘(F)에 비례하고 질량(m)에 반비례한다. $\left(a=\frac{F}{m}\right)$

② 크기가 F인 힘을 A, B에 작용하면 $F=(m_A+m_B)\frac{20v}{t}$ … ① 이고, A, C에 작용하면 $F=(m_A+m_C)\frac{15v}{t}$ … ②이며, B, C에 작용하면 $F=(m_B+m_C)\frac{12v}{t}$ … ③이다. ①, ②, ③을 연립하면 $m_A : m_B : m_C=1:2:3$이다.

22 뉴턴 운동 법칙

물체에 작용하는 알짜힘은 물체의 질량과 가속도의 곱이고, 등속도 운동을 하는 물체에 작용하는 알짜힘은 0이다.

㉠. 0부터 t_1까지 A는 등속도 운동을 하므로 A에 작용하는 알짜힘은 0이다.

㉡. t_1부터 t_2까지 B의 속도의 크기가 감소하므로 B에 작용하는 알짜힘의 방향은 B의 운동 방향과 반대이다.

㉢. 속도-시간 그래프에서 기울기는 가속도이다. t_2일 때 기울기의 크기, 즉 가속도의 크기는 B가 A의 2배이고 질량은 B가 A의 2배이므로, 알짜힘의 크기는 B가 A의 4배이다.

23 뉴턴 운동 법칙

p가 A를 당기는 힘의 크기와 p가 B를 당기는 힘의 크기는 작용 반작용 법칙에 의해 같다.

② p가 A를 당기는 힘의 크기가 $\frac{7}{2}mg$이면 p가 B를 당기는 힘의 크기는 작용 반작용 법칙에 의해 $\frac{7}{2}mg$이다. B와 C에 작용하는 알짜힘은 $\frac{7}{2}mg-2mg$이고, 이 힘에 의해 B와 C가 등가속도 운동을 하므로 A, B, C의 가속도는 $a=\frac{\frac{7}{2}mg-2mg}{m+2m}=\frac{1}{2}g$이다. A를 F_0의 힘으로 당길 때 A, B, C의 가속도가 $\frac{1}{2}g$이므로 A에 작용하는 알짜힘의 크기는 mg이다. 따라서 $F_0=\frac{7}{2}mg+mg=\frac{9}{2}mg$이다.

24 뉴턴 운동 법칙

정지한 물체가 등가속도 운동을 하여 같은 거리를 이동하는 데 걸리는 시간이 2배이면 가속도의 크기는 $\frac{1}{4}$배이다.

ㄱ̸. (가), (나)에서 A와 B는 각각 등가속도 운동을 하므로 A와 B가 p에서 q까지 운동하는 데 걸리는 시간의 비가 1 : 2이면 가속도의 크기의 비는 4 : 1이다. 따라서 B의 질량은 A의 질량의 4배이다. 즉, $M=4m$이므로 (가)에서 A, B의 가속도의 크기는 $a=\frac{M}{m+M}g=\frac{4m}{m+4m}g=\frac{4}{5}g$이다.

㉡. (나)에서 A, B의 가속도의 크기는 $a'=\frac{m}{m+M}g=\frac{m}{m+4m}g=\frac{1}{5}g$이므로 B에 작용하는 알짜힘의 크기는 $4m\times\frac{1}{5}g=\frac{4}{5}mg$이다.

ㄷ̸. (가)에서 실이 B를 당기는 힘의 크기는 A에 작용하는 알짜힘의 크기와 같고 A에 작용하는 알짜힘의 크기는 $\frac{4}{5}mg$이므로, 실이 B를 당기는 힘의 크기는 $\frac{4}{5}mg$이다. (나)에서 실이 B를 당기는 힘의 크기는 B에 작용하는 알짜힘의 크기와 같고 B에 작용하는 알짜힘의 크기는 $\frac{4}{5}mg$이므로, 실이 B를 당기는 힘의 크기는 $\frac{4}{5}mg$이다. 따라서 (가)와 (나)에서 실이 B를 당기는 힘의 크기는 $\frac{4}{5}mg$로 같다.

수능 3점 테스트 본문 22~31쪽

01 ④	02 ③	03 ④	04 ⑤	05 ②	06 ②	07 ③
08 ③	09 ③	10 ③	11 ①	12 ①	13 ④	14 ③
15 ②	16 ④	17 ⑤	18 ①	19 ③	20 ④	

01 운동의 분류

물체의 운동은 물체의 속력 변화와 운동 방향의 변화에 따라 분류할 수 있다. 운동의 종류로는 속력과 운동 방향이 모두 일정한 등속 직선 운동, 속력만 변하는 운동, 운동 방향만 변하는 운동, 속력과 운동 방향이 모두 변하는 운동이 있다.

④ A와 같이 운동 방향은 일정하고 속력만 변하는 운동을 하는 것은 (나) 아래로 떨어지는 공이다.

B와 같이 속력은 일정하고 운동 방향만 변하는 운동을 하는 것은 (다) 등속 원운동을 하는 회전 관람차이다.

C와 같이 속력과 운동 방향이 모두 변하는 운동을 하는 것은 (가) 왕복 운동을 하는 시계 추이다.

02 운동의 분류

물체의 속력 변화와 운동 방향의 변화에 따라 운동을 분류할 수 있다. (가)에서 물체는 속력만 변하는 운동을 하고, (나)에서 물체는 속력과 운동 방향이 모두 변하는 운동을 한다.

㉠. (가)에서 물체의 운동 방향은 변하지 않으며, 속력은 변한다.

㉡. (나)에서 물체에는 연직 아래 방향으로 일정한 중력이 작용하므로 물체는 곡선 경로를 따라 운동한다. 따라서 물체는 운동 방향과 속력이 모두 변하는 운동을 한다.

~~㉢~~. (나)의 수평면에서 비스듬하게 던져진 물체에 작용하는 알짜 힘의 방향은 중력 방향으로 일정하다.

03 위치-시간 그래프 분석

평균 속력은 전체 이동 거리를 걸린 시간으로 나눈 값이고, 평균 속도는 변위를 걸린 시간으로 나눈 값이다.

~~㉠~~. 0초부터 15초까지 A의 이동 거리는 125 m이고, B의 이동 거리는 75 m이므로 A의 평균 속력이 B의 평균 속력보다 크다.

㉡. 10초일 때 A의 속력은 0이고 B의 속력은 5 m/s이므로, 10초일 때 B의 속력은 A의 속력보다 5 m/s만큼 크다.

㉢. 10초부터 15초까지 A는 정지 상태에서 일정한 가속도로 -25 m만큼 이동하므로 등가속도 운동 식 $s=\frac{1}{2}at^2$을 적용하면 $-25=\frac{1}{2}\times a\times 5^2$에서 $a=-2\text{ m/s}^2$이다. 따라서 A의 가속도 크기는 2 m/s^2이다.

04 빗면에서 물체의 운동

물체의 운동 방향과 가속도의 방향이 같을 때 물체의 속력은 증가하고, 물체의 운동 방향과 가속도의 방향이 반대일 때 물체의 속력은 감소한다.

⑤ P와 Q 사이의 거리와 Q와 R 사이의 거리가 같고, 두 구간에서 물체가 운동한 시간의 비가 3 : 7이다. '이동 거리=평균 속력×걸린 시간'이므로 두 구간에서 물체의 평균 속력의 비는 7 : 3이다. 물체가 P를 지나 처음으로 Q를 지날 때의 속력은 v이므로 물체가 P에서 Q까지 운동할 때의 평균 속력은 $\frac{v_0+v}{2}$이고, Q에서 R까지 운동할 때의 평균 속력은 $\frac{v}{2}$이다. 두 구간에서 평균 속력의 비가 7 : 3이므로 $\frac{v_0+v}{2}\times 3=\frac{v}{2}\times 7$에서 $v_0=\frac{4}{3}v$이다. 따라서 가속도의 크기는 $\frac{\text{속도 변화량의 크기}}{\text{걸린 시간}}$이므로

$$㉠=\frac{\frac{1}{3}v}{3t_0}=\frac{v}{9t_0},\ ㉡=\frac{v}{7t_0}\text{이고 }\frac{㉠}{㉡}=\frac{\frac{v}{9t_0}}{\frac{v}{7t_0}}=\frac{7}{9}\text{이다.}$$

05 등가속도 직선 운동

자동차가 $t=0$부터 $t=t_0$까지 등가속도 운동을 할 때 자동차의 평균 속력은 $t=\frac{1}{2}t_0$일 때의 순간 속력과 같다.

② A, B가 Q에서 R까지 이동하는 동안 평균 속력은 A가 B의 3배이다. B가 Q에서 R까지 이동하는 데 걸린 시간이 t_0이므로 A가 Q에서 R까지 이동하는 데 걸린 시간은 $\frac{1}{3}t_0$이다. 따라서 A는 $t=\frac{2}{3}t_0$일 때 Q를 지난다. $t=t_0$일 때 B의 속력을 v라고 하면 B가 Q에서 R까지 이동하는 동안 평균 속력은 $\frac{1}{2}v$이고, A가 Q에서 R까지 이동하는 동안 평균 속력은 $\frac{3}{2}v$이다. 즉, A가 $t=\frac{2}{3}t_0$에서 $t=t_0$까지 등가속도 운동을 할 때 평균 속력은 $t=\frac{\frac{2}{3}t_0+t_0}{2}=\frac{5}{6}t_0$일 때의 순간 속력과 같다. $t=\frac{5}{6}t_0$일 때 A의 속력은 $\frac{3}{2}v$이고, A, B의 가속도가 같으므로 $\frac{\frac{3}{2}v-v_0}{\frac{5}{6}t_0}=\frac{v}{t_0}$에서 $v=\frac{3}{2}v_0$이다. A는 $t=\frac{2}{3}t_0$일 때 Q를 지나므로, Q를 지날 때 A의 속력은 $v_0+\frac{3}{2}v_0\times\frac{2}{3}=2v_0$이다.

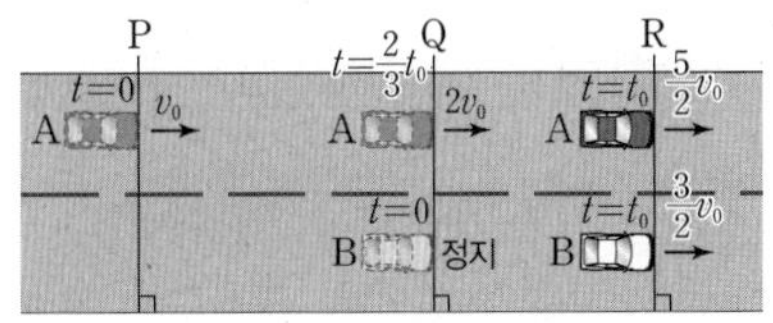

06 등가속도 직선 운동

B가 0부터 t_1까지 이동한 거리는 0부터 $2t_1$까지 이동한 거리의 $\frac{1}{4}$배이다.

② $s=\frac{1}{2}at^2$에 의해 0부터 t_1까지 B가 이동한 거리는 0부터 $2t_1$까지 B가 이동한 거리의 $\frac{1}{4}$배인 $\frac{1}{4}L_2$이다. A, B의 속도-시간 그래프 아래 면적이 같으므로 A가 정지할 때까지 이동한 거리는 $L_2=L_1+\frac{1}{4}L_2$이다. 따라서 $\frac{L_2}{L_1}=\frac{4}{3}$이다.

07 등가속도 직선 운동

등가속도 직선 운동에서 t_1일 때 속력이 v_1, t_2일 때 속력이 v_2라면, t_1부터 t_2까지 평균 속력은 $\frac{v_1+v_2}{2}$이다.

ㄱ. $t=0$부터 $t=t_0$까지 A의 이동 거리는

$30\text{ m}=2\text{ m/s}\times t_0+\frac{1}{2}a_0t_0^2$ … ①이고, B의 이동 거리는

$18\text{ m}=\frac{1}{2}a_0t_0^2$ … ②이다. ①, ②에 의해 $t_0=6$초이다.

ㄴ. B는 0초부터 6초까지 18 m를 이동하므로

$18\text{ m}=\frac{1}{2}\times a_0\times(6\text{ s})^2$에서 $a_0=1\text{ m/s}^2$이다.

ㄷ. 0초부터 3초까지 A의 이동 거리는 $\frac{2\text{ m/s}+5\text{ m/s}}{2}\times 3\text{ s}$ $=\frac{21}{2}$ m이고, B의 이동 거리는 $\frac{3}{2}\text{ m/s}\times 3\text{ s}=\frac{9}{2}$ m이다. 따라서 3초일 때, P와 A 사이의 거리는 P와 B 사이의 거리보다 6 m만큼 크다.

08 등속도 운동과 등가속도 운동

등속도 운동을 하는 물체의 이동 거리는 $s=vt$(v: 속력, t: 걸린 시간)이고, 등가속도 운동을 하는 물체의 이동 거리는

$s=v_0t+\frac{1}{2}at^2$(v_0: 처음 속력, a: 가속도)이다.

③ $t=0$일 때 A와 B 사이의 거리는 15 m이고 $t=1$초일 때 A와 B 사이의 거리는 8 m이다. p의 위치를 0, B의 가속도의 크기를 a라고 하면, $t=1$초일 때 B의 위치는 $\frac{1}{2}a(1^2)+15$이고, A의 위치는 v이다. $t=1$초일 때 A와 B 사이의 거리가 8 m이므로 $\frac{1}{2}a+15-v=8$에서 $\frac{1}{2}a-v=-7$ … ①이다. $t=3$초일 때 B의 위치는 $\frac{1}{2}a(3^2)+15$이고, A의 위치는 $3v$이다. $t=3$초일 때 A와 B 사이의 거리가 6 m이므로 $\frac{9}{2}a+15-3v=6$에서

$3a-2v=-6$ … ②이다. ①, ②를 연립하면 $a=4\text{ m/s}^2$이고, $v=9\text{ m/s}$이다.

$t=2$초일 때 B의 위치는 $\frac{1}{2}\times 4\times 2^2+15=23(\text{m})$이고, A의 위치는 $9\times 2=18(\text{m})$이다. 따라서 $t=2$초일 때 A와 B 사이의 거리는 $23\text{ m}-18\text{ m}=5\text{ m}$이다.

09 등가속도 직선 운동

등가속도 직선 운동에서 시간 t_1인 순간 속력이 v_1, 시간 t_2인 순간 속력이 v_2일 때, t_1부터 t_2까지 평균 속력은 $\frac{v_1+v_2}{2}$이다.

ㄱ. A가 P에서 R까지, B가 P에서 Q까지 운동하는 데 걸리는 시간을 t라고 하면, A, B의 가속도의 크기가 각각 $2a$, a이므로 A, B의 속도 변화량은 각각 $2at$, at가 된다. 따라서 $v_A=v_0+2at$, $v_B=v_0+at$이므로 t 동안 A의 평균 속력은 $\frac{v_0+(v_0+2at)}{2}$ $=v_0+at$이고, B의 평균 속력은 $\frac{v_0+(v_0+at)}{2}=v_0+\frac{1}{2}at$이다. 또한 A, B가 t 동안 이동한 거리는 각각 $3L$, $2L$이므로 A의 평균 속력은 B의 평균 속력의 $\frac{3}{2}$배이다. 그러므로 $at=2v_0$이 되어 $v_A=5v_0$, $v_B=3v_0$이므로 $v_A : v_B=5 : 3$이다.

ㄴ. 가속도는 단위 시간 동안의 속도 변화량이므로 B의 가속도는 $a=\frac{\Delta v_B}{t}$와 같다. B가 P에서 Q까지 운동하는 동안 B의 속도 변화량은 $\Delta v_B=3v_0-v_0=2v_0$이고 걸린 시간은 $t=\frac{2L}{v_B}=\frac{2L}{2v_0}$ $=\frac{L}{v_0}$이므로 $a=\frac{2v_0}{\left(\frac{L}{v_0}\right)}=\frac{2v_0^2}{L}$이다.

ㄷ. A의 가속도의 크기는 $2a=\frac{4v_0^2}{L}$이고, P에서 Q까지의 이동 거리는 $2L$이다. 이를 등가속도 직선 운동의 관계식에 적용하면 $2\left(\frac{4v_0^2}{L}\right)2L=v^2-v_0^2$이 되어 $v^2=17v_0^2$이다. 따라서 Q를 통과할 때의 A의 속력은 $v=\sqrt{17}v_0$이다.

10 등가속도 운동

A에서 C까지 운동하는 동안 평균 속력은 B에서의 순간 속력과 같다.

③ 물체는 일정한 시간 간격마다 이동 거리가 증가하므로 운동 방향과 같은 방향으로 가속도의 크기가 a_0인 등가속도 운동을 한다. 일정한 시간 간격을 t, A에서 물체의 속력을 v라고 하면, B에서 속력은 $v+a_0t$, C에서 속력은 $v+2a_0t$, D에서 속력은 $v+3a_0t$이다. A에서 C까지의 거리는 $3L$이므로

$(v+2a_0t)^2-v^2=2\times a_0\times 3L$ … ①이다. B에서 D까지의 거리는 $4L$이므로 $(v+3a_0t)^2-(v+a_0t)^2=2\times a_0\times 4L$ … ②이다. ①, ②를 정리하면 $a_0t=\sqrt{\frac{a_0L}{2}}$에서 $v=\frac{L}{t}$이다. A에서 C까지 운동하는 데 걸린 시간은 $2t$이고, 이동 거리는 $3L$이므로 A에서 C까지 평균 속력은 $\frac{3L}{2t}$이다. A에서 C까지 운동하는 동안 평균 속력 $\frac{3L}{2t}$은 B에서의 순간 속력과 같으므로 $v+a_0t=\frac{3L}{2t}$이다. 따라서 $v=\sqrt{2a_0L}$이다. 그러므로 A에서 D까지 운동하는 동안 평균 속력은 $\frac{v+(v+3a_0t)}{2}=v+\frac{3}{2}a_0t=\sqrt{2a_0L}+\frac{3}{2}\sqrt{\frac{a_0L}{2}}=\frac{7}{4}\sqrt{2a_0L}$이다.

11 힘의 평형

한 물체에 작용하는 두 힘의 합력이 0일 때 두 힘은 힘의 평형 관계에 있고, 두 물체 사이의 상호 작용으로 나타나는 두 힘은 작용 반작용 관계에 있다.

ㄱ. B가 마찰이 없는 빗면에 정지해 있으므로 B는 A쪽 방향으로 힘을 받는다. 즉, A와 B 사이에는 서로 당기는 방향으로 자기력이 작용한다.

ㄴ. A와 B 사이에 작용하는 자기력은 작용 반작용 관계이므로 크기가 같다.

ㄷ. A에는 중력에 의해 빗면 아래 방향으로 작용하는 힘과 B에 의한 자기력의 합이 용수철이 A를 당기는 힘과 평형을 이루고 있다. 따라서 용수철이 A에 작용하는 힘의 크기는 A에 작용하는 자기력의 크기보다 크다.

12 힘의 평형과 작용 반작용

작용 반작용 관계에 있는 두 힘은 힘의 크기가 같고, 힘의 방향은 서로 반대 방향이며, 두 힘은 서로 상호 작용 하는 각각의 물체에 작용한다.

ㄱ. (가)에서 물체는 정지해 있으므로 물체에 작용하는 알짜힘은 0이다.

ㄴ. (나)에서 용수철이 물체를 미는 힘의 크기와 물체에 작용하는 중력의 합이 F_0이므로 물체가 용수철에 작용하는 힘의 크기는 F_0보다 작다.

ㄷ. (가)에서 '용수철이 물체를 당기는 힘의 크기=물체에 작용하는 중력의 크기+F_0'이고, (나)에서 '용수철이 물체를 미는 힘의 크기=F_0−물체에 작용하는 중력의 크기'이다. 용수철이 물체에 작용하는 힘의 크기는 (가)에서가 (나)에서보다 크므로 $\frac{d}{d_0}<1$이다.

13 뉴턴 운동 법칙

상자 바닥이 B를 받치는 힘의 크기를 F, A와 B가 서로에게 작용하는 힘의 크기를 f라고 하면 A, B에 작용하는 힘은 그림과 같다.

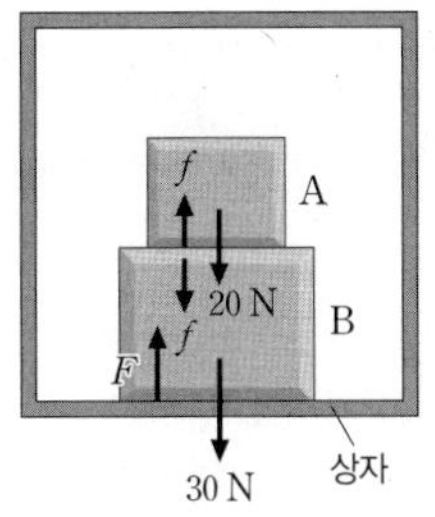

ㄱ. A, B와 상자가 $5\ \mathrm{m/s^2}$의 가속도로 등가속도 운동을 하므로 운동 방정식을 적용하면 $(5+m)\times5=100-(5+m)\times10$에서 $m=\frac{5}{3}$ kg이다.

ㄴ. A에 작용하는 알짜힘인 10 N은 B가 A를 위로 받치는 힘과 A에 작용하는 중력 20 N의 합이므로, B가 A를 받치는 힘의 크기는 30 N이다.

ㄷ. 상자 바닥이 B를 받치는 힘의 크기를 F라고 하면 $F-50=5\times5$에서 $F=75$ N이다.

14 작용 반작용 법칙과 힘의 평형

수평면이 C를 수직으로 떠받치는 힘의 크기는 A, B, C에 작용하는 중력의 크기의 합과 같다.

ㄱ. A가 정지해 있으므로 A가 B와 C로부터 받은 자기력의 합력과 A에 작용하는 중력은 평형을 이룬다.

ㄴ. B에 작용하는 힘은 중력과 A, C로부터 받는 자기력이다. B가 A와 C로부터 받은 자기력의 합력의 크기는 $2mg$이므로, B에 작용하는 중력의 크기는 $2mg$이다. 따라서 m_B는 $2m$이다.

ㄷ. A, B, C가 서로에게 작용하는 힘은 물체 내부에서만 작용하는 힘이다. 따라서 A, B, C 전체를 하나의 물체로 생각하면 수평면이 C를 수직으로 떠받치는 힘의 크기는 $4mg$이다.

15 뉴턴 운동 법칙

물체가 정지 또는 등속도 운동을 할 때 물체에 작용하는 알짜힘은 0이므로 물체에 작용하는 모든 힘은 평형을 이루고 있다.

ㄱ. (가)에서 A에 작용하는 알짜힘은 0이고 (나)에서 A는 등가속도 운동을 하므로, A에 작용하는 알짜힘의 크기는 (가)에서가 (나)에서보다 작다.

ㄴ. (나)에서 A에 작용하는 알짜힘을 F_0이라고 하면, B에 작용하는 알짜힘은 $20-F_0$이다. 두 힘이 서로 같으므로 $20-F_0=F_0$에서 $F_0=10$ N이다. (가)에서 $\frac{1}{2}F_0=10m$이므로 $m=\frac{1}{2}$ kg이다.

ㄷ. (나)에서 전체 질량은 1 kg이고 알짜힘의 크기는 20 N이다. 따라서 가속도의 크기는 $a=\frac{20\ \mathrm{N}}{1\ \mathrm{kg}}=20\ \mathrm{m/s^2}$이다.

16 뉴턴 운동 법칙

$t=t_0$일 때 실이 끊어진 B는 빗면 위에서 최고점에 도달한 후, 다시 내려가 $t=3t_0$일 때 실이 끊어진 지점을 통과한다. 따라서 실이 끊어지기 전과 실이 끊어진 후 B의 가속도의 크기는 같으므로 실이 끊어지기 전 B의 가속도 크기를 a라고 하면 실이 끊어진 후

B의 가속도 크기는 a이다. 그림은 B의 속도를 t에 따라 나타낸 것이다.

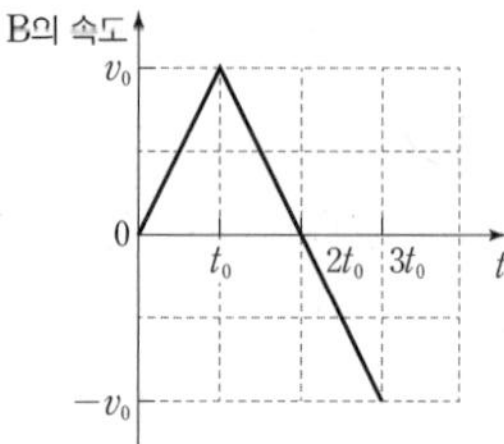

④ B에 작용하는 중력에 의해 B가 빗면 아래 방향으로 받는 힘의 크기를 f라고 하면, 실이 끊어지기 전 A, B의 가속도 크기는 $(m+2m)a=mg-f$에서 $a=\frac{g}{3}-\frac{f}{3m}$ … ①이고, 실이 끊어진 후 B의 가속도의 크기는 $2ma=f$로부터 $a=\frac{f}{2m}$ … ②이다. ①, ②에 의해 $a=\frac{1}{5}g$이다. 따라서 실이 끊어지기 전 실이 B를 당기는 힘의 크기는 $F_0-f=2ma$로부터 $F_0=\frac{2}{5}mg+\frac{2}{5}mg=\frac{4}{5}mg$이다.

17 뉴턴 운동 법칙

(가)에서 A에 작용하는 중력에 의해 빗면 아래 방향으로 작용하는 힘의 크기는 (나)에서 B에 작용하는 중력에 의해 빗면 아래 방향으로 작용하는 힘의 크기의 $\frac{1}{2}$배이다.

ㄱ. (가)에서 A의 가속도 크기는 $4a_0$이고, A에 작용하는 중력에 의해 A가 빗면 아래 방향으로 받는 힘의 크기를 f라고 하면, $(m+2m)4a_0=2mg+f$ … ①이다. (나)에서 B의 가속도 크기는 $3a_0$이고, B에 작용하는 중력에 의해 B가 빗면 아래 방향으로 받는 힘의 크기는 $2f$이다. A, B가 등가속도 운동을 하므로 $(m+2m)3a_0=mg+2f$ … ②이다.

①, ②에 의해 $15ma_0=3mg$, $a_0=\frac{1}{5}g$, $f=\frac{2}{5}mg$이다.

ㄴ. (가)에서 실이 A를 당기는 힘의 크기를 $T_{(가)}$라고 하면, $T_{(가)}+f=m\times 4a_0$에서 $T_{(가)}=\frac{2}{5}mg$이고, (나)에서 실이 A를 당기는 힘의 크기를 $T_{(나)}$라고 하면 $m\times 3a_0=mg-T_{(나)}$에서 $T_{(나)}=\frac{2}{5}mg$이다. 따라서 실이 A를 당기는 힘의 크기는 (가)에서와 (나)에서가 $\frac{2}{5}mg$로 같다.

ㄷ. B에 작용하는 알짜힘의 크기는 (가)에서는 $2m\times 4a_0=8ma_0$이고, (나)에서는 $2m\times 3a_0=6ma_0$이다. 따라서 B에 작용하는 알짜힘의 크기는 (가)에서가 (나)에서의 $\frac{4}{3}$배이다.

18 뉴턴 운동 법칙과 물체의 운동

A, B에 중력에 의해 빗면 아래 방향으로 작용하는 힘의 크기는 (가)에서와 (나)에서가 같다.

① (가)에서 A, B가 함께 가속도 크기가 $4\ m/s^2$인 등가속도 운동을 하므로 A, B에 작용하는 알짜힘의 크기는 $5\ kg\times 4\ m/s^2=20\ N$이다. A에 빗면 위 방향으로 크기가 30 N인 힘이 작용하므로 A, B에 작용하는 중력에 의해 빗면 아래 방향으로 작용하는 힘의 크기는 10 N이다. 물체에 중력에 의해 빗면 아래 방향으로 작용하는 힘의 크기는 질량에 비례하므로 A, B에 작용하는 빗면 아래 방향의 힘의 크기는 각각 4 N, 6 N이다. 따라서 (가)에서 A가 B에 작용하는 힘의 크기는 $F_{(가)}=12\ N+6\ N=18\ N$이다. (나)에서 B에 빗면과 나란한 방향으로 30 N의 힘과 A, B에 중력에 의해 빗면 아래 방향으로 10 N의 힘이 작용하므로 A, B의 가속도의 크기는 $a'=\frac{40\ N}{(2+3)\ kg}=8\ m/s^2$이다. (나)에서 A가 B에 작용하는 힘의 크기는 $F_{(나)}=30\ N+6\ N-24\ N=12\ N$이다. 따라서 $\frac{F_{(가)}}{F_{(나)}}=\frac{18\ N}{12\ N}=\frac{3}{2}$이다.

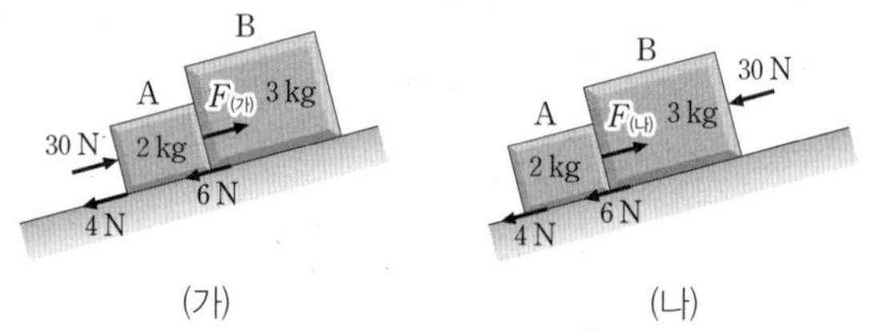

19 뉴턴 운동 법칙

p가 A를 당기는 힘의 크기는 p가 B를 당기는 힘의 크기와 같다.

ㄱ. (가)에서 p가 B를 당기는 힘의 크기는 p가 A를 당기는 힘의 크기와 같은 $\frac{12}{5}mg$이므로 A에 작용하는 알짜힘의 크기는 $\frac{12}{5}mg-2mg=\frac{2}{5}mg$이고, A의 가속도 크기는 $2ma_{(가)}=\frac{2}{5}mg$에서 $a_{(가)}=\frac{1}{5}g$이다. A, B, C가 함께 운동하므로 B의 가속도 크기도 $\frac{1}{5}g$이다.

ㄴ. B의 가속도 크기는 (나)에서가 (가)에서의 2배이므로 B의 가속도 크기는 $a_{(나)}=\frac{2}{5}g$이고, C의 가속도 크기도 $\frac{2}{5}g$이다. C에 작용하는 알짜힘의 크기는 $5m\times\frac{2}{5}g=2mg$이고, C에 $5mg$의 중력이 작용하므로, p가 C를 당기는 힘의 크기는 $3mg$이다. 따라서 p가 B를 당기는 힘의 크기는 $3mg$이다.

ㄷ. (가)와 (나)에서 B의 가속도 방향은 서로 반대 방향이다. B의 질량을 m_B, B에 작용하는 중력에 의해 빗면 아래 방향으로 작용

하는 힘의 크기를 f라고 할 때, (가), (나)에 뉴턴 운동 법칙을 적용하면 다음과 같다.

(가): $(7m+m_{\mathrm{B}})\frac{1}{5}g=3mg-f$ … ①

(나): $(7m+m_{\mathrm{B}})\frac{2}{5}g=3mg+f$ … ②

①, ②를 연립하면 $m_{\mathrm{B}}=3m$이다.

20 뉴턴 운동 법칙과 물체의 운동

q가 끊어지면 B는 운동 방향과 같은 방향으로 가속도의 크기가 $\frac{1}{2}g$인 등가속도 직선 운동을 하고, p가 끊어지면 B는 속력이 0이 되기 전까지 운동 방향과 반대 방향으로 가속도의 크기가 g인 등가속도 직선 운동을 한다.

④ (가)에서 A, B, C가 정지해 있으므로 A, B, C에 작용하는 알짜힘은 0이다. p가 B에 작용하는 힘의 크기는 $6mg$이고, q가 B에 작용하는 힘의 크기를 T_{q}라고 하면, $6mg=m_{\mathrm{B}}g+T_{\mathrm{q}}$이다. r가 C에 작용하는 힘의 크기를 T_{r}라고 하면,
$T_{\mathrm{q}}=2mg+T_{\mathrm{r}}$이고 $T_{\mathrm{q}}=2T_{\mathrm{r}}$이므로 $T_{\mathrm{q}}=4mg$이다. 따라서 $6mg=m_{\mathrm{B}}g+4mg$에서 $m_{\mathrm{B}}=2m$이다.
q가 끊어졌을 때 A, B의 가속도의 크기는 $a=\frac{6m-2m}{6m+2m}g=\frac{1}{2}g$이다. 즉, q가 끊어진 후 B는 연직 위 방향으로 가속도의 크기 $\frac{1}{2}g$로 등가속도 운동을 하고, p가 끊어진 후에는 연직 아래 방향으로 가속도의 크기 g로 등가속도 운동을 한다. B의 가속도의 크기는 p가 끊어지기 전이 끊어진 후의 $\frac{1}{2}$배이므로 0부터 t_0까지 B의 속도를 시간에 따라 나타내면 그림과 같다.

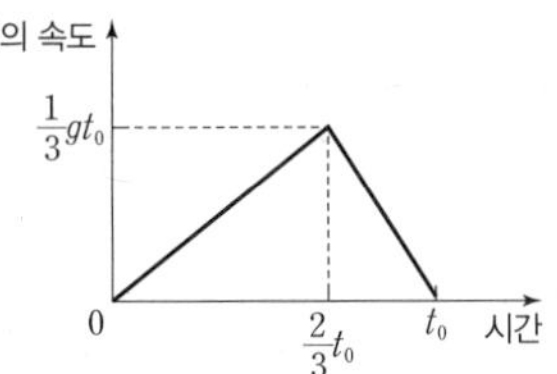

따라서 B가 이동한 거리는 $h_0=\frac{1}{6}gt_0^2$이다.

02 운동량과 충격량

수능 2점 테스트

본문 38~40쪽

01 ⑤ 02 ④ 03 ④ 04 ③ 05 ② 06 ③ 07 ②
08 ① 09 ③ 10 ⑤ 11 ② 12 ⑤

01 운동량 보존

충돌 후 한 덩어리가 된 A와 B의 운동량의 크기가 $3mv$이므로 충돌 전 A의 운동량의 크기는 $3mv$이다.
㉠. (가)에서 A의 속력을 v_{A}라고 하면, 충돌 전후 전체 운동량이 보존되므로 $mv_{\mathrm{A}}+0=(m+2m)v$에서 $v_{\mathrm{A}}=3v$이다.
㉡. 충돌하는 동안 작용 반작용 법칙에 따라 A, B는 서로 같은 크기의 힘을 같은 시간 동안 서로 반대 방향으로 받는다. 따라서 A가 B로부터 받는 평균 힘의 크기와 B가 A로부터 받는 평균 힘의 크기는 같다.
㉢. A가 받은 충격량은 A의 운동량 변화량과 같다. 충돌 전후 A의 운동량의 크기는 각각 $3mv$, mv이므로 충돌하는 동안 A가 B로부터 받은 충격량의 크기는 $2mv$이다.

02 운동량 보존

A와 B가 충돌하는 동안 A가 B로부터 받은 평균 힘의 크기는 $F=\frac{\Delta p}{\Delta t}$($\Delta p$: A의 운동량 변화량의 크기, Δt: 충돌 시간)이다.
ㄱ. 충돌 전후 A와 B의 운동량의 합은 일정하게 보존된다. 충돌 후 B의 운동량의 크기를 p_{B}라고 하면, $2p+0=-p+p_{\mathrm{B}}$에서 $p_{\mathrm{B}}=3p$이다.
㉡. 충돌 전후 A의 운동량의 크기가 각각 $2p$, p이므로 충돌 전 A의 속력은 $2v$이다. A, B의 질량을 각각 m_{A}, m_{B}라고 하면, 충돌 전후 전체 운동량이 보존되므로 $m_{\mathrm{A}}(2v)+0=m_{\mathrm{A}}(-v)+m_{\mathrm{B}}v$이다. 따라서 $\frac{m_{\mathrm{B}}}{m_{\mathrm{A}}}=3$이므로 질량은 B가 A의 3배이다.
㉢. 충돌 전후 A의 운동량 변화량의 크기는 $3p$이고, A와 B는 t_1부터 t_2까지 충돌하므로 충돌 시간은 t_2-t_1이다. 따라서 A와 B가 충돌하는 동안 A가 B로부터 받은 평균 힘의 크기는 $\frac{3p}{t_2-t_1}$이다.

03 운동량 보존

A, B, C가 충돌할 때 외부에서 힘이 작용하지 않으면 충돌 전 A, B, C의 운동량의 합과 충돌 후 A, B, C의 운동량의 합은 일정하게 보존된다.

④ B의 질량을 m_B라고 하면, 충돌 전후 전체 운동량은 보존되므로 $2m(3v)+m_B(2v)+3m(-v)=(5m+m_B)v$이다. 따라서 $m_B=2m$이다.

04 운동량 보존

(가)에서 p와 q 사이의 거리를 $4d$라고 하면, 충돌 전 A, B의 속력이 각각 v, $3v$이므로 A와 B는 p로부터 오른쪽으로 d만큼 떨어진 지점에서 충돌한다.

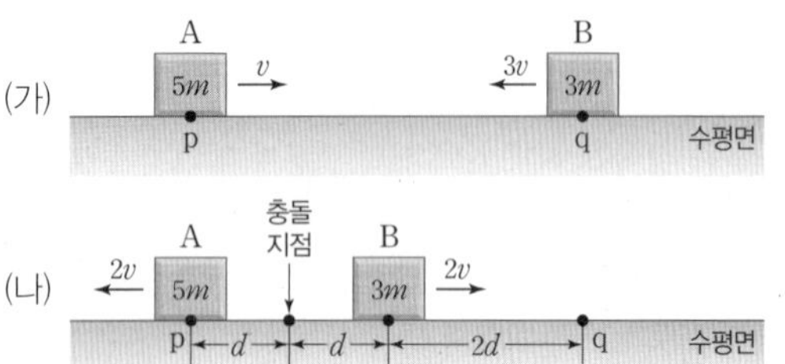

㉠. A의 질량은 $5m$이고, 충돌 전 A의 속력은 v이므로 (가)에서 A의 운동량의 크기는 $5mv$이다.

✗. 충돌한 후 같은 시간 동안 서로 반대 방향으로 각각 d만큼 운동하므로 충돌 후 A와 B의 속력은 서로 같다.

㉢. 충돌 후 A, B의 속력을 v'라고 하면, 충돌 전후 전체 운동량이 보존되므로 $5mv+3m(-3v)=5m(-v')+3mv'$에서 $v'=2v$이다. 충돌 전후 B의 운동량의 크기는 각각 $9mv$, $6mv$이고, 방향은 서로 반대이므로 B의 운동량 변화량의 크기는 $15mv$이다. 따라서 충돌하는 동안 B가 A로부터 받은 충격량의 크기는 $15mv$이다.

05 운동량 보존

A, B는 충돌 전 속력이 서로 같고, 0부터 t_0까지 각각 $\frac{d}{2}$만큼 운동하여 충돌하므로 0부터 t_0까지 A, B의 속력은 $\frac{d}{2t_0}$이다.

② t_0부터 $5t_0$까지 A와 B 사이의 거리가 d만큼 멀어지므로 충돌 후 A, B의 속력을 각각 v_A, $v_A+\frac{d}{4t_0}$라 하면, 충돌 전후 전체 운동량이 보존되므로 $m\left(\frac{d}{2t_0}\right)+2m\left(-\frac{d}{2t_0}\right)=mv_A+2m\left(v_A+\frac{d}{4t_0}\right)$에서 $v_A=-\frac{d}{3t_0}$이다. 따라서 $3t_0$일 때, A의 운동량의 방향은 왼쪽이고, 크기는 $\frac{md}{3t_0}$이다.

06 운동량-시간 그래프 분석

$F\Delta t=\Delta p$(F: 물체가 받는 힘, Δt: 힘을 받는 시간, Δp: 물체의 운동량 변화량)에서 $F=\frac{\Delta p}{\Delta t}$이므로 운동량-시간 그래프에서 그래프의 기울기는 물체에 작용하는 힘(알짜힘)이다.

㉠. 물체가 받은 충격량은 물체의 운동량 변화량과 같다. 2초, 4초일 때 물체의 운동량의 크기는 각각 16 kg·m/s, 20 kg·m/s이다. 따라서 2초부터 4초까지 물체의 운동량 변화량의 크기가 4 kg·m/s이므로 물체가 받은 충격량의 크기는 4 N·s이다.

✗. 운동량-시간 그래프의 기울기는 1초일 때가 3초일 때보다 크므로, 물체에 작용하는 알짜힘의 크기는 1초일 때가 3초일 때보다 크다.

㉢. 운동량은 속도에 비례하므로 2초일 때와 4초일 때 물체의 속력을 각각 $4v$, $5v$라고 하면, 물체가 0초부터 4초까지 운동한 거리가 26 m이므로 $\left(\frac{0+4v}{2}\right)\times 2\text{ s}+\left(\frac{4v+5v}{2}\right)\times 2\text{ s}=26\text{ m}$에서 $v=2$ m/s이다. 따라서 2초일 때 물체의 속력은 8 m/s이고, 운동량의 크기는 16 kg·m/s이므로 물체의 질량은 2 kg이다.

07 충격량과 평균 힘

질량이 m인 물체에 평균 힘 F가 시간 Δt 동안 작용하여 속도가 v_0에서 v로 변할 때, $F\Delta t=mv-mv_0$이다.

② 0.2초일 때 질량이 20 kg인 스톤의 속력이 2 m/s이므로 운동량의 크기는 40 kg·m/s이고, 0.6초일 때 속력이 4 m/s이므로 운동량의 크기는 80 kg·m/s이다. 스톤이 받은 충격량의 크기는 스톤의 운동량 변화량의 크기와 같으므로 0.2초부터 0.6초까지 스톤이 받은 충격량의 크기는 40 N·s이다. 따라서 0.2초부터 0.6초까지 스톤이 받은 평균 힘의 크기는 $\frac{40\text{ N}\cdot\text{s}}{0.4\text{ s}}=100\text{ N}$이다.

08 운동량과 충격량

힘-시간 그래프에서 그래프와 시간 축이 이루는 면적은 충격량이다. 충돌하는 두 물체가 서로에게 작용하는 힘의 크기는 같고 충돌 시간이 같으므로, 두 물체가 받은 충격량의 크기도 같다.

㉠. A, B의 질량은 각각 1 kg, 2 kg이고, 충돌 전 A, B의 속력은 각각 5 m/s, 1 m/s이므로 충돌 전 A, B의 운동량의 크기는 각각 5 kg·m/s, 2 kg·m/s이다. 따라서 충돌 전 A와 B의 운동량의 합의 크기는 7 kg·m/s이다.

✗. 충돌하는 동안 A가 B로부터 받은 충격량의 크기가 4 N·s이므로 B가 A로부터 받은 충격량의 크기도 4 N·s이다.

✗. 충돌하는 동안 B가 받은 충격량의 크기가 4 N·s이므로 B의 운동량 변화량의 크기는 4 kg·m/s이다. 충돌 전 B의 운동량의 크기가 2 kg·m/s이므로 충돌 후 B의 운동량의 크기는 6 kg·m/s이다. B의 질량이 2 kg이므로 충돌 후 B의 속력은 3 m/s이다.

09 힘-시간 그래프 분석

힘-시간 그래프에서 그래프와 시간 축이 이루는 면적은 충격량으로 물체의 운동량 변화량과 같다. 따라서 그래프의 면적 계산을 통해 물체의 운동량 변화를 분석할 수 있다.

ㄱ. 0초부터 5초까지 물체의 속력이 6 m/s만큼 증가하였으므로 물체의 운동량 변화량의 크기는 12 kg·m/s이다. 힘-시간 그래프에서 0초부터 5초까지 그래프와 시간 축이 이루는 면적(=충격량)이 $4F_0-2F_0=2F_0$[N·s]이므로 $2F_0$[N·s]=12 kg·m/s에서 F_0=6 N이다.
ㄴ. 0초일 때 물체의 속력이 2 m/s이므로 운동량의 크기는 4 kg·m/s이고, 0초부터 1초까지 운동량이 12 kg·m/s만큼 증가하므로 1초일 때 물체의 운동량의 크기는 16 kg·m/s이다.
ㄷ. 물체의 속력-시간 그래프를 나타내면 그림과 같다. 속력-시간 그래프에서 그래프와 시간 축이 이루는 면적은 물체가 이동한 거리이므로 0초부터 5초까지 물체가 이동한 거리는
$\left(\frac{2\text{ m/s}+14\text{ m/s}}{2}\right)\times 2\text{ s}+14\text{ m/s}\times 1\text{ s}+\left(\frac{14\text{ m/s}+8\text{ m/s}}{2}\right)$
$\times 2\text{ s}=52$ m이다.

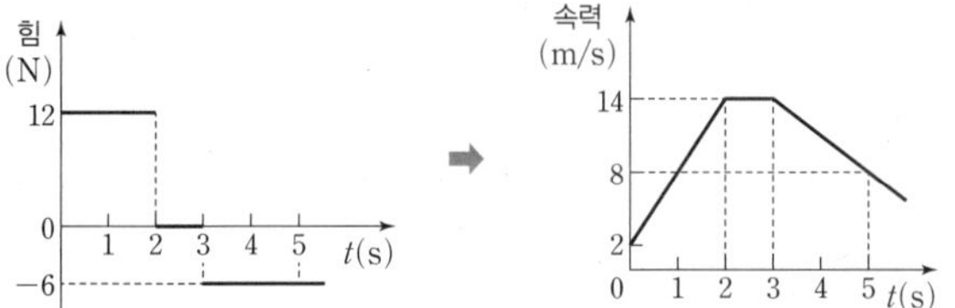

10 운동량 보존

물체의 질량이 m이고, 운동량의 크기가 p일 때, 물체의 운동 에너지는 $E_k=\frac{p^2}{2m}$이다.
ㄱ. A와 B가 분리되는 동안 용수철이 A에 작용하는 힘의 크기와 용수철이 B에 작용하는 힘의 크기는 서로 같고, 분리되는 시간이 같으므로 용수철로부터 받는 평균 힘의 크기는 A와 B가 같다.
ㄴ. A와 B가 분리되기 전 A와 B의 운동량의 합은 0이므로 분리된 후 A, B의 운동량의 크기는 같고, 방향은 서로 반대이다. 분리된 후 A, B의 운동량의 크기를 p, A와 B의 질량을 각각 m_A, m_B라고 하면, $\frac{p^2}{2m_A} : \frac{p^2}{2m_B}=3E_0 : E_0$에서 $\frac{m_B}{m_A}=3$이다.
ㄷ. (나)에서 A, B의 운동량의 크기는 같고, 질량은 B가 A보다 크므로 속력은 A가 B보다 크다.

11 운동량과 충격량의 관계

물체가 받는 평균 힘의 크기는 운동량의 변화량(=충격량)에 비례하고, 충돌 시간에 반비례한다.
② 물체가 벽과 충돌하는 동안 속도 변화량의 크기는 $5v$이고, 마찰 구간에서 운동하는 동안 속도 변화량의 크기는 $2v$이다. 물체의 질량을 m이라고 하면, 물체가 벽과 충돌하는 동안과 마찰 구간에서 운동하는 동안 운동량의 변화량(=충격량)의 크기는 각각 $5mv$, $2mv$이다. 물체가 벽으로부터 힘을 받은 시간은 $2t_0$이므로 $F_A=\frac{5mv}{2t_0}$이고, 마찰 구간에서 힘을 받은 시간은 t_0이므로 $F_B=\frac{2mv}{t_0}$이다. 따라서 $\frac{F_B}{F_A}=\frac{4}{5}$이다.

12 충돌과 안전장치

매트는 높이뛰기 선수가 매트와 충돌할 때, 충돌 시간을 길게 하여 선수에게 가해지는 평균 힘의 크기를 감소시켜 충격을 완화한다.
ㄱ. 높은 곳에서 뛰어내려 착지할 때 무릎을 굽히면 충돌 시간이 길어져 사람에게 가해지는 평균 힘의 크기가 감소한다.
ㄴ. 포수가 공을 받을 때 글러브를 뒤로 빼면서 받으면 충돌 시간이 길어져 포수에게 가해지는 평균 힘의 크기가 감소한다.
ㄷ. 태권도 선수의 머리 보호대는 푹신한 재질로 만든다. 보호대는 선수가 충격을 받을 때 충돌 시간을 길게 하여 선수에게 가해지는 평균 힘의 크기를 감소시킨다.

수능 3점 테스트

본문 41~45쪽

01 ② 02 ① 03 ④ 04 ③ 05 ③ 06 ① 07 ⑤
08 ② 09 ⑤ 10 ②

01 운동량

물체는 크기가 일정한 힘을 받아 등가속도 직선 운동을 한다. 가속도가 일정할 때, 속도 변화량의 크기는 힘을 받는 시간에 비례한다. 각 구간에서 물체가 운동하는 동안 걸린 시간과 속도 변화량의 크기를 나타내면 표와 같다.

구간	충격량의 크기	걸린 시간	속도 변화량의 크기
p에서 q까지	$2I_0$	$2t$	$2v'$
q에서 r까지	I_0	t	v'

② p에서 물체의 속력을 v라고 하면, q에서 물체의 속력은 $v+2v'$이고, r에서 물체의 속력은 $v+3v'$이다. p와 q 사이의 거리와 q와 r 사이의 거리는 같으므로
$\frac{v+(v+2v')}{2}\times 2t=\frac{(v+2v')+(v+3v')}{2}\times t$에서 $v'=2v$이다. 따라서 r에서 물체의 속력은 $7v$이다. 물체의 질량이 같을 때 운동량의 크기는 속력에 비례하므로 r에서 물체의 운동량의 크기는 $7p_0$이다.

02 운동량 보존 실험

운동량은 질량과 속도의 곱이다. 운동량의 변화량은 충격량과 같고, 충돌할 때 받는 평균 힘의 크기는 $F=\frac{\Delta p}{\Delta t}$($\Delta p$: 운동량 변화량의 크기, Δt: 충돌 시간)이다.

㉠. A의 질량이 0.3 kg이고 충돌 전 A의 속력이 0.8 m/s이므로 충돌 전 A의 운동량의 크기는 0.24 kg·m/s이다.

ㄴ. 충돌 후 A와 B는 한 덩어리가 되어 운동하고, 충돌 전후 전체 운동량이 보존되므로 0.3 kg×0.8 m/s=(0.3 kg+㉠)×0.6 m/s에서 B의 질량 ㉠은 0.1 kg이다.

ㄷ. 평균 힘의 크기는 물체가 받은 충격량(운동량의 변화량)의 크기를 충돌 시간으로 나눈 값이다. A가 B와 충돌하는 동안 A의 운동량 변화량의 크기는

0.3 kg×|0.6 m/s−0.8 m/s|=0.06 kg·m/s이고, 충돌 시간은 0.02초이다. 따라서 A와 B가 충돌하는 동안 A가 B로부터 받은 평균 힘의 크기는 $\frac{0.06\ \mathrm{N\cdot s}}{0.02\ \mathrm{s}}$=3 N이다.

03 운동량-시간 그래프 분석

마찰 구간에서 물체의 가속도의 크기를 a, 물체가 이동한 거리를 s, 마찰 구간에 들어가는 순간 물체의 속력을 v라고 하면, 등가속도 운동 식에서 $2(-a)s=0-v^2$이다. 또한 마찰 구간에서 A, B의 가속도가 같으므로 $s\propto v^2$이다. 즉, 마찰 구간에서 물체가 이동한 거리는 마찰 구간에 들어가는 순간 물체의 속력의 제곱에 비례한다.

ㄱ. 마찰 구간에서 물체가 이동한 거리는 B가 A보다 크므로 마찰 구간에 들어가는 순간 물체의 속력은 B가 A보다 크다. (나)에서 마찰 구간에 들어가는 순간 A, B의 운동량의 크기가 p_0으로 같으므로 질량은 A가 B보다 크다.

㉡. 운동량-시간 그래프에서 그래프의 기울기는 물체에 작용하는 힘(알짜힘)이다. 질량은 A가 B보다 크고, 가속도의 크기는 A와 B가 서로 같으므로 물체에 작용하는 알짜힘의 크기는 A가 B보다 크다. (나)에서 기울기의 크기는 X가 Y보다 크므로 A의 운동량을 시간에 따라 나타낸 그래프는 X이다.

㉢. 마찰 구간에서 B의 운동량을 나타낸 그래프는 Y이다. B는 $2t_0$ 동안 운동량이 p_0만큼 변한다. 운동량의 변화량은 충격량과 같으므로 마찰 구간에서 B가 받은 힘의 크기는 $\frac{p_0}{2t_0}$이다.

04 운동량 보존

A와 B가 $x=2d$에서 충돌한 후 A, B는 같은 시간 동안 각각 d, $2d$만큼 이동하므로 A와 B가 충돌한 후 A, B의 속력을 각각 v, $2v$라고 할 수 있다.

③ A, B가 충돌하기 전 A의 속력을 v_A라고 하면, A와 B의 충돌 전후 전체 운동량이 보존되므로 $mv_A=m(-v)+2m(2v)$에서 $v_A=3v$이다. A는 t_0 동안 $3v$의 속력으로 $2d$만큼 $+x$ 방향으로 운동한 후 v의 속력으로 d만큼 $-x$ 방향으로 운동하고, C는 t_0 동안 $-x$ 방향으로 $5d$만큼 운동하므로 B와 충돌하기 전 C의 속력을 v_C라고 하면 $t_0=\frac{2d}{3v}+\frac{d}{v}=\frac{5d}{v_C}$에서 $v_C=3v$이다.

C의 질량을 m_C라고 하면, B와 C의 충돌 전후 전체 운동량이 보존되므로 $2m(2v)+m_C(-3v)=(2m+m_C)v$에서 $m_C=\frac{1}{2}m$이다.

05 운동량 보존

2초일 때 B와 벽이 충돌하고, 4초일 때 A와 B가 충돌한 후 한 덩어리가 되어 운동한다.

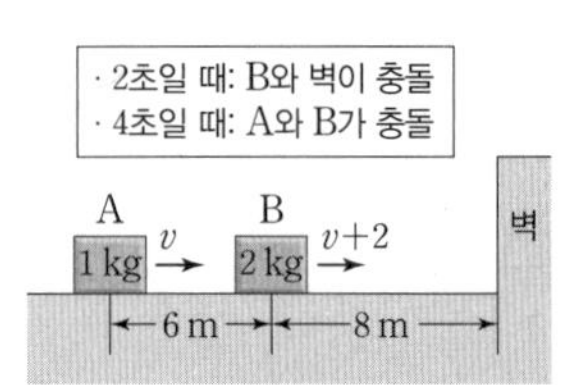

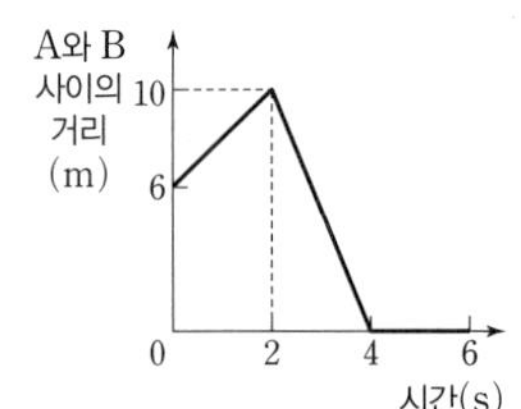

㉠. 0초부터 2초까지 A와 B 사이의 거리가 4 m만큼 멀어지므로 1초일 때 A, B의 속력을 각각 v, $(v+2)$라고 하면, 2초부터 4초까지 A와 B 사이의 거리가 10 m에서 가까워져 A와 B가 만나므로 3초일 때 B의 속력은 $(5-v)$이다. 3초일 때 운동량의 크기는 B가 A의 3배이므로 2 kg×$(5-v)$=3×1 kg×v에서 v=2 m/s이다. 따라서 1초일 때 A, B의 운동량의 크기는 각각 2 kg·m/s, 8 kg·m/s이므로 B가 A의 4배이다.

㉡. B가 0초부터 2초까지 4 m/s의 속력으로 이동하여 벽과 2초일 때 충돌하므로 0초일 때 B와 벽 사이의 거리는 8 m이다. 벽과 충돌한 후 B는 왼쪽 방향으로 3 m/s의 속력으로 등속도 운동을 하다가 4초일 때 A와 충돌하므로 충돌 위치는 벽으로부터 왼쪽 방향으로 6 m만큼 떨어진 지점이다.

ㄷ. 4초일 때 A와 B는 충돌하여 한 덩어리가 되어 운동한다. 충돌 후 한 덩어리가 된 물체의 속도를 v'라고 하면, 충돌 전후 전체 운동량이 보존되므로 1 kg×2 m/s+2 kg×(−3 m/s)=3 kg×v'에서 $v'=-\frac{4}{3}$ m/s이다. 따라서 A와 B가 충돌하는 동안 A가 B로부터 받은 충격량(=운동량의 변화량)의 크기는

1 kg×$\left|-\frac{4}{3}\ \mathrm{m/s}-2\ \mathrm{m/s}\right|=\frac{10}{3}$ N·s이다.

06 힘-시간 그래프 분석

힘-시간 그래프에서 그래프가 시간 축과 이루는 면적은 물체가 받은 충격량(=운동량의 변화량)이다.

① (나)에서 0부터 $3t_0$까지 그래프가 시간 축과 이루는 면적은 물

체가 전동기로부터 받은 충격량이다. 물체에는 전동기가 작용하는 힘 F와 함께 크기가 mg로 일정한 중력이 연직 아래 방향으로 작용한다. $3t_0$일 때 물체의 속력이 0이 되므로 0부터 $3t_0$까지 물체의 운동량 변화량(=충격량)은 0이다.

따라서 $F_0(2t_0)+\frac{1}{2}F_0t_0-mg(3t_0)=0$에서 $F_0=\frac{6}{5}mg$이다.

07 운동량과 충격량

높이가 h인 곳에서 가만히 놓은 물체가 수평면에 도달하는 순간, 물체의 속력은 $v=\sqrt{2gh}$ (g: 중력 가속도)이므로 $v\propto\sqrt{h}$이다.

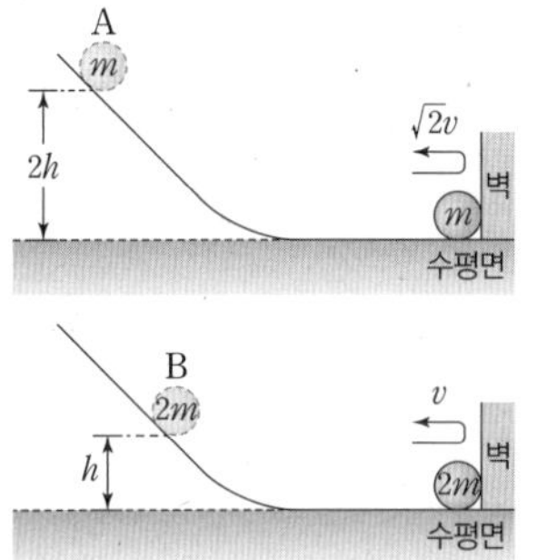

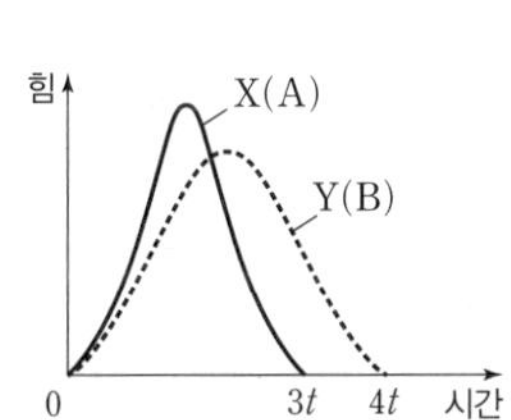

㉠. A, B가 벽과 충돌한 후 각각 원래 높이까지 올라갔으므로, 벽과 충돌하기 직전과 직후 A의 속력을 각각 $\sqrt{2}v$, $\sqrt{2}v$, B의 속력을 각각 v, v라고 하면, 벽과 충돌하기 직전 A의 운동량의 크기는 $m(\sqrt{2}v)$이고, B의 운동량의 크기는 $2mv$이다. 따라서 벽과 충돌하기 직전 운동량의 크기는 A가 B보다 작다.

㉡. A가 벽과 충돌하는 동안 벽으로부터 받은 충격량(=운동량의 변화량)의 크기는 $m(\sqrt{2}v+\sqrt{2}v)=2\sqrt{2}mv$이고, B가 벽과 충돌하는 동안 벽으로부터 받은 충격량의 크기는 $2m(v+v)=4mv$이다. 따라서 물체가 벽과 충돌하는 동안 받은 충격량의 크기는 A가 B보다 작다. (나)의 힘-시간 그래프에서 그래프가 시간 축과 이루는 면적은 충격량과 같고, 면적은 X가 Y보다 작으므로 벽과 충돌하는 동안 A가 벽으로부터 받은 힘을 시간에 따라 나타낸 그래프는 X이다.

㉢. 벽과 충돌하는 동안 A가 벽으로부터 받은 평균 힘의 크기는 $\frac{2\sqrt{2}mv}{3t}$이고, B가 벽으로부터 받은 평균 힘의 크기는 $\frac{4mv}{4t}=\frac{mv}{t}$이다. 따라서 벽과 충돌하는 동안 물체가 벽으로부터 받은 평균 힘의 크기는 A가 B보다 작다.

08 운동량 보존과 충격량

A, B의 질량이 같고 마찰 구간에서 A, B가 받는 마찰력의 크기가 같으므로 A, B의 가속도의 크기도 같다.

② 마찰 구간에서 가속도의 크기를 a, 마찰 구간의 거리를 d, 마찰 구간을 빠져나오는 순간 A, B의 속력을 각각 v_A, v_B라고 하면, $2(-a)d=v_A{}^2-49v^2=v_B{}^2-25v^2$에서 $(v_A+v_B)(v_A-v_B)=24v^2$ ⋯ ①이다.

A, B의 질량을 m이라고 하면, 두 물체는 충돌한 후 한 덩어리가 되어 $3v$의 속력으로 등속도 운동을 하고, 충돌 전후 전체 운동량이 보존되므로 $mv_A+mv_B=2m(3v)$에서 $v_A+v_B=6v$ ⋯ ②이다. ①, ②를 연립하여 정리하면 $v_A=5v$, $v_B=v$이다.

마찰 구간을 통과하기 직전과 직후 A의 운동량의 크기는 각각 $7mv$, $5mv$이므로 $I_1=2mv$이고, 마찰 구간을 통과하기 직전과 직후 B의 운동량의 크기는 각각 $5mv$, mv이므로 $I_2=4mv$이다.

따라서 $\frac{I_1}{I_2}=\frac{1}{2}$이다.

09 충격량

$\Delta p=F\Delta t$이므로 힘을 더 크게 하거나 힘을 작용하는 시간을 길게 하면 물체의 운동량 변화량의 크기가 커지므로, 물체를 더 빠른 속력으로 출발시킬 수 있다.

㉠. 골프채와 공이 충돌하는 동안 골프채가 공에 작용하는 힘의 크기와 공이 골프채에 작용하는 힘의 크기는 서로 같고, 충돌하는 시간이 같으므로 골프채가 공에 작용하는 충격량의 크기와 공이 골프채에 작용하는 충격량의 크기는 같다.

㉡. 포신의 길이가 길수록 포탄이 힘을 받는 시간이 길어지므로 포탄이 더 멀리 날아간다.

㉢. $\Delta p=F\Delta t$에서 운동량의 변화량은 충격량과 같으므로 '운동량의 변화량'은 ㉠에 해당한다.

10 운동량 보존

가속도가 일정할 때, 속도 변화량의 크기는 힘을 받는 시간에 비례한다. A가 Ⅰ을 통과하는 동안과 B가 Ⅱ를 통과하는 동안 A, B의 가속도의 크기, 걸린 시간, 속도 변화량의 크기를 나타내면 표와 같다.

구간	가속도의 크기	걸린 시간	속도 변화량의 크기
A가 Ⅰ을 통과	a	$2t$	v'
B가 Ⅱ를 통과	$2a$	t	v'

② A가 Ⅰ을 통과하는 동안과 B가 Ⅱ를 통과하는 동안 속도 변화량의 크기가 v'로 같으므로 Ⅰ의 끝 지점에서 A의 속력을 $2v+v'$, Ⅱ의 끝 지점에서 B의 속력을 $4v+v'$라고 하면 A, B의 충돌 전후 전체 운동량은 보존되므로,

$2m(2v+v')-m(4v+v')=-2mv+m(5v)$에서 $v'=3v$이다.

A가 Ⅰ을 통과하는 동안 속도 변화량의 크기는 $3v$이고, A의 질량은 $2m$이므로 Ⅰ을 통과하는 동안 A의 운동량 변화량(=충격량)의 크기는 $6mv$이다.

03 역학적 에너지 보존

수능 2점 테스트

본문 54~56쪽

01 ⑤ 02 ② 03 ⑤ 04 ② 05 ③ 06 ① 07 ⑤
08 ④ 09 ⑤ 10 ④ 11 ③ 12 ②

01 물체의 역학적 에너지 보존

질량이 m인 물체가 v의 속력으로 운동할 때 물체의 운동 에너지는 $\frac{1}{2}mv^2$이다. 물체가 빗면을 따라 운동하는 동안 물체의 운동 에너지는 증가하고, 중력 퍼텐셜 에너지는 감소한다.

㉠. 물체가 빗면을 따라 운동하는 동안 중력 이외의 힘이 일을 하지 않으므로 물체의 역학적 에너지는 일정하게 보존된다. 따라서 물체의 역학적 에너지는 p에서와 q에서가 같다.

㉡. 물체의 질량이 일정할 때 물체의 운동 에너지는 속력의 제곱에 비례한다. 물체의 속력이 r에서가 q에서의 2배이므로 물체의 운동 에너지는 r에서가 q에서의 4배이다.

㉢. 물체가 q에서 r까지 운동하는 동안 물체의 중력 퍼텐셜 에너지 감소량과 물체의 운동 에너지 증가량은 같다. 물체의 질량을 m, q와 r의 높이차를 Δh라고 하면

$mg\Delta h=\frac{1}{2}m(2v)^2-\frac{1}{2}mv^2$에서 $\Delta h=\frac{3v^2}{2g}$이다.

02 힘-이동 거리 그래프 분석

물체에 작용한 알짜힘이 물체에 한 일은 물체의 운동 에너지 변화량과 같다. 또한 힘-이동 거리 그래프에서 그래프가 이동 거리 축과 이루는 면적은 힘이 물체에 한 일과 같다.

② 물체가 $x=0$에서 $x=2d$까지 운동하는 동안 운동 에너지 변화량이 $2E_0$이므로 $F_0d+\frac{3}{2}F_0d=2E_0$에서 $F_0d=\frac{4}{5}E_0$이다. 물체가 $x=0$에서 $x=d$까지 운동하는 동안 그래프의 면적(=운동 에너지 변화량)이 F_0d이므로 $x=d$에서 물체의 운동 에너지는 $E_0+\frac{4}{5}E_0=\frac{9}{5}E_0$이다.

03 중력에 의한 역학적 에너지 보존

물체가 중력만을 받아 p, q를 지나는 동안 물체의 중력 퍼텐셜 에너지와 운동 에너지는 변하지만 물체의 역학적 에너지는 보존된다.

㉠. 물체의 속력이 q를 지날 때가 p를 지날 때의 2배이므로 물체의 운동 에너지는 q를 지날 때가 p를 지날 때의 4배이다. 따라서 ㉠은 E_0이다. 물체가 운동하는 동안 물체의 역학적 에너지는 $5E_0$으로 보존되므로 q에서 역학적 에너지는 $5E_0=4E_0+$㉡이다. 따라서 ㉡은 E_0이고, ㉠+㉡$=2E_0$이다.

㉡. 물체가 운동하는 동안 각 위치에서 물체의 역학적 에너지는 표와 같다.

물체의 위치	운동 에너지 (E_k)	중력 퍼텐셜 에너지(E_p)	역학적 에너지
처음	0	$5E_0$	$5E_0$
p	E_0	$4E_0$	$5E_0$
q	$4E_0$	E_0	$5E_0$
수평면	$5E_0$	0	$5E_0$

따라서 수평면에 도달하는 순간 물체의 E_k는 $5E_0$이다.

㉢. 물체의 질량이 일정할 때 물체의 중력 퍼텐셜 에너지는 물체의 높이에 비례하므로 p, q의 높이는 각각 $\frac{4}{5}h$, $\frac{1}{5}h$이다. 따라서 p와 q의 높이차는 $\frac{3}{5}h$이다.

04 중력에 의한 역학적 에너지 보존

역학적 에너지 보존에 따라 각 점에서 물체의 운동 에너지와 중력 퍼텐셜 에너지의 합은 일정하게 보존된다.

② 수평면에서 물체의 중력 퍼텐셜 에너지를 0으로 하고 p, q에서 역학적 에너지 보존을 적용하면 $\frac{1}{2}m(3v_0)^2=mgh+\frac{1}{2}mv_0^2$에서 $mv_0^2=\frac{1}{4}mgh$이다. 물체가 q에서 r까지 운동하는 동안 물체의 중력 퍼텐셜 에너지 감소량은 물체의 운동 에너지 증가량과 같으므로 $\frac{1}{2}m[(2v_0)^2-v_0^2]=\frac{3}{2}mv_0^2=\frac{3}{8}mgh$이다.

05 탄성력에 의한 역학적 에너지 보존

탄성력 이외의 힘이 일을 하지 않으면 물체의 운동 에너지와 용수철에 저장된 탄성 퍼텐셜 에너지의 합은 일정하게 보존된다.

㉠. 용수철이 d_0만큼 압축되는 동안 물체의 운동 에너지 감소량은 용수철에 저장된 탄성 퍼텐셜 에너지 증가량과 같다.

㉡. 용수철 상수를 k라 하고, 물체의 속력이 각각 $5v$, $3v$일 때 역학적 에너지 보존 법칙을 적용하면

$\frac{1}{2}m(5v)^2=\frac{1}{2}m(3v)^2+\frac{1}{2}kd_0^2$에서 $k=\frac{16mv^2}{d_0^2}$이다.

~~ㄷ~~. 용수철이 원래 길이에서 최대로 압축된 길이를 x라고 하면, $\frac{1}{2}m(5v)^2=\frac{1}{2}kx^2$이고 $k=\frac{16mv^2}{d_0^2}$이므로 $x=\frac{5}{4}d_0$이다.

06 중력과 탄성력에 의한 역학적 에너지 보존

물체의 질량을 m, 용수철 상수를 k, 용수철이 최대로 압축된 위치에서 물체의 중력 퍼텐셜 에너지를 0으로 하면 용수철이 $2d$만

큼 압축되는 동안 물체의 중력 퍼텐셜 에너지 감소량과 용수철에 저장된 탄성 퍼텐셜 에너지 증가량이 같으므로

$mg(2d)=\frac{1}{2}k(2d)^2$에서 $k=\frac{mg}{d}$이다.

① 용수철의 길이가 $2d$일 때 용수철은 원래 길이에서 d만큼 압축된 상태이므로 역학적 에너지 보존 법칙을 적용하면

$\frac{1}{2}\left(\frac{mg}{d}\right)(2d)^2=\frac{1}{2}\left(\frac{mg}{d}\right)d^2+mgd+\frac{1}{2}mv^2$에서 $v=\sqrt{gd}$이다.

07 중력에 의한 역학적 에너지 보존

질량이 m인 물체가 크기가 F로 일정한 힘을 받아 등가속도 직선 운동을 하여 거리 s만큼 운동할 때, 등가속도 직선 운동 공식 $2as=v^2-v_0{}^2$을 적용하면, $Fs=mas=\frac{1}{2}mv^2-\frac{1}{2}mv_0{}^2$이다. 즉, 물체에 작용하는 알짜힘($ma$)이 한 일만큼 물체의 운동 에너지가 증가한다.

ㄱ. A와 B의 가속도의 크기를 a라고 하면 B에 작용하는 알짜힘의 크기는 ma이므로 B의 운동 에너지 증가량은 mad이다. 주어진 조건에 의해 $\frac{\text{B의 운동 에너지 증가량}}{\text{B의 중력 퍼텐셜 에너지 증가량}}=\frac{mad}{mgd}=\frac{1}{7}$에서 $a=\frac{1}{7}g$이다.

ㄴ. B가 d만큼 운동하는 동안 B의 운동 에너지 증가량과 중력 퍼텐셜 에너지의 증가량은 각각 $\frac{1}{7}mgd$, mgd이므로 B의 역학적 에너지 증가량은 $\frac{8}{7}mgd$이다.

ㄷ. A, B가 d만큼 운동하는 동안 전체 역학적 에너지는 일정하므로 A의 역학적 에너지는 $\frac{8}{7}mgd$만큼 감소해야 한다. A의 운동 에너지 증가량은 $\frac{6}{7}mgd$이므로 A의 중력 퍼텐셜 에너지 감소량은 $\frac{14}{7}mgd=2mgd$이다.

08 탄성력에 의한 역학적 에너지 보존

용수철이 압축된 위치에서 원래 길이가 될 때까지 용수철이 A에 밀어내는 방향으로 탄성력을 작용하므로 A와 B의 속력은 증가한다. 용수철이 원래 길이에서 늘어나는 순간부터 용수철은 A에 당기는 방향으로 힘을 작용하므로 A는 속력이 감소하고, B는 관성에 의해 등속도 운동을 하므로 A와 B는 용수철이 원래 길이가 되는 순간 분리된다.

④ (가)에서 용수철이 원래 길이에서 $2d$만큼 압축되었을 때 용수철에 저장된 탄성 퍼텐셜 에너지를 $4E$라고 하면, (나)에서 용수철이 원래 길이에서 최대로 d만큼 늘어났으므로 용수철에 저장된 탄성 퍼텐셜 에너지는 E이다. A와 B가 분리되는 순간 용수철에 저장된 탄성 퍼텐셜 에너지는 0이므로 A와 B의 운동 에너지의 합은 $4E$이다. A와 B가 분리된 후 A는 용수철에 연결되어 역학적 에너지가 보존되며 운동하므로, 분리되는 순간 A, B의 운동 에너지는 각각 E, $3E$이다. 속력이 같을 때, 운동 에너지는 질량에 비례하므로 $\frac{m_B}{m_A}=3$이다.

[별해] 용수철 상수를 k, A와 B가 분리된 후 B의 속력을 v라고 하면 역학적 에너지 보존에 의해

$\frac{1}{2}k(2d)^2=\frac{1}{2}(m_A+m_B)v^2=\frac{1}{2}kd^2+\frac{1}{2}m_Bv^2$이다.

따라서 $\frac{m_B}{m_A}=3$이다.

09 중력에 의한 역학적 에너지 보존

역학적 에너지 보존에 따라 C의 중력 퍼텐셜 에너지 감소량($2mgd$)은 A의 중력 퍼텐셜 에너지 증가량과 A, B, C의 운동 에너지 증가량의 합과 같다.

ㄱ. C의 중력 퍼텐셜 에너지 감소량이 C의 운동 에너지 증가량보다 크므로 C의 역학적 에너지는 감소한다.

ㄴ. A가 d만큼 운동하는 동안 A의 중력 퍼텐셜 에너지 증가량을 P_A라 하고 A, B, C의 운동 에너지 증가량을 각각 K_A, K_B, K_C라고 하면 역학적 에너지 보존에 따라 $2mgd=P_A+K_A+K_B+K_C$이다. A가 d만큼 운동하는 동안 A의 역학적 에너지 증가량은 $P_A+K_A=mgd$이므로 $K_B+K_C=mgd$이다. 속력이 같을 때 운동 에너지는 질량에 비례하므로 A가 q를 지나는 순간 B의 운동 에너지는 $mgd\times\frac{1}{3}=\frac{1}{3}mgd$이다.

ㄷ. C가 운동하는 동안 A, B, C의 가속도의 크기를 a라고 하면, C에 작용하는 알짜힘이 한 일은 C의 운동 에너지 변화량과 같으므로 $2mad=\frac{2}{3}mgd$에서 A의 가속도의 크기는 $a=\frac{1}{3}g$이다.

10 충돌과 역학적 에너지 보존

높이가 h인 지점에서 가만히 놓은 질량이 m인 물체가 수평면에 도달하여 운동할 때 물체의 속력은 $mgh=\frac{1}{2}mv^2$에서 $v=\sqrt{2gh}$이다.

④ 충돌 직전 A, B의 속력을 각각 $2v$, $3v$라고 하면, 충돌 후 한 덩어리가 된 물체의 속력은 v이다. A, B의 질량을 각각 m_A, m_B라 하고, 운동량 보존 법칙을 적용하면,

$m_A(2v)+m_B(-3v)=(m_A+m_B)v$에서 $m_A : m_B=4 : 1$이다.

A, B의 질량을 각각 $4m$, m이라고 하면, 충돌 전 A의 운동 에너지는 $E_0=\frac{1}{2}(4m)(2v)^2=8mv^2$이고, 충돌 전 B의 운동 에너지는 $\frac{1}{2}m(3v)^2=\frac{9}{2}mv^2$이다. 충돌 후 A와 B는 한 덩어리가 되어

운동하므로 전체 운동 에너지는 $\frac{1}{2}(4m+m)v^2=\frac{5}{2}mv^2$이다. 따라서 충돌 과정에서 손실된 역학적 에너지는
$\left(8mv^2+\frac{9}{2}mv^2\right)-\frac{5}{2}mv^2=10mv^2=\frac{5}{4}E_0$이다.

11 마찰에 의한 역학적 에너지 손실

A가 B와 분리된 후 빗면을 따라 최고점에 도달하는 동안, A의 운동 에너지 감소량은 A의 중력 퍼텐셜 에너지 증가량과 마찰 구간을 지나는 동안 A의 역학적 에너지 감소량의 합과 같다.

㉠. A와 B가 분리되기 전 운동량의 합은 0이다. A와 B가 분리된 직후 A의 속력을 v_A라 하고, 운동량 보존 법칙을 적용하면 $mv_A+2mv=0$에서 $v_A=-2v$이다. 따라서 용수철에서 분리된 직후 A의 속력은 $2v$이다.

X. A와 B가 분리되기 전 용수철에 저장된 탄성 퍼텐셜 에너지가 분리 후 A, B의 운동 에너지로 전환되므로 A와 B가 분리되기 전 용수철에 저장된 탄성 퍼텐셜 에너지는
$\frac{1}{2}m(2v)^2+\frac{1}{2}(2m)v^2=3mv^2$이다.

㉢. A가 B와 분리된 후 빗면을 따라 올라가 최고점에 도달하는 동안 감소한 역학적 에너지를 E라 하고, 에너지 보존 법칙을 적용하면 $\frac{1}{2}m(2v)^2=mg\left(\frac{5v^2}{4g}\right)+E$에서 $E=\frac{3}{4}mv^2$이다.

12 공기 저항에 의한 역학적 에너지 손실

공기 저항력에 의해 물체의 역학적 에너지는 감소한다. 공기 저항력이 없다면 중력장 내에서 물체의 역학적 에너지는 보존된다.

X. t_1일 때 공의 속도가 0이므로 공이 최고점에 도달한다. 최고점에서 공에는 중력만 작용하고 공기 저항력은 작용하지 않는다. 따라서 t_1일 때 공에 작용하는 알짜힘은 중력과 같다.

㉡. 속도-시간 그래프에서 접선의 기울기는 가속도를 나타낸다. 0부터 t_1까지 접선의 기울기의 절댓값이 감소하므로 가속도의 크기는 감소한다.

X. t_1부터 t_2까지 공이 낙하하는 동안 공기 저항력에 의해 공의 역학적 에너지는 감소한다. 따라서 중력 퍼텐셜 에너지 감소량은 공의 운동 에너지 증가량과 같지 않다.

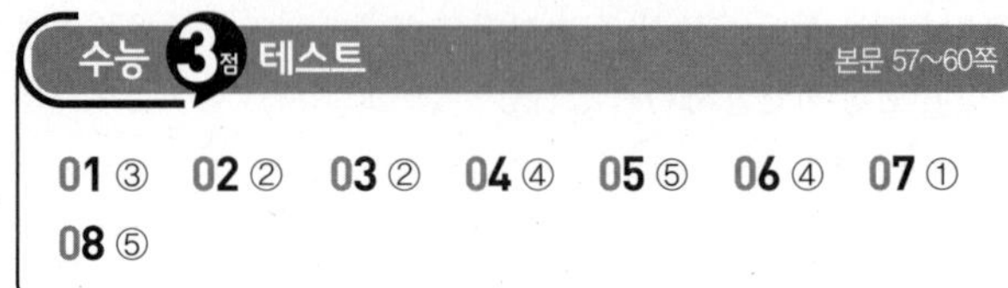

01 역학적 에너지 보존

Ⅰ에서 물체에 작용한 힘이 물체에 한 일만큼 물체의 역학적 에너지가 증가한다.

㉠. 수평면에서 물체의 중력 퍼텐셜 에너지를 0이라고 하면, 물체가 p에서 q까지 운동하는 동안 물체의 역학적 에너지가 보존되므로 $\frac{1}{2}m(2v)^2=\frac{1}{2}mv^2+mg(3h)$에서 $\frac{1}{2}mv^2=mgh$이다. 따라서 p에서 물체의 역학적 에너지는 $2mv^2$이고, r에서 물체의 역학적 에너지는 $\frac{1}{2}m(2v)^2+mgh=\frac{5}{2}mv^2$이다. 그러므로 Ⅰ에서 물체의 역학적 에너지 증가량은 $\frac{1}{2}mv^2$이다.

X. Ⅰ을 빠져나오는 순간 물체의 운동 에너지는 mv^2이므로, 이때 물체의 속력은 $\sqrt{2}v$이다.

㉢. s의 높이를 H라고 하면, 물체가 r에서 s까지 운동하는 동안 물체의 역학적 에너지가 보존되므로 $\frac{1}{2}m(2v)^2+mgh=mgH$에서 $H=5h$이다.

02 탄성력에 의한 역학적 에너지 보존

A와 B가 충돌한 후 B에 연결된 용수철이 원래 길이에서 최대 d만큼 압축되었을 때 A와 B의 속력은 같다.

② 용수철 상수를 k, 벽에 연결된 용수철과 분리된 직후 A의 속력을 v_0이라고 하면, $\frac{1}{2}kd_0^{\,2}=\frac{1}{2}mv_0^{\,2}$에서 $k=\frac{mv_0^{\,2}}{d_0^{\,2}}$ … ①이다. A와 B가 충돌한 후 B에 연결된 용수철이 원래 길이에서 최대 d만큼 압축되었을 때 두 물체의 속력을 v라 하고, 운동량 보존 법칙을 적용하면 $mv_0=(m+2m)v$에서 $v=\frac{1}{3}v_0$이다. 충돌 과정에서 역학적 에너지 손실이 없으므로 $\frac{1}{2}mv_0^{\,2}=\frac{1}{2}(3m)\left(\frac{1}{3}v_0\right)^2+\frac{1}{2}kd^2$ … ②이다. ①, ②를 정리하면 $d=\sqrt{\frac{2}{3}}d_0$이다.

03 탄성력에 의한 역학적 에너지 보존

용수철에 저장된 탄성 퍼텐셜 에너지는 (다)에서가 (가)에서의 9배이므로 (다)에서 용수철이 원래 길이에서 압축된 길이는 (가)에서 용수철이 원래 길이에서 늘어난 길이의 3배이다. 용수철의 원래 길이를 d_0이라고 하면, $(2d-d_0):(d_0-d)=1:3$에서 $d_0=\frac{7}{4}d$이다.

② 실이 끊어지는 순간 A, B의 속력을 v, (가)에서 용수철에 저장된 탄성 퍼텐셜 에너지를 E라고 하면, 손을 놓는 순간부터 실이 끊어지는 순간까지 B의 중력 퍼텐셜 에너지 감소량과 용수철에 저장된 탄성 퍼텐셜 에너지 감소량의 합은 A의 중력 퍼텐셜 에너지 증가량과 A, B의 운동 에너지 증가량의 합과 같다. 따라서 $2mg\left(\frac{1}{4}d\right)+E=mg\left(\frac{1}{4}d\right)+\frac{1}{2}(3m)v^2$ … ①이다.

(다)에서 용수철에 저장된 탄성 퍼텐셜 에너지를 $9E$라고 하면, 실이 끊어지는 순간부터 용수철이 최대로 압축될 때까지 B의 운동 에너지 감소량과 B의 중력 퍼텐셜 에너지 감소량의 합은 용수철에 저장된 탄성 퍼텐셜 에너지와 같으므로

$\frac{1}{2}(2m)v^2+2mg\left(\frac{3}{4}d\right)=9E$ … ②이다. ①, ②를 정리하면 $mv^2=\frac{3}{10}mgd$이다. 따라서 (다)에서 용수철에 저장된 탄성 퍼텐셜 에너지는 $9E=\frac{9}{5}mgd$이다.

04 마찰에 의한 역학적 에너지 손실

물체가 마찰 구간을 등속도 운동을 하여 지나는 동안 물체의 운동 에너지 변화량(ΔE_k)이 0이므로 물체의 역학적 에너지 감소량($\Delta E_{역}$)과 물체의 중력 퍼텐셜 에너지 감소량(ΔE_p)은 같다. 즉, $\Delta E_{역}=\Delta E_k+\Delta E_p$에서 $\Delta E_k=0$이므로 $\Delta E_{역}=\Delta E_p$이다.

④ 중력 가속도를 g, A, B의 질량을 각각 m_A, m_B라고 하면, 마찰 구간을 통과하는 동안 손실된 역학적 에너지는 A와 B가 같으므로 $m_Agh=m_Bg(2h)$에서 $m_A=2m_B$이다.

A, B의 질량을 각각 $2m$, m이라고 하면 A, B가 마찰 구간을 통과하는 동안 손실된 역학적 에너지는 각각 $2mgh$이다. A, B가 각각 p에서 q까지 운동하는 동안 감소한 물체의 중력 퍼텐셜 에너지는 물체의 운동 에너지 증가량과 손실된 역학적 에너지의 합과 같으므로, q를 지날 때 B의 운동 에너지를 E_B라 하고 에너지 보존 법칙을 적용하면

$(2m)g(4h)=E_0+2mgh$ … ①

$mg(4h)=E_B+2mgh$ … ②이다.

①, ②에서 $E_0=6mgh$이고, $E_B=2mgh=\frac{1}{3}E_0$이다.

05 마찰에 의한 역학적 에너지 손실

용수철에 저장된 탄성 퍼텐셜 에너지의 감소량은 물체의 운동 에너지 증가량과 마찰력에 의해 손실된 에너지의 합과 같다.

㉠. 마찰력의 크기를 F라고 하면, 물체를 놓는 순간부터 $x=0.8d$에서 물체가 속력이 0이 될 때까지 감소한 용수철의 탄성 퍼텐셜 에너지는 마찰력이 물체에 한 일로 전환되므로

$\frac{1}{2}kd^2-\frac{1}{2}k\left(\frac{4}{5}d\right)^2=F\left(d+\frac{4}{5}d\right)$에서 $F=\frac{1}{10}kd$이다.

㉡. 물체가 순서대로 속력이 0이 되며 운동 방향이 바뀔 때 용수철이 원래 길이에서 늘어나거나 압축된 길이를 각각 d_1, d_2, d_3이라고 하면, $\frac{1}{2}kd_1^2-\frac{1}{2}kd_2^2=F(d_1+d_2)$이므로

$\frac{1}{2}k(d_1+d_2)(d_1-d_2)=F(d_1+d_2)$이다. 운동하는 동안 마찰력의 크기($F$)와 용수철 상수($k$)가 일정하므로 용수철의 진폭은 일정하게 감소한다. 즉, $(d_1-d_2)=(d_2-d_3)$이다. 따라서 두 번째로 운동 방향이 바뀌는 위치 ㉠은 $x=-0.6d$이고 세 번째로 운동 방향이 바뀌는 위치 ㉡은 $x=0.4d$이다. 그러므로 ㉠과 ㉡ 사이의 거리는 d이다.

㉢. 용수철에 저장된 탄성 퍼텐셜 에너지의 감소량은 물체의 운동 에너지 증가량과 마찰력에 의해 손실된 에너지의 합과 같다. 물체가 세 번째로 $x=\frac{1}{5}d$인 지점을 지날 때 물체의 운동 에너지를 E라고 하면, $\frac{1}{2}kd^2-\frac{1}{2}k\left(\frac{1}{5}d\right)^2=F\left(\frac{18}{10}d+\frac{14}{10}d+\frac{8}{10}d\right)+E$에서 $F=\frac{1}{10}kd$이므로 $E=\frac{2}{25}kd^2$이다.

06 마찰에 의한 역학적 에너지 손실

물체의 질량을 m, 중력 가속도를 g, 수평면에서 물체의 중력 퍼텐셜 에너지를 0이라 하고, 마찰 구간을 지나기 전 p와 q에서 역학적 에너지 보존 법칙을 적용하면, $\frac{1}{2}mv^2+mg(5h)=\frac{1}{2}m(2v)^2+mg(2h)$에서 $\frac{1}{2}mv^2=mgh$이다. 따라서 마찰 구간을 지나기 전 p, q에서 물체의 역학적 에너지는 $6mgh$이다.

④ 물체가 p와 높이가 같은 r에서 속력이 0이 되었으므로 r에서 물체의 역학적 에너지는 $5mgh$이다. 따라서 마찰 구간에서 물체의 역학적 에너지 감소량은 $\frac{1}{2}mv^2=mgh$이다. 물체가 r에서 q까지 마찰 구간을 내려오며 운동하는 동안 역학적 에너지가 다시 mgh만큼 감소하므로 물체가 오른쪽 빗면을 내려와 q를 지난 후 수평면에서 운동할 때, 물체의 역학적 에너지(=운동 에너지)는 $4mgh$이다.

물체가 왼쪽 빗면을 $4h$만큼 올라갔다 내려온 후 오른쪽 빗면의 s에서 물체의 속력이 다시 0이 되는 순간을 그림으로 나타내면 다음과 같다.

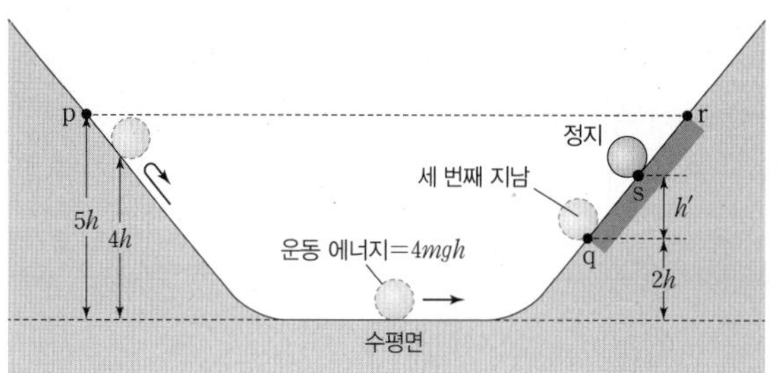

물체가 수평면에서부터 오른쪽 빗면에서 다시 속력이 0이 될 때까지 운동하는 동안 물체의 운동 에너지 감소량은 물체의 중력 퍼텐셜 에너지 증가량과 마찰 구간에서 손실된 물체의 역학적 에너지의 합과 같다. 마찰 구간에서 손실되는 역학적 에너지는 마찰 구간에서 이동한 거리에 비례하여 감소하므로 q에서 s까지 물체가 올라간 높이를 h'라고 하면, $4mgh=mg(2h+h')+mgh\left(\frac{h'}{3h}\right)$에서 $h'=\frac{3}{2}h$이다. 따라서 s의 높이는 $2h+\frac{3}{2}h=\frac{7}{2}h$이다.

07 운동량 보존과 역학적 에너지 보존

A와 B가 분리되는 순간 B의 속력을 v라고 하면, P가 d만큼 압축되었을 때 P에 저장된 탄성 퍼텐셜 에너지는 $\frac{1}{2}(2m)v^2$이고, Q가 $2d$만큼 압축되었을 때 Q에 저장된 탄성 퍼텐셜 에너지는 $4mv^2$이다.

① B가 C와 충돌한 후 한 덩어리가 된 물체의 속력을 v_1이라 하고, 운동량 보존 법칙을 적용하면 $mv=(m+m)v_1$에서 $v_1=\frac{1}{2}v$이다. B와 C는 함께 마찰 구간을 등속도로 운동하여 내려오므로 마찰 구간에서 감소한 B, C의 역학적 에너지는 $2mgh$이다. B와 C가 한 덩어리가 된 순간부터 $3h$만큼 내려온 후 Q를 최대로 압축시킬 때까지 B, C의 운동 에너지 감소량과 중력 퍼텐셜 에너지 감소량의 합은 Q에 저장된 탄성 퍼텐셜 에너지와 마찰 구간에서 손실된 역학적 에너지의 합과 같으므로

$\frac{1}{2}(2m)\left(\frac{1}{2}v\right)^2+(2m)g(3h)=4mv^2+2mgh$에서

$mv^2=\frac{16}{15}mgh$이다. 따라서 B를 가만히 놓은 후 A와 B가 분리되는 순간, B의 운동 에너지는 $\frac{1}{2}mv^2=\frac{8}{15}mgh$이다.

08 마찰에 의한 역학적 에너지 손실

물체가 빗면을 따라 올라가는 동안 물체의 중력 퍼텐셜 에너지 증가량은 물체에 작용하는 중력에 의해 빗면 아래 방향으로 작용하는 힘의 크기와 빗면을 따라 올라간 거리의 곱과 같다.

ㄱ. 물체에 작용하는 중력에 의해 빗면 아래 방향으로 작용하는 힘의 크기를 f_1, 마찰 구간에서 물체에 작용하는 마찰력의 크기를 f_2라고 하면, 물체의 가속도의 크기는 물체가 q에서 r까지 운동하는 동안이 r에서 s까지 운동하는 동안의 3배이므로 $2f_1=f_2$ ⋯ ① 이다. 물체가 p에서 s까지 운동하는 동안 용수철에 저장된 탄성 퍼텐셜 에너지 감소량은 물체의 중력 퍼텐셜 에너지 증가량과 마찰 구간에서 손실된 역학적 에너지의 합과 같으므로,

$\frac{1}{2}kd^2=f_1(9d)+f_2(3d)$ ⋯ ②이다.

①, ②에서 $f_1=\frac{1}{30}kd$, $f_2=\frac{1}{15}kd$이다. 마찰력의 크기는 $\frac{1}{15}kd$이고, 마찰 구간에서 물체가 이동한 거리가 $3d$이므로 마찰 구간에서 손실된 물체의 역학적 에너지는 $\frac{1}{5}kd^2$이다.

ㄴ. p에서 물체의 중력 퍼텐셜 에너지를 0으로 하면, 각 지점에서 에너지는 표와 같다.

위치	탄성 퍼텐셜 에너지	중력 퍼텐셜 에너지	운동 에너지	역학적 에너지
p	$\frac{1}{2}kd^2$	0	0	$\frac{1}{2}kd^2$
q	0	$\frac{1}{10}kd^2$	$\frac{2}{5}kd^2$	$\frac{1}{2}kd^2$
r	0	$\frac{1}{5}kd^2$	$\frac{1}{10}kd^2$	$\frac{3}{10}kd^2$
s	0	$\frac{3}{10}kd^2$	0	$\frac{3}{10}kd^2$

물체의 운동 에너지는 q에서가 r에서의 4배이므로 물체의 속력은 q에서가 r에서의 2배이다.

ㄷ. 표에 의해 r에서 물체의 운동 에너지는 $\frac{1}{10}kd^2$이다.

04 열역학 법칙

수능 2점 테스트

본문 71~72쪽

01 ③ 02 ⑤ 03 ④ 04 ② 05 ⑤ 06 ① 07 ② 08 ③

01 등적 과정

열역학 제1법칙에서 $Q=\Delta U+W$(Q: 기체가 흡수 또는 방출한 열량, ΔU: 기체의 내부 에너지 변화량, W: 기체가 한 일 또는 받은 일)이다.

ㄱ. (가) → (나) 과정에서 기체의 부피는 일정하므로 기체가 외부에 한 일은 0이다.

ㄴ. (가) → (나) 과정에서 기체가 외부에 한 일은 0이므로 기체가 흡수한 열량 Q만큼 기체의 내부 에너지가 증가한다. 기체의 내부 에너지는 기체의 온도에 비례하므로 기체의 온도는 (가)에서가 (나)에서보다 낮다.

ㄷ. 기체의 부피가 일정할 때, 기체의 온도가 높을수록 기체의 압력이 크다. 기체의 부피는 (가)와 (나)에서 같고, 기체의 온도는 (가)에서가 (나)에서보다 낮으므로 기체의 압력은 (가)에서가 (나)에서보다 작다.

02 기체가 한 일

탁구공 내부의 기체가 열을 흡수하여 기체의 내부 에너지가 증가하고, 기체의 압력이 증가하여 찌그러진 탁구공이 펴진다.

ㄱ. 뜨거운 물에서 탁구공 내부의 기체로 열이 이동하므로 기체는 열을 흡수한다.

ㄴ. 찌그러진 탁구공이 펴지면서 기체의 부피가 증가하므로 기체는 외부에 일을 한다.

ㄷ. 탁구공 내부의 기체는 열을 흡수하였으므로 기체의 온도는 올라간다. 따라서 기체의 내부 에너지는 증가한다.

03 등온 과정과 단열 과정

A → B 과정은 등온 과정이므로 기체의 내부 에너지 변화량은 0이고, A → C 과정은 단열 팽창 과정이므로 기체가 흡수한 열량은 0이다. 또한 압력-부피 그래프에서 그래프 아래 면적은 기체가 한 일과 같다.

ㄱ. A → B 과정에서 기체의 부피는 증가하므로 기체가 한 일은 0보다 크다.

ㄴ. A → C 과정에서 기체의 부피는 증가하므로 기체가 한 일은 $W>0$이고, 기체의 내부 에너지 변화량은 $\Delta U<0$(기체의 내부 에너지는 감소)이다. 기체의 내부 에너지는 기체의 온도에 비례하므로 A → C 과정에서 기체의 온도는 내려간다.

ㄷ. A → B 과정에서 기체가 흡수한 열량은 기체가 한 일과 같다. 압력-부피 그래프에서 그래프 아래 면적은 A → B 과정에서가 A → C 과정에서보다 크므로 기체가 한 일은 A → B 과정에서가 A → C 과정에서보다 크다. 따라서 A → B 과정에서 기체가 흡수한 열량은 A → C 과정에서 기체가 한 일보다 크다.

04 열역학 과정

기체의 내부 에너지 변화량은 기체의 온도 변화량에 비례한다.

ㄱ. A → B 과정에서 기체의 부피는 일정하므로 기체가 외부에 한 일은 0이고, 기체의 온도는 내려가므로 기체의 내부 에너지는 감소한다. 따라서 A → B 과정에서 기체는 $3Q_0$만큼 열을 방출한다.

ㄴ. 기체의 온도 변화량은 A → B 과정에서와 B → C 과정에서가 같으므로 A → B 과정에서 기체의 내부 에너지 감소량과 B → C 과정에서 기체의 내부 에너지 증가량은 같다.

ㄷ. B → C 과정에서 기체의 압력은 일정하고 기체의 온도는 올라가므로 기체의 부피는 증가한다. 따라서 B → C 과정에서 기체의 내부 에너지는 $3Q_0$만큼 증가하고, 기체가 한 일은 0보다 크므로 기체는 $5Q_0$만큼 열을 흡수한다. B → C 과정에서 기체가 한 일을 W라고 하면 $5Q_0=W+3Q_0$이므로 $W=2Q_0$이다.

05 열기관

열기관의 열효율은 $e=\frac{W}{Q_H}$ (Q_H: 열기관이 고열원으로부터 흡수한 열량, W: 열기관이 한 일)이다.

ㄱ. 열기관이 고열원으로부터 흡수한 열량(Q_H)은 열기관이 한 일(W)과 열기관이 저열원으로 방출한 열량의 합(Q_C)과 같으므로 ㉠은 ㉡보다 크다.

ㄴ. 저열원으로 방출한 열량은 $Q_C=Q_H-W=$㉠$-$㉡이다.

ㄷ. Q_H가 일정할 때 W가 클수록 e는 크다. 따라서 '클수록'은 ㉢ 해당한다.

06 열기관의 열효율

열기관의 열효율은 $e=1-\frac{Q_C}{Q_H}$ (Q_H: 열기관이 고열원으로부터 흡수한 열량, Q_C: 열기관이 저열원으로 방출한 열량)이다.

ㄱ. A의 열효율은 0.4이므로 $0.4=1-\frac{Q}{Q_0}$이다. $\frac{Q}{Q_0}=0.6$이므로 $Q=0.6Q_0$이다.

ㄴ. B의 열효율은 0.2이므로 $0.2=1-\frac{㉠}{5Q}=1-\frac{㉠}{3Q_0}$이다. $\frac{㉠}{3Q_0}=0.8$이므로 ㉠은 $2.4Q_0$이다.

ㄴ̸. 한 번의 순환 과정에서 A가 한 일은 $Q_0-Q=Q_0-0.6Q_0=0.4Q_0$이고, B가 한 일은 $5Q-2.4Q_0=3Q_0-2.4Q_0=0.6Q_0$이다. 따라서 한 번의 순환 과정에서 A가 한 일은 B가 한 일보다 작다.

07 열기관의 열효율

C → D 과정에서 기체의 온도는 일정하므로 기체의 내부 에너지 변화량은 0이고, 기체의 부피는 감소하므로 기체는 외부에서 일을 받는다. 따라서 기체는 외부에 열을 방출한다.

ㄱ̸. 열기관의 열효율이 0.2이므로 열기관이 방출한 열량은 $0.8Q_0$이다. B → C, D → A 과정은 단열 과정이므로 C → D 과정에서 기체가 방출한 열량은 $0.8Q_0$이다.

ㄴ̸. 기체의 내부 에너지 변화량은 기체의 온도 변화량에 비례한다. B → C 과정에서와 D → A 과정에서 기체의 온도 변화량이 같으므로 B → C 과정에서 기체의 내부 에너지 감소량은 D → A 과정에서 기체의 내부 에너지 증가량과 같다.

ⓒ. 압력-부피 그래프에서 그래프 아래 면적은 A → B → C 과정에서가 C → D → A 과정에서보다 크므로 A → B → C 과정에서 기체가 한 일은 C → D → A 과정에서 기체가 받은 일보다 크다.

08 비가역 과정

어떤 현상이 한쪽 방향으로는 자발적으로 일어나지만, 반대 방향으로는 저절로 일어나지 않는 현상을 비가역 현상이라고 한다.

Ⓐ. 손에 올려 놓은 얼음이 녹아 물이 되지만, 물이 자연적으로 얼음이 되지는 않으므로 비가역 현상이다.

B̸. 자연 현상은 대부분 비가역적으로 일어나며, 무질서한 정도가 증가하는 방향으로 일어난다.

Ⓒ. 고온인 손에서 저온인 얼음으로 열이 이동하여 얼음이 녹는다.

수능 3점 테스트 본문 73~76쪽

01 ① **02** ③ **03** ④ **04** ③ **05** ⑤ **06** ③ **07** ① **08** ③

01 열역학 과정

A와 B는 열 전달이 잘 되는 금속판에 의해 분리되어 있으므로 (가), (나), (다)에서 각각 A와 B의 온도는 같다. 기체의 부피가 일정할 때, 기체의 온도가 높을수록 기체의 압력은 크다.

ⓐ. (가) → (나) 과정에서 A가 받은 일만큼 A와 B의 내부 에너지가 증가한다. 따라서 A의 온도는 (가)에서가 (나)에서보다 낮다.

ㄴ̸. (나)에서 A와 B의 온도는 같으므로 B의 온도는 (가)에서가 (나)에서보다 낮다. B의 부피는 (가)에서와 (나)에서가 같으므로 B의 압력은 (가)에서가 (나)에서보다 작다.

ㄷ̸. (다)에서 A는 외부에 일을 하므로 B에 공급한 열량은 $Q=\Delta U_A+\Delta U_B+W_A$($\Delta U_A$: A의 내부 에너지 변화량, ΔU_B: B의 내부 에너지 변화량, W_A: A가 외부에 한 일)이다. 따라서 (나) → (다) 과정에서 A와 B의 내부 에너지 변화량의 합($\Delta U_A+\Delta U_B$)은 Q보다 작다.

02 열역학 과정

(가), (나)에서 용수철이 피스톤을 미는 힘의 방향은 기체가 피스톤에 작용하는 힘의 방향과 반대이다.

ⓐ. 용수철이 피스톤을 미는 힘의 크기는 (가)에서가 (나)에서보다 작으므로 기체의 압력은 (가)에서가 (나)에서보다 작다.

ㄴ̸. (가) → (나) 과정에서 기체의 압력과 부피가 증가하므로 기체의 온도는 올라간다. 따라서 (가) → (나) 과정에서 기체의 내부 에너지는 증가한다.

ⓒ. (가) → (나) 과정에서 기체에 공급한 열량은 $Q=\Delta U+W$ (ΔU: 기체의 내부 에너지 변화량, W: 기체가 외부에 한 일)이다. 기체가 외부에 한 일과 용수철에 저장된 탄성 퍼텐셜 에너지 변화량은 같으므로 (가) → (나) 과정에서 용수철에 저장된 탄성 퍼텐셜 에너지 변화량은 Q보다 작다.

03 열역학 과정

열역학 제 1법칙에서 $Q=\Delta U+W$(Q: 기체가 흡수 또는 방출한 열량, ΔU: 기체의 내부 에너지 변화량, W: 기체가 한 일 또는 받은 일)이다.

ⓐ. 기체의 부피가 일정할 때, 기체의 온도가 높을수록 기체의 압력은 크다. 기체의 부피는 C와 D에서 같고, 기체의 압력은 C에서가 D에서보다 크므로 기체의 온도는 C에서가 D에서보다 높다.

ㄴ̸. Ⅰ의 B → C 과정과 Ⅱ의 B → D 과정에서 기체의 부피는 일정하고, 기체의 압력은 감소하였으므로 기체의 온도는 내려간다. Ⅰ의 B → C 과정과 Ⅱ의 B → D 과정에서 기체가 한 일은 0이므로 기체가 방출한 열량은 기체의 내부 에너지 감소량과 같다. 기체의 온도 감소량은 B → C 과정에서가 B → D 과정에서보다 작으므로 기체가 방출한 열량은 B → C 과정에서가 B → D 과정에서보다 작다.

ⓒ. Ⅰ, Ⅱ에서 기체가 한 번 순환하는 동안 기체가 한 일은 압력-부피 그래프에서 그래프 내부 면적과 같다. 그래프 내부 면적은 Ⅰ에서가 Ⅱ에서보다 작으므로 기체가 한 번 순환하는 동안 기체가 한 일은 Ⅰ에서가 Ⅱ에서보다 작다.

04 열역학 과정

B → C 과정에서 기체의 부피는 일정하고 기체의 압력은 감소하였으므로 기체의 온도는 내려간다. 또한 D → A 과정에서 기체의 부피는 일정하고 기체의 압력은 증가하였으므로 기체의 온도는 올라간다.

㉠. 압력-부피 그래프 아래의 면적은 A → B 과정에서가 C → D 과정에서보다 크므로 A → B 과정에서 기체가 한 일은 C → D 과정에서 기체가 받은 일보다 크다.

㉡. C → D 과정에서 기체는 단열 압축하므로 기체가 받은 일만큼 기체의 내부 에너지는 증가(기체의 온도는 올라감)한다. 기체의 온도는 A와 B에서가 같고, C에서가 D에서보다 낮으므로 기체의 온도 변화량은 B → C 과정에서가 D → A 과정에서보다 크다. 기체의 내부 에너지 변화량은 기체의 온도 변화량에 비례하므로 B → C 과정에서 기체의 내부 에너지 감소량은 D → A 과정에서 기체의 내부 에너지 증가량보다 크다.

~~㉢~~. D → A 과정에서 기체가 한 일은 $W=0$이고, 기체의 내부 에너지 변화량은 $\Delta U>0$이므로 $Q>0$(기체는 열을 흡수)이다. D → A 과정에서 기체가 흡수한 열량을 Q'라고 하면, 열기관의 열효율은 $1-\frac{Q_2}{Q_1+Q'}$이다. $\frac{Q_2}{Q_1}>\frac{Q_2}{Q_1+Q'}$이므로 열기관의 열효율은 $1-\frac{Q_2}{Q_1}$보다 크다.

05 열기관의 열효율

기체의 온도가 올라가면 기체의 내부 에너지는 증가하고, 기체의 온도가 내려가면 기체의 내부 에너지는 감소한다.

㉠. A → B, D → A 과정에서 기체의 온도는 올라가므로 기체의 내부 에너지 변화량은 $\Delta U>0$이고, B → C, C → D 과정에서 기체의 온도는 내려가므로 기체의 내부 에너지 변화량은 $\Delta U<0$이다. 기체가 한 번 순환하는 동안 기체의 내부 에너지 변화량은 0이므로 $30Q_0-$㉠$-24Q_0+12Q_0=0$이다. 따라서 ㉠은 $18Q_0$이다.

㉡. 열기관의 열효율이 0.2이고, 기체가 한 번 순환하는 동안 기체가 한 일이 $10Q_0$이므로, A → B 과정에서 기체가 흡수한 열량은 $50Q_0$이다.

㉢. D → A 과정은 단열 과정($Q=0$)이므로 $W=-\Delta U$이다. 따라서 기체가 받은 일은 $12Q_0$이다. C → D 과정에서 기체가 방출한 열량은 $40Q_0$이므로 기체가 받은 일은 $16Q_0$이다. 따라서 기체가 받은 일은 C → D 과정에서가 D → A 과정에서보다 크다.

06 열기관의 열효율

A, B가 고열원으로부터 흡수한 열량은 각각 Q_0+W, Q_0+2W이다.

㉠. 열기관의 열효율은 A가 B의 $\frac{2}{3}$배이므로 $\frac{W}{Q_0+W}=\frac{2}{3}\times\frac{2W}{Q_0+2W}$이다. $3Q_0+6W=4Q_0+4W$이므로 $Q_0=2W$이다.

~~㉡~~. $Q_0=2W$이므로 A, B가 고열원으로부터 받은 열량은 각각 $3W$, $4W$이다. 따라서 고열원으로부터 받은 열량은 B가 A의 $\frac{4}{3}$배이다.

㉢. B가 고열원으로부터 받은 열량은 $4W$이므로 B의 열효율은 $\frac{2W}{4W}=0.5$이다.

07 열역학 과정

(나)에서 빨대 속 기체는 열을 흡수하고, (다)에서 빨대 속 기체는 열을 방출한다.

㉠. (나)에서 기체의 부피는 증가하므로 기체는 외부에 일을 한다.

~~㉡~~. (나)에서 기체는 뜨거운 물로부터 열을 흡수하여 온도가 올라가므로 내부 에너지는 증가한다.

~~㉢~~. (다)에서 기체의 부피는 감소하므로 기체는 외부로부터 일을 받고, 기체의 온도는 내려가므로 기체의 내부 에너지는 감소한다. 기체가 방출한 열은 기체가 받은 일과 기체의 내부 에너지 감소량의 합과 같으므로 기체가 방출한 열은 기체의 내부 에너지 변화량보다 크다.

08 열역학 법칙

(가) 과정과 같이 기체 분자가 골고루 퍼지는 것은 기체 분자가 퍼져 있는 확률이 기체 분자가 모여 있는 확률보다 크기 때문이다.

㉠. (가) 과정은 자연적으로 일어나지만, (나) 과정은 자연적으로 일어나지 않으므로 기체 분자가 퍼져 나가는 현상은 비가역적 현상이다.

~~㉡~~. 비가역적으로 일어나는 자연 현상은 무질서한 정도가 증가하는 방향으로 일어난다. 따라서 '증가'는 ㉠에 해당한다.

㉢. 열이 고온에서 저온으로 이동하는 것은 비가역적 현상이므로 열역학 제2법칙으로 설명할 수 있다.

05 시간과 공간

수능 2점 테스트

본문 85~87쪽

01 ⑤ 02 ② 03 ③ 04 ② 05 ④ 06 ② 07 ①
08 ③ 09 ④ 10 ③ 11 ① 12 ③

01 특수 상대성 이론

특수 상대성 이론의 두 가지 가정은 상대성 원리와 광속 불변 원리이다.

Ⓐ. 모든 관성계에서는 물리 법칙이 동일하게 성립하는데, 이를 상대성 원리라고 한다.

Ⓑ. 모든 관성계에서 진공 속을 진행하는 빛의 속력은 광원이나 관찰자의 속력에 관계없이 광속 c로 일정하다.

Ⓒ. 운동하는 물체의 질량은 정지 질량보다 크고, 물체의 속력이 클수록 물체의 상대론적 질량은 크다.

02 특수 상대성 이론

관찰자에 대해 운동하고 있는 물체는 시간이 느리게 가고, 운동 방향으로 길이가 감소한다.

② A에 대해 B가 운동하고 있으므로 A의 관성계에서 B의 시간은 A의 시간보다 느리게 가고, 운동 방향으로 길이 수축이 일어나므로 우주선의 길이는 L보다 짧다.
물체의 속력이 증가하면 상대론적 질량이 증가하므로 A의 관성계에서 B의 상대론적 질량은 B의 정지 질량보다 크다.

03 시간 팽창과 길이 수축

B의 관성계에서, 광원에서 검출기까지의 거리는 길이 수축이 일어나 cT(고유 길이)보다 작다. 또한 B의 관성계에서, 광원에서 방출된 빛에 대해 검출기가 가까워지는 방향으로 이동한다.

㉠. A의 관성계에서, 광원에서 방출된 빛의 속력은 c이므로 광원에서 검출기까지의 거리는 cT(고유 길이)이다.

~~ㄴ~~. 모든 관성계에서 빛의 속력은 광원이나 관찰자의 속력에 관계없이 광속 c로 일정하다.

㉢. 광원에서 방출된 빛이 검출기에 도달할 때까지 빛이 이동한 경로의 길이는 B의 관성계에서가 A의 관성계에서보다 작다. 따라서 B의 관성계에서, 광원에서 방출된 빛이 검출기에 도달하는 데 걸린 시간은 T보다 작다.

04 고유 길이

p, q, r는 B에 대해 정지해 있으므로 B의 관성계에서 p와 q 사이의 길이, q와 r 사이의 길이는 고유 길이이다.

~~ㄱ~~. p와 q 사이의 고유 길이는 B의 관성계에서 측정한 길이이므로 ㉠이다.

㉡. A의 관성계에서 p와 q 사이의 길이 L_1은 길이 수축이 일어난 길이이고, B의 관성계에서 p와 q 사이의 길이 ㉠은 고유 길이이다. 따라서 ㉠은 L_1보다 크다.

~~ㄷ~~. A의 관성계에서 q와 r를 잇는 직선은 우주선의 운동 방향에 대해 수직인 방향이므로 길이 수축이 일어나지 않는다. 따라서 ㉡은 L_2이다.

05 시간 팽창과 길이 수축

광원에서 방출된 빛이 광원과 거울을 왕복하는 동안 A의 관성계에서는 빛이 대각선 방향으로 올라갔다가 내려오는 경로를 이동하고, B의 관성계에서는 수직으로 왕복하는 경로를 이동한다.

㉠. 모든 관성계에서 진공 속을 진행하는 빛의 속력은 광원이나 관찰자의 속력에 관계없이 광속 c로 일정하므로 광원에서 방출된 빛의 속력은 c이다.

~~ㄴ~~. B의 관성계에서 광원에서 방출된 빛이 거울에 도달할 때까지 빛의 경로 길이는 $\frac{1}{2}ct_0$이다. A의 관성계에서, 광원에서 방출된 빛은 대각선 방향으로 이동하여 거울에 도달하므로 광원에서 방출된 빛이 거울에 도달할 때까지 빛의 경로 길이는 $\frac{1}{2}ct_0$보다 크다.

㉢. 광원에서 방출된 빛이 광원과 거울을 왕복하는 동안 빛의 경로 길이는 A의 관성계에서가 B의 관성계에서보다 크다. 따라서 A의 관성계에서, 광원에서 방출된 빛이 광원과 거울 사이를 왕복하는 데 걸린 시간은 t_0보다 크다.

06 시간 팽창

B의 관성계에서, 광원에서 방출된 빛은 p, q에 동시에 도달하므로 광원과 p 사이의 고유 길이와 광원과 q 사이의 고유 길이는 같다.

~~ㄱ~~. A의 관성계에서, 광원과 p 사이의 거리와 광원과 q 사이의 거리는 같은 비율만큼 길이가 감소하므로 광원과 p 사이의 거리와 광원과 q 사이의 거리는 같다.

㉡. A의 관성계에서, 광원에서 방출된 빛이 q에 도달하는 데 걸린 시간이 광원에서 방출된 빛이 p에 도달하는 데 걸린 시간보다 작으므로 p는 빛과 멀어지는 방향으로 이동하고 q는 빛과 가까워지는 방향으로 이동한다. 따라서 우주선의 운동 방향은 ⓐ이다.

~~ㄷ~~. 광원과 q 사이의 거리는 A의 관성계에서가 B의 관성계에서보다 작다. 또한 A의 관성계에서, 광원에서 방출된 빛에 대해 q는 가까워지는 방향으로 이동하므로 B의 관성계에서, 광원에서 방출된 빛이 q에 도달하는 데 걸린 시간은 t_2보다 크다.

07 동시성

한 관성계에서 같은 장소에서 동시에 발생한 두 사건은 다른 관성계에서도 동시에 발생한다.

㉠. A의 관성계에서, 거울에서 반사된 빛이 P, Q에 동시에 도달하였으므로 P, Q에서 방출된 빛은 거울에서 동시에 반사된다. 따라서 B의 관성계에서도 P, Q에서 방출된 빛은 거울에서 동시에 반사된다.

✗ㄴ. B의 관성계에서, P, Q에서 방출된 빛이 거울까지 이동하는 동안 거울은 P에서 방출된 빛에 대해 가까워지는 방향으로 이동하고, Q에서 방출된 빛에 대해 멀어지는 방향으로 이동한다. 따라서 빛은 Q에서가 P에서보다 먼저 방출되어야 거울에서 동시에 반사된다.

✗ㄷ. B의 관성계에서, 거울에서 동시에 반사된 빛이 P, Q까지 이동하는 동안 P는 빛에 대해 멀어지는 방향으로 이동하고, Q는 빛에 대해 가까워지는 방향으로 이동하므로 빛은 Q에 먼저 도달한다.

08 동시성과 상대론적 질량

A, B의 관성계에서, P와 Q는 각각 $0.9c$, $0.7c$의 속력으로 등속도 운동을 한다. C의 관성계에서, P와 Q 사이의 거리 L은 고유 길이이다.

㉠. A의 관성계에서, P와 Q 사이의 거리는 길이 수축이 일어나므로 L보다 작다.

✗ㄴ. B의 관성계에서, P와 Q 사이의 거리는 L보다 작으므로 P를 통과한 순간부터 Q를 통과한 순간까지 걸린 시간은 $\frac{L}{0.7c}$보다 작다.

㉢. 물체의 속력이 클수록 물체의 상대론적 질량은 크다. C의 관성계에서, 속력은 A가 B보다 크고 정지 에너지는 A와 B가 같으므로 상대론적 질량은 A가 B보다 크다.

09 핵반응과 질량 결손

핵반응에서는 질량 결손에 의해 에너지가 발생한다.

㉠. 질량수는 원자핵의 양성자수와 중성자수의 합이다.

㉡. 핵반응 전 입자들의 질량의 합은 핵반응 후 입자들의 질량의 합보다 크고, 핵반응에서 결손된 질량은 (핵반응 전 입자들의 질량의 합)−(핵반응 후 입자들의 질량의 합)이므로 m_1-m_2이다.

✗ㄷ. 핵반응에서 발생하는 에너지는 $E=\Delta mc^2=(m_1-m_2)c^2$ (Δm: 질량 결손, c: 광속)이다.

10 질량 에너지 동등성

쌍생성은 충분한 에너지를 가진 감마선에 의해 질량을 가진 전자와 양전자가 생성되는 것이고, 쌍소멸은 질량을 가진 전자와 양전자에 의해 에너지를 가진 감마선이 생성되는 것이다.

㉠. 물체의 속력이 클수록 물체의 상대론적 질량이 크다.

㉡. 핵반응에서는 반응 전 입자들의 질량의 합이 반응 후 입자들의 질량의 합보다 크고, 감소한 질량이 클수록 발생하는 에너지가 크다.

✗ㄷ. 쌍소멸 과정에서 질량이 에너지로 변환되어 감마선이 방출되므로 감마선은 에너지를 갖는다.

11 핵반응

원자핵의 중성자수는 질량수−전하량(양성자수)이다.

㉠. X의 양성자수를 a, 질량수를 b라고 하면, 전하량 보존에 의해 $88=86+a$이므로 $a=2$이고, 질량수 보존에 의해 $226=222+b$이므로 $b=4$이다. (가)는 질량수가 큰 원자핵이 질량수가 작은 원자핵들로 분열되었으므로 핵분열 반응이다.

✗ㄴ. Y의 양성자수를 c, 질량수를 d라고 하면, 전하량 보존에 의해 $c+1=2$이므로 $c=1$이고, 질량수 보존에 의해 $d+3=5$이므로 $d=2$이다. 따라서 X, Y의 중성자수는 각각 2, 1이므로 중성자수는 X가 Y보다 크다.

✗ㄷ. 핵반응에서 방출되는 에너지는 질량 결손에 의한 것이므로 질량 결손은 (가)에서가 (나)에서보다 작다.

12 핵융합

원자력 발전소의 원자로에서는 핵분열에 의해 에너지가 생성되고, 태양에서는 핵융합에 의해 에너지가 생성된다.

㉠. 핵반응에는 핵분열과 핵융합이 있다. 핵융합 과정에서는 질량수가 작은 원자핵들이 반응하여 질량수가 큰 원자핵이 생성되고, 핵분열 과정에서는 질량수가 큰 원자핵이 분열하여 질량수가 작은 원자핵들이 생성된다.

✗ㄴ. 원자력 발전소의 원자로에서는 우라늄($^{235}_{92}U$)과 같은 원자핵이 핵분열하여 에너지가 발생한다.

㉢. 수소 원자핵, 헬륨 원자핵의 양성자수는 각각 1, 2이므로 양성자수는 수소 원자핵이 헬륨 원자핵보다 작다.

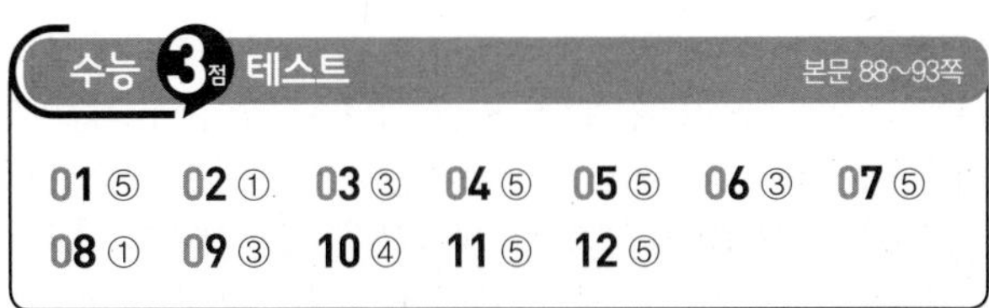
수능 3점 테스트 본문 88~93쪽

01 ⑤ 02 ① 03 ③ 04 ⑤ 05 ⑤ 06 ③ 07 ⑤
08 ① 09 ③ 10 ④ 11 ⑤ 12 ⑤

01 특수 상대성 이론

'빛이 진행한 거리=빛의 속력×빛이 이동한 시간'이다.

㉠. 광원에서 방출된 빛이 광원과 거울을 왕복하는 동안 A의 관

성계에서는 빛이 대각선 방향으로 올라갔다가 내려오는 경로를 이동하고, B의 관성계에서는 수직으로 왕복하는 경로를 이동하므로 $L_A > L_B$이다.

㉡. A, B의 관성계에서 빛의 속력은 일정하고, $L_A > L_B$이므로 $t_A > t_B$이다.

㉢. A, B의 관성계에서 빛의 속력은 각각 $\frac{L_A}{t_A}$, $\frac{L_B}{t_B}$이다. 빛의 속력은 모든 관성계에서 동일하므로 $\frac{L_A}{t_A} = \frac{L_B}{t_B}$이다.

02 동시성과 길이 수축

A의 관성계에서, 광원에서 방출된 빛에 대해 P는 가까워지는 방향으로, Q는 대각선 방향으로, R는 멀어지는 방향으로 이동한다.

㉠. A의 관성계에서 빛이 광원 → P, 광원 → Q 경로로 이동하는 동안 빛의 속력은 같고, 빛이 진행한 거리가 같으므로 빛이 이동한 시간이 같다. 따라서 A의 관성계에서, 광원에서 방출된 빛은 P, Q에 동시에 도달한다.

㉡. 광원과 P 사이의 고유 길이와 광원과 Q 사이의 고유 길이가 같으면 A의 관성계에서, 광원에서 방출된 빛은 Q보다 P에 먼저 도달하므로 광원과 P 사이의 고유 길이와 광원과 Q 사이의 고유 길이가 같지 않다. 따라서 B의 관성계에서 광원에서 방출된 빛은 P, Q에 동시에 도달하지 않는다.

㉢. A의 관성계에서, 광원에서 방출된 빛에 대해 R는 멀어지는 방향으로 이동한다. A의 관성계에서, 빛이 R에 도달할 때까지 L_2만큼 이동하므로 광원과 R 사이의 거리는 L_2보다 작다.

03 고유 시간과 길이 수축

B의 관성계에서, 빛이 P → X, Q → Y 경로를 이동하는 데 걸린 시간이 같으므로 P에서 X까지와 Q에서 Y까지의 고유 길이는 같고, 빛이 P → X → P, Q → Y → Q의 경로를 이동하는 데 걸린 시간은 같다.

㉠. A의 관성계에서, Q에서 Y까지의 길이는 길이 수축이 일어나고 Y는 광원에서 방출된 빛에 대해 가까워지는 방향으로 이동하므로 $t_1 >$ ㉠이다.

㉡. B의 관성계에서, 빛이 P → X → P, Q → Y → Q의 경로를 이동하는 데 걸린 시간은 같고, 동일한 장소에 일어난 두 사건 사이의 시간이므로 고유 시간이다. 두 사건 사이의 고유 시간은 다른 관성계에서의 시간보다 작으므로 빛이 P → X → P, Q → Y → Q의 경로를 이동하는 데 걸린 시간은 B의 관성계에서가 A의 관성계에서보다 작다. 따라서 $t_1 +$ ㉠ $> 2t_2$이다.

㉢. A의 관성계에서 P에서 X까지와 Q에서 Y까지의 길이는 같은 비율만큼 길이 수축이 일어나므로 P에서 X까지의 길이와 Q에서 Y까지의 길이는 같다.

04 동시성, 길이 수축, 시간 팽창

A의 관성계에서, 빛은 P, Q에서 동시에 방출되고 검출기에 동시에 도달하므로 P에서 검출기까지와 Q에서 검출기까지의 고유 길이는 같다. 한 관성계에서 같은 장소에서 동시에 발생한 두 사건은 다른 관성계에서도 동시에 발생한다.

㉠. A의 관성계에서 P, Q에서 방출된 빛이 검출기에 동시에 도달하므로 B의 관성계에서도 검출기에 동시에 도달한다. B의 관성계에서 P에서 방출된 빛에 대해 검출기는 가까워지는 방향으로 이동하고, Q에서 방출된 빛에 대해 검출기는 멀어지는 방향으로 이동하므로 빛은 Q에서가 P에서보다 먼저 방출되어야 검출기에 동시에 도달할 수 있다. 따라서 '빛은 Q에서가 P에서보다 먼저 방출되고, 검출기에 동시에 도달한다.'는 ㉠에 해당한다.

㉡. A의 관성계에서 P에서 Q까지의 길이는 고유 길이이고, B의 관성계에서 P에서 Q까지의 길이는 길이 수축이 일어난다. 따라서 $L_1 > L_2$이다.

㉢. A에 대해 B가 탄 우주선이 등속도 운동을 하므로 A의 관성계에서, B의 시간은 A의 시간보다 느리게 간다.

05 시간 팽창과 길이 수축

운동 방향과 나란한 방향은 길이 수축이 일어나고, 수직인 방향은 길이 수축이 일어나지 않는다.

㉠. A의 관성계에서, p와 O 사이의 거리와 q와 O 사이의 거리는 같고 속력은 B가 C보다 크므로 B가 p에서 O까지 이동하는 데 걸린 시간은 C가 q에서 O까지 이동하는 데 걸린 시간보다 작다.

㉡. 관성계에서 측정할 때, 물체의 속력이 빠를수록 시간 팽창은 커진다. 따라서 A의 관성계에서, B의 시간은 C의 시간보다 느리게 간다.

㉢. q에서 O까지의 거리에 대해 B의 관성계에서는 길이 수축이 일어나지 않고, C의 관성계에서는 길이 수축이 일어난다. 따라서 q에서 O까지의 거리는 B의 관성계에서가 C의 관성계에서보다 크다.

06 시간 팽창과 길이 수축

우주선의 관성계에서 P가 방출된 순간 우주선과 우주 정거장 사이에 길이 수축이 일어나므로 3광년보다 작다.

㉠. 우주선의 관성계에서, 우주선에서 우주 정거장까지의 거리는 3광년보다 작으므로 P가 우주 정거장에 도달하는 데 걸린 시간은 3년보다 작다.

㉡. 우주 정거장의 관성계에서, 우주선이 Q에 대해 가까워지는 방향으로 이동하므로 Q가 방출되는 순간부터 우주선에 도달할 때까지 Q가 진행한 거리는 3광년보다 작다.

㉢. 우주 정거장의 관성계에서, P가 방출된 순간부터 우주 정거장에 도달할 때까지 P의 경로 길이는 3광년이므로 P가 우주 정거장

에 도달할 때까지 걸린 시간은 Q가 우주선에 도달할 때까지 걸린 시간보다 크다. 따라서 우주 정거장의 관성계에서, Q가 우주선에 도달한 후 P가 우주 정거장에 도달한다.

07 마이컬슨 · 몰리 실험

빛의 매질이라고 생각한 에테르가 존재한다면, M → P로 이동하는 빛의 속력과 M → Q로 이동하는 빛의 속력은 달라야 한다.

ⓞ. 빛이 M → P → M을 진행한 거리는 $2L$이고, 빛의 속력은 c이므로 걸린 시간은 $\frac{2L}{c}$이다.

ⓞ. 경로 1과 2를 빛이 진행한 거리는 같고 검출기에 동시에 도달하였으므로 경로 1과 2를 진행하는 빛의 속력은 같다.

ⓞ. 빛의 매질이 존재하면 경로 1을 진행하는 빛과 경로 2를 진행하는 빛은 검출기에 동시에 도달할 수 없으므로, 빛의 매질은 존재하지 않는다. 따라서 '빛의 매질은 존재하지 않는다'는 ㉠에 해당한다.

08 동시성과 길이 수축

A의 관성계에서, P, Q, R에서 반사된 빛이 광원에 동시에 도달하므로 광원에서 P, Q, R까지의 고유 길이는 같다.

ⓞ. 광원에서 P, Q까지의 고유 길이가 같으므로 A의 관성계에서, 광원에서 방출된 빛이 P, Q에 도달하는 데 걸린 시간이 같다. 따라서 A의 관성계에서, 광원에서 방출된 빛은 P, Q에서 동시에 반사된다.

✗. B의 관성계에서, P에서 반사된 빛에 대해 광원은 가까워지는 방향으로 이동하고, R에서 반사된 빛에 대해 광원은 대각선 방향으로 이동한다. 또한 B의 관성계에서 P에서 광원까지의 길이는 길이 수축이 일어나고, 광원에서 R까지의 길이는 길이 수축이 일어나지 않는다. 따라서 P에서 광원까지 빛이 진행한 거리는 R에서 광원까지 빛이 진행한 거리보다 작으므로 광원에서 방출된 빛은 R에서가 P에서보다 먼저 반사되어야 광원에 동시에 도달한다.

✗. C의 관성계에서, 광원에서 방출된 빛에 대해 Q는 멀어지는 방향으로 이동하고, R는 가까워지는 방향으로 이동하므로 광원에서 방출된 빛은 R에서가 Q에서보다 먼저 반사된다.

09 질량 에너지 동등성

물체의 정지 에너지는 $E_0=m_0c^2$(m_0: 정지 질량, c: 광속)이다.

ⓞ. 질량수가 큰 원자핵이 질량수가 작은 원자핵들로 분열되었으므로 핵분열 반응이다.

ⓞ. 리튬 원자핵, 양성자의 정지 에너지는 각각 m_1c^2, m_2c^2이므로 정지 에너지는 리튬 원자핵이 양성자보다 $(m_1-m_2)c^2$만큼 크다.

✗. 핵반응에서 반응 전 입자들의 질량의 합은 반응 후 입자들의 질량의 합보다 크다. 따라서 $m_1+m_2>2m_3$이므로 $m_3<\frac{(m_1+m_2)}{2}$이다.

10 핵반응

원자력 발전소에서는 핵분열에 의해 에너지가 발생하고, 별에서는 핵융합에 의해 에너지가 발생한다.

✗. (가)는 질량수가 작은 원자핵들이 융합하여 질량수가 큰 원자핵이 생성되는 핵융합 반응이므로 별에서 일어나는 핵반응이다.

✗. 핵반응 전후 입자들의 질량수의 합은 보존된다. ${}^{1}_{1}\mathrm{H}$, ${}^{2}_{1}\mathrm{H}$의 질량수는 각각 1, 2이므로 ㉠의 질량수는 3이다.

✗. 핵반응 전후 입자들의 전하량의 합은 보존된다. ${}^{235}_{92}\mathrm{U}$, ${}^{140}_{54}\mathrm{Xe}$의 양성자수는 각각 92, 54이므로 ㉡의 양성자수는 38이다.

④ ㉡의 질량수를 b라고 하면, $235+1=140+b+2$이므로 $b=94$이다. 원자핵의 중성자수는 질량수－양성자수이므로 ${}^{140}_{54}\mathrm{Xe}$, ㉡의 중성자수는 각각 86, 56이다. 따라서 중성자수는 ${}^{140}_{54}\mathrm{Xe}$이 ㉡보다 크다.

✗. 핵반응에서 방출되는 에너지는 질량 결손에 의한 것이므로 질량 결손은 (가)에서가 (나)에서보다 작다.

11 핵반응

핵반응에서 질량 결손은 (핵반응 전 입자들의 질량의 합)－(핵반응 후 입자들의 질량의 합)이다.

ⓞ. 핵반응 전후 입자들의 전하량의 합은 보존되므로 ㉠은 1이다. 따라서 A, B의 질량수는 각각 1, 2이다. 핵반응 전후 입자들의 질량수는 보존되므로 C의 질량수는 3이고, ㉡은 1이다. 따라서 ㉠과 ㉡은 같다.

ⓞ. 동위 원소는 양성자수가 같고 중성자수가 다른 원소이다. A와 B는 양성자수가 같고 중성자수가 다르므로 동위 원소이다.

ⓞ. 핵반응에서 질량 결손은 $M_1+M_2-M_3$이므로 핵반응에서 방출되는 에너지는 $(M_1+M_2-M_3)c^2$이다.

12 핵반응

원자핵 A와 B가 반응하여 원자핵 C와 D가 생성되었을 때의 핵반응식은 다음과 같다.

$${}^{a}_{w}\mathrm{A}+{}^{b}_{x}\mathrm{B}\longrightarrow{}^{c}_{y}\mathrm{C}+{}^{d}_{z}\mathrm{D}+\text{에너지}$$

- 전하량 보존: $w+x=y+z$
- 질량수 보존: $a+b=c+d$

ⓞ. ㉠의 전하량을 a, 질량수를 b라고 하면, 전하량 보존에 의해 $5=3+a$이므로 $a=2$이고, 질량수 보존에 의해 $10+1=7+b$이므로 $b=4$이다. 중성자수는 질량수－양성자수이므로 2이다.

ⓞ. (가)는 질량수가 큰 원자핵이 분열하여 질량수가 작은 원자핵들이 생성되므로 핵분열 반응이다.

ⓞ. 핵반응에서는 질량 결손에 의해 에너지가 발생한다.

06 물질의 전기적 특성

수능 2점 테스트

본문 109~113쪽

01 ③	02 ③	03 ⑤	04 ③	05 ③	06 ④	07 ③
08 ②	09 ①	10 ④	11 ①	12 ②	13 ③	14 ④
15 ③	16 ①	17 ②	18 ③	19 ⑤	20 ③	

01 원자와 전기력

원자는 원자핵과 전자로 구성되어 있으며, 원자핵은 양(+)전하를 띠고 전자는 음(−)전하를 띠며, 원자핵과 전자는 전하를 띠고 있어 전기력이 작용한다.

㉠. 원자는 원자핵과 전자로 구성되어 있으므로 ㉠은 '전자'이다.

㉡. 원자핵과 전자는 서로 다른 종류의 전하를 띠고 있으므로 원자핵과 전자 사이에는 서로 당기는 전기력이 작용한다.

~~㉢~~. 원자 내의 전자는 원자핵으로부터 당기는 전기력을 받으며 원자핵 주위를 운동하고 있다.

02 원자의 구성 요소

(가)는 톰슨의 음극선 실험이고, (나)는 러더퍼드의 알파(α) 입자 산란 실험이다. 톰슨은 음극선 실험으로 전자를 발견하였고, 러더퍼드는 알파(α) 입자 산란 실험으로 원자핵을 발견하였다.

㉠. 음극에서 방출된 A가 (+)극판 쪽으로 전기력을 받아 휘어지므로 A는 음(−)전하를 띠는 전자이다.

㉡. 알파(α) 입자는 양(+)전하를 띠고 있다. 알파(α) 입자가 B에 의해 큰 각도로 산란되었으므로 B는 알파(α) 입자와 같은 종류의 전하이다. B는 원자핵으로 양(+)전하를 띠고 있다.

~~㉢~~. (나)에서 소수의 알파(α) 입자가 큰 각도로 산란되었으므로 B는 원자의 중심에 아주 작은 부피를 차지하고 있다.

03 전하와 전기력

같은 종류의 전하 사이에는 서로 미는 전기력이 작용한다.

㉠. A에 작용하는 전기력의 방향이 $-x$ 방향이므로 A와 B 사이에는 서로 미는 전기력이 작용한다. 따라서 A는 B와 같은 종류의 전하이므로 A는 음(−)전하이다.

㉡. A와 B 사이에는 서로 미는 전기력이 작용하므로 B에 작용하는 전기력의 방향은 $+x$ 방향이다.

㉢. A가 B에 작용하는 전기력과 B가 A에 작용하는 전기력은 작용 반작용 관계이므로, B에 작용하는 전기력의 크기는 A에 작용하는 전기력의 크기와 같은 F이다.

04 전하와 전기력

다른 종류의 전하 사이에는 서로 당기는 전기력이 작용하고, 같은 종류의 전하 사이에는 서로 미는 전기력이 작용한다.

㉠. (가)에서 A와 B 사이에는 서로 당기는 방향으로 전기력이 작용한다.

~~㉡~~. (나)에서 A가 C에 작용하는 전기력과 C가 A에 작용하는 전기력은 작용 반작용 관계이므로, A가 C에 작용하는 전기력의 크기와 C가 A에 작용하는 전기력의 크기는 같다.

㉢. (가)에서 A와 B 사이에는 서로 당기는 전기력이 작용하므로 A와 B는 다른 종류의 전하로, (나)에서 A와 C 사이에는 서로 미는 전기력이 작용하므로 A와 C는 같은 종류의 전하로 대전되어 있다. 따라서 B와 C는 다른 종류의 전하로 대전되어 있다.

05 전하와 전기력

C에 작용하는 전기력의 방향이 $x=d$에서와 $x=2d$에서가 반대 방향이므로 $x=d$와 $x=2d$ 사이에는 C에 작용하는 전기력이 0인 지점이 있다.

㉠. C를 고정한 위치가 $x=d$일 때 B와 C 사이에 작용하는 전기력의 크기는 A와 C 사이에 작용하는 전기력의 크기보다 크고, C를 고정한 위치가 $x=2d$일 때 A와 C 사이에 작용하는 전기력의 크기는 B와 C 사이에 작용하는 전기력의 크기보다 크다. C를 고정한 위치가 $x=2d$일 때, C에 작용하는 전기력의 방향은 $+x$ 방향이므로 A와 C 사이에는 서로 미는 전기력이 작용한다. 따라서 A는 양(+)전하이다.

㉡. $x=d$와 $x=2d$ 사이에 C에 작용하는 전기력이 0인 지점이 있으므로 A와 B는 다른 종류의 전하이다. 따라서 B와 C 사이에는 서로 당기는 전기력이 작용한다.

~~㉢~~. $x=d$와 $x=2d$ 사이에 C에 작용하는 전기력이 0인 지점이 있고, A와 C 사이의 거리는 B와 C 사이의 거리보다 크므로 전하량의 크기는 A가 B보다 크다.

06 전하와 전기력

두 점전하 사이에 작용하는 전기력의 크기는 전하량의 크기의 곱에 비례하고, 두 전하가 떨어진 거리의 제곱에 반비례한다.

~~㉠~~. A에 작용하는 전기력이 0이므로 B와 C는 다른 종류의 전하이고, C에 작용하는 전기력이 0이므로 A와 B도 다른 종류의 전하이다. 따라서 A와 C는 같은 종류의 전하이므로 A와 C 사이에는 서로 미는 전기력이 작용한다.

㉡. A가 C에 작용하는 전기력의 크기와 B가 C에 작용하는 전기력의 크기는 같고 방향은 반대이다. A와 C 사이의 거리가 B와 C 사이의 거리보다 더 크므로 전하량의 크기는 A가 B보다 크다.

㉢. A와 C는 같은 종류의 전하이고, A와 C의 전하량의 크기가 같으므로 A와 C의 중간 지점에 있는 B에 작용하는 전기력은 0이다.

07 연속 스펙트럼과 선 스펙트럼

가열된 고체에서 방출되는 빛의 스펙트럼은 빛의 파장이 연속적으로 분포하는 연속 스펙트럼이고, 가열된 기체에서 방출되는 빛의 스펙트럼은 빛의 파장이 띄엄띄엄 분포하는 선 스펙트럼이다.

ㄱ. 고체에서 전자의 에너지 준위는 연속적으로 분포하므로 가열된 고체에서 방출되는 빛의 파장은 연속적으로 나타난다. 따라서 연속 스펙트럼인 (가)는 A에서 방출되는 빛의 스펙트럼이다.

ㄴ. (나)는 B에서 방출되는 빛의 스펙트럼으로, 방출되는 빛의 파장이 불연속적으로 분포한다. 따라서 B의 에너지 준위는 불연속적이다.

ㄷ. 스펙트럼선에 해당하는 빛의 파장이 p가 q보다 짧으므로, p에 해당하는 빛의 진동수는 q에 해당하는 빛의 진동수보다 크다.

08 선 스펙트럼

기체 원자의 에너지 준위는 띄엄띄엄 분포하며, 원자 내 전자가 빛을 흡수하면 전자의 에너지는 증가하고, 빛을 방출하면 전자의 에너지는 감소한다.

ㄱ. 기체 방전관에서 빛이 방출될 때, 기체 내 전자의 에너지는 감소한다.

ㄴ. A는 ㉡에 해당하는 파장을 가진 빛을 방출하지 않으므로, A는 ㉡에 해당하는 빛을 흡수하지 않는다.

ㄷ. 광자 1개의 에너지는 빛의 파장이 짧을수록 크다. 스펙트럼선에 해당하는 빛의 파장은 ㉠이 ㉡보다 짧으므로 광자 1개의 에너지는 ㉠에 해당하는 빛이 ㉡에 해당하는 빛보다 크다.

09 보어의 수소 원자 모형

보어의 수소 원자 모형에서 전자는 원자핵을 중심으로 돌고 있으며, 전자는 특정한 궤도에서만 원운동을 한다.

ㄱ. 원자핵은 양(+)전하를 띠고, 전자는 음(−)전하를 띠므로 원자핵과 전자 사이에는 서로 당기는 전기력이 작용한다.

ㄴ. 원자핵과 전자 사이의 거리는 (가)에서가 (나)에서보다 작으므로, 전자에 작용하는 전기력의 크기는 (가)에서가 (나)에서보다 크다.

ㄷ. 전자가 더 높은 궤도로 전이하기 위해서는 에너지를 흡수해야 하므로 (가)에서 (나)로 될 때 수소 원자는 에너지를 흡수한다.

10 보어의 수소 원자 모형

에너지 준위가 높은 상태에서 에너지 준위가 낮은 상태로 전이할 때 빛이 방출되고, 방출되는 빛의 진동수는 전이하는 전자의 에너지 준위 차에 비례한다.

ㄱ. 전이하는 전자의 에너지 준위 차가 a에서가 b, c에서보다 크므로 a에서 방출되는 빛의 진동수는 b, c에서 방출되는 빛의 진동수보다 크다. 따라서 a에서 방출되는 빛의 진동수는 f_1이다.

ㄴ. 전이하는 전자의 에너지 준위 차가 b에서가 c에서보다 작으므로 b에서 방출되는 빛의 진동수는 f_3이고, c에서 방출되는 빛의 진동수는 f_2이다. $f_2>f_3$이므로 방출되는 광자 1개의 에너지는 c에서가 b에서보다 크다.

ㄷ. a에서 방출되는 빛에너지는 E_3-E_1, b에서 방출되는 빛에너지는 E_3-E_2, c에서 방출되는 빛에너지는 E_2-E_1이다. 즉, $E_3-E_1=(E_3-E_2)+(E_2-E_1)$이므로 $f_1=f_2+f_3$이다.

11 보어의 수소 원자 모형과 스펙트럼

수소 원자의 에너지는 불연속적이고, 수소 원자에서 방출되는 빛에너지는 전이하는 전자의 에너지 준위 차와 같다.

ㄱ. 전자가 $n=2$로 전이할 때 방출되는 빛 중에서 파장이 가장 긴 빛은 전자가 $n=3$에서 $n=2$로 전이할 때이다. 따라서 ㉢은 a에서 방출된 빛에 의해 나타난 스펙트럼선, ㉡은 b에서 방출된 빛에 의해 나타난 스펙트럼선, ㉠은 c에서 방출된 빛에 의해 나타난 스펙트럼선이다.

ㄴ. b에서 방출되는 광자 1개의 에너지는
-0.85 eV$-(-3.40$ eV$)=2.55$ eV이다.

ㄷ. ㉡은 b에서 방출된 빛에 의해 나타난 스펙트럼선이므로 ㉡에서 방출된 빛에 의해 나타난 광자 1개의 에너지는 2.55 eV이다. ㉢은 a에서 방출된 빛에 의해 나타난 스펙트럼선이므로 ㉢에서 방출된 빛에 의해 나타난 광자 1개의 에너지는 1.89 eV이다. 따라서 ㉡에 해당하는 빛의 진동수는 ㉢에 해당하는 빛의 진동수의 2배보다 작다.

12 에너지띠

기체 상태에 있는 원자의 에너지 준위는 불연속으로 분포하고, 고체 상태에 있는 물질의 에너지 준위는 미세하게 갈라져서 띠를 이룬다.

ㄱ. 기체 상태에 있는 원자의 에너지는 불연속적이므로 원자 내 전자는 특정한 파장의 빛만 흡수할 수 있다.

ㄴ. 허용된 띠와 허용된 띠 사이에는 전자가 존재할 수 없다. 따라서 전자는 P의 에너지 준위를 가질 수 없다.

ㄷ. 고체 상태에서는 원자 사이의 거리가 매우 가까워 인접한 원자들의 에너지 준위가 겹치게 되어 미세하게 갈라진다. 따라서 Q에 있는 전자의 에너지는 모두 같지 않다.

13 에너지띠 구조와 전기 전도성

원자의 가장 바깥쪽에 있는 전자가 차지하는 에너지띠가 원자가 띠이고, 원자가 띠 위에 비어 있는 에너지띠가 전도띠이다.

ㄱ. P는 원자가 띠 바로 위의 에너지띠이므로 전도띠이다.

ㄴ. 에너지는 전도띠가 원자가 띠보다 크므로 원자가 띠에 있는 전자가 전도띠로 전이할 때 에너지를 흡수한다.

ㄴ. 원자가 띠와 전도띠 사이의 에너지 간격이 띠 간격이고, 띠 간격이 작을수록 전기 전도성이 좋다. 따라서 띠 간격은 A가 B보다 작으므로 전기 전도성은 A가 B보다 좋다.

14 에너지띠

도체는 원자가 띠와 전도띠의 일부가 겹쳐 있거나 원자가 띠의 일부가 비어 있어 상온에서 자유 전자가 많아 전기 전도성이 좋다. 반도체는 원자가 띠와 전도띠 사이에 띠 간격이 있고, 전자가 원자가 띠에서 전도띠로 전이하기 위해서는 띠 간격 이상의 에너지를 흡수해야 한다.

ㄱ. (가)의 원자가 띠의 일부에는 전자가 채워져 있으나 일부에는 비어 있으므로 A는 도체이다.

ㄴ. 전자가 원자가 띠에서 전도띠로 전이하기 위해서는 띠 간격 이상의 에너지를 흡수해야 한다.

ㄷ. A는 원자가 띠의 일부가 비어 있고, B는 띠 간격이 있으므로 상온에서 단위 부피당 자유 전자의 수는 A가 B보다 많다.

15 물질의 전기 전도도

전기 전도도가 클수록 전기가 잘 통한다. 도체는 전기 전도도가 매우 크고, 절연체는 전기 전도도가 매우 작다.

ㄱ. X가 클수록 전기가 잘 통하므로 '전기 전도도'는 X에 해당한다.

ㄴ. ㉠은 절연체, ㉡은 반도체, ㉢은 도체이다.

ㄷ. 자유 전자의 수가 많을수록 전기가 잘 통하므로 상온에서 단위 부피당 자유 전자의 수는 금이 다이아몬드보다 많다.

16 물질의 전기 전도성

막대에 같은 전압이 걸릴 때, 회로에 흐르는 전류의 세기가 클수록 막대의 저항값이 작다.

ㄱ. 회로에 흐르는 전류의 세기는 S를 q에 연결했을 때가 S를 p의 연결했을 때보다 크므로 막대의 저항값은 P가 Q보다 크다.

ㄴ. P와 Q는 길이와 단면적이 서로 같으나 저항값은 P가 Q보다 크므로 전기 전도성은 Q가 P보다 좋다.

ㄷ. 단위 부피당 자유 전자가 많을수록 전기 저항이 작아 전류가 많이 흐른다. 따라서 단위 부피당 자유 전자의 수는 P가 Q보다 적다.

17 순수 반도체와 불순물 반도체

순수한 저마늄(Ge)에 저마늄보다 원자가 전자가 많은 원소를 도핑한 반도체가 n형 반도체이고, n형 반도체는 전자가 주로 전하 운반자 역할을 하여 전류가 잘 흐른다.

ㄱ. 저마늄의 원자가 전자는 4개이고 비소(As)의 원자가 전자는 5개이다.

ㄴ. 순수한 저마늄에 저마늄보다 원자가 전자가 많은 비소를 첨가하여 결합에 참여하지 않은 전자가 생긴 반도체는 n형 반도체이다. 따라서 Y는 n형 반도체이다.

ㄷ. 순수 반도체는 원자가 전자가 모두 공유 결합을 하고 있어 전류가 잘 흐르지 않으나, 순수 반도체에 불순물을 첨가한 n형 반도체는 결합에 참여하지 않은 전자가 있어 전류가 잘 흐른다. 따라서 전기 전도성은 Y가 X보다 좋다.

18 다이오드

다이오드의 p형 반도체가 전원의 (+)극에 연결되고, n형 반도체가 전원의 (−)극에 연결되었을 때, 다이오드 내의 전자와 양공이 p−n 접합면으로 이동하게 되어 전류가 흐른다.

ㄱ. 다이오드에 전류가 흐르므로 다이오드에는 순방향 전압이 걸린다.

ㄴ. 다이오드에 순방향 전압이 걸리면 다이오드 내에서 전류는 p형 반도체에서 n형 반도체로 흐른다. 따라서 저항에 흐르는 전류의 방향은 ⓑ 방향이다.

ㄷ. 다이오드의 p형 반도체가 전원의 (+)극에 연결되어 있어 양공은 p−n 접합면으로 이동한다.

19 다이오드와 발광 다이오드

p−n 접합 다이오드와 p−n 접합 발광 다이오드(LED)는 p형 반도체가 전원의 (+)극에, n형 반도체가 전원의 (−)극에 연결되었을 때 전류가 흐르며, 이때를 순방향 전압이라고 한다.

ㄱ. 회로에 전류가 흘러 LED에서 빛이 방출되므로 LED의 p형 반도체는 전원 장치의 (+)극에 연결되어 있고, n형 반도체는 전원 장치의 (−)극에 연결되어 있다. 따라서 전원 장치의 ㉠은 (−)극이다.

ㄴ. 다이오드에 전류가 흐르고, 다이오드의 X는 전원 장치의 (−)극에 연결되어 있으므로 X는 n형 반도체이다.

ㄷ. LED에 전류가 흘러 빛이 방출되므로 LED에는 순방향 전압이 걸린다.

20 반도체와 다이오드

다이오드에 순방향 전압을 걸어 주면 회로에 전류가 흐르게 된다. (나)에서 전도띠 아래에 도핑된 원자에 의한 에너지 준위가 생성되었으므로 (나)는 n형 반도체의 에너지띠 구조를 나타낸 것이다.

ㄱ. (나)는 n형 반도체의 에너지 띠 구조를 나타낸 것이다. n형 반도체는 순수한 반도체에 원자가 전자가 5개 이상인 원소를 첨가한 반도체이다. 규소(Si)의 원자가 전자 수는 4개이다. 따라서 원자가 전자 수는 ㉠이 규소(Si)보다 많다.

ㄴ. X는 n형 반도체이고, S를 a에 연결하면 다이오드의 n형 반

도체는 전원의 (−)극에 연결되므로 다이오드에 순방향 전압이 걸린다.

ㄷ̸. S를 b에 연결하면 다이오드에는 역방향 전압이 걸린다. 따라서 다이오드의 n형 반도체에서 전자는 p−n 접합면에서 멀어지게 되고, 회로에는 전류가 흐르지 않는다.

수능 3점 테스트

본문 114~122쪽

01 ③	**02** ①	**03** ③	**04** ②	**05** ③	**06** ①	**07** ⑤
08 ⑤	**09** ③	**10** ⑤	**11** ⑤	**12** ③	**13** ③	**14** ③
15 ②	**16** ①	**17** ④	**18** ⑤			

01 전하와 전기력

두 전하의 종류가 같으면 두 전하 사이에는 서로 미는 전기력이 작용하고, 두 전하의 종류가 다르면 두 전하 사이에는 서로 당기는 전기력이 작용한다.

㉠. B를 연결한 실은 연직 방향과 나란하므로 B에 작용하는 전기력은 0이다. 즉, A가 B에 작용하는 전기력의 크기와 C가 B에 작용하는 전기력의 크기는 같고 방향은 반대이다. 따라서 B가 A에 작용하는 전기력의 크기와 B가 C에 작용하는 전기력의 크기는 같다.

ㄴ̸. B가 놓인 위치에서 A, C가 B에 작용하는 전기력의 크기는 같고 방향은 반대이므로, A와 C는 서로 같은 종류의 전하이다.

㉢. A가 B에 작용하는 전기력의 크기와 C가 B에 작용하는 전기력의 크기는 같고, A와 B 사이의 거리가 B와 C 사이의 거리보다 크므로 전하량의 크기는 A가 C보다 크다.

02 전하와 전기력

두 점전하 사이에 작용하는 전기력의 크기는 전하량의 크기의 곱에 비례하고, 떨어진 거리의 제곱에 반비례한다.

① (가)와 (나)에서 B에 작용하는 전기력의 방향은 서로 반대 방향이고, B에 작용하는 전기력의 크기는 (나)에서가 (가)에서보다 크므로 A와 B는 다른 종류의 전하, B와 C도 다른 종류의 전하이어야 한다. A, B, C를 각각 양(+)전하, 음(−)전하, 양(+)전하라 가정하고, (가)에서 A와 B 사이에 작용하는 전기력의 크기를 F_{AB}, B와 C 사이에 작용하는 전기력의 크기를 F_{BC}라고 하면, $F_{BC}-F_{AB}=F$ … ①이다.

A F_{AB} B F_{BC} C
$-d$ 0 d $2d$ x

(나)에서 B와 C 사이에 작용하는 전기력의 크기는 F_{BC}이고, A와 B 사이에 작용하는 전기력의 크기는 $\frac{1}{9}F_{AB}$이다.

즉, $\frac{1}{9}F_{AB}+F_{BC}=2F$ … ②이다.

A C F_{BC} B
$-d$ 0 d $\frac{1}{9}F_{AB}$ $2d$ x

①과 ②를 연립하여 정리하면, $F_{AB}=\frac{9}{10}F$, $F_{BC}=\frac{19}{10}F$이다.

따라서 $\frac{Q_A}{Q_C}=\frac{9}{19}$이다.

03 전하와 전기력

같은 종류의 전하 사이에는 서로 미는 전기력이 작용하고, 다른 종류의 전하 사이에는 서로 당기는 전기력이 작용한다. 또한 두 점전하 사이에 작용하는 전기력의 크기는 전하량의 크기의 곱에 비례하고, 떨어진 거리의 제곱에 반비례한다.

㉠. B가 A와 C로부터 받는 전기력의 합은 0이고, D가 B에 작용하는 전기력의 방향은 $-y$ 방향이다. 따라서 B와 D 사이에는 서로 미는 전기력이 작용하므로 B가 D에 작용하는 전기력의 방향은 $+y$ 방향이다.

㉡. A가 B에 작용하는 전기력의 방향과 C가 B에 작용하는 전기력의 방향은 반대 방향이므로 A는 음(−)전하이다. 따라서 A는 음(−)전하이고 D는 양(+)전하이므로 A와 D 사이에는 서로 당기는 전기력이 작용한다.

ㄷ̸. B에 작용하는 전기력의 방향이 $-y$ 방향이므로 A가 B에 작용하는 전기력의 크기와 C가 B에 작용하는 전기력의 크기는 같다. A와 B 사이의 거리는 B와 C 사이의 거리의 $\frac{1}{2}$배이므로 전하량의 크기는 C가 A의 4배이다.

04 전하와 전기력

A가 C에 작용하는 전기력의 방향과 B가 C에 작용하는 전기력의 방향은 반대이다. $0\le x<2d$에서 A와 C 사이의 거리가 가까워지면 C에 작용하는 전기력의 크기는 감소하다가 증가한다.

ㄱ̸. A의 위치가 $x=0$과 $x=d$ 사이일 때, C에 작용하는 전기력의 방향이 $+x$ 방향이므로 B와 C 사이에는 서로 미는 전기력이 작용하고, A의 위치가 $x=d$와 $x=2d$ 사이일 때는 C에 작용하는 전기력의 방향이 $-x$ 방향이므로 A와 C 사이에는 서로 당기는 전기력이 작용한다. 따라서 A와 C는 다른 종류의 전하이다.

㉡. A의 위치가 $x=d$일 때, C에 작용하는 전기력은 0이다. 이때 A와 C 사이의 거리는 B와 C 사이의 거리의 2배이므로 전하량의 크기는 A가 B의 4배이다.

ㄷ̸. A의 위치가 $x=d$일 때, A가 C에 작용하는 전기력의 크기와 B가 C에 작용하는 전기력의 크기를 각각 F_{AC}, F_{BC}라고 하면, $F_{AC}=F_{BC}$이다. A의 위치가 $x=0$일 때, A가 C에 작용하는 전기력의 크기는 $\frac{4}{9}F_{AC}$이므로 $F_0=F_{BC}-\frac{4}{9}F_{AC}$이다. 따라서

$F_{BC}=\frac{9}{5}F_0$이므로 C가 B에 작용하는 전기력의 크기는 $F_{CB}=\frac{9}{5}F_0$이다.

05 전하와 전기력

두 점전하 사이에 작용하는 전기력의 크기는 두 점전하가 떨어진 거리의 제곱에 반비례한다. (가)에서 A가 C에 작용하는 전기력의 크기는 B가 C에 작용하는 전기력의 크기의 $\frac{1}{4}$배이고, (나)에서 A와 B가 C에 작용하는 전기력의 크기는 같으므로 B는 음(−) 전하이다.

③ (가)에서 A가 C에 작용하는 전기력의 방향과 B가 C에 작용하는 전기력의 방향은 서로 반대 방향이고, (나)에서 A가 C에 작용하는 전기력의 방향과 B가 C에 작용하는 전기력의 방향은 서로 같다. (가)에서 A가 C에 작용하는 전기력의 크기를 F라고 하면, B가 C에 작용하는 전기력의 크기는 $4F$이므로 C에 작용하는 전기력의 크기는 $F_0=3F$이다. (나)에서 A가 C에 작용하는 전기력의 크기는 $4F$이므로 C에 작용하는 전기력의 크기는 $8F$이다. 따라서 (나)에서 C에 작용하는 전기력의 크기는 $\frac{8}{3}F_0$이다.

06 보어의 수소 원자 모형

보어의 수소 원자 모형에서 전자는 양자수와 관련된 특정한 에너지 준위만을 가진다. 양자수가 클수록 전자가 갖는 에너지 준위는 크다.

ㄱ. 전자가 $n=a$에서 $n=b$로 전이할 때 빛을 흡수하므로 양자수는 $a<b$이다.

ㄴ. 빛의 파장과 진동수는 반비례한다. 흡수하는 빛의 파장이 P에서가 Q에서보다 길므로 흡수하는 빛의 진동수는 P에서가 Q에서보다 작다.

ㄷ. 플랑크 상수를 h, 빛의 속력을 c라고 하면, P에서 흡수하는 광자 1개의 에너지는 $\frac{hc}{5\lambda_0}$이고, Q에서 흡수하는 광자 1개의 에너지는 $\frac{hc}{4\lambda_0}$이다. 따라서 $n=b$에서와 $n=c$에서 전자의 에너지 준위 차는 $\frac{hc}{4\lambda_0}-\frac{hc}{5\lambda_0}=\frac{hc}{20\lambda_0}$이다. 그러므로 전자가 $n=c$에서 $n=b$로 전이할 때 방출하는 빛의 파장은 $20\lambda_0$이다.

07 보어의 수소 원자 모형과 전자의 전이

전자가 에너지 준위가 낮은 상태에서 에너지 준위가 높은 상태로 전이할 때는 빛을 흡수하고, 에너지 준위가 높은 상태에서 에너지 준위가 낮은 상태로 전이할 때는 빛을 방출한다. 흡수하거나 방출하는 빛의 광자 1개의 에너지는 전이하는 전자의 에너지 준위 차와 같고, 광자 1개의 에너지는 진동수에 비례한다.

⑤ a와 b에서 흡수하는 광자 1개의 에너지의 합은 c와 d에서 방출하는 광자 1개의 에너지의 합과 같다. 플랑크 상수를 h라 하면, a와 b에서 흡수하는 광자 1개의 에너지의 합은 $h(f_0+f_1)$이고, c와 d에서 방출하는 광자 1개의 에너지의 합은 $h\left(\frac{7}{27}f_1+\frac{32}{27}f_0\right)$이다. 따라서 $h(f_0+f_1)=h\left(\frac{7}{27}f_1+\frac{32}{27}f_0\right)$에서 $f_0=4f_1$이므로 $\frac{f_1}{f_0}=\frac{1}{4}$이다.

08 보어의 수소 원자 모형

수소 원자의 에너지 준위는 불연속적이고, 전자가 전이할 때 흡수하거나 방출하는 광자 1개의 에너지는 전이하는 전자의 에너지 준위 차와 같다.

ㄱ. c에서 방출되는 광자 1개의 에너지가 E_0이고, 플랑크 상수가 h이므로 c에서 방출되는 빛의 진동수는 $\frac{E_0}{h}$이다.

ㄴ. 빛의 파장과 진동수는 반비례한다. 방출되는 빛의 진동수는 a에서가 b에서의 4배이므로 방출되는 빛의 파장은 b에서가 a에서의 4배이다.

ㄷ. a에서 방출되는 광자 1개의 에너지는 $E_3-E_1=20E_0$ … ①, b에서 방출되는 광자 1개의 에너지는 $E_4-E_2=5E_0$ … ②, c에서 방출되는 광자 1개의 에너지는 $E_4-E_3=E_0$ … ③이다. ②와 ③에서 $E_3-E_2=4E_0$ … ④이다.
따라서 ①과 ④에서 $E_2-E_1=16E_0$이다.

09 보어의 수소 원자 모형과 전자의 전이

수소 원자의 에너지 준위는 불연속적이고, 전자는 양자수에 해당하는 특정한 에너지 준위를 가진다. 전자가 전이할 때 흡수하거나 방출하는 광자 1개의 에너지는 전이하는 전자의 에너지 준위 차와 같다.

ㄱ. 광자 1개의 에너지가 클수록 빛의 파장이 짧다. $n=2$인 상태에서 $n=4$인 상태로 전이할 때 흡수하는 광자 1개의 에너지가 $n=3$인 상태에서 $n=2$인 상태로 전이할 때 방출하는 광자 1개의 에너지보다 크므로 ㉠은 656보다 작다.

ㄴ. $n=3$인 상태의 에너지 준위와 $n=2$인 상태의 에너지 준위 차는 1.89 eV이고, $n=4$인 상태의 에너지 준위와 $n=2$인 상태의 에너지 준위 차는 2.55 eV이므로 $n=4$인 상태의 에너지 준위와 $n=3$인 상태의 에너지 준위 차는 2.55 eV − 1.89 eV = 0.66 eV이다. 따라서 $n=4$인 상태에서 $n=3$인 상태로 전이할 때 방출하는 광자 1개의 에너지는 0.66 eV이다.

ㄷ. $n=1$인 바닥상태의 에너지 준위와 $n=2$인 들뜬상태의 에너지 준위 차는 12.09 eV − 1.89 eV = 10.20 eV이다. 따라서 바닥상태의 수소 원자는 광자 1개의 에너지가 9.54 eV인 빛을 흡수할 수 없다.

10 물질의 전기 전도도

물질의 전기 전도도는 물질의 고유한 특성으로 막대의 길이와 단면의 지름에 따라 변하지 않는다.

저항값은 $R=\rho\frac{l}{S}$(ρ: 비저항, l: 길이, S: 단면적)이고, 전기 전도도는 $\sigma=\frac{1}{\rho}$이다.

ㄱ(X). A와 B의 전기 전도도는 같고, 단면의 지름은 B가 A보다 크므로 저항값은 B가 A보다 작다. 따라서 ㉠은 28보다 작다.
ㄴ. A와 C는 단면의 지름과 저항값이 같고, 길이는 C가 A의 2배이다. 따라서 비저항은 C가 A의 $\frac{1}{2}$배여서 전기 전도도는 C가 A의 2배이므로, ㉡은 90이다.
ㄷ. 물질의 비저항은 전기 전도도가 작을수록 크다. 따라서 비저항은 A가 C보다 크다.

11 에너지띠와 물질의 전기 전도성

도체는 원자가 띠와 전도띠의 일부가 겹쳐 있거나 원자가 띠의 일부가 비어 있어 아주 작은 에너지로도 원자가 띠의 전자가 비어 있는 전도띠로 이동할 수 있어 전기 전도성이 좋다. 또한 원자가 띠와 전도띠 사이의 띠 간격이 클수록 전기 전도성이 좋지 않다.
ㄱ. LED의 p형 반도체가 전원의 (+)극에 연결되고, n형 반도체가 전원의 (−)극에 연결되었을 때 LED에 전류가 흘러 빛이 방출된다. 따라서 X는 p형 반도체이다.
ㄴ. 스위치가 열려 있을 때는 회로에 전류가 흐르지 않지만, 스위치를 닫았을 때는 회로에 전류가 흐른다. 따라서 ㉠은 A의 에너지띠 구조를, ㉡은 B의 에너지띠 구조를 나타낸 것이다.
ㄷ. 스위치를 닫았을 때 회로에 전류가 흐르므로 전기 전도성은 A가 B보다 좋다.

12 에너지띠 구조와 물질의 전기적 성질

원자가 띠와 전도띠 사이의 간격인 띠 간격이 클수록 전자가 원자가 띠에서 전도띠로 전이하기 어려우므로 전류가 잘 흐르지 않는다.
ㄱ. P에 속하는 물질은 띠 간격이 작고, Q에 속하는 물질은 띠 간격이 크다. 따라서 P는 반도체이다.
ㄴ. 띠 간격이 작을수록 전류가 잘 흐르므로 전기 전도성은 B가 A보다 좋다.
ㄷ(X). 상온에서 원자가 띠의 전자가 전도띠로 전이하기 위해서는 띠 간격 이상의 에너지를 흡수해야 한다. 띠 간격은 D가 A보다 크므로 상온에서 단위 부피당 전도띠에 있는 전자의 수는 A가 D보다 많다.

13 다이오드와 광 다이오드

광 다이오드는 빛을 비출 때 전자가 이동하여 전류를 흐르게 하는 소자이고, 다이오드는 한쪽 방향으로만 전류가 흐르는 소자이다.
ㄱ. 다이오드 내에서 전류는 p형 반도체에서 n형 반도체로 흐른다. B에 전류가 왼쪽 방향으로 흐르므로 B의 X는 p형 반도체이다.
ㄴ. 다이오드에 순방향 전압이 걸리면, p형 반도체의 양공은 p−n 접합면으로 이동하여 전류가 흐르게 된다.
ㄷ(X). A에 비춘 빛에 의해 A의 원자가 띠의 전자가 전도띠로 전이하게 되므로, A에 빛을 비출 때 A의 p−n 접합면에서 전이하는 전자의 에너지는 증가한다.

14 보어의 수소 원자 모형과 에너지띠

보어의 수소 원자 모형에서 전자의 전이로 방출되는 광자의 에너지는 전이하는 전자의 에너지 준위 차와 같다. 원자가 띠에 있는 전자가 전도띠로 전이하기 위해서는 띠 간격 이상의 에너지를 흡수해야 한다.
ㄱ. a에서 방출되는 광자 1개의 에너지는 0.66 eV이고, b에서 방출되는 광자 1개의 에너지는 1.89 eV이다. 광자 1개의 에너지가 클수록 빛의 진동수가 크므로 $f_a<f_b$이다.
ㄴ. (나)에서 빛에너지를 흡수한 전자가 원자가 띠에서 전도띠로 전이하면 원자가 띠에는 전이한 전자의 빈자리인 양공이 생긴다. 따라서 ㉠은 양공이다.
ㄷ(X). 원자가 띠의 전자가 전도띠로 전이하기 위해서는 띠 간격 이상의 에너지를 흡수해야 한다. X의 띠 간격은 1.12 eV이고 a에서 방출된 빛의 광자 1개의 에너지는 1.12 eV보다 작으므로 a에서 방출된 빛을 X에 비출 때, 원자가 띠의 전자는 전도띠로 전이하지 못한다.

15 p−n 접합 다이오드

순수한 규소(Si)에 규소보다 원자가 전자 수가 적은 불순물을 첨가하면 양공이 주된 전하 운반자인 p형 반도체가 되고, 규소보다 원자가 전자 수가 많은 불순물을 첨가하면 전자가 주된 전하 운반자인 n형 반도체가 된다.
ㄱ(X). 순수한 규소(Si)에 a를 첨가하여 양공이 생성되므로 a는 규소보다 원자가 전자 수가 적다. 순수한 규소에 b를 첨가하여 결합에 참여하지 않는 전자가 생성되므로 b는 규소보다 원자가 전자 수가 많다. 따라서 원자가 전자 수는 b가 a보다 많다.
ㄴ. X는 p형 반도체이고, Y는 n형 반도체이다.
ㄷ(X). (가)에서 p형 반도체인 X는 전원의 (+)극에 연결되어 있고, n형 반도체인 Y는 전원의 (−)극에 연결되어 있으므로 다이오드에는 순방향 전압이 걸린다. 따라서 X의 양공은 p−n 접합면으로 이동하게 되어 회로에는 전류가 흐르게 된다.

16 다이오드의 정류 작용

다이오드에 순방향 전압이 걸릴 때, 다이오드에서 전류는 p형 반도체에서 n형 반도체 방향으로 흐른다. 다이오드의 p형 반도체가 전원의 (−)극에 연결되고, n형 반도체가 전원의 (+)극에 연결되면 다이오드에는 역방향 전압이 걸려 전류가 흐르지 않는다.

ㄱ. S_1만 닫았을 때 A에는 전류가 흐른다. 따라서 X는 n형 반도체이다.

ㄴ. S_1을 닫았을 때 A에 전류가 흐르므로 A에는 순방향 전압이 걸린다.

ㄷ. S_1과 S_2를 닫았을 때 B의 X는 n형 반도체이므로 B에는 역방향 전압이 걸린다. 따라서 B에는 전류가 흐르지 않으므로 ㉠은 $2I_0$이다.

17 다이오드의 정류 작용

다이오드에서는 p형 반도체에서 n형 반도체로 전류가 흐른다.

ㄱ. a에 화살표 방향과 화살표 반대 방향으로 전류가 흐르기 위해서는 X와 Z가 같은 종류의 반도체이어야 한다. X와 Y가 모두 p형 반도체인 경우, t_1일 때와 t_2일 때 a에 흐르는 전류의 세기가 같아야 한다. 따라서 X와 Y는 다른 종류의 반도체이다. a에서 흐르는 전류의 세기는 t_1일 때가 t_2일 때보다 작으므로 X는 p형 반도체이고, Y는 n형 반도체이다.

ㄴ. A에는 t_1일 때와 t_2일 때 모두 전류가 흐르며, 그림과 같이 t_1일 때와 t_2일 때 A에 흐르는 전류의 방향은 같다.

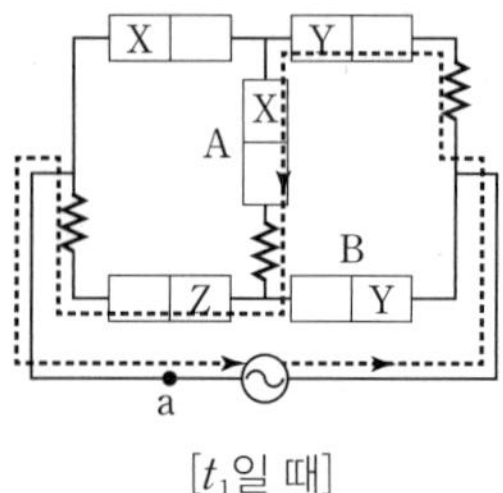

[t_1일 때]

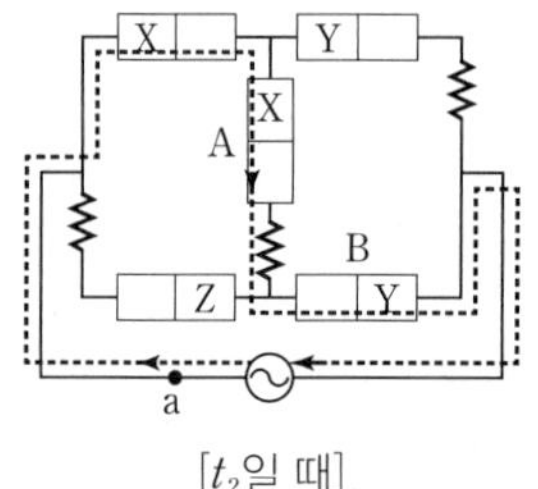

[t_2일 때]

ㄷ. (가)에서 t_1일 때, a에 흐르는 전류는 화살표 반대 방향이다. 이때 B의 Y(n형 반도체)는 전원의 (+)극에 연결된 것이므로 B에는 역방향 전압이 걸리게 되고, B에는 전류가 흐르지 않는다.

18 p−n 접합 발광 다이오드(LED)

LED에 순방향 전압이 걸릴 때 빛이 방출되며, 방출되는 빛의 파장은 띠 간격이 클수록 짧다. 띠 간격은 B가 A보다 크다.

ㄱ. S를 b에 연결하면 다이오드에 전류가 흐르지 않으므로 B에서는 빛이 방출되지 않으며, A에서는 빛이 방출된다. S를 b에 연결하면 A의 X는 전지의 (+)극에 연결되므로 X는 p형 반도체이다.

ㄴ. S를 a에 연결하면 A에서는 빛이 방출되지 않고, B에서는 빛이 방출된다. B에 순방향 전압이 걸리면, B의 p−n 접합면에서 전자와 양공이 결합할 때 전도띠의 전자가 원자가 띠로 전이하여 빛이 방출된다. 따라서 p−n 접합면에서 전자와 양공이 결합할 때 전자의 에너지는 감소한다.

ㄷ. 띠 간격은 B가 A보다 크다. S를 a에 연결하면 B에서 빛이 방출되고, S를 b에 연결하면 A에서 빛이 방출된다. 방출되는 빛의 파장은 S를 a에 연결했을 때가 b에 연결했을 때보다 짧으므로 $\lambda_1 < \lambda_2$이다.

07 물질의 자기적 특성

수능 2점 테스트

본문 136~140쪽

01 ③	02 ①	03 ④	04 ④	05 ①	06 ④	07 ⑤
08 ③	09 ②	10 ⑤	11 ④	12 ⑤	13 ②	14 ④
15 ⑤	16 ⑤	17 ③	18 ①	19 ③	20 ②	

01 자석 주위의 자기장

자기력선은 N극에서 나와 S극으로 들어가고, 자기력선 위의 한 점에서 그은 접선 방향이 그 점에서 자기장의 방향이다. 또한 자기력선의 밀도가 클수록 자기장의 세기는 크다.

③ 자기력선은 자기장 내에서 자침의 N극이 가리키는 방향을 연속적으로 연결한 선이다. 자기력선은 N극에서 나와 S극으로 들어가므로 X는 S극이고, 자기력선의 밀도가 p에서가 q에서보다 크므로 자기장의 세기는 p에서가 q에서보다 크다.

02 직선 도선에 흐르는 전류에 의한 자기장

직선 도선에 흐르는 전류에 의한 자기장의 세기는 도선에 흐르는 전류의 세기에 비례하고, 도선으로부터 떨어진 거리에 반비례한다. 또한 직선 도선에 흐르는 전류에 의한 자기장의 방향은 앙페르 법칙에 따라 전류가 흐르는 방향으로 오른손의 엄지손가락을 향하게 할 때 나머지 네 손가락이 도선을 감아쥐는 방향이다.

㉠. (가)에서 A, B의 전류에 의한 자기장의 방향이 O에서 $-x$ 방향이고, (나)에서 B의 전류에 의한 자기장의 방향이 O에서 $+x$ 방향이므로 A, B에 흐르는 전류의 방향은 각각 xy 평면에 수직으로 들어가는 방향이다. 따라서 전류의 방향은 A에서와 B에서가 같다.

✗. (가)에서 전류의 방향은 A에서와 B에서가 같고, A, B로부터 d만큼 떨어진 O에서 A, B의 전류에 의한 자기장의 방향이 $-x$ 방향이므로 전류의 세기는 A에서가 B에서보다 크다.

✗. (가)에서 B를 $y=-2d$에 옮겨 고정시키면 O에서 B의 전류에 의한 자기장의 세기는 감소한다. 따라서 O에서 A, B의 전류에 의한 자기장의 방향은 $-x$ 방향이다.

03 직선 도선에 흐르는 전류에 의한 자기장

직선 도선에 흐르는 전류에 의한 자기장의 세기는 도선에 흐르는 전류의 세기에 비례하고, 도선으로부터 떨어진 거리에 반비례한다. 또한 직선 도선에 흐르는 전류에 의한 자기장의 방향은 앙페르 법칙에 따라 전류가 흐르는 방향으로 오른손의 엄지손가락을 향하게 할 때 나머지 네 손가락이 도선을 감아쥐는 방향이다.

✗. A에 흐르는 전류의 방향은 xy 평면에서 수직으로 나오는 방향이므로 앙페르 법칙에 따라 A에 흐르는 전류에 의한 자기장의 방향은 p에서는 $-x$ 방향이고, q와 r에서는 $+y$ 방향이다.

㉡. 직선 도선에 흐르는 전류에 의한 자기장의 세기는 도선으로부터의 거리에 반비례한다. A에서 떨어진 거리는 q에서가 r에서보다 작으므로 A에 흐르는 전류에 의한 자기장의 세기는 q에서가 r에서보다 크다.

㉢. 직선 도선에 흐르는 전류에 의한 자기장의 세기는 도선에 흐르는 전류의 세기에 비례하므로, A에 흐르는 전류의 세기를 증가시키면 p에서 자기장의 세기는 증가한다.

04 직선 도선에 흐르는 전류에 의한 자기장

직선 도선에 흐르는 전류에 의한 자기장의 세기는 도선에 흐르는 전류의 세기에 비례하고, 도선으로부터 떨어진 거리에 반비례한다. 또한 두 직선 도선에 흐르는 전류에 의한 자기장이 0인 지점은 두 도선에 흐르는 전류의 방향이 같으면 두 도선 사이에 위치하고, 두 도선에 흐르는 전류의 방향이 반대이고 전류의 세기가 다르면 전류의 세기가 작은 도선의 바깥쪽에 위치한다.

✗. B에 흐르는 전류의 방향이 $+y$ 방향이면 r에서 A, B에 흐르는 전류에 의한 자기장의 방향이 xy 평면에 수직으로 들어가는 방향이다. 따라서 r에서 A, B의 전류에 의한 자기장의 방향이 xy 평면에서 수직으로 나오는 방향이므로 B에 흐르는 전류의 방향은 $-y$ 방향이다.

㉡. q에서 A와 B의 전류에 의한 자기장의 방향은 각각 xy 평면에 수직으로 들어가는 방향이므로 q에서 A, B의 전류에 의한 자기장의 방향은 xy 평면에 수직으로 들어가는 방향이다.

㉢. A, B의 전류에 의한 자기장의 세기는 p에서가 r에서보다 크므로 전류의 세기는 A에서가 B에서보다 크다. r에서 A, B의 전류에 의한 자기장의 방향은 xy 평면에서 수직으로 나오는 방향이므로 $x>3d$에서 A, B의 전류에 의한 자기장이 0이 되는 위치가 있다.

05 직선 도선에 흐르는 전류에 의한 자기장

직선 도선에 흐르는 전류에 의한 자기장의 세기는 도선에 흐르는 전류의 세기에 비례한다. 또한 각 직선 도선에 흐르는 전류에 의한 자기장의 방향이 같으면 자기장의 세기가 증가하고, 자기장의 방향이 반대이면 자기장의 세기가 감소한다.

㉠. A로부터 떨어진 거리가 같은 p, q에서 A의 전류에 의한 자기장의 세기가 같고, 자기장의 방향은 xy 평면에 수직으로 들어가는 방향으로 서로 같다. p, q에서 B의 전류에 의한 자기장의 방향은 각각 xy 평면에 수직으로 들어가는 방향이거나 xy 평면에서 수직으로 나오는 방향이고, p, q에서 A, B의 전류에 의한 자기장의 방향은 서로 같다. 따라서 p, q에서 A, B의 전류에 의한 자기장의 방향은 각각 xy 평면에 수직으로 들어가는 방향이다.

✗. p, q에서 A, B의 전류에 의한 자기장의 방향은 xy 평면에 수직으로 들어가는 방향으로 서로 같고 A, B의 전류에 의한 자

기장의 세기는 p에서가 q에서보다 크므로 B에 흐르는 전류의 방향은 $-x$ 방향이다.

✕ㄷ. p에서 A의 전류에 의한 자기장의 세기를 B_A, q에서 B의 전류에 의한 자기장의 세기를 B_B라고 하면, p에서 $B_A+B_B=3B_0$이고, q에서 $B_A-B_B=B_0$이므로 $B_A=2B_0$이고, $B_B=B_0$이다. 따라서 B에 흐르는 전류의 세기는 $\frac{1}{2}I_0$이다.

06 원형 도선에 흐르는 전류에 의한 자기장

원형 도선의 중심에서 원형 도선에 흐르는 전류에 의한 자기장의 세기는 원형 도선에 흐르는 전류의 세기에 비례하고, 원형 도선의 반지름에 반비례한다. 또한 원형 도선에 흐르는 전류에 의한 자기장의 방향은 앙페르 법칙에 따라 전류가 흐르는 방향으로 오른손의 엄지손가락을 향하게 할 때 나머지 네 손가락이 원형 도선을 감아쥐는 방향이다.

④ ㉠: B에는 전류가 흐르지 않고, A에는 시계 방향으로 전류가 흐르므로 O에서 A의 전류에 의한 자기장의 방향은 종이면에 수직으로 들어가는 방향이다.

㉡, ㉢: B의 전류에 의한 자기장의 방향과 세기는 종이면에서 수직으로 나오는 방향으로 $\frac{1}{2}B_0$이다. 원형 도선의 반지름은 B가 A의 2배이므로 B에는 세기가 I_0인 전류가 시계 반대 방향으로 흐른다.

07 직선 도선과 원형 도선에 흐르는 전류에 의한 자기장

원형 도선의 중심에서 원형 도선에 흐르는 전류에 의한 자기장의 방향은 앙페르 법칙에 따라 전류가 흐르는 방향으로 오른손의 엄지손가락을 향하게 할 때 나머지 네 손가락이 원형 도선을 감아쥐는 방향이다. p에서 A의 전류에 의한 자기장의 방향은 A에 흐르는 전류의 방향이 $+y$ 방향일 때는 xy 평면에 수직으로 들어가는 방향이고, A에 흐르는 전류의 방향이 $-y$ 방향일 때는 xy 평면에서 수직으로 나오는 방향이다.

ㄱ. A에 흐르는 전류의 방향이 $+y$ 방향일 때 p에서 A의 전류에 의한 자기장의 방향은 xy 평면에 수직으로 들어가는 방향이고, p에서 A, B의 전류에 의한 자기장이 0이므로 B의 전류에 의한 자기장의 방향은 xy 평면에서 수직으로 나오는 방향이다. 따라서 B에 흐르는 전류의 방향은 시계 반대 방향이다.

ㄴ. xy 평면에서 수직으로 나오는 방향을 양(+), xy 평면에 수직으로 들어가는 방향을 음(−)이라 하고, p에서 A, B의 전류에 의한 자기장의 세기를 각각 B_A, B_B라고 하면

$-B_A+B_B=0$ ⋯ ①

$B_A+B_B=B_0$ ⋯ ②

이다. ①, ②에서 $B_A=B_B=\frac{1}{2}B_0$이므로 p에서 B의 전류에 의한 자기장의 세기는 $\frac{1}{2}B_0$이다.

ㄷ. A에 흐르는 전류의 방향이 $-y$ 방향일 때, p에서 A와 B의 전류에 의한 자기장의 방향은 각각 xy 평면에서 수직으로 나오는 방향이다. 따라서 p에서 A, B의 전류에 의한 자기장의 방향은 xy 평면에서 수직으로 나오는 방향이다.

08 솔레노이드에 흐르는 전류에 의한 자기장

솔레노이드 내부의 자기장은 균일하고 자기장의 세기는 솔레노이드에 흐르는 전류의 세기가 클수록, 단위 길이당 도선의 감은 수가 많을수록 크다. 또한 솔레노이드 내부에서 자기장의 방향은 전류가 흐르는 방향으로 오른손의 네 손가락을 감아쥘 때 엄지손가락이 가리키는 방향이다.

ㄱ. A, B에 흐르는 전류의 세기가 같고 솔레노이드의 단위 길이당 감은 수는 A에서가 B에서보다 작으므로, 자기장의 세기는 p에서가 q에서보다 작다.

ㄴ. p, q에서 자기장의 방향이 같고, p에서 자기장의 방향은 $+x$ 방향이므로 ㉠은 (+)극이다.

✕ㄷ. p, q에서 자기장의 방향이 $+x$ 방향이므로 A의 오른쪽은 N극, B의 왼쪽은 S극이다. 따라서 A와 B 사이에는 서로 당기는 자기력이 작용한다.

09 전류에 의한 자기장의 이용

솔레노이드 밸브는 솔레노이드에 전류가 흐르면 솔레노이드 내부에는 자기장이 형성되고, 솔레노이드 내부에 있는 철제 물질은 솔레노이드 내부 자기장과 같은 방향으로 자기화된다. 자기력을 받은 철제 물질이 위로 끌려가면서 막혀있던 유체 물질이 흐르게 된다.

✕ㄱ. 철은 강자성체 물질로 외부 자기장의 방향과 같은 방향으로 자기화된다. 따라서 솔레노이드에 전류가 흐르면 철제 물질은 솔레노이드 내부 자기장의 방향과 같은 방향으로 자기화된다.

ㄴ. 솔레노이드 내부의 자기장의 세기는 솔레노이드에 흐르는 전류의 세기와 단위 길이당 도선의 감은 수에 각각 비례한다.

✕ㄷ. 전류의 방향을 반대로 하더라도 솔레노이드에 전류가 흐르면 솔레노이드 내부 자기장이 형성되므로 철제 물질에 자기력이 작용한다.

10 물질의 자성

강자성체와 상자성체는 외부 자기장의 방향과 같은 방향으로 자기화되고, 반자성체는 외부 자기장의 방향과 반대 방향으로 자기화된다.

Ⓐ. 상자성체는 외부 자기장의 방향과 같은 방향으로 자기화되고, 외부 자기장을 제거하면 자성이 사라진다.

Ⓑ. 강자성체는 외부 자기장의 방향과 같은 방향으로 자기화되고, 외부 자기장을 제거하여도 자기화된 상태가 오래 유지된다.

Ⓒ. 반자성체는 외부 자기장의 방향과 반대 방향으로 자기화되므로, 자석을 가까이하면 서로 미는 자기력이 작용한다.

11 물질의 자성

강자성체와 상자성체는 외부 자기장의 방향과 같은 방향으로 자기화된다. 강자성체는 외부 자기장을 제거해도 자성을 오래 유지하지만, 상자성체는 외부 자기장을 제거하면 자성이 사라진다.

ㄱ. A는 (가)에서 자석의 자기장과 같은 방향으로 자기화되고, (나)에서 자석의 자기장을 제거하였더니 자성이 사라졌으므로 상자성체이다.

ㄴ. (가)에서 A는 자석과 서로 당기는 자기력이 작용하여 자석에 붙었으므로 자석의 자기장과 같은 방향으로 자기화되어 있다.

ㄷ. 자기화된 철못을 자기화되어 있지 않은 A에 가까이 가져가면 자기화된 철못에 의해 A도 자기화된다. 따라서 자기화된 철못과 A 사이에 서로 당기는 자기력이 작용하여 붙는다.

12 물질의 자성

강자성체는 외부 자기장의 방향과 같은 방향으로 자기화되고, 외부 자기장을 제거해도 자성을 오래 유지한다.

A. 지폐의 위조 방지를 위하여 사용된 액체 자석 잉크는 강자성체 분말을 매우 작게 만들어 액체 속에 넣고 서로 뒤엉키지 않도록 처리하여 만든다.

B. 강자성체인 산화 철로 코팅된 얇은 디스크(플래터) 위에 헤드가 놓여 있는 하드 디스크는 외부 자기장을 제거해도 자성을 유지하는 강자성체의 특징을 이용하여 정보를 저장한다.

C. 지구의 북쪽을 가리키거나 자기장의 방향을 가리키는 나침반 자침은 강자성체이다.

13 물질의 자성

강자성체와 상자성체는 외부 자기장의 방향과 같은 방향으로, 반자성체는 외부 자기장의 방향과 반대 방향으로 자기화된다.

ㄱ. 균일한 자기장에서 꺼낸 A와 B 사이에는 서로 미는 자기력이 작용하고, 균일한 자기장에서 꺼낸 A와 C 사이에는 자기력이 작용하지 않으므로 A는 반자성체, B는 강자성체, C는 상자성체이다. 따라서 균일한 자기장에서 꺼낸 A는 자기화되어 있지 않다.

ㄴ. B는 강자성체, C는 상자성체이므로 균일한 자기장에서 꺼낸 B는 자기화되어 있다. 따라서 균일한 자기장에서 꺼낸 C는 B에 의해 B의 자기장과 같은 방향으로 자기화되어 B와 C 사이에는 서로 당기는 자기력이 작용한다.

ㄷ. B는 균일한 자기장에서 꺼내어도 자기화된 상태가 유지되고, 반자성체와는 서로 미는 자기력이, 상자성체와는 서로 당기는 자기력이 작용하는 강자성체이다.

14 물질의 자성

강자성체와 상자성체는 외부 자기장의 방향과 같은 방향으로 자기화되고, 반자성체는 외부 자기장의 방향과 반대 방향으로 자기화된다. 강자성체는 외부 자기장을 제거해도 자기화된 상태가 오래 유지되는 반면, 상자성체와 반자성체는 외부 자기장이 제거되면 자기화된 상태가 사라진다.

④ 오목한 자석과 척력이 작용하는 A는 외부 자기장의 방향과 반대 방향으로 자기화되는 반자성체이다. 반자성체는 외부 자기장이 없을 때는 반자성체를 구성하는 원자들이 자기장을 띠지 않는다. 외부 자기장을 제거하여도 자기화된 상태가 오래 유지되는 B는 강자성체이다. 플래터에 정보를 기록할 때는 전류에 의한 자기장으로 강자성체의 자기화 방향을 재배열한다.

15 전자기 유도

자석이 솔레노이드와 가까워지는 방향으로 운동할 때 자석에 의해 솔레노이드를 통과하는 자기 선속은 증가하고, 증가하는 자기 선속을 감소시키는 방향으로 솔레노이드에는 유도 전류가 흐른다. 이때 솔레노이드와 자석 사이에는 서로 미는 자기력이 작용한다.

ㄱ. 자석이 r에서 $-x$ 방향으로 운동할 때 솔레노이드에 흐르는 유도 전류에 의한 자기장의 방향은 $+x$ 방향이다. 솔레노이드에는 자석에 의해 솔레노이드를 통과하는 자기 선속의 변화를 방해하는 방향으로 유도 전류가 흐르므로 X는 N극이다.

ㄴ. 자석이 솔레노이드로부터 멀어질 때 자석에 의해 솔레노이드를 통과하는 자기 선속은 감소하고, 솔레노이드에는 자기 선속의 변화를 방해하는 방향으로 유도 전류가 흐른다. 솔레노이드에 흐르는 유도 전류에 의한 자기장의 방향은 $-x$ 방향이므로 솔레노이드와 자석 사이에는 서로 당기는 자기력이 작용한다. 따라서 자석이 r에서 $+x$ 방향으로 운동할 때 자석에 작용하는 자기력의 방향은 $-x$ 방향이다.

ㄷ. 자석이 r에 고정되어 있고 솔레노이드가 $+x$ 방향으로 운동하여 자석에 가까워질 때 자석에 의해 솔레노이드를 통과하는 자기 선속은 증가하고, 솔레노이드에는 자기 선속의 변화를 방해하는 방향으로 유도 전류가 흐른다. 따라서 솔레노이드에 흐르는 유도 전류의 방향은 'p → Ⓖ → q 방향'이다.

16 전자기 유도

단위 시간당 X를 통과하는 Ⅰ에 의한 자기 선속의 변화량이 클수록 X에 흐르는 유도 전류의 세기가 크다.

ㄱ. 3초일 때, X에 시계 방향으로 흐르는 유도 전류에 의한 자기장의 방향은 종이면에 수직으로 들어가는 방향이다. 0초부터 6초까지 Ⅰ의 자기장 세기는 증가하고, 유도 전류는 자기 선속의 변화를 방해하는 방향으로 흐르므로 3초일 때 Ⅰ의 자기장 방향은 종이면에서 수직으로 나오는 방향이다.

ㄴ. 7초일 때, Ⅰ의 자기장 세기가 일정하므로 Ⅰ에 의한 단위 시간당 자기 선속의 변화량은 0이다. 따라서 X에는 유도 전류가 흐르지 않는다.

ㄷ. 단위 시간당 Ⅰ의 자기장 세기 변화량은 9초일 때가 3초일 때보다 크므로, X를 통과하는 Ⅰ에 의한 단위 시간당 자기 선속의 변화량도 9초일 때가 3초일 때보다 크다. 따라서 X에 흐르는 유도 전류의 세기는 9초일 때가 3초일 때보다 크다.

17 인덕션 레인지에 적용된 전자기 유도

인덕션 레인지 내부의 코일에 시간에 따라 세기와 방향이 변하는 전류가 흐르면 시간에 따라 변하는 자기장이 발생한다. 이때 냄비에서 발생하는 유도 전류에 의해 열이 발생한다.

ㄱ. 코일에 전류가 흐르면 코일 주변에 전류에 의한 자기장이 발생한다.

ㄴ. 코일에 흐르는 전류의 세기가 일정하게 증가하면 전류에 의한 자기장의 세기가 변하므로, 냄비를 통과하는 자기 선속은 일정하지 않다.

ㄷ. 전자기 유도는 코일 내부를 통과하는 자기 선속이 변할 때 코일에 유도 전류가 흐르는 현상으로, 자기 선속은 자기장의 세기에 비례한다. 따라서 냄비를 통과하는 자기장이 시간에 따라 변할 때 냄비에 유도 전류가 발생한다.

18 전자기 유도

h만큼 낙하하는 데 걸린 시간은 도체인 구리관과 알루미늄관에서 낙하하는 A, B가 자유 낙하 운동 하는 C보다 더 크다. 도체 관에서는 자석의 운동으로 인해 유도 전류가 흐르게 되어 자석의 운동을 방해하는 힘이 작용한다.

ㄱ. 구리관에서 A가 낙하하는 동안 시간에 따른 자기 선속이 변하여 자기 선속의 변화를 방해하는 방향으로 유도 전류가 흐르게 되므로, A에는 A의 운동 방향과 반대 방향으로 자기력이 작용한다.

ㄴ. 알루미늄관에서 B가 낙하하는 동안 시간에 따른 자기 선속이 변하여 자기 선속의 변화를 방해하는 방향으로 유도 전류가 흐르게 되므로, 자석의 역학적 에너지의 일부가 전기 에너지로 전환된다.

ㄷ. 구리관에서 자석의 낙하 속력은 Q를 지날 때가 P를 지날 때보다 크므로 자석이 Q를 지날 때가 P를 지날 때보다 단위 시간당 자기 선속의 변화량이 크다. 유도 전류의 세기는 단위 시간당 자기 선속의 변화량에 비례하므로 구리관에서 유도 전류의 세기는 자석이 Q를 지날 때가 P를 지날 때보다 크다.

19 전자기 유도

자석이 원형 고리를 향해 운동할 때는 자석에 의해 원형 고리를 통과하는 자기 선속이 증가하고, 자석이 원형 고리로부터 멀어지는 방향으로 운동할 때는 자석에 의해 원형 고리를 통과하는 자기 선속이 감소한다.

ㄱ. 자석이 원형 고리에 가까워지는 동안 자석에 의해 원형 고리를 통과하는 자기 선속이 증가하고, 원형 고리에는 자석에 의해 증가하는 자기 선속을 감소시키는 방향으로 유도 전류가 흐른다. 따라서 자석의 위치가 $x=d$일 때 원형 고리에는 ⓐ 방향으로 유도 전류가 흐르므로, X는 N극이다.

ㄴ. 자석이 원형 고리로부터 멀어지는 동안 원형 고리를 통과하는 $+x$ 방향의 자기 선속이 감소하고, 원형 고리에는 자석에 의해 감소하는 자기 선속을 증가시키는 방향으로 유도 전류가 흐른다. 따라서 자석의 위치가 $x=3d$일 때 원형 고리에 흐르는 유도 전류의 방향은 ⓑ이다.

ㄷ. 유도 전류의 세기는 단위 시간당 자석에 의해 원형 고리를 통과하는 자기 선속의 변화량에 비례하므로 자석의 위치가 $x=d$일 때가 $x=3d$일 때보다 단위 시간당 자기 선속의 변화량이 크다. 따라서 자석의 속력은 자석의 위치가 $x=d$일 때가 $x=3d$일 때보다 크다.

20 전자기 유도

금속 고리가 자기장 영역에 진입할 때 자기 선속의 변화를 방해하는 방향으로 p에 유도 전류가 흐르고, 단위 시간당 금속 고리를 통과하는 자기 선속의 변화량이 클수록 p에 흐르는 유도 전류의 세기가 크다.

② p가 $x=d$에서 $x=2d$를 지날 때 금속 고리를 통과하는 자기장의 방향은 xy 평면에서 수직으로 나오는 방향이고, 금속 고리를 통과하는 자기 선속이 증가하므로 유도 전류에 의한 자기장의 방향은 xy 평면에 수직으로 들어가는 방향이며, 금속 고리에 흐르는 유도 전류의 방향은 시계 방향이다. p가 $x=3d$에서 $x=4d$를 지날 때 금속 고리를 통과하는 자기장의 방향은 xy 평면에 수직으로 들어가는 방향이고, 금속 고리를 통과하는 자기 선속이 감소하므로 유도 전류에 의한 자기장의 방향은 xy 평면에 수직으로 들어가는 방향이며, 금속 고리에 흐르는 유도 전류의 방향은 시계 방향이다. p가 $x=2d$에서 $x=3d$를 지날 때 금속 고리를 통과하는 xy 평면에서 수직으로 나오는 방향의 자기장 면적은 감소하고, xy 평면에 수직으로 들어가는 방향의 자기장 면적은 증가하므로 유도 전류에 의한 자기장의 방향은 xy 평면에서 수직으로 나오는 방향이며, 금속 고리에 흐르는 유도 전류의 방향은 시계 반대 방향이다.

p의 위치	금속 고리를 통과하는 자기 선속의 변화	유도 전류의 방향
$x=d \sim x=2d$	• 방향의 자기장 면적 증가	시계 방향
$x=2d \sim x=3d$	• 방향의 자기장 면적 감소 × 방향의 자기장 면적 증가	시계 반대 방향
$x=3d \sim x=4d$	× 방향의 자기장 면적 감소	시계 방향

•: xy 평면에서 수직으로 나오는 방향, ×: xy 평면에 수직으로 들어가는 방향

금속 고리를 통과하는 자기장 변화량의 크기는 p가 $x=2d$에서 $x=3d$를 지날 때가 $x=d$에서 $x=2d$를 지날 때와 $x=3d$에서 $x=4d$를 지날 때의 각각 2배이므로 유도 전류의 세기도 2배이다.

수능 3점 테스트 본문 141~149쪽

01 ④ 02 ③ 03 ⑤ 04 ③ 05 ② 06 ③ 07 ⑤
08 ⑤ 09 ② 10 ① 11 ③ 12 ③ 13 ⑤ 14 ③
15 ② 16 ⑤ 17 ② 18 ①

01 직선 도선에 흐르는 전류에 의한 자기장

직선 도선에 흐르는 전류에 의한 자기장의 세기는 도선에 흐르는 전류의 세기에 비례하고, 도선으로부터 떨어진 거리에 반비례한다.

ㄱ. p에서 A, B, C의 전류에 의한 자기장은 0이고, A와 C의 전류에 의한 자기장의 방향은 각각 xy 평면에 수직으로 들어가는 방향이므로 p에서 B의 전류에 의한 자기장의 방향은 xy 평면에서 수직으로 나오는 방향이다. 따라서 B에 흐르는 전류의 방향은 $+y$ 방향이다.

ⓒ. q에서 A, B, C의 전류에 의한 자기장의 방향은 각각 xy 평면에 수직으로 들어가는 방향으로 모두 같다. 따라서 q에서 A, B, C의 전류에 의한 자기장의 방향은 xy 평면에 수직으로 들어가는 방향이다.

ⓒ. B, C로부터 d만큼 떨어진 지점에서 자기장의 세기를 각각 B_B, B_C라 하고, xy 평면에서 수직으로 나오는 자기장의 방향을 양(+)으로 할 때, p, q에서 자기장은 각각

$-B_0+B_B-\frac{1}{4}B_C=0$ … ①, $-\frac{1}{4}B_0-\frac{1}{2}B_B-B_C=-3B_0$ … ②이다. ①, ②에서 $B_B=\frac{3}{2}B_0$, $B_C=2B_0$이고, 자기장의 세기는 전류의 세기에 비례하므로 B, C에 흐르는 전류의 세기는 각각 $\frac{3}{2}I_0$, $2I_0$이다. 따라서 전류의 세기는 B에서가 C에서의 $\frac{3}{4}$배이다.

02 직선 도선에 흐르는 전류에 의한 자기장

직선 도선에 흐르는 전류에 의한 자기장의 세기는 도선에 흐르는 전류의 세기에 비례하고, 도선으로부터 떨어진 거리에 반비례한다. 또한 직선 도선에 흐르는 전류에 의한 자기장의 방향은 앙페르 법칙에 따라 전류가 흐르는 방향으로 오른손의 엄지손가락을 향하게 할 때 나머지 네 손가락이 도선을 감아쥐는 방향이다.

③ p에서 A의 전류에 의한 자기장의 세기가 B_0이고 방향이 $+y$ 방향이다. p에서 A, B의 전류에 의한 자기장은 세기가 $4B_0$이고 방향이 $-y$ 방향이므로, B에 흐르는 전류의 방향은 xy 평면에서 수직으로 나오는 방향이고, 전류의 세기는 B에서가 A에서의 5배이다. q에서 B의 전류에 의한 자기장은 세기가 $5B_0$이고 방향이 $+x$ 방향이다. q에서 B, C의 전류에 의한 자기장의 세기가 $4B_0$이고 방향은 $-x$ 방향이므로, C에 흐르는 전류의 방향은 xy 평면에서 수직으로 나오는 방향이고, 전류의 세기는 C에서가 A에서의 9배이다. 따라서 $\frac{I_C}{I_B}=\frac{9}{5}$이다.

03 직선 도선에 흐르는 전류에 의한 자기장

두 직선 도선에 흐르는 전류의 방향이 같으면 두 도선에 흐르는 전류에 의한 자기장이 0인 지점은 두 도선 사이에 위치하고, 두 직선 도선에 흐르는 전류의 방향이 반대이면 두 도선에 흐르는 전류에 의한 자기장이 0인 지점은 전류의 세기가 작은 도선의 바깥쪽에 위치한다.

ⓐ. p, q에서 A의 전류에 의한 자기장의 세기는 B_0으로 서로 같고, 자기장의 방향은 p에서는 xy 평면에서 수직으로 나오는 방향이고, q에서는 xy 평면에 수직으로 들어가는 방향이다. B, C에 흐르는 전류의 방향이 서로 반대 방향이면, p, q에서 B, C의 전류에 의한 자기장의 세기와 방향이 같으므로 p, q에서 A, B, C의 전류에 의한 자기장의 세기가 서로 같을 수 없다. 따라서 B와 C에 흐르는 전류의 방향은 서로 같다.

[별해] xy 평면에서 수직으로 나오는 방향을 양(+), xy 평면에 수직으로 들어가는 방향을 음(−), p에서 B의 전류에 의한 자기장의 세기를 B_1이라 하고 정리하면 다음과 같다.

전류의 방향		A, B, C의 전류에 의한 자기장	
B	C	p에서	q에서
$+y$	$+y$	$B_0-B_1+\frac{1}{2}B_1$	$-B_0-\frac{1}{2}B_1+B_1$
$+y$	$-y$	$B_0-B_1-\frac{1}{2}B_1$	$-B_0-\frac{1}{2}B_1-B_1$
$-y$	$+y$	$B_0+B_1+\frac{1}{2}B_1$	$-B_0+\frac{1}{2}B_1+B_1$
$-y$	$-y$	$B_0+B_1-\frac{1}{2}B_1$	$-B_0+\frac{1}{2}B_1-B_1$

B, C에 흐르는 전류의 방향이 서로 반대 방향인 경우 p, q에서 A, B, C의 전류에 의한 자기장의 세기가 $\frac{1}{2}B_0$으로 서로 같을 수가 없으므로 B와 C에 흐르는 전류의 방향은 서로 같다.

ⓑ. xy 평면에서 수직으로 나오는 방향을 양(+), xy 평면에 수직으로 들어가는 방향을 음(−)이라 하고, p에서 B의 전류에 의한 자기장의 세기를 B_1이라고 하면, p, q에서 A, B, C의 전류에 의한 자기장은 다음과 같다.

p에서: $B_0-B_1+\frac{1}{2}B_1=\frac{1}{2}B_0$ …①

q에서: $-B_0-\frac{1}{2}B_1+B_1=-\frac{1}{2}B_0$ … ②

①, ②에서 $B_1=B_0$이다. 따라서 B, C에 흐르는 전류의 세기는 I_0으로 서로 같다.

ⓒ. q에서 A의 전류에 의한 자기장의 방향은 xy 평면에 수직으로 들어가는 방향이고 자기장의 세기는 B_0이며, q에서 B, C의 전류에 의한 자기장의 방향은 xy 평면에서 수직으로 나오는 방향이고, 자기장의 세기는 $\frac{1}{2}B_0$이다. 따라서 q에서 A, B, C의 전류에 의한 자기장의 방향은 xy 평면에 수직으로 들어가는 방향이고, 자기장의 세기는 $\frac{1}{2}B_0$이다.

04 직선 도선에 흐르는 전류에 의한 자기장

두 직선 도선에 흐르는 전류의 세기와 방향이 같으면 두 직선 도선에 흐르는 전류에 의한 자기장이 0인 지점은 두 도선 사이의 중앙에 위치하고, 두 직선 도선에 흐르는 전류의 방향이 반대이면 두 직선 도선에 흐르는 전류에 의한 자기장이 0인 지점은 두 도선의 바깥쪽에 위치한다.

ㄱ. $-d<x<-\frac{1}{2}d$에서 A, B, C의 전류에 의한 자기장의 방향은 xy 평면에서 수직으로 나오는 방향이므로 A에 흐르는 전류의 방향은 $-y$ 방향이다. $-\frac{1}{2}d<x<0$에서 A, B, C의 전류에 의한 자기장의 방향은 xy 평면에 수직으로 들어가는 방향이고, $0<x<2d$에서 A, B, C의 전류에 의한 자기장의 방향은 xy 평면에서 수직으로 나오는 방향이므로 B에 흐르는 전류의 방향은 $-y$ 방향, C에 흐르는 전류의 방향은 $+y$ 방향이다. 따라서 전류의 방향은 A에서와 B에서가 같다.

구간	$-d<x<-\frac{1}{2}d$	$-\frac{1}{2}d<x<0$	$0<x<2d$
자기장의 방향	•	×	•
전류의 방향	A: $-y$ 방향	B: $-y$ 방향	C: $+y$ 방향

•: xy 평면에서 수직으로 나오는 방향, ×: xy 평면에 수직으로 들어가는 방향

ㄴ. A와 B에 흐르는 전류의 방향은 각각 $-y$ 방향이므로 $0<x<2d$에서 A와 B의 전류에 의한 자기장의 방향은 xy 평면에서 수직으로 나오는 방향으로 서로 같다. A, B, C의 전류에 의한 자기장의 최솟값이 $0<x<d$ 영역에 있으므로 $x=d$에서 C의 전류에 의한 자기장의 세기가 A, B의 전류에 의한 자기장의 세기보다 크다. 따라서 전류의 세기는 C에서가 B에서보다 크다.

ㄷ. $x=-\frac{1}{2}d$에서 자기장이 0이므로 $x=-\frac{1}{2}d$에서 A의 전류에 의한 자기장의 세기와 B, C의 전류에 의한 자기장의 세기가 같고 자기장의 방향은 서로 반대이다. 따라서 B, C의 전류에 의한 자기장의 방향은 xy 평면에 수직으로 들어가는 방향이고, B와 C에 흐르는 전류의 방향은 각각 $-y$ 방향, $+y$ 방향이므로 $x=-\frac{1}{2}d$에서 B의 전류에 의한 자기장의 세기가 C의 전류에 의한 자기장의 세기보다 크다.

05 직선 도선과 원형 도선에 흐르는 전류에 의한 자기장

원형 도선에 흐르는 전류에 의한 자기장의 방향은 앙페르 법칙에 따라 전류가 흐르는 방향으로 오른손의 엄지손가락을 향하게 할 때 나머지 네 손가락이 원형 도선을 감아쥐는 방향이다.

ㄱ. p에서 B와 C의 전류에 의한 자기장의 세기와 방향은 일정하다. A에 흐르는 진류의 세기가 I_0에서 $2I_0$으로 증가함에 따라 p에서 xy 평면에서 수직으로 나오는 방향의 A, B, C의 전류에 의한 자기장의 세기가 $2B_0$에서 B_0으로 감소하므로 p에서 A의 전류에 의한 자기장의 방향은 B, C의 전류에 의한 자기장의 방향과 반대 방향이다. p에서 A의 전류에 의한 자기장의 방향은 xy 평면에 수직으로 들어가는 방향이고, B, C의 전류에 의한 자기장의 방향은 xy 평면에서 수직으로 나오는 방향이다. 따라서 A에 흐르는 전류의 방향은 $+y$ 방향이다.

A에 흐르는 전류의 세기	p에서 A, B, C의 전류에 의한 자기장		p에서 자기장의 방향	
	세기	방향	B_A	B_{B+C}
I_0	$2B_0$	•	×	•
$2I_0$	B_0	•		

•: xy 평면에서 수직으로 나오는 방향, ×: xy 평면에 수직으로 들어가는 방향
B_A: p에서 A의 전류에 의한 자기장, B_{B+C}: p에서 B, C의 전류에 의한 자기장

ㄴ. A에 흐르는 전류의 세기가 $2I_0$일 때, p에서 A와 C의 전류에 의한 자기장은 세기가 같고 방향이 서로 반대 방향이다. 따라서 p에서 B의 전류에 의한 자기장의 방향은 xy 평면에서 수직으로 나오는 방향이고, 자기장의 세기는 B_0이다.

ㄷ. xy 평면에서 수직으로 나오는 방향을 양(+), xy 평면에 수직으로 들어가는 방향을 음(−)이라 하고, A에 흐르는 전류의 세기가 I_0일 때 p에서 A의 전류에 의한 자기장의 세기를 B_A, p에서 B와 C의 전류에 의한 자기장의 세기를 B_{B+C}라고 하면, p에서 A, B, C의 전류에 의한 자기장은 다음과 같다.

$-B_A+B_{B+C}=2B_0$ ⋯①

$-2B_A+B_{B+C}=B_0$ ⋯ ②

①, ②에서 $B_A=B_0$이다. p와 A, p와 C 사이의 거리는 각각 $2d$, d이므로 p에서 C의 전류에 의한 자기장의 세기는 $2B_0$이다.

06 직선 도선과 원형 도선에 흐르는 전류에 의한 자기장

원형 도선의 중심에서 원형 도선에 흐르는 전류에 의한 자기장의 세기는 원형 도선에 흐르는 전류의 세기에 비례하고, 원형 도선의 반지름에 반비례한다.

③ xy 평면에서 수직으로 나오는 방향을 양(+), xy 평면에 수직으로 들어가는 방향을 음(−)이라 하고, O에서 A의 전류에 의한 자기장의 세기를 B_A, O에서 B, C의 전류에 의한 자기장의 세기를 B_{B+C}라고 하면 (가)에서 $-B_A+B_{B+C}=0$ ⋯ ①이고, (나)에서 $B_A+B_{B+C}=B_0$ ⋯ ②이다. ①, ②에서 $B_A=\frac{1}{2}B_0$, $B_{B+C}=\frac{1}{2}B_0$이고, O에서 B, C의 전류에 의한 자기장의 방향은 xy 평면에서 수직으로 나오는 방향이다. O에서 B와 C의 전류에 의한 자기장의 세기를 각각 B_B, B_C라고 하면 B와 C에 흐르는 전류의 세기가 같으므로 $B_B>B_C$이다. 따라서 O에서 C의 전류에 의한 자기장의 방향은 xy 평면에 수직으로 들어가는 방향이고, O에서 B의 전류에 의한 자기장의 방향은 xy 평면에서 수직으로 나오는 방향이며 $B_B=\frac{3}{2}B_0$이다.

07 직선 도선과 원형 도선에 흐르는 전류에 의한 자기장

직선 또는 원형 도선에 흐르는 전류에 의한 자기장의 방향은 앙페르 법칙에 따라 전류가 흐르는 방향으로 오른손의 엄지손가락을 향하게 할 때 나머지 네 손가락이 도선을 감아쥐는 방향이다.

⑤ xy 평면에서 수직으로 나오는 방향을 양(+), xy 평면에 수직으로 들어가는 방향을 음(−)이라 하고, O에서 A, B의 전류에 의한 자기장의 세기를 B_{A+B}라고 하면

Ⅰ에서: $B_{A+B}+B_C-B_D=0$ ⋯ ①

Ⅱ에서: $B_{A+B}+B_C+B_D=2B_0$ ⋯ ②

Ⅲ에서: $B_{A+B}-B_C+B_D=-2B_0$ ⋯ ③

이다. ①, ②, ③에서 $B_C=2B_0$, $B_D=B_0$이고, $B_{A+B}=-B_0$이므로 O에서 A, B의 전류에 의한 자기장의 방향은 xy 평면에 수직으로 들어가는 방향이고 $B_B=2B_0$이다.

따라서 $B_D<B_B=B_C$이다.

08 전류에 의한 자기 작용의 예

전자석은 코일 내부에 철심을 넣어 코일에 전류가 흐를 때 자석의 성질을 가지도록 만든 것으로, 전자석은 전류의 세기를 조절하여 자기장의 세기를 조절할 수 있고 전류의 방향을 반대로 하면 자석의 극도 바꿀 수 있다. 전동기는 전류의 자기 작용을 이용하여 회전 운동을 하는 장치로, 자석 사이에 있는 코일에 전류가 흐를 때 자석과 코일 사이에 작용하는 자기력에 의해 코일이 회전하게 된다.

㉠. 전자석 기중기는 고철을 들어 올릴 때는 코일에 전류가 흐르게 하여 고철이 붙도록 하고, 고철을 내려놓을 때는 전류가 흐르지 않게 하여 고철이 떨어지게 한다. 전자석의 코일에 전류가 흐르면 전자석은 자석의 성질을 갖는다.

㉡. 스피커의 코일에 흐르는 전류의 방향이 바뀌면 전자석의 극이 바뀐다. 자기력에 의해 영구 자석과 같은 극끼리는 서로 밀어내고, 다른 극끼리는 서로 당기면서 진동판이 진동하여 스피커에서 소리가 발생한다.

㉢. 전동기는 전류의 자기 작용을 이용하여 전기 에너지를 역학적 에너지로 전환하는 장치이다.

09 물질의 자성

강자성체와 상자성체는 외부 자기장의 방향과 같은 방향으로 자기화되므로 자석과 서로 당기는 자기력이 작용하고, 반자성체는 외부 자기장의 방향과 반대 방향으로 자기화되므로 자석과 서로 미는 자기력이 작용한다.

~~ㄱ~~. 유리 막대와 자석은 서로 미는 자기력이 작용하므로, 유리 막대는 반자성체이다.

㉡. (다)에서 철 막대가 자석의 N극에 끌리므로, 철 막대는 외부 자기장의 방향과 같은 방향으로 자기화된다.

~~ㄷ~~. (다)에서 자기화되지 않은 철 막대에 S극을 가까이하면 철 막대는 자석의 자기장과 같은 방향으로 자기화되므로 S극에 끌린다.

10 물질의 자성

강자성체는 외부 자기장의 방향과 같은 방향으로 자기화되고, 외부 자기장을 제거해도 자성을 오래 유지한다. 반자성체는 외부 자기장의 방향과 반대 방향으로 자기화되고, 외부 자기장을 제거하면 자성이 사라진다.

㉠. A는 막대자석에 의해 밀려나므로 외부 자기장의 방향과 반대 방향으로 자기화되어 있다.

~~ㄴ~~. (나)에서 A와 B 사이에는 서로 미는 자기력이 작용한다.

~~ㄷ~~. A는 반자성체이고, 막대자석을 제거하여도 자기화된 상태를 유지하고 있는 B는 강자성체이다.

11 물질의 자성

강자성체는 자석의 자기장 방향으로 자기화되고, 반자성체는 자석의 자기장 방향과 반대 방향으로 자기화된다.

㉠. (가)에서 실이 자석에 작용하는 힘의 크기는 자석에 작용하는 중력의 크기와 같다. (나)와 (다)에서 실이 자석에 작용하는 힘의 크기는 자기화된 A, B가 각각 자석에 작용하는 자기력과 자석에 작용하는 중력의 합과 같다. $F_{(나)}>F_{(가)}>F_{(다)}$이므로 자기화된 A, B가 각각 자석에 작용하는 자기력의 방향은 (나)에서는 연직 아래 방향으로 중력의 방향과 같고, (다)에서는 연직 위 방향으로 중력의 방향과 반대이다. 따라서 A는 강자성체, B는 반자성체이다.

㉡. 반자성체인 B는 자석의 자기장 방향과 반대 방향으로 자기화되므로 (나)에서 B의 윗면은 S극으로 자기화된다.

~~ㄷ~~. 반자성체는 외부 자기장을 제거하면 자성이 사라지므로 (다)에서 실에 매달린 자석을 제거하면 B는 자기화된 상태가 사라진다.

12 물질의 자성

반자성체는 외부 자기장과 반대 방향으로 자기화되고, 외부 자기장을 제거하면 자기화된 상태가 바로 사라진다.

㉠. 자석의 위아래에 있는 비스무트 결정이 자석에 작용하는 자기력의 방향은 각각 연직 아래 방향, 연직 위 방향으로, 비스무트 결정은 네오디뮴 자석의 자기장과 반대 방향으로 자기화된다.

㉡. 자석의 자기장과 반대 방향으로 자기화되는 비스무트는 반자성체이고, 반자성체는 외부 자기장을 제거하면 자기화된 상태가 사라진다.

~~ㄷ~~. (나)와 같이 외부 자기장이 없을 때 총 자기장이 없는 것은 반자성체에서 나타나는 특성이다. 하드 디스크는 외부 자기장을 제거해도 자성을 유지하는 강자성체의 특징을 이용해 정보를 저장한다.

13 물질의 자성

강자성체는 외부 자기장의 방향과 같은 방향으로 강하게 자기화된다. 따라서 강자성체는 자석과 서로 당기는 자기력이 작용한다.

㉠. 하드택을 X에 갖다 대면 Y는 X 내부 자석과 당기는 힘이 작용하고, X로부터 분리하여도 자기화된 상태를 유지하므로 Y는 강자성체이다.

㉡. Y는 강자성체이므로 X 내부 자석의 자기장과 같은 방향으로 자기화된다.

㉢. 하드택을 X에 갖다 대면 용수철이 압축되므로 용수철은 Y를 미는 방향으로 힘을 작용하고, X 내부의 자석은 강자성체인 Y를 당기는 방향으로 힘을 작용한다. 따라서 X 내부의 자석이 Y에 작용하는 힘의 방향과 용수철이 Y에 작용하는 힘의 방향은 서로 반대이다.

14 전자기 유도

자석이 코일에 가까워질 때 자석에 의해 코일을 통과하는 자기 선속은 증가하고, 증가하는 자기 선속을 감소시키는 방향으로 코일에는 유도 전류가 흐른다. 코일을 통과하는 단위 시간당 자기 선속의 변화량이 클수록 코일에 흐르는 유도 전류의 세기가 크다.

㉠. 강자성체는 외부 자기장과 같은 방향으로 자기화되고, 외부 자기장을 제거해도 자성을 오래 유지한다. X가 p, q를 지나는 순간 유도 전류가 흐르므로 X는 외부 자기장을 제거해도 자성을 오래 유지하는 강자성체이다.

~~㉡~~. 코일을 통과하는 단위 시간당 자기 선속의 변화량이 클수록 유도 전류의 세기가 크다. 따라서 코일을 통과하는 단위 시간당 자기 선속의 변화량은 X가 q를 지날 때가 p를 지날 때보다 크다.

㉢. 코일의 중심축상을 따라 운동하는 X의 속력이 클수록 코일을 통과하는 단위 시간당 자기 선속의 변화량이 크므로 유도 전류의 세기가 크다. 따라서 X의 속력은 q에서가 p에서보다 크다.

15 전자기 유도

자석이 코일에 가까워질 때 자석에 의해 코일을 통과하는 자기 선속은 증가하고, 증가하는 자기 선속을 감소시키는 방향으로 코일에는 유도 전류가 흐른다. 이때 코일과 자석 사이에는 서로 미는 자기력이 작용한다.

~~㉠~~. 자석이 P → O로 운동하는 동안 자석에 의한 코일의 유도 전류의 방향이 'a → R → b'이므로 코일에 흐르는 유도 전류에 의한 자기장의 방향은 연직 위 방향이다. 따라서 X는 S극이다.

㉡. 자석에 의해 코일을 통과하는 자기 선속은 자석이 P → O로 운동하는 동안 증가하고, 자석이 O → Q로 운동하는 동안 감소한다. 따라서 자석에 의해 코일을 통과하는 자기 선속은 자석이 O를 지날 때가 Q를 지날 때보다 크다.

~~㉢~~. 코일과 자석 사이에는 자석이 P → O로 운동하는 동안 서로 미는 자기력이 작용하고, 자석이 O → Q로 운동하는 동안 서로 당기는 자기력이 작용한다. P, O, Q에서 자석의 운동을 방해하는 방향으로 자기력이 작용하므로 자석의 속력은 P에서가 Q에서보다 크다.

16 전자기 유도

자석이 솔레노이드에 가까워질 때 자석에 의해 솔레노이드를 통과하는 자기 선속은 증가하고, 증가하는 자기 선속을 감소시키는 방향으로 솔레노이드에는 유도 전류가 흐른다. 이때 솔레노이드와 자석 사이에는 서로 미는 자기력이 작용한다.

㉠. 자석이 c를 지날 때 A와 연결된 LED에 순방향 전압이 걸려 빛이 방출되므로 X는 S극이다.

㉡. 자석이 b를 지날 때, A로부터 자석의 S극이 멀어지므로 A와 자석 사이에는 서로 당기는 자기력이 작용하고, 자석의 N극이 B에 가까워지므로 자석과 B 사이에는 서로 미는 자기력이 작용한다. 따라서 자석이 b를 지날 때 A와 B가 자석에 작용하는 자기력의 방향은 서로 같다.

㉢. 자석이 b를 지날 때 A로부터 S극이 멀어지고 B에 N극이 가까워지므로, A, B에 연결된 LED에는 모두 순방향 전압이 걸린다. 따라서 자석이 b를 지날 때 빛이 방출되는 LED는 2개이다.

17 전자기 유도

금속 고리가 자기장 영역에 진입할 때 자기 선속의 변화를 방해하는 방향으로 금속 고리에는 유도 전류가 흐르고, 금속 고리를 통과하는 자기 선속의 변화가 클수록 금속 고리에 흐르는 유도 전류의 세기가 크다.

~~㉠~~. p의 위치가 $2d \le x \le 4d$일 때 금속 고리에 흐르는 유도 전류의 방향이 시계 방향이므로 유도 전류에 의한 자기장의 방향은 xy 평면에 수직으로 들어가는 방향이고, Ⅰ에서 자기장의 방향은 xy 평면에서 수직으로 나오는 방향이다.

또한 p의 위치가 $6d \le x \le 8d$일 때 금속 고리에 흐르는 유도 전류의 방향이 시계 반대 방향이므로 유도 전류에 의한 자기장의 방향은 xy 평면에서 수직으로 나오는 방향이고, Ⅱ에서 자기장의 방향은 xy 평면에 수직으로 들어가는 방향이다. 따라서 자기장의 방향은 Ⅰ에서와 Ⅱ에서가 반대이다.

~~㉡~~. 유도 전류의 세기는 단위 시간당 자기 선속의 변화량에 비례한다. 금속 고리에 흐르는 유도 전류의 세기는 p의 위치가 $6d \le x \le 8d$일 때가 $2d \le x \le 4d$일 때의 2배이므로 자기장의 세기는 Ⅱ에서가 Ⅰ에서의 2배이다.

㉢. Ⅱ에서 자기장의 방향은 xy 평면에 수직으로 들어가는 방향이고, 자기장의 세기는 Ⅱ에서가 Ⅰ에서의 2배이므로 p의 위치가 $8d \le x \le 10d$일 때 금속 고리에 흐르는 유도 전류의 방향은 시계

방향이고, 유도 전류의 세기는 p의 위치가 $8d \le x \le 10d$일 때가 $2d \le x \le 4d$일 때의 2배이다. 따라서 p가 $x=9d$를 지날 때, p에 흐르는 유도 전류의 세기는 $2I_0$이다.

18 전자기 유도

금속 고리가 자기장 영역에 진입할 때 자기 선속의 변화를 방해하는 방향으로 금속 고리에는 유도 전류가 흐르고, 금속 고리를 통과하는 자기 선속의 변화가 클수록 금속 고리에 흐르는 유도 전류의 세기가 크다.

㉠. A에 흐르는 유도 전류의 방향이 시계 반대 방향이므로 유도 전류에 의한 자기장의 방향은 xy 평면에서 수직으로 나오는 방향이고, Ⅰ에서 자기장의 방향은 xy 평면에 수직으로 들어가는 방향이다. B에 흐르는 유도 전류의 방향이 시계 방향이므로 유도 전류에 의한 자기장의 방향은 xy 평면에 수직으로 들어가는 방향이고, B를 통과하는 자기 선속의 변화는 xy 평면에서 수직으로 나오는 방향의 자기장이 증가하는 것이다.

고리	유도 전류		유도 전류에 의한 자기장 방향	금속 고리를 통과하는 자기장	
	방향	세기		방향	변화
A	시계 반대 방향	$2I_0$	•	×	증가
B	시계 방향	I_0	×	•	증가

• : xy 평면에서 수직으로 나오는 방향
×: xy 평면에 수직으로 들어가는 방향

Ⅰ에서 자기장의 방향은 xy 평면에 수직으로 들어가는 방향이므로 Ⅱ에서 자기장의 방향은 xy 평면에서 수직으로 나오는 방향이고, 자기장의 세기는 Ⅱ에서가 Ⅰ에서보다 크다. 따라서 C는 xy 평면에서 수직으로 나오는 방향의 Ⅱ에 들어가고 있으므로 유도 전류는 시계 방향으로 흐른다.

ㄴ. Ⅰ에서 자기장의 방향은 xy 평면에 수직으로 들어가는 방향이고, B에 흐르는 유도 전류에 의한 자기장의 방향은 xy 평면에 수직으로 들어가는 방향이므로 B를 통과하는 자기 선속의 변화는 xy 평면에서 수직으로 나오는 방향의 자기장이 증가하는 것이다. 따라서 Ⅱ에서 자기장의 방향은 xy 평면에서 수직으로 나오는 방향이고, 자기장의 세기는 Ⅱ에서가 Ⅰ에서보다 크다.

ㄷ. Ⅰ의 자기장의 세기를 B_0이라고 하면, A에 흐르는 유도 전류의 세기가 $2I_0$이고 B에 흐르는 유도 전류의 세기가 I_0이므로 Ⅱ의 자기장의 방향은 xy 평면에서 수직으로 나오는 방향이고, 자기장의 세기는 $2B_0$이다. 또한 정사각형 금속 고리의 면적은 C가 A의 $\frac{3}{2}$배이고 자기장의 세기는 C에서가 A에서의 2배이므로 단위 시간당 자기 선속의 변화량은 C에서가 A에서의 3배이다. 따라서 ㉡은 $6I_0$이다.

08 파동의 성질과 활용

수능 2점 테스트 본문 165~170쪽

01 ③	02 ⑤	03 ①	04 ②	05 ③	06 ①	07 ③
08 ④	09 ⑤	10 ②	11 ②	12 ③	13 ④	14 ⑤
15 ③	16 ⑤	17 ④	18 ①	19 ③	20 ⑤	21 ④
22 ①	23 ④	24 ②				

01 파동의 진행

소리의 속력을 v, 진동수를 f, 파장을 λ라고 하면 $v=f\lambda$의 관계가 성립한다.

㉠. 소리가 A−유리−B를 진행할 때 진동수는 변하지 않으므로 소리의 속력과 파장은 비례한다. 속력이 A에서가 B에서보다 크므로 파장은 A에서가 B에서보다 길다.

㉡. $f=\frac{v}{\lambda}$이고, 소리의 진동수는 A에서와 B에서가 같으므로 소리 분석 장치에서 측정한 소리의 진동수는 $\frac{v_A}{\lambda_A}$이다.

ㄷ. 소리는 종파의 특성을 가지므로 소리의 진행 방향과 공기의 진동 방향은 나란하다.

02 파동의 진행

P의 변위가 처음으로 A가 될 때 파동의 모습은 그림과 같다.

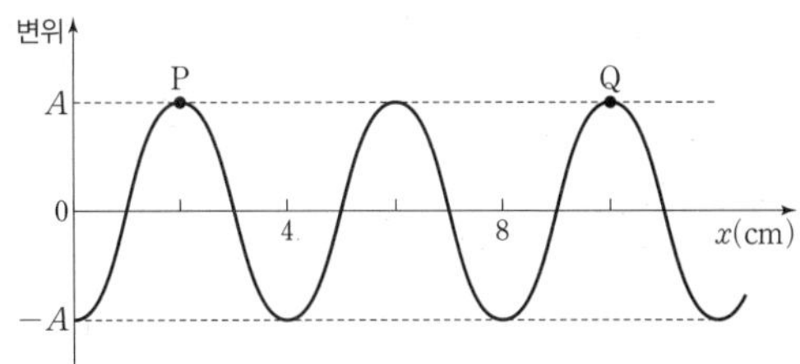

㉠. 파동의 속력이 1 cm/s이고, 파장이 4 cm이므로 주기는 4초이다. 진동수는 주기의 역수이므로 0.25 Hz이다.

㉡. P의 변위가 처음으로 A가 되는 데 걸리는 시간은 3초이므로 $\frac{3}{4}$주기가 걸린다. 따라서 파동의 진행 방향은 $-x$ 방향이다. 만약 파동의 진행 방향이 $+x$ 방향이라면 P의 변위가 A가 되는 데 걸리는 시간은 $\frac{1}{4}$주기인 1초이다.

㉢. P와 Q 사이의 거리는 파장의 2배이므로 P와 Q의 위상은 항상 같다.

03 파동의 진행

소리의 진행 속력은 고체에서 가장 빠르고 기체에서 가장 느리다. ($v_{고체} > v_{액체} > v_{기체}$)

ㄱ. 소리의 진동수는 뼈에서와 공기에서가 같다.

ㄴ. 고체에서 진행하는 소리의 속력이 기체에서 진행하는 소리의 속력보다 빠르다. 뼈는 고체이므로 진행 속력은 뼈에서가 공기에서보다 빠르다.

ㄷ. 매질이 같으면 파동의 진행 속력이 같다. 따라서 진동수가 큰 소리와 작은 소리가 공기 중에서 전달될 때 진행 속력은 같다.

04 파동의 진행

$t=1$초일 때 파동의 모습은 그림과 같다.

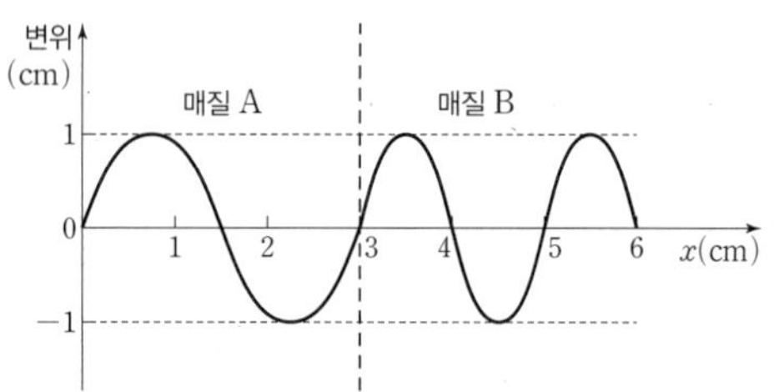

ㄱ. $t=1$초일 때 $x=6$ cm에서 진동이 시작되므로 B에서 파동의 진행 속력은 $\frac{0.5\text{ cm}}{1\text{ s}}=\frac{1}{2}$ cm/s이고, B에서 파장은 2 cm이므로 주기는 4초이다. A와 B에서 파동의 주기는 동일하고 A에서 파장은 3 cm이므로 A에서 파동의 진행 속력은 $\frac{3}{4}$ cm/s이다.

ㄴ. 파동의 주기가 4초이므로 $t=2$초일 때 $x=3$ cm에서 변위는 $t=0$일 때와 반대이다. 따라서 변위는 -1 cm이다.

ㄷ. 파동의 주기가 4초이므로 $t=4$초일 때 $x=6$ cm에서 변위는 -1 cm이다.

05 파동의 진행

소리는 매질의 진동 방향과 파동의 진행 방향이 나란한 종파이다. 매질에 작용하는 압력이 최대인 위치 사이의 거리 또는 최소인 위치 사이의 거리는 소리의 파장이다.

ㄱ. 소리굽쇠의 진동으로 소리가 발생하므로 소리의 진동수는 소리굽쇠의 진동수와 같은 f_0이다.

ㄴ. 파동의 진행 속력은 파장과 진동수의 곱이다. 소리의 파장은 d이고 진동수는 f_0이므로 소리의 속력은 df_0이다.

ㄷ. 주기와 진동수는 역수 관계이다. 따라서 소리의 주기는 $T=\frac{1}{f_0}$이다. $t=\frac{1}{f_0}$은 한 주기이므로 $x=d$에서의 압력은 $t=0$일 때의 압력과 같은 P_2이다.

06 굴절

굴절은 파동이 진행할 때 속력이 다른 매질의 경계면에서 진행 방향이 변하는 현상이다.

ㄱ. (가)는 다리에서 반사된 빛이 물속에서 공기 중으로 진행할 때 굴절각이 입사각보다 크기 때문에 나타나는 현상이므로, 굴절에 의한 현상이다.

ㄴ. 빛의 굴절률은 물에서가 공기에서보다 크다. 따라서 빛의 속력은 물속에서가 공기 중에서보다 작다.

ㄷ. 파동이 진행할 때 진행 방향이 변하는 굴절 현상이 일어나도 파동의 진동수는 변하지 않는다.

07 굴절

추운 지방에서 지표면 부근의 물체가 공중에서 보이는 현상이 일어나고, 이를 신기루라고 한다.

A. 추운 지방에서는 아래쪽 공기가 차갑고 위쪽 공기가 따뜻하고, 빛의 속력은 차가운 공기에서는 느리고 따뜻한 공기에서는 빠르다. 따라서 공기의 온도에 따라 빛의 속력이 달라지며 진행하는 빛의 경로가 휘어지는 현상이 일어난다.

B. 빛의 속력이 다른 공기층을 지나면서 빛이 굴절하여 나타나는 현상이 신기루이다.

C. 신기루는 빛의 굴절에 의한 현상이고, 빛의 입자성을 증명할 수 없다.

08 굴절

A와 B의 경계면, C와 A의 경계면에 각각 법선을 그렸을 때, 법선과 빛의 진행 방향이 이루는 각은 입사각 또는 굴절각이다.

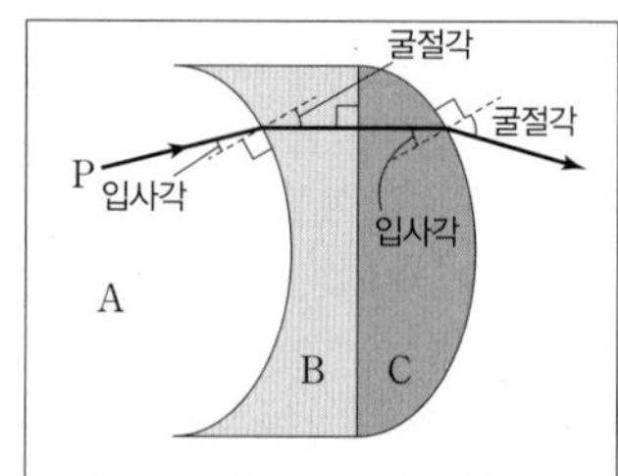

ㄱ. A와 B의 경계면에서 굴절각이 입사각보다 크므로 P의 속력은 A에서가 B에서보다 작다.

ㄴ. C와 A의 경계면에서 굴절각이 입사각보다 크므로 굴절률은 A가 C보다 작다.

ㄷ. 단색광의 속력은 단색광의 파장에 비례한다. P의 속력은 B에서가 가장 크고 C에서가 가장 작다. 따라서 P의 파장은 B에서가 C에서보다 길다.

09 굴절 법칙

빛이 매질의 경계면에서 굴절할 때 빛의 진행 방향과 법선이 이루는 각이 큰 쪽의 매질이 굴절률이 작다.

ㄱ. 파동의 진동수는 매질이 달라져도 변하지 않으므로 A, B, C에서 P의 진동수는 모두 같다.

ㄴ. C와 A의 경계면에서 입사각은 θ_1이고, $\theta_1>\theta_2$이다. 굴절 법칙에 의해 $\frac{n_A}{n_C}=\frac{\sin\theta_1}{\sin\theta_2}$이므로 굴절률은 A가 C보다 크다.

ㄷ. $\theta_1>\theta_2$, $\theta_1>\theta_3$이므로 A, B, C에서 P의 속력을 각각 v_A, v_B, v_C라고 하면 $v_C>v_A>v_B$이다. 따라서 $\frac{v_C}{v_B}>\frac{v_C}{v_A}$이다. $\frac{v_C}{v_B}=\frac{\sin\theta_1}{\sin\theta_3}$이고, $\frac{v_C}{v_A}=\frac{\sin\theta_1}{\sin\theta_2}$이므로 $\theta_2>\theta_3$이다.

10 굴절

인접한 파면 사이의 간격은 물결파의 파장이고, 물결파의 주기를 T, 파장을 λ, 속력을 v라고 할 때 $v=\frac{\lambda}{T}$이다.

ㄱ. B에서 물결파의 주기는 $2t_0$이므로 A에서 물결파의 주기도 $2t_0$이다. A에서 파장은 d_1이므로 A에서 물결파의 속력은 $\frac{d_1}{2t_0}$이다.

ㄴ. 물결파의 진동수가 일정하고 파장은 B에서가 A에서보다 길다. 따라서 물결파의 속력은 B에서가 A에서보다 크다. 물결파의 속력은 물의 깊이가 깊을수록 크므로 물의 깊이는 속력이 큰 B에서가 A에서보다 깊다.

ㄷ. $t=0$ 직후 p의 변위는 아래 방향이고 $t=\frac{1}{2}t_0$일 때 골에 위치하므로 물결파의 진행 방향은 B에서 A이다. 물결파의 속력은 B에서가 A에서보다 크므로 B에서의 입사각이 A에서의 굴절각보다 크다.

11 전반사

입사각이 임계각보다 클 때 전반사가 일어나고, 공기에 대한 매질의 굴절률$\left(\frac{n_{매질}}{n_{공기}}\right)$이 클수록 임계각은 작다.

ㄱ. 입사각이 θ_1일 때 A와 공기 사이에서는 빛이 전반사하고, B와 공기 사이에서는 빛이 전반사하지 않는다. 따라서 A와 공기 사이의 임계각은 θ_1보다 작고, B와 공기 사이의 임계각은 θ_1보다 크다.

ㄴ. 공기에 대한 매질의 굴절률$\left(\frac{n_{매질}}{n_{공기}}\right)$이 클수록 임계각은 작다. 공기와 매질 사이의 임계각은 A일 때가 B일 때보다 작으므로 매질의 굴절률은 A가 B보다 크다.

ㄷ. B를 사용할 때, 입사각이 θ_1일 때는 빛이 전반사하지 않고 θ_2일 때는 전반사한다. 따라서 θ_1은 공기와 B 사이의 임계각보다 작고, θ_2는 공기와 B 사이의 임계각보다 크다. 즉, $\theta_1<\theta_2$이다.

12 전반사와 광통신

굴절률이 큰 매질에서 굴절률이 작은 매질로 빛이 입사할 때, 굴절각이 90°일 때의 입사각이 임계각이다.

ㄱ. (가)에서 A와 B의 경계면에서 입사각을 θ라고 하면, $\frac{n_B}{n_A}=\frac{\sin\theta}{\sin\theta_1}$이고, B와 C의 경계면에서 입사각은 θ_1이며, θ_1은 임계각이므로 $\frac{n_B}{n_C}=\frac{\sin 90^\circ}{\sin\theta_1}$이다. 따라서 굴절률은 A가 C보다 크다.

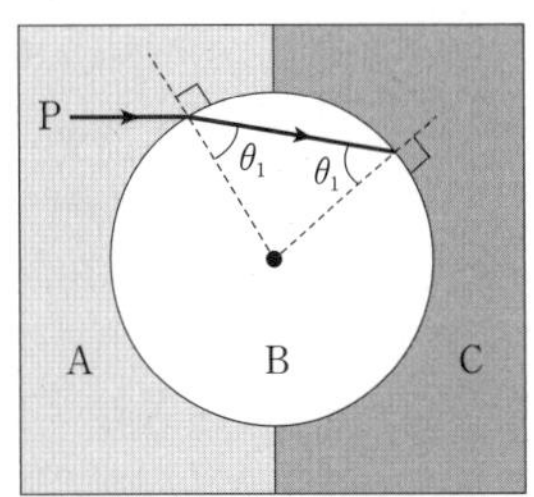

ㄴ. (가)에서 B와 C의 경계면에서 입사각은 θ_1이고, θ_1은 임계각이다. (나)에서 P는 전반사하므로 입사각은 임계각보다 크다. 따라서 $\theta_1<\theta_2$이다.

ㄷ. 광섬유의 코어는 굴절률이 큰 매질, 클래딩은 굴절률이 작은 매질로 구성한다. B의 굴절률이 C의 굴절률보다 크므로 코어는 B, 클래딩은 C이다.

13 전반사와 굴절

빛이 굴절률이 n_1인 매질 1에서 굴절률이 n_2인 매질 2로 입사각 θ_1로 입사하여 굴절각 θ_2로 굴절할 때, 굴절 법칙에 의해 $\frac{n_2}{n_1}=\frac{\sin\theta_1}{\sin\theta_2}$이다. 임계각은 굴절각이 90°일 때의 입사각이다.

ㄱ. P가 진행하는 동안 진동수는 변하지 않는다.

ㄴ. A, B, C의 굴절률을 각각 n_A, n_B, n_C라 하고, (가)와 (나)에서 각각 굴절 법칙을 적용하면 $\frac{n_B}{n_A}=\frac{\sin 30^\circ}{\sin 60^\circ}$ ··· ①, $\frac{n_C}{n_B}=\frac{\sin 30^\circ}{\sin 60^\circ}$ ··· ②이다. ①, ②에서 $\frac{n_C}{n_A}=\frac{1}{3}$이므로 $n_C=\frac{1}{3}n_A$이다. 매질의 굴절률은 매질에서 진행하는 단색광의 속력에 반비례하므로 P의 속력은 C에서가 A에서의 3배이다.

ㄷ. 굴절률이 큰 매질의 굴절률을 n_1, 작은 매질의 굴절률을 n_2, 임계각을 θ_c라고 하면, $\frac{n_2}{n_1}=\sin\theta_c$이다. 따라서 (가)와 (나)에서 $\frac{\sin 30^\circ}{\sin 60^\circ}=\sin\theta_c$이다.

14 전반사와 굴절

A, B, C에서 단색광의 속력을 각각 v_A, v_B, v_C라고 하자. A와 B의 경계면에서 단색광의 굴절각이 입사각보다 크므로 $v_B>v_A$이고, B와 C의 경계면에서 단색광이 임계각으로 입사하므로

$v_C > v_B$이다. 따라서 $v_C > v_B > v_A$이다.
㉠. 단색광의 파장과 속력은 비례하므로 파장은 A에서가 B에서보다 짧다.
㉡. 매질의 굴절률과 단색광의 속력은 반비례하므로 굴절률은 C가 B보다 작다.
㉢. 굴절률이 큰 매질의 굴절률을 n_1, 굴절률이 작은 매질의 굴절률을 n_2라고 하면, $\frac{n_2}{n_1}$가 작을수록 임계각은 작다. A, B, C의 굴절률을 비교하면 $n_A > n_B > n_C$이므로 $\frac{n_C}{n_B} > \frac{n_C}{n_A}$이다. 따라서 임계각은 B와 C 사이에서가 A와 C 사이에서보다 크다.

15 전반사와 굴절

A에서 B를 향해 입사각 θ로 입사한 X의 굴절각을 θ_1이라고 하면, B에서의 굴절각 θ_1은 B에서 A를 향해 입사하는 입사각과 같다. 따라서 B에서 A를 향해 입사한 X의 굴절각은 θ이다. A에서 X가 p를 향해 진행하려면 그림과 같이 X가 굴절되어야 한다.

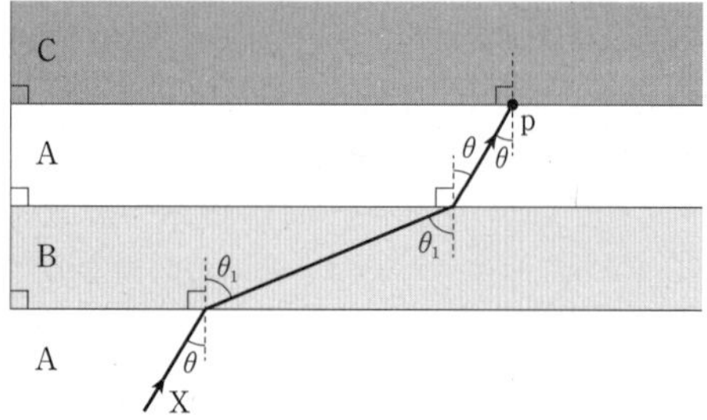

㉠. θ_1이 θ보다 크므로 굴절률은 A가 B보다 크다.
㉡. θ가 감소하면 굴절각 θ_1이 감소하므로 B에서 A를 향해 진행하는 X의 입사각이 감소한다. 따라서 A에서 굴절각 θ가 감소하여 A와 C의 경계면에 도달하는 X의 입사각이 임계각보다 작아진다. A와 C 사이의 임계각은 θ이고, 전반사는 임계각보다 큰 입사각으로 입사할 때 일어나므로 A와 C의 경계면에서 전반사가 일어나지 않는다.
㉢. A에서 B를 향해 θ로 입사한 X는 굴절하므로 A와 B 사이의 임계각은 θ보다 크고, A와 C 사이의 임계각은 θ이다. 따라서 임계각은 A와 B 사이에서가 A와 C 사이에서보다 크다.

16 전자기파

X선과 자외선은 가시광선보다 진동수가 크고, 마이크로파는 가시광선보다 진동수가 작다.
㉠. X선과 자외선은 가시광선보다 진동수가 크고, 마이크로파는 가시광선보다 진동수가 작다. 따라서 A는 마이크로파이고, 마이크로파는 전자레인지에 이용된다.
㉡. 공항에서 수하물 검사에 이용되는 전자기파는 X선이다. 따라서 C는 자외선이다.
㉢. A는 마이크로파, B는 X선이므로 진공에서 파장은 A가 B보다 길다.

17 전자기파

A는 감마선, B는 자외선, C는 마이크로파이다.
㉠. 무선 통신에 이용되는 전자기파는 전파(라디오파, 마이크로파)이다. 감마선은 암 치료에 이용한다.
㉡. 스피드건에 이용되는 마이크로파는 적외선보다 파장이 길다.
㉢. 진공에서 전자기파의 속력은 모두 같다.

18 전자기파

전자기파, 초음파, 전자선은 서로 다른 특성을 가진 파동이다.
㉠. (가)는 X선이 사용된 의료 진단용 사진이다. 따라서 A는 X선이다.
㉡. 초음파는 소리의 한 종류이고, 소리는 기체, 액체, 고체 중 고체에서 가장 빠르다.
㉢. 전자선은 전자의 연속적인 흐름으로 파동성을 지니지만 전자기파는 아니다.

19 파동의 간섭

파동의 간섭은 두 파동이 중첩되어 진폭이 커지거나 작아지는 현상이다.
Ⓐ. 소음 제거 헤드폰은 외부 소음과 반대 위상의 소리를 발생시켜 상쇄 간섭을 이용하여 소음을 제거한다.
Ⓑ. 돋보기를 통해 관측되는 사물의 확대된 모습은 빛의 굴절에 의한 현상이다.
Ⓒ. 비눗방울 막의 윗면에서 반사되는 빛과 아랫면에서 반사되는 빛의 보강 간섭과 상쇄 간섭에 의해 다양한 색깔의 빛이 관측된다.

20 파동의 간섭

빛의 이중 슬릿 실험에서 스크린의 밝은 무늬는 보강 간섭, 어두운 무늬는 상쇄 간섭의 결과이다.
Ⓐ, Ⓑ. O에서 밝은 무늬는 보강 간섭의 결과이다. O에서 보강 간섭이 일어나므로 a와 b를 통과하는 단색광은 위상이 같다.
Ⓒ. P에서 상쇄 간섭의 결과 어두운 무늬가 나타난다. 상쇄 간섭은 중첩되는 파동의 위상이 반대일 때 일어난다.

21 파동의 간섭

각도에 따라 색깔이 달라 보이는 현상은 빛의 간섭에 의한 결과이다.
㉠. 각도에 따라 색깔이 달라 보이는 현상은 빛의 간섭에 의한 결과이고, 빛의 간섭은 빛의 파동성으로 설명할 수 있다.

ㄱ. ㉠과 ㉡이 중첩되어 세기가 증가해야 하므로 ㉠과 ㉡의 위상은 같다.
ㄷ. 파동이 같은 위상으로 중첩하여 세기가 증가하는 간섭은 보강 간섭이다.

22 파동의 간섭

두 파동의 마루와 마루 또는 골과 골이 만나는 지점에서는 보강 간섭이, 마루와 골이 만나는 지점에서는 상쇄 간섭이 일어난다.
ㄱ. 골과 골이 만나는 지점은 물결파가 같은 위상으로 만나므로 보강 간섭이 일어난다.
ㄴ. 보강 간섭이 일어나는 지점에서의 진동수는 S_1, S_2에서 발생한 물결파의 진동수와 같다. 따라서 (가)와 (나)에서 보강 간섭이 일어나는 지점에서 물결파의 진동수는 같다.
ㄷ. S_1, S_2 사이의 간격이 멀수록 보강 간섭이 일어나는 지점 사이의 간격은 작다. 따라서 $\overline{AB}$에서 보강 간섭이 일어나는 지점의 개수는 (나)에서가 (가)에서보다 많다. 보강 간섭이 일어나는 지점들을 선으로 연결하면 그림과 같다.

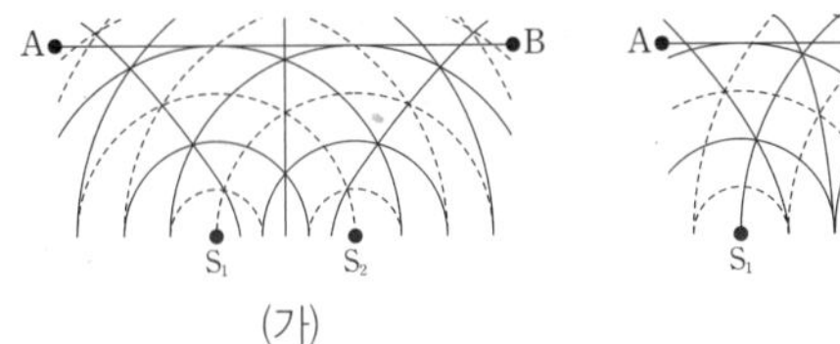

(가)

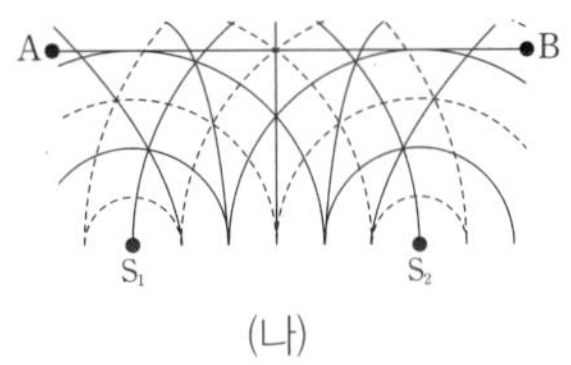

(나)

23 파동의 간섭

두 스피커에서 발생한 소리가 같은 위상으로 중첩되면 보강 간섭, 반대 위상으로 중첩되면 상쇄 간섭이 일어난다.
ㄱ. 두 스피커로부터 O까지의 거리는 같고 두 스피커에서 반대 위상으로 소리를 발생시키므로 O에서는 두 스피커 소리가 반대 위상으로 만나 상쇄 간섭한다.
ㄴ. 보강 간섭이 일어나는 소리의 진동수는 스피커에서 발생하는 소리의 진동수와 같은 f_0이다.
ㄷ. 두 스피커에서 발생하는 소리의 진동수가 증가하면 소리의 파장은 짧아진다. 소리의 파장이 짧아지면 x축상에서 간섭이 일어나는 지점 사이의 간격은 감소한다. 따라서 첫 번째 보강 간섭이 일어나는 지점은 O와 P 사이에 위치한다.

24 파동의 간섭

물결파의 마루와 마루 또는 골과 골이 만나는 지점에서는 보강 간섭이 일어나 주기적으로 수면의 높이가 변하고, 마루와 골이 만나는 지점에서는 상쇄 간섭이 일어나 시간이 지나도 수면의 높이가 변하지 않는다.
ㄱ. (나)에서 물결파는 $t=0$일 때 마루에 위치한다. p, q, r 중 마루인 곳은 r이므로 (나)는 r에서 물결파의 변위를 나타낸 것이다.
ㄴ. q에서는 마루와 골이 만나므로 상쇄 간섭이 일어난다.
ㄷ. r는 보강 간섭이 일어나는 지점이고, $t=0$일 때는 마루와 마루가 만나 보강 간섭이 일어나지만 시간이 지나면 골과 골이 만나 보강 간섭이 일어나므로 r에서 물결파는 진동한다.

수능 3점 테스트

본문 171~182쪽

01 ②	02 ②	03 ④	04 ②	05 ④	06 ②	07 ①
08 ③	09 ①	10 ⑤	11 ③	12 ①	13 ⑤	14 ②
15 ④	16 ①	17 ③	18 ①	19 ④	20 ④	21 ③
22 ⑤	23 ③	24 ⑤				

01 파동의 진행

P는 물결파에 의해 진동하므로 마루와 골의 위치를 반복한다.
ㄱ. 물결파에 의해 진동하는 P의 속력은 마루와 골에 위치할 때는 0이고, 마루와 골의 중간 위치인 진동 중심에서 최대이다. 따라서 속력이 v일 때 P는 진동 중심에 위치한다.
ㄴ. 1초일 때 P의 위치가 마루이면 3초일 때 P의 위치는 골이다. 마루와 골의 위상은 반대이므로 1초일 때와 3초일 때 P의 위상은 반대이다.
ㄷ. P의 속력이 물결파의 마루와 골에 위치할 때 각각 0이므로 (나)에서 P가 마루의 위치에서 골의 위치가 될 때까지 걸리는 시간은 2초이다. 주기는 마루의 위치에서 다시 마루의 위치, 또는 골의 위치에서 다시 골의 위치가 될 때까지 걸리는 시간이므로 4초이다. 진동수는 주기의 역수이므로 물결파의 진동수는 0.25 Hz이다.

02 파동의 진행

이웃한 마루와 마루 사이의 간격은 파장이고, 실험 과정에서 θ의 변화는 파동의 진폭을 변화시킨다.
ㄱ. d는 파동의 파장이고, 파동 발생기의 진동 주기는 파동의 주기와 같다. 파동의 진행 속력은 $\frac{\text{파장}}{\text{주기}}$이므로 Ⅰ에서 파동의 진행 속력을 v_{I}, Ⅱ에서 파동의 진행 속력을 v_{II}라고 하면, $v_{\text{I}}=\frac{d_0}{T_0}$, $v_{\text{II}}=\frac{2d_0}{2T_0}$이다. 따라서 Ⅰ과 Ⅱ에서 파동의 진행 속력은 같다.
ㄴ. 파동의 진동수는 주기와 역수 관계이다. 따라서 Ⅱ에서 진동수는 $f_{\text{II}}=\frac{1}{2T_0}$이고, Ⅲ에서 진동수는 $f_{\text{III}}=\frac{1}{T_0}$이므로, 파동의 진동수는 Ⅲ에서가 Ⅱ에서의 2배이다.
ㄷ. 파동의 진행 속력은 진폭에 따라 변하지 않으므로 주기가 같은 Ⅰ과 Ⅲ에서 파장은 같다. 따라서 ㉠은 d_0이다.

03 파동의 진행

매질은 파동을 따라 진행하지 않고 진동만 한다. 매질의 진동 방향으로 파동의 진행 방향을 파악할 수 있다.

ㄱ. (나)에서 0초 직후 P가 아래 방향으로 이동하므로 파동의 진행 방향은 $+x$ 방향이다.

ㄴ. P의 위상이 반복되는 시간은 2초이므로 파동의 주기는 2초이다. t_0일 때 P는 골에 위치하므로 점선에서 실선이 되는 최소 시간은 0.5초이다. 따라서 실선의 파형에서 0.5초, 2.5초, 4.5초, … 후에 점선의 파형이 나타난다.

ㄷ. 파동의 속력은 2 cm/s이고 주기는 2초이므로 파장은 4 cm이다. 따라서 0.5초 동안 파동이 이동하는 거리는 1 cm이므로 Q와 R 사이의 거리 d는 5 cm이다.

04 파동의 진행

파동의 진행 속력을 v, 파장을 λ, 주기를 T라고 하면 $v=\frac{\lambda}{T}$이다. 공기의 온도가 일정하면 소리의 속력은 일정하다.

ㄱ. 소리의 속력이 일정할 때 파장과 주기는 비례한다. 파장이 λ_1, λ_2인 소리의 주기를 각각 T_1, T_2라고 할 때, $\lambda_1>\lambda_2$이므로 주기는 $T_1>T_2$이다. (나)와 (다)에서 주기는 각각 $\frac{2}{5}T$, $\frac{1}{2}T$이고, $\frac{2}{5}T<\frac{1}{2}T$이므로 (나)와 (다)는 각각 파장이 λ_2, λ_1인 소리를 측정한 것이다.

ㄴ. 파장이 λ_2인 소리의 주기가 $\frac{2}{5}T$이므로 소리의 속력은 $v=\frac{\lambda_2}{\frac{2}{5}T}=\frac{5\lambda_2}{2T}$이다.

[별해] 파장이 λ_1인 소리의 주기가 $\frac{1}{2}T$이므로 소리의 속력은 $v=\frac{\lambda_1}{\frac{1}{2}T}=\frac{2\lambda_1}{T}$이다.

ㄷ. $v=\frac{\lambda}{T}$에서 소리의 속력이 일정하므로 $\frac{\lambda_1}{T_1}=\frac{\lambda_2}{T_2}$이고, $\frac{\lambda_1}{\frac{1}{2}T}=\frac{\lambda_2}{\frac{2}{5}T}$이다. 따라서 $\frac{\lambda_1}{\lambda_2}=\frac{5}{4}$이다.

05 파동의 진행

횡파는 파동의 진행 방향과 매질의 진동 방향이 수직인 파동이고, 종파는 파동의 진행 방향과 매질의 진동 방향이 나란한 파동이다. 파동의 진행 속력을 v, 진동수를 f, 파장을 λ, 주기를 T라고 하면 $v=f\lambda=\frac{\lambda}{T}$이다.

ㄱ. x축 방향으로 진행하는 파동에 의해 진동하는 P는 x축과 나란한 방향으로만 진동하므로 파동의 진행 방향과 매질의 진동 방향이 나란하다. 따라서 A에서 발생하는 파동은 종파이다.

ㄴ. 파동에 의해 진동하는 P의 주기는 0.2초이다. 따라서 주기의 역수인 진동수는 5 Hz이다.

ㄷ. 파동의 속력은 $v=f\lambda$이므로 파장은 $\lambda=\frac{1\text{ m/s}}{5\text{ Hz}}=0.2\text{m}$이다.

06 파동의 진행

$t=0$인 순간 p와 q가 $-x$ 방향으로 운동하므로 파동의 모습은 실선에서 점선으로 바뀐다.

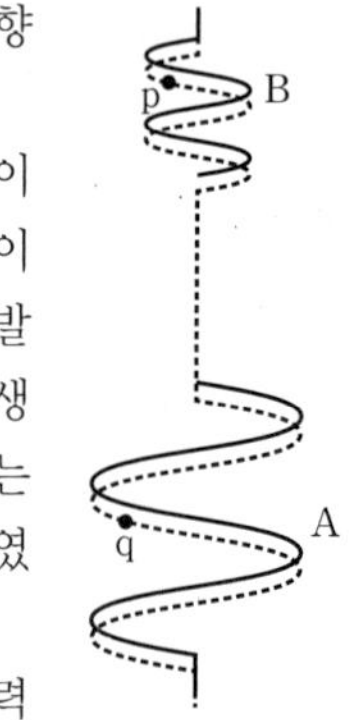

ㄱ. $t=0$일 때 p와 q의 운동 방향이 $-x$ 방향이므로 파동의 진행 방향은 $-y$ 방향이다.

ㄴ. 파동의 진행 방향이 $-y$ 방향이므로 ㉡이 먼저 발생한 후 ㉠이 발생하였다. 따라서 ㉠이 B이고, ㉡이 A이다. A의 발생 시점과 B의 발생 시점 사이의 시간 간격이 1초이고, A의 발생 시작 지점과 B의 발생 시작 지점 사이의 거리는 7 cm이므로 A는 1초 동안 7 cm를 이동하였다. 따라서 A의 진행 속력은 7 cm/s이다.

ㄷ. 동일한 매질에서 진행하므로 A와 B의 속력은 같다. B의 속력과 파장이 각각 7 cm/s, 1 cm이므로, $v=f\lambda$에 의해 진동수는 $f=\frac{v}{\lambda}=\frac{7\text{ cm/s}}{1\text{ cm}}=7\text{ Hz}$이다.

07 굴절

P가 액체를 통과하는 모습은 그림과 같다.

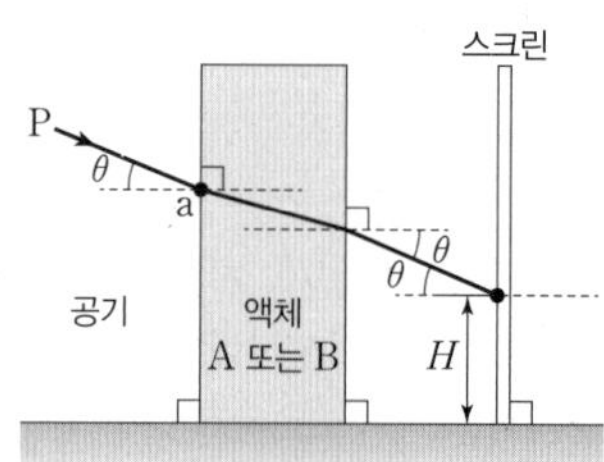

ㄱ. P가 사각 용기에서 나올 때 굴절각이 θ이므로 스크린에 도달할 때 입사각은 θ이다.

ㄴ. a에서 굴절각이 작을수록 H는 증가한다. H는 B가 A보다 크므로 a에서 굴절각은 B가 A보다 작다. 따라서 액체의 굴절률은 B가 A보다 크다.

ㄷ. 공기의 굴절률은 액체의 굴절률보다 작다. 전반사는 굴절률이 큰 매질에서 굴절률이 작은 매질로 진행할 때 일어날 수 있으므로 P가 θ보다 큰 입사각으로 입사하여도 a에서 전반사는 일어나지 않는다.

08 굴절

(가)와 (나)에서 P가 진행하는 모습과 입사각, 굴절각은 그림과 같다.

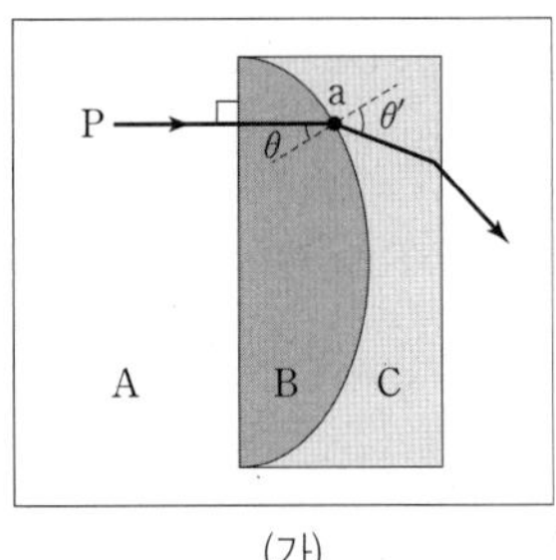

(가)

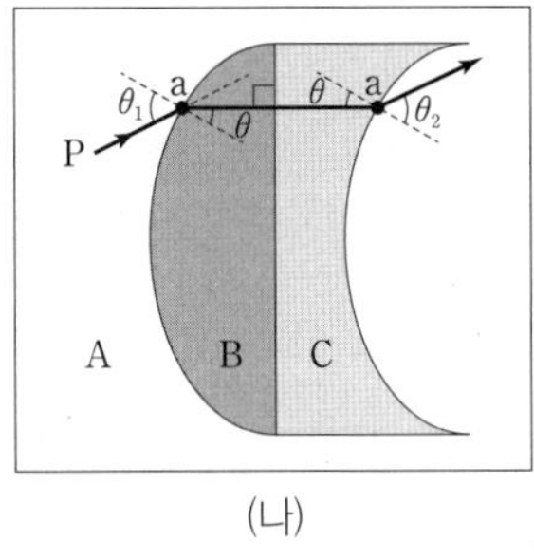

(나)

ㄱ. (나)에서 A와 B의 경계면에서 입사각이 굴절각보다 크므로 P의 속력은 A에서가 B에서보다 크다.
ㄴ. (가)에서 a는 B와 C가 접하는 경계면의 점이므로 (나)에서 B의 a와 C의 a에서 법선은 서로 나란하다. 따라서 B의 a에서 굴절각과 C의 a에서 입사각은 같다. $\theta_1 > \theta_2$이므로 굴절률은 B가 C보다 크다.
ㄷ. (가)의 a에서의 법선과 (나)의 B의 a에서의 법선은 좌우 대칭이므로 (가)의 a에서의 입사각과 (나)의 B의 a에서의 굴절각은 θ로 같다. 굴절률은 $n_B > n_C > n_A$이므로 (가)의 a에서의 굴절각을 θ'라고 하면, $\theta_1 > \theta'$이다.

09 굴절

유리판을 넣은 영역은 수심이 얕고 물결파의 속력이 느리므로, 파면 사이의 간격이 작다.
① 유리판을 넣은 영역은 수심이 얕고 물결파의 속력이 느리므로 인접한 파면 사이의 간격이 작다. 유리판의 위치를 바꾸어도 유리판을 넣은 영역과 유리판을 넣지 않은 영역에서 각각의 물결파의 속력은 변하지 않으므로 인접한 파면 사이의 간격도 변하지 않는다. 따라서 (나)의 결과와 같은 인접한 파면 사이의 간격을 나타내는 결과는 ①이다.

10 전반사와 굴절

A, B가 매질에 θ_0으로 입사할 때 굴절각을 θ_1이라고 하면, 단색광이 진행할 때의 모습은 그림과 같다.

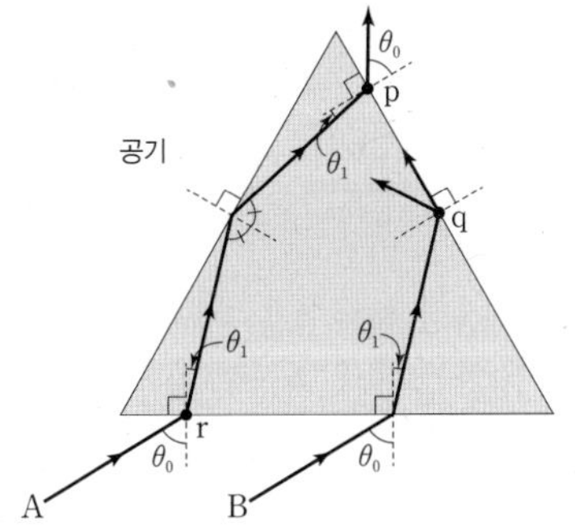

ㄱ. 빛이 진행할 때 굴절 현상이 일어나도 진동수는 변하지 않는다.
ㄴ. A가 매질에 입사하는 점 r에서 굴절각을 θ_1이라고 하면, r에서 굴절한 A가 경계면에서 전반사하므로 입사각과 반사각은 같고, 정삼각형 매질의 꼭짓점 각도가 같으므로 p에서 입사각은 θ_1이다. 따라서 p에서 굴절각은 θ_0이다.
ㄷ. B의 입사각이 θ_0보다 작아지면 굴절한 B가 매질의 경계면에 입사하는 입사각은 임계각보다 커진다. 입사각이 임계각보다 크면 전반사가 일어난다.

11 굴절

d_1, d_2, d_3은 인접한 파면 사이의 거리이므로 각각 물결파의 파장이고, 물결파의 진동수 f와 파장 λ의 곱은 물결파의 속력이다. ($v=\lambda f$)
ㄱ. 물결파의 진동수는 f_0으로 일정하고 $d_1 < d_3$이므로 유리판이 있는 물에서 물결파의 속력은 (다)에서가 (나)에서보다 빠르다. 물결파의 속력은 수심이 깊을수록 빠르므로 유리판의 두께는 (나)에서가 (다)에서보다 크다. 즉, $h_1 > h_2$이다.
ㄴ. 물결파의 진동수는 f_0으로 일정하고 유리판이 없는 물에서의 파장이 d_2로 같으므로 물결파의 속력은 동일하다. 따라서 H는 (나)에서와 (다)에서가 같다.
ㄷ. 물결파의 속력은 유리판이 없는 물에서가 유리판이 있는 물에서보다 빠르고, 유리판의 경계면 AB에서 물결파의 입사각은 (나)에서와 (다)에서가 같다. 유리판이 없는 물에서 물결파의 속력은 (나)에서와 (다)에서가 같고, 유리판이 있는 물에서 물결파의 속력은 (다)에서가 (나)에서보다 빠르므로 굴절각은 (나)에서가 (다)에서보다 크다.

12 전반사와 굴절

단색광이 매질에서 공기로 진행할 때, 매질의 굴절률이 클수록 매질과 공기 사이의 임계각은 작다.
ㄱ. 임계각보다 큰 입사각으로 입사할 때 전반사하므로 (나)에서 임계각은 θ보다 크고, (다)에서 임계각은 θ보다 작다.
ㄴ. A의 굴절률이 클수록 A와 공기 사이의 임계각은 작다. 임계각은 (다)에서가 (나)에서보다 작으므로 굴절률은 (다)에서가 (나)에서보다 크다. 따라서 (가)에서 A의 굴절률은 p일 때가 q일 때보다 크므로 (나)의 단색광은 q이고, (다)의 단색광은 p이다.
ㄷ. A의 굴절률은 r일 때가 q일 때보다 작으므로, A와 공기 사이의 임계각은 r일 때가 q일 때보다 크다. 따라서 r를 A에서 공기로 입사각 θ로 입사시키면 전반사하지 않는다.

13 전반사와 굴절

굴절률이 큰 매질의 굴절률을 n_1, 굴절률이 작은 매질의 굴절률을 n_2라고 하면, $\frac{n_2}{n_1}$가 작을수록 임계각은 작다.

㉠. (가)에서 B와 공기가 접한 지점에서 P의 입사각은 θ이다. A와 B 사이의 임계각은 θ보다 크고, B와 공기 사이의 임계각은 θ보다 작다. 따라서 공기, A, B의 굴절률을 각각 $n_{공기}$, n_A, n_B라 하고, 굴절률을 비교하면의 굴절률은 $n_B > n_A > n_{공기}$이다. 매질의 굴절률과 단색광의 속력은 반비례하므로 P의 속력은 공기에서가 A에서보다 크다.

㉡. (가)와 (나)에서 B와 공기, C와 공기가 접한 지점에서의 P의 입사각은 θ로 같다. B와 공기 사이의 임계각은 θ보다 작고, C와 공기 사이의 임계각은 θ보다 크다. 따라서 C의 굴절률을 n_C라 하고, 매질의 굴절률을 비교하면 $n_B > n_C > n_{공기}$이다.

㉢. $\theta_1 > \theta$, $\theta_2 > \theta$이고, A, B, C의 굴절률은 $n_B > n_C > n_A$이므로 $\theta_1 > \theta_2 > \theta$이다.

14 전반사와 굴절

단색광이 굴절할 때 입사각과 굴절각을 비교하면, 각이 큰 매질의 굴절률이 각이 작은 매질의 굴절률보다 작다.

✗ㄱ. (가)의 Ⅰ과 Ⅱ의 경계면, Ⅱ와 Ⅲ의 경계면에서 입사각이 굴절각보다 크므로 굴절률은 Ⅲ이 가장 크고, Ⅰ이 가장 작다.

✗ㄴ. (나)에서 A가 ㉠과 ㉡ 사이의 임계각으로 입사하므로 굴절률은 ㉡이 ㉠보다 크다. 따라서 ㉠은 Ⅱ, ㉡은 Ⅲ이다.

㉢. 굴절률이 큰 매질의 굴절률을 n_1, 굴절률이 작은 매질의 굴절률을 n_2라고 하면, $\frac{n_2}{n_1}$가 작을수록 임계각은 작다. ㉠과 ㉡ 사이의 입사각과 ㉡과 Ⅰ 사이의 입사각은 같고, $\frac{n_{\mathrm{II}}}{n_{\mathrm{III}}} > \frac{n_{\mathrm{I}}}{n_{\mathrm{III}}}$이므로 p에서의 임계각은 ㉠과 ㉡ 사이의 임계각보다 작다. 따라서 A는 p에서 전반사한다.

15 전반사와 굴절

전반사는 빛이 굴절률이 큰 매질에서 작은 매질로 입사하고, 입사각이 임계각보다 큰 경우에 일어난다.

삼각형 내각의 합이 180°이므로 q에서 입사각과 반사각은 45°이고, r에서 입사각은 60°이다. p에서의 입사 광선과 q에서의 굴절 광선이 나란하므로 q에서 굴절각은 60°이다.

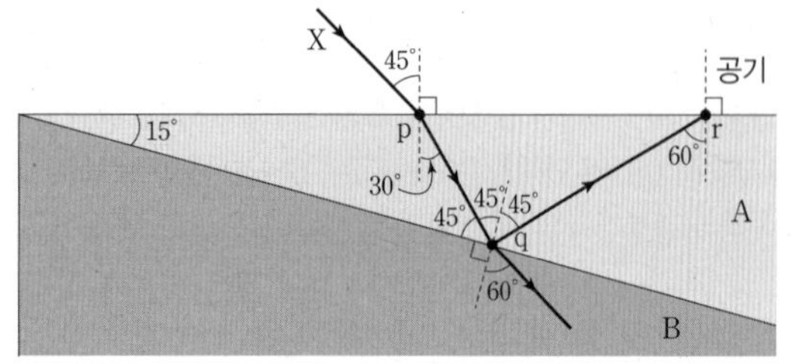

✗ㄱ. A와 B의 경계면에서 입사각 45°는 임계각보다 작다. p에서 X의 입사각이 45°보다 작으면 굴절각은 30°보다 작아지고, p에서 굴절한 X가 A와 B의 경계면에 입사할 때 입사각은 45°보다 작다. 따라서 A와 B의 경계면에서 입사각이 45°보다 작으면 임계각보다 작으므로 전반사가 일어나지 않는다.

㉡. A의 굴절률을 n_A라 하고, p에서 굴절 법칙을 적용하면 $\frac{n_A}{1} = \frac{\sin 45°}{\sin 30°}$이므로 $n_A = \sqrt{2}$이다. 공기와 A 사이의 임계각 θ_c는 $\sin\theta_c = \frac{1}{n_A} = \frac{1}{\sqrt{2}}$이고, $\theta_c = 45°$이다. r에서 입사각 60°는 임계각 45°보다 크고, 굴절률은 A가 공기보다 크므로 X는 전반사한다.

㉢. B의 굴절률을 n_B라 하고, q에서 굴절 법칙을 적용하면 $\frac{n_B}{n_A} = \frac{\sin 45°}{\sin 60°}$이다. 따라서 $n_B = \frac{2\sqrt{3}}{3}$이다.

16 전자기파

A는 감마선, B는 가시광선, C는 마이크로파이다.

㉠. 감마선은 전자기파 중 파장이 가장 짧다. 파장이 가장 짧은 전자기파는 A이므로 A가 감마선이다.

✗ㄴ. 위성 통신에 주로 이용되는 전자기파는 마이크로파이고, 달 표면 모습은 가시광선으로 관찰할 수 있다. 진동수는 마이크로파가 가시광선보다 작다.

✗ㄷ. 진공에서 전자기파는 종류에 관계없이 속력이 같다.

17 전자기파

암 치료에 이용되는 전자기파는 감마선이고, TV 리모컨에 이용되는 전자기파는 적외선이다.

㉠. 전자기파는 전기장과 자기장이 서로를 유도하며 진행하는 파동이다. 따라서 ㉠은 자기장이다.

㉡. 전자기파는 전기장과 자기장의 진동 방향이 서로 수직이고, 전기장과 자기장의 진동 방향에 각각 수직인 방향으로 진행한다. 따라서 전자기파의 진행 방향은 z축에 나란하다.

✗ㄷ. d는 전자기파의 파장이고, A는 감마선, B는 적외선이다. 파장은 감마선이 적외선보다 짧다.

18 전자기파

초음파는 사람이 들을 수 없는 높은 진동수를 가진 소리(음파)이다.

㉠. 카메라에서 전방의 모습을 영상으로 저장하는 데 이용하는 파동은 가시광선이다. 가시광선은 전파(라디오파, 마이크로파)보다 파장이 짧다.

ㄴ̸. 위성 통신을 통해 GPS는 위치 정보를 인식한다. 위성 통신에는 주로 마이크로파가 이용된다.

ㄷ̸. 초음파는 소리의 일종으로 매질이 없으면 전달되지 않는 파동이다.

19 파동의 간섭

$t=3$초일 때 $+x$ 방향, $-x$ 방향으로 진행하는 중첩된 파동의 모습은 점선과 같다.

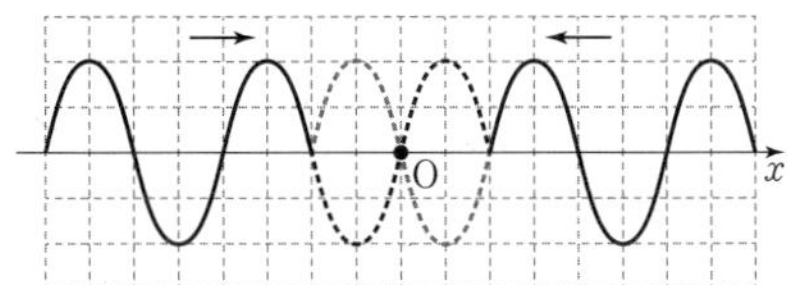

ㄱ̸. $t=3$초일 때 중첩된 각각의 파동의 모습은 점선과 같고, 두 파동은 각각 $+x$ 방향, $-x$ 방향으로 이동하므로 O에서 같은 위상으로 만난다. 따라서 O에서는 상쇄 간섭이 일어나지 않는다.

ⓛ. 두 파동은 3초 동안 3 cm 이동하므로 파동의 속력은 1 cm/s이고, 두 파동의 파장은 4 cm이므로 진동수는 $\frac{1\text{ cm/s}}{4\text{ cm}}=0.25\text{ Hz}$이다. 따라서 중첩된 파동의 진동수도 0.25 Hz이다.

ⓒ. $t=4$초일 때 두 파동은 O에서 변위가 -2 cm로 중첩된다. 따라서 보강 간섭이 일어나므로 O에서의 변위는 -4 cm이다.

20 파동의 간섭

파동의 진행 속력을 v, 파장을 λ, 진동수를 f라고 하면 $v=f\lambda$이다. 인접한 마루와 마루 사이의 간격 또는 골과 골 사이의 간격은 파동의 파장이다.

ㄱ̸. 파동의 진행 속력은 파장과 진동수의 곱이다. A와 B에서 발생한 물결파의 파장은 각각 $2d$, d이므로 A와 B의 진동수의 비는 1 : 2이다.

ⓛ. p에서는 마루와 마루의 중첩에 의한 보강 간섭이 일어나고, r에서는 골과 골의 중첩에 의한 보강 간섭이 일어난다. 따라서 p와 r에서의 위상은 반대이고, 물결파가 진행하는 동안에도 p와 r에서의 위상은 반대이다. 그림은 p와 r에서의 물결파의 변위를 시간에 따라 나타낸 것이다.

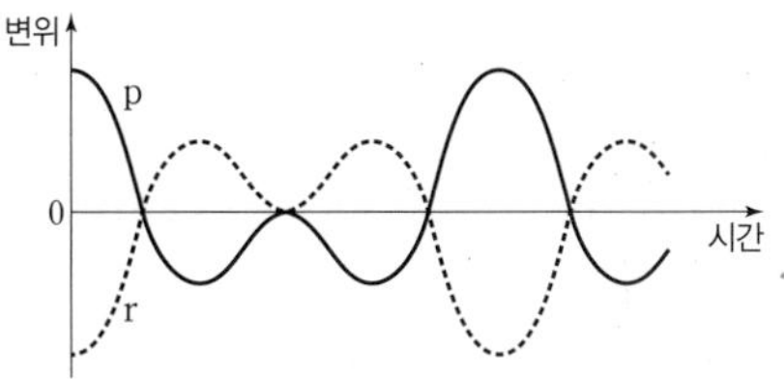

ⓒ. $t=\frac{d}{v}$일 때 q에는 A와 B에서 발생한 물결파의 골이 도달하므로 보강 간섭이 일어난다.

21 파동의 간섭

S_1, S_2에서 반대 위상으로 파동이 발생할 때 y축에 대칭인 p와 r에서 반대 위상으로 매질이 진동한다.

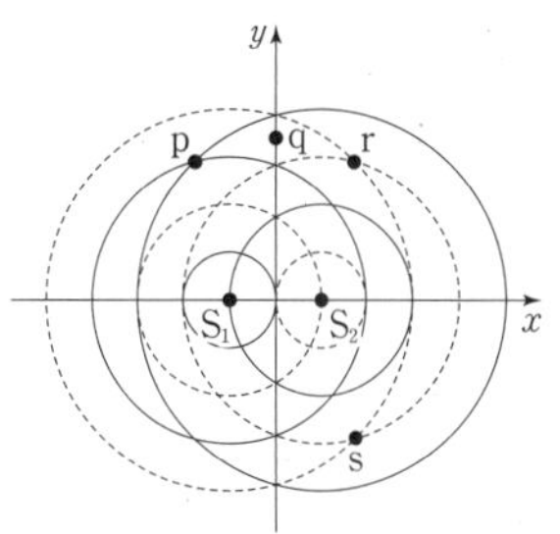

ⓖ. 파동의 주기와 진동수는 역수 관계이다. p와 r에서 간섭된 파동의 주기가 2초이므로 진동수는 0.5 Hz이다. 간섭된 파동의 진동수는 파원의 진동수와 동일하므로 S_1에서 발생하는 파동의 진동수는 0.5 Hz이다.

ⓛ. y축에 대칭인 p와 r에서 간섭된 파동이 반대 위상으로 진동하므로 S_1, S_2에서 반대 위상으로 파동이 발생하고, S_1과 S_2로부터 같은 거리에 위치한 q에서는 상쇄 간섭이 일어난다.

ㄷ̸. x축에 대칭인 지점은 같은 위상으로 간섭된 파동이 나타난다. s는 r와 x축에 대칭이므로 s에서의 시간에 따른 파동의 변위는 r에서 측정한 결과와 같다.

22 파동의 간섭

두 스피커에서 동일한 소리가 같은 위상으로 발생하므로 두 스피커로부터 거리가 같은 O에서는 보강 간섭이 일어난다.

ⓖ. 두 스피커에서 같은 위상으로 소리가 발생하고, 두 스피커로부터 O까지의 거리가 같으므로 O에서는 두 스피커의 소리가 같은 위상으로 만난다. 따라서 O에서는 d의 크기에 관계없이 항상 보강 간섭이 일어난다.

ⓛ. O는 가운데 보강 간섭, P는 첫 번째 보강 간섭이 일어나는 지점이므로 O와 P 사이에는 한 개의 상쇄 간섭이 일어나는 지점이 있다.

ⓒ. 두 스피커의 위치를 S_1, S_2라고 하면 S_1, S_2에서 같은 위상으로 발생한 소리가 진행하는 모습을 그림과 같이 나타낼 수 있다. 그림에서 알 수 있듯이 보강 간섭과 보강 간섭이 일어나는 지점 사이의 거리는 두 스피커로부터 거리가 멀수록 크다. 따라서 ㉠은 s_0보다 크다.

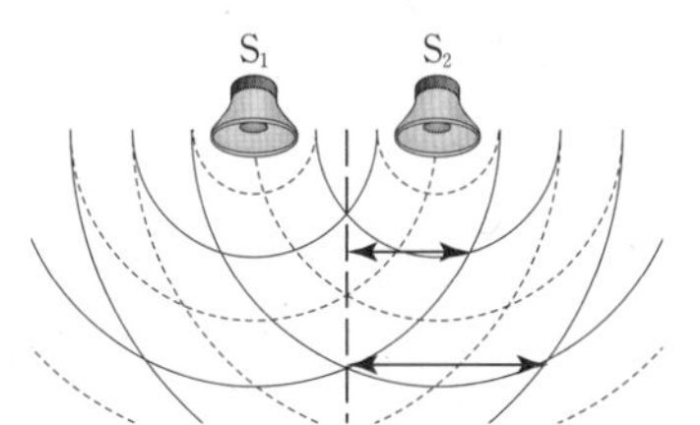

23 파동의 간섭

두 파원에서 발생한 물결파에 의해 보강 간섭이 일어나는 지점에서는 변위가 주기적으로 변한다.

㉠. 물결파의 파장을 λ라고 하면, S_1과 S_2 사이의 거리 0.6 m는 $\frac{3}{2}\lambda$이다. 따라서 $\lambda=0.4$ m이다. 물결파의 주기는 4초이므로 물결파의 속력은 $\frac{0.4\text{ m}}{4\text{ s}}=0.1$ m/s이다.

㉡. (나)에서 매질은 0초일 때 변위가 0이고, 0초 직후 양(+)방향으로 이동하며 1초일 때 마루가 된다. 물결파의 진행에 의해 1초일 때 마루가 될 수 있는 지점은 q이다.

㉢̸. r는 $t=0$일 때 보강 간섭이 일어나는 지점이므로 시간이 흘러도 r에서는 보강 간섭이 일어난다.

24 파동의 간섭

두 스피커에서 발생한 소리가 중첩할 때 보강 간섭이 일어나면 소리의 진폭이 커지고, 상쇄 간섭이 일어나면 소리의 진폭이 작아진다.

㉠. O에서 (라) 과정 결과의 진폭은 (다) 과정 결과의 진폭의 2배이다. 따라서 (라) 과정의 O에서는 보강 간섭이 일어난다. A와 B로부터 O까지의 거리가 같으므로 A와 B에서 같은 위상과 진폭으로 소리가 발생한다.

㉡. A와 B에서 발생한 소리가 P에서 중첩하여 소리의 진폭이 거의 0이 되므로 P에서는 상쇄 간섭이 일어난다. 따라서 A와 B에서 발생한 소리는 P에서 반대 위상으로 중첩된다.

㉢. A와 B는 같은 위상으로 소리가 발생하고, Q는 O를 중심으로 P와 대칭을 이루는 지점이므로 Q에서의 결과는 P에서의 결과와 같다.

09 빛과 물질의 이중성

수능 2점 테스트

본문 191~194쪽

01 ⑤ 02 ② 03 ③ 04 ③ 05 ② 06 ③ 07 ③
08 ④ 09 ③ 10 ③ 11 ① 12 ④ 13 ④ 14 ⑤
15 ⑤ 16 ④

01 빛의 이중성

(가)에서 단색광이 이중 슬릿을 통과하여 스크린에 밝고 어두운 무늬를 만드는 것은 간섭 현상이고, (나)에서 단색광을 비춘 금속판에서 광전자가 방출되는 현상은 광전 효과이다.

㉠. 빛의 간섭 현상은 빛의 파동성으로 설명할 수 있다.

㉡. 단색광을 비춘 금속판에서 광전자가 방출되는 광전 효과 현상은 빛의 입자성으로 설명할 수 있다.

㉢. 빛은 간섭 현상을 나타내기도 하고, 광전 효과 현상을 나타내기도 하는데, 이는 빛이 파동성과 입자성을 모두 가지고 있기 때문이다.

02 광전 효과

금속판에 문턱(한계) 진동수 이상의 빛을 비추면 광전자가 방출되며, 방출되는 광전자의 최대 운동 에너지는 빛의 진동수가 클수록 크다.

㉠̸. (가)에서 광전자가 방출되므로 P의 문턱 진동수는 f보다 작다.

㉡. P에 비추는 빛의 진동수가 (나)에서가 (가)에서보다 크므로 방출되는 광전자의 최대 운동 에너지는 (나)에서가 (가)에서보다 크다.

㉢̸. 광전자의 최대 운동 에너지는 금속판에 비추는 빛의 진동수에만 관계된다. (나)에서 빛의 세기를 증가시켜도 방출되는 광전자의 최대 운동 에너지는 커지지 않는다.

03 광전 효과

금속판에 빛을 비출 때 금속판에서 전자가 방출되는 현상을 광전 효과라고 한다. 금속판에 특정한 진동수 이상의 빛을 비추면 광전자가 방출된다.

㉠. A를 비출 때, 금속박은 움직이지 않으므로 광전자가 방출되지 않은 것이다. 따라서 진동수는 A가 B보다 작다.

㉡. B를 비출 때, 금속박이 오므라들었으므로 금속판에서 전자가 방출된 것이다.

㉢̸. A의 진동수는 금속판의 문턱 진동수보다 작으므로 A의 세기를 증가시켜 비추어도 광전자가 방출되지 않아 금속박이 오므라들지 않는다.

04 광전 효과

빛의 파장과 진동수는 반비례 관계이고, 빛의 세기가 증가할수록 단위 시간당 금속판에 비추는 광자의 수가 많다.

ㄱ. Ⅲ과 Ⅳ에서 광전자가 방출되므로 Ⅱ에서도 광전자가 방출된다. 따라서 '방출됨'은 ㉠에 해당한다.

ㄴ. 파장이 λ_0인 빛을 비출 때는 광전자가 방출되지 않고, 파장이 λ_1인 빛을 비출 때는 광전자가 방출되므로 $\lambda_0 > \lambda_1$이다.

ㄷ. 단위 시간당 방출되는 광전자의 수는 금속판에 비추는 빛의 세기가 증가할수록 많다. 따라서 단위 시간당 방출되는 광전자의 수는 Ⅲ에서가 Ⅳ에서보다 많다.

05 광전 효과

금속판에 비추는 빛의 진동수가 클수록 방출되는 광전자의 최대 운동 에너지가 크다.

ㄱ. 금속판에서 전자를 떼어내기 위해서는 에너지가 필요하다. A를 금속판에 비출 때 방출되는 광전자의 최대 운동 에너지가 E_0이므로 A의 광자 1개의 에너지는 E_0보다 크다.

ㄴ. 광전자의 최대 운동 에너지는 A와 B를 비춘 경우보다 B와 C를 비춘 경우가 더 크므로 진동수는 C가 A보다 크다.

ㄷ. 진동수는 C가 가장 크다. 금속판에서 방출되는 광전자의 최대 운동 에너지는 비추는 빛의 진동수에만 관계된다. 따라서 A, B, C를 동시에 비출 때 방출되는 광전자의 최대 운동 에너지는 $2E_0$이다.

06 전하 결합 소자(CCD)

전하 결합 소자는 빛에 의해 전자와 양공 쌍이 생성되어 빛 신호를 전기 신호로 바꾸어 주는 장치이다.

ㄱ. 전하 결합 소자이다.

ㄴ. 빛에 의해 전자와 양공 쌍이 생성되므로 광전 효과를 이용하는 것이며, 광전 효과는 빛의 입자성에 의한 현상이다.

ㄷ. 전하 결합 소자에 입사되는 빛의 세기가 셀수록 생성되는 전자의 수가 많다.

07 광 다이오드

광 다이오드는 빛의 입자성을 이용한 소자로, 빛 신호를 전기 신호로 변환한다.

ㄱ. 빛에너지를 흡수한 전자가 원자가 띠에서 전도띠로 전이하여 p-n 접합면에 전자와 양공 쌍이 생성되고, 전자는 n형 반도체로 이동하며 양공은 p형 반도체로 이동한다. 따라서 a는 양공이다.

ㄴ. 빛의 세기가 셀수록 광 다이오드에 입사되는 광자의 수가 많으므로 저항에 흐르는 전류의 세기가 크다.

ㄷ. p-n 접합면에서 전자는 에너지를 흡수하여 원자가 띠에서 전도띠로 전이한다. 즉, 전자는 에너지를 흡수한다.

08 빛의 입자성

빛의 간섭, 회절 현상은 빛의 파동성으로 설명할 수 있는 현상이고, 광전 효과는 빛의 입자성으로 설명할 수 있는 현상이다.

A. 비눗방울의 표면에 여러 가지 색깔의 무늬가 나타나는 현상은 빛의 간섭 현상에 의한 것이다.

B. 태양 전지에 빛을 비추면 광전 효과에 의해 광전자가 발생하여 전기 에너지가 생산된다.

C. 지폐에 나타나는 형광 무늬는 자외선에 의해 형광 물질의 전자가 들뜬상태가 되었다가 빛에너지를 방출하면서 생기는 것이다.

09 물질의 이중성

톰슨은 전자의 파동성을 확인하기 위해 X선 대신 전자선을 금속박에 쪼여 주는 회절 실험을 통해 드브로이의 가설이 옳다는 것을 확인하였다.

ㄱ. 금속박을 통과하는 X선과 전자선이 각각 회절하여 나타난 무늬이다.

ㄴ. 회절 현상은 파동의 고유한 특성이다. 전자선을 쪼였을 때도 X선을 쪼였을 때와 같은 회절 무늬가 나타났으므로 전자는 파동성을 나타낸 것이다.

ㄷ. 전자의 속력을 변화시키면 전자의 물질파 파장이 달라지므로 사진 건판에 나타나는 회절 무늬의 크기와 폭이 달라진다.

10 물질파

질량이 m인 입자가 속력 v로 운동하고 있을 때 입자의 파동적 성질을 나타내는 드브로이 파장은 $\lambda=\frac{h}{mv}$ (h: 플랑크 상수)이다.

A. 전자 현미경은 전자의 물질파를 이용하여 매우 작은 시료를 관찰한다.

B. 전자의 운동 에너지가 클수록 전자의 운동량이 크므로 전자의 드브로이 파장은 짧다.

C. 전자의 질량보다 양성자의 질량이 크므로 속력이 같은 경우 운동량의 크기는 양성자가 전자보다 크다. 따라서 드브로이 파장은 전자가 양성자보다 길다.

11 물질파

질량이 m, 속력이 v인 입자의 물질파 파장은 $\lambda=\frac{h}{mv}$ (h: 플랑크 상수)이다.

ㄱ. A와 B의 물질파 파장이 같으므로 A와 B의 운동량의 크기는 같다. 속력은 A가 B보다 작으므로 질량은 A가 B보다 크다.

ㄴ. 물질파 파장은 B가 C보다 짧으므로 운동량의 크기는 B가 C보다 크다.

~~ㄷ~~. 속력은 C가 A의 2배이고, 물질파 파장은 C가 A의 2배이므로 질량은 A가 C의 4배이다. 따라서 A와 C의 운동 에너지는 같다.

12 전자의 파동성

데이비슨과 거머는 실험 장치에서 전자의 속도를 조절하여 니켈 결정에 전자선을 쏘고, 전자선 검출 장치로 니켈 결정면에서 튀어 나온 전자의 수를 측정하였다.

④ 데이비슨과 거머의 실험 결과 54 V의 전압으로 가속된 전자를 니켈 표면에 쏘았을 때, 전자는 입사 방향과 50°의 각도를 이루는 곳에서 가장 많이 튀어나왔는데, 이는 전자의 물질파가 니켈 표면에서 반사되어 특정한 각도에서 보강 간섭이 일어난 것으로 해석할 수 있다. 이를 통해 데이비슨과 거머는 전자의 파동성을 증명하였다. ㉠은 파동성, ㉡은 물질파, ㉢은 보강이다.

13 물질파

입자의 물질파 파장은 입자의 운동량에 반비례하고$\left(\lambda=\frac{h}{p}\right)$, 입자의 운동 에너지는 $E_k=\frac{1}{2}mv^2=\frac{p^2}{2m}=\frac{h^2}{2m\lambda^2}$이다.

㉠. 물질파 파장과 운동량은 반비례 관계이므로 A와 B의 물질파 파장이 같을 때, A와 B의 운동량의 크기는 같다.

~~ㄴ~~. A와 C의 물질파 파장이 같을 때, 운동 에너지는 C가 A보다 크므로 질량은 A가 C보다 크다.

㉢. B와 C의 물질파 파장이 같을 때, 운동 에너지는 C가 B보다 크므로 질량은 B가 C보다 크다. 따라서 B와 C의 속력이 같을 때, 운동량의 크기는 B가 C보다 크므로 물질파 파장은 B가 C보다 짧다.

14 전자의 파동성

형광판에 나타난 무늬는 전자의 물질파 간섭에 의한 것이다.

㉠. 형광판에 나타난 무늬는 간섭무늬이며, 간섭 현상은 파동의 고유한 특성이므로 형광판의 무늬는 전자의 파동성으로 설명할 수 있다.

㉡. 전자의 물질파가 보강 간섭하여 밝은 무늬를, 상쇄 간섭하여 어두운 무늬를 만든 것이다. 즉, 전자의 물질파가 간섭하여 만든 무늬이다.

㉢. 전자의 속력이 클수록 전자의 물질파 파장이 짧기 때문에 간섭무늬의 간격은 좁아진다.

15 전자 현미경

투과 전자 현미경은 전자선을 시료에 투과시켜 형광 스크린에 시료의 확대된 영상을 만든다.

㉠. 투과 전자 현미경이다.

㉡. 자기렌즈는 자기력을 이용하여 전자를 초점으로 모으는 역할을 한다.

㉢. 전자총에서 방출되는 전자의 속력이 클수록 전자의 물질파 파장이 짧다. 파장이 짧을수록 가까이 있는 두 점을 구분할 수 있는 분해능이 좋다.

16 전자 현미경

전자 현미경은 전자의 물질파를 이용한 것으로, 주사 전자 현미경과 투과 전자 현미경이 있다.

~~ㄱ~~. 시료의 표면에 전자선을 주사하여 방출되는 2차 전자를 검출하여 시료를 관찰하는 것은 주사 전자 현미경이다. X는 투과 전자 현미경(TEM), Y는 주사 전자 현미경(SEM)이다.

㉡. 전자를 가속하는 전압이 클수록 전자의 속력이 크므로 전자의 물질파 파장이 짧다. 따라서 전자의 물질파 파장은 X에서가 Y에서보다 짧다.

㉢. 투과 전자 현미경은 전자선이 시료를 투과하므로 시료의 평면 구조를 관찰할 수 있고, 주사 전자 현미경은 시료의 표면에 전자선을 주사하므로 시료 표면의 3차원적 구조를 관찰할 수 있다.

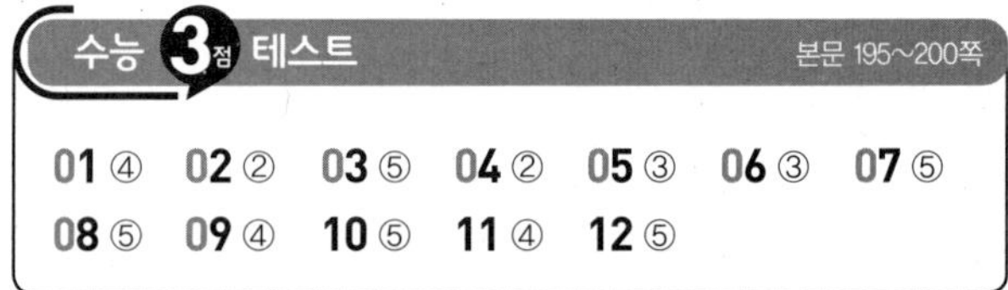

01 광전 효과와 물질파

금속판에 문턱(한계) 진동수 이상의 빛을 비추면 광전자가 방출되고, 비추는 빛의 파장이 짧을수록 방출되는 광전자의 운동 에너지의 최댓값이 크고 광전자의 물질파 파장의 최솟값이 작다.

~~ㄱ~~. P에 A를 비춘 경우가 B를 비춘 경우보다 광전자의 물질파 파장의 최솟값이 작으므로 진동수는 A가 B보다 크다. 따라서 단색광의 파장은 A가 B보다 짧다.

㉡. B를 P에 비추었을 때가 Q에 비추었을 때보다 광전자의 물질파 파장의 최솟값이 크므로 방출되는 광전자의 최대 운동 에너지는 P에서가 Q에서보다 작다. 같은 진동수의 빛을 비추었을 때 방출되는 광전자의 최대 운동 에너지가 작을수록 문턱 진동수가 크므로 금속판의 문턱 진동수는 P가 Q보다 크다.

㉢. 광전자의 물질파 파장(λ)과 광전자의 운동량(p)의 관계는 $\lambda=\frac{h}{p}$ (h: 플랑크 상수)이다. 광전자의 물질파 파장의 최솟값과 광전자의 최대 운동량의 크기는 반비례하므로 방출된 광전자의 최대 운동량의 크기는 Ⅰ에서가 Ⅲ에서의 2배이다.

02 광전 효과

금속판에 비추는 빛의 진동수가 클수록 방출되는 광전자의 최대 운동 에너지가 크므로 방출되는 광전자의 최대 속력이 크다.

✗. 금속판에서 방출되는 광전자의 최대 운동 에너지는 빛의 진동수에만 관계된다. Ⅱ에 A와 B를 함께 비춰도 방출되는 광전자의 최대 운동 에너지는 B만 비추었을 때와 같다. 따라서 Ⅱ에서 방출되는 광전자의 최대 속력은 $2v_0$이다.

㉡. 금속판에서 방출되는 광전자의 최대 속력이 A만 비춰진 Ⅰ에서가 B만 비춰진 Ⅲ에서보다 작으므로 진동수는 A가 B보다 작다.

✗. A의 세기를 증가시켜도 A의 광자 1개의 에너지는 변하지 않으므로 방출되는 광전자의 최대 운동 에너지와 최대 속력은 변하지 않는다. 따라서 A의 세기를 2배로 증가시켜 비추어도 Ⅰ에서 방출되는 광전자의 최대 속력은 v_0이다.

03 광전 효과

금속판에 비추는 빛의 진동수가 문턱(한계) 진동수 이상일 때 금속판에서 광전자가 방출되고, 방출되는 광전자의 최대 운동 에너지는 단색광의 진동수가 클수록 크다. 단색광의 파장과 진동수는 반비례 관계이다.

㉠. ㉠이 작을수록 방출되는 광전자의 최대 운동 에너지가 크므로 ㉠은 파장이다.

㉡. P, Q에 같은 파장의 단색광을 비추었을 때 방출되는 광전자의 최대 운동 에너지는 P에서가 Q에서보다 작으므로 문턱 진동수는 P가 Q보다 크다.

㉢. 금속판에서 방출되는 광전자의 최대 운동 에너지가 작을수록 광전자의 물질파 파장의 최솟값이 크다. 따라서 파장이 a_0으로 같은 단색광을 P, Q에 비출 때 방출되는 광전자의 물질파 파장의 최솟값은 P에서가 Q에서보다 크다.

04 광전 효과

금속판에 문턱(한계) 진동수 이상의 빛을 비추면 광전자가 방출되고, 방출되는 광전자의 최대 운동 에너지는 빛의 진동수가 클수록 크다.

✗. A를 비출 때 광전자가 방출되므로 A의 진동수는 금속판의 문턱 진동수보다 크다.

㉡. 금속판에서 방출되는 광전자의 최대 운동 에너지는 B를 비추었을 때가 A를 비추었을 때보다 크다. 따라서 단색광의 진동수는 B가 A보다 크므로 광자 1개의 에너지는 B가 A보다 크다.

✗. 광전자의 최대 운동 에너지는 단색광의 진동수에만 관계된다. 따라서 A와 B를 함께 비추어도 방출되는 광전자의 최대 운동 에너지는 $4E_0$이다.

05 전하 결합 소자(CCD)

전하 결합 소자는 빛의 입자성을 이용한다. 화소에 비춰진 빛의 진동수가 특정한 값 이상일 때 p-n 접합면에서 전자와 양공 쌍이 생성되며, 입사되는 빛의 세기가 셀수록 생성되는 전자의 수가 많다.

㉠. p-n 접합면에 입사되는 빛의 진동수가 특정한 값 이상일 때 전자가 생성된다. P와 R에서는 전자가 생성되었으므로 a와 c의 진동수는 f_1이다.

㉡. 전극 아래에 모인 전자의 수는 P에서가 R에서보다 많으므로 빛의 세기는 a가 c보다 세다.

✗. 특정한 진동수 이상의 빛을 비출 때에만 전자가 생성된다. 따라서 b의 세기를 증가시켜도 Q의 p-n 접합면에서는 전자가 생성되지 않는다.

06 광 다이오드

광 다이오드에서 빛에 의해 전자와 양공 쌍이 생성되고 전자는 n형 반도체로 이동하여 회로에 전류가 흐르게 된다. 빛의 세기가 증가할수록 p-n 접합면에서 생성되는 전자의 수가 많다.

㉠. 광 다이오드의 p-n 접합면에서 전자와 양공 쌍이 생성되기 위해서는 비추는 광자 1개의 에너지가 광 다이오드의 띠 간격 이상이어야 한다. A를 비출 때는 저항에 전류가 흐르지 않고, B를 비출 때는 저항에 전류가 흐르므로 광자 1개의 에너지는 B가 A보다 크다.

㉡. 단위 시간당 광 다이오드에 비추는 광자의 수가 많을수록 p-n 접합면에서 생성되는 전자의 수가 많다. 따라서 빛의 세기가 B가 C보다 크므로 저항에 흐르는 전류의 세기는 B를 비출 때가 C를 비출 때보다 크다.

✗. 광 다이오드에서 전자와 양공 쌍이 생성되기 위해서는 특정한 진동수 이상의 빛을 비추어야 한다. A의 광자 1개의 에너지는 광 다이오드의 띠 간격보다 작으므로 A의 세기를 $2I_0$으로 증가시켜도 저항에 전류가 흐르지 않는다.

07 물질파

운동량이 p인 입자의 물질파 파장은 $\lambda=\frac{h}{p}$ (h: 플랑크 상수)이다.

㉠. A와 B의 속력은 같고, 물질파 파장은 B가 A보다 길므로 운동량의 크기는 A가 B보다 크다. 따라서 질량은 A가 B보다 크다.

ㄴ. A와 C의 물질파 파장이 같으므로 A와 C의 운동량의 크기는 서로 같다.

ㄷ. 질량이 m, 속력이 v인 입자의 운동 에너지는 $E_k=\frac{1}{2}mv^2$이고, 물질파 파장과 운동량의 관계는 $\lambda=\frac{h}{p}$이다. $p=mv$이므로 $E_k=\frac{h^2}{2m\lambda^2}$이다. 따라서 질량은 B와 C가 서로 같으므로 운동 에너지는 C가 B보다 크다.

08 전자의 물질파 간섭

스크린에 (나)와 같이 나타난 것은 전자의 물질파가 간섭하여 나타난 것이다. 전자의 속력이 클수록 전자의 운동량이 크고, 전자의 물질파 파장은 짧다.

ㄱ. (나)와 같이 스크린상의 위치에 따라 검출되는 전자의 수가 다른 것은 전자의 물질파가 간섭하여 나타난 것이며, 간섭 현상은 파동이 나타내는 현상이다.

ㄴ. P에는 전자가 도달하지 않았으므로 P에서는 전자의 물질파가 상쇄 간섭을 한 것이다.

ㄷ. 전자의 속력이 클수록 전자의 물질파 파장이 짧다. 스크린에 나타난 간섭무늬의 간격은 파동의 파장이 짧을수록 작다. 따라서 전자의 속력을 크게 하면 Δx가 작아진다.

09 물질파

운동량이 p인 입자의 물질파 파장은 $\lambda=\frac{h}{p}$ (h: 플랑크 상수)이다.
P에서 A와 B의 평균 속력은 같고, 가속도의 크기는 A가 B의 2배이다.

④ P를 빠져나온 순간 A, B의 속력을 각각 v_A, v_B라고 하자. P에서 운동하는 데 걸린 시간은 같으므로 P에서 A, B의 평균 속력이 같아 $\frac{v_0+v_A}{2}=\frac{2v_0+v_B}{2}$가 성립하여 $v_A-v_B=v_0$ … ①이다. P에서 A와 B는 같은 크기의 힘을 받고 질량은 B가 A의 2배이므로, 가속도의 크기는 A가 B의 2배이다.
따라서 $v_A-v_0=2(v_B-2v_0)$에서 $v_A=2v_B-3v_0$ … ②이다. ①, ②를 연립하여 정리하면, $v_A=5v_0$, $v_B=4v_0$이다. P를 빠져나온 순간 A, B의 운동량의 크기는 각각 $5mv_0$, $8mv_0$이고, 물질파 파장은 운동량의 크기에 반비례하므로 $\frac{\lambda_A}{\lambda_B}=\frac{8}{5}$이다.

10 전자 현미경

주사 전자 현미경은 전자선을 시료 표면에 쪼일 때 방출되는 2차 전자를 검출하여 시료 표면의 3차원적 구조를 관찰할 수 있다. 전자총에서 전자선을 가속시키는 전압이 클수록 전자의 물질파 파장이 짧다.

ㄱ. 선사선을 시료 표면에 쪼일 때 방출되는 2차 전자를 검출하여 시료를 관찰하므로 주사 전자 현미경이다.

ㄴ. 주사 전자 현미경은 시료의 표면에서 방출되는 2차 전자를 검출하여 시료를 관찰하므로 시료 표면의 3차원적 구조를 관찰할 수 있다.

ㄷ. 전자총에서 전자선을 가속시키는 전압을 크게 하면 전자의 물질파 파장이 짧아지므로 전자 현미경의 분해능이 좋아진다.

11 전자 현미경

물체를 관찰할 때, 광학 현미경은 전자기파인 가시광선을 이용하고, 전자 현미경은 전자의 물질파를 이용한다.

ㄱ. (가)는 광학 현미경을 이용하여 관찰한 것이고, (나)는 전자 현미경을 이용하여 관찰한 것이다.

ㄴ. 광학 현미경은 전자기파인 가시광선을 이용하여 물체를 관찰하고, 전자 현미경은 전자의 물질파를 이용하여 물체를 관찰한다.

ㄷ. 같은 물체를 관찰할 때 (나)가 (가)보다 더 작은 구조를 구분하여 관찰할 수 있으므로, 사용한 파동의 파장은 전자 현미경으로 관찰한 (나)에서가 광학 현미경으로 관찰한 (가)에서보다 짧다.

12 전자 현미경

전자총에서 전자를 가속시키는 전압이 클수록 전자총에서 방출되는 전자의 속력이 크다. 전자의 물질파 파장은 전자의 운동량의 크기에 반비례한다.

ㄱ. 전자의 운동량의 크기가 Ⅱ일 때가 Ⅰ일 때보다 크므로 전자를 가속시키는 전압은 Ⅱ일 때가 Ⅰ일 때보다 크다. 따라서 ㉠은 V_0보다 크다.

ㄴ. 전자의 물질파 파장은 전자의 운동량의 크기에 반비례한다. 전자의 운동량의 크기가 Ⅱ일 때가 Ⅰ일 때의 2배이므로 전자의 물질파 파장은 Ⅰ일 때가 Ⅱ일 때의 2배이다.

ㄷ. 전자의 물질파 파장이 짧을수록 시료의 더 작은 구조를 구분하여 관찰할 수 있다.

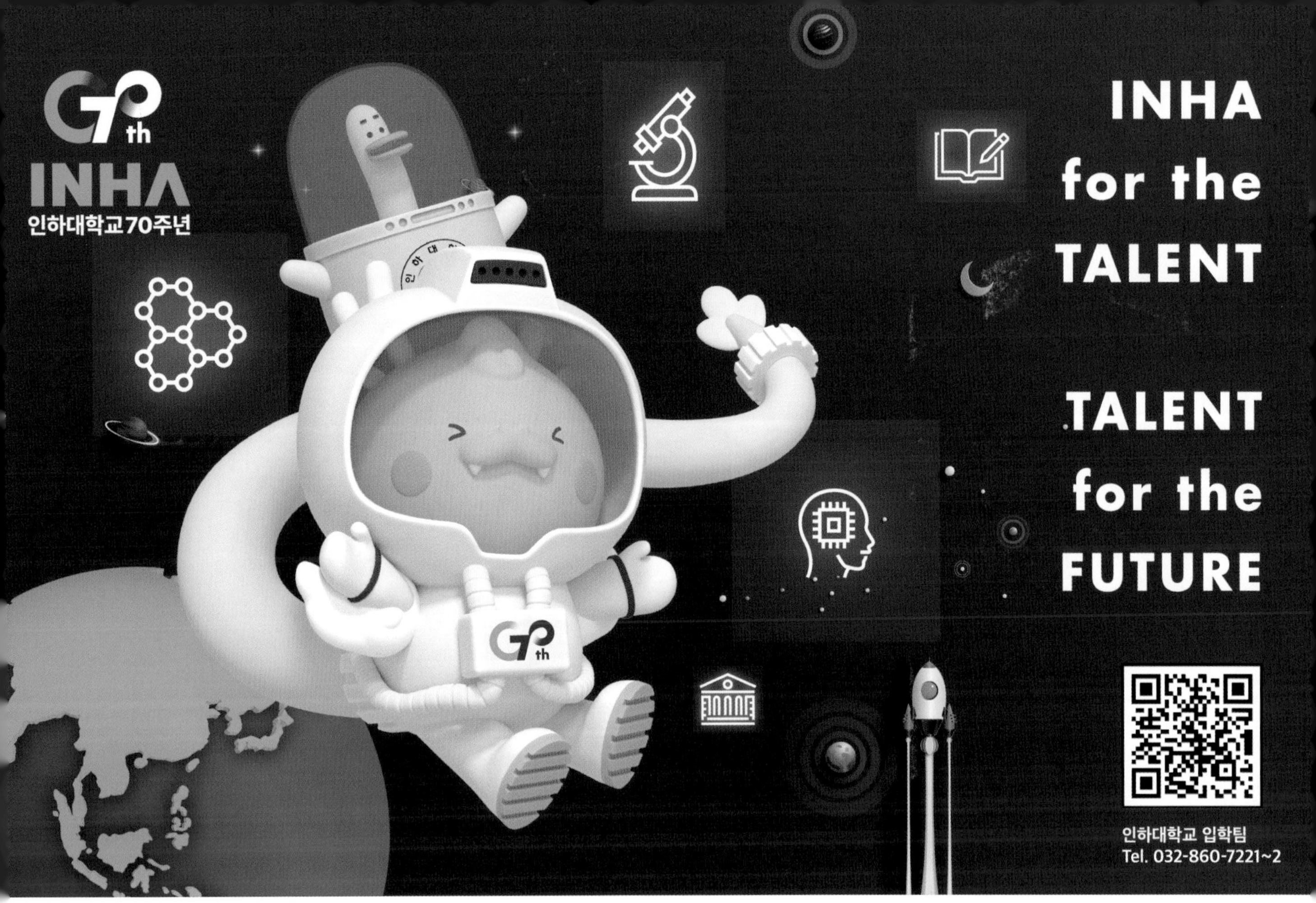

70th INHA
인하대학교70주년

INHA for the TALENT

TALENT for the FUTURE

인하대학교 입학팀
Tel. 032-860-7221~2

한눈에 보는 인하대학교 2025학년도 대학입학전형

수시모집

구분		전형명	모집인원(명)	전형 방법	수능최저	비고
학생부종합		인하미래인재	961	• 1단계 : 서류종합평가 100 • 2단계 : 1단계 70, 면접평가 30 ※1단계: 3.5배수 내외 (단, 의예과 3배수 내외)	X	정원내
		고른기회	137	• 서류종합평가 100		
		평생학습자	11			
		특성화고 등을 졸업한 재직자	187			정원외
		농어촌학생	135			
		서해5도지역출신자	3			
학생부종합 소계			1,434			
학생부교과		지역균형	613	• 학생부교과 100	○	정원내
논술		논술우수자	458	• 논술 70, 학생부교과 30 (단, 의예과는 수능최저 적용)	X	정원내
실기/실적	실기우수자	조형예술학과(인물수채화)	15	• 실기 70, 학생부교과 30	X	정원내
		디자인융합학과	23			
		의류디자인학과(실기)	10			
		연극영화학과(연기)	9			
		체육특기자	26	• 특기실적 80, 학생부 20 (교과 10, 출결 10)		
	실기 소계		83			
수시 합계			2,588			

정시모집

구분	전형명	모집인원(명)	전형 방법	비고
수능	일반	1,058	• 수능 100	정원내
	스포츠과학과	26	• 수능 60, 실기 40	
	체육교육과	12	• 수능 70, 실기 30	
	디자인테크놀로지학과	20	• 수능 70, 실기 30	
	특성화고교졸업자	51	• 수능 100	정원외
수능 소계		1,167		
실기/실적	조형예술학과(자유소묘)	12	• 실기 70, 수능 30	정원내
	디자인융합학과	12		
	의류디자인학과(실기)	10		
	연극영화학과(연기)	9		
	연극영화학과(연출)	9		
	실기 소계	52		
정시 합계		1,219		

※ 본 대학입학전형 시행계획의 모집인원은 관계 법령 제·개정, 학과 개편 및 정원 조정 등에 따라 변경될 수 있으므로 최종 모집요강을 반드시 확인하시기 바랍니다.

서일대학교
SW
你好
AI
서일에서
LEVEL UP